中 国 国 家 标 准 汇 编

502

GB 26322～26369

（2010 年制定）

中国标准出版社　编

中国质检出版社
中国标准出版社
北　京

图书在版编目（CIP）数据

中国国家标准汇编：2010年制定. 502：GB 26322～26369/中国标准出版社编. —北京：中国标准出版社，2011
ISBN 978-7-5066-6534-6

Ⅰ. ①中… Ⅱ. ①中… Ⅲ. ①国家标准-汇编-中国-2010 Ⅳ. ①T-652.1

中国版本图书馆CIP数据核字(2011)第194989号

中国质检出版社
中国标准出版社 出版发行
北京市朝阳区和平里西街甲2号(100013)
北京市西城区三里河北街16号(100045)
网址：www.spc.net.cn
总编室：(010)64275323 发行中心：(010)51780235
读者服务部：(010)68523946
中国标准出版社秦皇岛印刷厂印刷
各地新华书店经销
*
开本 880×1230 1/16 印张 44.25 字数 1149 千字
2011年11月第一版 2011年11月第一次印刷
*
定价 220.00 元

出 版 说 明

1.《中国国家标准汇编》是一部大型综合性国家标准全集。自1983年起，按国家标准顺序号以精装本、平装本两种装帧形式陆续分册汇编出版。它在一定程度上反映了我国建国以来标准化事业发展的基本情况和主要成就，是各级标准化管理机构，工矿企事业单位，农林牧副渔系统，科研、设计、教学等部门必不可少的工具书。

2.《中国国家标准汇编》收入我国每年正式发布的全部国家标准，分为“制定”卷和“修订”卷两种编辑版本。

“制定”卷收入上一年度我国发布的、新制定的国家标准，顺延前年度标准编号分成若干分册，封面和书脊上注明“20××年制定”字样及分册号，分册号一直连续。各分册中的标准是按照标准编号顺序连续排列的，如有标准顺序号缺号的，除特殊情况注明外，暂为空号。

“修订”卷收入上一年度我国发布的、修订的国家标准，视篇幅分设若干分册，但与“制定”卷分册号无关联，仅在封面和书脊上注明“20××年修订-1，-2，-3，……”字样。“修订”卷各分册中的标准，仍按标准编号顺序排列（但不连续）；如有遗漏的，均在当年最后一分册中补齐。需提请读者注意的是，个别非顺延前年度标准编号的新制定的国家标准没有收入在“制定”卷中，而是收入在“修订”卷中。

读者配套购买《中国国家标准汇编》“制定”卷和“修订”卷则可收齐上一年度我国制定和修订的全部国家标准。

3.由于读者需求的变化，自1996年起，《中国国家标准汇编》仅出版精装本。

4.2010年我国制修订国家标准共2846项。本分册为“2010年制定”卷第502分册，收入国家标准GB 26322～26369的最新版本。

中国标准出版社

2011年8月

目　录

ICS 71.040.40;13.060.70
G 76

中华人民共和国国家标准

GB/T 26322—2010

工业循环冷却水中亚硝化菌的测定 MPN法

Examination of nitrite bacteria in industrial circulating cooling water—MPN test

2011-01-04 发布　　　　2011-12-01 实施

中华人民共和国国家质量监督检验检疫总局
中国国家标准化管理委员会　发布

前 言

本标准按照 GB/T 1.1—2009 给出的规则起草。

本标准由中国石油和化学工业联合会提出。

本标准由全国化学标准化技术委员会水处理剂分会(SAC/TC 63/SC 5)归口。

本标准负责起草单位:中海油天津化工研究设计院、广州市特种承压设备检测研究院。

本标准主要起草人:张全、李琳、黎华、滕厚开、杜玉辉。

工业循环冷却水中亚硝化菌的测定 MPN法

1 范围

本标准规定了工业循环冷却水中亚硝化菌的测定方法。

本标准适用于工业循环冷却水中亚硝化菌的测定，也适用于原水、生活用水及黏泥中亚硝化菌的测定。

2 规范性引用文件

下列文件对于本文件的应用是必不可少的。凡是注日期的引用文件，仅所注日期的版本适用于本文件。凡是不注日期的引用文件，其最新版本(包括所有的修改单)适用于本文件。

GB/T 603　化学试剂　试验方法中所用制剂及制品的制备(GB/T 603—2002，ISO 6353-1：1982，NEQ)

GB/T 6682　分析实验室用水规格和试验方法(GB/T 6682—2008，ISO 3696：1987，MOD)

3 方法提要

在 28 ℃～30 ℃下，恒温培养试样 14 d 后，先采用格里斯氏(Griess)试剂定性判断亚硝化菌的存在。如果溶液呈红色，表明为阳性反应；如果溶液未呈红色，表明为阴性反应。再采用 MPN 技术对被测试样中的亚硝化菌进行计数。

4 试剂和材料

4.1　本标准所用试剂，除非另有规定，应使用分析纯试剂和符合 GB/T 6682 中三级水的规定。

试验中所需制剂及制品，在没有注明其他要求时，均按 GB/T 603 之规定制备。

4.2　硫酸铵。

4.3　碳酸钙。

4.4　磷酸二氢钠。

4.5　磷酸氢二钾。

4.6　硫酸锰($MnSO_4 \cdot 4H_2O$)。

4.7　硫酸镁($MgSO_4 \cdot 7H_2O$)。

4.8　对氨基苯磺酸。

4.9　α-萘胺。

4.10　盐酸溶液：1＋11。

4.11　乙酸溶液(10％)。

4.12　氢氧化钠溶液：40 g/L。

4.13　乙醇溶液：体积分数为 75％。

4.14　牛皮纸。

4.15 医用脱脂纱布。

4.16 医用脱脂棉。

5 仪器、设备

5.1 无菌箱(室)或超净工作台。

5.2 蒸汽压力灭菌器。

5.3 生化培养箱。

5.4 电热干燥箱:温度可控制在 60 ℃～280 ℃。

5.5 刻度吸管:1 mL。

5.6 刻度吸管:10 mL。

5.7 试管:d20 mm×200 mm。

5.8 试管架。

5.9 磨口试剂瓶:1 000 mL。

5.10 容量瓶:1 000 mL。

5.11 搪瓷量杯:1 000 mL。

5.12 白色比色瓷板。

6 试验前准备

6.1 无菌稀释水的制备

6.1.1 生理盐水的配制:称取 8.5 g 氯化钠,溶解在 1 000 mL 水中,混匀。

6.1.2 将生理盐水分装在 d20 mm×200 mm 的试管中,每管 9 mL,塞上棉塞,用牛皮纸把试管口包好,用蒸汽压力灭菌器于(121±1)℃灭菌 15 min～30 min。

6.2 富集培养基的制备

称取下列试剂:

硫酸铵	$(NH_4)_2SO_4$	2.0 g;
磷酸二氢钠	NaH_2PO_4	0.25 g;
磷酸氢二钾	K_2HPO_4	0.75 g;
碳酸钙	$CaCO_3$	5.0 g;
硫酸锰	$MnSO_4 \cdot 4H_2O$	0.01 g;
硫酸镁	$MgSO_4 \cdot 7H_2O$	0.03 g。

将上述试剂加水约 950 mL,在电炉上加热溶解后,趁热用四层医用脱脂纱布过滤于搪瓷量杯中。用热水补充至 1 000 mL,用氢氧化钠溶液调节 pH 值至 7.0～7.2,并分装在 d20 mm×200 mm 的试管中,每管 10 mL,塞上棉塞,用牛皮纸把管口包好。十个一捆,用蒸汽压力灭菌器于(121±1)℃灭菌 15 min～30 min。

6.3 指示剂的制备

格里斯氏(Griess)试剂

A 液:对氨基苯磺酸 0.5 g,乙酸溶液(10%)150 mL,保存在棕色瓶中。

B 液:α-萘胺 0.1 g,水 20 mL,乙酸溶液(10%)150 mL,保存在棕色瓶中。

6.4 刻度吸管的灭菌

6.4.1 将洗净并烘干后的吸管粗端塞上医用脱脂棉，棉花量要适宜，长度大约 10 mm～15 mm，棉花不宜露在口外，多余的棉花可以用火焰烧掉。

6.4.2 每支刻度吸管用一条约 40 mm～50 mm 宽的牛皮纸条，以 45°左右螺旋形卷起来，吸管的尖部在头部，粗端将多余的纸条折叠打结，不使散开，标上量度，若干支扎成一束，置电热干燥箱中，于(160±2)℃灭菌 2 h。

6.5 采样瓶的灭菌

将洗净并烘干后的 1 000 mL 磨口试剂瓶瓶口和瓶颈用牛皮纸包好，扎紧，置电热干燥箱中，于(160±2)℃灭菌 2 h。

7 测定步骤

7.1 将待测试样放入无菌箱(室)中，立即用体积分数为 75%的乙醇溶液浸泡的医用脱脂棉球擦手，点燃无菌箱(室)内的酒精灯。试样的稀释和接种操作应在无菌箱(室)内的火焰区进行。

7.2 用 10 倍稀释法稀释试样。即用 1 mL 无菌刻度吸管吸取 1 mL 待测试样注入到 9 mL 无菌稀释水管中，充分摇匀，此时稀释度为 10^{-1}。

7.3 另取一支 1 mL 无菌刻度吸管吸取 1 mL 稀释度为 10^{-1} 的试样移到第二个无菌稀释水管中，充分摇匀，此时稀释度为 10^{-2}，以此类推，直至需要的稀释度为止。

7.4 将水样(包括稀释水样)分别接种于装有培养基的试管中，试管置试管架上，每个稀释度重复接种 5 管(也可根据需要重复接种 3 管或 4 管)，每管接种 1 mL，每接种一个稀释度更换一支无菌吸管。

7.5 另取一组试管培养基不接水样，作为空白。

7.6 培养：在生化培养箱中于 28 ℃～30 ℃恒温培养 14 d。

8 计数与报告

8.1 取出少量培养液(约 5 滴)于白色比色瓷板小窝中，依次加入格里斯氏(Griess)试剂 A 液和 B 液各两滴(格里斯氏试剂 A 液和 B 液应按顺序加入)。如果溶液呈红色，则表示有亚硝化菌存在，以“＋”(阳性)表示；如果溶液未呈红色，则表示无亚硝化菌存在，以“－”(阴性)表示。

8.2 如果空白出现阳性反应，说明测定过程中有污染，本次测定无效。

8.3 计算出 10 进位稀释管中阳性试管数，以阳性组合指数记录下来。

8.4 在 10 进位稀释中多于 3 个稀释度时，阳性组合的指数只需要用其中依次的 3 个稀释度，对这 3 个稀释度的选择原则是先选出 5 管全部阳性反应的最大稀释度，然后选出其次相连的 2 个更高的稀释度，计算出阳性组合指数(见表 1 中示例 1、示例 2、示例 4)。

8.5 若按照 8.4 规定的原则选出 3 个稀释度后，有更高的稀释仍然产生 1 个阳性试管，就应将这一阳性试管并入所选择的最高稀释的阳性结果中(见表 1 中示例 3)。

8.6 根据阳性组合的指数，查附录 A 中表 A.1 得出最大可能菌数(MPN)除以阳性组合指数的第一位数字的稀释度数，即为每毫升水样中亚硝化菌的菌数(如果每个稀释度重复接种 4 管或者 3 管，根据阳性组合的指数查附录 B 中表 B.1 或附录 C 中表 C.1)。

表 1

示例	稀释度、生长情况及阳性试管数					阳性组合指数	报告方式 个/mL
	10^0	10^{-1}	10^{-2}	10^{-3}	10^{-4}		
1	+++++ 5	+++++ 5	++−−− 2	−−−−− 0	−−−−− 0	520	$5.0/10^{-1}=50$
2	+++++ 5	++++− 4	++−−− 2	−−−−− 0	−−−−− 0	542	$25/10^0=25$
3	+++++ 5	+++−− 3	+−−−− 1	+−−−− 1	−−−−− 0	532	$14/10^0=14$
4	+++++ 5	+++++ 5	+++++ 5	+−−−− 1	−−−−− 0	510	$3.5/10^{-2}=$ 3.5×10^2

9 精密度

9.1 由于微生物是不稳定的，精确的试验不能实现，精密度表达仅能按 MPN 程序。

9.2 在样品中细菌的分布是不规则的，有时细菌成倍地吸附到小颗粒上，MPN 正确度随着平行管的增加而增加，当使用 5 个平行管时，每管加 1 mL 样品时测定结果的置信度为 95%。

附 录 A
(规范性附录)
五个平行管最大可能的菌数

表 A.1 规定了五个平行管最大可能的菌数。

表 A.1

指数	个/mL	指数	个/mL	指数	个/mL	指数	个/mL
000	0.0	203	1.2	400	1.3	513	8.5
001	0.2	210	0.7	401	1.7	520	5.0
002	0.4	211	0.9	402	2.0	521	7.0
010	0.2	212	1.2	403	2.5	522	9.5
011	0.4	220	0.9	410	1.7	523	12.0
012	0.6	221	1.2	411	2.0	524	15.0
020	0.4	222	1.4	412	2.5	525	17.5
021	0.6	230	1.2	420	2.0	530	8.0
030	0.6	231	1.4	421	2.5	531	11.0
100	0.2	240	1.4	422	3.0	532	14.0
101	0.4	300	0.8	430	2.5	533	17.0
102	0.6	301	1.1	431	3.0	534	20.0
103	0.8	302	1.4	432	4.0	535	25.0
110	0.4	310	1.1	440	3.5	540	13.0
111	0.6	311	1.4	441	4.9	541	17.0
112	0.8	312	1.7	450	4.0	542	25.0
120	0.6	313	2.0	451	4.0	543	30.0
121	0.8	320	1.4	500	2.5	544	35.0
122	1.0	321	1.7	501	3.0	545	45.0
130	0.8	322	2.0	502	4.0	550	25.0
131	1.0	330	1.7	503	6.0	551	35.0
141	1.1	331	2.0	504	7.5	552	60.0
200	0.5	340	2.0	510	3.5	553	90.0
201	0.7	341	2.5	511	4.5	554	160.0
202	0.9	350	2.5	512	6.0	555	180.0

附 录 B
(规范性附录)
四个平行管最大可能的菌数

表 B.1 规定了四个平行管最大可能的菌数。

表 B.1

指数	个/mL	指数	个/mL	指数	个/mL	指数	个/mL
000	0.0	113	1.3	231	2.0	402	5.0
001	0.2	120	0.8	240	2.0	403	7.0
002	0.5	121	1.1	241	3.0	410	3.5
003	0.7	122	1.3	300	1.1	411	5.5
010	0.2	123	1.6	301	1.6	412	8.0
011	0.5	130	1.1	302	2.0	413	11.0
012	0.7	131	1.4	303	2.5	414	14.0
013	0.9	132	1.6	310	1.6	420	6.0
020	0.5	140	1.4	311	2.0	421	9.5
021	0.7	141	1.7	312	3.0	422	13.0
022	0.9	200	0.6	313	3.5	423	17.0
030	0.7	201	0.9	320	2.0	424	20.0
031	0.9	202	1.2	321	3.0	430	11.5
040	0.9	203	1.6	322	3.5	431	16.5
041	1.2	210	0.9	330	3.0	432	20.0
100	0.3	211	1.3	331	3.5	433	30.0
101	0.5	212	1.6	332	4.0	434	35.0
102	0.8	213	2.0	333	5.0	440	25.0
103	1.0	220	1.3	340	3.5	441	40.0
110	0.5	221	1.6	341	4.5	442	70.0
111	0.8	222	2.0	400	2.5	443	140.0
112	1.0	230	1.7	401	3.5	444	160.0

附 录 C
（规范性附录）
三个平行管最大可能的菌数

表 C.1 规定了三个平行管最大可能的菌数。

表 C.1

指数	个/mL	指数	个/mL	指数	个/mL
000	0.0	201	1.4	302	6.5
001	0.3	202	2.0	310	4.5
010	0.3	210	1.5	311	7.5
011	0.6	211	2.0	312	11.5
020	0.6	212	3.0	313	16.5
100	0.4	220	2.0	320	9.5
101	0.7	221	3.0	321	15.0
102	1.1	222	3.5	322	20.0
110	0.7	223	4.0	323	30.0
111	1.1	230	3.0	330	25.0
120	1.1	231	3.5	331	45.0
121	1.5	232	4.0	332	110.0
130	1.6	300	2.5	333	140.0
200	0.9	301	4.0		

ICS 87.040
G 50

中华人民共和国国家标准

GB/T 26323—2010

色漆和清漆 铝及铝合金表面涂膜的耐丝状腐蚀试验

Paints and varnishes—Determination of resistance to filiform corrosion on aluminium and aluminium alloys

(ISO 4623-2:2003, Paints and varnishes—Determination of resistance to filiform corrosion—Part 2: Aluminium substrates, MOD)

2011-01-14 发布 2011-12-01 实施

中华人民共和国国家质量监督检验检疫总局
中国国家标准化管理委员会 发布

前　言

本标准修改采用ISO 4623-2:2003《色漆和清漆　耐丝状腐蚀的测定　第2部分:铝基材》(英文版)。

本标准在采用国际标准时进行了修改,这些技术性差异用垂直单线标识在它们所涉及条款的页边空白处,附录D中给出了技术性差异及其原因一览表以供参考。

本标准与国际标准ISO 4623-2:2003相比,主要技术差异为:

——删除了国际标准的前言和引言;

——适用范围增加了"本标准不适用于评定不耐饱和气相盐酸的电泳漆、丙烯酸树脂涂料等铝基表面涂膜的耐丝状腐蚀性"部分;

——将第2章规范性引用文件中的国际标准替换为等同采用或修改采用的我国国家标准;

——参考EN 3665—1997,规定了划痕的截面尺寸;

——修改了第12条中"ISO/TC 35计划采集所有相关标准的精确度数据,包括ISO 4623的此部分。如果精确度数据适用,那么就同此文件相符"部分;

——修改了ISO 4623-2:2003的评定方法部分,采用德国规范GSB AL631/2009中的耐丝状腐蚀性试验结果的评定方法,将其作为规范性附录引入附录B中,而将ISO 4628-10的前两种评定方法引入附录C中,但由于图像评定法较难操作而没有引入,试验照片可根据需要提供给客户;

——增加了附录B、附录C、附录D。

本标准的附录A、附录B、附录C是规范性附录。

本标准的附录D是资料性附录。

本标准由中国石油和化学工业协会提出。

本标准由全国涂料和颜料标准化技术委员会(SAC/TC 5)归口。

本标准起草单位:广亚铝业有限公司、中海油常州涂料化工研究院、国家有色金属质量监督检验中心、辽宁忠旺集团、深圳华加日铝业有限公司、大连振邦氟涂料股份有限公司、中国涂料工业协会、广东凤铝铝业有限公司、佛山市南海华豪铝型材有限公司。

本标准主要起草人:潘学著、曹晓东、朱祖芳、万良田、朱凤琴、鞠岚、杨渊德、陈惠、刘洪珠、蓝安英、李彩华。

色漆和清漆 铝及铝合金表面涂膜的耐丝状腐蚀试验

1 范围

本标准规定了铝及铝合金表面色漆和清漆涂膜耐丝状腐蚀性能的试验方法和丝状腐蚀程度的评定方法。

本标准仅适用于铝及铝合金表面色漆、清漆涂膜，评定被测试涂膜/基材的耐丝状腐蚀性能。

本标准不适用于评定不耐饱和气相盐酸的电泳漆、丙烯酸树脂涂料等铝基表面涂膜的耐丝状腐蚀性。

2 规范性引用文件

下列文件中的条款通过本标准的引用而成为本标准的条款。凡是注日期的引用文件，其随后所有的修改单(不包括勘误的内容)或修订版均不适用于本标准，然而，鼓励根据本标准达成协议的各方研究是否可使用这些文件的最新版本。凡是不注日期的引用文件，其最新版本适用于本标准。

GB/T 622 化学试剂 盐酸(GB/T 622—2006,ISO 6353-2:1983,NEQ)

GB/T 3186 色漆、清漆和色漆与清漆用原材料 取样(GB/T 3186—2006,ISO 15528:2000,IDT)

GB/T 9271 色漆和清漆 标准试板(GB/T 9271—2008,ISO 1514:2004,MOD)

GB/T 9278 涂料试样状态调节和试验的温湿度(GB/T 9278—2008,ISO 3270:1984,Paints and varnishes and their raw materials—Temperatures and humidities for conditioning and testing,IDT)

GB/T 13452.2 色漆和清漆 漆膜厚度的测定(GB/T 13452.2—2008,ISO 2808:2007,IDT)

GB/T 20777 色漆和清漆 试样的检查和制备(GB/T 20777—2006,ISO 1513:1992,IDT)

3 术语和定义

下列术语和定义适用于本标准。

3.1

丝状腐蚀 filiform corrosion

发生在色漆、清漆或相关产品涂膜下的形状为丝状的一种腐蚀，呈细丝状不规则分布，一般从涂膜的切割边缘或局部损伤处开始产生。

注：通常腐蚀丝生长的长度和方向是不规则的，但可能接近平行，长度大致相等。腐蚀丝通常沿着加工方向并且很少彼此交叉，需要腐蚀性离子激发。

4 方法原理

4.1 丝状腐蚀发生的条件和场合

在金属上穿透色漆或清漆涂膜的划痕能产生各种类型的腐蚀，如涂膜气泡、涂膜膜下金属腐蚀以及丝状腐蚀。丝状腐蚀往往在一定温度和一定湿度条件，在适量的酸、碱或盐的诱导下，发生在涂膜薄弱或涂膜破损之处。在海边或工业环境下具备发生丝状腐蚀的这些条件。涂膜膜下基材腐蚀通常从划痕处开始发生。丝状腐蚀发生的典型形式是明显可见的细丝状。

4.2 测试原理

试样以规定的方式划痕。通过将试样暴露在饱和盐酸蒸汽中，引入少量盐酸至划痕处。然后试样放置于(40±2)℃,相对湿度(82±5)%的试验箱中进行试验。试验结果的评定按本标准规定进行或由双方商定。

5 必要的补充资料

对于某些特殊应用,本标准规定的试验方法需要增加补充资料来完善。这部分补充资料见附录A。

6 取样

按GB/T 3186的规定,取受试产品(或多涂层体系中的每个产品)的代表性样品。

按GB/T 20777的规定,制备和检查试验样品。

7 仪器

7.1 试验箱

试验箱内能保持温度在(40±2)℃,相对湿度在(82±5)%。试验箱内水平放置试样,试样间间隔不小于20 mm。如有特殊规定,试样可垂直放置,试样的面与面之间的间隔不小于20 mm。

注:由于刻痕处的盐酸有吸湿作用,可形成盐酸与水滴之混合物。水平放置的试样沿着每个刻痕的长度方向,能产生更多规则的腐蚀。

7.2 容器

由耐盐酸材料制作,带有盖子,能密封,能保持试样划痕面离盐酸液面(100±10)mm,试样之间至少间距20 mm。

7.3 划痕工具

可采用不同划痕工具,但划痕工具要能刻出10.2规定尺寸的一种划痕,并有整齐的切割边缘。试验结果会因采用的划痕类型不同而有差异。试验报告中应说明划痕类型及划痕工具(见第13章,f款)。

8 试剂

盐酸:ρ=1.18 g/mL,分析纯,符合GB/T 622。

9 试样

9.1 材料和尺寸

除非另有规定,试样应符合GB/T 9271要求,材质为铝质或铝合金,最小尺寸为100 mm×70 mm×0.8 mm,短尺寸应是沿金属的加工方向。

9.2 制备和涂装

试样按GB/T 9271的规定进行处理,除非另有规定,按受试产品或体系规定的方法涂装。

除非另有规定,试样背面和边缘应涂上受试产品或体系。

试样背面和边缘的涂膜如不同于受试产品,其防腐性能应比受试产品好。

9.3 干燥和状态调节

将9.2涂装的试样,按受试产品或体系规定的条件和时间进行干燥和陈化,除非另有规定,试样应按GB/T 9278规定,在空气流通、无阳光直接曝晒的条件下,进行状态调节16 h以上,然后试样应尽快进行试验。

9.4 涂膜厚度

按产品标准规定涂膜的厚度,试样干膜膜厚按GB/T 13452.2中规定的一种非破坏性测试方法测量,单位为μm。

10 试验步骤

10.1 测试数量

除非另有规定，所有测试应平行测定两个试样。

10.2 划痕

除非另有规定，每个试样应划出两道彼此垂直，至少 30 mm 长的划痕。划痕的尺寸及位置参见图 1，划痕的截面尺寸参见图 2a）或图 2b）任选一种。

划痕制作好后清理干净划痕处的碎屑，要求放大 10 倍的放大镜能看清全部划痕处的金属。如果铝及铝合金有预处理层，划痕应划穿至铝基体 0.05 mm～0.1 mm。

单位为毫米

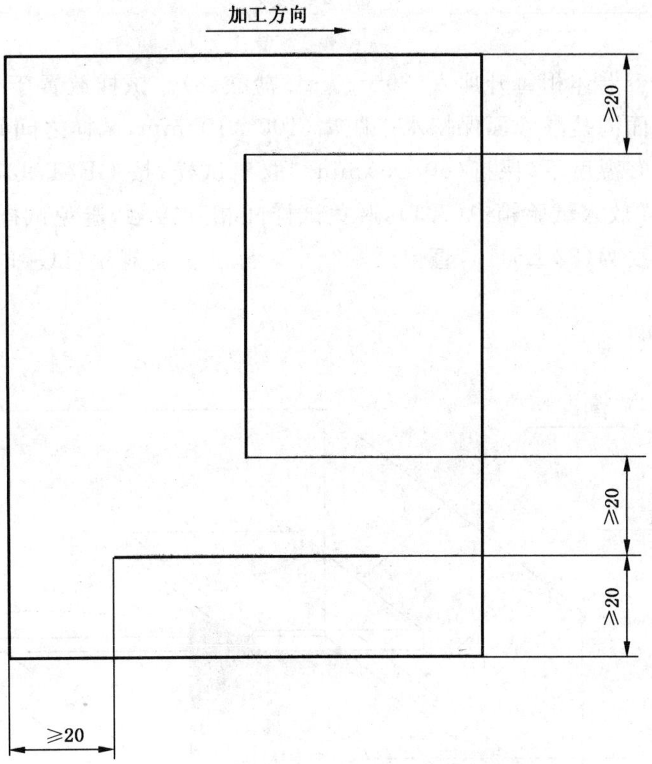

图 1 划痕的尺寸及位置

单位为毫米

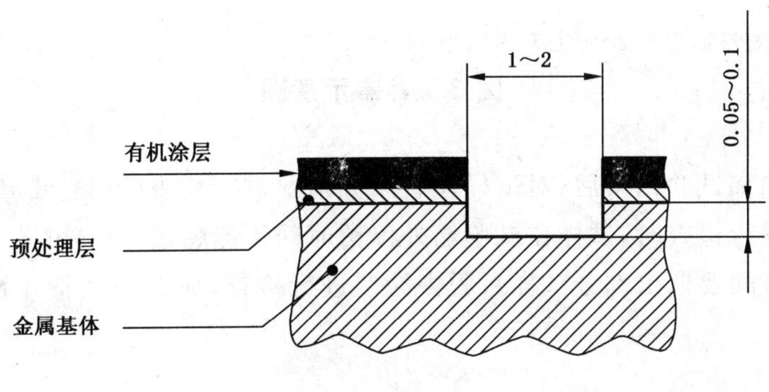

a）

图 2 划痕的截面尺寸

单位为毫米

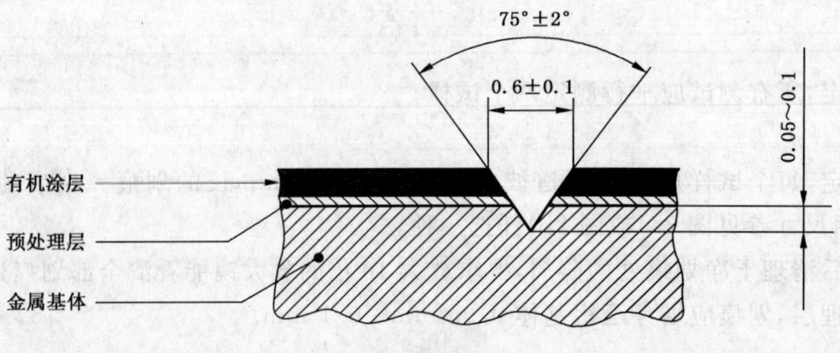

b)

图 2(续)

10.3 测试过程

往容器(7.2)中,按容器体积每升加入(20±2)mL 盐酸(8)。试样放置于容器中,涂膜划痕面朝下,如图 3 所示。试样划痕面同盐酸液面保持水平距离(100±10)mm,试样之间间隔应不小于 20 mm。盖上容器盖子,在(23±2)℃温度下,保持(60±5)min。取出试样,按 GB/T 9278 规定的条件放置(15~30)min,然后立即将试样放入试验箱中(7.1),避免试样间相互接触,避免试样与其他金属接触,保持温度在(40±2)℃,相对湿度为(82±5)%,直至试验结束。除非另有规定,试验时间按产品标准规定进行。

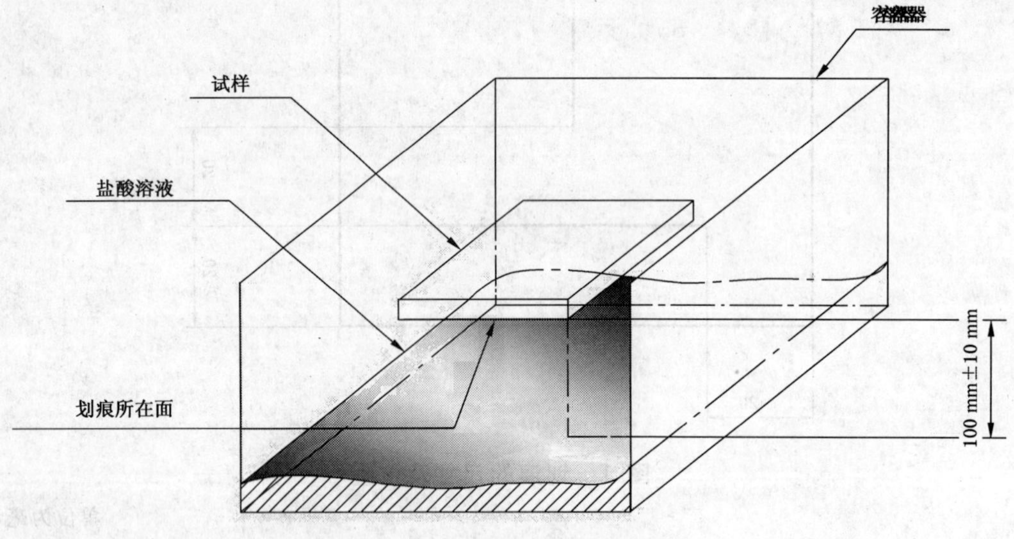

注:图中标距为试样划痕面与液面的距离。

图 3 容器示意图

10.4 试样的检查

在规定的时间间隔和试验结束后,对试样丝状腐蚀情况进行检查(见第 11 章)。在试验过程中对试样丝状腐蚀试验情况进行检查时,试样在试验箱外停留时间不能超过 30 min。

如果在规定试验时间要取出部分试样来脱去涂层进行检查,那么在试验开始时应保证有足够的试样放入试验箱中。

11 耐丝状腐蚀性试验结果的评定

一般情况下,试样的耐丝状腐蚀性试验结果应按附录 B 进行评定。根据需要,也可按附录 C 或其他商定方法进行耐丝状腐蚀性试验结果评定。

每个试样的耐丝状腐蚀性试验结果应对两条划痕分别评定。一般划痕在垂直加工方向较划痕在平行加工方向的丝状腐蚀丝要更长些。

注：在试验结束后拍摄试样照片有利于评定丝状腐蚀的程度。

12 精确度

目前还没有相关实用的精确度数据。

13 试验报告

试验报告必须包含以下内容：

a) 注明本标准编号；

b) 确定试验产品所有的详细资料；

c) 附录 A 中的补充条款；

d) 注明上述 c)项资料所参照的国际标准、国家标准、产品说明或其他引用文件；

e) 试验时间和检查间隔时间；

f) 所使用划痕工具说明和每个划痕的尺寸、位置；

g) 按第 11 章报告试验结果；

h) 经商定或其他原因造成的与本标准规定方法的任何不同之处；

i) 试验日期。

附 录 A
（规范性附录）
必要的补充性资料

提供此附录的补充资料条款的目的是使测试方法能够更好地进行。

注：所要求的资料最好能得到相关方的同意，或者，部分或全部引用自国际或国家标准，以及其他同被测试产品有关的资料文件。

A.1 材质、尺寸及基材的表面处理（见 9.1 和 9.2）。

A.2 试样涂装的方法和试样的背面和边缘是否涂装（如有要求）（见 9.2）。

A.3 干膜的膜厚（单位为微米），包括符合 GB/T 13452.2 的测量方法及涂层是单膜体系还是多涂层体系（见 9.4）。

A.4 测试前涂覆试样的干燥或陈化的时间和条件（见 9.3）。

A.5 试样是水平还是垂直放置于恒温恒湿箱中（见 7.1）。

A.6 测试时间（见 10.3）。

A.7 如何检查测试涂层，以及用何来表征试样的耐丝状腐蚀性（见 10.4 及 11）。

附 录 B
（规范性附录）
耐丝状腐蚀性试验结果的评定 方法一

在评定试验试样丝状腐蚀程度时，首先检查试样试验后非划痕处是否出现表面渗透。再分别计算划痕两边的腐蚀丝频次 H 和两边腐蚀丝的平均长度 I，划痕两端头 5 mm 内的腐蚀丝不在评价范围之内。如果腐蚀丝极细或极难看清楚，评定前试验试样应脱除涂膜（脱漆剂为非腐蚀性脱漆剂，且不与铝基体反应）。小于 90°折弯的腐蚀丝，腐蚀丝的长度是头部到划痕处的垂直距离（见图 B.1），大于 90°折弯的腐蚀丝不作考虑（见图 B.2），但要纳入腐蚀丝频次的计算。划痕两边腐蚀程度应分别评定。评定的试样数量至少为 2 件，试验结果分划痕与加工方向水平和垂直两种方式表示，且都以丝状腐蚀程度最严重的单边的评定结果为试样耐丝状腐蚀性的最终结果。

用单边最长腐蚀丝的长度 I_{max}（单位为毫米）、腐蚀丝频次 H 和丝状腐蚀程度 F 来评价耐丝状腐蚀性能。用式（B.1）和式（B.2）分别计算：

$$H = Z/L \qquad \text{(B.1)}$$

$$F = I \times H \qquad \text{(B.2)}$$

式中：

H——腐蚀丝频次，单位为条每 10 毫米（条/10 mm）；

Z——腐蚀丝数量；

L——划痕长度，单位为毫米（mm）；

F——丝状腐蚀的程度；

I——腐蚀丝的平均长度，单位为毫米（mm）。

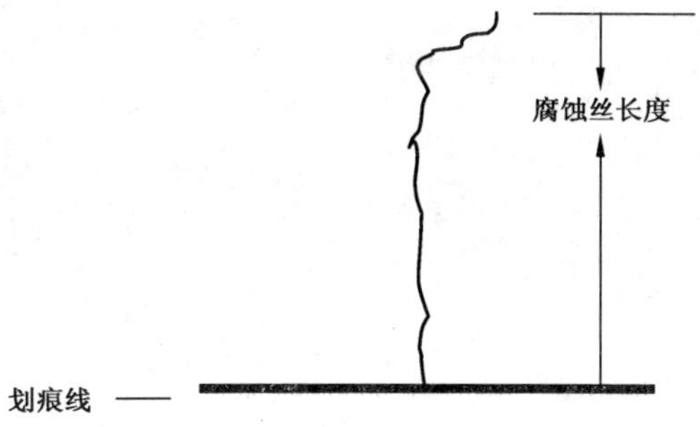

图 B.1 小于 90°折弯的腐蚀丝

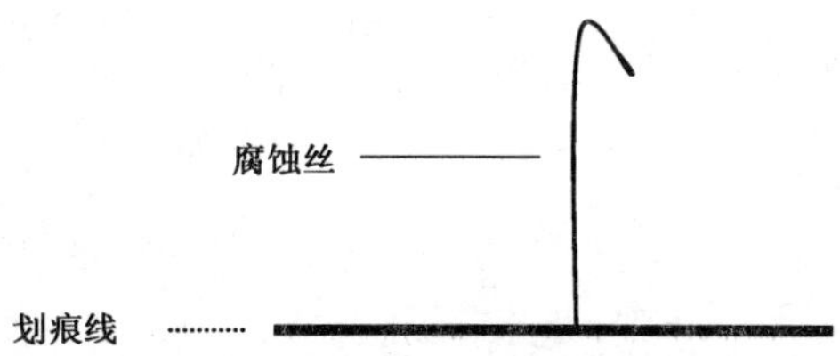

图 B.2 大于 90°折弯的腐蚀丝

示例：某次测量结果是在腐蚀最严重的划痕单边上，单边最长腐蚀丝的长度为 3 mm，腐蚀丝的平均长度是 2 mm，在划痕每 10 mm 长度上出现一个腐蚀丝，计算示例如下：

单边最长腐蚀丝的长度 $I_{max} = 3$ mm

划痕上腐蚀丝的平均长度 $I=2\ \text{mm}$

出现腐蚀丝的频率 $H=Z/L=\frac{1\text{条腐蚀丝}}{10\ \text{mm}}=1\text{条}/10\ \text{mm}$

丝状腐蚀的程度 $F=I\times H=0.2$

经供需双方协商，耐丝状腐蚀性试验结果也可按附录C或其他方法进行评定。

附　录　C
（规范性附录）
耐丝状腐蚀性试验结果的评定　方法二
用最长的腐蚀丝长度以及出现频率最多的腐蚀丝长度的丝状腐蚀程度的评定方法

C.1　概要

测量最长的腐蚀丝长度 M，以及出现频率最多的腐蚀丝长度 m。

分别报告两条划痕丝状腐蚀的试验结果，因为垂直于加工方向划痕的丝状腐蚀丝更多更长。

如果有要求，可以采用非腐蚀性脱漆剂脱除涂膜，并检查基材发生的变化。

丝状腐蚀的评定一般在较好的光照条件下进行，可根据腐蚀丝的规则与否采用方法一或方法二评定丝状腐蚀。

C.2　方法 1

本方法适用于比较规则的丝状腐蚀，见图 C.1a）和 C.1b）。

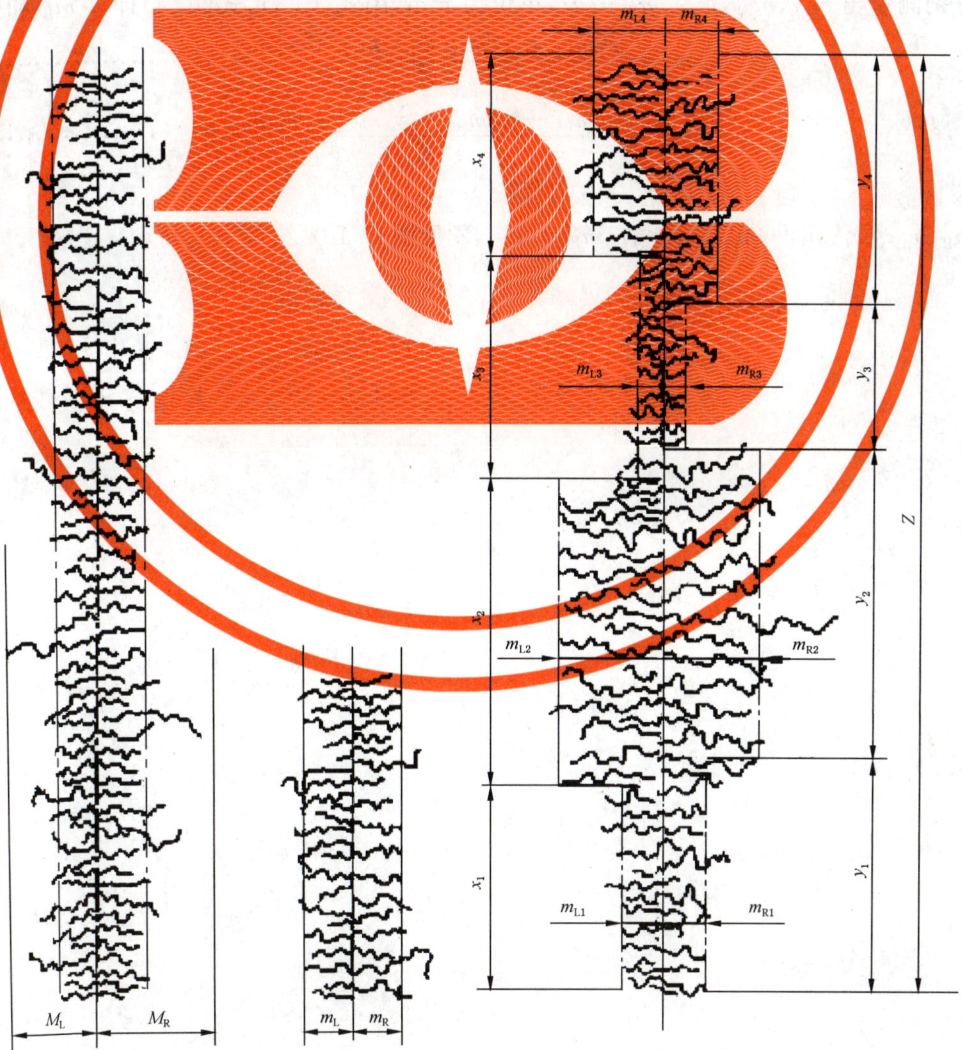

a)　　b)　　c)

图 C.1　划痕上的丝状腐蚀示意图

C.2.1 最长的腐蚀丝长度用 M 表示，单位为 mm，分别量出由划痕处到丝状腐蚀向左边和右边发展的最大长度 M_L 和 M_R（mm），用式（C.1）进行计算：

$$M=\frac{M_L+M_R}{2} \qquad \cdots\cdots(C.1)$$

式中：

M、M_L、M_R 见图 C.1a)。

C.2.2 出现频率最多的腐蚀丝长度用 m 表示，单位为 mm，m_L 和 m_R（mm）分别为由划痕处到丝状腐蚀向左边和向右边发展的大多数长度，用式（C.2）进行计算：

$$m=\frac{m_L+m_R}{2} \qquad \cdots\cdots(C.2)$$

式中：

m、m_L、m_R 见图 C.1b)。

C.3 方法 2

本方法适用于不规则的丝状腐蚀。

C.3.1 如方法 1 测出 M

C.3.2 分别测量出 m_{L1}、m_{R1}、m_{L2}、m_{R2}……，单位为 mm，用式（C.3）、式（C.4）计算 m_L 和 m_R：

$$m_L=\frac{x_1m_{L1}+x_2m_{L2}+x_3m_{L3}+x_4m_{L4}}{Z} \qquad \cdots\cdots(C.3)$$

$$m_R=\frac{y_1m_{R1}+y_2m_{R2}+y_3m_{R3}+y_4m_{R4}}{Z} \qquad \cdots\cdots(C.4)$$

式中：

m_L、m_R、$x_1 \sim x_4$、$m_{L1} \sim m_{L4}$、$y_1 \sim y_4$、$m_{R1} \sim m_{R4}$、Z 见图 C.1c)。

附 录 D
（资料性附录）
本标准与 ISO 4623-2:2003 的技术性差异及其原因

表 D.1 给出了本标准与 ISO 4623-2:2003 的技术性差异及其原因的一览表。

表 D.1 本标准与 ISO 4623-2:2003 的技术性差异及其原因

本标准章条编号	技术性差异	原因
1 范围	ISO 4623-2:2003 没有该内容。 本标准增加“本标准不适用于评定不耐饱和气相盐酸的电泳漆、丙烯酸树脂涂料等铝基表面涂膜的耐丝状腐蚀性。”	标准适用范围的实际情况
2 规范性引用文件	ISO 4623-2:2003 引用国际标准。 本标准引用国家标准。	便于使用
4.1 丝状腐蚀发生的条件和场合	ISO 4623-2:2003 在引言中描述该内容。 本标准以新增条目“丝状腐蚀发生的条件和场合”描述该内容。	结构调整
9.1 材料和尺寸	ISO 4623-2:2003 中要求试样符合 ISO 1514 规定。 本标准要求试样符合 GB/T 9271 规定。	便于使用
9.2 制备和涂装	ISO 4623-2:2003 中要求试样按 ISO 1514 规定进行处理。 本标准要求试样按 GB/T 9271 规定进行处理。	便于使用
9.3 干燥和状态调节	ISO 4623-2:2003 按 ISO 3270 状态调节。 本标准按 GB/T 9278 状态调节。	便于使用
9.4 涂膜厚度	ISO 4623-2:2003 按 ISO 2808 测量涂膜厚度。 本标准按 GB/T 13452.2 测量涂膜厚度。	便于使用
10.2 划痕	ISO 4623-2:2003 中划痕宽度为(1～2)mm。 本标准参考 EN 3665 进行，即如本标准图 2a)、本标准图 2b)。	便于使用
10.3 测试过程	ISO 4623-2:2003 要求按 ISO 3270 规定的条件放置(15～30)min。 本标准要求按 GB/T 9278 规定的条件放置(15～30)min，并删除注释内容。	便于使用
11 耐丝状腐蚀性试验结果的评定	ISO 4623-2:2003 要求按 ISO 4628-10 评定结果，并且划痕按 ISO 4628-8进行说明。 本标准要求采用德国规范 GSB AL631/2009 中的耐丝状腐蚀性试验结果的评定方法，并将其作为规范性附录引入附录 B 中，而将 ISO 4628-10 的前两种评定方法引入附录 C 中，但由于图像评定法较难操作而没有引入，试验照片可根据需要提供给客户，也可采用其他评定方法；划痕按 EN 3665 进行说明，见 10.2。	合理性
12 精确度	ISO 4623-2:2003 原文为“ISO/TC 35 计划采集所有相关标准的精确度数据，包括 ISO 4623 的此部分。如果精确度数据适用，那么就同此文件相符”。 本标准改为“目前还没有相关实用的精确度数据。”	实际情况

表 D.1（续）

本标准章条编号	技术性差异	原因
附录 B	ISO 4623-2:2003 无该内容。 本标准增加附录 B。	便于使用
附录 C	ISO 4623-2:2003 无该内容。 本标准增加附录 C。	便于使用
附录 D	ISO 4623-2:2003 无该内容。 本标准增加附录 D。	便于使用
参考文献	ISO 4623-2:2003 无该内容。 本标准增加参考文献。	便于使用

参 考 文 献

[1] EN 3665-1997 Test methods for paints and varnishes. Filiform corrosion resistance test on aluminium alloys.

[2] GSB AL631/2009 International Quality Regulations For the Coating of Aluminium Building Components.

[3] ISO 4628-10 Paints and varnishes—Evaluation of degradation of coatings—Designation of quantity and size of defects, and of intensity of uniform changes in appearance—Part 10: Assessment of degree of filiform corrosion.

ICS 13.060.25;71.100.40
G 77

中华人民共和国国家标准

GB/T 26324—2010

羟基亚乙基二膦酸

1-Hydroxyethylidene-1,1-diphosphonate acid

2011-01-04 发布　　2011-12-01 实施

中华人民共和国国家质量监督检验检疫总局
中国国家标准化管理委员会　发布

前　言

本标准按照 GB/T 1.1—2009 给出的规则起草。

请注意本文件的某些内容可能涉及专利。本文件的发布机构不承担识别这些专利的责任。

本标准由中国石油和化学工业联合会提出。

本标准由全国化学标准化技术委员会水处理剂分会(SAC/TC 63/SC 5)归口。

本标准负责起草单位:河南清水源科技股份有限公司、江苏江海化工集团有限公司、广州市特种承压设备检测研究院、山东省泰和水处理有限公司、中海油天津化工研究设计院。

本标准主要起草人:王志清、吴文导、叶伟文、朱传俊、李琳、王忠英、杨麟、李翠娥、白莹、王东海。

羟基亚乙基二膦酸

1 范围

本标准规定了阻垢缓蚀剂羟基亚乙基二膦酸(HEDP)的要求、试验方法、检验规则以及标志、包装、运输和贮存。

本标准适用于水处理剂 羟基亚乙基二膦酸(HEDP)。

分子式:$C_2H_8O_7P_2$

结构式:

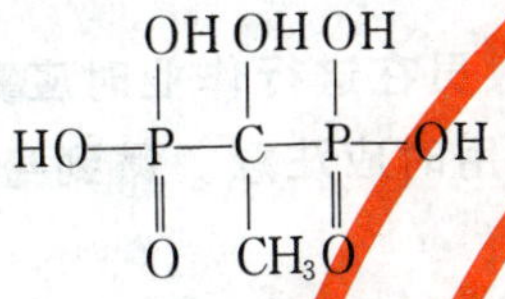

相对分子质量:206.03(按2007年国际相对原子质量)

2 规范性引用文件

下列文件对于本文件的应用是必不可少的。凡是注日期的引用文件,仅所注日期的版本适用于本文件。凡是不注日期的引用文件,其最新版本(包括所有的修改单)适用于本文件。

GB/T 191 包装储运图示标志(GB/T 191—2008,ISO 780:1997,MOD)

GB/T 601 化学试剂 标准滴定溶液的制备

GB/T 602—2002 化学试剂 杂质测定用标准溶液的制备(ISO 6353-1:1982,NEQ)

GB/T 603 化学试剂 试验方法中所用制剂及制品的制备(GB/T 603—2002,ISO 6353-1:1982,NEQ)

GB/T 6678 化工产品采样总则

GB/T 6682 分析实验室用水规格和试验方法(GB/T 6682—2008,ISO 3696:1987,MOD)

GB/T 8170 数值修约规则与极限数值的表示和判定

3 要求

3.1 外观:无色或浅黄色透明液体。

3.2 羟基亚乙基二膦酸按相应的试验方法测定应符合表1要求。

表 1

项 目		指 标
活性组分(以HEDP计)的质量分数/%	≥	50.0
磷酸(以PO_4^{3-}计)的质量分数/%	≤	0.80
亚磷酸(以PO_3^{3-}计)的质量分数/%	≤	2.0

表 1（续）

项目		指标
氯化物(以 Cl^- 计)含量/(μg/g)	≤	200
pH 值(10 g/L 水溶液)		1.5～2.0
密度(20 ℃)/(g/cm³)	≥	1.36
钙螯合值(以 $CaCO_3$ 计)/(mg/g)	≥	450
铁(以 Fe 计)含量/(μg/g)	≤	20

4 试验方法

警告：羟基亚乙基二膦酸对皮肤和眼睛有一定的腐蚀性和刺激性，操作人员在进行作业时应戴防护手套和眼镜，避免与皮肤直接接触。分析中使用的强酸、强碱具有腐蚀性，使用时应注意。溅到身上时，用大量水冲洗。

4.1 通则

本标准所用试剂，除非另有规定，应使用分析纯试剂和符合 GB/T 6682 中三级水的规定。

试验中所需标准滴定溶液、杂质标准溶液、制剂及制品，在没有注明其他要求时，均按 GB/T 601、GB/T 602、GB/T 603 之规定制备。

4.2 活性组分的测定

4.2.1 方法提要

羟基亚乙基二膦酸中含有的有机膦酸、磷酸和亚磷酸，经加入硫酸和分解剂加热分解，均转变成正磷酸。加入喹钼柠酮溶液后生成磷钼酸喹啉沉淀，过滤、洗涤、干燥、称量，计算总磷含量。减去正磷酸、亚磷酸相当的磷含量后计算出活性组分。

生产控制过程中可参见附录 A。

4.2.2 试剂和材料

4.2.2.1 硝酸。

4.2.2.2 过硫酸钾。

4.2.2.3 硫酸溶液：1＋4。

4.2.2.4 硝酸溶液：1＋1。

4.2.2.5 喹钼柠酮溶液。

制备方法：

溶液Ⅰ：称取 70 g 钼酸钠，溶于 150 mL 水中。

溶液Ⅱ：称取 60 g 柠檬酸，溶于 85 mL 硝酸和 150 mL 水的混合液中。

溶液Ⅲ：量取 5 mL 喹啉，溶于 35 mL 硝酸和 100 mL 水的混合液中。

在不断搅拌下，先将溶液Ⅰ缓慢加入到溶液Ⅱ中，再将溶液Ⅲ缓慢加入到溶液Ⅱ中，混匀。放置 24 h，过滤。在滤液中加入 280 mL 丙酮，用水稀释至 1 000 mL，混匀。贮于棕色瓶或聚乙烯瓶中。

4.2.3 仪器、设备

坩埚式过滤器：滤板孔径为5 μm～15 μm。

4.2.4 分析步骤

4.2.4.1 试液的制备

称取约4 g试样，精确至0.2 mg，加水溶解，全部转移到500 mL容量瓶中，用水稀释到刻度，摇匀。此为试液A，供测定活性组分、正磷酸、亚磷酸含量用。

4.2.4.2 测定

移取10.00 mL试液A，置于400 mL高型烧杯中。加10 mL硫酸溶液，0.5 g～0.7 g过硫酸钾，盖上表面皿，置于可控电炉(1 000 W)或微波消解电炉上缓慢加热至出现浓厚白烟。取下表面皿，直至白烟几乎赶尽，溶液呈黏稠状，仔细观察刚有细微结晶出现时，即取下冷却，分解的全过程约为30 min。加入100 mL水，加热，待结晶溶解后，稍冷，加入15 mL硝酸溶液、50 mL喹钼柠酮溶液，盖上表面皿，置于沸水浴中，放置30 min。取出后冷却至室温。冷却过程中摇动3次～4次。

用预先于(180±5)℃下恒量的坩埚式过滤器以倾析法过滤。在烧杯中洗涤沉淀3次，每次用水约15 mL，将沉淀全部转移至坩埚式过滤器中，继续用水洗涤。所用洗水共约150 mL。于(180±5)℃下烘干至恒量。

4.2.5 结果计算

4.2.5.1 总磷(以P计)含量以质量分数w_1计，数值以%表示，按式(1)计算：

$$w_1=\frac{m_1M_1/M_2}{m\times 10/500} \qquad (1)$$

式中：

m_1——磷钼酸喹啉沉淀的质量的数值，单位为克(g)；

M_1——磷的摩尔质量的数值，单位为克每摩尔(g/mol)($M_1=30.97$)；

M_2——磷钼酸喹啉的摩尔质量的数值，单位为克每摩尔(g/mol)($M_2=2\ 212.73$)；

m ——试料的质量的数值，单位为克(g)。

4.2.5.2 活性组分(以HEDP计)以质量分数w_2计，数值以%表示，按式(2)计算：

$$w_2=(w_1-w_3M_1/M_2-w_4M_1/M_3)M_4/2M_1 \qquad (2)$$

式中：

w_1——总磷(以P计)的质量分数；

w_3——4.3测得的磷酸(以PO_4^{3-}计)的质量分数；

w_4——4.4测得的亚磷酸(以PO_3^{3-}计)的质量分数；

M_1——磷的摩尔质量的数值，单位为克每摩尔(g/mol)($M_1=30.97$)；

M_2——磷酸根的摩尔质量的数值，单位为克每摩尔(g/mol)($M_2=94.97$)；

M_3——亚磷酸根的摩尔质量的数值，单位为克每摩尔(g/mol)($M_3=78.97$)；

M_4——羟基亚乙基二膦酸的摩尔质量的数值，单位为克每摩尔(g/mol)($M_4=206.03$)。

4.2.6 允许差

取平行测定结果的算术平均值为测定结果。平行测定结果的绝对差值不大于0.3%。

4.3 磷酸含量的测定

4.3.1 方法提要

在酸性条件下，正磷酸和钼酸铵反应生成黄色的磷钼杂多酸，用抗坏血酸还原成磷钼蓝，使用分光光度计，于最大吸收波长(710 nm)处测定吸光度。

4.3.2 试剂和材料

4.3.2.1 抗坏血酸溶液：20 g/L。

称取 10 g 抗坏血酸溶于约 50 mL 水中，加入 0.20 g 乙二胺四乙酸二钠及 8 mL 甲酸，用水稀释至 500 mL，混匀。贮存于棕色瓶中，保存期 15 d。

4.3.2.2 钼酸铵溶液：26 g/L。

称取 13 g 钼酸铵溶于 200 mL 水中，加入 0.5 g 酒石酸锑钾和 120 mL 硫酸，冷却后用水稀释至 500 mL，混匀。贮存于棕色瓶中，保存期两个月。

4.3.2.3 磷酸盐标准溶液：1 mL 含有 0.02 mg PO_4^{3-}。

移取 20.00 mL 按 GB/T 602—2002 中表 1 配制的 0.1 mg/mL 磷酸盐(PO_4)标准溶液，置于 100 mL 容量瓶中，用水稀释至刻度，摇匀。此溶液现用现配。

4.3.3 仪器、设备

分光光度计：带有厚度为 1 cm 的吸收池。

4.3.4 分析步骤

4.3.4.1 校准曲线的绘制

在 6 个 50 mL 容量瓶中，分别加入 0.00 mL(试剂空白)、1.00 mL、2.00 mL、4.00 mL、6.00 mL、8.00 mL 磷酸盐标准溶液。分别加水至约 25 mL，各加 2.0 mL 钼酸铵溶液、3.0 mL 抗坏血酸溶液，用水稀释至刻度，摇匀，室温放置 10 min。使用分光光度计，用 1 cm 吸收池，在 710 nm 波长处，以试剂空白为参比测定其吸光度。以磷酸根含量(mg)为横坐标，对应的吸光度为纵坐标，绘制校准曲线。

4.3.4.2 测定

移取 1.00 mL 试液 A，置于 50 mL 容量瓶中，加水至约 25 mL。以下按 4.3.4.1 从"各加 2.0 mL 钼酸铵溶液……"至"……以试剂空白为参比测定其吸光度"操作。

4.3.5 结果计算

磷酸(以 PO_4^{3-} 计)含量以质量分数 w_3 计，数值以%表示，按式(3)计算：

$$w_3 = \frac{m_1 \times 10^{-3}}{m \times 1/500} \qquad \cdots\cdots(3)$$

式中：

m_1——根据测得的试液吸光度从校准曲线上查出的磷酸根的量的数值，单位为毫克(mg)；

m——试料的质量的数值，单位为克(g)。

4.3.6 允许差

取平行测定结果的算术平均值为测定结果。平行测定结果的绝对差值不大于 0.02%。

4.4 亚磷酸含量的测定

4.4.1 方法提要

在 pH 值为 7.0～7.5 的条件下，碘将亚磷酸根氧化成磷酸根。用硫代硫酸钠标准滴定溶液滴定过量的碘。

反应式：

$$H_3PO_3 + I_2 + H_2O = H_3PO_4 + 2HI$$

$$I_2 + 2Na_2S_2O_3 = 2NaI + Na_2S_4O_6$$

4.4.2 试剂和材料

4.4.2.1 五硼酸铵($NH_4B_5O_8 \cdot 4H_2O$)饱和溶液。

4.4.2.2 硫酸溶液：1+3。

4.4.2.3 碘标准溶液：$c(1/2\ I_2)$约 0.1 mol/L。

4.4.2.4 硫代硫酸钠标准滴定溶液：$c(Na_2S_2O_3)$约 0.1 mol/L。

4.4.2.5 淀粉指示液：10 g/L。

4.4.3 分析步骤

移取 25.00 mL 试液 A，置于 250 mL 碘量瓶中，加入 12 mL 五硼酸铵饱和溶液，加入 25.00 mL 碘标准溶液，立即盖好瓶塞，于室温下暗处放置 10 min～15 min。加入 15 mL 硫酸溶液，用硫代硫酸钠标准滴定溶液滴定，溶液呈浅黄色时，加入 1 mL～2 mL 淀粉指示液，继续滴定至蓝色消失即为终点。同时做空白试验。

4.4.4 结果计算

亚磷酸(以 PO_3^{3-} 计)含量以质量分数 w_4 计，数值以%表示，按式(4)计算：

$$w_4 = \frac{(V_0/1\,000 - V/1\,000)cM/2}{m \times 25/500} \qquad \cdots\cdots(4)$$

式中：

V_0——空白试验消耗硫代硫酸钠标准滴定溶液的体积的数值，单位为毫升(mL)；

V——滴定试液消耗硫代硫酸钠标准滴定溶液的体积的数值，单位为毫升(mL)；

c——硫代硫酸钠标准滴定溶液的实际浓度的准确数值，单位为摩尔每升(mol/L)；

M——亚磷酸根的摩尔质量的数值，单位为克每摩尔(g/mol)(M=78.97)；

m——试料的质量的数值，单位为克(g)。

4.4.5 允许差

取平行测定结果的算术平均值为测定结果。平行测定结果的绝对差值不大于 0.1%。

4.5 氯化物含量的测定

4.5.1 方法提要

以双液型饱和甘汞电极为参比电极，银电极为指示电极，用硝酸银标准滴定溶液滴定至出现电位突跃点。即可根据工作电池电动势的变化，确定滴定终点。

4.5.2 试剂和材料

硝酸银标准滴定溶液：$c(AgNO_3)$约 0.01 mol/L。

4.5.3 仪器、设备

4.5.3.1 微量滴定管。

4.5.3.2 电位滴定仪。

4.5.3.3 双液型饱和甘汞电极。

4.5.3.4 银电极。

4.5.4 分析步骤

称取约 20 g 试样,精确至 0.01 g,置于 150 mL 烧杯中,加 80 mL 水。将盛有试样的烧杯置于电磁搅拌器上,放入搅拌子,搅匀。将电极插入烧杯,用硝酸银标准滴定溶液滴定至终点电位。同时做空白试验。

4.5.5 结果计算

氯化物(以 Cl^- 计)含量以 w_5 计,数值以 μg/g 表示,按式(5)计算:

$$w_5 = \frac{(V/1\,000 - V_0/1\,000)cM \times 10^6}{m} \quad \cdots\cdots(5)$$

式中:

V ——滴定试液消耗硝酸银标准滴定溶液的体积的数值,单位为毫升(mL);

V_0——空白试验消耗硝酸银标准滴定溶液的体积的数值,单位为毫升(mL);

c ——硝酸银标准滴定溶液的实际浓度的准确数值,单位为摩尔每升(mol/L);

M——氯的摩尔质量的数值,单位为克每摩尔(g/mol)(M=35.45);

m ——试料的质量的数值,单位为克(g)。

4.5.6 允许差

取平行测定结果的算术平均值为测定结果。平行测定结果的绝对差值不大于 5 μg/g。

4.6 pH 值的测定

4.6.1 仪器、设备

酸度计:精度 0.02pH 单位。配有饱和甘汞参比电极、玻璃测量电极或复合电极。

4.6.2 分析步骤

称取(1.00±0.01)g 试样,全部转移到 100 mL 容量瓶中,用水稀释至刻度,摇匀。

将试液倒入烧杯中,置于电磁搅拌器上,将电极浸入溶液中,开动搅拌。在已定位的酸度计上读出 pH 值。

4.7 密度的测定

4.7.1 仪器、设备

4.7.1.1 密度计:分度值为 0.001 g/cm³。

4.7.1.2 恒温水浴:温度控制在(20±1)℃。

4.7.1.3 玻璃量筒:250 mL。

4.7.1.4 温度计:0 ℃~50 ℃,分度值 0.1 ℃。

4.7.2 分析步骤

将试样注入清洁、干燥的量筒内，不得有气泡，将量筒置于 20 ℃的恒温水浴中。待温度恒定后，将清洁、干燥的密度计缓缓地放入试样中，其下端应离筒底 2 cm 以上，不得与筒壁接触。密度计的上端露在液面外的部分所沾液体不得超过 2～3 分度。待密度计在试样中稳定后，读出密度计弯月面下缘的刻度（标有读弯月面上缘刻度的密度计除外），即为 20 ℃试样的密度。

4.8 钙螯合值的测定

4.8.1 方法提要

钙螯合值系指每克试样螯合的碳酸钙的毫克数。在试液中加入碳酸钠，滴加氢氧化钠溶液维持溶液的 pH 值为 11，用钙标准溶液滴定至出现的混浊不消失。

4.8.2 试剂和材料

4.8.2.1 碳酸钠溶液：20 g/L。

4.8.2.2 氢氧化钠溶液：40 g/L。

4.8.2.3 氢氧化钾溶液：200 g/L。

4.8.2.4 钙标准溶液：1 mL 约含 10.0 mg Ca^{2+}。

4.8.2.4.1 配制

称取 24.7 g 无水乙酸钙，用水溶解，稀释到 1 000 mL。

4.8.2.4.2 标定

移取 5.00 mL 钙标准溶液，置于 250 mL 锥形瓶中，加 30 mL 水、5 mL 氢氧化钾溶液、约 0.1 g 钙-羧酸指示剂，用乙二胺四乙酸二钠标准滴定溶液滴定，溶液由紫红色变为亮蓝色即为终点。

4.8.2.4.3 计算

钙标准溶液以质量浓度 ρ 计，数值以 mg/mL 表示，按式(6)计算：

$$\rho=\frac{VcM}{5} \qquad \cdots\cdots(6)$$

式中：

V——滴定中消耗的乙二胺四乙酸二钠标准滴定溶液的体积的数值，单位为毫升(mL)；

c——乙二胺四乙酸二钠标准滴定溶液的实际浓度的准确数值，单位为摩尔每升(mol/L)；

M——钙的摩尔质量的数值，单位为克每摩尔(g/mol)(M=40.08)。

4.8.2.5 乙二胺四乙酸二钠标准滴定溶液：c(EDTA)约 0.05 mol/L。

4.8.2.6 钙-羧酸指示剂：将 1.0 g 钙-羧酸与 100 g 氯化钠研磨、混匀。

4.8.3 仪器、设备

4.8.3.1 酸度计：精度 0.02pH 单位。配有饱和甘汞参比电极、玻璃测量电极或复合电极。

4.8.3.2 电磁搅拌器：配有搅拌子。

4.8.4 分析步骤

称取约 1.5 g 试样（精确到 0.01 g），置于 250 mL 烧杯中，加 100 mL 水。将烧杯置于电磁搅拌器上，放入搅拌子，开动搅拌。试样混合均匀后加入 10 mL 碳酸钠溶液。将电极插入到溶液中，滴加氢氧化钠溶液至 pH 值为 11。提起电极，加水至 150 mL，再插入电极。

用钙标准溶液滴定，边滴定边滴加氢氧化钠溶液，维持溶液的 pH 值为 11。溶液出现的混浊不消失即为终点。

4.8.5 结果计算

钙螯合值(以 $CaCO_3$ 计)以 w_6 计,数值以 mg/g 表示,按式(7)计算:

$$w_6=\frac{\rho V(M_1/M_2)}{m} \qquad \cdots\cdots(7)$$

式中:

ρ ——钙标准溶液的实际浓度的数值,单位为毫克每毫升(mg/mL);

V ——滴定中消耗的钙标准溶液的体积的数值,单位为毫升(mL);

M_1——碳酸钙的摩尔质量的数值,单位为克每摩尔(g/mol)(M_1=100.09);

M_2——钙的摩尔质量的数值,单位为克每摩尔(g/mol)(M_2=40.08);

m ——试料的质量的数值,单位为克(g)。

4.8.6 允许差

取平行测定结果的算术平均值为测定结果。平行测定结果的绝对差值不大于 10 mg/g。

4.9 铁含量的测定

4.9.1 方法提要

试样中的铁常以三价铁的形式存在。用盐酸羟胺将三价铁离子还原成二价铁离子,在 pH 值为4～6 时,二价铁离子和邻菲啰啉形成一种红色的络合物,用分光光度计在最大吸收波长 510 nm 处,测定其吸光度。

4.9.2 试剂和材料

4.9.2.1 盐酸溶液:1+1。

4.9.2.2 氨水溶液:1+1。

4.9.2.3 盐酸羟胺溶液:200 g/L。

4.9.2.4 邻菲啰啉溶液:15 g/L。

称取 5.0 g 邻菲啰啉($C_{12}H_8N_2\cdot H_2O$),溶于 250 mL 乙醇(95%)中,再加入 80 mL 水,摇匀。

4.9.2.5 铁标准贮备溶液:1 mL 含有 0.1 mg Fe。

称取 0.100 0 g 高纯铁,精确到 0.2 mg,置于 150 mL 烧杯中,加 10 mL 盐酸,缓慢加热直到完全溶解。冷却,全部转移到 1 000 mL 容量瓶中,稀释至刻度,摇匀。

4.9.2.6 铁标准溶液:1 mL 含有 0.010 mg Fe。

移取 10.00 mL 铁标准贮备溶液于 100 mL 容量瓶中,用水稀释至刻度,摇匀。此溶液现用现配。

4.9.3 仪器、设备

4.9.3.1 酸度计:精度 0.02pH 单位。配有饱和甘汞参比电极、玻璃测量电极或复合电极。

4.9.3.2 分光光度计:带有厚度为 3 cm 的吸收池。

4.9.4 分析步骤

4.9.4.1 校准曲线的绘制

分别移取 0.00 mL (试剂空白)、2.00 mL、4.00 mL、6.00 mL、8.00 mL、10.00 mL 铁标准溶液于 6 个100 mL 烧杯中,各加 40 mL 水,使用酸度计用盐酸溶液将溶液 pH 值调至 1.5～2.0。分别加入 2 mL 盐酸羟胺溶液,混匀。然后加入 2 mL 邻菲啰啉溶液,混匀后,使用酸度计用氨水溶液将溶液 pH

值调至 5.2～5.8。在可调电炉上将溶液加热煮沸 10 min～15 min，取下冷却至室温，将冷却后的溶液转移到 100 mL 容量瓶中，用水稀释至刻度，摇匀。

使用分光光度计，用 3 cm 吸收池，在 510 nm 波长处，以试剂空白为参比测定其吸光度。

以铁含量(mg)为横坐标，对应的吸光度为纵坐标，绘制校准曲线。

4.9.4.2 测定

称取约 2.0 g 试样，精确至 0.2 mg，置于 100 mL 烧杯中，用水稀释至约 40 mL。使用酸度计用盐酸溶液或氨水溶液将溶液 pH 值调至 1.5～2.0，以下按 4.9.4.1 从"分别加入 2 mL 盐酸羟胺溶液……"至"……以试剂空白为参比测定其吸光度"操作。

4.9.5 结果计算

铁(以 Fe 计)含量以 w_7 计，数值以 $\mu g/g$ 表示，按式(8)计算：

$$w_7 = \frac{m_1 \times 1\,000}{m} \qquad \cdots\cdots(8)$$

式中：

m_1——根据测得的试液吸光度从校准曲线上查出的铁的质量的数值，单位为毫克(mg)；

m ——试料的质量的数值，单位为克(g)。

4.9.6 允许差

取平行测定结果的算术平均值为测定结果。平行测定结果的绝对差值不大于 0.5 $\mu g/g$。

5 检验规则

5.1 本标准规定的全部指标项目为出厂检验项目。

5.2 验收时间从货到之日起 15 d 内进行。

5.3 每批产品不超过 25 t。

5.4 按 GB/T 6678 规定确定采样单元数。

采样时先充分搅匀，用玻璃管或聚乙烯塑料管插入桶深的三分之二处采样。总量不少于 1 000 mL。充分混匀，分装入两个清洁、干燥、带磨口塞的瓶中，密封。瓶上贴标签，注明：生产厂名、产品名称、批号、采样日期和采样者姓名。一瓶供检验用，另一瓶保存 3 个月备查。

5.5 按 GB/T 8170 中修约值比较法进行判定。

5.6 检验结果中如果有一项指标不符合本标准要求时，应重新自两倍量的包装单元中采样核验。核验结果有一项不符合本标准要求时，整批产品为不合格。

6 标志、包装、运输及贮存

6.1 羟基亚乙基二膦酸的包装桶上应涂刷牢固的标志，内容包括：生产厂名、产品名称、商标、批号或生产日期、净质量、厂址及 GB/T 191 规定的"向上"标志。

6.2 每批出厂的羟基亚乙基二膦酸都应附有产品质量检验报告及质量合格证。

6.3 羟基亚乙基二膦酸采用聚乙烯塑料桶包装。

6.4 运输时防止曝晒，贮存在通风干燥的库房里。

6.5 羟基亚乙基二膦酸的贮存期为一年。

附 录 A
（资料性附录）
羟基亚乙基二膦酸活性组分的测定 容量法

A.1 方法提要

羟基亚乙基二膦酸中电离出的氢离子与氢氧根离子反应，在反应过程中产生两个突跃点，用电位滴定仪或配有记录仪的酸度计绘制滴定曲线，然后根据滴定曲线来计算活性组分含量。

A.2 试剂和材料

氢氧化钠标准滴定溶液：$c(NaOH)$约 1.0 mol/L。

A.3 仪器、设备

电位滴定仪或酸度计（配有记录仪）。

A.4 分析步骤

称取约 1.0 g 试样，精确至 0.2 mg，置于 250 mL 烧杯中，加水 80 mL。将盛有试样的烧杯置于电磁搅拌器上，搅匀，将电极插入烧杯中，用氢氧化钠标准滴定溶液滴定，同时绘制滴定曲线，在通过第一个 pH 突跃点时，放慢滴定速度，并开始记录滴定曲线上各个点，当滴定进行到通过两个完整的突跃点时停止滴定。

A.5 结果计算

活性组分（以 HEDP 计）以质量分数 w_2 计，数值以%表示，按式（A.1）计算：

$$w_2=\frac{(Vc/1\,000-2w_4m/100M_2-2w_3m/100M_3)M_1/3}{m} \quad \cdots\cdots\cdots\cdots(A.1)$$

式中：

V ——通过第二个突跃点时所消耗的氢氧化钠标准滴定溶液的体积的数值，单位为毫升（mL）；

c ——氢氧化钠标准滴定溶液的实际浓度的准确数值，单位为摩尔每升（mol/L）；

w_3 ——4.3 测得的磷酸（以 PO_4^{3-} 计）含量，%；

w_4 ——4.4 测得的亚磷酸（以 PO_3^{3-} 计）含量，%；

M_1——羟基亚乙基二膦酸的摩尔质量的数值，单位为克每摩尔（g/mol）（M_1=206.03）；

M_2——亚磷酸根的摩尔质量的数值，单位为克每摩尔（g/mol）（M_2=78.97）；

M_3——磷酸根的摩尔质量的数值，单位为克每摩尔（g/mol）（M_3=94.97）；

m ——试料的质量的数值，单位为克（g）。

A.6 允许差

取平行测定结果的算术平均值为测定结果。平行测定结果的绝对差值不大于0.3%。

ICS 17.020
N 10

中华人民共和国国家标准

GB/T 26325—2010/IEC 62419:2008

控制技术　测量仪表的命名规则

Control technology—Rules for the designation of measuring instruments

(IEC 62419:2008,IDT)

2011-01-14 发布　　2011-06-01 实施

中华人民共和国国家质量监督检验检疫总局
中国国家标准化管理委员会　发布

前　言

本标准等同采用IEC 62419:2008《控制技术　测量仪表的命名规则》(英文版)。

本标准等同翻译IEC 62419:2008。

本标准在制定时按GB/T 1.1—2000《标准化工作导则　第1部分:标准的结构和编写规则》和GB/T 20000.2—2001《标准化工作指南　第2部分:采用国际标准的规则》的有关规定做了如下编辑性修改:

a) 删除了国际标准的前言;

b) "本国际标准"改为"本标准";

c) 原引用文件的引导语按GB/T 1.1—2000的规定改成规范性引用文件的引导语。

本标准的附录A为资料性附录。

本标准由中国机械工业联合会提出。

本标准由全国工业过程测量和控制标准化技术委员会(SAC/TC 124)归口。

本标准负责起草单位:上海工业自动化仪表研究所。

本标准参加起草单位:上海仪器仪表自控系统检验测试所。

本标准主要起草人:李明华、肖红练。

引　言

上个世纪，量和单位的相关科学发生了重大变化。在1920年到1960年间，尤其是在Julius Wallot于1922和1953年间发表的著作的促进下，对物理量的理解和运用发生了根本性的变化。在这个过程中，多种多样的物理单位制和数字方程的运用被国际单位制（见ISO 1000）和量方程的运用所替代。因此，量不再与特定单位相关联。

随着1931年德国标准DIN 1313《科学与技术中的物理方程的表示法》第一版以及1954年第十届度量衡大会决议的发表，这一发展达到了巅峰。自那时起，用单位来命名一个量被认为是不正确的。

鉴于这一事实，测量仪表不宜用被测量的单位来命名，而只能按被测量或测量任务本身来命名。

关于与市场的相关性问题，尤其是多语种设备描述的标准化分类和归档这一国际性工程，必须指出，重要的是要认真对待测量仪表命名的现状。理想情况是，所有制造商都使用相同的术语。但实际上，在商品目录、宣传册乃至技术文献中，测量仪表的命名比较混乱。

本标准不打算推广任何语言形式的特殊应用，而旨在提供建议，以消除或至少消减此领域内不同语言间的混淆。考虑到使不同语言之间进行明确技术交流的紧迫性和必要性，这个目标是合理的。这也将是一个具有全球性重要影响的问题。

控制技术　测量仪表的命名规则

1　范围

本标准规定了不同类型测量仪表和测量仪表特征的命名规则，以方便不同语言之间的技术交流。

本标准适用于测量技术。

本标准的范围是：

——按被测量或测量任务而不是单位来命名测量仪表和测量仪表的特征，使测量仪表和测量仪表特征的命名适应科学现状；

——使测量仪表和测量仪表特征的命名与ISO/IEC导则99(VIM)中相关术语保持一致。

建议在复合名称中使用"……测量仪表"作为次级成分。这与标准化的目标相符。诸如"……指示仪"、"……计"、"……表"等其他次级成分的含义，并不比本标准规定的标准成分更具描述性。特殊情况见4.1和A.2。

不使用"……敏感器"等含义不明确的成分。根据被命名功能单元的任务，使用"……检测元件"、"……检出器"、"……变换器"、"……传感器"、"……变送器"、"……测量仪表"或"……测量链"等次级成分。GB/T 2900.56给出了检出器(检测装置)、变换器、传感器和变送器的定义。

2　规范性引用文件

下列文件中的条款通过本标准的引用而成为本标准的条款。凡是注日期的引用文件，其随后所有的修改单(不包括勘误的内容)或修订版均不适用于本标准，然而，鼓励根据本标准达成协议的各方研究是否可使用这些文件的最新版本。凡是不注日期的引用文件，其最新版本适用于本标准。

GB/T 2900.56—2008　电工术语　控制技术(IEC 60050-351:2006,IDT)

GB/T 2900.77—2008　电工术语　电工电子测量和仪器仪表　第1部分：测量的通用术语(IEC 60050(300-311):2001,IDT)

IEC 60050-312　国际电工词汇　第312章：一般电工测量术语

ISO/IEC 导则99:2007　国际计量词汇　基本和一般概念以及相关术语(VIM)

ISO 31 系列　量值和单位

ISO 1000　国际单位制及其倍数单位和一些其他单位的应用建议

3　术语和定义

下列术语和定义适用于本标准。

3.1

测量仪表　measuring instrument

单独或与辅助装置组合进行测量的装置。

[GB/T 2900.77—2008，定义 311-03-01]

[ISO/IEC 导则 99:2007，定义 3.1]

注1：实物量具也属于测量仪表。

注2：输出量可进行传送、转换、处理和存储，但不能通过直接观察得到的仪表也属于测量仪表。

注3：测量仪表的名称若不附带任何补充成分，则只能作为一般术语来使用，指代所有种类的测量仪器。在复合名称中，"测量仪表"这个术语宜仅表示显示测量仪表。

示例："测量仪表与测量系统"目录(同样包括，比如，信号发生器和测量组件)。

3.1.1

显示测量仪表　displaying measuring instrument

显示仪表　displaying instrument

以可视化形式显示输入输出信号的测量仪表。

[改写 ISO/IEC 导则 99:2007,定义 3.4]

注1：输出被测值时,可能需要多个参数。例如,涉及到供电电能时,需要功率参数和能量参数。

注2：输出的被测值可直接表示被测量,也可通过一定的方法处理得出。处理方法可以是固定的,也可以是手动调整或可编程的。

注3：不同标准中的用法不一致。在 IEC 60050-311 中,显示测量仪表也被称为"指示(测量)仪表"。而在 ISO/IEC 导则 99:2007 中,两者是不同的。

3.1.2

有信号输出的测量仪表　measuring instrument with signal output

用输出信号来表示被测量的测量仪表。

注1：输出被测值时,可能需要多个参数。例如,涉及到供电电能时,需要功率参数和能量参数。

注2：输出的被测值可直接表示被测量,也可通过一定的方法处理得出。处理方法可以是固定的,也可以是手动调整或可编程的。

3.1.3

实物量具　material measure

在使用过程中,以固定方式再现或给出某种或多种给定量的赋值的测量仪表。

[ISO/IEC 导则 99:2007,定义 3.6]

示例:标准砝码、体积量具,标准电阻器,标准信号发生器。

注:实物量具可作为测量标准器。

3.2

测量装置　measuring device

用于特定测量目的的测量仪表的组合。

[改写 GB/T 2900.77—2008,定义 311-03-05]

3.3

测量系统　measuring system

为完成特定测量任务而组合起来的一整套测量仪表和其他装置。

[GB/T 2900.77—2008,定义 311-03-06]

[改写 ISO/IEC 导则 99:2007,定义 3.2]

3.4

测量链　measuring chain

测量仪表或者测量系统中构成测量信号从输入到输出之间通路的一系列元器件。

[GB/T 2900.77—2008,定义 311-03-07]

[改写 ISO/IEC 导则 99:2007,定义 3.10]

示例:一台或多台测量仪表中,位于测量链的首位元件即敏感元件与测量链的末位元件例如指示装置、记录元件或存贮装置之间的一组传感器和连接元件。

3.5

测量标准器　measurement standard

标准器　etalon

以规定的量值和相关测量不确定度对既定量进行定义的基准。

[ISO/IEC 导则 99:2007,定义 5.1]

注 1:在测量链中,测量标准器相当于一个功能元件,为被测量提供规定值,以达到测量目的。

注 2:为了进行定义,可能需要多个参数。例如,正弦交流电压的频率和振幅参数。

注 3:数值可以是固定的,也可以是手动调整或可编程的。

3.6

测量组件　measuring assembly

执行测量任务的功能单元,一般与其他功能单元或测量仪表相组合,以形成公共控制单元和测量结果输出。

注:处理方法可以是固定的,也可以是手动调整或可编程的。

4 命名规则

4.1 总则

仪表的命名并不需要遵循特定的语法规则,但要明确易懂。在宜混淆处宜使用连字号,例如,"moving-coil galvanometer(动圈式检流计)",而不采用"moving coil galvanometer"。

ISO 31、ISO/IEC 80000 和 IEC 60027 系列标准给出了物理量的术语及其单位。另外,ISO 1000 给出了物理量单位的术语。

如果文中已经对量进行了明确定义,可以使用简称(例如,用"tension"作为"mechanical tension"或者"electric tension"的简称)。

诸如"……指示器"、"……计"、"……表"等,若在文中具有明确或公认的含义,也可作为次级成分使用。例如,窥镜流量指示器,弹簧管压力表,镜式检流计。

4.2 测量仪表的命名规则

在命名测量仪表时,应将"测量仪表"与表示测量任务或被测量的词组合形成复合名词("……测量仪表"),或采用分解形式表示(……用测量仪表)。

注 1:测量仪表通常将测量标准器作为其内部元件或附件。例如,带砝码的天平,带集成电压测量标准器的电压测量仪器。

注 2:复杂的测量任务可能采用其他名称。

示例:

复合名称:

温度测量仪表

压力测量仪表

转速测量仪表

声级测量仪表

分解形式	结合上下文的简称:
电压用测量仪表	电压测量仪
交流电压用测量仪表	交流电压测量仪
机械张力用测量仪表	张力测量仪
电源用测量仪表	电源测量仪

4.2.1 显示测量仪表的命名规则

在命名显示测量仪表时,应将"显示仪表"与表示测量任务或被测量的词组合形成复合名词("……显示仪表"),或采用分解形式(用于……的显示仪表)。

注 1:无需外部电源即可指示被测量的显示仪表通常称为"……计"。

注 2:复杂的测量任务可能采用其他名称。

示例：

复合名称

流量显示仪表

物位显示仪表

分解形式	结合上下文的简称
电压用显示仪表	电压测量仪表
直流电流用测量仪表	直流电流测量仪表

4.2.2 有信号输出的测量仪表的命名规则

在命名有信号输出的测量仪表时，将一级成分“测量”置于表示传输或处理方法的词前面。

示例：

复合名称

测量放大器

测量整流器

测量解调器

测量电桥

测量变换器

测量传感器

测量转换器

为说明测量传感器的确切类型，可在“测量传感器”前加一个表示被测量的词。

注 1：如果输入量是电量，输入量与输出量的性质可能不相同。例如，电压量和电流量。

注 2：在特定情况下，也可为测量传感器规定一个与其功能相关的专门名称（如放大器，转换器，变换器，频率传感器等）。

[IEV 定义 312-02-15，类似于 ISO/IEC 导则 99:2007，定义 4.3]

4.3 测量标准器的命名规则

在命名测量标准器时，应将"测量标准器"与表示被测量的词组合形成复合名词（“……测量标准器”），或采用分解形式（……用测量标准器）。

注：复合测量标准器可能采用其他名称。

示例：

复合名称

长度测量标准器

质量测量标准器

石英时测量标准器

铯时测量标准器

分解形式	结合上下文的简称
电压用测量标准器	电压测量标准器
电阻用测量标准器	电阻测量标准器

复合测量标准器：

信号发生器

三触点元件

4.4 测量组件的命名规则

在命名测量组件时，应将“测量组件”与表示测量任务的词组合形成复合名词（“……测量组件”），或采用分解形式（……用测量组件）。

示例：

复合名称

无线电通信测量组件

频率响应测量组件

气体分析测量组件

物理常数测量组件

分解形式	结合上下文的简称
GSM 蜂窝式无线电通讯单元用测量组件	GSM 无线电通讯测量组件
测定频率响应用测量组件	频率响应测量组件(或:扫频测量组件)
车辆废气 CO 及 NO_x 成分用测量组件	废气测量组件

4.5 复杂量任务用测量仪表的名称示例

频谱分析器

谐波分析器

快速傅氏变换法分析器

测量接收器

大气污染物分析器

附 录 A
（资料性附录）
推荐使用的名称示例

A.1 推荐名称

推荐名称	可在文中使用的名称
差压测量仪表	差压计
流量测量仪表	流量计，流量表
温度测量仪表	温度计，温度表
转速测量仪表	转速变送器
原子时测量标准器	原子钟
电压测量仪表	电压表，伏特计
电流测量仪表	电流表，电表
电阻测量仪表	电阻表，欧姆计

推荐名称	可用于特定类型的名称
压力测量仪表	压力表
温度测量仪表	温度计

推荐名称	避免使用的名称
压力测量仪表	压力传感器
温度测量仪表	温度传感器
变面积流量测量仪表	浮(转)子流量计

A.2 例外情况

规则

实现特定测量功能的测量仪表所采用的名称可以保留。

示例：

干涉仪

吸收分光计

干湿表

参 考 文 献

GB/T 2900.79—2008 电工术语 电工电子测量和仪器仪表 第3部分:电测量仪器仪表的类型(IEC 60050(300 313):2001,IDT)

IEC 60027 系列 电气技术用字母符号

IEC 60050-314 国际电工词汇 第314部分:按仪表类型分的特殊术语

ISO/IEC 80000 系列 量和单位

DIN 1313 Größen[1](量)

1) 此参考文献无相应的国际标准。

ICS 35.240.50
J 07

中华人民共和国国家标准

GB/T 26327—2010

企业信息化系统集成实施指南

Implementation guide for enterprise informationization system integration

2011-01-14 发布　　　　2011-06-01 实施

中华人民共和国国家质量监督检验检疫总局
中国国家标准化管理委员会 发布

前　言

本标准的附录A为资料性附录。

本标准由中国工业机械联合会提出。

本标准由全国自动化系统与集成标准化技术委员会(SAC/TC 159)归口。

本标准起草单位:北京机械工业自动化研究所、上海宝信、清华大学、北京清软英泰信息技术有限公司、沈阳东软集团有限公司、深圳金蝶中间件有限公司。

本标准主要起草人:黄双喜、黎晓东、刘颖、欧阳树生、杨英杰。

企业信息化系统集成实施指南

1 范围

GB/T 26327 规定了企业信息化集成系统参考模型，定义了企业信息化系统的集成层次，建立了企业信息化系统集成的成熟度模型，并规范了企业信息化系统集成项目实施的基本步骤和任务。

本标准适用于企业、信息化咨询服务单位以及提供信息化技术支持的单位，为企业进行信息化系统集成提供参考指南。

2 术语和定义

下列术语和定义适用于本标准。

2.1

企业 enterprise

共同承担确定使命、目标和目的，以提供产品或服务等输出的一个或多个组织。

注：该术语包括诸如广义企业、虚拟企业等相关概念。

［GB/T 18757—2008，定义 3.6］

2.2

企业信息化 enterprise informationization

企业信息化是指企业在生产和经营、管理和决策、研究和开发、市场和销售等各方面全面应用信息技术，建设信息网络与信息系统，通过对信息和知识资源的高效开发与利用，调整或重组企业组织结构与业务模式，服务企业发展目标，提高企业竞争力。

2.3

企业信息化系统 enterprise informationization system

支持企业信息化实现的各类计算机应用系统。

2.4

系统集成 system integration

通过接口实现不同功能系统之间的数据交换和功能互连。

2.5

企业集成 enterprise integration

企业实现其内部和外部信息环境中不同数据、应用、业务流程和服务共享和互联的方法和过程。

2.6

系统 system

为实现一个或多个即定目标而组织起来的相互作用的元素的结合体。

2.7

企业信息化集成系统 enterprise informationization integrated system

通过计算机硬件、软件，并综合运用现代管理技术，制造技术，信息技术，自动化技术，系统工程技术，将企业生产全过程中有关人，技术和经营管理三要素及其信息流、物料流与资金流有机地集成并优化运行的一个复杂大系统。

2.8

企业集成平台 enterprise integration platform

一个支持复杂信息环境下企业集成的软件平台，为企业提供一个统一的集成环境和相应的集成服务。

2.9

体系结构　architecture

系统(不论物理的或概念的对象或实体)中各部分的基本配置和连接的描述(模型)。

注:针对系统集成,有两种,也只有两种体系结构。它们是:

a) 系统体系结构(有时又称为"第1类"体系结构)涉及系统的设计。例如整个企业集成系统中的计算机控制系统部分。

b) 企业参考项目(有时称为"第2类"体系结构)涉及诸如企业集成或其他企业开发计划的项目的开发与实施的组织。

2.10

参考体系　reference architecture

一套方法和框架,它通过结构化的方法论、规范化的操作和支持工具来指导企业集成系统的设计和实现。

2.11

方法论　methodology

(以文本、计算机程序、工具等方式提供的)指令集,是指导人们思考问题和解决问题的步骤和工作内容。

注:在执行实体集成项目生命周期的各方面时,方法论描述或规定了企业工程和集成的过程。方法论可能会考虑到所涉及的社会、政治、经济等方方面面。

[GB/T 18757—2008,定义3.14]

2.12

模型　model

为回答所研究的问题和表达真实事物的特定方面而采用任何形式(包括数学、物理、符号、图形或文字描述等)的、实际事物的抽象表达法。

注:模型可用于描述企业活动或企业生命周期的不同阶段。

[GB/T 18757—2008,定义3.16]

2.13

企业模型　enterprise model

关于企业打算做什么和如何去做的表示方法。

注:企业模型用于改进企业的效果和效率,识别基本的要素并将其分解到需要的程度。它也规定了这些要素对信息、资源和组织方面的需求,提供定义集成信息系统需求所要的信息。

[GB/T 18757—2008,定义3.8]

2.14

框架　framework

表明概念化实体各组成部分彼此间相互关系的结构图。

注:对照企业参考体系结构,这里所涉及的结构或各部分的相互关系都没有生命周期或时间关系。

[GB/T 18757—2008,定义3.9]

2.15

生命周期　life cycle

系统走完其全部生命历程所经历的一般阶段和步骤的有限集。

[GB/T 18757—2008,定义3.11]

2.16

项目　project

有目的的、带有开始和结束时间的行动,用来在特定资源和需求条件下创建一个产品或服务。

[ISO/IEC 15288:2002,定义 4.12]

2.17

生命周期模型　life cycle model

一个有关过程和活动的框架,可以作为通用的相互交流和理解的参考。

[ISO/IEC 15288:2002,定义 4.8]

2.18

系统生命周期　system life cycle

一个系统从概念生成到报废的随时间发展的系统演进全过程。

[ISO/IEC 15288:2002,定义 4.20]

2.19

经营过程　business process

企业活动的部分有序集,通过其执行来实现企业或企业某一部分的既定目标以达到某种期望的最终结果。

[GB/T 18757—2008,定义 3.5]

2.20

工作流　workflow

为了实现某个目标而组织起来的一组任务,它在组织机构和人员的参与下,利用特定资源,按照预先确定的规则执行的一个过程。

2.21

使能系统　enabling system

在一个系统生命周期阶段中作为补充功能的系统,但对于系统的功能不起直接作用。

[ISO/IEC 15288:2002,定义 4.5]

2.22

用户　user

在一个系统应用期间受益的个人或组织。

[改写 ISO/IEC 15288:2002,定义 4.22]

2.23

活动　activity

功能的全部或一部分。

注:企业活动由企业中执行的那些消耗输入、并配给时间与资源、以产生输出的基本任务组成。

2.24

组织　organization

企业的结构和企业中责任与权力的分配。

[GB/T 18757—2008,定义 3.17]

2.25

资源　resource

在执行企业活动和经营过程中所需提供的部分或全部能力的企业实体。

[GB/T 18757—2008,定义 3.18]

2.26

阶段　stage

系统生命周期中以某特定条件、事件或现象的发生为特征的时间间歇。

[改写 ISO/IEC 15288:2002,定义 4.14]

3 企业信息化集成系统参考模型

3.1 企业信息化系统分类

企业信息化系统类型可分为：

a) 制造领域集成：制造领域集成在纵向上主要完成各种生产系统与制造管理与控制的集成；在横向上要解决制造与设计之间的集成；

b) 设计领域集成：实现产品设计领域不同产品设计功能间（设计、工艺、装配）的集成；

c) 管理领域集成：实现企业多层面、多组织、多业务环节、多地域的管理业务的集成；

d) 供应链集成：实现物流、资金流、信息流在企业采购总部、分中心、供应商之间的集成。实施企业信息化集成系统的目的是为解决企业内各部门之间信息不能够共享、“自动化孤岛”和“信息孤岛”给企业整体效益提高带来的障碍而采取的技术和组织方法。

3.2 企业信息化集成系统参考模型

企业信息化集成系统是通过计算机硬件、软件，并综合运用现代管理技术，制造技术，信息技术，自动化技术，系统工程技术，将企业生产全过程中有关人，技术和经营管理三要素及其信息流、物料流与资金流有机地集成并优化运行的一个复杂大系统。图1给出了企业信息化集成系统参考模型。其核心是集成基础设施/集成平台，为企业提供基础的信息集成、应用集成、过程集成和商业集成服务，通过这些集成服务，企业不同单元技术和系统协同运行，形成集成化的企业信息化系统，支持企业研发、生产和管理等业务活动的高效运行，实现人/组织、技术、资源和经营管理等企业要素的集成。

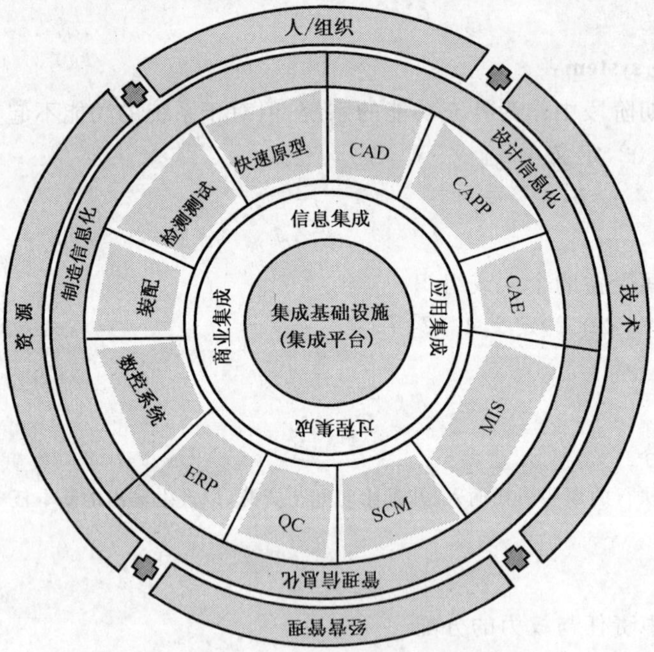

图1 企业信息化集成系统参考模型

4 企业信息化系统的集成层次

本标准按照企业信息化集成系统的集成内容，将企业信息化集成系统的实现分为信息集成、应用集成、过程集成和商业集成几个发展阶段（见图2）。

a) 信息集成利用通信技术和数据库技术，在共享信息模型的支持下，实现不同应用系统之间的信息共享，实现“在正确的时候将正确的信息以正确的方式传递给正确的人（或者机器）”，从而作出正确的决策。在企业实施信息化的早期阶段，应用的集成首先是信息集成。信息集成解决了由于各部门之间信息不共享、信息反馈速度慢、信息不全等而造成的决策困难、计划不正确、库存量大、产品制造周期长、资金积压等问题，提高了企业的现代化管理水平和整体经济效益；

b) 应用集成实现异构应用网络环境下完成不同功能的应用系统之间的交互与互操作，提供应用网络中不同节点应用对共享数据的访问接口。在这一层，为了建立协作系统，必须提供分布处理环境、执行环境的公共服务、应用编程接口(API)和标准数据交换格式。应用集成和物理系统集成构成了企业集成的运行环境；

c) 过程集成利用计算机集成支持软件工具高效、实时地实现企业信息化应用间的数据、资源的共享和应用间的协同工作，将一个个孤立的应用集成起来形成一个协调的企业运行系统。实现过程集成后，就可以方便地协调各种企业功能，把人和资源、资金及应用合理地组织在一起，获得最佳的运行效益。这样，企业就使客户处于主动地位，可以按照客户的需求制定过程，再按照过程来组织功能和工作组。另外，过程集成实现了应用逻辑与过程逻辑的分离，过程建模与具体数据、功能的分离，这样就可以在不修改具体功能的情况下，通过修改过程模型来完成系统功能的改变，从而大大提高企业的灵活性和对市场的反应能力；

d) 商业集成以网络化虚拟组织为集成对象，通过电子商务、供应链管理实现跨组织边界的策略、业务集成。

图 2 企业信息化系统集成层次

5 企业信息化系统集成的成熟度模型

在企业信息化集成系统具体的实现过程中，由于企业业务应用系统的多样性及大量遗留系统的存在，造成了企业集成实际需求本身就非常复杂，另一方面由于存在大量可供选择的应用集成技术、软件产品和集成实现方案，使企业集成的实施手段也变得十分复杂。为了帮助企业清楚地了解其目前所处的技术状态，进而更好地处理上述复杂性，本标准给出企业集成系统实现成熟度模型，以指导企业逐步实现业务系统的集成化运行。

根据企业的集成状态，企业信息化集成系统实现成熟度模型分为预集成、点对点集成、结构化集成、过程集成和协同业务集成五个阶段(见图 3)。

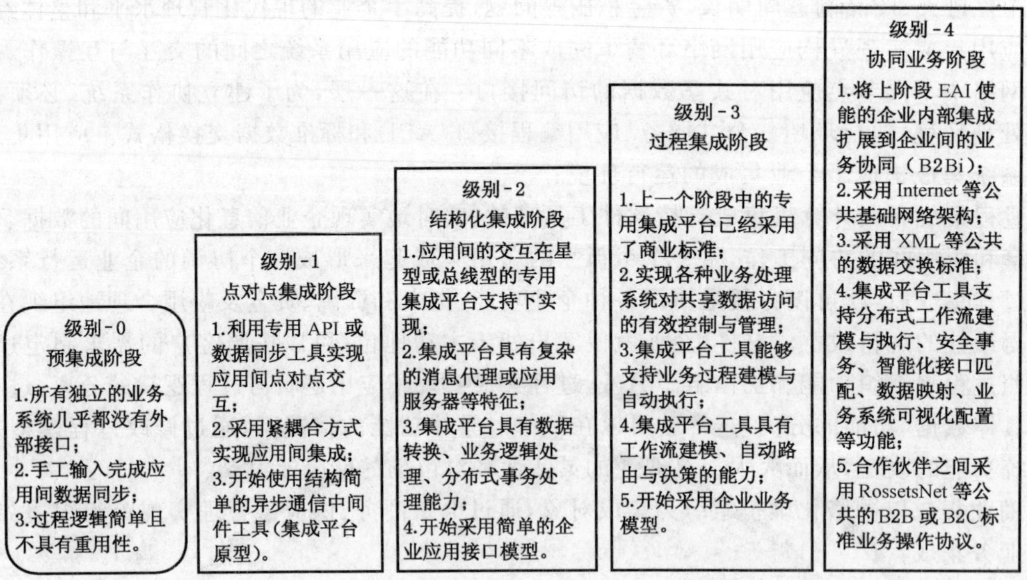

图3 企业信息化系统集成成熟度模型

a) 预集成阶段

各个业务系统都独立运行，这些独立运行的业务系统之间没有任何形式的直接交互，形成“信息化孤岛”。

b) 点对点集成阶段

在这个阶段，通过为需要互连或交互的两个应用建立基础数据交换接口，实现应用之间点到点的集成。但在这一层上的接口是技术层面(如数据词典等)的接口，不涉及任何业务的问题。经过应用间数据交换接口的连接，应用已经从独立的信息单元向开放的系统转化。应用系统之间的交互主要通过应用编程接口来实现，应用之间的数据交换大部分已经通过不需要手工参与的自动化手段实现。集成的应用系统采用紧耦合的结构，反映应用之间依赖关系的业务逻辑规则通常直接编码在具体的应用系统中。虽然集成系统采用的是紧耦合的结构，但是它也允许应用有一定程度的独立性，通常采用面向消息的中间件的方法来提高应用的可扩展性和访问能力。

c) 结构化集成阶段

在这个集成阶段，通常采用先进的中间件工具来实现不同业务应用之间的互操作及数据交换。具体包括两个方面的内容：为了解决点对点集成方式中存在大量应用集成接口的问题，采用结构化的中心式HUB或总线来控制应用间的信息交换；对不同业务应用之间数据或信息流动的各种业务逻辑规则进行集中管理，并将其固化到相应的中间件中。在这个企业集成阶段，企业的应用需要遵循一个规范化的集成接口模型(包括公共数据模型)，从而便于实现对多种业务系统及数据源的集成化管理。

d) 过程集成阶段

在这个集成阶段，企业集成的重点是实现过程集成。在实施过程集成之前，企业已经实现了应用之间信息共享和对应用之间信息流的控制，为了实现过程集成，企业还需要建立涵盖全企业的公共业务模型，需要专门的工具(友好界面的过程建模工具、自动化的工作流管理工具及决策支持工具等)来完成业务模型的建立、业务流程的配置与管理功能。

e) 协同业务阶段

这一层次的企业集成从全面满足客户需求的角度来权衡技术、业务过程及组织重组的相互影响，以集成平台技术作为支撑，将企业与客户和供应商建立的协同竞争策略转化为跨企业的协同业务操作。企业通过Internet提供创新性的在线服务项目和新产品，从而提升企业已有品牌的市场竞争力。本阶段的企业应用集成建立了紧密的企业、合作伙伴、客户之间的关系，客户需求可以迅速转化为对企业及其合作伙伴的市场和业务行为的驱动力。通过采用先进的信息资源共享和知识管理等使能技术，使企业实现对市场动态变化的快速、柔性的响应。

6 企业信息化系统集成项目的实施

企业信息化系统集成项目的实施包括4个阶段：集成需求调研与分析、集成方案设计、集成平台部署和集成平台实施与应用（见图4）。

a） 集成需求调研与分析

该阶段的主要任务是从企业的战略目标及内外现实环境出发，分析企业对集成的需求，确定集成项目的总体目标和主要功能，拟订系统的初步总体方案，从技术、经济和社会等诸多方面论证集成项目的可行性，制定初步开发计划，并编写需求分析报告和可行性论证报告。该阶段主要工作内容包括：

1） 企业环境调研与分析：了解企业的市场环境、经营特点、经营目标及采取的策略；
2） 企业资源调研与分析：调查分析企业物流、信息流、资金流、生产设备和计算机资源的情况，以及各种资源的应用情况、组织机构和人员情况；
3） 企业业务流程调研与分析：调研企业业务流程，分析业务流程中的各种集成场景，抽取出企业集成需求；
4） 集成项目组织建立：提出集成项目开发组织计划，确定项目的初步总体方案和技术路线，并对集成项目进行投资规划和效益分析。保证项目的实施在资金、人员、组织机构等方面的可行性。

b） 集成方案设计

集成方案设计是在项目需求分析的基础上，进一步明确项目的需求和目标，提出集成系统的总体方案，建立系统的功能模型、信息模型，使最终得到的系统设计方案达到可以直接指导系统开发与实施的程度。该阶段的主要工作内容包括：

1） 集成系统总体方案设计：在需求分析的基础上进一步明确项目的目标，确定集成系统的总体结构，给出系统的构成、应用系统的层次结构和信息系统之间的集成关系，提出使用、先进的技术方案，最终形成集成系统总体设计方案；
2） 集成系统初步设计：集成系统的初步设计是在总体方案的基础上，进一步明确系统的功能及技术性能指标，建立系统的功能模型，确定系统内的实体和联系，绘制系统的信息模型，确定系统的内外接口，对系统的重要软硬件进行选型，提出具体的实施计划和拟采用的技术路线，最终形成系统初步设计文档；
3） 集成系统详细设计：集成系统详细设计是初步设计的继续。其目的是通过细化和完善初步设计产生的系统方案，产生系统更详细、更确切的功能模型、信息模型。对于自行开发的子系统，应给出该系统的数据字典、类图、对象图、模块图、处理图等详细的软件设计文档。最终形成系统详细设计文档。

c） 集成系统部署

该阶段主要完成集成系统运行所需的各种准备工作，完成集成系统的安装、调试和系统原型的测试，进行系统模拟运行及用户化工作，最终实现集成系统的切换运行。该阶段主要工作内容包括：

1） 实施准备：对集成系统运行所需的组织机构及人员进行配置，准备和录入一系列集成系统运行所需的基础数据，包括用户配置信息、应用运行参数、接口参数、用户界面设置等。
2） 系统安装调试：在人员、基础数据已经准备好的基础上，就可以将集成系统部署到企业中，并进行一系列的调试活动。并对集成系统的软件功能进行原型测试。检查各个数据、功能和流程之间相互的集成关系是否正确，找出不足的方面，提出解决方案，以便接下来进行系统模拟运行。
3） 系统模拟运行：在基本掌握软件功能的基础上，选择具体集成场景，将各种必要的数据录入系统，针对实际的业务，进行实战性模拟，对系统的功能和性能进行检查。针对模拟运行中出现的问题，提出相应的解决方案。

4） 系统切换运行：在模拟运行通过测试后，就可以将集成系统投入试运行。在这个阶段，所有最终用户必须在自己的工作岗位上使用终端或客户机操作，并按要求输入全部数据，使系统处于真正应用状态。

d） 集成系统运行与维护

当集成系统被应用到企业后，实施的工作并没有完全结束，而是将转入系统的运行监控、优化配置和后期支持阶段以及集成系统效能评价。集成项目的实施不是一个一蹴而就的事情，集成系统需要在实际运行过程中不断完善和优化。由于企业业务会根据市场需求不断发生变化，以及新技术的不断产生，导致集成系统体系结构和软硬件配置都必须不断地升级，以满足新的需求。该阶段主要工作内容包括：

1） 集成系统配置与优化：在实施和运行过程中，集成系统必须根据企业业务需求的变化和企业集成环境的改变动态调整集成策略，对系统进行不断优化和配置，以适应新的需求；

2） 集成系统运行监控：为了保证集成系统正确、高效地运行，必须建立运行控制系统，实时地监控集成系统的运行状态，平衡系统负载，管理系统日志，并对异常进行处理；

3） 集成系统效能评估：在运行维护阶段，必须对集成系统实施的结果进行效能评估，以判断是否达到了最初的目标，从而在此基础上进行改进，不断地巩固和提高。

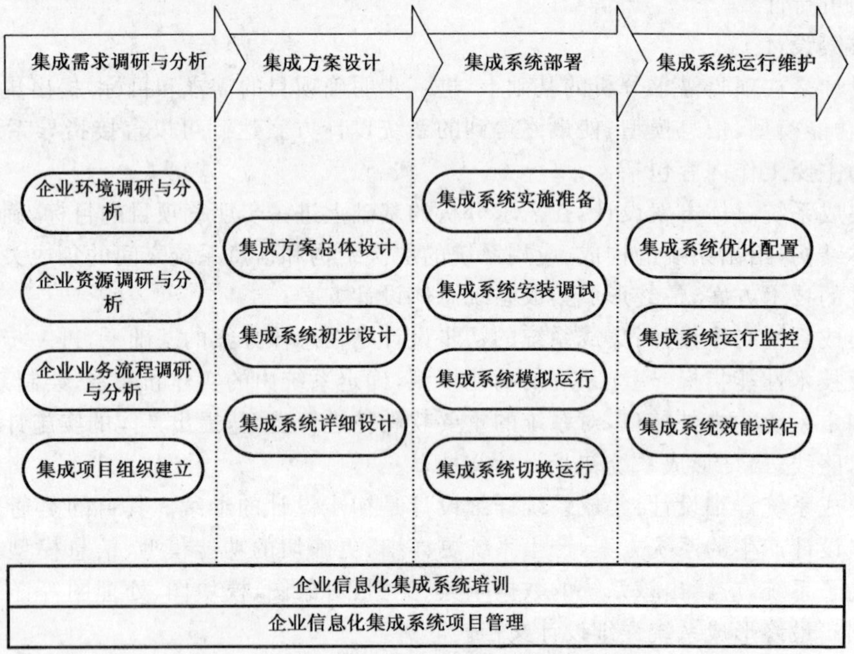

图 4 企业信息化系统集成项目实施

附 录 A
（资料性附录）
企业信息化系统集成参考实现方法

根据企业信息化系统集成成熟度模型，企业信息化系统集成在集成内容、实施范围，以及所采用的集成技术方面都存在这一个逐步成熟和发展的过程。其对应的实现方法也各不相同。

A.1 信息集成实现方法

A.1.1 概述

构建企业信息化集成系统的首要目的是实现信息集成，即为企业中运行的各种应用、系统或服务提供具有完整性、一致性和安全性的数据访问、信息查询及决策支持服务。其中完整性包括业务对象本身数据完整性和不同业务对象之间约束数据完整性两方面的含义；一致性指消除不同业务信息资源之间存在的语法或语义上的冲突；安全性指在保证数据源访问权限控制的前提下，提供对整个集成平台管理范围内的异构数据源数据的安全访问及管理。

信息集成主要为了解决不用应用和系统间的数据共享和交换需求。它具体包括共享信息管理、共享模型管理和数据操作管理三个部分。其中共享信息管理通过定义统一的集成服务模型和共享信息访问机制，完成对集成平台运行过程中产生数据信息的共享、分发和存储管理；共享模型管理则提供数据资源配置管理、集成资源关系管理、资源运行生命周期管理及相应的业务数据协同监控管理等功能；而数据操作管理则为集成平台用户提供数据操作服务，包括多通道的异构模型之间的数据转换、数据映射、数据传递和数据操作等功能服务。

企业运行的业务应用系统采用的体系结构与其实现技术的标准化(规范化)程度，对信息集成的水平有非常大的影响。企业现有各种应用系统的规范化程度不高是影响企业信息集成水平的主要问题，因此，采用先进的软件体系结构和规范化的实现技术是实现良好的信息集成的基础。而有些由于系统结构设计不合理的应用系统，因为没有方便的数据访问接口，为了实现不同业务应用系统间的数据交换与共享，解决业务数据的分布性和异构性问题，甚至需要公开其应用系统的数据存储和组织结构，这实在是不得以而为之的做法，这种做法不仅不方便，而且对应用系统数据的安全性和一致性带来了很大的隐患。本规范总结了在数据库和数据源级别上进行信息集成的实现模式，并对其进行了一定的探讨。

所谓模式是在某种特定的场景下，针对某类不断重复出现的问题，而给出的解决方案的特征描述。模式本身并没有任何的创新性，它仅仅是对于一些已经被证明为优秀的解决方法的归类和总结，目的是使人们可以更加简单方便地复用成功的设计方法和系统体系结构而无需做重复的工作。

A.1.2 信息集成的模式

信息集成有三种模式：数据复制、数据联邦和基于接口的数据集成，它们分别描述了对多个异构数据源透明、一致访问的三种实现方法(图 A.1)。

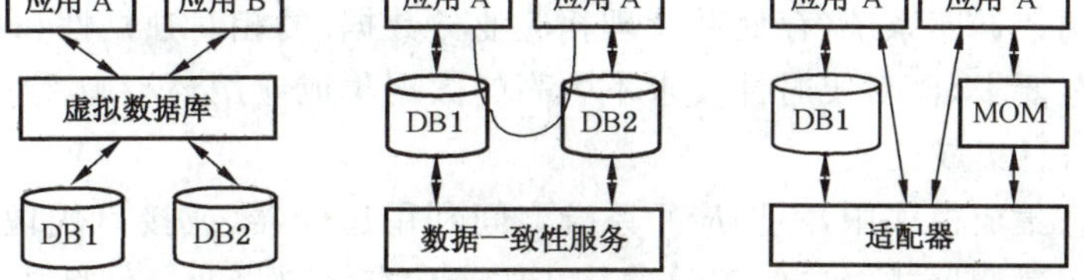

a) 数据联邦　b) 数据复制　c) 基于接口的数据集成

图 A.1 三种典型的数据集成模式

a) 数据联邦模式

数据联邦是指不同应用共同访问一个全局虚拟数据库,通过全局虚拟数据库管理系统为不同的应用提供全局信息服务,实现不同应用和数据源之间的信息共享和数据交换。

数据联邦模式的具体实现由客户端应用、全局信息服务和若干个局部数据源三部分组成。客户端应用程序发出数据访问请求,全局信息服务对请求进行简单的分析处理,对于那些可以由客户端应用本地数据源处理的请求,直接返回处理结果;对于那些必须由全局虚拟数据库处理的访问请求,全局信息服务通过底层通信系统将请求信息发给全局虚拟数据库。全局虚拟数据库管理系统接收到请求后,进行分析处理,并访问全局数据字典及局部数据源,最后将处理结果汇总返回给客户端应用程序。

全局信息服务负责建立和维护全局数据字典,并通过同构/异构数据库之间的远程数据复制的管理功能,实现在全局信息模型及全局虚拟数据库管理系统基础上的分布式数据集成与管理。全局虚拟数据库相当于在多个实际的物理数据库和应用之间建立了一个中间件层,每一个实际的物理数据库用其自带的接口与该层相连,从而将分布的数据库映射为一种统一的全局信息库。全局信息模型提供一组公共的数据表示,这组数据表示可以被不同的企业应用或系统所理解。全局虚拟数据库管理系统为各种应用系统提供对存储于不同计算节点数据库中的数据查询、读取、存储和检索等操作,还对不同应用系统的数据访问权限进行统一的管理。全局虚拟数据库是企业内各种相关业务数据的集散地,为分布在各节点的应用系统进行数据交换与共享提供一个公共通道。

数据联邦模式采用了将多个数据库和数据库模型集成为一种统一的数据库视图的方法来实现数据集成。其最大的特点在于对存储在多种异构数据库中的不同应用数据,通过全局虚拟数据库可以将这些异构数据库集成为一个逻辑数据库,用户可以如同访问一个数据库一样访问保存在不同的异构数据库中的数据。数据联邦模式比较适用于对数据提取速度和实时性要求不太高的数据集成应用环境。

b) 数据复制模式

在数据复制模式中,通过底层应用数据源之间的一致性复制来实现(访问不同数据库的)不同应用之间的信息共享和互操作。

数据复制模式实现的关键是必须能够提供在两个或多个数据库系统之间实现数据转换和传输的基础结构(以屏蔽不同数据库间数据模型的差异)。这个基础结构的核心是一个数据复制中间件(或代理),它的功能包括从一个应用或数据库系统中提取数据,对数据进行转换,将数据传输并导入到另一个应用的数据库中。在数据复制中间件完成了数据抽取、转换、传输、导入工作后,一个应用就可以在本地数据库中访问到其他应用的数据,这样就解决了数据分布和异构的问题。

在数据复制实现过程中,产生数据的源系统和使用数据的目的系统可以是同构的也可以是异构的,它们内部的业务数据可以采用相同的也可以采用不同的数据模型和管理模式。在采用数据抽取、转换、导入等功能的软件中间件来实现数据复制过程中,关键是要保持业务数据在不同数据库间的一致性及完整性。

在这种数据集成模式中,源系统和目的系统完全自治,两者之间没有一种从属或控制关系。任何一方都不依赖于另一方的数据库存储模式,源数据端对发送哪些数据有完全的控制权,而且目的数据端对接收哪些数据也有完全的控制权。数据复制模式具有位置透明、数据透明及本地自治等特点,能够保持分布在不同节点的不同数据库系统(存储并管理相应业务数据)的相对独立性和保密性。它比较适用于对数据提取速度有一定要求,而对实时性要求不太高的数据集成应用环境中。

c) 基于接口的信息集成模式

在基于接口的信息集成模式中,不同应用系统之间利用适配器(或接口代理)提供的应用编程接口来实现相互调用。应用适配器或接口代理通过其开放或私有接口将业务信息从其所封装的具体应用系统中提取出来,进而实现不同应用系统之间业务数据的共享与互交换。接口调用的方式可以采用同步调用方法,也可以采用基于消息中间件的异步方法来实现。

这种集成方式通过接口抽象可以屏蔽完成数据转换的适配器的实现细节,甚至也可以屏蔽和应用间的信息传输，从而方便应用之间信息交互的实现（数据集成实施人员不必了解业务数据库的存储、组织结构等）。这种基于接口抽象的数据集成方法不需要建立相应的全局数据模型，也不需要开发专门的管理工具用以保证业务数据的一致性，因此它能够保证不同类型的应用之间数据交互的高效性，这也是面向接口集成方法的主要优势。这种方法已经在一些企业应用软件包，如 ERP 套件（如 SAP、PeopleSoft、Oracle 等）的集成中得到广泛的应用，可以说它是目前得到最广泛应用的集成方法。

A.2 应用集成实现方法

A.2.1 概述

应用集成是指两个或多个应用系统根据业务逻辑的需要而进行的功能之间的相互调用和互操作。从图 A.2 所示的企业集成系统技术层次图可以看出，应用集成需要在数据集成的基础上完成。如果说底层的网络集成和数据集成分别解决了企业集成化运行所需的异构系统间语法互连和语义互通问题的话，应用集成则在它们的基础上实现异构应用系统之间语用层次上的互操作。它们共同构成了实现企业集成化运行最顶层会聚集成所需要的技术层次上的基础支持。

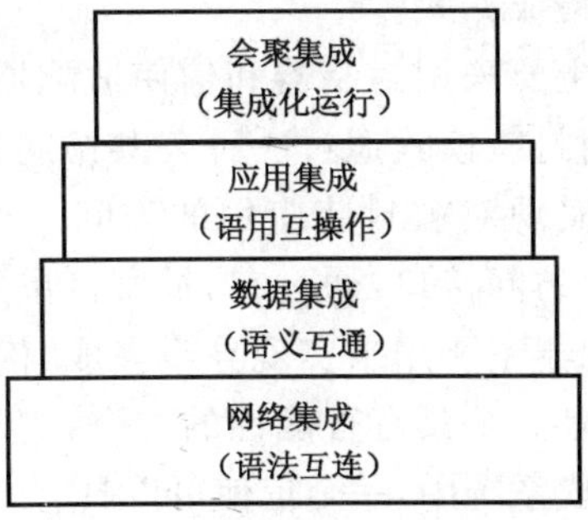

图 A.2 企业集成系统技术层次

A.2.2 实现方法

从实现方法来说，应用集成最初主要采用点对点的紧耦合方式。这种集成方式虽然不需要对应用系统做较大的改动，但用这种方式集成的系统缺乏必要的柔性，不能适应业务系统快速重构的需求。随着应用软件系统设计和实现过程中标准化程度的不断提高，系统的开放性（可配置性、可扩展性）越来越好，组件化的系统实现及松散耦合（它是实现系统柔性的基础）的应用集成方式逐渐成为构建企业业务处理系统的主流。用松散耦合的集成方式不但能够提高信息系统的柔性，而且在对原有应用系统修改很小甚至不需要修改的情况下就可以实现不同应用系统之间的集成。

应用集成模式包括集成适配器、集成信使、集成面板、集成代理四种，每种应用集成模式都是对具有业务功能依赖关系的多个应用之间互操作实现方法的总结。在具体应用中，集成模式可能以某种变形（这是一种扩展集成模式的主要方式）的形式出现，这些变形可能不仅仅只是一种模式的实例化，而可能是一种具有广泛适用性的集成方式。

a) 适配器集成模式

在应用集成技术发展的初期，广泛采用在需要交互的系统之间加入适配器（Adapter）的解决方案来实现企业原有应用系统与新实施系统之间的互操作。在应用系统提供的 API 的基础上（在应用系统没有提供 API 的情况下，可以在其数据库表结构已知的条件下直接完成对其数据库的写入与读出），通过适配器完成不同系统间数据格式及访问方式的转换与映射，进而实现不同系统之间业务功能及业务数据的集成。

从原理上看，适配器集成模式与面向对象设计方法中的适配器设计模式是一样的，即将已有的遗留应用（服务器端）的接口转换成一种客户端可以访问的接口形式。当遗留系统需要与其他应用系统进行集成时，就可以直接利用相应适配器提供的接口来完成。图 A.3 给出了适配器集成模式的图示化表达。这种集成模式包括一个或多个客户端应用、实现接口转换的集成适配器和服务器端应用（企业遗留系统)三个部分。集成适配器将服务器端应用(遗留系统)自定义的接口映射为一个开放的、可重用的接口,以方便一个或多个客户端应用的访问,而客户端应用通过集成适配器提供的接口来完成对服务器端应用(遗留系统)的访问。

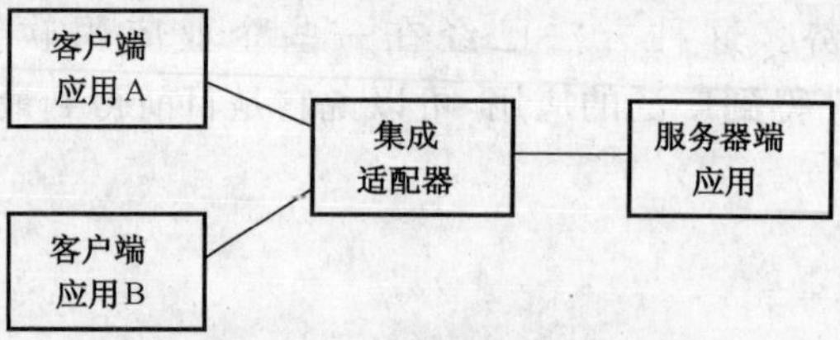

图 A.3 适配器集成模式

在适配器集成模式中,从服务器端应用的专用编程接口转换得到的通用应用编程接口是公开的,适配器并不需要知道客户端应用具体在什么位置,服务器端应用也不用知道适配器的具体运行方式和所处的位置。在集成适配器的具体实现过程中,并不需要对遗留系统做任何的修改(但如果将适配器嵌入到服务器端应用中时需要对服务器端应用做某些修改)。显然,适配器集成模式是一种与应用系统直接绑定在一起,实现单向访问的点对点集成方式。

在实际应用中,适配器集成模式主要采用封装器和信使适配器两种方式实现,它们分别应用于同步集成和异步集成两种情况。其中应用封装模式通过一种公共访问接口对外发布其封装应用所提供的服务,其他应用通过这个公共访问接口实现对被封装应用的访问。如图 A.4 所示,应用封装器为遗留的客户账目管理系统提供了一种方便的访问接口,通过它,批发订单系统和在线客户账目系统可以完成对客户账目管理系统的访问。信使适配器主要用来实现异步集成,信使适配器与封装器很类似,但它公开的是一个符合信使要求的接口,信使是一个具有智能性的中介,它为实现不同应用间的交互完成相应消息流的传递。在基于信使适配器的集成系统中,一个信使可以具有多个适用于不同应用系统的适配器,每个信使适配器都符合相应的信使接口规范,并完成信使接口到服务器端应用的应用编程接口间的转换。

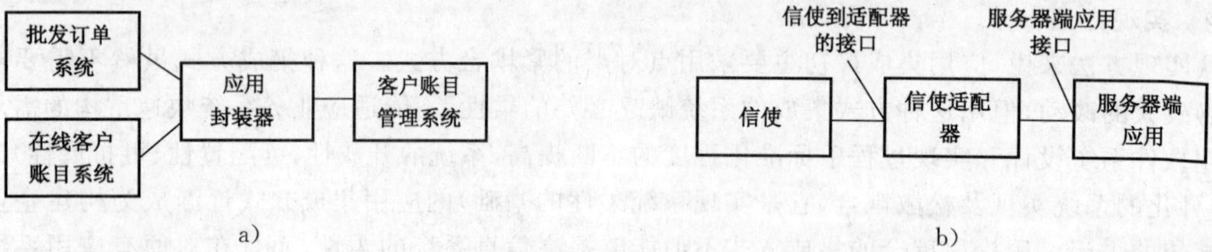

图 A.4 适配器集成模式的两种变形

b) 消息集成模式

随着企业中业务应用系统个数的增多,应用系统间的接口问题变得越来越复杂,为了更灵活地实现应用系统间点对点集成问题,提出了如图 A.5 所示的基于消息的集成结构。在这种集成结构中,系统之间的通信和数据交换通过信使(消息代理)来实现,每个应用只需要建立与集成信使之间的接口连接,就可实现与所有通过集成信使相联的应用系统间的交互。这种结构大大减少了接口连接数量,同时由于采用了信使(消息代理)作为信息交流的中介,可以将应用之间的交互对通讯服务能力的依赖程度降到最低。另外,当某一系统发生改变时,只需要改变信使中相应的部分,从而降低了系统维护工作量和系统升级的难度。

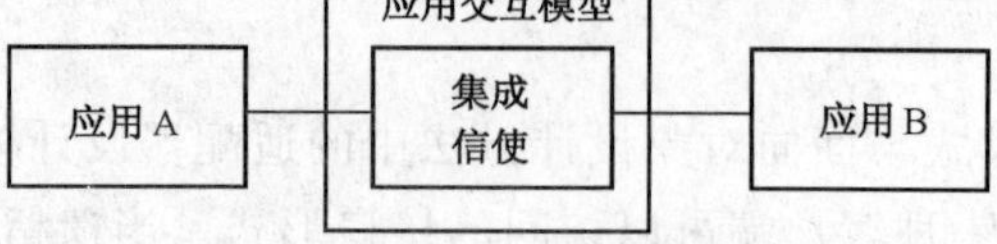

图 A.5 信使集成模式

在消息集成模式下,由应用系统自己完成应用交互逻辑的定义和实现,集成信使只负责在不同应用之间传递符合一定形式语法的消息，而对其中的应用集成语义不负责进行解释。在具体的实现过程中，在这种模式可以采用以下三种通讯模型实现应用间的信息交互：

1） 一对一同步集成（请求/应答）模型：在这个模型中包括一个客户端应用和一个服务器端应用，当客户端应用向服务器端应用发出请求后，客户端应用处于等待状态直到服务器端应用返回应答；

2） 一对一异步集成（消息队列）模型：在这个模型中同样包含一个客户端及一个服务器端应用，但与一对一同步集成模型方式的差别是客户端应用在发出请求后继续进行其相应的运算或业务功能的执行，在得到服务器端返回的应答时暂停其正在执行的计算过程，对应答进行相应的响应；

3） 一对多异步集成（发布与订阅）模型：这种模型与一对一异步集成模型不同的是它包含多个服务器端应用，当客户端应用发送一条消息时，所有订阅该消息的服务器端应用都将收到该消息的副本。

虽然所采用的通讯模型不同，上述三种情况的实现意图都是在完成应用交互所需要的通讯的情况下，尽量减小应用对通讯的依赖性。集成信使模式中包括需要集成的应用和集成信使两部分，集成信使为应用提供透明的定位服务，并负责在不同应用间传递消息。显然，作为一个逻辑实体的集成信使在物理上一般分布于不同的计算机节点中。

上面介绍的三种通讯模型与应用间的远程方法调用、消息队列、发布与订阅三种应用交互模型相对应，应用交互模型描述了应用间的交互形式。远程方法调用一般通过同步代理来完成，它为需要交互的应用或组件提供同步的一对一通讯，这种模式适合于耦合程度相对比较高的应用交互场景。目前，这种方法广泛应用于n层结构的应用系统中。消息队列为需要进行一对一交互的应用提供了异步通讯方式，通过消息队列为应用提供有一定质量保证的消息传递服务。发布与订阅是一种支持一对多交互的应用交互模型，多个订阅者（应用）可以订阅同一个应用发布的消息或事件。在订阅与发布这种在松散耦合通讯结构支持下实现的集成环境中，进行交互的应用无需知道对方的位置，甚至也不需要知道对方是否处于激活状态。

下面以一个例子来说明这种集成模式的应用方法。假设一个企业开发了一个在线定购应用系统，其功能的实现需要客户账号信息和订单处理服务的支持。客户账号信息由客户账号信息管理系统进行管理，客户账号信息管理系统通过定制的消息服务（基于 Socket 接口）为其客户应用提供相应的信息。定单处理系统提供定单处理服务，其客户端应用同样可以通过定制的应用消息协议及 Socket 接口获得其所需的信息。用户通过基于 Web 的在线定购应用进行产品或服务定单的填写，这个客户端应用通过与账号信息管理系统和定单处理系统的交互来完成定单的处理过程。图 A.6 给出了一种客户端应用和后端服务点对点的集成方法。这种实现方法有比较大的局限性，首先是客户端应用（在线定购处理应用）必须预先知道后端服务应用所处的位置，另外，客户端应用必须实现 Socket 接口的编码及定制的应用消息协议才能访问在服务器端应用（账户信息管理系统和订单处理系统）提供的接口服务。这种需要客户应用和服务器紧密绑定的集成方式大大降低了系统的柔性。

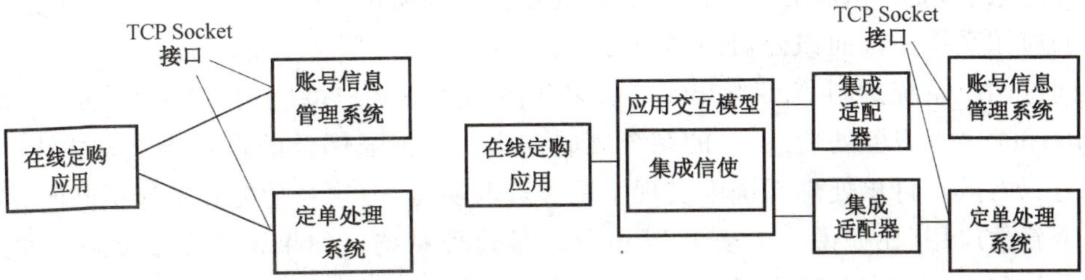

a)　　　　　　　　　　b)

图 A.6　简单的点对点集成与信使集成模式的比较

为了提高系统的柔性，可以采用消息集成与集成适配器的复合模式进行应用集成。利用集成适配器，完成账号信息管理系统和定单处理系统自定义应用编程接口到信使能够理解的通用接口形式的转换。通过集成信使与每个服务器端应用的集成适配器的集成，为客户端应用和服务器端应用的集成提供中介服务。通过集成信使来实现客户端应用和服务器端应用之间紧密依赖关系的解耦，服务器端应用的维护与升级对于客户应用来说是透明的，而且客户端应用不再关心底层的通讯及消息协议，这样一种松耦合的集成方式可以在最大程度上提高集成系统的柔性。

c) 面板集成模式

面板集成模式和面向对象软件设计方法中的面板模式很相似，它是从应用交互实现的层面来描述客户端应用和服务器端应用集成的一种方法。图 A.7 给出了面板集成模式框架图。集成面板可以为一对多、多对一、多对多等多种应用提供集成接口，在这种模式中包含有一个或多个客户端应用、一个集成面板、一个或多个服务器端应用。集成面板通过对服务器端应用功能的抽象和简化，为客户端应用访问与调用服务器端应用提供了一种简化的公共接口。集成面板在得到客户端应用服务请求后，将客户端的服务请求转换成服务器端应用能理解的形式，并将该请求提交给服务器端应用。

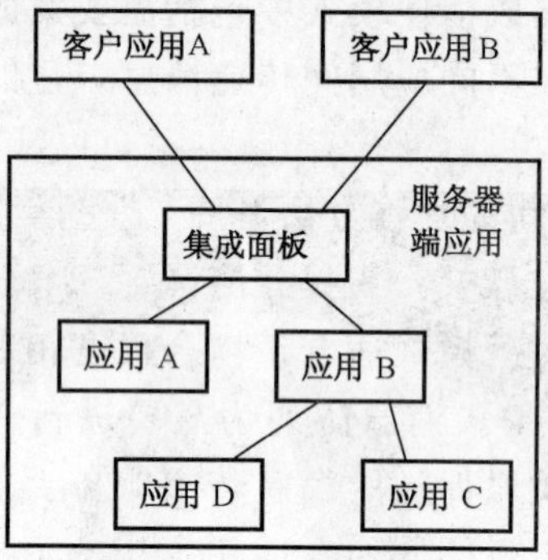

图 A.7 面板集成模式

集成面板为客户端应用提供了一种抽象和简化的公共接口，基于该接口可以方便地实现客户端应用与服务器端应用的交互。这种集成模式降低了应用间交互的复杂性、降低了客户端应用和服务器端应用之间的耦合度，从而提高了应用和应用集成服务的柔性，提高了应用系统的可重用能力。

与适配器集成模式类似，面板集成模式的基础是单向交互的客户/服务器模型。在这种单向访问的模式中，集成面板无需知道客户端应用的具体细节和状态，服务器端应用也无需了解集成面板的具体细节和状态。集成面板模式与适配器集成模式的差别是它为客户端应用提供的是一组服务器端应用功能(包含不同应用功能之间的逻辑关系)的通用接口，也就是说，在集成面板中除了包含多个服务器端应用的功能外，还包含了这些应用间的逻辑关系(如不同应用协同完成客户端应用请求的处理逻辑)。

下面用一个例子来说明集成面板模式在企业集成中的应用方式。企业中不同的业务应用采用不同供应商的信息系统是非常常见的情况。以一家电信服务公司的应用为例，假设该公司的两个主要业务分别是为用户提供 Internet 接入服务和声讯服务，其 Internet 接入服务业务采用的是基于组件的应用系统作为其信息系统，而声讯服务业务的信息系统是企业的遗留系统，这两种业务的相关业务信息存贮在两类不同的应用系统中。而该公司的客户可能会同时申请这两种服务，因而一个客户服务请求可能需要同时访问这两个系统。图 A.8 给出了一种基于点对点的客户端应用与后台服务(声讯服务请求处理系统和 Internet 接入服务处理系统)的系统集成方式。这种强耦合的点对点集成方式不具有共享公共功能的能力，如：虽然订单处理系统中实现了服务获取功能，但这个功能并不能被其他应用使用，当企业增加了一个新的应用(比如说一个基于 Web 的订单处理系统)，如果该应用需要服务获取功能，它并不能重用订单处理系统中实现的服务获取功能，而需要重新编制服务获取功能模块，这样显然降低了系统的可重用水平。而且，改变上述支持企业业务的服务支持系统中的任何一个，所有访问这个应用的客户端系统都要随之进行修改，这样显然降低了基础业务和系统架构的柔性。在基于集成面板模式的应用系统集成方式中，集成面板作为客户端系统和两种后端服务支持系统之间的中介，通过提供服务获取功能的集成化视图，为客户端应用获取两种后端服务提供了一种简化的接口方式。

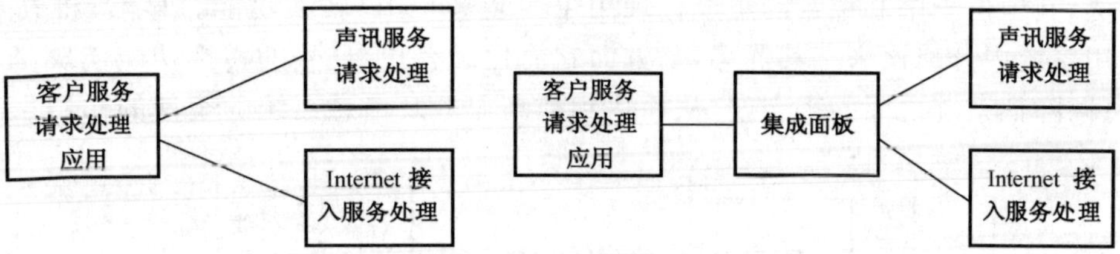

a)　　　　　　　　b)

图 A.8　简单的点对点集成与面板集成模式的比较

业务服务面板和活动服务面板是企业应用集成中广泛使用的两种集成面板。其中业务服务面板的作用是实现客户端应用(界面层)与服务器端系统(功能实现)的分离，实现多个客户端应用以一种通用接口对服务器端系统的访问。活动服务面板是将应用系统间的交互行为抽象为一个活动，它为过程执行控制器(实现过程活动执行顺序导航的程序)提供基于请求的服务。活动服务面板发布的接口格式需要符合过程控制器对活动接口定义的要求。采用这种方式的好处是实现了过程控制器与供应商提供的应用实现的分离，在应用实现功能发生变化时(只要接口不发生变化)，过程控制器几乎不受影响。

d)　代理集成模式

面板集成模式实现了服务器端应用交互逻辑的分离，在代理集成模式中，由于不存在很明显的客户端应用和服务器端应用的划分，它仅需要将待集成的应用间的交互逻辑从应用中分离出来，并对应用间的交互逻辑进行封装，进而由集成代理来引导多个应用之间的交互(见图 A.9)。采用这种集成方式的主要好处在于：

1)　对遗留应用的依赖及影响最小；

2)　由于交互逻辑以集中的方式表达而不是分布在需要集成的应用中，所以采用这种方式进行集成后形成的集成系统比较容易维护；

3)　根据封装的应用交互逻辑可以很方便的创建可重用应用服务。

和集成信使相比较，集成代理知道应用的具体位置及功能属性。图 A.9 给出了集成代理模式的图形化描述。集成代理模式包括集成代理和需要集成到一起的应用组成的集合，在这种集成模式中淡化了客户和服务器的概念。由于集成代理中已经包含了应用交互逻辑，因此，需要集成的应用直接通过集成代理进行交互，而不采用客户/服务器的模式来完成。

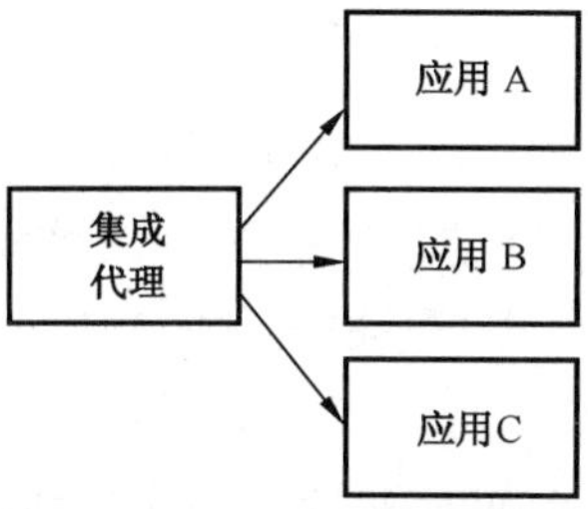

图 A.9　集成代理模式

下面用一个例子来说明集成代理模式在企业集成中的应用方式。假设某个声讯服务提供商需要在已有的声讯服务系统(包含基于 Web 的订单提交系统和订单处理系统)中增加接受和处理无线服务订单的功能，进而为用户提供一个一致的集成化订单处理服务系统。为了完成它新增加的无线业务，它需要得到另一个无线电信服务提供商的支持。无线服务提供商已经有了自己的订单处理系统与无线服务业务支持系统。在这种情况下，实现这两种应用系统(声讯服务提供商的订单提交及处理系统、无线服务供应商的订单处理及无线服务业务支持系统)之间的交互是应用集成需要完成的一项基本任务。为了实现这种集成，首先需要将基于 Web 的订单提交系统和订单处理系统中的客户 ID 映射（转换）为无线服务业务支持系统可以理解（符合其内部编码要求）的格式。图 A.10 给出了采用代理集成模式实现的系统集成方法，其中位于中心位置的集成代理用来封装客户 ID 转换功能。显然，将转换功能从两个需要交互的应用系统中分离出来有其优势，一方面它简化了客户 ID 号的转换功能模块的开发与维护工作，另一方面可以降低系统之间的耦合度，从而达到提高业务及信息系统的柔性的作用。

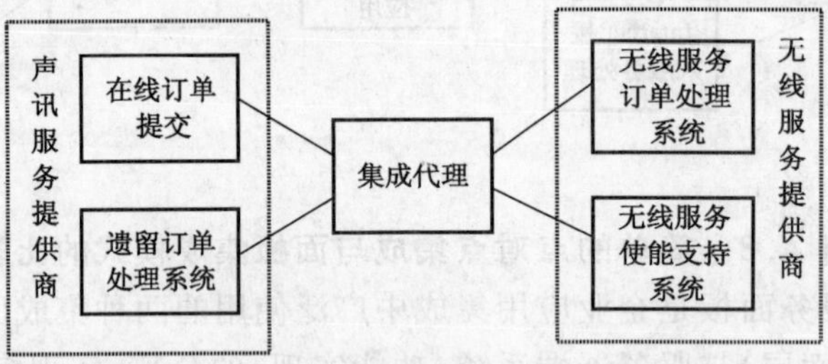

图 A.10　集成代理模式应用示例

利用代理集成模式实现企业应用集成的方法可以具体分为有状态集成和无状态集成两种。无状态集成代理适用于在应用交互过程中不关心应用运行状态的情况。在这种情况下，集成代理对于一个应用请求消息或事件的响应只取决于消息或事件的内容，与交互的状态无关，即对请求的响应完全独立于以前交互过程中发生的事件。这种集成模式不需要对应用的交互状态进行管理。无状态集成代理的功能主要有数据转换和智能路由等。数据转换包括语法层次上的格式转换和语义层次上的内容转换两种。格式转换是指对数据的表现形式进行变换，如将一种大小写混合的字符串转换为都是大写的字符串；内容转换是指基于消息数据属性的赋值进行表达形式的转换，如根据业务需要将订购数量大于 100 的订单逻辑值标为“正”，而订购数量小于 100 的订单逻辑值标为“负”。智能路由是指采用一定的规则来控制消息的流转，使其能够顺利地到达目的地。控制消息流动方向的路由决策可以基于消息内容、基于消息源及类型或其他形式的规则。比如将所有的与数据产品相关的消息导向到数据产品服务提供系统上，而将无线产品/服务相关的消息导向到无线产品供应系统上。

有状态集成代理适用于应用交互逻辑的执行与以前发生过的应用交互历史相关的情况。如集成代理持续收集某类事件并累加该类事件发生的次数，在发生次数超过一个给定的数额时就向某个应用发送一个消息。基于状态的交互情况有时候会很复杂，所以必须对状态进行管理。有些交互的持续时间很长，在这种情况下可能涉及到很多的状态和事件，而且也会涉及到多个应用，这时候就需要提供状态的持久化服务。进行状态持久化的目的是为了在集成调解器系统发生错误、正常关机、非正常关机的情况下保持有关应用交互数据和状态的完整性。另外有状态的集成代理方式的实施和运行还需要专业化的设计、开发、配置及运行工具的支持。

以上介绍的几种应用集成模式各有特点。在适配器集成模式中，集成适配器将一个应用接口转换成另一种符合其他应用访问要求的形式；信使集成模式可以将应用之间的交互对通讯的依赖降低到最小；面板集成模式为多个服务器端应用提供了一种简化的接口，从而减少了客户端应用对服务器端应用交互逻辑的依赖程度；代理集成模式完全实现了应用交互逻辑与业务功能的分离。显然，这几种应用集成模式按照介绍的顺序逐渐将应用交互逻辑从业务应用系统中分离出来，逐步降低了过程控制逻辑和具体应用功能实现之间的耦合度。

需要说明的是，应用集成模式主要应用到两种场景中，第一种场景是面向企业集成体系结构的规划实施，采用企业集成模式完成对企业应用之间交互关系的标准化描述，从而保证最终构建形成的信息系统的有序性和一致性；第二种场景是针对一个给定的应用，利用企业应用集成模式来描述它与其他应用之间的交互关系及实现策略。在具体应用过程中，首先需要将企业业务运作的需求转化为合适的系统体系结构（采用相应的应用集成模式来描述），并在此基础上，通过应用适合的集成模式将系统体系结构转变为柔性的业务运行系统。

A.3 过程集成实现方法

A.3.1 概述

过程集成是指利用计算机集成支持软件工具高效、实时的实现以企业业务流程为核心的数据、资源的共享和应用间的协同工作，将一个个孤立的应用集成起来形成一个协调的企业运行系统。实现过程集成后，就可以方便的协调各种企业功能，把人和资源、资金及应用合理的组织在一起，获得最佳的运行效益。这样，企业就使客户处于主动地位，可以按照客户的需求制订过程，再按照过程来组织功能和工作组。另外，过程集成实现了应用逻辑与过程逻辑的分离，过程建模与具体数据、功能的分离，这样就可以在不修改具体功能的情况下，通过修改过程模型来完成系统功能的改变，从而大大提高企业的灵活性和对市场的反应能力。

A.3.2 过程集成的实现

过程集成的实现主要包括三个方面的内容：过程建模、过程分析与优化、过程集成与运行。

a) 过程建模

过程建模是经营过程分析与经营过程重组的重要基础。过程建模主要解决如何根据过程目标和系统约束条件，将系统内的活动组织为适当的经营过程的问题。过程建模的作用体现为：

1) 用于准确描述企业的经营过程，供流程分析和优化(如经营过程重组)使用；
2) 用于在不同的组织和信息系统间共享经营过程知识，便于实现基准工程(Benchmarking)，以及企业动态联盟；
3) 用于企业集成系统实施，根据设计的企业过程模型进行相应的功能构件配置，使得所建立的系统能够按过程实现横向集成，而不是按传统的部门划分结构实现纵向集成，从而满足企业核心价值流的要求。按过程模型进行系统构件配置还能够实现柔性更好的过程集成；
4) 用于研究、开发新的经营过程，以满足不同业务需求和企业动态结构演化。

工作流技术是目前比较流行的过程建模方法，工作流的定义是"工作流是一种反映业务流程的计算机化的模型，它是为了在先进计算机环境支持下实现经营过程集成与经营过程自动化而建立的可由工作流管理系统执行的业务模型"。与其他过程模型最大的不同是工作流模型是可被工作流管理系统执行的，这主要是为了区分工作流模型和一般意义上的过程模型。通常描述一组活动及其它们之间相互连接关系的模型可以通称为过程模型，但是并不要求这些过程模型用计算机来进行执行，如描述项目实施计划的 GANTT 图就是一个过程模型，但是一般并不需要用计算机来执行这个模型。而工作流模型从建立的目的就是为了实现业务过程自动化，要由计算机来进行执行。这就要求工作流模型不仅能够描述活动及其它们之间相互连接关系，而且需要定义许多其他的信息，如组织、资源、数据等，这样才能够由计算机进行解释和执行。另外一方面，由于工作流模型需要由计算机来执行，这就对工作流模型的准确性提出了更高的要求，工作流模型的定义也更加严格、准确。

b) 过程重组与优化

实施过程集成除了需要建立过程模型外，更重要的是需要对现有的经营过程进行分析，并在此基础上对过程进行优化设计。过程优化也是企业经营过程重组实施中一个非常重要的阶段，它的主要任务是在已建立的经营过程模型的基础上，分析和优化企业的经营过程。不考虑改善业务流程而单纯地使用计算机提高单个功能的处理效率实质是达不到提高整个业务过程效率的目标的，实施过程重组和过程集成就是要从整个流程的角度，从整体目标上来配置和协调组成流程的各个活动之间的关系。

图 A.11 给出了企业业务过程重组的实施步骤。

c) 过程集成与执行

在完成了过程建模和过程重组后，下一个任务就是在集成支撑环境的支持下，实现经营过程的集成与运行。图 A.12 给出了过程集成支持系统的结构。过程集成支持系统对整个过程建模、优化、实施的全生命周期提供支持。在过程建模和优化阶段，完成对过程模型的建立、分析与优化。在过程集成与运行阶段，在优化的过程模型的基础上，通过集成已有的应用系统和开发所需要的部件化的应用系统，在工作流管理系统的支持下，实现过程的集成与优化运行。信息集成服务、过程实例管理、日志管理、系统管理等功能都是实现过程集成与优化运行的支撑功能，它们统一在工作流管理系统的调度下，为实现过程集成的目标服务。在这里还需要指出的是，通常过程集成系统都是运行在分布的异构环境下，所以相应的工作流管理系统通常也是一种分布式的系统。

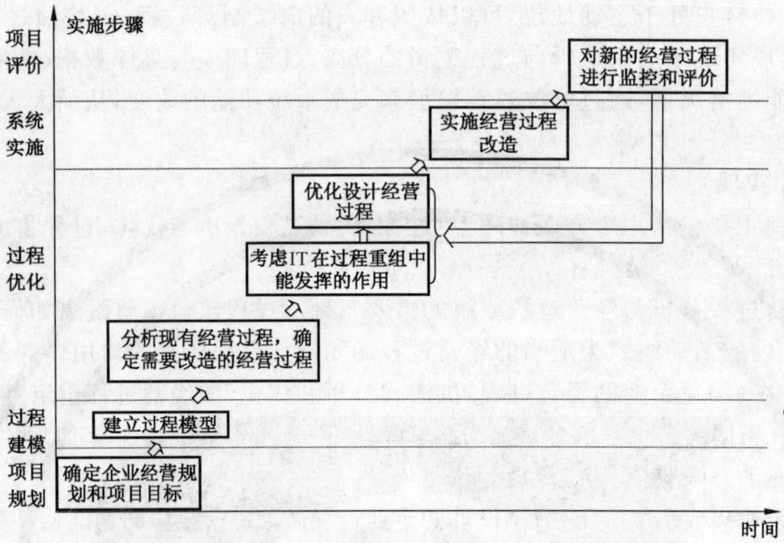

图 A.11　企业经营过程重组实施的五个阶段

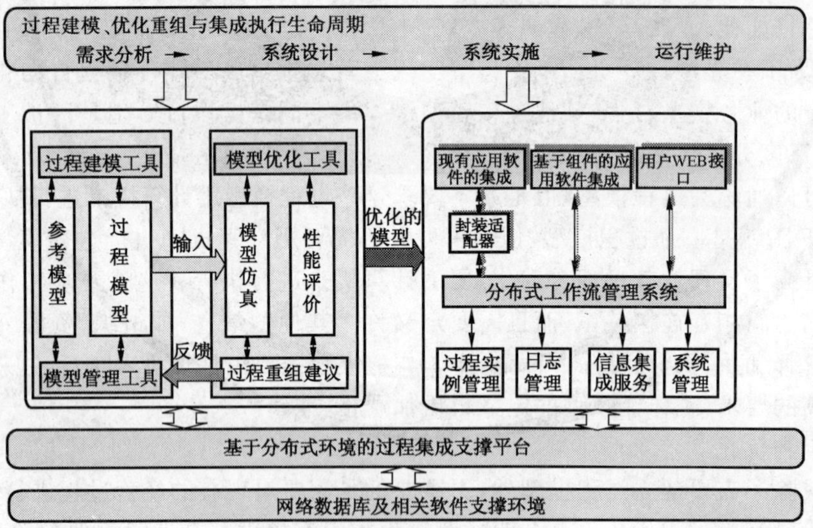

图 A.12　过程集成支持系统体系结构

A.4　商业集成实现方法

A.4.1　概述

商业集成的实现基于信息集成、应用集成和过程集成，但商业集成更为复杂，它在集成的范围、层次和采用的实现技术方面都有更高的要求。主要表现在：

a)　从企业内集成扩展到企业间集成；商业集成需要使用网络化协作的需求。网络化协作要求合作企业间的信息、流程和应用等资源的实现有效的集成。单纯的企业内部信息系统的集成已不能满足企业间合作的需要，企业间合作需要的是跨企业集成；

b) 从基于企业内部网络的集成到面向开放网络的集成：以往企业集成主要是基于企业Intranet网络或Extranet网络，实现企业信息系统之间的互连和互操作。企业外部信息系统很难对企业内部网络资源进行访问。但商业集成要求企业间信息系统可以实现共享和互操作，这就要求企业间协作必须建筑在一个开放的网络环境下，打破企业壁垒，实现跨企业协作；
c) 从硬性集成到柔性集成：以往集成平台一般是通过开发固定的接口实现特定应用系统间的集成，而随着对象技术、分布式计算和WEB服务等新的软件技术的发展，可以实现柔性的集成，应用系统可以通过插件的方式集成到现有应用系统中，而不用考虑运行环境的异构性；
d) 从集成驱动向业务流程驱动的运行方式转变：对于协同商务模式下的集成平台，集成已不是最终目的，而只是一种支撑手段。其最终目的是实现企业间业务流程的共享和协作。因此，集成平台的运行管理应该以企业业务流程为核心，围绕企业业务流程。实现相关数据、应用和服务的集成；
e) 从后台运行到可视化操作：集成平台应是可定置的，用户可以通过一个可视化操作界面对平台的功能、结构和组成进行配置，并可以动态建立或改变平台服务构件之间的关联关系。

针对商业集成的以上特点和要求，近年来，集成平台成为实现商业集成的有效手段。

A.4.2 支持商业集成的集成平台功能结构

A.4.2.1 企业资源中心

我们这里所说的企业资源是一种广义上的资源，它包括我们通常意义上所说的企业设备、人力等资源，也包括一些以非实体存在的资源，如信息资源：应用资源和流程资源。这些企业资源将被平台经过统一包装和处理后呈现给用户。对于平台来讲，企业资源可以统一分为信息资源、应用资源和流程资源三大类。

a) 信息资源主要包括企业各种数据、文档、标准和规范等信息，通常以数据库或文档库形式存放；
b) 应用资源主要包括企业各种应用系统，如ERP系统、PDM系统、CAD系统等。对于计算机系统来讲，企业常规资源也可以作为一种应用资源，只不过要对其进行数据化包装和处理，形成一种数据化资源；
c) 流程资源：企业流程可算是企业的核心资源，企业通过流程的运转产生实际的效益。企业流程的类型、质量和结果都是决定企业核心竞争力的重要因素。企业其他资源如信息、应用资源都是围绕企业流程运转的。它们都应对应于一个或多个企业流程，否则，就会造成资源的空置和浪费。

A.4.2.2 平台用户

由于平台面向企业协同电子商务，因此，对于平台，不仅要处理来自企业内部的请求，还要处理来自企业外部的请求。因此，平台定义了四种用户：企业客户、合作伙伴、供应商和雇员，这些用户可以通过平台对企业的资源进行访问和使用，从而支持企业协同电子商务的实现。

A.4.2.3 平台协同监控中心

协同监控中心的主要功能是对服务平台的软总线及其运行进行管理和监控，包括平台服务对象(组件对象)管理器、平台的协同工作中心、动态监控中心及安全管理与控制中心。

a) 服务对象管理器：配置和管理服务平台各个活动的服务单元的状态；
b) 协同工作管理中心：支持协调工作的管理模式，多个服务之间的冲突与信息的一致性问题；
c) 动态监控中心：对平台上各个活动的服务组件进行动态监控；
d) 安全控制管理中心：管理各个服务的授权问题，监督和控制各个服务系统的运行以及整个平台的安全监控问题。

A.4.2.4 平台服务中心

集成平台将服务看作是企业资源和能力的一种表现形式，在集成平台中，企业内部的各种信息、流程和应用资源都将以服务方式提供给用户和其他合作伙伴。通过平台的统一封装和处理，所有平台服务都将以统一的接口和访问方式提供给用户，使用户可以简单、透明地访问到企业的各种资源，而不用考虑服务的具体实现方式。在平台中，服务的具体实现是通过服务实现层来完成的，根据服务的不同种类，其实现也将采用不同的技术。我们将其分为信息集成服务、过程集成服务和应用集成服务。

a) 信息服务中心的主要功能是为平台提供数据和模型服务，实现服务资源的全生命周期管理和维护，包括：共享资源管理、共享信息管理、共享模型管理、数据操作管理、知识库管理等。
   1) 共享资源管理：通过定义统一的服务资源模型和建立服务资源仓库实现对服务资源的管理，包括：资源注册、删除、修改、查询。支持集成平台的各种应用集成服务功能；
   2) 共享信息管理：通过定义统一的集成服务平台模型和共享信息接口定义提供统一的共享信息访问机制，提供对集成平台运行过程中的数据信息共享、分发和存储管理；
   3) 共享模型管理：提供服务资源配置管理、集成资源关系管理、资源运行生命周期管理以支持对平台协同监控管理；
   4) 数据操作管理：提供多通道的异构模型之间的数据转换、数据映射、数据传递和数据操作功能。向集成平台用户提供数据服务；
   5) 知识库管理：提供一个知识库和知识管理框架，支持对企业产品知识的识别、获取、开发、分解、存储和共享，支持基于规则的服务集成、运行和协同。
b) 应用集成服务中心的主要功能是实现应用集成服务的配置和管理及企业应用解决方案的虚拟仿真和动态配置，包括：应用的 WEB 化封装、应用资源管理服务、统一界面服务等。
   1) 应用的 Web 化封装：采用 WWW 技术，实现对平台上被集成的应用的 Web 化封装；
   2) 应用资源管理服务：基于目录服务和 XML 接口技术实现对应用服务资源的注册发布、查询、修改和调用等功能；
   3) 统一界面服务：基于企业入口技术实现平台上被集成应用的统一管理和可视化操作；
   4) 虚拟仿真与动态配置服务：基于工作流技术，实现企业信息化解决方案的虚拟仿真和动态配置。
c) 流程集成服务中心：流程集成服务中心解决以业务流程为核心的企业集成问题。它通过过程集成模型决定如何进行交互和业务的处理。并对企业业务过程的状态和性能进行实时监控，并通过过程可视化工具对企业业务流程进行配置和管理。同时流程集成服务中心还以业务流程为核心，通过业务过程和其他资源的绑定，实现企业相关资源、应用和服务的深层次集成。同时面向过程的集成还可以针对跨企业供应链，实现企业间业务过程的共享和集成。流程集成服务中心由工作流执行服务、工作流建模工具、用户任务通知与提交工具、工作流管理与监控工具、服务打包工具五部分组成。
   1) 工作流执行服务的功能包括模型的实例化（支持：事件触发、手工触发、定时触发、调用等启动方式）、工作表生成、外部应用对象的调用、活动的路由控制、事件记录及异常处理等上层功能。另外作为对上层功能块的支持，工作流执行服务还包括消息侦听、消息发送两个底层功能块，支持工作流执行服务模块与外部模块/系统的通讯；
   2) 工作流建模工具以图形化界面支持用户建立平台上进行的工作流程模型，如：应用间的交互过程、B2B 的公共过程等。为了支持 EAI 和 B2B 的需求，模型将包括：始末节点、人工活动节点、外部应用节点、判断节点、与/或节点、事件等待节点、事件触发接口、弧等元素以及相应的属性等；
   3) 工作流监控与管理工具包括工作流日志管理、工作流模型的版本管理、工作流的执行状态监视，如各过程的执行状态、外部应用的调用情况，以及一些统计信息等；

4） 用户任务通知与提交工具支持多种任务通知方式，如 e-mail，传真、手机短信和 Web 上的工作列表，也支持用户以多种方式提交任务：填写 Web 上 xml 表单、手动上传下载文档等。同时支持用户查询特定工作流实例的执行状况；

5） 服务打包工具是从工作流管理系统与 B2B 集成的一个关键工具。它的主要功能是从工作流模型中抽取出可由外部消息触发的操作和等待外部相应的事件等信息，生成一个业务服务的 Web 服务描述（用 WSDL）。所生成的服务将被发布到平台上，对外提供一定的操作并能相应外部的事件（消息）。

A.4.2.5 平台信息基础设施

平台信息基础设施为集成平台提供透明的信息和通讯服务。通过基于 CORBA/J2EE/DCOM 的服务实现网络环境中对象级的同步互操作；同时平台信息基础设施还为平台提供基础的域名服务、目录服务、组件对象服务、消息服务等功能。支持商业集成的集成平台功能结构如图 A.13 所示。

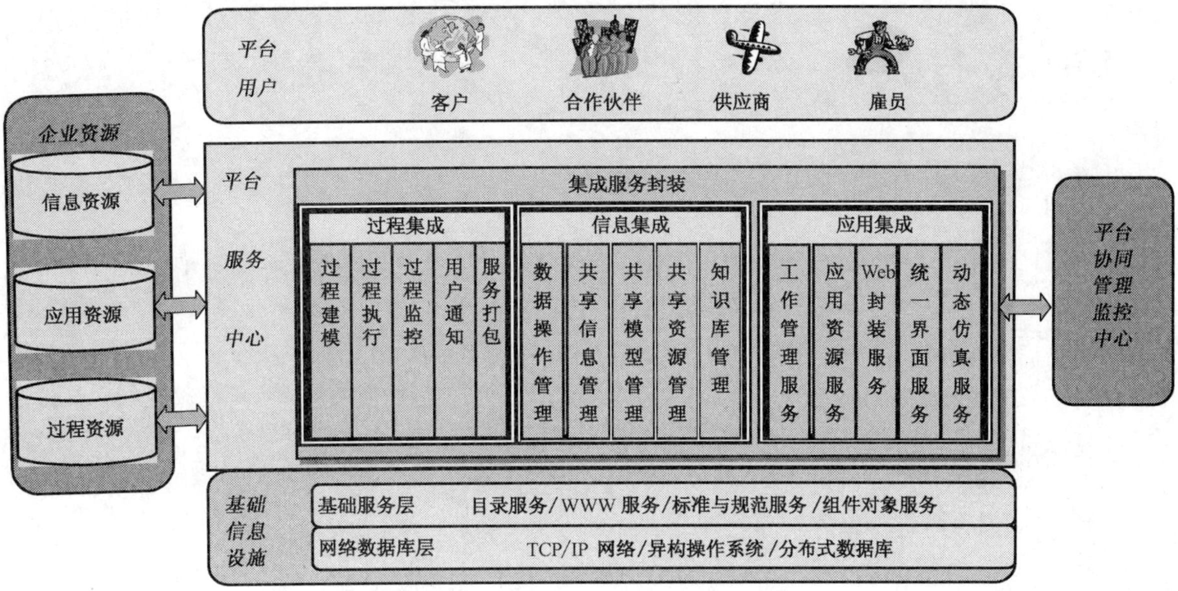

图 A.13 集成平台功能结构

参 考 文 献

[1] GB/T 18757—2008 工业自动化系统 企业参考体系结构与方法论的需求
[2] ISO/IEC 15288:2002 Systems Engineering—System Life—Cycle Processes

ICS 17.180
N 30

中华人民共和国国家标准

GB/T 26328—2010

生物化学分析仪器用干涉滤光片

Optical interference filters for biochemical analyzer

2011-01-14 发布　　2011-06-01 实施

中华人民共和国国家质量监督检验检疫总局
中国国家标准化管理委员会　发布

前　言

本标准的附录 A、附录 B 为资料性附录。

本标准由中国机械工业联合会提出并归口。

本标准起草单位:沈阳仪表科学研究院、沈阳汇博光学技术有限公司、深圳迈瑞生物医疗电子股份有限公司、国家仪器仪表元器件质量监督检验中心。

本标准主要起草人:阴晓俊、赵帅锋、费书国、吴增辉、任少鹏、王炜、邱金宏、徐秋玲、杜健。

生物化学分析仪器用干涉滤光片

1 范围

本标准规定了生物化学分析仪器(如生化分析仪、酶标仪)用干涉滤光片及光学膜层(以下简称"滤光片")的要求、试验方法、检验规则、标志、包装、运输和储存。

本标准适用于基于光学干涉原理设计制造的用于生物化学分析仪器的滤光片。

2 规范性引用文件

下列文件中的条款通过本标准的引用而成为本标准的条款。凡是注日期的引用文件,其随后所有的修改单(不包括勘误的内容)或修订版均不适用于本标准,然而,鼓励根据本标准达成协议的各方研究是否可使用这些文件的最新版本。凡是不注日期的引用文件,其最新版本适用于本标准。

GB/T 1185—2006 光学零件表面疵病(ISO 10110-7:1996,NEQ)

GB/T 2828.1—2003 计数抽样检验程序 第1部分:按接收质量限(AQL)检索的逐批检验抽样计划(ISO 2859-1:1999,IDT)

GB/T 2829—2002 周期检验计数抽样程序及表(适用于对过程稳定性的检验)

GB/T 13384—2008 机电产品包装通用技术条件

GB/T 26332.1—2010 光学和光学仪器 光学薄膜 第1部分:定义(ISO 9211-1:1994,IDT)

ISO 9022-2:2002 Optics and optical instruments—Environmental test methods—Part 2: Cold, heat and humidity

3 术语和定义

GB/T 26332.1—2010 确立的以及下列术语和定义适用于本标准。

3.1

峰值透射率 peak transmittance

滤光片光谱通带区域内光谱透射率的最大值。用 T_{max} 表示,也可用 T_{pk} 表示(参见附录 A)。

3.2

峰值波长 peak wavelength

峰值透射率所对应的波长值。用 λ_{max} 表示(参见附录 A)。

3.3

半宽度 full width at half maximum

对应于滤光片峰值透射率(T_{max})一半处的光谱宽度。表征滤光片的通带光谱宽度,用 $\Delta\lambda_{0.5}$ 表示。

设透射率为 $0.5T_{max}$ 处对应的两个波长值分别为 λ_1 和 λ_2 ($\lambda_1 < \lambda_2$),则半宽度 $\Delta\lambda_{0.5}=\lambda_2-\lambda_1$(参见附录 A)。

3.4

中心波长 center wavelength

滤光片光谱通带中心的波长值。表征滤光片的通带光谱位置,用 λ_0 表示。

数值上等于透射率为 $0.5T_{max}$ 处对应的两个波长值 λ_1 和 λ_2 的平均值,计算公式为 $\lambda_0=(\lambda_1+\lambda_2)/2$(参见附录 A)。

3.5

背景截止度 blocking

滤光片在光谱截止带区域内对光的截止程度,用光谱透射率 $T(\lambda)$ 或光密度 $OD(\lambda)$ 表示,简称背景。

注：透射率 $T(\lambda)$ 与光密度 $OD(\lambda)$ 之间存在式(1)所示的对数关系：

$$OD(\lambda) = -\lg[T(\lambda)] \quad \cdots\cdots(1)$$

4 技术要求

4.1 光学性能

4.1.1 峰值透射率

标称中心波长为 340 nm 的滤光片峰值透射率应大于 40%，其余标称中心波长滤光片的峰值透过率，应满足产品图样或采购文件的规定。

4.1.2 半宽度

滤光片典型的标称半宽度包括(但不限于)8 nm 和 10 nm，实际半宽度与标称半宽度的偏差应不超过±2 nm。

4.1.3 中心波长

滤光片的标称中心波长范围为 300 nm～800 nm，中心波长与标称中心波长的偏差应不超过±2 nm。

滤光片典型的标称中心波长宜采用下列值：340 nm、380 nm、405 nm、450 nm、492 nm、500 nm、505 nm、510 nm、546 nm、578 nm、600 nm、620 nm、630 nm、650 nm、660 nm、670 nm、690 nm、700 nm、750 nm 等。

4.1.4 背景截止度

滤光片的背景截止度的光谱考察范围应包含 200 nm～1 200 nm，滤光片通带光谱范围除外。

普通滤光片的背景截止度应满足下列条件：光密度不小于 *OD*4 或透射率不大于 0.01%。

高信噪比滤光片的背景截止度应满足下列条件：光密度不小于 *OD*6 或透射率不大于 0.000 1%。

4.2 表面疵病

滤光片表面疵病的检验应按照 GB/T 1185—2006 进行，疵病公差应满足 C 1×0.4 的要求，长擦痕公差应满足 L 0.063×10 的要求。

4.3 环境适应性

4.3.1 高低温循环

在高温 70 ℃和低温－40 ℃条件下，滤光片经过 5 个循环周期试验后，其光学性能应符合 4.1 的规定。

4.3.2 交变湿热

在温度 25 ℃～65 ℃和相对湿度 85%～95%范围内，滤光片经过 10 个循环周期试验后，其光学性能应符合 4.1 的规定。

5 试验方法

5.1 光学性能

5.1.1 试验条件

检验仪器：分光光度计，波长精度优于 0.2 nm，光密度测试能力应优于试样的光密度要求。

检验方法：测试光入射角为 0°，测试光光谱宽度 0.2 nm，测试取点间隔 0.2 nm，测试光束截面尺寸应不大于滤光片的有效通光孔径，测试光束应全部照射在有效通光范围内。在试验测试峰值透射率、半宽度和中心波长时，光谱测试范围为：λ_0－10 nm～λ_0＋10 nm；在实验测试背景截止度时，光谱测试范围为：200 nm～1 200 nm。

环境条件：

——环境温度 15 ℃～35 ℃；

——相对湿度不超过 75%；

——周围没有会引起干涉滤光片膜层腐蚀的气体。

5.1.2 峰值透射率

根据分光光度计测试的滤光片通带光谱范围的透射率数据和曲线，取透射率最大值，即为峰值透射率，结果应符合 4.1.1 的规定。

5.1.3 半宽度

根据分光光度计测试的滤光片通带光谱范围的透射率数据和曲线，取 50% T_{max} 处所对应的两个波长值 λ_1 和 λ_2，计算滤光片的半宽度 $\Delta\lambda_{0.5}$，结果应符合 4.1.2 的规定。

5.1.4 中心波长

根据分光光度计测试的透射率数据和曲线，取 50% T_{max} 处所对应的两个波长值 λ_1 和 λ_2，计算滤光片的中心波长 λ_0，结果应符合 4.1.3 的规定。

5.1.5 背景截止度

在 200 nm～0.9λ_0 和 1.1λ_0～1 200 nm 范围内判定滤光片背景截止度。根据分光光度计测试的滤光片透射率(或光密度)数据和曲线，计算滤光片的背景截止度数据，结果应符合 4.1.4 的规定。

5.2 表面疵病

按照 GB/T 1185—2006 中 6.1.3 规定的常规比对法进行检验时，检验装置参考附录 B。检验结果应符合 4.2 的规定。

5.3 环境适应性

5.3.1 高低温循环

按照 ISO 9022-2:2002 中 4.3.2 的试验方法，高低温循环试验方法如下：

首次循环前应增加 30 min 的温度稳定时间，使温度从室温稳定到 23 ℃；低温 −40 ℃±2 ℃保持 3 h；高温 70 ℃±2 ℃保持 3 h；两个温度状态交变时，温度的平均变化率应在 0.8 ℃/min～1.2 ℃/min 之间；当温度变化经过低温状态和高温状态，再次回到 23 ℃时，所经历的时间为一个循环周期。温度变化曲线如图 1 所示。

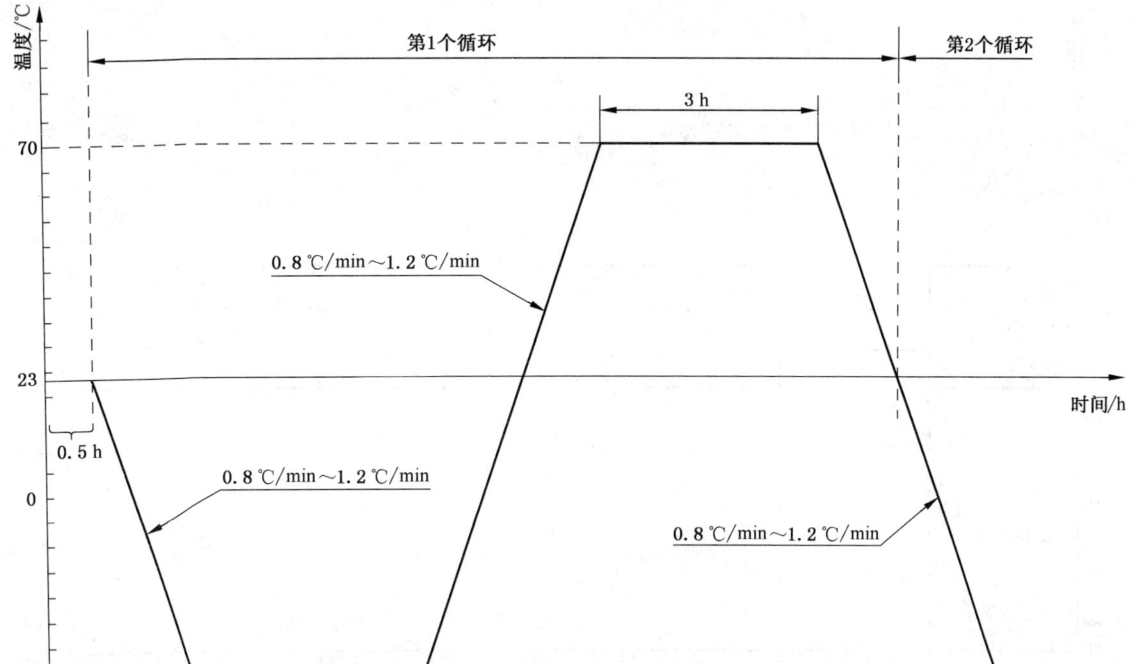

图 1 高低温循环试验温度变化曲线图

按此试验方法进行 5 个循环周期试验，试验结束后在室温下恢复 1 h，进行光学性能试验，其结果应符合 4.3.1 的规定。

5.3.2 交变湿热

按照 ISO 9022-2:2002 中 4.3.4 的试验方法，交变湿热试验方法如下：

每 24 h 为一个循环周期；首次循环 0 h～2 h 内包含 30 min 的稳定时间，使温度从室温稳定到 23 ℃±2 ℃，相对湿度达到 85%，此后循环不包含该段时间。普通周期内温度变化的要求为：0 h～2 h，温度从 23 ℃±2 ℃以均匀速率变化到 65 ℃±2 ℃；2 h～8 h，温度保持在 65 ℃±2 ℃范围内；8 h～24 h，温度从 65 ℃±2 ℃以均匀速率变化到 23 ℃±2 ℃。一个周期内相对湿度变化的要求为：0 h～4 h，相对湿度不低于 85%；4 h～8 h，相对湿度为 90%～95%；8 h～24 h，相对湿度不低于 85%。温度和相对湿度变化如图 2 所示。

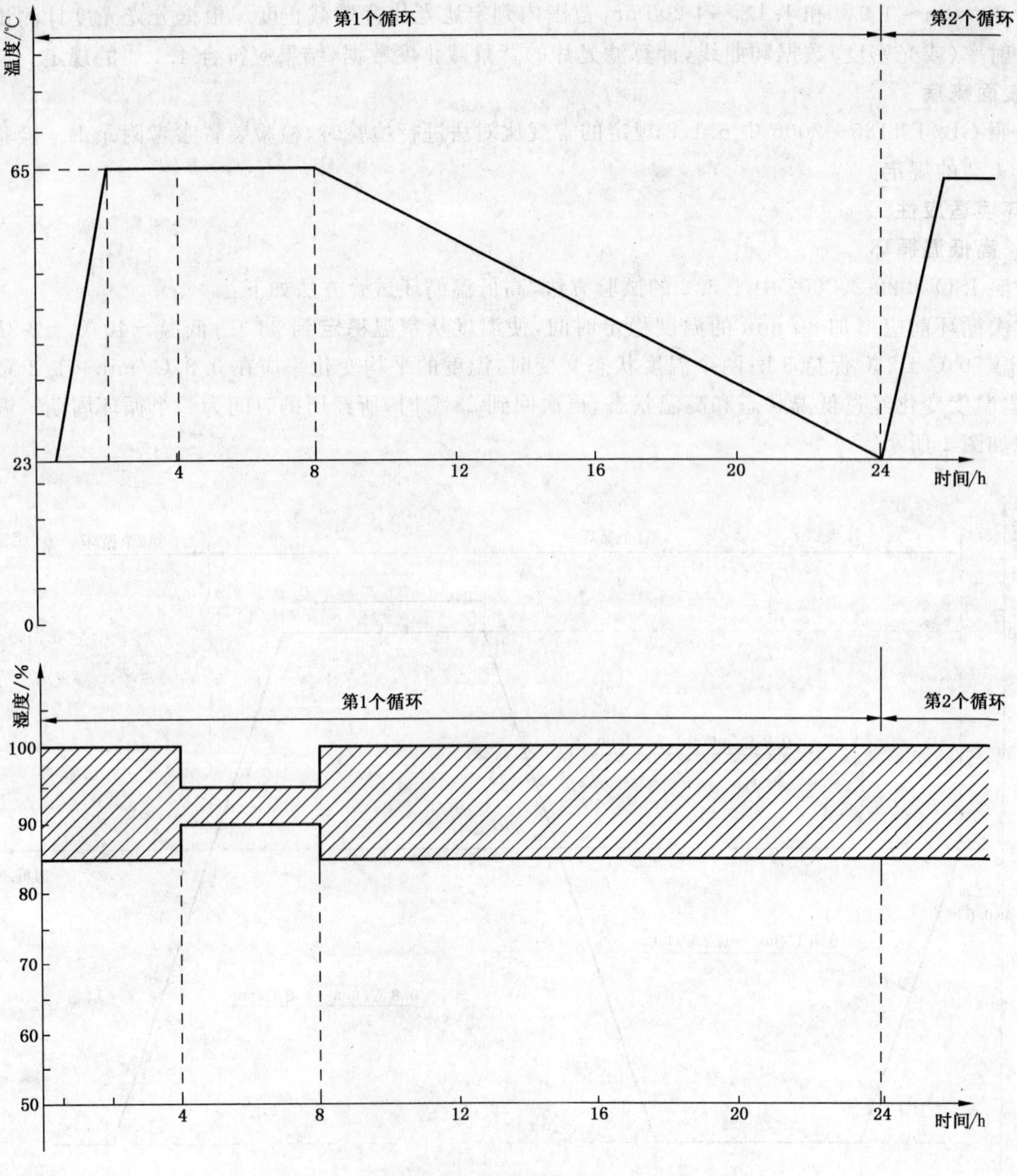

图 2 交变湿热试验温度及相对湿度变化图

按此试验方法进行10个循环周期试验，试验结束后在室温下恢复1h，进行光学性能试验，其结果应符合4.3.2的规定。

6 检验规则

6.1 检验分类

滤光片的检验分为出厂检验和型式检验。

6.2 出厂检验

6.2.1 检验项目和检验顺序

出厂检验的检验项目和检验顺序见表1。

表1 检验项目和检验顺序

序号	检验项目	技术要求章条号	检验方法章条号	出厂检验项目	型式检验项目	不合格类型
1	峰值透射率	4.1.1	5.1.2	√	√	A
2	半宽度	4.1.2	5.1.3	√	√	A
3	中心波长	4.1.3	5.1.4	√	√	A
4	背景截止度	4.1.4	5.1.5	—	√	B
5	表面疵病	4.2	5.2	√	√	B
6	高低温循环	4.3.1	5.3.1	—	√	B
7	交变湿热	4.3.2	5.3.2	—	√	B
注：“√”为检验项目；“—”为不检验项目。						

6.2.2 检验原则

出厂检验可以选用逐件检验或抽样检验。任意一项不满足规定即判定该产品为不合格产品。当抽样检验不合格时，应采用逐件检验方式重新检验。

6.2.3 抽样方案

抽样检验时，按GB/T 2828.1—2003中的一次抽样方案，一般检验水平Ⅱ，接收质量限(AQL)为1.5。

6.3 型式检验

6.3.1 检验项目

型式检验的检验项目和检验顺序按表1进行检验。

6.3.2 检验周期

型式检验一般每年进行一次，产品有下列情况之一时应进行型式检验：

a) 新产品的试制定型鉴定；

b) 老产品转厂生产；

c) 正式生产后，如结构、材料、工艺有较大改变，可能影响产品性能时；

d) 出厂检验结果与上次型式检验有较大差异时；

e) 国家质量监督机构提出进行型式检验的要求时。

6.3.3 检验规则

型式检验的样品应从出厂检验合格的产品中随机抽取，抽样采用GB/T 2829—2002中一次抽样方案。

A类不合格检验项目，判别水平Ⅱ，不合格质量水平(RQL)为3.0，样本数n=50，合格判定数Ac=0，不合格判定数Re=1；

B 类不合格项目，检验样本从 A 类项目检验合格的样本中抽取。样本数为 5，只要有 1 个样本 1 个项目不合格，即判定该批产品不合格。

6.3.4 样品的处理

经环境适应性检验的样品，不能交付用户使用。

7 标志、包装、运输和储存

7.1 标志

7.1.1 在滤光片外壳或包装袋的适当位置应标明型号。

7.1.2 在滤光片的包装箱(盒)上应标明：

a) 产品名称、型号规格及数量；

b) 防护标志；

c) 装箱日期；

d) 装箱员编号；

e) 生产单位名称或商标；

f) 执行标准号。

7.2 包装

7.2.1 滤光片包装应符合 GB/T 13384—2008 的规定。

7.2.2 包装内附文件应包含：

a) 装箱清单；

b) 产品合格证明文件；

c) 其他相关文件资料。

7.3 运输

滤光片允许采用各种运输工具运输。在运输过程中应防压并防止受到剧烈冲击、雨淋。

7.4 储存

经包装后的滤光片应存放在 0 ℃～40 ℃，相对湿度不超过 85%，无腐蚀性气体和通风良好的洁净环境内。

附　录　A
（资料性附录）
几种典型带通滤光片的光谱图解

本附录用图 A.1～图 A.3，针对几种典型滤光片的光谱进行图解，以明确本标准中定义的含义。

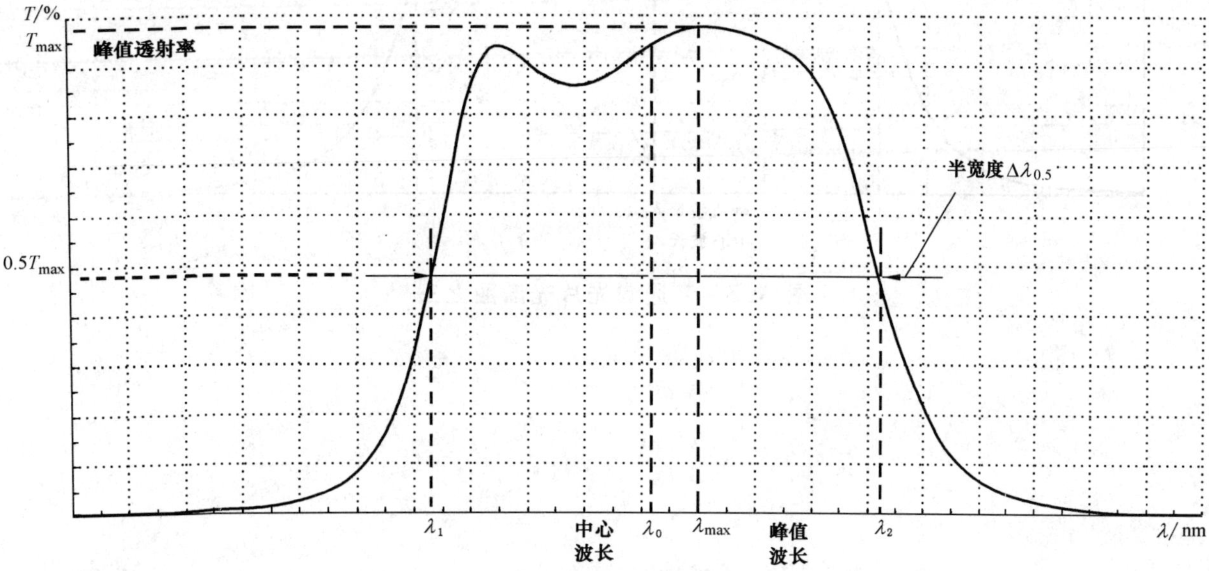

图 A.1　带通滤光片光谱图之一

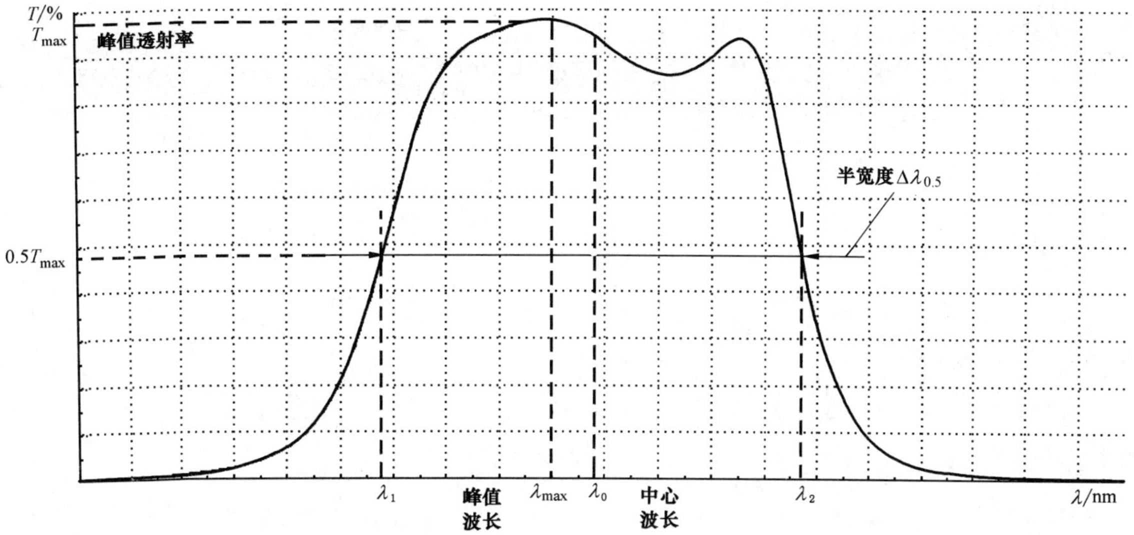

图 A.2　带通滤光片光谱图之二

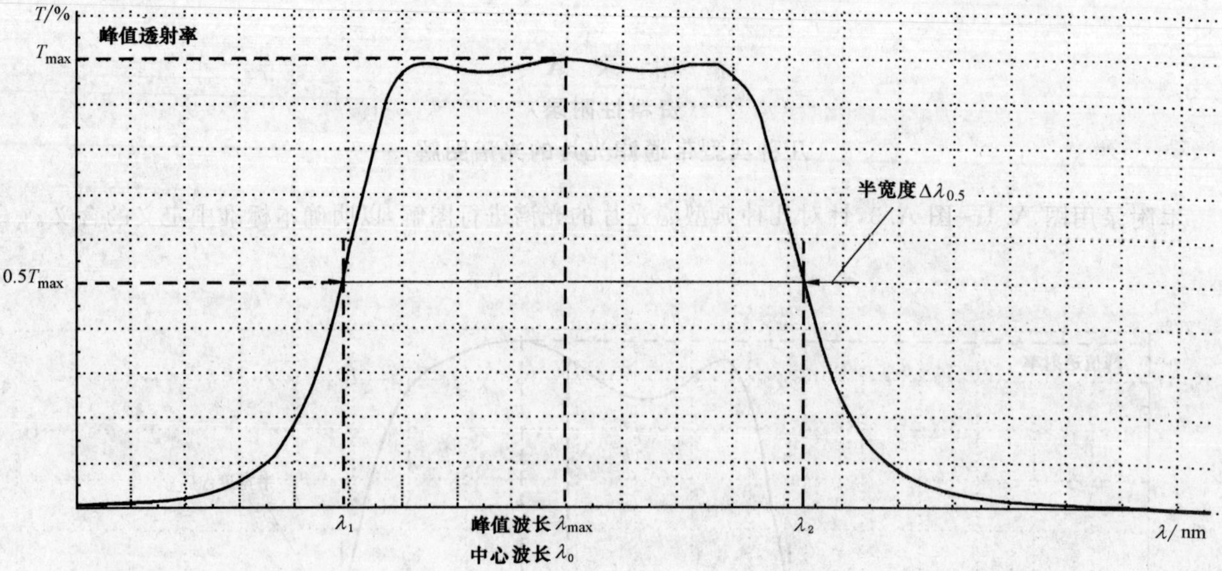

图 A.3　带通滤光片光谱图之三

附　录　B
（资料性附录）
常规比对法检测装置

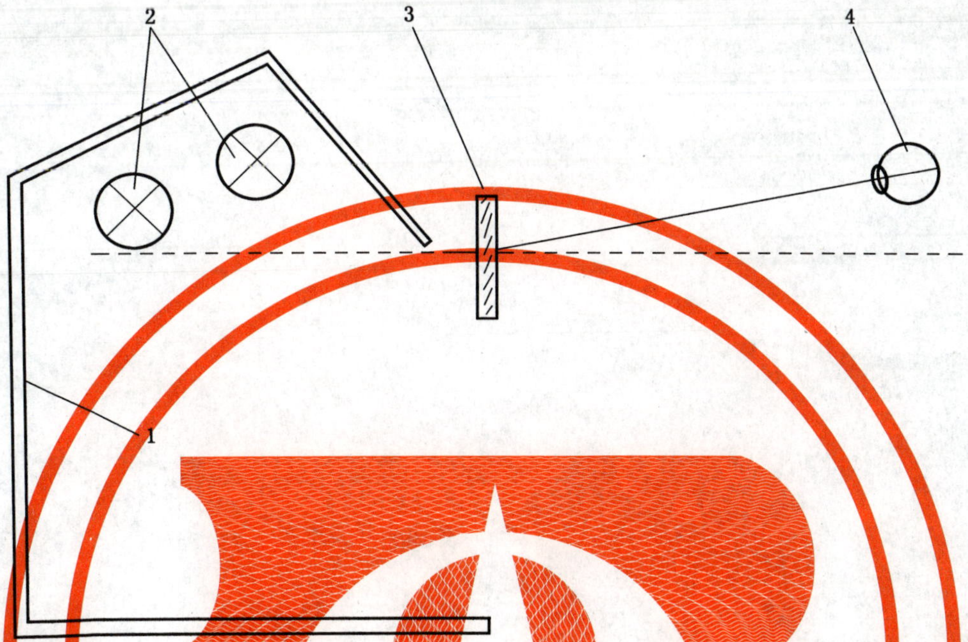

1——黑色消光涂层；
2——荧光灯；
3——被检零件；
4——眼睛。

图 B.1　常规比对法检测装置

ICS 25.040.01
N 10

中华人民共和国国家标准

GB/T 26329—2010/IEC 61081:1991

由过程伴生气体驱动的气动仪表安全安装和操作规程指南

Pneumatic instruments driven by associated process gas—Safe installation and operating procedures—Guidelines

(IEC 61081:1991,IDT)

2011-01-14 发布　　2011-06-01 实施

中华人民共和国国家质量监督检验检疫总局
中国国家标准化管理委员会　发布

前　言

本标准等同采用 IEC 61081:1991《由过程伴生气体驱动的气动仪表　安全安装和操作规程指南》(英文版)。

根据 GB/T 1.1—2000《标准化工作导论　第 1 部分:标准的结构和编写规则》,对 IEC 61081:1991 进行了下列编辑性修改:

a) 删除了 IEC 61081:1991 的前言;

b) 凡是有"IEC 61081:1991"的地方,改为了"GB/T 26329—2010";

c) 用小数点"."代替作小数点的逗号",";

d) 将 IEC 61081:1991 引用的相关 IEC 标准全部替换为对应的国家标准。

本标准由中国机械工业联合会提出。

本标准由全国工业过程测量和控制标准化技术委员会(SAC/TC 124)归口。

本标准负责起草单位:西南大学。

本标准参加起草单位:中国四联仪器仪表集团、机械工业仪器仪表综合技术经济研究所。

本标准主要起草人:祝培军、黄伟、赵亦欣、吕静。

本标准参加起草人:刘进、冯晓升、张新国。

由过程伴生气体驱动的气动仪表安全安装和操作规程指南

1 范围

本标准规定了由过程伴生气体驱动的气动仪表的安全安装、操作规程和维护规程指南。

本标准不适用于伴生气体被密封于内而无法排放到空气中的由伴生气体驱动的气动装置。

本标准不适用于用于组装气动仪表所需的电子装置部分。

注：对安装于爆炸性气体中的电子设备，请参见 GB 3836.15。

2 规范性引用文件

下列文件中的条款通过本标准的引用而成为本标准的条款。凡是注日期的引用文件，其随后所有的修改单(不包括勘误的内容)或修订版均不适用于本标准，然而，鼓励根据本标准达成协议的各方研究是否可使用这些文件的最新版本。凡是不注日期的引用文件，其最新版本适用于本标准。

GB 3836.1 爆炸性气体环境用电气设备 第1部分：通用要求 (GB 3836.1—2000，eqv IEC 60079-0:1998)

GB 3836.14 爆炸性气体环境用电气设备 第14部分：危险场所分类 (GB 3836.14—2000，idt IEC 60079-10:1995)

GB 3836.15 爆炸性气体环境用电气设备 第15部分：危险场所电气安装(煤矿除外) (GB 3836.15—2000，eqv IEC 60079-14:1996)

GB 4208 外壳防护等级(IP代码) (GB 4208—2008，IEC 60529:2001，IDT)

3 术语和定义

下列术语和定义适用于本标准。

3.1

伴生气体 associated gas

从流体介质工艺中获取的被用来为已安装的气动仪表提供动力源的易燃性气体。

3.2

气动仪表 pneumatic instrument

以气动的方式操作工业过程测量和控制用装置的仪表。其气源可排放到空气中。

4 一般情况

若未掺杂空气，为气动仪表提供动力源的伴生气体的混合气体是普遍高于爆炸上限(UEL)的。

爆炸性气体环境形成的条件：

a) 气动仪表的外壳被打开，以至于空气进入了充满燃气的外壳；

b) 排放伴生气体的空气区域。

由伴生气体驱动的气动仪表的外壳或部分外壳的最高表面温度，应该满足 GB 4208 中规定的要求。

5 安装

5.1 总则

由伴生气体驱动的气动仪表安装时应考虑以下几方面的情况：

- 外壳；
- 排气；
- 排气管；
- 排气管的防堵措施；
- 排气管的防雷措施；
- 外壳的防静电措施；
- 接地；
- 外壳容积；
- 标志；
- 混合气的监测；
- 防备措施；
- 设备替换。

5.2 外壳

由伴生气体驱动的气动仪表安装时外壳方面要求如下：

1) 根据 GB 4208，气动仪表应该安装在满足最低防护等级 IP54 要求的外壳内，且该外壳必须带有排气装置；

2) 对于一组气动仪表，必须配备专用外壳；

3) 已达到防护等级要求的现场变送器、阀门及远程仪表，在适当情况下不需满足上述两项要求。

5.3 排气

若 5.2 中提及的仪表的外壳是安装在掩体或建筑物中，则其排气管必须能延伸至掩体或建筑物之外。[除非该掩体或建筑物通风，且其通风率高至能将泄露的伴生气体稀释至最低爆炸限以下(LEL)。]

5.4 排气管

5.2 中提及的仪表外壳的排气管的直径应不小于 15 mm，但是在任何情况下都需足够大，以避免所有安装好的带有排气管的气动仪表聚集起来以最大释放率形成的超过 100 Pa 的背压。

单个气动仪表的排气管的直径可以小一些。

注 1：100 Pa 所引起的误差不超过标准信号 100 kPa 的 0.1%，且加在气动仪表外壳上的压力也不超过 100 Pa。

注 2：对于其标准信号远低于 100 kPa 的气动仪表，其背压极限也应降低。

5.5 排气管的防堵措施

排气管出口应采取防堵措施，以防被雨、冰、固体物质或冷凝物堵塞。

5.6 排气管的防雷措施

应采取适当的措施防止排气管因遭受雷击而产生危害。

注：通常释放出的气体量很小，不会燃烧。

5.7 外壳的防静电措施

外壳应使用导电材料制作，以避免静电荷的积累。

5.8 接地

外壳的所有部分，包括内部框架，都应接地。

注：外壳的门应该装配能导电的铰链编织物。

5.9 外壳容积

外壳的容积应尽可能小，以限制开门时气体的释放量。

5.10 标志

外壳应贴有下列具有提醒功能的标志：

外壳内有可燃气体，禁止在外壳附近使用火源。

5.11 混合气的监测

适当的时候，可用气体监测设备监测外壳内可能存在的伴生气与空气的混合气体。

5.12 防备措施

为了在打开外壳的门之前创造一个安全的环境，可使用防备品来清洗外壳和相关管道。

注：当使用氮来清洗时，清洗员应意识到此刻正处于已释放氮气的危险区域中。

5.13 设备替换

为了使任何仪表的替换过程都能安全进行，应该使用防备品将仪表从阀控制的相关可燃气体中隔离开来。

6 操作的预防措施

6.1 概述

应特别注意由伴生气体驱动的气动仪表的操作和维护。

注1：此操作可能包括改变图表记录仪、油墨记录仪、风量调节阀以及变送器的设定值等。

注2：基于维护目的，所有的仪表也许需全部替换。

不论以任何理由(如：检查操作、维护)进入一个装配有由伴生气体驱动的气动仪表的工厂时，必须严格遵守下列规定。

6.2 禁止吸烟

严禁在该区域内吸烟，以防引发火灾或气体爆炸。

6.3 爆炸性气体的产生

应知道爆炸性气体可能在排气管排放伴生气体时产生，也可能在气动仪表外壳门被打开时产生。

注：也应考虑到有毒气体泄露的可能性。

6.4 预先进行气体测试

在开展任何工作之前应先进行气体测试。

注1：在实施维护工作之前应先把气动仪表从伴生气源中隔离开来。

注2：适当的时候，尽可能清洗外壳。这样外壳内的爆炸性空气/伴生气体混合物就能低至LEL的25%。

6.5 防静电措施

进入该区域工作前要采取适当的措施避免人体释放静电，例如要考虑较低的相对湿度，穿上合成外套，不穿不导电的鞋子等。

注：保护措施：

a) 带上用于接地的金属腕套和链子；

b) 穿上导电的外套和鞋。

6.6 防止产生电火花

应知道生锈的钢制工具(如：生锈的锤子或者凿子)会产生电火花故不能在此区域里使用。同时，铝合金制造的工具也禁止使用。

6.7 电气装置的防护措施

手持的、可移动的或是可传送的电气装置，如电气工具、灯、测试装备等，在这些区域使用时应该配备在GB 3836.15—2000中规定的合适的防护措施。

6.8 连续气体测试

在做连续气体测试时，则不必遵守上述要求。

ICS 77.120.99
H 68

GB

中华人民共和国国家标准

GB/T 26330—2010

银、银合金/铜、铜合金复合带材

Silver or silver alloy/copper or copper alloy clad strips

2011-01-14 发布　　　　2011-06-01 实施

中华人民共和国国家质量监督检验检疫总局
中国国家标准化管理委员会　发布

前　言

本标准按照 GB/T 1.1—2009 给出的规则起草。

本标准由中国机械工业联合会提出。

本标准由全国仪表功能材料标准化技术委员会归口。

本标准主要起草单位：重庆川仪自动化股份有限公司金属功能材料分公司、重庆仪表材料研究所。

本标准主要起草人：徐永红、谌立新、章应、陈明、赵明华、杨贤军、尹克江、何伦英、余小玲。

银、银合金/铜、铜合金复合带材

1 范围

本标准规定了银、银合金/铜、铜合金复合带材的分类、要求、试验方法、检验规则与标志、包装、运输和贮存。

本标准适用于制作微电机、继电器、保护器、电接插件和精密开关等电子元器件用的银、银合金/铜、铜合金二层复合材料及金合金/银合金/铜合金三层复合或多层复合等复合带材(以下简称带材)。

2 规范性引用文件

下列文件对于本文件的应用是必不可少的。凡是注日期的引用文件,仅注日期的版本适用于本文件。凡是不注日期的引用文件,其最新版本(包括所有的修改单)适用于本文件。

GB/T 4340.1 金属材料维氏硬度试验 第1部分:试验方法

GB/T 5121(所有部分) 铜及铜合金化学分析方法

GB/T 5231 加工铜及铜合金化学成分和产品形状

GB/T 8888 重有色金属加工产品的包装、标志、运输和贮存

GB/T 15072(所有部分) 贵金属合金化学分析方法

YS/T 370 贵金属及其合金的金相试样制备方法

3 分类

3.1 品种

带材由复层材料与基层材料组成。带材品种的组成形式见表1。

表1 带材品种的组成形式

复层	基层					
	纯铜、无氧铜系	白铜系	MX系	锡青铜系	黄铜系	其他
Ag	▲	▲	—	▲	▲	▲
AgCu	▲	—	—	▲	▲	▲
Au/Ag	▲	—	—	—	—	—
AgCuNi	▲	—	—	—	—	—
AgCuNiRE	▲	—	—	—	—	—
AgCuZnNi	▲	—	—	—	—	—
AgCuZnNiRE	▲	—	—	—	—	—

表 1（续）

复　层	基　层					
	纯铜、无氧铜系	白铜系	MX 系	锡青铜系	黄铜系	其他
AgCuPdNi	▲	—	—	—	—	—
AgCuPdNiRE	▲	—	—	—	—	—
AgCuPdZnNiRE	▲	—	—	—	—	—
AuAg/AgCuNi	▲	—	—	—	—	—
AuAg/AgCuNiRE	▲	—	—	—	—	—
AuAg/AgCuZnNi	▲	—	—	—	—	—
AuAg/AgCuZnNiRE	▲	—	—	—	—	—
AuAg/AgCuPdNiRE	▲	—	—	—	—	—
AuAgCu/AgCuPdNiRE	▲	—	—	—	—	—
AuAgCuRE/AgCuPdNiRE	▲	—	—	—	—	—
AuAgCuPdRE/AgCuPdNiRE	▲	—	—	—	—	—
AgPd	—	▲	▲	▲	—	—
APZC	—	—	▲	—	—	—
APNC	—	—	▲	—	—	—
$AgSnO_2$	▲	—	—	▲	—	—
AgCe	▲	▲	—	▲	▲	—
AgNi	▲	▲	—	▲	▲	▲
AgSnLaCe	—	▲	—	—	—	—

注 1：表中带“▲”为可供品种，其他品种的产品供货可协商解决。

注 2：RE 为稀土元素的总称。

注 3：MX 为 Cu、Ni、Sn 合金。

注 4：APZC 为 Pd、Ag、Cu、Pt、Au、Zn 合金。

注 5：APNC 为 Au、Ag、Ni、Cu、Pt 合金。

3.2　复合形式

带材复合形式截面示意图见表 2。

表 2　带材复合形式截面示意图

形式		面　复	嵌 条 复	边部嵌条复
单条复层	双层	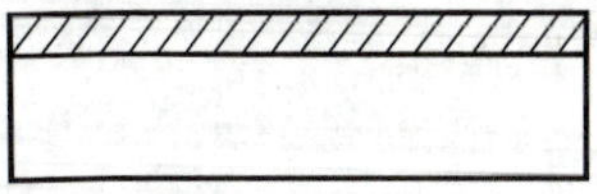	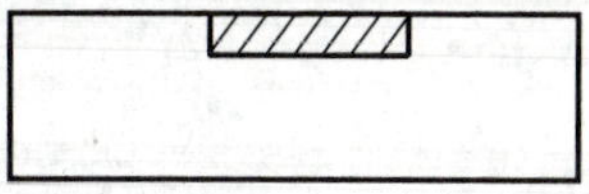	
	多层		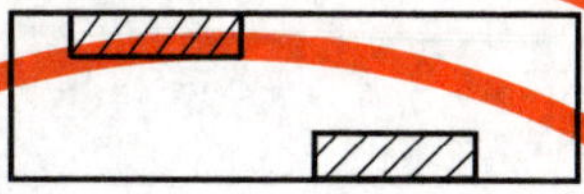	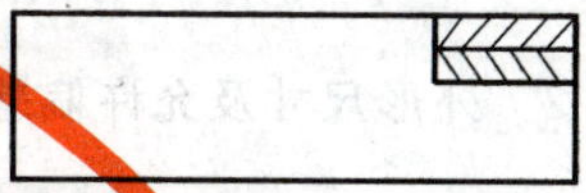
多条复层	双层	—	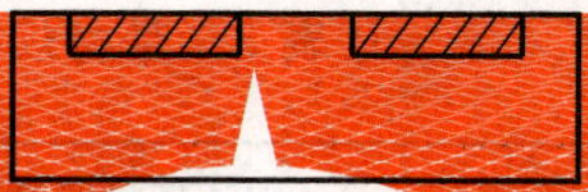	
	多层	—		
注：可以根据用户要求生产其他复合形式。				

3.3　标记示例

以符合 GB/T 26330 的银、银合金/铜、铜合金复合带材为例，其特征为复层为 AgNi10，基层为 QSn6.5-0.1，供货状态为 Y_2，允差等级为高精级，复层厚度为 0.08 mm，复层宽度为 3.0 mm，条数为 2，带厚为 0.80 mm，带宽为 27 mm，其标记为：

复合带材 GB/T 26330—AgNi10/QSn6.5-0.1—Y_2—高精级—0.08×(3.0+3.0)—0.80×27

标记中各要素的含义如下：

AgNi10——复层牌号；

QSn6.5-0.1——基层牌号；

Y_2——供货状态；

高精级——允差等级；

0.08——复层厚度；

3.0——复层宽度；

3.0+3.0——复层条数为 2；

0.80——带厚；

27——带宽。

3.4 供货状态

产品状态分为特硬态(T)、硬态(Y)、半硬态(Y_2)、1/4 硬态(Y_4)、软态(M)五种状态。

4 要求

4.1 表面质量

4.1.1 带材表面应光洁,不允许有裂纹、起皮、气泡、分层、压折和夹杂。

4.1.2 复层表面不允许有经抛光不能消除的划伤、斑点、凹坑等缺陷。

4.1.3 带材表面不允许有氧化色和明显的油迹和水迹。

4.2 外形尺寸及允许偏差

4.2.1 规格

带材成卷供应,其规格见表 3。

表 3 带材规格

单位为毫米

带材宽度 W	带材厚度 H	带材长度不小于
$3 \leqslant W < 100$	$0.03 \leqslant H < 0.80$	10 000
$6 \leqslant W < 100$	$0.80 \leqslant H < 1.50$	5 000
注:其他规格由供需双方协议供货。		

4.2.2 尺寸及允许偏差

带材厚度及允许偏差见表 4,带材宽度及允许偏差见表 5。

表 4 带材厚度及允许偏差

单位为毫米

带材厚度 H	带材厚度允差		复层厚度及允差	
	普通级	高精级	复层厚度 T	允差
$0.030 \leqslant H < 0.100$	±0.005	±0.003	0.001~70%H	+20% T −10% T
$0.100 \leqslant H < 0.300$	±0.010	±0.005		
$0.300 \leqslant H < 0.500$	±0.015	±0.010		
$0.500 \leqslant H < 0.800$	±0.025	±0.020		
$0.800 \leqslant H < 1.200$	±0.040	±0.035		
$1.200 \leqslant H < 1.500$	±0.045	±0.040		

注 1:需方只要求正(或负)偏差时,其偏差值为表中正(或负)对应允差值的 2 倍。

注 2:带材精度等级需在合同中注明,否则按普通级精度供货。经供需双方协商,可供其他允差的带材。

表 5 带材宽度及允许偏差

单位为毫米

带材厚度 H	带材宽度 W	带材宽度允差		复层宽度	复层宽度允差
		普通级	高精级		
$0.030 \leqslant H < 0.300$	$3.00 \leqslant W < 100.00$	±0.10	±0.05	1.00～100.0	0～1.00
$0.300 \leqslant H < 0.500$		±0.20	±0.15		
$0.500 \leqslant H < 0.800$	$6.00 \leqslant W < 100.00$	±0.20			
$0.800 \leqslant H < 1.500$		±0.25	—		

4.2.3 带材的复层定位

带材的复层定位见图 1。A、B、C、D 为复层定位尺寸，复层定位尺寸与用户协商确定。

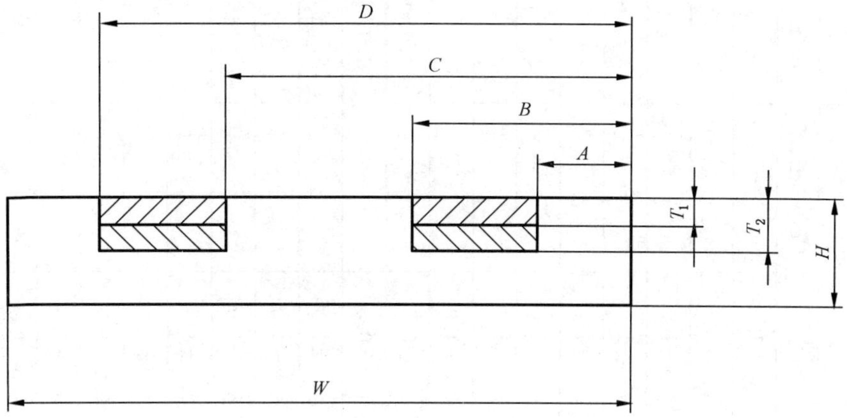

A ——复层边距 1；
B ——复层边距 2；
C ——复层边距 3；
D ——复层边距 4；
W ——带材宽度；
T_1 ——复层 1 厚度；
T_2 ——复层总厚度；
H ——带材厚度。

图 1 带材复层定位示意图

4.3 化学成分

4.3.1 带材复层化学成分应符合表 6 规定。

4.3.2 带材基层化学成分应符合 GB/T 5231 或表 7 的规定。

4.4 硬度

带材硬度应使用表 8 规定的维氏硬度值。

表 6 复层材料的化学成分

牌号	成分含量(质量分数)/%								
	Ag	Ni	Pd	Cu	SnO_2	Zn	Au	RE	杂质
Ag	≥99.95	—	—	—	—	—	—	—	≤0.05
AgCe0.5	余	—	—	—	Ce:0.5±0.2	—	—	—	≤0.3
AgCu5	余	—	—	5.0±1.0	—	—	—	—	≤0.3
AgCu10	余	—	—	10.0±1.0	—	—	—	—	≤0.3
AgCu4Ni	余	0.5±0.2	—	4.0±1.0	—	—	—	—	≤0.3
AgCu4NiRE	余	0.5±0.2	—	4.0±1.0	—	—	—	0.05～0.50	≤0.3
AgCu6Ni	余	0.5±0.2	—	6.0±1.0	—	—	—	—	≤0.3
AgCu6NiRE	余	0.5±0.2	—	6.0±1.0	—	—	—	0.05～0.50	≤0.3
AgCu8Ni	余	0.5±0.2	—	8.0±1.0	—	—	—	—	≤0.3
AgCu8NiRE	余	0.5±0.2	—	8.0±1.0	—	—	—	0.05～0.50	≤0.3
AgCuZnNi	余	0.5±0.2	—	1.0±0.5	—	1.0±0.5	—	—	≤0.3
AgCuZnNiRE	余	0.5±0.2	—	1.0±0.5	—	1.0±0.5	—	0.05～0.50	≤0.3
AgCu6ZnNi	余	0.5±0.2	—	6.0±1.0	—	1.0±0.5	—	—	≤0.3
AgCu6ZnNiRE	余	0.5±0.2	—	6.0±1.0	—	1.0±0.5	—	0.05～0.50	≤0.3
AgCu8ZnNi	余	0.5±0.2	—	8.0±1.0	—	1.0±0.5	—	—	≤0.3
AgCu8ZnNiRE	余	0.5±0.2	—	8.0±1.0	—	1.0±0.5	—	0.05～0.50	≤0.3
AgCu4PdNiRE	余	0.5±0.2	1.0±0.5	4.0±1.0	—	—	—	0.05～0.50	≤0.3
AgCu6PdNiRE	余	0.5±0.2	1.0±0.5	6.0±1.0	—	—	—	0.05～0.50	≤0.3
AgCu6Pd1.6Ni	余	0.5±0.2	1.6±0.5	6.0±1.0	—	—	—		≤0.3
AgCu6Pd1.6NiRE	余	0.5±0.2	1.6±0.5	6.0±1.0	—	—	—	0.05～0.50	≤0.3
AgCu8Pd0.5NiRE	余	0.5±0.2	0.5±0.2	8.0±1.0	—	—	—	0.05～0.50	≤0.3
AgCu8PdNiRE	余	0.5±0.2	1.0±0.5	8.0±1.0	—	—	—	0.05～0.50	≤0.3
AgCu8Pd1.5NiRE	余	0.5±0.2	1.5±0.5	8.0±1.0	—	—	—	0.05～0.50	≤0.3
AgCuPdZnNiRE	余	0.5±0.2	0.5±0.2	1.0±0.5	—	1.0±0.5	—	0.05～0.50	≤0.3

表 6（续）

牌号	成分含量(质量分数)/%								
	Ag	Ni	Pd	Cu	SnO_2	Zn	Au	RE	杂质
Au	—	—	—	—	—	—	≥99.99	—	≤0.01
AuAg25	25.0±1.0	—	—	—	—	—	余	—	≤0.3
AuAg40	40.0±1.0	—	—	—	—	—	余	—	≤0.3
AuAg35Cu5	35.0±1.0	—	—	5.0±1.0	—	—	余	—	≤0.3
AuAg35Cu5Pd1RE	35.0±1.0	—	1.0±0.5	5.0±1.0	—	—	余	0.05～0.50	≤0.3
AuAg34Cu5Pd2RE	34.0±1.0	—	2.0±0.5	5.0±1.0	—	—	余	0.05～0.50	≤0.3
AgPd30	余	—	30.0±1.0	—	—	—	—	—	≤0.3
AgPd50	余	—	50.0±1.0	—	—	—	—	—	≤0.3
APZC	30.0±1.0	—	35.0±1.0	余	Pt:10.0±1.0	1.0±0.5	10.0±1.0	—	≤0.3
APNC	10.0±1.0	1.0±0.5	—	余	Pt:5.0±1.0	—	70.0±1.0	—	≤0.3
$AgSnO_2$(10)(P·M)	余	—	—	—	10.0±1.0	—	—	—	≤0.5
Ag-SnO_2(7)-In_2O_3(3)(I·O)	余	—	—	—	7.0±1.0	In_2O_3:3.0±1.0	—	—	≤0.3
AgNi0.15	余	0.15±0.1	—	—	—	—	—	—	≤0.3
AgNi0.3	余	0.3±0.2	—	—	—	—	—	—	≤0.3
AgNi0.7	余	0.7±0.2	—	—	—	—	—	—	≤0.3
AgNi6	余	6.0±1.0	—	—	—	—	—	—	≤0.3
AgNi10	余	10.0±1.0	—	—	—	—	—	—	≤0.3
AgSnLaCe	余	—	—	—	Ce:0.3～0.8	Sn:0.8～1.3	La:0.3～0.8	—	≤0.3

注：合金杂质总量不做出厂分析。

表 7 基层材料的化学成分

牌号		成分含量(质量分数)/%													
		Cu	Sn	Zn	Fe	Ni	Al	Pb	Mn	As[a]	Sb[a]	Bi[a]	S	P	O	杂质总和
纯铜、无氧铜系	T2	99.90	—	—	0.005	—	—	0.005	—	0.002	0.002	0.001	0.005	—	—	—
	TU1	99.97	0.002	0.003	0.004	0.002	—	0.003	—	0.002	0.002	0.001	0.004	0.002	0.002	—
白铜系	B19	余	—	0.3	0.5	18.0～20.0	—	0.005	0.5	Mg:0.05	—	Si:0.15	0.01	0.01	C:0.05	1.8
	BZn18-26	53.5～56.5	—	余	0.25	16.5～19.5	—	0.05	0.50	—	—	—	—	—	—	—
	BZn18-18	63.5～66.5	—	余	0.25	16.5～19.5	—	0.05	0.50	—	—	—	—	—	—	—
MX 系	MX96	余	5.5～6.7	—	0.6	8.0～10.0	—	0.05	0.60	—	—	—	—	—	—	—
	MX215	余	4.5～5.7	—	0.6	20.0～22.0	—	0.05	0.60	—	—	—	—	—	—	—
锡青铜系	QSn6.5-0.1	余	6.0～7.0	0.3	0.05	0.2	0.002	0.02	—	—	—	—	—	0.10～0.25	—	0.1
	QSn6.5-0.4	余	6.0～7.0	0.3	0.02	0.2	0.002	0.02	—	—	—	—	—	0.26～0.40	—	0.1
	QSn8-0.3	余	7.0～9.0	0.20	0.10	0.2	—	0.05	—	—	—	—	—	0.03～0.35	—	—
黄铜系	H62	60.5～63.5	—	余	0.15	0.5	—	0.08	—	—	—	—	—	—	—	0.5
	H65	63.5～68.0	—	余	0.10	0.5	—	0.03	—	—	—	—	—	—	—	0.3
	H68	67.0～70.0	—	余	0.10	0.5	—	0.03	—	—	—	—	—	—	—	0.3

注 1：含量为单个数值者，铜为最低限量，其他杂质元素为最高限量。

注 2：经双方协商，可限制表中未规定的元素或要求加严限制表中规定的元素。

[a] 砷、锑、铋可不分析，但供方必须保证不大于界限值。

表 8 带材硬度

牌　　号	供货状态	硬　　度	
		复层硬度 HV0.05	基层硬度 HV0.1
Ag/TU1(T2)	Y	95±15	110±15
AgNi0.3(0.15)/TU1(T2)	Y	100±20	110±15
AgCe0.5/TU1(T2)	Y	100±20	110±15
AgCu5/TU1(T2)	Y	120±20	110±15
AgCu4Ni/TU1	Y	140±20	110±15
AgCu4NiRE/TU1	Y	140±20	110±15
AgCu6Ni/TU1	Y	145±20	110±15
AgCu6NiRE/TU1	Y	145±20	110±15
AgCu8Ni/TU1	Y	145±20	110±15
AgCu8NiRE/TU1	Y	145±20	110±15
AgCuZnNi/TU1	Y	135±20	110±15
AgCuZnNiRE/TU1	Y	135±20	110±15
AgCu6ZnNi/TU1	Y	145±20	110±15
AgCu6ZnNiRE/TU1	Y	145±20	110±15
AgCu8ZnNi/TU1	Y	145±20	110±15
AgCu8ZnNiRE/TU1	Y	145±20	110±15
AgCu4PdNiRE/TU1	Y	140±20	110±15
AgCu6Pd1.6NiRE/TU1	Y	145±20	110±15
AgCu8Pd0.5NiRE/TU1	Y	145±20	110±15
AgCu8PdNiRE/TU1	Y	145±20	110±15
AgCu8Pd1.5NiRE/TU1	Y	145±20	110±15
AgCuPdZnNiRE/TU1	Y	135±20	110±15
Au/Ag/Tu1	Y	95±15	100±15
AuAg25/AgCu4Ni/TU1	Y	140±20	110±15
AuAg40/AgCu4Ni/TU1	Y	140±20	110±15
AuAg40/AgCu4NiRE/TU1	Y	140±20	110±15
AuAg40/AgCu6ZnNi/TU1	Y	140±20	110±15
AuAg40/AgCu6ZnNiRE/TU1	Y	140±20	110±15
AuAg40/AgCu8PdNiRE/TU1	Y	140±20	110±15
AuAg35Cu5/AgCu4PdNiRE/TU1	Y	145±20	110±15
AuAg35Cu5Pd1RE/AgCu8Pd0.5NiRE/TU1	Y	145±20	110±15
AuAg34Cu5Pd2RE/AgCu8Pd0.5NiRE/TU1	Y	145±20	110±15
AgNi0.7/TU1	Y	100±20	100±15
AgNi6/TU1	Y	100±20	100±15
AgNi10/TU1	Y_2	90±15	95±15
	Y	100±20	100±15

表 8（续）

牌　号	供货状态	硬　度	
		复层硬度 HV0.05	基层硬度 HV0.1
$AgSnO_2$/ TU1	Y	110±20	100±15
AgNi10/QSn6.5-0.1	Y_2	90±15	180±30
	Y	95±15	210±30
$AgSnO_2$/ QSn6.5-0.1	Y	110±20	210±30
Ag/QSn6.5-0.1	Y_2	90±15	180±30
	Y	95±15	210±30
Ag/QSn8-0.3	Y_2	90±15	180±30
	Y	95±20	210±30
APNC/MX215	M	190±30	140±30
	T	300±30	270±30
AgPd30/MX96	T	160±30	270±30
AgPd50/MX96	T	200±30	270±30
AgPd30/MX215	T	160±30	270±30
AgPd50/MX215	T	200±30	270±30
APZC/MX96	T	320±30	270±30
AgPd30/BZn18-26	T	160±30	230±30
AgPd50/BZn18-26	T	200±30	230±30
Ag/H62	Y_4	85±15	100±15
Ag/H65	Y_2	90±15	120±10
Ag/H68	Y	100±20	140±20
Ag/BZn18-26	Y_2	90±20	200±30
AgNi10/BZn18-26	Y_2	90±15	200±30
AgSnLaCe/BZn18-26	Y	100±20	230±30
注：经供需双方协商，可供其他硬度的带材。			

4.5　侧边弯曲度

带材的侧边弯曲度见表 9。

表 9　带材侧边弯曲度

带材宽度 mm	侧边弯曲度 mm/m
3≤W≤6	≤10
6<W≤11	≤5
W>11	≤3
注：用户有特殊要求，可由供需双方协议。	

4.6 复层结合牢度

带材进行弯折试验后,条复带材复层边缘应不发生开裂,面复带材复层不鼓泡。

4.7 表面粗糙度

带材表面粗糙度:$Ra \leqslant 0.2\ \mu m$。

5 试验方法

5.1 表面质量

带材表面质量检查可用目测,必要时用 20 倍放大镜观测,也可使用相应仪器检测。

5.2 外形尺寸

5.2.1 带材厚度、宽度和定位尺寸

带材的厚度用相应精度的螺旋测微仪测量;复层边距和复层定位尺寸用分度值不低于 0.02 mm 游标卡尺测量,或相应精度的测量仪器测量,复层宽度分别为复层边距 D 与 C、B 与 A 的差值。

5.2.2 复层厚度

5.2.2.1 复层厚度 1 μm～40 μm,用 X 荧光测厚仪或金相断面法测量。

5.2.2.2 复层厚度大于 40 μm,用金相断面法测量。金相断面法测量:先将样品按 YS/T 370 的规定制成金相试样,再将试样置于金相显微镜下观察。用金相处理系统把复合带材的结合面在电脑显示屏上放大,根据产品规格选择不同倍率物镜采集图片,并进行测量。在同一试样整个抛光面上,均分三点测量,取其最大值和最小值为复层厚度范围值。

5.3 化学成分

带材复层化学成分分析方法按 GB/T 15072 规定进行。带材基层化学成分分析按 GB/T 5121 规定进行。

5.4 硬度

带材的硬度试验方法按 GB/T 4340.1 的规定进行。

5.5 侧边弯曲度

取长度大于 1 000 mm 的带材,平直摆放在检验平台上,将 1 000 mm 长度直尺平靠在带材侧面,用另一直尺测量带材侧面与直尺侧面的最大距离。测量方法如图 2 所示。

单位为毫米

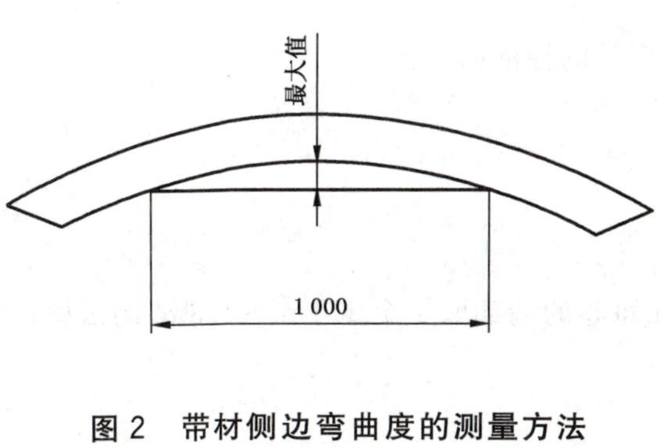

图 2 带材侧边弯曲度的测量方法

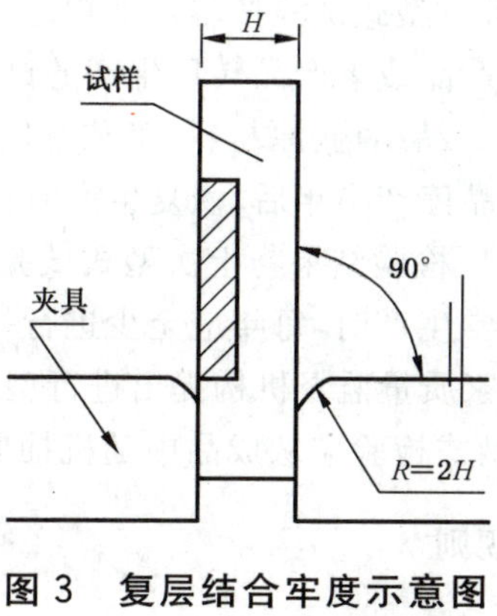

图 3 复层结合牢度示意图

5.6 复层结合牢度

在成品带材的长度方向上取5 mm试样，将复层与基层的交界处用夹具夹紧后折弯90°，然后扳回复位，如图3所示。肉眼观察复层表面是否鼓泡，交界处是否开裂或剥离。

5.7 表面粗糙度

带材表面粗糙度用接触式表面粗糙度测试仪进行测试。

6 检验规则

6.1 检验分类

带材检验分为出厂检验和型式试验。

6.1.1 带材出厂检验

带材应成批交验，每批应由同一牌号、状态、规格及相同工艺的带材组成，并经制造厂检验部门进行出厂检验合格，附有产品合格证。出厂检验项目、取样位置及数量应符合表10的规定。

表10 检验项目、取样位置及数量

检验项目	取样位置	取样数量	要求的章条号	检验的章条号
表面质量	头、尾任意部位	逐卷	4.1	5.1
外形尺寸	距端部不小于100 mm	逐卷检查	4.2	5.2
复层厚度	头、尾任意部位	每批一个	4.2	5.2
化学成分	铸锭除帽口外任意部位	每炉一个	4.3	5.3
硬度	头、尾任意部位	每批取两个	4.4	5.4
侧边弯曲度	头、尾任意部位	每卷一个	4.5	5.5
复层结合牢度	头、尾任意部位	每卷一个	4.6	5.6
表面粗糙度	头、尾任意部位	每批一个	4.7	5.7
注：在用户有要求时进行表面粗糙度的检验。				

6.1.2 带材型式试验

6.1.2.1 带材型式试验按本标准规定的全部检验项目进行。有下列情况之一时，应进行型式试验：

a) 新产品或老产品转厂生产的试制定型鉴定；

b) 当产品结构、原材料、工艺有较大改变可能影响产品的性能时；

c) 产品停产半年后，恢复生产时；

d) 出厂检验结果与上次型式试验有较大差异时；

e) 正常生产时，每年应至少进行一次型式试验；

f) 国家质量监督机构提出进行型式检验的要求时。

6.1.2.2 型式检验应从成品中随机抽取，不少于3卷，在每卷的端部取1个1.1 m～1.3 m的试样。

6.2 判定规则

6.2.1 出厂检验中各项检验若有一个试样检验结果不合格，应从该批中再取双倍试样进行该不合格项目的复验，复验结果仍有一个试样不合格，则整批不合格或逐卷检验，合格者单独组批验收。

6.2.2 型式检验时，只要有一项不合格，则应加倍抽样进行全部复验。若仍有一项不合格，则判定型式检验不合格。

7 标志、包装、运输和贮存

7.1 标志

7.1.1 每批产品附有产品质量证明书，质量证明书应标明：

a) 供方名称、地址、电话；
b) 产品名称；
c) 牌号及规格；
d) 批号；
e) 净重；
f) 各项目要求及检验结果；
g) 执行标准编号；
h) 出厂日期；
i) 质量检验部门及检验员印记。

7.1.2 每卷带材包装好后，应附产品合格证，其上注明：

a) 供方名称、地址、电话；
b) 产品名称；
c) 牌号及规格；
d) 批号；
e) 净重；
f) 生产日期；
g) 质量检验部门及检验员印记。

7.2 包装

7.2.1 每卷带材均采用防氧化包装。装箱时采用充填物防震。

7.2.2 需方有特殊包装要求时，由供需双方协商，并在合同中注明。

7.3 运输和贮存

产品运输和贮存按 GB/T 8888 的规定执行。

ICS 17.180
N 30

中华人民共和国国家标准

GB/T 26331—2010

光学薄膜元件环境适应性试验方法

Optical coatings environmental durability test methods

2011-01-14 发布　　2011-06-01 实施

中华人民共和国国家质量监督检验检疫总局
中国国家标准化管理委员会　发布

前言

本标准的附录A为规范性附录,附录B为资料性附录。

本标准由中国机械工业联合会提出并归口。

本标准起草单位:沈阳仪表科学研究院、沈阳汇博光学技术有限公司、浙江大学、杭州科汀光学技术有限公司、国家仪器仪表元器件质量监督检验中心、杭州照相机械研究所。

本标准主要起草人:阴晓俊、费书国、王瑞生、顾培夫、高鹏、赵帅锋、徐秋玲、杜健、曹轶、张艳姝、章岳光、虞仲晓。

光学薄膜元件环境适应性试验方法

1 范围

本标准规定了光学薄膜元件的环境试验方法、试验条件、试验程序及评价标准。

本标准适用于除眼科光学(眼镜)之外的所有镀有光学功能薄膜的元件和基片的环境试验。

本标准不涉及产品光学性能的检验。

2 规范性引用文件

下列文件中的条款通过本标准的引用而成为本标准的条款。凡是注日期的引用文件，其随后所有的修改单(不包括勘误的内容)或修订版均不适用于本标准，然而，鼓励根据本标准达成协议的各方研究是否可使用这些文件的最新版本。凡是不注日期的引用文件，其最新版本适用于本标准。

YY 0331—2006 脱脂棉纱布、脱脂棉粘胶混纺纱布的性能要求和试验方法(EN 14079:2003，MOD)

ISO 9022-2:2002 光学和光学仪器——环境试验方法——第2部分：冷、热和潮湿(Optics and optical instruments—Environmental test methods—Part 2:Cold, heat and humidity)

ISO 9022-4:2002 光学和光学仪器——环境试验方法——第4部分：盐雾(Optics and optical instruments—Environmental test methods—Part 4:Salt mist)

ISO 9211-4:2006 光学和光学仪器——光学薄膜——第4部分：规定的试验方法(Optics and optical instruments—Optical coatings—Part 4:Specific test methods)

3 通用要求

3.1 标准大气条件

温　　度：15 ℃～35 ℃(以下称为室温)；

相对湿度：30%～75%；

气　　压：86 kPa～106 kPa。

3.2 试验程序

3.2.1 试验顺序

如无其他规定，试验应按照3.2.2～3.2.7的顺序进行。

3.2.2 预处理

使样品处于初始检测和试验所需的状态，包括样品表面的清洁，样品温度的调整。样品应在标准大气条件下放置1 h后再进行试验。

3.2.3 初始检测

预处理后，应按相关标准进行检验，检验主要为目视缺陷检验，按附录A提供的方法进行，这些缺陷会影响产品的性能。

3.2.4 试验

初始检测后，样品按照第4章规定的试验方法进行试验，具体试验项目应符合相关标准的要求。

3.2.5 中间检测

试验期间，不允许将试验样品从试验环境中取出。如在持续时间结束前，需要了解试验样品在试验期间某特定时间的性能，则对每个特定时间应另外增加一批试验样品，并按照正常试验程序进行试验，在达到该特定时间后取出进行恢复及测量。

3.2.6 恢复

在试验之后，最终检测之前，应在标准大气条件下(特殊要求除外)进行恢复处理，如清洁和在室温下恢复 1 h 等。

3.2.7 最终检测

样品经恢复后应进行表面及光学性能检测。样品的表面检测按附录 A 所示方法进行，表面及光学性能检测的要求应符合相关标准的规定。

4 试验方法

4.1 高温

4.1.1 对试验箱(室)的要求

试验箱(室)应满足下列要求：

a) 试验箱(室)能够达到并保持试验所需的温度；

b) 试验箱(室)中应装有监测温度的传感器，温度传感器的位置离试验样品的距离应确保其受热扩散的影响可忽略不计，应适当注意以避免热辐射影响这些测量；

c) 试验箱(室)可以用强迫空气循环来保持温度均匀。

4.1.2 试验

将经过预处理的样品放入标准大气条件的试验箱(室)内进行升温，直到试验箱(室)温度上升至规定温度，然后保持 10 min 后开始计时。试验完成后，样品须在试验箱(室)内将温度降至标准大气条件，不可将样品直接从试验箱中取出在大气中降温。若无其他规定，试验箱(室)温度变化速率应不超过 5 ℃/min。

相关规范应规定由试验温度和试验持续时间表示的严酷等级，具体数值从表 1 中选择，或按 ISO 9022-2:2002 中 4.2.3 的规定选择。

表 1 高温的严酷等级

严酷等级	试验箱(室)温度 ℃	相对湿度 %	持续时间 h
01	55±2	<40	16
02	70±2		6
03	85±2		6

4.2 低温

4.2.1 对试验箱(室)的要求

试验箱(室)满足 4.1.1 的要求。

4.2.2 试验

将经过预处理的样品放入标准大气条件的试验箱(室)内进行降温，直到试验箱(室)温度降至规定的温度，然后保持 10 min 后开始计时。试验完成后，样品需在试验箱(室)内将温度升至标准大气条件，不可将样品直接从试验箱中取出在大气中升温。若无其他规定，试验箱(室)温度变化速率不超过 3 ℃/min。样品表面不允许有凝露产生。

相关规范应规定由试验温度和试验持续时间表示的严酷等级，具体数值从表 2 中选择，或按 ISO 9022-2:2002 中 4.2.2 的规定选择。

表 2 低温的严酷等级

严酷等级	试验箱(室)温度 ℃	持续时间 h
01	−25±2	16
02	−35±2	16
03	−55±2	16
04	−60±2	2

4.3 温度循环

4.3.1 对试验箱(室)的要求

试验箱(室)应满足下列要求:

a) 试验箱应保证放置试验样品的任何区域的空气均能按下列方式进行温度循环:

  1) 能保持试验所要求的低温;

  2) 能保持试验所要求的高温;

  3) 由低温到高温或由高温到低温的变化过程中,能按试验所要求的温度变化速率进行。

b) 试验箱(室)内应装有监测温、湿度条件的传感器。

c) 箱内空气的绝对湿度应不超过 20 g/m³ 水汽(约相当于温度 35 ℃时,相对湿度 50%)。

4.3.2 试验

将经过预处理的样品放入标准大气条件的试验箱(室)内,然后将试验箱(室)的温度降至试验要求的温度下限,保持一定时间后再升温至试验要求的温度上限,再保持一定时间后返回标准大气条件下的室温,至此一个循环周期结束。每个周期中最高温度和最低温度保持时间均不少于 2.5 h,两个周期之间温度连续变化。试验从温度下降开始计时,所有周期结束后,温度恢复到标准大气条件下保持10 min 后试验结束,如图 1 所示。或按 ISO 9022-2:2002 中 4.3.2 的规定进行。

相关规范应规定由试验温度和试验循环次数表示的严酷等级,具体数值从表 3 中选择。

表 3 温度循环的严酷等级

严酷等级	试验箱(室)温度 ℃		循环次数	试验箱(室)温度变化率
	t_1	t_2		
01	−25±2	55±2	5	0.8 ℃/min~2 ℃/min
02	−35±2	63±2		
03	−40±2	70±2		

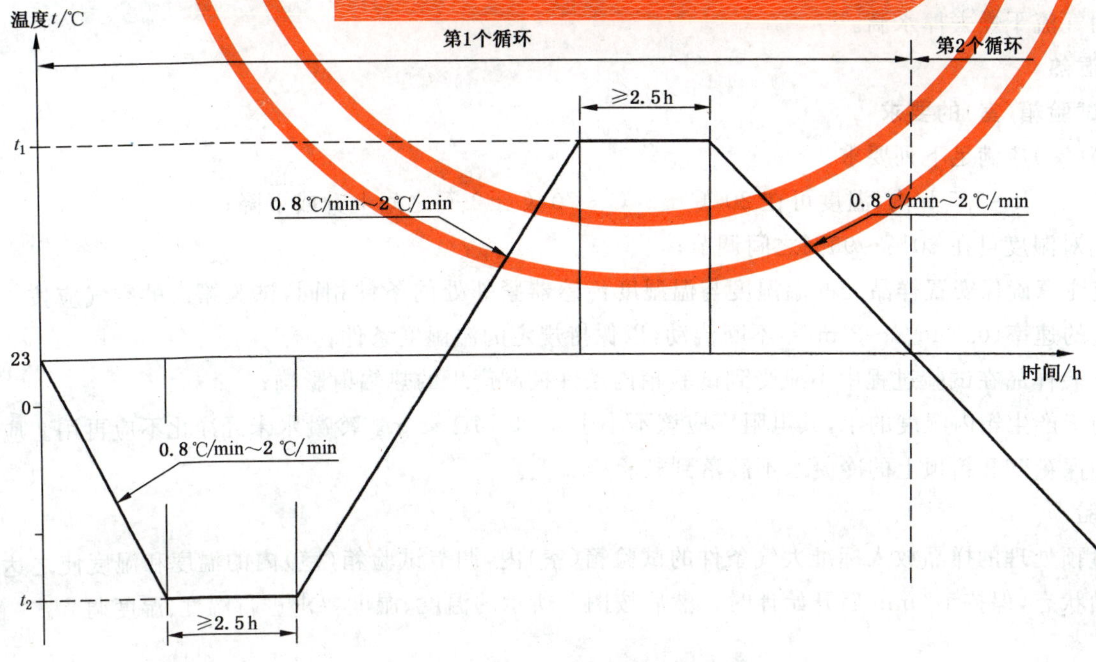

图 1 温度循环曲线

4.4 恒定湿热

4.4.1 对试验箱(室)的要求

试验箱(室)应满足下列要求：

a) 试验箱(室)内应装有监测温、湿度条件的传感器；

b) 加湿用水应为蒸馏水(或去离子水),在 23 ℃时其电阻率不小于 0.05 MΩ·cm；

c) 试验箱(室)内壁和顶部的凝结水不应滴落到试验样品上,箱(室)内的冷凝水未经净化不应再用；

d) 试验箱(室)中的所有部件均应保持清洁；

e) 试验样品不能受来自试验箱发热元件的直接热辐射；

f) 有喷雾系统的试验箱(室),样品应远离喷射口,且湿气不可直接喷到样品上。

4.4.2 试验

将经过预处理的样品放入标准大气条件的试验箱(室)内,调节试验箱(室)内的温度和湿度使之达到规定的温度和湿度,保持 10 min 后开始计时。

相关规范应规定由试验温度、湿度和试验持续时间表示的严酷等级,具体数值从表 4 中选择,或按 ISO 9022-2:2002 中 4.2.4 的规定进行。

表 4 恒定湿热的严酷等级

严酷等级	试验条件	持续时间
01	相对湿度:90%～95% 温　　度:50 ℃±2 ℃	6 h
02		16 h
03	相对湿度:90%～95% 温　　度:40 ℃±2 ℃	10 d

试验完成后,样品从试验箱(室)直接取出进行恢复处理,先用去离子水或蒸馏水冲洗 5 min,然后晃动或使用气流干燥去掉水滴。

4.5 交变湿热

4.5.1 对试验箱(室)的要求

试验箱(室)应满足下列要求：

a) 在 1.5 h～2.5 h 内,温度可在 20 ℃±2 ℃～70 ℃±2 ℃之间上升或下降；

b) 相对湿度可在 80%～95%之间调节；

c) 应注意确保安置样品处的温湿度与温湿度传感器紧邻处的条件相同,试验箱内的空气应按一定的速率(0.5 m/s～2 m/s)不断流动,以保持规定的温湿度条件；

d) 试验样品在试验过程中不应受到试验箱内条件控制产生的热辐射影响；

e) 用于产生箱内湿度的水,其电阻率应该不小于 0.05 MΩ·cm。冷凝水未经净化不应再用。应确保箱壁和箱顶上的冷凝水不滴落到试验样品上。

4.5.2 试验

将经过预处理的样品放入标准大气条件的试验箱(室)内,调节试验箱(室)内的温度和湿度使之达到循环初始状态,保持 10 min 后开始计时。然后按图 2 所示的温度、湿度要求进行温度、湿度调节。

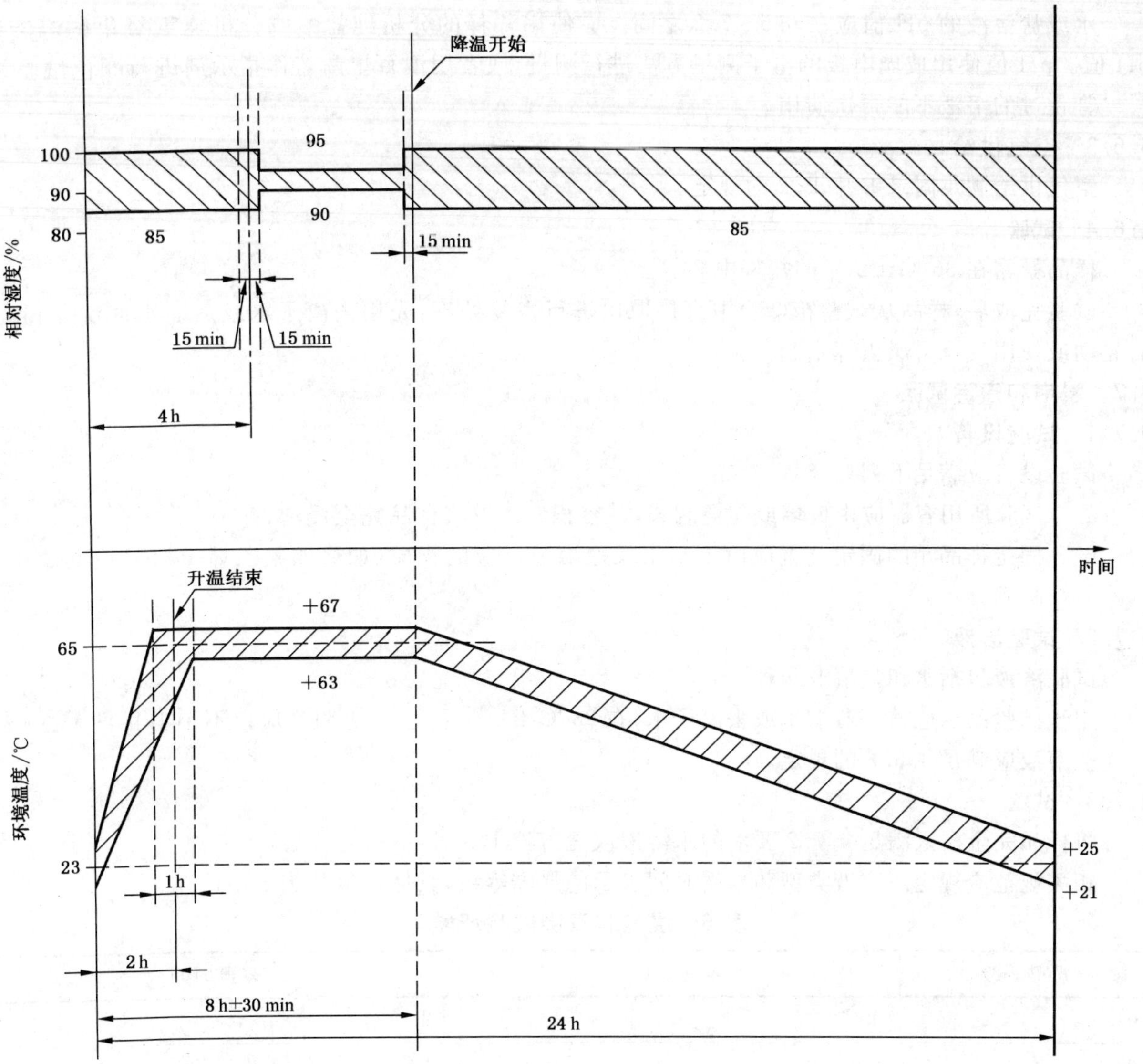

图 2　交变湿热曲线

相关规范应规定由循环次数表示的严酷等级，具体数值从表 5 中选择。

表 5　交变湿热的严酷等级

严酷等级	循环次数
01	5
02	10

试验完成后，样品从试验箱(室)中直接取出进行恢复处理，先用去离子水或蒸馏水冲洗 5 min，然后晃动或使用气流干燥去掉水滴。

4.6　盐雾

4.6.1　试验设备

试验设备主要由试验箱、喷雾装置、样品架组成，具体见附录 B 的 B.1。

4.6.2　盐溶液

试验所用的盐应当是高品质的氯化钠，干燥时，碘化钠的含量不超过 0.1%，杂质的总含量不超过 0.3%。

盐溶液的浓度应为(5±1)%(质量比)。

水或盐溶液的 pH 值应在 6.5～7.2 之间。应使用稀释的分析纯盐酸或分析纯氢氧化钠溶液调节 pH 值。pH 值使用玻璃电极的电子测量方法进行测量，或者用溴百里酚蓝作指示剂进行颜色试验。

雾化过的溶液不能再次使用。

4.6.3 空气供给

空气供给满足附录 B 中 B.2 的规定。

4.6.4 试验

样品暴露在 35 ℃±2 ℃的盐雾中 24 h。

试验完成后，样品从试验箱(室)中直接取出进行恢复处理，先用去离子水或蒸馏水冲洗 5 min，然后晃动或使用气流干燥去掉水滴。

4.7 浸泡和煮沸试验

4.7.1 试验设备

试验设备应满足下列要求：

a) 试验所用容器应由玻璃或陶瓷制成，其容积应能够将样品完全浸泡；

b) 固定样品用的固定装置应由不与水及盐溶液反应的物质(如聚四氟乙烯-PTFE 或共聚甲醛)制成。

4.7.2 试验溶液

试验溶液包括水和盐溶液两种。

用于试验的水应该是蒸馏水或去离子水；在 23 ℃±2 ℃温度下，电阻率应该不小于0.05 MΩ·cm。

盐溶液应满足 4.6.2 的规定。

4.7.3 试验

将样品完全浸入满足 4.7.2 要求的水溶液或盐溶液中。

相关规范应规定由溶液类型和暴露时间表示的严酷等级，具体数值从表 6 中选择。

表 6 浸泡和煮沸试验严酷等级

严酷等级	溶液类型	暴露时间
01	水	6 h
02	水	24 h
03	水	96 h
04	盐溶液	6 h
05	盐溶液	24 h
06	盐溶液	96 h
07	沸腾的水	5 min
08	沸腾的水	15 min
09	沸腾的盐溶液	5 min
10	沸腾的盐溶液	15 min
11	沸腾的盐溶液	60 min
12[a]	沸腾的水或沸腾的盐溶液和室温水	2 min+1 min

[a] 表示先在沸腾的水或沸腾的盐溶液中浸泡 2 min，然后直接取出放入室温水中 1 min。

试验完成后，样品从试验箱(室)中直接取出进行恢复处理，先用去离子水或蒸馏水冲洗 5 min，然后晃动或使用气流干燥去掉水滴。

4.8 在清洗剂中浸渍

4.8.1 试验设备

试验设备满应足 4.7.1 的要求且不与 4.8.2 中所列的试剂反应。

4.8.2 试验试剂

下列试剂应为分析纯试剂：

a) 三氯乙烯(C_2HCl_3)；

b) 丙酮(CH_3COCH_3)；

c) 无水乙醇(C_2H_5OH)。

4.8.3 试验

将样品依次放入 4.8.2 所列 3 种试剂中浸泡各 10 min，在每种溶剂中取出后，应让该试剂自然挥发，直至没有目视可见的液迹存在，再放入下一种试剂中。

4.9 摩擦

4.9.1 试验用品

脱脂棉纱布，使用的脱脂棉纱布应符合 YY 0311—2006 中 21c 的规定。

橡皮，由优质橡皮加浮石填料组成，硬度为(70±5)IRHD，橡皮重量是填料重量的 45%～55%。具体要求应符合 ISO 9211-4:2006 中附录 A 的规定。

4.9.2 试验

膜层摩擦严酷等级及相应要求应从表 7 中选择，或由供需双方协商确定。试验使用的摩擦头应由 4.9.1 中规定的材料制成。

表 7 摩擦的严酷等级

严酷等级	摩擦头材料	摩擦次数	施与垂直膜层的压力/N
01	脱脂棉纱布	50 次(25 个来回)	4.9
02	脱脂棉纱布	100 次(50 个来回)	4.9
03	橡皮	40 次(20 个来回)	9.8

使用脱脂棉纱布进行摩擦试验时，应将清洁干燥的脱脂棉纱布叠为 6 层，包裹在橡皮上进行摩擦试验，摩擦头与膜层接触区域应为直径约 10 mm 的圆。摩擦头应符合 ISO 9211-4:2006 附录 B 的规定。

在膜层面积允许的情况下，对严酷等级 01、02，摩擦段长度约为摩擦头直径的 2 倍，对严酷等级 03，摩擦长度约为摩擦头直径的 3 倍(橡皮头直径为 6.5 mm～7 mm)。

摩擦时应按同一轨迹往复摩擦。

4.10 附着力

4.10.1 试验用品

胶带，宽度为 12 mm～13 mm，剥离强度不小于 6.86 N(2 cm 宽)。

4.10.2 试验

将胶带粘在膜层表面，胶带与膜层之间不能有气泡存在。以垂直于膜层表面方向的力沿胶带一端拉起。相关规范应规定由拉起胶带的速率表示的严酷等级，具体数值从表 8 中选择。

表 8 附着力的严酷等级

严酷等级	拉起胶带的速率
01	缓慢(约 25 mm/2 s～25 mm/3 s)
02	快(约 25 mm/s)
03	突然(>>25 mm/s)

5 评价

样品表面评价要求由表 9 给出，样品光学性能评价标准应符合相关标准规定。

表 9 评价

试验编号	试验项目	样品试验后的检查要求
1	高温	膜层不出现新的起皮、剥离、裂纹、起泡等缺陷；胶合面无新的气泡、开胶、霉斑等
2	低温	
3	温度循环	
4	恒定湿热	
5	湿热循环	
6	盐雾	膜层无腐蚀，不出现新的起皮、剥离、裂纹、起泡等缺陷
7	浸泡和煮沸试验	膜层不出现新的起皮、剥离、裂纹、起泡等缺陷；胶合面无新的气泡、开胶、霉斑等
8	在清洗剂中浸渍	膜层不出现新的起皮、剥离、裂纹、起泡等缺陷
9	摩擦	无新的损伤迹象，如擦痕、剥离等
10	附着力	

6 综合试验

与一系列的单个试验相比，综合试验能产生类似于实际环境影响的效果，因此鼓励进行综合试验。

具体试验项目和顺序应由相关标准给出，推荐按以下的试验顺序进行综合试验。每项试验结束后，都应对样品进行恢复处理，然后再进行下一项试验。

推荐的试验顺序为：

10-1-2-7-3-4(5)-9-6

上述数字为试验编号，具体对应关系见表 9。

7 环境试验标记

环境试验的标记应按照下面的形式编写。

环境试验 GB/T ×××× -×× -×× (××××)

- (××××)——其他附加说明，没有时省略
- -××（第二个）——严酷等级
- -××（第一个）——试验名称
- GB/T ××××——GB 标准号
- 环境试验——标记名称

示例：高温试验，严酷等级 03，可标记为：环境试验 GB/T 26331-高温-03。

附 录 A
（规范性附录）
光学膜层的目视检验

目视检验光学膜层时应该在黑色背景下进行，光源应为两个冷白色的15 W的荧光灯泡。从膜层表面到眼睛的距离不超过45 cm。在检查区域用于检验的光源应为唯一发光物体。具体方法参照图A.1及图A.2所示。

单位为厘米

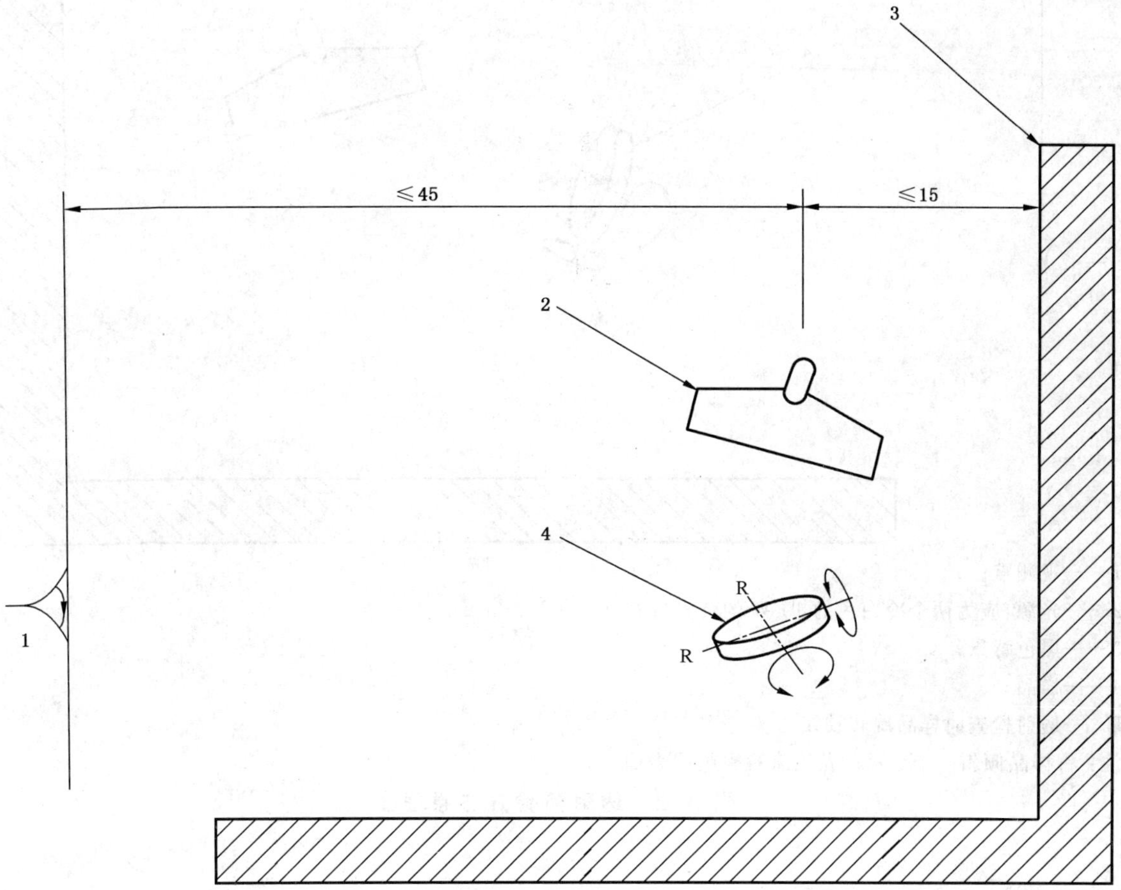

1——观测点；

2——光源，应为两个冷白色的15 W的荧光灯管；

3——黑色背景；

4——样品；

R——反射检查时样品旋转轴线。

注：将样品倾斜一个合适的角度来观察膜层表面。

图A.1 反射检验方法原理图

单位为厘米

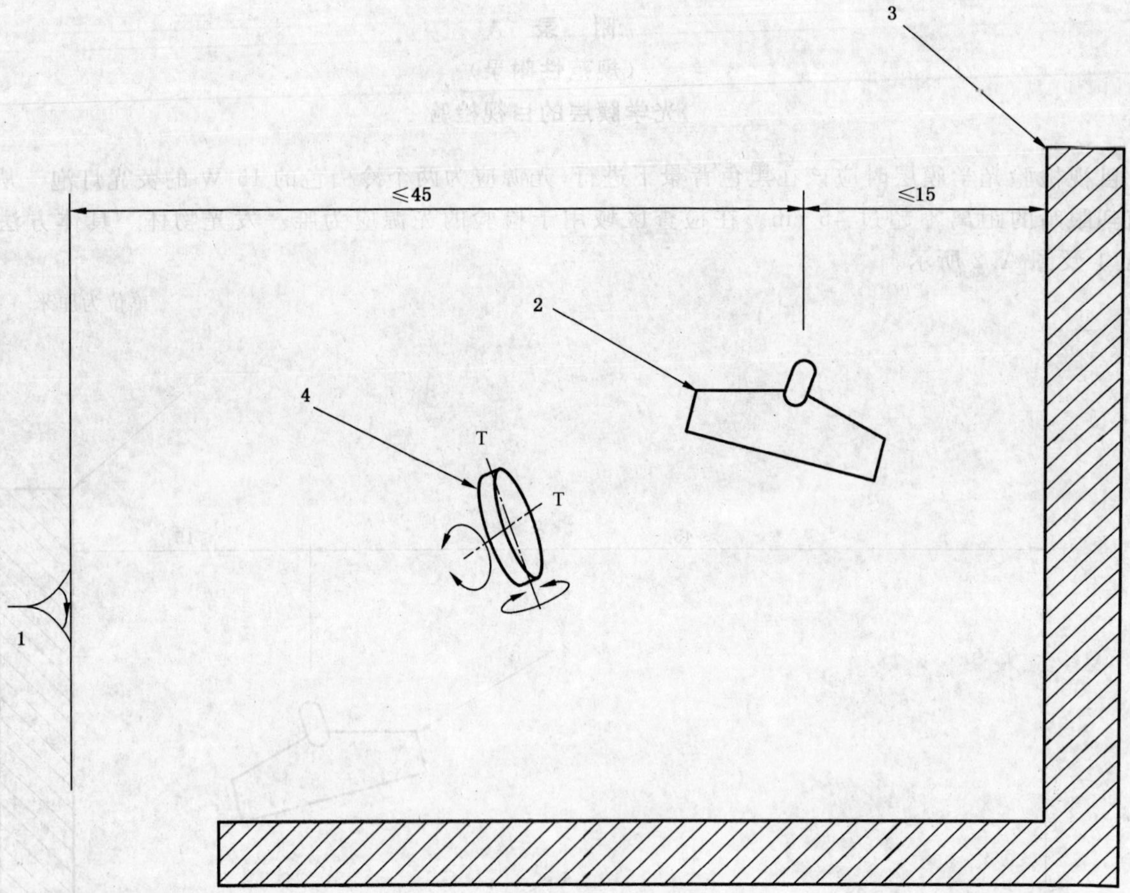

1——观测点；

2——光源，应为两个冷白色的 15 W 的荧光灯管；

3——黑色背景；

4——样品；

T——透射检查时样品旋转轴线。

注：将样品倾斜一个合适的角度来观察膜层表面。

图 A.2 透射检验方法原理图

附　录　B
（资料性附录）
盐雾试验装置

B.1　试验设备

B.1.1　总则

盐雾试验需要的设备包括一个雾化室，一个盐溶液贮存槽，一个可进行适当调节的压缩空气源，一个或多个喷雾嘴，样品支架，加热雾化室的设备及必要的控制方法。装置的大小和详细结构是可自行选择，只要最终结果能够满足本标准的要求。

试验设备主要由下列装置组成。试验设备中所有与盐雾或盐溶液相接触的部分所用材料，都应不会影响盐雾的腐蚀效果。

B.1.2　试验箱

试验箱的结构以及提供盐雾的方法可以不同，但是必须满足以下条件：

a)　试验箱内的条件维持在规定的容差内；

b)　试验箱应具备足够大的容积，能够提供稳定的、均一的实验条件（不受湍流的影响）；

c)　盐雾不能直接喷射到样品上；

d)　箱顶、箱壁或其他部位集聚的冷凝液不能滴落到样品上；

e)　试验箱应排气良好以防止压力升高，确保盐雾分布均匀。排气孔末端应进行风防护，以避免引起试验箱内产生较强的气流。

B.1.3　喷雾装置

喷雾装置的设计和组成应能够产生细小、湿润、浓密的雾，并能保证所有暴露区域都维持盐雾条件。用面积为 80 cm^2 的器皿在暴露区域的任何一点连续收集至少 16 h 的雾化沉积溶液，平均每小时收集量应在 1.0 mL～2.0 mL 之间。至少应采用两个收集器皿，器皿放置的位置不应受样品的遮挡，以免收集到样品上凝结的溶液，器皿内的溶液可用于测试 pH 值和浓度。具体可按 ISO 9022-4:2002 中 3.5 的规定。

B.1.4　样品架

能够使样品排列在有效的暴露空间内并互不接触。

样品应安放在暴露区的边缘，并使其镀膜表面与水平方向夹角为 60°～75°。

样品应按一定的方式排列在试验箱内以防止相互重叠或相互接触，并保证冷凝液不会滴落到样品上。

样品的支撑架要由下列材料之一制作：玻璃，聚丙乙烯，非塑化聚氯乙烯（聚乙烯氯化物），PA66（聚酰胺），PA6 等。

支撑装置不能损坏膜层或基片表面。

B.2　空气供给

进入喷雾装置的压缩空气应不含有任何杂质，如油、灰尘等。

应采取措施使压缩空气的湿度和温度达到运行条件的要求。空气压力应当适于产生细小、潮湿、密集的雾。

为了防止盐沉积堵塞喷雾装置，推荐喷嘴处的空气相对湿度至少为 85%。一种可行的方法如下：让气流以非常小的气泡形式通过自动维持恒定的热水塔，水温至少为 35 ℃。

允许的水温随着空气流量的增加以及试验箱及其环境热绝缘的降低而增加。

水温不应过高，以免带入试验箱过多水分，也不能超过规定的运行温度。

ICS 17.180
N 30

中华人民共和国国家标准

GB/T 26332.1—2010/ISO 9211-1:1994

光学和光学仪器　光学薄膜
第1部分:定义

Optics and optical instruments—Optical coatings—
Part 1:Definitions

(ISO 9211-1:1994,IDT)

2011-01-14 发布　　2011-06-01 实施

中华人民共和国国家质量监督检验检疫总局
中国国家标准化管理委员会　发布

前　言

GB/T 26332《光学和光学仪器　光学薄膜》分为4个部分：

——第1部分：定义

——第2部分：光学特性

——第3部分：环境适应性

——第4部分：规定的试验方法

本部分为GB/T 26332的第1部分。

本部分等同采用ISO 9211-1:1994《光学和光学仪器　光学薄膜　第1部分：定义》(英文版)。

本部分采用国际标准的方法为翻译法。

本部分的附录A为资料性附录。

本部分由中国机械工业联合会提出并归口。

本部分起草单位：沈阳仪表科学研究院、沈阳汇博光学技术有限公司、浙江大学、杭州科汀光学技术有限公司、国家仪器仪表元器件质量监督检验中心、杭州照相机械研究所。

本部分主要起草人：阴晓俊、费书国、高鹏、王瑞生、赵帅锋、章岳光、顾培夫、马敬、金秀、杨文华、徐秋玲、杜健、虞仲晓。

光学和光学仪器　光学薄膜
第1部分:定义

1　范围

GB/T 26332的本部分叙述了除眼科光学(眼镜)之外的所有镀膜的光学元器件及基片的镀膜表面,并制定了相关参数的标准表述,定义了表面特性参数及其检验、检测方法,而不说明其加工方法。

本部分定义了与光学薄膜相关的术语。这些术语分为4类:基本定义、按功能定义薄膜、常见的薄膜缺陷定义和其他定义。

2　规范性引用文件

下列文件中的条款通过GB/T 26332的本部分的引用而成为本部分的条款。凡是注日期的引用文件,其随后所有的修改单(不包括勘误的内容)或修订版均不适用于本部分,然而,鼓励根据本部分达成协议的各方研究是否可使用这些文件的最新版本。凡是不注日期的引用文件,其最新版本适用于本部分。

GB/T 1185—2006　光学零件表面疵病(ISO 10110-7:1996,NEQ)

GB 3102.6—1993　光及有关电磁辐射的量和单位

GB/T 8322—2008　分子吸收光谱法　术语(ISO 6286:1982,NEQ)

ISO 9211-4:2006　光学和光学仪器　光学薄膜　第4部分:规定的试验方法

ISO 10110-8:1997　光学和光学仪器　光学元件和系统制图准备　第8部分:表面结构

IEC 50(845):1987　国际电工词汇　845章:照明

CIE Publication 38:1977　材料的辐射测量和光度特性及相应测量方法

3　术语和定义

下列术语和定义适用于本部分。

3.1　镀膜表面　surface treatment

3.1.1

元件和基片的镀膜表面　surface treatment of components and substrates

在光学元件表面"镀膜",能够改变光学元件的光学、物理或化学特性。作为所镀薄膜载体的光学元件称为"基片"。

理想的基片是几何完美和光学均质的,应将基片及其表面作为一个整体进行检验测量。

光在镀膜表面的透射与反射方向是由光学薄膜、入射介质及出射介质共同决定的。

3.1.2

入射介质　incident medium

光射入薄膜前经过的介质。

3.1.3

出射介质　emergent medium

光射出薄膜后进入的介质。

注:镀有薄膜的基片可以是入射介质也可以是出射介质,区别在于光通过基片和薄膜的先后顺序。

3.2

镀膜表面的光学特性　optical properties of a coated surface

镀膜表面的光学特性可以用分光光度值来描述，它与电磁波传播的辐射能(辐射或发光)相关，并为波长、入射角、偏振态、空间分布(例如，散射)的函数。

注：波长(λ)可用波数(σ)代替。建议波长单位为纳米(nm)或微米(μm)，波数的单位为厘米的倒数(cm^{-1})。

3.2.1

光谱透射比　spectral transmittance

$\tau(\lambda)$

透过的与入射的辐射通量或光通量的光谱密集度之比。(参见 GB 3102.6—1993 和 GB/T 8322—2008)

注1：光谱透射比的百分比表示形式称为光谱透射率，用符号 $T(\lambda)$表示。

注2：光谱透射比可用光密度来表示：$D(\lambda)=-\lg[\tau(\lambda)]$。

3.2.2

光谱反射比　spectral reflectance

$\rho(\lambda)$

反射的与入射的辐射通量或光通量的光谱密集度之比。(参见 GB 3102.6—1993 和 GB/T 8322—2008)

注：光谱反射比的百分比表示形式称为光谱反射率，用符号 $R(\lambda)$表示。

3.2.3

光谱吸收比　spectral absorptance

$\alpha(\lambda)$

吸收的与入射的辐射通量或光通量的光谱密集度之比。(参见 GB 3102.6—1993 和 GB/T 8322—2008)

注：光谱吸收比与光的传播方向有关。

3.2.4

光谱散射　spectral scatter

一束光被某一表面或某一介质偏离或分散到许多方向，它的空间分布发生了变化，但其频率没有发生变化。

注1：在法语版 IEC 50(845)和 CIE 38 中，采用"漫射(diffusion)"定义。也可以参见 ISO 10110-8。

3.2.1～3.2.4 中定义的系数之间的关系见式(1)～式(3)：

$$1=\tau+\rho+\alpha \quad\cdots\cdots(1)$$

其中：

$$\tau=\tau_r+\tau_d \quad\cdots\cdots(2)$$

$$\rho=\rho_r+\rho_d \quad\cdots\cdots(3)$$

式中：

τ_r——镜面条件下的透射比；

ρ_r——镜面条件下的反射比；

τ_d——漫射透射比；

ρ_d——漫射反射比。

注2：上述值也可表示为式(4)所示的在波长范围 λ_2～λ_1内的平均值：

$$\tau_{ave}=\frac{\int_{\lambda_1}^{\lambda_2}\tau(\lambda)\varepsilon(\lambda)\sigma(\lambda)d\lambda}{\int_{\lambda_1}^{\lambda_2}\varepsilon(\lambda)\sigma(\lambda)d\lambda} \quad\cdots\cdots(4)$$

式中：

$\varepsilon(\lambda)$——(光源的)光谱发射率；

$\sigma(\lambda)$——(探测器的)光谱灵敏度。

若分光光度计 $\varepsilon(\lambda)\sigma(\lambda)$ 为常数，则平均值可用式(5)计算：

$$\tau_{ave} = \frac{\int_{\lambda_1}^{\lambda_2} \tau(\lambda) d\lambda}{\lambda_2 - \lambda_1} \approx \frac{\sum_{i=1}^{n} \tau(\lambda_i) \Delta\lambda}{\lambda_2 - \lambda_1} \quad \cdots\cdots (5)$$

式中：

$$\Delta\lambda = (\lambda_2 - \lambda_1)/n \quad \cdots\cdots (6)$$

3.2.5

折射率　refractive index

$n(\lambda)$

光在真空中的传播速率与在介质中的传播速率之比。

3.2.6

入射角　angle of incidence

入射光线与入射表面法线的夹角。

3.2.7

入射面　plane of incidence

入射光线与入射表面法线所构成的平面。

3.3

色度参数　colorimetric parameters

镀膜表面在视觉应用方面可用色度参数来表示。这些参数取决于所应用的参考光源和镀膜表面的光学特性。

3.4

偏振　polarization

当入射角不为零时，薄膜的特性与入射光的偏振态有关，且将影响出射光的偏振态。这时有必要说明电矢量的方向与入射面之间的关系。

3.4.1

线偏振光　linearly polarized radiation

当电矢量的方向保持不变时的偏振光。

S 偏振是指电矢量与入射面正交的线偏振光。

P 偏振是指电矢量与入射面平行的线偏振光。

3.4.2

椭圆偏振光　elliptically polarized radiation

当电矢量投影到与传播方向正交的平面上形成一个椭圆时的偏振光。

3.4.3

圆偏振光　circularly polarized radiation

当电矢量投影到与传播方向正交的平面上形成一个圆时的偏振光。

3.4.4

非偏振光　unpolarized radiation

其电矢量可分解成为相互垂直的具有不同相位差的任意两个电矢量，这两个电矢量的平均振幅相同，但其相位差是完全随机变化的。

3.4.5

任意偏振光　randomly polarized radiation

电矢量方向随时间随机变化的偏振光。

3.5 相位关系 phase relations

3.5.1

相变 phase change

电磁波在空间中某一点的电矢量可用式(7)来描述：

$$E = A\cos\left(\frac{2\pi vt}{\lambda} - \Phi\right) \quad \cdots\cdots(7)$$

式中：

E——电矢量；

A——振幅；

v——在介质中的传播速率；

t——时间；

λ——在介质中的波长；

Φ——相位。

该波和一个参考波之间的相位差($\Phi-\Phi_0$)称为相变。参考波的电矢量用式(8)表示：

$$E_0 = A\cos\left(\frac{2\pi vt}{\lambda} - \Phi_0\right) \quad \cdots\cdots(8)$$

3.5.2

相位延迟和相位差 phase retardation and difference

相位延迟是电矢量的 **S** 分量和 **P** 分量之间相变的结果，变化的幅值称为相位差。

4 按功能定义薄膜

按功能来定义薄膜，即按薄膜对表面特性所实现的主要调制功能来定义薄膜。

表1列出了当前技术条件下光学薄膜能实现的主要功能。这些功能将来还可能扩展，以包含更多新的方面。

某种薄膜能够实现表1列出的一种主要功能，也可能同时具有其他一种或几种次要功能，这些次要功能相对主要功能的重要性也应当标明。

表1 按功能定义薄膜

功 能	定 义	应用的例子
反射 reflecting	在指定的波长范围内能增加光学表面反射率的薄膜	反射镜
减反射 antireflecting	在指定波长范围内能减小光学表面的反射率而通常增加透射率的薄膜	限制寄生反射
分束 beam splitting	能把入射光分成两束光的薄膜，一束透射，另一束反射，在指定光谱范围内能量分配无波长选择性	中性分束镜 部分反射镜
衰减 attenuating	在指定波长范围内，无波长选择性地减小透射率的薄膜	中性密度滤光片
滤光 filtering	在指定波长范围内，有波长选择性地透射的薄膜	滤光片
分色或合色 selecting or combining	通过透射或反射，将入射光分为两束或多束的薄膜，每束覆盖一个特定的光谱区域。逆向传播即可把不同光谱区域的两束或多束光合并	二向分色镜 合色镜

表 1（续）

功　能	定　义	应用的例子
偏振　polarizing	在指定波长范围内，能控制出射光偏振态的薄膜	偏振片 消偏振片
相变　phase changing	在指定波长范围内，能控制出射光的相变，并且（或者）能控制矢量 S 和 P 之间相位差的薄膜	相位匹配薄膜 相位延迟薄膜
吸收　absorbing	在指定波长范围内，定量吸收入射光能量的薄膜	太阳镜 光陷阱
附属功能 supplementary function	具有与光学功能相结合的非光学功能的薄膜	电导体 化学或机械防护

5　常见的薄膜缺陷定义

5.1　点缺陷　point-like imperfections

5.1.1

针孔　pinhole

非常小的薄膜孔洞。

5.1.2

溅点　spatter

在真空镀膜过程中，小块材料飞溅到基片表面并附着在基片上所造成的缺陷。

5.1.3

微粒　particle

薄膜上或内部的微小颗粒。

5.1.4

细微灰尘　fine dust

附着在薄膜表面上的微小物质。

5.1.5

节瘤　nodule

薄膜表面微小的结节状缺陷。

5.2　线缺陷　line-like imperfections

5.2.1

划痕　scratch

表面像被利器或粗糙器械所伤的斑痕或裂痕。各种意外原因都可能使光学表面产生不同程度的划痕。

5.2.2

细划痕　hairline

非常细且光滑的划痕，通常是直的。

5.2.3

裂纹　crack

在光学元件材料内部产生的裂痕。

5.2.4

龟裂　crazing

膜层中的小裂纹。

5.2.5

微划痕 sleek

极细微的划痕。

5.3 面缺陷 area imperfections

注：在 GB/T 1185—2006 和 ISO 9211-4:2006 中规定了检验方法。薄膜缺陷的类型图解见附录 A。

5.3.1

污点 stain

由化学变化产生的，补丁状的局部颜色不一致的表面污渍。

5.3.2

磨损 abrasion

膜层表面与一个更坚硬的表面接触而产生的损伤。

5.3.3

纤维纹 lint mark

残留在光学表面的织物纤维或纸纤维。

5.3.4

薄膜空隙 coating void

镀膜区域内存在的未镀膜的局部表面。

5.4 体缺陷 volume imperfections

5.4.1

起皮 peeling

局部薄膜的一端与基片表面部分分离。

5.4.2

剥离 flaking

局部薄膜与基片表面部分分离。

5.4.3

大溅点 large spatter

比定义 5.1.2 中体积更大或深度更深的缺陷。

5.4.4

大微粒 large particle

比定义 5.1.3 中体积更大或深度更深的颗粒。

5.4.5

起泡 blister;bubble

薄膜局部凸起，形同薄膜底部或内部含有包含物将薄膜顶起。

6 其他定义

6.1

孔径锥角 cone angle of aperture

入射角的最大范围。

6.2

有用区域、通光孔径 useful area;clear aperture

规定的最小可用镀膜区域。

6.3

边缘　rim

基片表面没有镀膜的区域——通常是由镀膜过程中用于支撑元件的工装所造成的。一般是指通光孔径之外的区域。

6.4

测试样品　witness sample

代表实际镀膜元件，用于光谱和环境试验的样品。测试样品的采样规定（例如：材料、表面质地、尺寸、每批的数量、在镀膜室的位置等）应由供求双方协商确定。

附 录 A
（资料性附录）
常见薄膜缺陷类型图解

本附录用图 A.1～A.4 对常见薄膜缺陷类型进行说明。

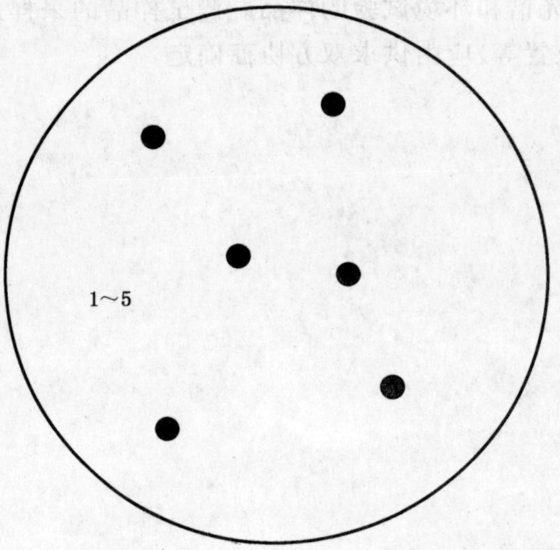

1——针孔(5.1.1)；
2——溅点(5.1.2)；
3——微粒(5.1.3)；
4——细微灰尘(5.1.4)；
5——节瘤(5.1.5)。

图 A.1 点缺陷(5.1)

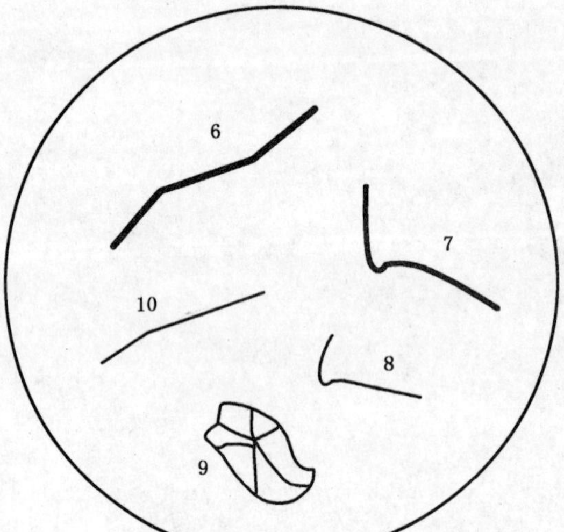

6——划痕(5.2.1)；
7——细划痕(5.2.2)；
8——裂纹(5.2.3)；
9——龟裂(5.2.4)；
10——微划痕(5.2.5)。

图 A.2 线缺陷(5.2)

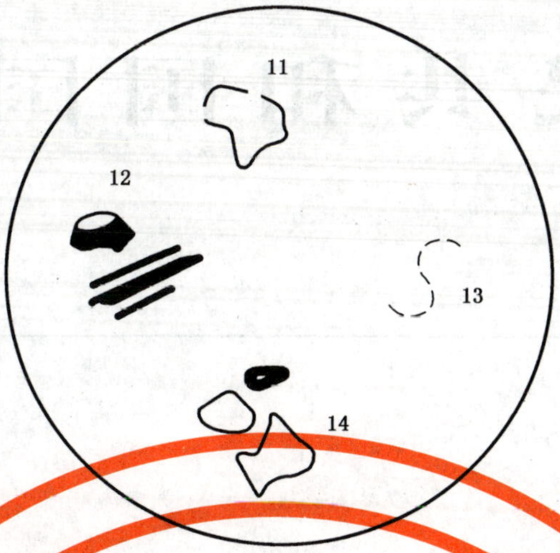

11——污点(5.3.1)；

12——磨损(5.3.2)；

13——纤维纹(5.3.3)；

14——薄膜空隙(5.3.4)。

图 A.3　面缺陷(5.3)

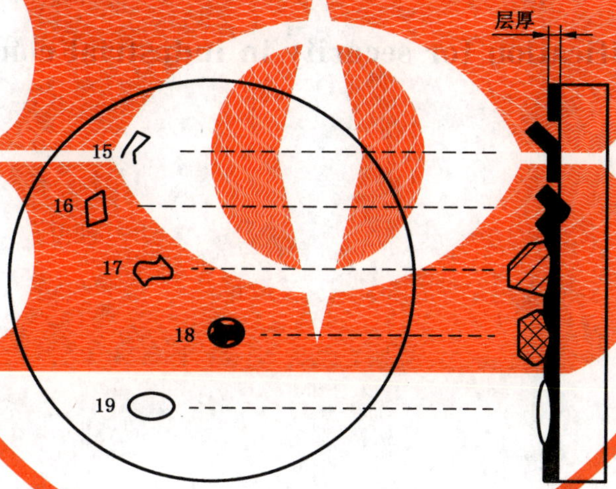

15——起皮(5.4.1)；

16——剥离(5.4.2)；

17——大溅点(5.4.3)；

18——大微粒(5.4.4)；

19——起泡(5.4.5)。

图 A.4　体缺陷(5.4)

ICS 25.040
N 10

中华人民共和国国家标准

GB/T 26333—2010

工业控制网络安全风险评估规范

Evaluation specification for security in industrial control network

2011-01-14 发布　　　　2011-06-01 实施

中华人民共和国国家质量监督检验检疫总局
中国国家标准化管理委员会　发布

前　言

本标准按照 GB/T 1.1—2009 给出的规则起草。

本标准中的一些内容可能涉及某些专利，本标准对任何这样的专利权均不负有鉴别责任。

本标准由中国机械工业联合会提出。

本标准由全国工业过程测量和控制标准化技术委员会归口。

本标准起草单位：重庆邮电大学、浙江大学、浙江中控技术股份有限公司、机械工业仪器仪表综合技术经济研究所、中国科学院沈阳自动化研究所、大连理工大学、上海工业自动化仪表研究所、上海自动化仪表股份有限公司、中国四联仪器仪表集团有限公司、西南大学、天津天仪集团仪表有限公司、北京华控技术有限公司。

本标准起草人：王浩、王平、金建祥、冯冬芹、欧阳劲松、梅恪、徐皑冬、仲崇权、缪学勤、包伟华、刘进、张庆军、秘明睿、刘杰、刘枫、杨彬、周勇。

引　言

随着各种通信技术在工业控制网络中的广泛应用，在实现更多功能的同时，工业控制网络的安全问题日益凸显。

本评估标准是一种针对工业控制网络的安全风险评估方法。通过对工业控制网络的安全风险评估可以发现网络的安全隐患，通过采用相应的安全措施弥补安全漏洞，从而增强工业控制网络的安全。

本标准规定了工业控制网络安全风险评估的一般方法和准则，描述了工业控制网络安全风险评估的一般步骤，侧重于评估对象的分析和评估计划的设计。

工业控制网络安全风险评估规范

1 范围

本标准规定了评估的步骤，对评估方法给出了建议。

本标准适用于工业控制网络的安全风险评估，定义了评估的要点。

本标准讨论工业控制网络的通信安全，它主要取决于系统所采用的防护措施。

2 规范性引用文件

下列文件对于本文件的应用是必不可少的。凡是注日期的引用文件，仅注日期的版本适用于本文件。凡是不注日期的引用文件，其最新版本(包括所有的修改单)适用于本文件。

GB/T 9361—1988 计算机场地安全要求

GB/T 9387.2—1995 信息处理系统 开放系统互连 基本参考模型 第2部分：安全体系结构

GB 17859—1999 计算机信息系统 安全保护等级划分准则

GB/T 17903.1—2008 信息技术 安全技术 抗抵赖 第1部分：概述

GB/T 17965—2000 信息技术 开放系统互连 高层安全模型(idt ISO/IEC 10745:1995)

GB/T 18272.1—2000 工业过程测量和控制 系统评估中系统特性的评定 第1部分：总则和方法学

GB/T 18272.2—2000 工业过程测量和控制 系统评估中系统特性的评定 第2部分：评估方法学

GB/T 18272.3—2000 工业过程测量和控制 系统评估中系统特性的评定 第3部分：系统功能性评估

GB/T 18272.7—2006 工业过程测量和控制 系统评估中系统特性的评定 第7部分：系统安全性评估

GB/T 18336.1—2008 信息技术 安全技术 信息技术安全性评估准则 第1部分：简介和一般模型(ISO/IEC 15408-1:2005,IDT)

GB/T 18336.2—2008 信息技术 安全技术 信息技术安全性评估准则 第2部分：安全功能要求(ISO/IEC 15408-2:2005,IDT)

GB/T 18336.3—2008 信息技术 安全技术 信息技术安全性评估准则 第3部分：安全保证要求(ISO/IEC 15408-3:2005,IDT)

GB/T 19715.1—2005 信息技术 信息技术安全管理指南 第1部分：信息技术安全概念和模型

GB/T 20000.4—2003 标准化工作指南 第4部分：标准中涉及安全的内容

GB/T 20269—2006 信息安全技术 信息系统安全管理要求

GB/T 20270—2006 信息安全技术 网络基础安全技术要求

GB/T 20271—2006 信息安全技术 信息系统通用安全技术要求

GB/T 20275—2006 信息安全技术 入侵检测系统技术要求和测试评价方法

GB/T 20278—2006 信息安全技术 网络脆弱性扫描产品技术要求

GB/T 20281—2006 信息安全技术 防火墙技术要求和测试评价方法

GB/T 20945—2007 信息安全技术 信息系统安全审计产品技术要求和测试评价方法

GB/T 21052—2007　信息安全技术　信息系统物理安全技术要求

GB/T 22081—2008　信息技术　安全技术　信息安全管理实用规则

GB/T 22239—2008　信息安全技术　信息系统安全等级保护基本要求

ISO/IEC TR 13335　Guidelines for the Management of IT Security(IT 安全管理指南)

ISO/IEC TR 13335.1　Information technology—Guidelines for the management of IT Security—Part 1:Concepts and models of IT Security

ISO/IEC 15408　Evaluation Criteria for IT Security(IT 安全评估准则)

ISO/IEC 17799:2000　Information technology—Part 1:Code of practice for information security management

ISO/IEC 17799:2005　信息技术　安全技术　信息安全管理实践规范

3　术语和定义

下列术语和定义适用于本文件。

3.1

安全　safety

不存在不可接受的风险。

3.2

安全状态　safe state

不存在不可接受风险的状态。

3.3

资产　asset

对组织具有价值的信息资源,是工业安全策略保护的对象(参见 ISO/IEC 13335-1:2004)。

3.4

信息安全　information security

保护信息的机密性、完整性和可用性及其他属性,如防抵赖性、可靠性等(参见 ISO/IEC 17799:2005)。

3.5

工业控制网络安全风险评估 security risk assessment in industrial control network

依据有关信息安全技术与管理标准,考虑工业控制网络的特殊性,对工业控制网络及由其处理、传输和存储的信息的机密性、完整性和可用性等安全属性进行评价的过程。它要评估资产面临的威胁以及威胁利用脆弱性导致安全事件的可能性,并结合资产价值来判断安全事件一旦发生对工业企业造成的影响。

3.6

机密性　confidentiality

使控制信息不泄露给未授权的个人、实体、过程或不使信息为其利用的特性。

3.7

完整性　integrality

保证控制信息及控制系统不会被有意地或无意地更改或破坏的特性。

3.8

可用性　availability

数据或资源的特性,被授权实体按要求能访问和使用数据或资源(参见 ISO/IEC 13335-1:2004)。

3.9

安全事件　security event

指系统、服务或网络的一种可识别状态的发生，它可能是对信息安全策略的违反或防护措施的失效，或未预知的不安全状况。

3.10

安全需求　security requirement

为保证组织业务战略的正常运作而在安全措施方面提出的要求。

3.11

安全措施　security measure

保护资产、抵御威胁、减少脆弱性、降低安全事件的影响，以及打击信息犯罪而实施的各种实践、规程和机制的总称。

3.12

证书　certificate

用于证明相关威胁、漏洞针对于特定网络的相对安全性。

3.13

威胁　threat

可能对资产或组织造成损害的潜在原因。威胁可以通过威胁主体、资源、动机、途径等多种属性来刻画。

3.14

工业以太网　ethernet for plant automation

EPA

我国第一个拥有自主知识产权的现场总线国家标准。同时，该标准被列入现场总线国际标准 IEC 61158(第四版)中的第十四类型，并列为与 IEC 61158 相配套的实时以太网应用行规国际标准 IEC 61784-2 中的第十四应用行规簇(Common Profile Family 14,CPF14)。

4　符号和缩略语

ICS　工业控制系统(Industrial Control Systems)

PLC　可编程逻辑控制器(Programmable logic Controller)

SCADA　监控和数据采集(Supervisory Control and Data Acquisition)

DCS　分布式控制系统(Distributed Control System)

RTOS　实时操作系统(Real-time operating system)

5　风险评估要点

工业控制网络安全风险评估的目的是定性和(或)定量地确定其完成某一特定使命的能力。

评估一个工业控制网络就是根据各种数据判断其是否适用于某一特定的使命或者某一类使命。

要想获取全部数据，就需要在各种影响条件下，评定与工业控制网络的特定使命或一类使命相关的各种网络性能，但实施难度极大。因此，工业控制网络评估的基本原理是：

——确定与完成网络使命有关的网络的临界状态；

——通过研究评定各种特性的成本效益制定评定有关工业控制网络特性的计划。

工业控制网络安全风险评估的关键是必须考虑以允许的经费和时间，尽可能地提高工业控制网络适用性的置信度。

5.1 评估范围

对工业控制网络的安全风险评估必须是一个整体考虑、充分规划、持续运作的过程，从系统结构方面，评估范围包括了工业控制网络的各个逻辑层(现场设备层、过程监控层、企业管理层)；从评估要素方面，评估范围包括技术、管理、运行等各层面；从系统生命周期方面，工业控制网络的安全评估过程必须贯穿于整个网络设计、开发、建设和维护的各个阶段。

工业控制网络中比较有代表性的EPA网络，结构一般如图1所示(参照GB/T 20171—2006中6.3.1的定义)。

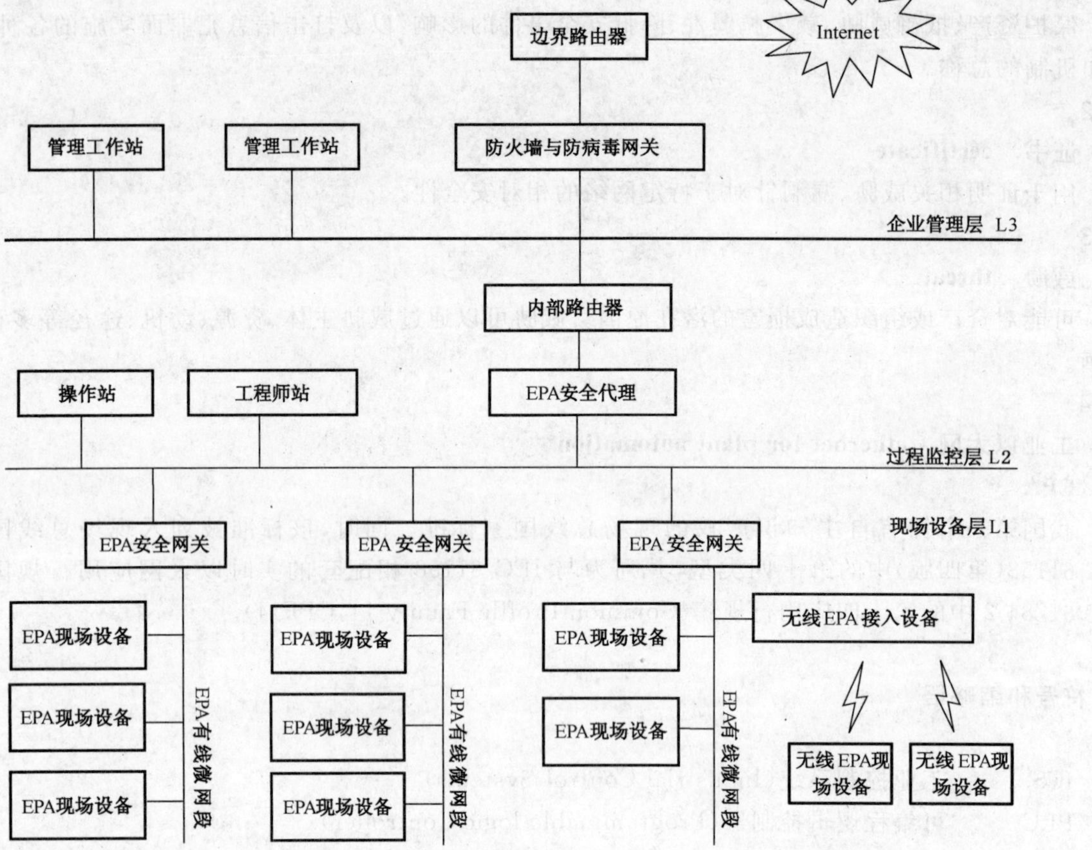

图1 EPA网络结构

在定义评估范围时，要对控制系统边界和机构责任进行分析，可以通过一组进程、通信、存储、资源等来确定。

在控制系统的边界范围内的每个要素必须满足：

——处于相同的直接管理控制下；

——具有相同的功能或使命目标；

——有本质上相同的运行特性和安全需求；

——位于相同的通用运行环境中。

5.2 评估对象

工业控制网络的安全风险评估，是为了保护控制系统的硬件、软件及相关数据，使之不因为偶然或者恶意侵犯而遭受破坏、更改及泄露，保证控制网络系统能够连续、正常、可靠的运行。因此，工业控制网络的安全风险评估对象，包括了网络中的各种关键信息资产、应用系统、实物资产、设施和环境，以及人员、管理规程等。

对于一个具体的工业控制网络，安全风险评估主要涉及到该控制系统的关键和敏感部分。因此，根据实际控制系统不同，安全风险评估的对象也有所不同。

5.3 评估目的

工业控制网络的拥有者在进行安全设备选型、控制系统安全需求分析、系统网络建设、系统网络改造、应用系统试运行、内网与外网互联等业务之前，进行安全风险评估会帮助系统拥有者在一个安全状态下进行组织活动。安全状态应包括机密性、完整性和可用性，即在威胁产生安全事件的情况下，安全措施所能起到的相应保护作用。

工业控制网络安全评估的目的通常包括以下几个方面：

——确定可能对工业控制网络资产造成危害的威胁，包括入侵者、罪犯、不满员工、恐怖分子和自然灾害等；

——通过对历史资料和专家的经验确定威胁实施的可能性；

——对可能受到威胁影响的资产确定其价值、敏感性和严重性，以及相应的级别，确定哪些资产是最重要的；

——对最重要的、最敏感的资产，确定一旦威胁发生其潜在的损失或破坏；

——准确了解工业企业的网络和系统安全现状；

——明晰工业企业网络的安全需求；

——制定工业安全策略；

——制定工业控制网络和系统的安全解决方案；

——指导工业企业网络未来的建设和投入；

——通过项目实施和培训，培养用户自己的安全队伍。

根据实际控制系统不同，安全风险评估的目标有所不同。

5.4 影响条件

在评估工业控制网络之前有必要确定在安全风险评估执行期间所有的可能。

工业控制网络的影响条件一般包含下列几种：

——工业控制网络承担的任务；

——相关的操作人员；

——工业控制网络所连接的工业过程；

——工业控制网络连接的外部系统；

——为工业控制网络提供支持的公用设施气电等；

——工业控制网络自身的一些特性。

5.5 评估原则

工业控制网络安全评估原则包括以下内容：

5.5.1 可控性原则

包括人员可控性、工具可控性和项目过程可控性。

所有参与工业控制网络安全风险评估的人员均应进行严格的资格审查和备案，明确其职责分工，并对人员工作岗位的变更执行严格的审批手续，确保人员可控。

相关评估人员必须持有国际、国家认证注册的信息安全从业人员资质证书，确保具备可靠的职业、道德素质。

如果根据项目的具体情况，需要进行人员调整时，必须经过项目变更程序，得到双方的正式认可和签署。

所有使用的安全风险评估工具均应通过多方综合性能对比、挑选，并取得有关专家论证和相关部门的认证。

5.5.2 完整性原则

严格按照委托单位的评估要求和指定的范围进行全面的评估服务。

5.5.3 最小影响原则

从管理层面和工具技术层面，力求将风险评估对工业控制网络的正常运行的可能影响降低到最低限度。一般评估采用分析法(和)或比较法，进行安全风险评估。在采用试验法进行风险评估时，实施在备份网络上，或是分部门、分段在非生产周期/生产低峰期进行实施。

5.5.4 保密原则

与被评估单位签署保密协议和非侵害性协议。

5.6 评估程序

工业控制网络的风险评估程序分为五个阶段：

——第一阶段为准备阶段，确定评估目的；

——第二阶段为评估设计和规划；

——第三阶段为制定评估计划；

——第四阶段为评估的实施；

——第五阶段为编写评估报告。

6 特性

本标准中的特性，特指与工业控制网络安全相关的特性，所讨论、涉及的都是与工业控制网络安全直接或间接相关，对于工业控制网络安全是不容忽视的特性。

安全风险评估时，应根据特性考虑采用合适的国家标准、国际标准和有关法规。

工业控制网络安全特性可以包含很多种类，但6.1所述特性必须包括。

6.1 与安全相关特性

6.1.1 功能性

工业控制网络完成其既定使命的能力。

功能性取决于：

——提供功能的范围；

——实时完成功能的能力；

——必要时选择和完成所需功能的灵活性。

6.1.2 性能

在规定的工作条件和环境条件下能够执行所提供功能的程度。

对于每一种功能有必要规定对其性能进行物理测量，其中可包括精确度、重复性、响应速度、分辨力等。

6.1.3 机密性

工业控制网络上传输、处理的数据所具有的特性，即表示数据所达到的未提供或未泄露给未授权的个人、过程或其他实体的程度。

6.1.4 完整性

保证工业控制网络上信息及信息系统不会被非授权更改或破坏的特性。包括数据完整性和系统完整性。

6.1.5 可用性

工业控制网络上数据或资源的特性，被授权实体按要求能访问和使用数据或资源。

6.1.6 身份认证

认证、鉴别设备或设备使用者的合法性。

6.1.7 不可抵赖性

不可抵赖性包括行为的不可抵赖和行为发生时间的不可抵赖。

6.1.8 授权

防止未授权用户访问或使用系统，即规定了用户对数据的访问权限。

6.1.9 安全审计

对用户行为的合法性、安全性进行审核和记录。

6.1.10 第三方安全

单个服务或设备的失效不应引起对其他组件的损害。

6.2 威胁的种类

威胁可能影响安全特性，甚至导致特性失效。

工业控制网络可能受到入侵、毁坏或重放攻击等威胁。这些威胁可分为恶意和非恶意两类。在工业控制网络中，至少应考虑下列安全威胁。

6.2.1 非法设备的物理接入

非法设备的物理接入可能影响网络的可用性、机密性、第三方安全。

6.2.2 访问授权的非法获取

访问授权的非法获取可能影响网络的可用性、机密性、身份认证、不可抵赖性、授权、安全审计。

6.2.3 控制信息的非法获取

控制信息的非法获取可能影响网络的机密性、第三方安全。

6.2.4 控制信息的篡改和破坏

控制信息的篡改和破坏可能影响网络的可用性、完整性、机密性。

6.2.5 未授权的网络连接

未授权的网络连接可能影响网络的可用性、机密性、授权。

6.2.6 数据包重放攻击

数据包重放攻击可能影响网络的可用性。

6.2.7 拒绝提供服务

拒绝提供服务可能影响网络的可用性。

6.2.8 病毒感染，引起系统崩溃和数据损坏

病毒感染，引起系统崩溃和数据损坏可能影响网络的可用性、第三方安全。

6.2.9 抵赖

抵赖将影响不可抵赖性。

7 确定评估目的

7.1 明确评估目的

在实施评估之前，应详细阐明评估的目的，以此作为编制评估计划的依据，评估目的对于评估的性质和深度具有很大的影响。

一个工业控制网络可能是相当复杂的，以至于对其进行全面的评定，将是得不偿失甚至是不可能的。通过仔细考虑评估目的、网络结构、体系结构、影响条件、评估申请方要求等，可以将评估项目减少到只包括那些对工业控制网络应用最敏感的项目上。在制定评估计划之前，应该认真地将评估目的编制成文，并将其作为整个评估过程中的指导原则的依据。

7.2 生成系统要求文件

系统要求文件由第 5 章，第 6 章和 7.1 共同生成。

是将评估对象所必须的性能、功能等文档化。

对评估对象使命的描述应该说明所要达到的目标，而不必说明为什么和如何达到。确定目标所涉及的安全特性，并按一定的方法将其归类。

对于目标进行分类。如：基本目标，重要目标，期望目标等。

必须考虑到影响条件。

8 评估设计和规划

8.1 概述

在此阶段将评估目的转化成与目标有关的观察和测量试验。

为了有效地完成这一任务应考虑第 5 章至第 6 章所述的各个方面。

8.2 评估对象

计划评估的一个重要步骤是确定被评估工业控制网络的评估对象。由于工业控制系统的类型很

多，包括了集中式数字控制系统、分布式控制系统(DCS)、多种现场总线控制系统等，为了帮助评估者全面了解控制网络的特点、业务、结构等，在评估前期需要先进行对象识别与描述。

对工业控制网络的概要描述，用来帮助评估者理解安全评估目标、安全需求是否准确合理，有利于评估者对开发者提交的报告进行评估，评估报告内容是否属实，与所提交的其他材料是否具有一致性。

在对象识别和描述中，调查和统计组织的全部对象。明确其现有状况、配置情况和管理情况。

8.3 网络边界

应根据评估目标和申请方要求，通过区分哪些属于、哪些不属于被评估的网络，认真确定网络的边界。

一个工业控制网络具有若干截然不同的边界：

——企业内网与外网；

——现场设备层、过程监控层与企业管理层；

——控制系统与办公网络；

——各个部门间的网络；

——网段与虚拟局域网。

每一个边界都应做出明确的选择。

内网指评估申请方所拥有的能够完全进行管理、控制的网络，包括工业控制网络和办公自动化网络等，外网指除内网之外的，评估申请方无力或不能完全进行管理、控制的网络，如Internet。

8.4 评估项目

评估项目的分类，条目的生成不做任何硬性规定，参考标准亦只作为推荐之用。评估者可根据实际情况自行选择，但是，国家、国际规章制定机构要求进行的评估项目必须按这些规章规定的规则进行评估和评定。

以下罗列一些经常的评估项目。

8.4.1 物理安全评估

评估工业控制系统基础设施的物理安全对整个系统安全的影响。具体从车间场地、车间防火、车间供配电、车间防静电、车间接地与防雷、电磁防护、环境与人身安全、通信线路的保护、设备本身安全、设备管理、监控系统等物理安全相关技术措施方面进行测试。

具体测试要求、方法、条目等可参考以下标准：

GB/T 9361—1988　计算机场地安全要求

GB/T 18336.3—2008　信息技术　安全技术　信息技术安全性评估准则　第3部分：安全保证要求(idt ISO/IEC 15408-3：2005)

GB/T 20271—2006　信息安全技术　信息系统通用安全技术要求

GB/T 21052—2007　信息安全技术　信息安全等级保护　信息系统物理安全技术要求

8.4.2 体系结构安全评估

评估系统网络体系结构是否合理，是否符合安全目标的要求。具体包括通讯协议、操作系统、网络隔离与边界控制策略、网络层次结构等。

具体测试要求、方法、条目等可参考以下标准：

GB/T 9387.2—1995　信息处理系统　开放系统互连　基本参考模型　第2部分：安全体系结构

GB/T 18272.7—2006　工业过程测量和控制　系统评估中系统特性的评定　第7部分：系统安全性评估

GB/T 18336.2—2008 信息技术 安全技术 信息技术安全性评估准则 第2部分:安全功能要求(ISO/IEC 15408-2: 2005,IDT)

GB/T 19716—2005 信息技术 信息安全管理实用规则

GB/T 20271—2006 信息安全技术 信息系统通用安全技术要求

8.4.3 安全管理评估

从管理的角度,判断与信息控制、处理相关的各种技术活动是否处于有效安全监控之下。包括:安全方针、人员安全、安全组织、接入控制、系统管理、运行维护管理、业务连续性、符合性等。

具体测试要求、方法、条目等可参考以下标准:

GB/T 20269—2006 信息安全技术 信息系统安全管理要求

GB/T 20271—2006 信息安全技术 信息系统通用安全技术要求

GB/T 22081—2008 信息技术 安全技术 信息安全管理实用规则

ISO/IEC TR 13335:Guidelines for the Management of IT Security(IT 安全管理指南)

ISO/IEC 17799:2005 信息技术 安全技术 信息安全管理实践规范

8.4.4 安全运行评估

基于控制系统的业务应用,对控制系统实际运行的安全性进行测试。应具体有业务运行逻辑安全、业务交往的不可抵赖性、操作权限管理、故障排除与恢复、系统维护与变更、网络流量监控与分析、系统软件和协议栈软件、应用软件安全、数据库安全等。

具体测试要求、方法、条目等可参考以下标准:

GB/T 20270—2006 信息安全技术 网络基础安全技术要求

GB/T 17903.1—2008 信息技术 安全技术 抗抵赖 第1部分:概述

GB/T 20271—2006 信息安全技术 信息系统通用安全技术要求

GB/T 22019—2008 信息安全技术 信息系统安全等级保护基本要求

ISO/IEC 17799:2000 Information security management — Part 1:Code of practice for information security management

8.4.5 信息保护评估

基于工业控制网络业务信息流分析,对信息处理的功能、性能和安全机制进行测试;具体有访问控制、数据保护、通信保密、识别与鉴别、网络和服务设置、审计机制等测试内容。

具体测试要求、方法、条目等可参考以下标准:

GB/T 18336.3—2008 信息技术安全性评估标准 第3部分:安全保证要求(ISO/IEC 15408-3: 2005,IDT)

GB/T 18336.2—2008 信息技术安全评估标准 第2部分:安全功能要求(ISO/IEC 15408-2: 2005,IDT)

GB/T 20000.4—2003 标准化工作指南 第4部分:标准中涉及安全的内容

GB/T 20271—2006 信息安全技术 信息系统通用安全技术要求

GB/T 20945—2007 信息安全技术 信息系统安全审计产品技术要求和测试评价方法

ISO/IEC 15408 Evaluation Criteria for IT Security(IT 安全评估准则)

8.5 对评估计划的制约

规定了评估对象的评估范围、指定了先后顺序、确定了试验项目以后,应仔细审查每项试验,确定试验是否会妨碍或阻止其他试验项目的正确实施,以至于影响或降低工业控制网络的性能或威胁其安全性。

这些问题应编成文件，以指出其对评估工作顺序安排的制约作用。

由于工业控制网络的特殊性，评估方式一般选择分析法评定技术。只有当分析法评定技术得出的结果不能保证工业控制网络的安全或是不能达到申请方的要求时，才采用试验法评定技术。而试验法评定技术一般也只在备份网络上使用。任何在实际运行的工业控制网络上的测试，必须征得申请方及相关主管部门的许可，在制定完备的意外方案后方可实施。

实施评估计划的周期、经费都是必须考虑的重要因素。

9 制定评估计划

经第 6 章至第 8 章分析做出的决定，落实于评估计划的制定工作中，按时间表列出评估活动及其顺序，同时订出充足的复查点，使评估工作得到有效控制。

评估工作应以能反映出各种主要制约的逻辑顺序排列。应规定评估协议，说明改变和发布评估计划的主管机构、评估规范和评估报告需遵循的评估程序，以及在发生意外事故致使评估不能按计划进行时，不需征求上级主管机构意见允许采取的应急措施。

时间表的确立，评估时机的选择，根据具体情况及与申请方的协商结果而定。

制定评估计划时，必须考虑到实施周期、资金、人员等限制。

最终的评估计划至少应规定和(或)列出下列要点：

——7.1 所得出的评估目的；

——考虑的原则；

——7.2 所述的系统要求文件；

——8.4 所述的评估项目；

——要求达到的安全水平；

——评估进度表；

——要考虑到试验可能产生的永久性影响。

10 评定技术

10.1 总则

应选择可以将评定结果与工业控制网络系统要求文件提出的要求作定性和(或)定量比较的评定技术。

所选择的评定技术可能只需利用文件进行分析，也可能需要接触实际系统以实验为依据，亦可能两者兼有，或数种并存。评定技术产生的结果可以是定量的或者是定性的，也可以是定性定量结合的。其选择依据，以评估工业控制网络的特点及评估申请方的需求为主要依据，以评估时间、评估内容、评估资金等为约束条件。

本标准推荐了几种评定技术。也可以采用其他方法，但在任何情况下评估报告都应该提供描述所用技术的文件出处。

10.2 分析法评定技术

工业控制网络的安全性评定技术主要是分析法评定技术。

对每一个测评项目应采取下列步骤：

a) 在系统要求文件所述或强制性规章规定的工作条件下检查是否存在威胁、漏洞等，每种存在的危险是否有证书，证书是否有效。

b) 如果没有符合要求的证书，就应进行相应的风险分析。为支持这种分析，可以采用 10.3 所述的评定技术。

10.3 试验法评定技术

试验法评定技术是分析法评定技术的补充。

每当分析法技术不能保证系统的安全性等级时，就应该进行试验法评定，以便对缺乏数据的那些方面进行评估。

对照评测对象的功能、安全要求、安全目标等进行相应的测试，试验法评定技术是一个不断发展、种类繁多的技术，并且针对性十分强，每一种方法适用范围十分有限，故在此不做赘述。评估机构可根据具体对象、申请者的需求、资金、评估时间等选择合适的测评工具、测评方法。本标准在此不做任何硬性规定，但所选工具或方法必须是安全的，符合国家、国际一般性准则的。

以下列出一些参考标准：

GB/T 20278—2006 信息安全技术 网络脆弱性扫描产品技术要求

GB/T 20275—2006 信息安全技术 入侵检测系统技术要求和测试评价方法

GB/T 20281—2006 信息安全技术 防火墙技术要求和测试评价方法

11 评估的实施

安全风险评估实施时应严格按照评估计划和规定的协议开展工作。

评估应由专业或专门人员实行。

如必须做出更改时，除预先商定的可采取的应急措施以外，应将变动内容写成报告并与有关主管机构磋商。

所有的观察、测量、测试、计算等工作均应随时记录在案，所有的记录都应妥善保管并加以保密。最后随评估报告一并交予评估申请方。

12 编写评估报告

所有的观察、测量、测试、计算等工作均应随时记录在案，并随评估报告一起交予评估申请方。

评估实施情况和评估结果均应列入综合评估和(或)评定报告。该报告应准确、清楚、明确和客观地陈述评估的目的、结果和全部的有关内容。

安全风险评估报告至少应包含下列内容：

——一个合适的标题；

——负责评估的机构和/或人员；

——评估的目的；

——评估对象的基本特征；

——评估计划及必要的变动；

——汇总收集到的所有信息；

——评估使用的方法、工具；

——评估的具体项目，结果；

——评测中遇到的问题；

——建议做进一步分析和/或试验的评估项目清单。

评估报告应附封面，封面注明报告标题、统一编号、评估的机构和日期。

评估报告发布后若需做改动或增补，只能采用补充报告的形式，报告上应标明原报告的标题和编号。补充报告的编写要求与原报告相同。

附 录 A
(规范性附录)
工业控制网络安全网关的安全风险评估

A.1 概述

工业控制网络中安全网关是现场设备层网络与过程监控层网络之间的唯一入口。提供对现场设备层的边界保护,防止可能存在的非法设备接入和未授权的访问等。保护现场设备层的安全网关在实现上采用访问控制、设备鉴别、数据加密、数据校验和包过滤等技术。

A.2 确定评估目的

本示例针对工业控制网络中安全网关的安全风险评估,主要检测是否达到本身的性能指标和预期的在网络中的安全性功能。在本阶段,收集、整理资料是主要任务,生成系统要求文件,为后续工作提供指导、帮助。

A.3 评估设计和规划

A.3.1 评估对象

评估对象为某工业控制网络中的安全网关。

A.3.2 网络边界

安全网关位于现场设备层与过程控制层之间,属于企业内部网络。因此,本示例涉及的评估范围为现场设备层与过程控制层。

A.3.3 评估项目

通过前期收集、整理的资料,对安全网关设备的性能和功能进行检测。由于工业生产的特点及工业控制网络的高实时性要求等,评估方式宜采用分析法或者通过对比产品说明书来验证。必须测试时,可选择同型号产品,搭建测试平台,进行相关测试。

其他如网络性能,安全管理等具可参照相关标准进行评估。

针对工业控制网络中安全网关所应具有的一些功能和要求设计评估项目见表A.1。

表A.1作为评估项目示例,只涉及部分评测项目,为信息安全相关条目,完整的评估项目是所有8.4、具体网络要求和评估申请方请求等的综合,其内容、项目均应根据具体情况设计。

表 A.1 评估项目示例表

评估项目	评估内容	评估方式
身份鉴别	应对登录网络设备进行身份鉴别	分析法/试验法
	应对网络上的对等实体进行身份鉴别	分析法/试验法
	身份鉴别信息应具有不易被冒用的特点,例如口令长度、复杂性和定期的更新等	分析法/试验法

表 A.1（续）

评估项目	评估内容	评估方式
报文校验	防止对报文的非法篡改和破坏	分析法/试验法
访问控制	实现网络边界访问控制	分析法/试验法
	禁止未通过鉴别的设备与上层的全部通信	分析法/试验法
	通过鉴别的设备与上层网络间之间通信的访问控制	分析法/试验法
	应依据安全策略允许或者拒绝便携式和移动式设备的网络接入	分析法/试验法
	禁止外部网络访问现场层设备	分析法/试验法
	支持适当的 VPN 服务	分析法/试验法
入侵防范	安装防火墙　软□　硬□	分析法/试验法
	安装 IDS 入侵检测系统	分析法/试验法
	应监视以下攻击行为：端口扫描、强力攻击、木马后门攻击、拒绝服务攻击、缓冲区溢出攻击、IP 碎片攻击、网络蠕虫攻击等入侵事件的发生	分析法/试验法
	当检测到入侵事件时，应记录入侵的源 IP、攻击的类型、攻击的目的、攻击的时间，并在发生严重入侵事件时提供报警	分析法/试验法
抗抵赖	应具有在请求的情况下为数据原发者或接收者提供数据原发证据的功能	分析法/试验法
	应具有在请求的情况下为数据原发者或接收者提供数据接收证据的功能	分析法/试验法
报文加密	实现报文加密保证控制信息安全	分析法/试验法
包过滤	基于一定规则过滤包	分析法/试验法
协议转换	进行相应的协议转换	分析法/试验法

A.4　制定评估计划

根据评估项目等，在与相关部门、责任人进行协商后，制定相应的评估计划。

评估计划的制定原则等见本标准第 9 章。

A.5　评估实施

应严格遵照评估计划实施，将各种信息随时记录在案，妥善保管并严格保密。

A.6　编写评估报告

评估报告的撰写见本标准第 12 章。

附 录 B
（规范性附录）
工业控制网络现场设备层安全风险评估

B.1 概述

现场设备层网络由现场设备互联而成，以实现现场控制为主要目的。

现场设备层安全涉及各种现场设备，交换机和（或）集线器，物理链路，供电，协议栈，通信安全和管理制度等众多方面。明确评估目标，确定评估项目显得极其重要。

现场设备层网络上的设备对实时性要求高，而设备资源又有限。因此，对现场设备的安全防护（包括其本身安全和通信安全）既是现场设备层网络安全的重要目的，又是现场设备层网络安全的主要衡量标准。应将重点放在对现场设备的评估。

B.2 确定评估目的

本示例针对工业控制网络现场设备层进行安全风险评估，主要检测在各种情况下评估对象是否能完成预期的任务。

在本阶段，收集、整理资料是主要任务，生成系统要求文件，为后续工作提供指导、帮助。

B.3 评估设计和规划

B.3.1 评估对象

评估对象为某工业控制网络的现场设备层网络。

B.3.2 网络边界

现场设备层位于工业控制网络三层结构中的第一层，通过安全网关与过程控制层相连，属于企业内部网络。

B.3.3 评估项目

B.3.3.1 物理安全风险评估

从工业控制系统基础设施的物理安全方面，评估对整个现场设备层网络安全的影响。

包括场地安全，通信线路安全，防火、防雷、防静电，设备本身安全，供电及其冗余，电磁防护等方面。鉴于具体现场设备层环境、设备的复杂多样，详细评估项目视实际情况而定。

B.3.3.2 体系结构安全评估

分析测试系统网络体系结构是否合理，是否符合安全目标的要求。

具体包括通讯协议、操作系统、网络隔离与边界控制策略、网络层次结构等。

详细评估项目视具体工业控制网络的特性而定。

B.3.3.3 安全管理评估

从管理的角度，判断与信息控制、处理相关的各种技术活动是否处于有效安全监控之下。

包括:安全方针、人员安全、安全组织、接入控制、系统管理、运行维护管理、业务连续性、符合性等。

详细评估项目据评估申请方要求和具体工业控制网络的特性等综合确定。

B.3.3.4 安全运行评估

基于控制系统的业务应用,对控制系统实际运行的安全性进行测试。

应包括业务运行逻辑安全、业务交往的不可抵赖性、操作权限管理、故障排除与恢复、系统维护与变更、网络流量监控与分析。

其他项目,见本标准 8.4.4 及相应参考标准。

B.3.3.5 信息保护评估

基于业务信息流分析,对信息处理的功能、性能和安全机制进行测试。

可包括访问控制、数据保护、通信保密、识别与鉴别、网络和服务设置、审计机制等内容。

详细项目根据具体的工业控制网络安全等级和评估申请方的要求,综合确定。

B.4 制定评估计划

根据评估项目等,在与相关部门、责任人进行协商后,制定相应的评估计划。

评估计划的制定原则等见本标准第 9 章。

B.5 评定技术的选择

本示例是对某工业控制网络的现场设备层网络进行评估。现场设备层的高实时性,工业生产的连续性以及试验法的复杂性,推荐使用本标准 10.2 所述分析法。

分析法基于系统要求文件和(或)强制性规章,采取对比分析的方法,对评估对象的安全性进行分析、评估。

当分析法技术不能保证系统的安全性等级时,可采用试验法评定,以便对缺乏数据的那些方面进行评估。或作为分析法的支持。

B.6 评估实施

应严格遵照评估计划实施,将各种信息随时记录在案,妥善保管并严格保密。

B.7 编写评估报告

评估报告的撰写见本标准第 12 章。

ICS 75.180.10
N 12

中华人民共和国国家标准

GB/T 26334—2010

膜式燃气表安装配件

Fittings for installation of diaphragm gas meters

2011-01-14 发布　　　　2011-06-01 实施

中华人民共和国国家质量监督检验检疫总局
中国国家标准化管理委员会　发布

前　言

本标准在编制时参考了BS 746:2005《低压燃气表安装配件　要求和试验方法》,并把相关要求纳入了本标准中。

本标准的附录A和附录B为规范性附录。

本标准由中国机械工业联合会提出。

本标准由全国工业过程测量和控制标准化技术委员会第一分技术委员会(SAC/TC 124/SC 1)归口。

本标准主要起草单位:重庆前卫仪表厂、重庆前卫克罗姆表业有限责任公司。

本标准主要起草人:王文莉、李原、马晓青、王寅谷、张陆军、张勇、陈海林、陈方全、敬利华、晏朝东。

本标准为首次发布。

膜式燃气表安装配件

1 范围

本标准规定了膜式燃气表安装配件(以下简称安装配件)的技术要求、试验方法、检验规则、标志、包装、运输和贮存。

本标准适用于燃气种类为人工燃气、天然气、液化石油气、最大工作压力为0.1 MPa的安装配件的设计、制造和验收。

2 规范性引用文件

下列文件中的条款通过本标准的引用而成为本标准的条款。凡是注日期的引用文件,其随后所有的修改单(不包括勘误的内容)或修订版均不适用于本标准,然而,鼓励根据本标准达成协议的各方研究是否可使用这些文件的最新版本。凡是不注日期的引用文件,其最新版本适用于本标准。

GB/T 196—2003 普通螺纹 基本尺寸(ISO 724:1993,MOD)

GB/T 197—2003 普通螺纹 公差(ISO 965-1:1998,MOD)

GB/T 1958—2004 产品几何量技术规范(GPS)形状和位置公差 检测规定

GB/T 5782—2000 六角头螺栓(eqv ISO 4014:1999)

GB/T 7306.1—2000 55°密封管螺纹 第1部分:圆柱内螺纹与圆锥外螺纹(eqv ISO 7-1:1994)

GB/T 7307—2001 55°非密封管螺纹(eqv ISO 228-1:1994)

GB/T 9119—2000 平面、突面板式平焊钢制管法兰

GB/T 10125—1997 人造气氛腐蚀试验 盐雾试验(eqv ISO 9227:1990)

HG/T 3092—1988(1997) 燃气输送管及配件用橡胶密封圈胶料

3 术语和定义

下列术语和定义适用于本标准。

3.1

外接头组 adaptor

将膜式燃气表与输气管道连接起来的组件,它由螺母、衬管和垫圈组成。

3.2

管接头 boss

带有外螺纹的金属配件,与膜式燃气表作无松动的密封连接。

3.3

垫圈 washer

管接头和衬管之间的弹性密封件。

3.4

衬管 liner

与管道入口和出口连接的配件。

3.5

螺母 nut

带有内螺纹的金属配件,将衬管、垫圈与管接头紧固在一起。

3.6

法兰盘组 flange coupling

将膜式燃气表与输气管道连接起来的组件,它由法兰盘、焊盘、密封垫、挡块、螺栓等组成。

3.7

焊盘 welded pad

分别焊接在表接管和输气管道端的圆盘。

3.8

法兰盘 ring flange

分别套在表接管和输气管道上的法兰,用螺栓通过法兰将输气管道与膜式燃气表连接起来。

3.9

公称通径 nominal diameter

表示膜式燃气表外接头组、管接头和法兰盘组的规格标记,以 DN 表示。

4 材料

4.1 安装配件的制造材料应符合膜式燃气表连接的耐久性和有效性,达到安装和工作时所要求的机械性能、化学性能和耐热要求。

4.2 金属配件宜选用黄铜、可锻铸铁、碳钢等材料制造。

4.3 垫圈由硬度为 91 IRHD～96 IRHD 且符合 HG/T 3092—1988(1997)规定的橡胶材料制成。

5 技术要求

5.1 尺寸与公差

5.1.1 线性尺寸与公差

公称通径小于 65 mm 的安装配件应采用接头组(由外接头组和管接头组成)结构,其尺寸见附录 A;公称通径大于 65 mm 的安装配件应采用法兰盘组结构,法兰盘组结构的安装配件尺寸见附录 B;公称通径等于 65 mm 的安装配件可以采用这两种结构。未注公差的尺寸的公差按一般公差的规定。

5.1.2 几何公差

所有螺纹和直径的同轴度公差为 $\Phi0.4$ mm。

5.2 表面质量

5.2.1 表面粗糙度

密封面的表面粗糙度不大于 MRR $Ra3.2\ \mu$m。

5.2.2 外观质量

零件表面不允许有气孔、裂纹、毛刺、划伤、锈蚀、螺纹断丝和机械损伤等缺陷。

5.3 螺纹

5.3.1 衬管的外螺纹应符合 GB/T 7306.1—2000 的规定。

5.3.2 除最大流量值 6 m^3/h 以下的安装配件的螺母和管接头可采用普通螺纹连接外,安装配件中的螺母、管接头均应采用英制管螺纹连接。英制管螺纹应符合 GB/T 7307—2001 的规定,普通螺纹应符合 GB/T 196—2003 和 GB/T 197—2003 的规定。

5.4 扭矩

管接头在经受表 1 规定的扭矩时,不应漏气或出现大于 2°的残余变形。

表 1 扭矩

公称通径 DN	扭矩值 N·m
15	50
20	80
25	110
32	110
40	140
50	170
65	170
80	170
100	170

5.5 强度

膜式燃气表外接头组，承受 0.6 MPa 压力时，不被破坏。

5.6 气密性

在 0.15 MPa 的压力下，装配好的安装配件不应漏气。

5.7 耐盐雾

暴露在盐雾大气中的材料、零部件防护层经过 GB/T 10125—1997 规定的盐雾试验后，其表层不应有剥落、锈蚀、起泡和开裂等腐蚀现象。

6 试验方法

6.1 试验条件

除另有规定外，应在下列条件下进行试验：

a) 温度：15 ℃～35 ℃；

b) 相对湿度：20%～80%；

c) 气压：试验场所的大气压。

6.2 尺寸与公差

6.2.1 线性尺寸与公差

用满足精度要求的通用量具或专用量具检验。

6.2.2 几何公差

按 GB/T 1958—2004 中规定的方法检验。

6.3 表面质量

6.3.1 表面粗糙度

用标准块对比或用粗糙度测量仪测量。

6.3.2 外观质量

以目视方法检查。

6.4 螺纹

用螺纹量规测量。

6.5 扭矩

将紧固了管接头的膜式燃气表固定，用扭矩扳手对每个管接头依次施加规定的扭矩值并用万能角度尺检测，然后按 6.7 规定的方法进行试验。

6.6 强度

用材料试验机对样品施加 0.6 MPa 的压力后，检查样品。

6.7 气密性

根据适用于膜式燃气表安装的方式，将安装配件连接在一起，末端封闭。加 0.15 MPa 的压力并浸入水中，持续 30 s，观察有无漏气现象。

6.8 耐盐雾

盐雾试验按 GB/T 10125—1997 中规定的中性盐雾试验条件、试验设备和试验程序进行，试验样品承受连续喷雾的试验时间不小于 500 h。

7 检验规则

7.1 检验分类

本标准产品检验分类为：

a) 出厂检验；

b) 型式检验。

7.2 检验分组

本标准规定的型式检验和出厂检验均分为 A 组检验、B 组检验和 C 组检验：

a) A 组检验是一种非破坏性检验，采用全数检验的检验方案；

b) B 组检验是一种非破坏性检验，但试验时间和复杂程度高于 A 组，采用抽检的检验方案；

c) C 组检验是一种破坏性检验，采用抽检的检验方案。

7.3 缺陷分类

安装配件缺陷分类见表 2。

表 2 安装配件缺陷分类

检验项目	缺陷	缺陷分类
尺寸	安装配件的线性尺寸及几何公差等不符合产品图样和技术文件要求	重缺陷
表面质量	表面出现气孔、裂纹、毛刺、划伤、锈蚀、螺纹断丝和机械损伤	重缺陷
	毛刺和锐边棱	轻缺陷
螺纹	螺纹不符合 GB/T 7306.1—2000、GB/T 7307—2001、GB/T 196—2003 和 GB/T 197—2003 的规定	重缺陷
扭矩	管接头在经受规定的扭矩时，出现漏气或出现大于 2°的残余变形	重缺陷
强度	外接头组不能承受规定的压力	重缺陷
气密性	经受规定的压力时漏气	重缺陷
耐盐雾	在规定的盐雾环境里安装配件表层出现剥落、锈蚀、起泡和开裂	重缺陷

7.4 型式检验

7.4.1 总则

在下列情况之一时应进行型式检验：

a) 新产品鉴定时；

b) 正式生产时，如结构、材料、工艺有较大改变时，可能影响到产品性能时；

c) 成批生产的产品间断两年；

d) 成批生产的产品的周期检验。

7.4.2 检验项目和检验顺序

型式检验的检验项目应包括本标准规定的全部技术要求，按表 3 规定的检验项目分组和检验顺序进行检验。

7.4.3 **受检产品数量**

除另有规定,受检样品数量至少10个。

7.4.4 **A组检验**

全数检验。

7.4.5 **B组检验**

用A组检验合格的8个样品进行B组检验。

7.4.6 **C组检验**

在B组检验合格的样品中,抽取6个进行C组检验,C组的三项检验项目各2个样品。

7.4.7 **合格判据**

在A组～C组检验中不允许出现重缺陷,出现的轻缺陷应经返修检验合格后,才能进行下一项检验。A、B、C三组检验全部合格后才能判定型式检验合格。

7.5 **出厂检验**

7.5.1 **检验项目和检验顺序**

出厂检验项目和检验顺序见表3。

表3 检验项目表

序号	检验项目	型式检验			出厂检验			要求章条号	检验方法章条号
		A	B	C	A	B	C		
1	线性尺寸与公差	●	—	—	●	—	—	5.1.1	6.2.1
2	几何公差	●	—	—	●	—	—	5.1.2	6.2.2
3	表面粗糙度	●	—	—	●	—	—	5.2.1	6.3.1
4	外观质量	●	—	—	●	—	—	5.2.2	6.3.2
5	螺纹	●	—	—	●	—	—	5.3	6.4
6	扭矩	—	—	●	—	—	○	5.4	6.5
7	强度	—	—	●	—	—	○	5.5	6.6
8	气密性	—	●	—	—	○	—	5.6	6.7
9	耐盐雾	—	—	●	—	—	○	5.7	6.8
注:●必检项目,—不检项目,○为需要时进行的检验项目。									

7.5.2 **A组检验**

全数检验。

7.5.3 **B组检验和C组检验**

从A组检验合格的产品中随机抽取,抽检样品数量由订购方和生产方协商。

7.5.4 **合格判据**

出厂检验项目中若出现轻缺陷应经返修检验合格后,才能进行下一项检验。出厂检验项目中若出现重缺陷,生产方应查明原因,采取纠正措施后,允许该批产品返修或重新组批,再提交检验。出厂检验项目全部合格后才能判定出厂检验合格。

8 标志、包装、运输和贮存

8.1 标志

安装配件的外接头组上或法兰盘组上应有易识别、永久性的产品标志,标志至少应包含产品规格和连接方式,普通螺纹连接用M表示,管螺纹连接用G表示,法兰连接用F表示,例如DN20G。

8.2 包装

安装配件应用木箱包装并固定。

8.3 运输

安装配件应用有遮蔽的运输工具运输。

8.4 贮存

安装配件应存放在环境温度为 −20 ℃～60 ℃，且空气中不含有腐蚀介质的场所。

附　录　A
（规范性附录）
接头组的结构与尺寸

接头组的结构如图 A.1、图 A.2、图 A.3、图 A.4 和图 A.5 所示，其尺寸应符合表 A.1、表 A.2、表 A.3、表 A.4 和表 A.5 的规定。

圆锥外螺纹的尺寸和公差应符合 GB/T 7306.1—2000 中的规定；圆柱内、外螺纹的基本尺寸和公差应符合 GB/T 7307—2001 中的规定，且外螺纹中径公差为 A 级。

最大流量值 6 m^3/h 以下的安装配件的螺母和管接头可采用普通螺纹连接，螺纹的基本尺寸和公差应符合 GB/T 196—2003 和 GB/T 197—2003 的规定。

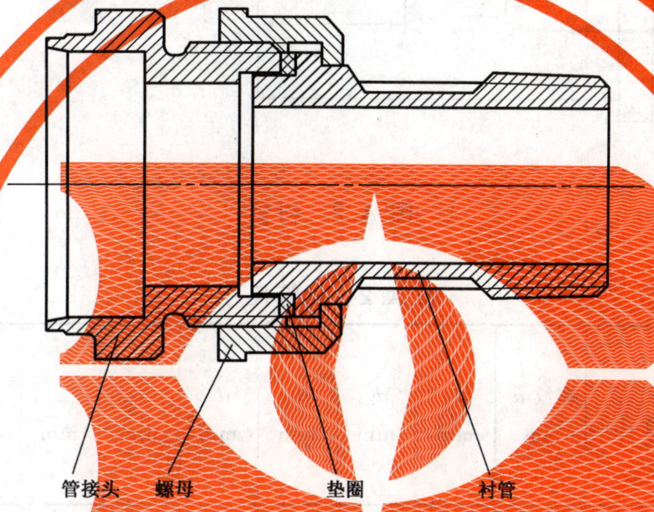

图 A.1　接头组

表 A.1　公称通径 DN

公称通径 DN	最大流量值/(m^3/h)
15	2.5
20	4
25	6
32	10
40	16～25
50	40
65	65
80	100
100	160

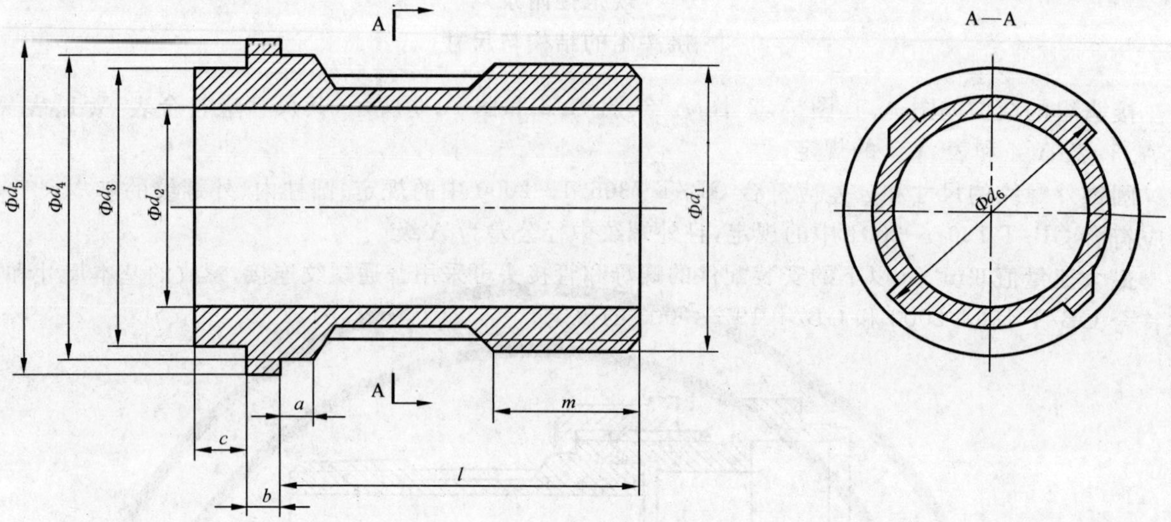

图 A.2 衬管

表 A.2 衬管尺寸

公称通径 DN	所配管接头 普通螺纹 d_{10} mm	所配管接头 管螺纹 d_{10} in	螺纹 d_1 in	d_2 mm	d_3 mm	d_4 mm	d_5 mm	d_6 mm	a mm	b mm	c mm	l mm	m mm
15	M30×2		R½	14	23.5	23.8	27.5	19	4	4	4	30	12
		G¾		14	19.5	21.4	24	19	4	4	4	30	12
20	M30×2		R¾	18	23.5	26.8	27.88	24	4	4	5	34	14.5
		G1A		18	26	27	30	24	4	4	5	34	14.5
25	—	G1¼A	R1	23	32.5	35.5	38.5	30.5	4	4	5	40	15
32	—	G1¾A	R1¼	32	39	43	49	40	4	4	6	42	20
40	—	G2A	R1½	34	47.5	50.5	56.4	44.5	5	5	6	44	22
50	—	G2½A	R2	47	60.5	67.7	72	56.5	5	5	6	48	23
65	—	G3A	R2½	60	71.5	76	84	72	6	6	7	62	28
	—	G3½A	R3	70	83.5	89.2	97	83	6	6	7	62	34

注：竖粗实线右边的尺寸为推荐尺寸。

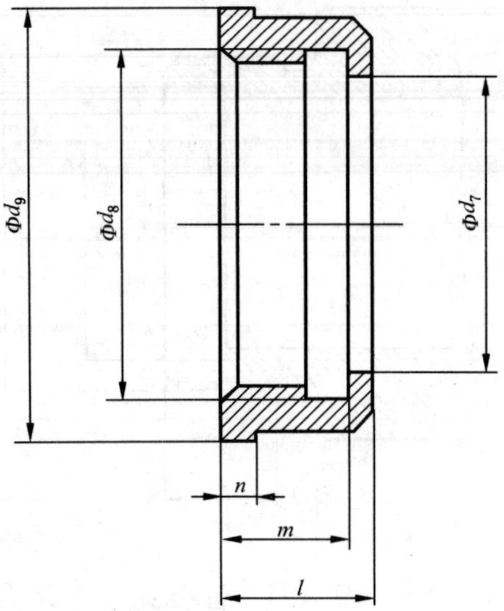

图 A.3 螺母

表 A.3 螺母尺寸

公称通径 DN	螺纹		d_7 mm	d_9 mm	l mm	m mm	n mm
	普通螺纹 d_8 mm	管螺纹 d_8 in					
15	M30×2		24	37.5	16	13	4
		G¾	21.6	34	16	13	4
20	M30×2		27	38	18	15	4
		G1	27.2	43.5	18	15	4
25	—	G1¼	35.7	52	19	15	4
32	—	G1¾	43.5	64	21	17	5
40	—	G2	51	75	26	21	5
50	—	G2½	68.2	95	26	21	5
65	—	G3	76.5	105	35	29	6
	—	G3½	90	120	35	29	6
注：竖粗实线右边的尺寸为推荐尺寸。							

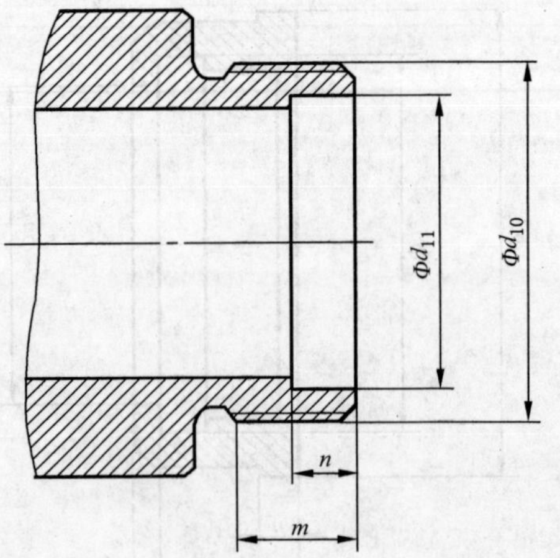

图 A.4 管接头

表 A.4 管接头尺寸

公称通径 DN	螺纹		d_{11} mm	n 最小 mm	m mm
	普通螺纹 d_{10} mm	管螺纹 d_{10} in			
15	M30×2		24	4	11
		G¾A	20	4	11
20	M30×2		24	4	11
		G1A	26.5	5	11
25	—	G1¼A	33	5	13
32	—	G1¾A	39.5	5	14
40	—	G2A	48	6	15
50	—	G2½A	61	6	16
65	—	G3A	72	8	23
	—	G3½A	84	8	23

注：竖粗实线右边的尺寸为推荐尺寸。

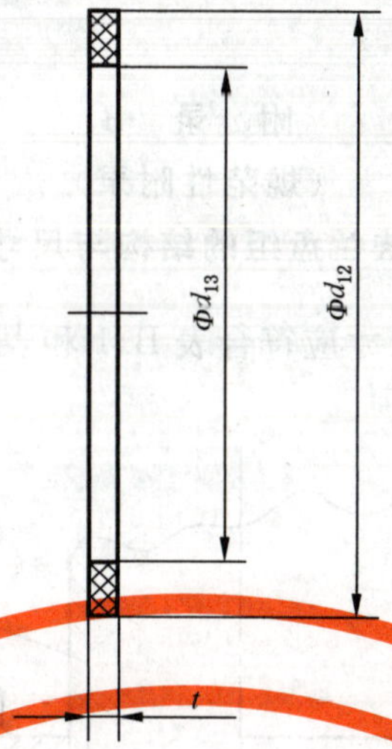

图 A.5 垫圈

表 A.5 垫圈尺寸

公称通径 DN	所配管接头		d_{12} mm	d_{13} mm
	普通螺纹 d_{10} mm	管螺纹 d_{10} in		
15	M30×2		27.5	23.5
		G¾A	24	19.5
20	M30×2		27.8	23.5
		G1A	30	26
25	—	G1¼	38.5	32.5
32	—	G1¾A	49	39
40	—	G2A	56.4	47.5
50	—	G2½A	72	60.5
65	—	G3A	84	71.5
	—	G3½A	97	83.5

注：竖粗实线右边的尺寸为推荐尺寸。

附　录　B
（规范性附录）
法兰盘组的结构与尺寸

法兰盘组的结构如图 B.1 所示，其尺寸应符合表 B.1 和表 B.2 的规定。

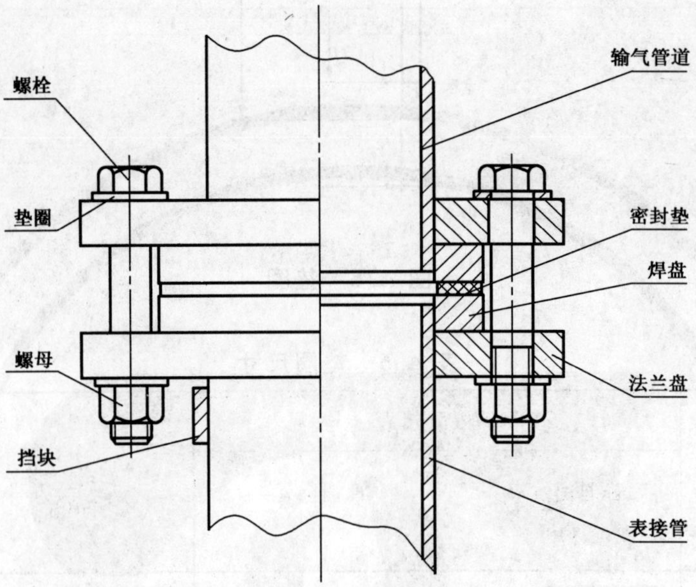

图 B.1　法兰盘组

表 B.1　表接管、法兰盘、输气管道、焊盘尺寸

公称通径 DN	表接管		法兰盘		输气管道	焊盘			
	外径 mm	数量	规格	数量	外径 mm	外径 mm	内径 mm	厚度 mm	数量
65	76	1	法兰 DN65—PN0.6FF（系列）GB/T 9119—2000	2	76	112	77	13	2
80	89	1	法兰 DN80—PN0.6FF（系列）GB/T 9119—2000	2	89	127	90	15	2
100	108	1	法兰 DN100—PN0.6FF（系列）GB/T 9119—2000	2	108	147	109	15	2

注：竖粗实线右边的尺寸为推荐尺寸。

表 B.2 密封垫、螺栓、挡块尺寸

公称通径 DN	密封垫				螺栓		挡块	
	外径 mm	内径 mm	厚度 mm	数量	规格	数量	长×宽×厚 (mm×mm×mm)	数量
65	111	78	5	1	螺栓 GB/T 5782—2000 M12×90	4		3
80	126	91	5	1	螺栓 GB/T 5782—2000 M16×100	4	22×22×6	3
100	146	110	5	1	螺栓 GB/T 5782—2000 M16×100	4		3
注：竖粗实线右边的尺寸为推荐尺寸。								

ICS 35.240.50
J 07

GB

中华人民共和国国家标准

GB/T 26335—2010

工业企业信息化集成系统规范

Specification of industry enterprise informationization integration system

2011-01-14 发布　　　　2011-06-01 实施

中华人民共和国国家质量监督检验检疫总局
中国国家标准化管理委员会　发布

前　言

本标准的附录A为资料性附录。

本标准由中国机械工业联合会提出。

本标准由全国自动化系统与集成标准化技术委员会(SAC/TC 159)归口。

本标准负责起草单位:北京和利时系统工程有限公司。

本标准参加起草单位:上海市城市建设设计研究院、神华集团有限责任公司、石化盈科信息技术有限责任公司、神华和利时信息技术有限公司、北京机械工业自动化研究所、中国广东核电集团、杭州和利时自动化有限公司、北京并捷信息技术有限公司等。

本标准主要起草人:魏晓东、罗安、陈洪、吕毅、刘宇光、谢兵兵、邵柏庆、王宗暐、李文慧、刘波、任焕萍、经迪春、孙静、杨晓晨、郭思楠、甘立超、王培杰、孙洁香、王思斯。

工业企业信息化集成系统规范

1 范围

本标准规定了工业企业信息化集成系统的总体架构，并对系统组成、功能要求、系统实施、系统运行和维护等给出技术指导性意见。

本标准适用于工业企业信息化集成系统的规划、设计、实施、运行和维护。也适用于其他企业、机构、组织或部门的信息化与自动化建设。

2 规范性引用文件

下列文件中的条款通过本标准的引用而成为本标准的条款。凡是注日期的引用文件，其随后所有的修改单(不包括勘误的内容)或修订版均不适用于本标准。然而，鼓励根据本标准达成协议的各方研究是否可使用这些文件的最新版本。凡是不注日期的引用文件，其最新版本适用于本标准。

GB/T 19659.1—2005 工业自动化系统与集成 开放系统应用集成框架 第1部分：通用的参考描述(ISO 15745-1:2003,IDT)

GB/T 20720.1—2006 企业控制系统集成 第1部分：模型和术语(ISO/IEC 62264-1:2003,IDT)

GB/T 20720.2—2006 企业控制系统集成 第2部分：对象模型属性(ISO/IEC 62264-2:2004,IDT)

GB/T 20720.3—2010 企业控制系统集成 第3部分：制造运行管理的活动模型(ISO/IEC 62264-3:2007,IDT)

ISO 17799(BS7799) 信息安全管理体系

3 术语和定义

下列术语和定义适用于本标准。

3.1

工业企业信息化集成系统 industry enterprise informationization integration system

基于计算机环境和技术，将工业企业生产自动化系统、生产管理系统与经营决策系统综合集成，提高企业经营效率、促进企业战略目标实现的大系统。

3.2

工业企业信息化集成系统的级(H)和层(L) industry enterprise informationization integration system hierarchy and layer

适应工业企业内组织级别构建不同级别的信息化集成系统称为工业企业信息化集成系统的级；

在每一级系统中的结构层次称为工业企业信息化集成系统的层。

3.3

纵向集成 vertical integration

构建企业信息化集成系统时，企业内部不同层、级间的相关信息互联互通的计算机技术实现。

3.4

横向集成 transversal integration

构建企业信息化集成系统时，企业内同层的各类信息交互与融合的计算机技术实现。

3.5

企业核心业务　enterprise key business

在企业价值链上实现增值的主营业务。

3.6

信息采集　information acquisition

企业管理和控制过程的起点，贯穿于企业信息管理的全过程。信息采集是根据企业管理和控制的需求，把企业内外各种形态的信息收集并汇总，供信息化集成系统使用。

3.7

信息处理　information process

将采集到的信息按照不同层次企业管理和控制的目的和要求，进行鉴别、筛选和处理，使信息规范和准确，以便进一步存储、传递和利用，使信息具有使用价值。

3.8

信息传递　information transmiting

根据不同层、级企业管理和控制的需求，将采集、加工后的信息在系统内外传输。

4　总则

4.1　为适应我国工业企业自动化、信息化建设发展的需要，规范工业企业自动化、信息化框架与结构，规范信息化建设的实施过程，制定本标准。

4.2　在工业企业自动化、信息化建设过程中，除应执行本标准的规定外，尚应符合国家现行的有关规范、标准的规定。

5　基本规定

5.1　工业企业信息化集成系统应建成从生产自动化、生产到经营管理及决策的完整系统；它将企业自动化和信息化有机地融合在一起，使工业企业核心业务系统及相关联的业务系统有效集成，提高企业经营的效率，为实现企业战略目标服务。

5.2　工业企业信息化集成系统的建设应遵从相关的法律法规、行业规范、企业战略，采用成熟的技术，从企业实际情况出发构建系统。

5.3　工业企业信息化集成系统的规划、设计、实施、运行和维护应始终遵循环保、节能的原则。

5.4　工业企业信息化集成系统的建设应以保障企业安全生产为宗旨。

5.5　工业企业信息化集成系统的建设应按照国家相关规范，进行咨询与设计。应提供完整的设计文件，包括需求分析、总体架构、系统组成、功能要求、设备的技术规格书等。

5.6　工业企业信息化集成系统对信息的集成应以生产和制造过程紧密相关的底层信息为基础，围绕企业核心业务进行。企业信息化集成系统应对企业信息进行纵向集成与横向集成，消除业务系统信息孤岛，促进企业自动化与信息化的融合。

5.7　工业企业信息化集成系统中包含了实时控制信息和业务管理信息，系统应保证两类信息严格分开处理，防止互相干扰或影响。

5.8　工业企业信息化集成系统的总体架构应与企业的管理体系、管理机制组匹配，应具有可调整的灵活性和可扩展性。

5.9　工业企业信息化集成系统应采用分层分布式系统结构，软件体系应采用模块化结构，以利于系统灵活配置、功能扩展和性能提升，支持企业可持续的业务流程重组，适应企业的改造与升级。

5.10　工业企业信息化集成系统的结构、硬件及软件配置应满足企业信息化建设总要求；满足系统功能和性能参数指标的要求；应满足安全性、可靠性、可维护性、可扩展性的要求；满足分期建设及企业业务不断发展的需求。

5.11 在工业企业的基础自动化水平较低，自动化系统尚没有覆盖核心业务及主要相关业务时，应首先提高自动化水平；在企业已具有较完善的生产自动化系统的条件下，系统建设的重点应在于企业的生产执行层、经营管理层与战略决策层，应将新建部分与基础自动化系统有效集成，融为一体。

5.12 工业企业信息化集成系统应确保系统信息的安全，遵从相关标准，应对信息资产进行保护。

5.13 工业企业信息化集成系统建成后，应保障系统正常运行；应监控计算机基础设施的运行及资源的使用；应对系统的配置管理、变更控制、质量保证与安全管理有效地监管。

5.14 工业企业建设信息化集成系统，应正确评估信息化的投资风险和效益，制定企业信息化整体解决方案和分步实施策略，缩小长远目标和现实之间的差距。

5.15 工业企业信息化集成系统应对企业供应链上、下游系统及外部系统信息进行集成，以便实现系统目标。

6 工业企业核心业务对信息化集成系统的需求

6.1 工业企业业务流程

企业业务流程应以核心业务活动为主体，管控业务活动与支撑业务活动为两翼，以价值链增值为目标。企业业务流程的组成与集成框架宜如图1所示。

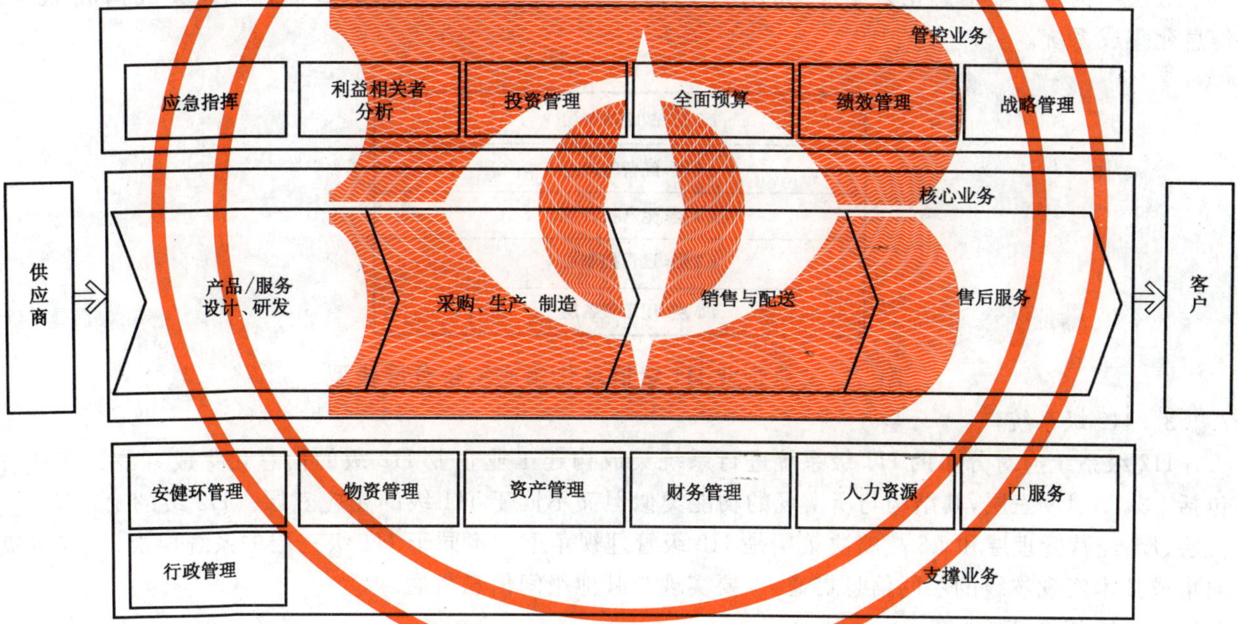

图1 业务流程的集成架构

6.2 工业企业业务流程对信息化集成系统的需求

6.2.1 核心业务需求

产品/服务设计与研发、采购、生产与制造管理、销售与配送、售后服务。

6.2.2 支撑业务需求

安健环管理、物资管理、资产管理、财务管理、人力资源管理、IT服务、行政管理。

6.2.3 管控业务需求

应急指挥、利益相关者分析、投资管理、全面预算管理、绩效管理、战略管理。

7 系统架构与组成

7.1 系统总体层次架构

7.1.1 工业企业信息化集成系统的典型架构由三级构成，它们是：

——H1 级：厂级系统，包括大、中、小型生产厂，生产基地的信息化集成系统。

——H2 级：公司级系统，包括区域级公司，跨厂级联合企业，大型联合生产基地的信息化集成系统。

——H3 级：集团公司级信息化集成系统。

一个具体的工业企业的信息化集成系统根据其规模与组织方式可能仅包含以上 H1 级、或 H1＋H2、或 H1＋H3、或 H1＋H2＋H3 等，通过纵向集成使各级融为一个完整的信息化集成系统。

7.1.2　H1 级系统

工业企业信息化集成系统 H1 级系统应包括如图 2 所示 L1～L5 五层，它们是：

——L1 层：现场设备层；

——L2 层：过程控制层；

——L3 层：生产执行层；

——L4 层：经营管理层；

——L5 层：战略决策层。

通过五层的纵向集成与横向集成实现从现场设备、生产过程控制、生产执行、经营管理及战略决策的应用集成，构成完整的厂级信息化集成系统。

五层结构是企业信息化集成系统的基本结构模型，L1 层～L5 层宜通过信息纵向集成构成 H1 级信息化集成系统。

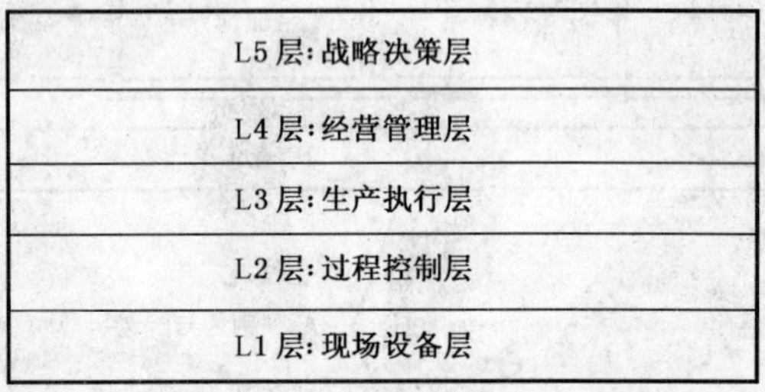

图 2　工业企业 H1 级信息化集成系统分层模型

7.1.3　H2 级系统

H2 级系统应对分布的 H1 级系统进行系统集成构建工业企业 H2 级的信息化集成系统。系统宜包括 L3、L4、L5 三层，其结构与所实现的功能类似但又不同于 H1 级的相应三层。H2 级的 L3 生产执行层、L4 经营管理层和 L5 战略决策层是 H2 级管理视角下的不同于 H1 级三层的系统层次，应通过纵向集成技术实现本级的层间信息贯通，也要实现与其他级间信息贯通。

7.1.4　H3 级系统

H3 级（集团公司级）系统应包括 L3、L4、L5 三层，H3 级的重点在于 L4、L5 两层，侧重实现战略协同与集中管控，其结构与功能类似但不同于 H1 和 H2 的相应三层。应通过纵向集成技术实现级间、层间信息的贯通。

7.2　系统组成

7.2.1　按照工业企业业务功能需求构建起来的信息化集成系统的组成自下而上分成三大系统：生产基础自动化系统、生产执行系统和经营管理决策系统。三大系统有效集成构成了信息化集成系统。

7.2.2　生产基础自动化系统：包括了厂级系统的 L1＋L2 两层，即现场生产的自动化设备及其控制系统，生产（制造）过程的综合监控系统或称综合自动化系统。信息化集成系统核心业务的本源信息产生于此。其涵盖范围包括：适于连续制造的过程控制系统，适于离散制造的单元控制系统和适于远动控制的数据采集与监控系统以及 H1 级的生产综合监控系统。

7.2.3　生产执行系统：H1、H2、H3 的生产执行系统包括不同的子系统功能模块（计算机软件模块构成）。

H1 级的生产执行系统包括了与生产直接相关的子系统，典型的子系统有：生产计划子系统、生产调度子系统、生产统计子系统、生产监控子系统；也包括：能源管理、质量管理、设备管理、生产技术管理、产品跟踪等子系统。

H2 级的生产执行层包括了跨厂级的公司级的生产执行、生产运营相关子系统，除了上述的厂级子系统外，包括 H1 级辅助支持子系统，运输管理子系统等。

H3 级的生产执行层包括了全集团公司的与生产执行、生产运营相关的子系统。

7.2.4 经营管理决策系统：它涵盖了 L4、L5 经营管理和战略决策两层。H1、H2、H3 的经营管理系统包括内涵不同的子系统功能模块。

H1 的经营管理决策系统是基础经营管理系统，如果企业仅是一个厂级规模，H2、H3 的功能也在此系统实现。典型的子系统有：财务管理、物资管理、销售管理、生产计划管理、设备管理、质量管理、项目管理、人力资源管理、健康、安全与环保管理等。

H2 的经营管理决策系统是跨厂级公司层面的经营管理决策系统。它除了上述的厂级子系统外，还包括：应急指挥和企业战略分析决策子系统。

H3 的经营管理决策系统是企业经营管理决策系统。除了包括上述的公司级子系统外，还包括：集团公司资源分析管理子系统、集团公司企业战略分析决策子系统和集团公司级其他业务子系统。

具体企业的信息化集成系统的子系统应按照该企业业务需求建立，它们以软件模块或软件子系统的形态实现。

8 信息集成机制

8.1 工业企业信息化集成系统的信息集成

8.1.1 概述

——企业信息化集成系统的信息集成应从企业信息分类、管理、信息处理过程和集成来描述；

——集成可分为横向集成与纵向集成。横向集成是在企业同级、同层上的集成，纵向集成是沿着企业级、层的某一种（或多种）顺序进行集成；

——构建信息化集成系统无论是纵向集成还是横向集成，应在系统内信息交换与共享平台基础上建立信息交换的标准，严格保证信息格式的一致性以及信息转换的标准化。

8.1.2 信息分类与管理

来自企业外部的信息和企业内部的信息，根据信息的表示方式可分为结构数据信息和非结构数据信息；根据工业企业业务结构和业务流程又可分为企业管控业务信息、企业核心业务信息和企业支撑业务信息。每类信息都包含一些具体的信息项。

信息化集成系统各级和各层次对信息管理重点和利用方式应不同。

H3 级企业信息管理应实现集团公司关键管理职能信息的纵向、横向贯通，提高信息传递效率和准确性，保证集团总部管理意志的贯彻；整理、汇总、抽取各分公司管理与运营数据，为集团战略决策层提供决策支持。

H2 级企业信息管理应在 H2 级企业统一信息规范下，根据公司管理模式要求，对公司内部运营与管理中的关键管理信息进行控制、分析、反馈，加强业务协同，优化业务组合；提供准确及时的经营与管理信息。

H1 级企业信息管理应根据 H2 级企业统一的信息规范，结合自身业务需求，为各类业务运营管理提供信息支持，提高业务运作效率，降低成本，按照 H2 级企业管理要求，提供准确及时的生产与经营管理信息。

8.1.3 信息处理过程和集成

工业企业信息化集成系统对信息的基本处理过程和内容应是：信息采集、加工、存储、传递、利用和反馈。

工业企业信息化集成系统将本源数据采集、转换得到的信息，由系统的底层和企业外部、采集至系统内，在计算机网络环境的支持下，通过数据集成服务，进行纵向集成与横向集成，构成H3级、H2级和H1级企业分层次的企业信息化集成系统。应按照：GB/T 20720.1—2006、GB/T 20720.2—2006、GB/T 20720.3—2010的要求执行。

信息集成应使工业企业信息化集成系统具有开放性，建立统一应用门户支撑系统的一站式访问应用。信息集成应支持开放标准(如XML)，支持SOA及ESB的基础架构，实现灵活的信息交互。

其信息集成图如图3所示。

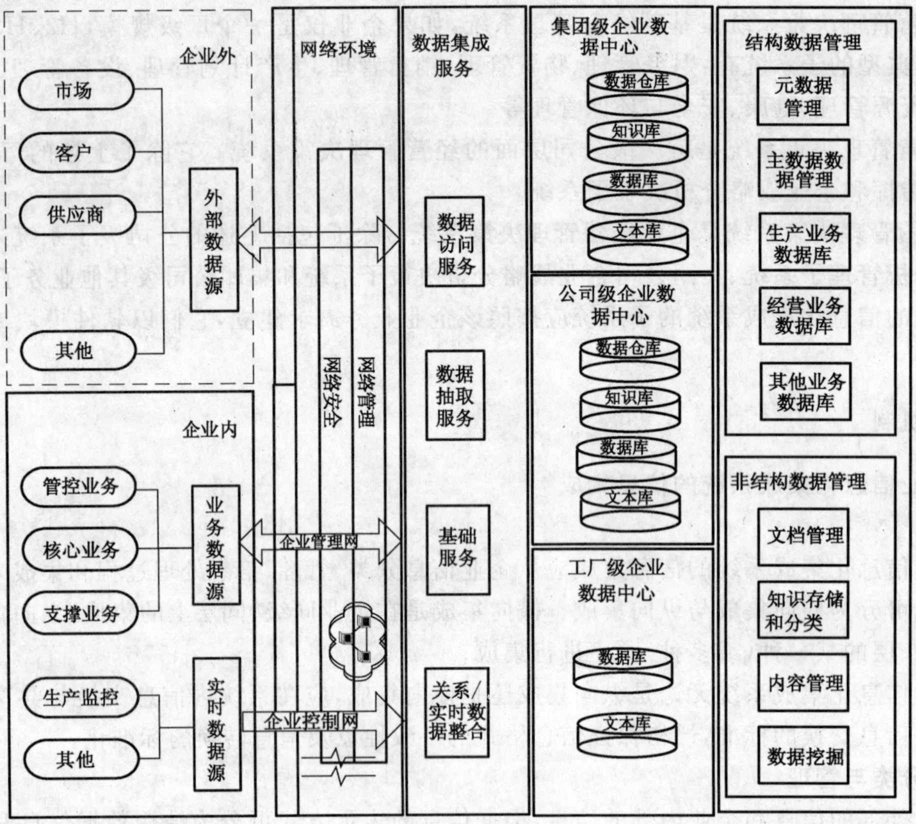

图3 工业企业信息化集成系统信息集成图

8.2 企业信息纵向集成

8.2.1 构建信息化集成系统，H1、H2、H3各级间和L1、L2、L3、L4、L5各层间的无缝接口应通过纵向集成实现。应按照国际与国内的相关标准，做好这些级、层的接口开发与管理，将各应用层级集成为信息上下贯通的满足性能要求的计算机集成系统。应按照GB/T 19659.1—2005的要求执行。

8.2.2 纵向信息集成主要是对各层级间相关数据的采集、处理、通信、转换，对信息的存储、表达；实现信息交换，流程调度以及共享服务，使集成系统的各层级信息安全地有机融合。

8.2.3 纵向信息集成应保证底层数据按系统功能要求上传，保证各层的信息交换与共享平台提供对下层信息接入机制，并以标准的、可扩展的方式通过接口进行访问，实现应用需求功能。同时保证高层信息及时、准确下达。

8.2.4 纵向信息集成应保证信息的标准化、可靠性、数据独立性与兼容性。

8.2.5 纵向信息集成应采用标准的接口模块。

8.3 企业信息横向集成

8.3.1 构建信息化集成系统，应在H1的L2层，在H1、H2、H3的L3层，在H1、H2、H3的L4层分别构建信息交换与共享平台。

8.3.2 H1 级 L2 的信息交换与共享平台也称为生产(制造)过程的综合监控平台,此平台上的实时数据库与历史数据库存储了生产(制造)过程各子系统的全部信息实现生产自动化系统的信息交换与共享。

8.3.3 H1、H2、H3 各级 L3 的信息交换平台也称为生产执行调度平台,此平台通过信息横向集成实现各信息化集成系统生产执行信息的交换与共享。

8.3.4 H1、H2、H3 级 L4 的信息交换平台也称为经营管理平台,信息化集成系统中的数据库建在此处,通过横向集成这一级的经营管理信息充分交换并共享,同时它也是战略决策层的信息共享平台。

8.3.5 信息横向集成应在各自信息交换与共享平台上进行。信息的横向集成主要包括对数据的接收、数据转换、数据封装、数据通信、报文发送、报文格式定义与管理、信息源管理访问、信息报警服务、交换平台服务管理等等。

8.3.6 通过横向集成,使同一层的数据和信息共享,使业务和供应链集成,使不同业务模块的相关活动自动触发,使平台上的各业务子系统的信息互通、资源共享。

8.3.7 每一信息交换与共享平台通过纵向集成技术提供对上、下层信息接入机制,并以标准的、可扩展的方式通过接口进行访问。同时通过横向集成技术,实现各业务子系统模块之间的信息交换与共享。

8.3.8 横向集成过程中,核心业务系统应向外提供实际生产数据,作为生产经营计划执行情况的反馈,同时管控业务系统以经营计划为源头,向外提供生产作业计划信息、物料需求计划信息以及能源需求计划信息,支撑业务系统提供设备、物资和人员等基础信息。通过横向集成,信息化集成系统应实现核心业务系统全部功能,实现在此基础上的业务横向集成功能。

8.3.9 通过横向集成,信息化集成系统在信息交换与共享平台支持下,无论是核心业务系统还是其他业务系统都可实现新功能,核心业务系统由于横向集成可实现的功能是:共享信息支持的新功能,包括获得共享信息后可支持的新算法实现的功能;综合管理功能;统计分析功能;经营决策分析功能等。其他业务系统由于横向集成可实现的功能是:共享信息支持的新功能;获得共享信息后可支持的新算法实现的功能;生产管理信息指导功能;统计分析功能;经营决策分析指导功能等。

8.3.10 横向信息集成应保证信息的标准化、可靠性、数据独立性与兼容性。

8.3.11 横向信息集成应采用标准的接口适配器模块与数据交换模块。

8.3.12 横向集成应按照相关国际标准进行。

9 工业企业信息化集成系统功能

9.1 企业信息化集成系统功能图谱

构建的工业企业信息化系统应支持实现以下的各层系统的功能,工业信息化集成系统的总功能图谱是基础功能构成,如图 4 所示,功能扩展不应以此为限。

9.2 战略管理层功能

应包含但不限于以下部分:应急指挥、利益相关者分析、经营分析、市场分析、投资管理、战略管理。

9.3 经营管理层功能

此层核心业务系统功能应包含但不限于以下部分:

研发管理、生产管理、销售管理、售后服务。

支撑类业务功能应包含但不限于以下部分:

安健环管理、资产管理、财务管理、人力资源管理、IT 服务管理、行政管理。

9.4 生产执行层功能

主要包括生产计划、生产调度及生产监控等功能。

生产执行层系统功能应包含但不限于以下部分:

生产计划、生产调度、生产统计、班组考核、生产技术管理、生产应急处置、产品跟踪、质量管理、能源管理、设备管理、实时监控。

9.5 过程控制层功能

主要包括:生产过程的监视与控制、报警与报警管理、趋势与趋势分析、生产报表与打印、生产档案管理等。

9.6 现场设备层功能

主要是数据采集、数据通信、设备通讯、设备接口驱动、设备状态检测等。

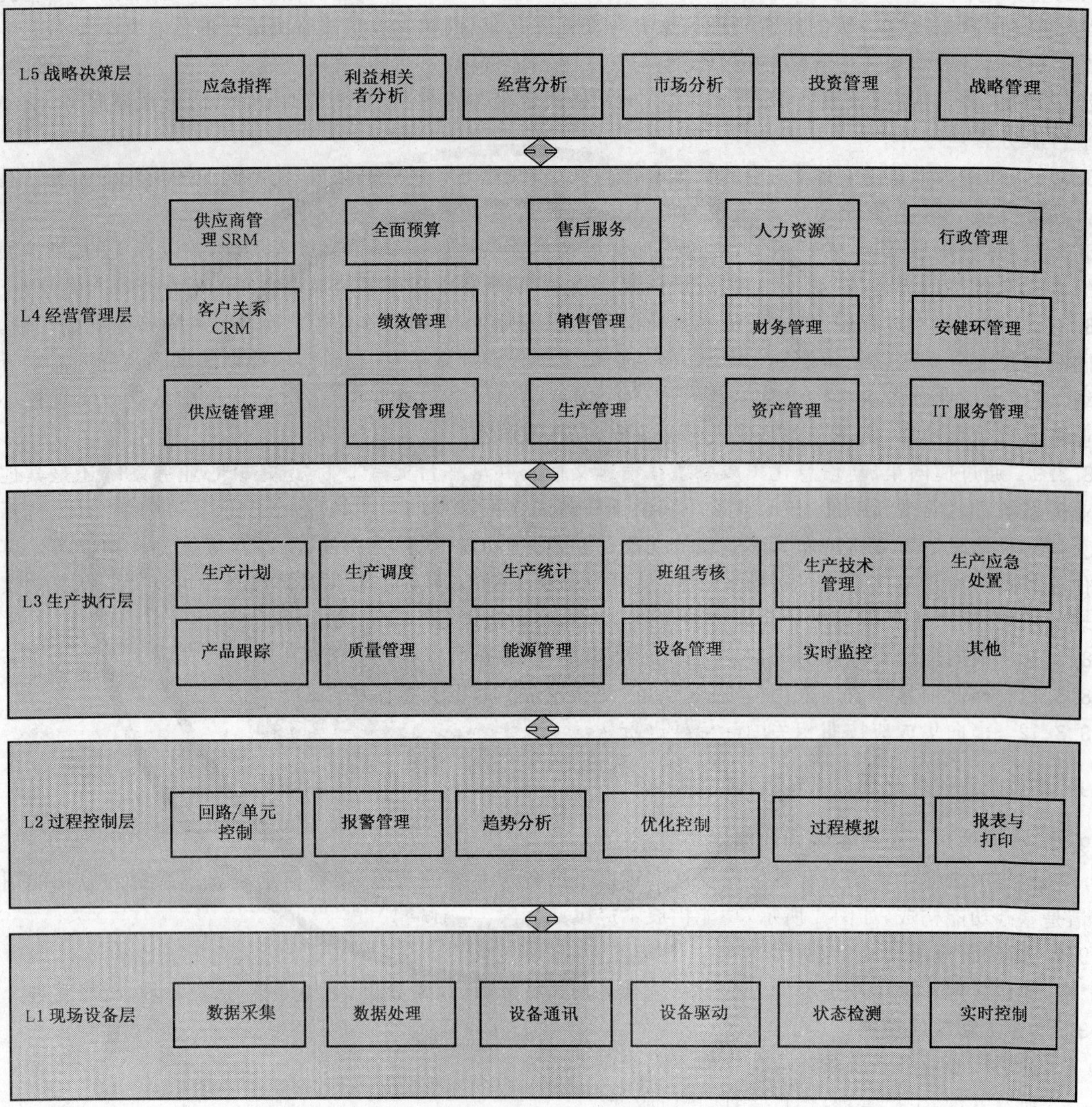

图 4 信息化集成系统功能图谱

10 工业企业信息化集成系统建设要求

10.1 工业企业信息化集成系统建设应纳入企业管理的基本建设范围。新建企业的信息化集成系统应与基本建设同步实施,已经建设好的或待扩建的企业,应根据现代企业的管理需要,建设信息化集成系统。

10.2 应在企业信息化建设需求分析的基础上确定工业企业信息化集成系统的系统架构和功能。

10.3 工业企业信息化集成系统的建设应统筹规划、统一设计、分步实施。

10.4 工业企业信息化集成系统建设中应编制信息规范，并纳入信息化集成系统的设计内容和招标文件。

10.5 工业企业信息化集成系统的建设应有咨询、规划与设计阶段，按照本规范完成信息化的功能需求分析、架构设计、系统配置、预算编制等。

10.6 工业企业信息化集成系统的实施步骤应参照我国工程实施的国家标准进行，对企业信息化集成系统项目实施进行全生命周期管理，包括公开招投标、专业的项目管理、项目集成的监理、项目验收、项目的后评估等。

11 系统运行、维护要求

11.1 企业应在信息化集成系统实施交付后采用综合的过程方法持续改进，使系统正常且有效运行，满足企业不断发展的要求。

11.2 对企业信息化集成系统的运行实施有效的监督与管理，并遵从相关的国际标准进行。

11.3 企业应管理信息化集成系统运行中的相关风险，保证信息化集成系统稳定、安全、高效地运行；保证信息的质量、可信及其安全要求。应按照：ISO 17799(BS7799)信息安全管理体系的要求执行。

11.4 企业应关注信息化集成系统的资产管理，尤其是软件资产管理。

11.5 企业应对运行、维护活动配置足够资源，并对资源进行合理分配管理。

11.6 企业根据实际情况为信息化集成系统提供相应服务级别的运行与维护服务。

11.7 企业应确保信息化集成系统的信息安全控制措施的执行，保护信息化集成系统的保密性、完整性及可用性。

11.8 企业应采取各种保护措施来防止系统受到破坏，保证系统的正常运行。企业应当预先制定业务连续性和灾难恢复策略并制定应急预案。

附 录 A
（资料性附录）
某大型煤炭集团企业信息化集成系统案例

A.1 信息化集成系统总体架构

大型集团企业由集团公司、分公司及矿、厂组成，企业信息化集成总体架构如图 A.1 所示。

H3：集团公司；

H2：分公司；

H1：矿、厂。

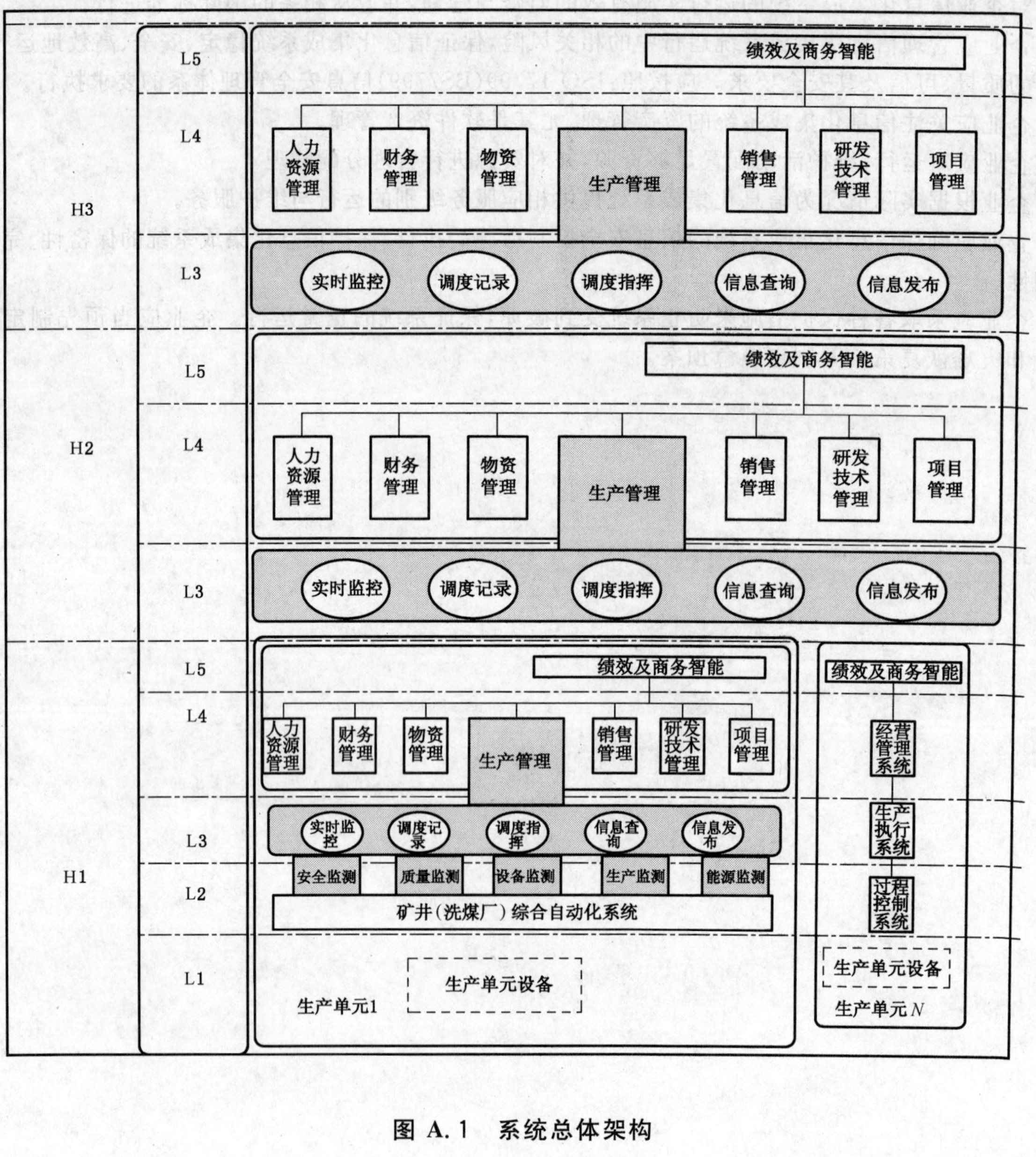

图 A.1 系统总体架构

a) L5:战略决策层;
b) L4:经营管理层;
c) L3:生产执行层;
d) L2:过程控制层;
e) L1:现场设备层。

A.2 纵向集成与横向集成关系

H1层是煤矿、洗煤场等生产单元层,H1层的L1现场设备层通过L2过程控制层的综合自动化系统与L3生产执行层实现管控一体化纵向集成。H1层的生产监控系统与H2层生产调度执行及H3层生产调度指挥是通过每层的L3进行纵向集成的。H1、H2与H3的L4存在着经营管理系统纵向集成的关系及横向集成的关系,H1、H2与H3的L5战略决策层存在着纵向集成关系。各层之间的纵向与横向关系如图A.2所示。通过信息化集成系统可以实现企业以安全生产为核心、财务业务一体化的企业经营管理目标。

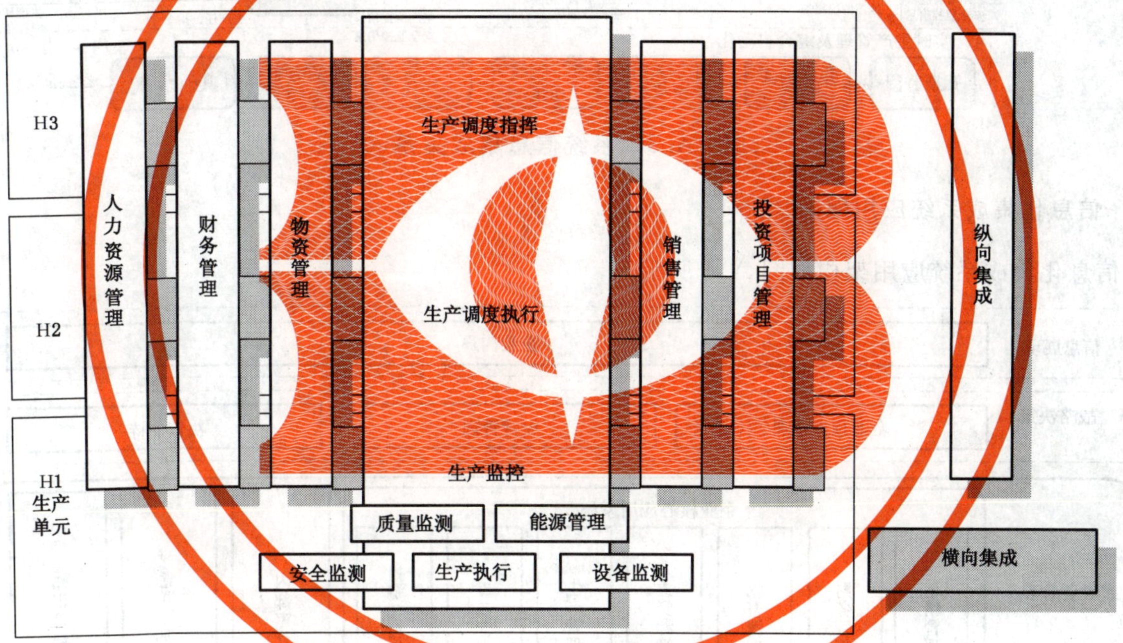

图A.2 纵向集成与横向集成关系

A.3 信息化集成系统信息集成关系

信息化集成系统信息集成关系如图A.3所示。

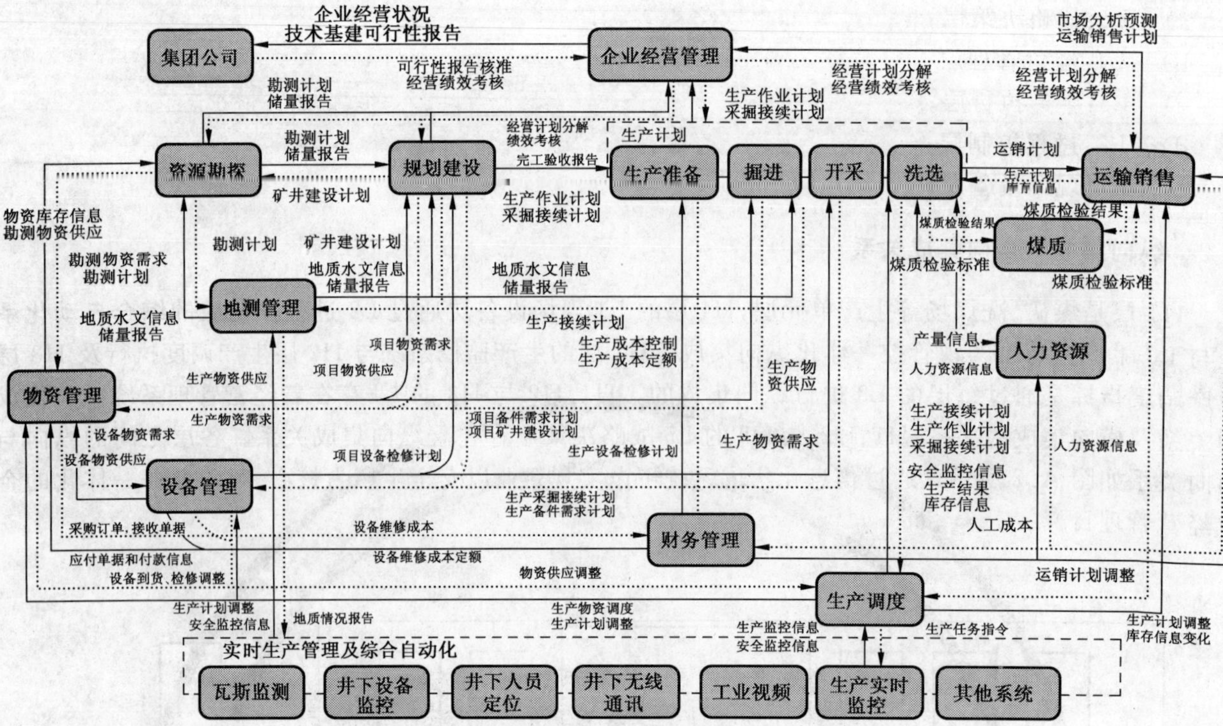

图 A.3 系统信息集成关系

A.4 信息化集成系统应用架构

信息化集成系统应用架构如图 A.4 所示。

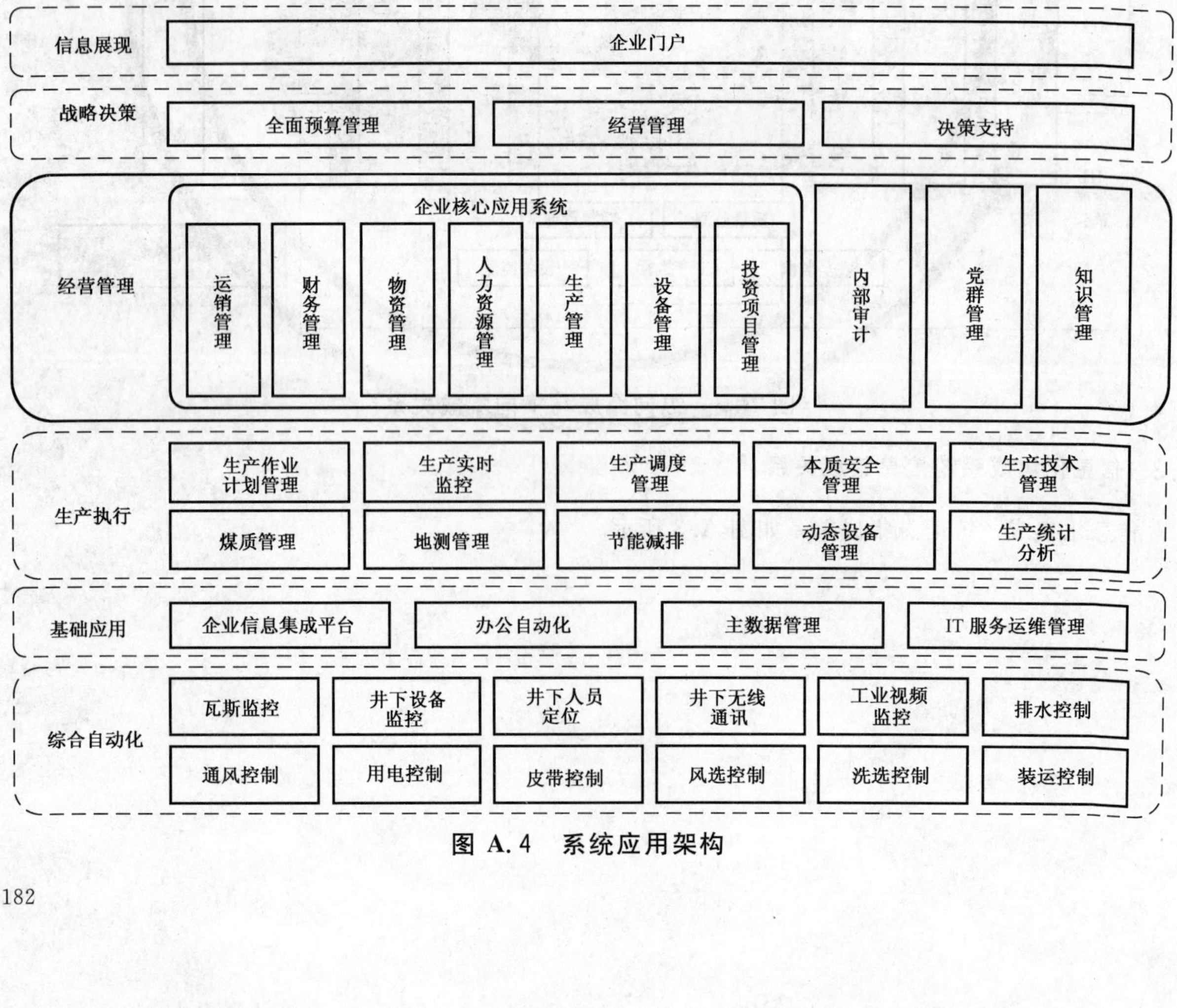

图 A.4 系统应用架构

上述应用集成架构的实现是通过企业应用服务总线的方式及数据仓库技术实现应用和数据的集成，企业门户(信息战是平台)如图 A.5 所示。

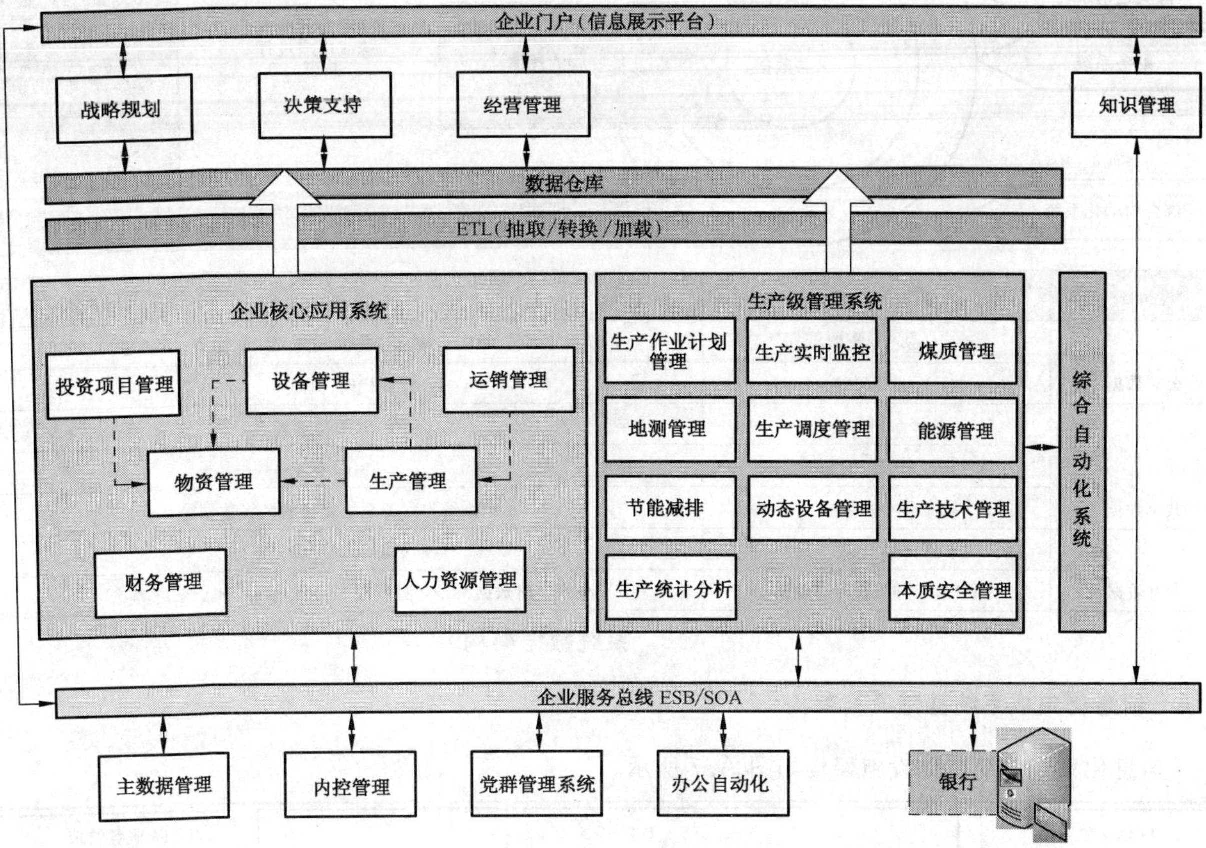

图 A.5 企业门户(信息展示平台)

A.5 信息化集成系统数据架构

信息化集成系统数据架构如图 A.6 所示。

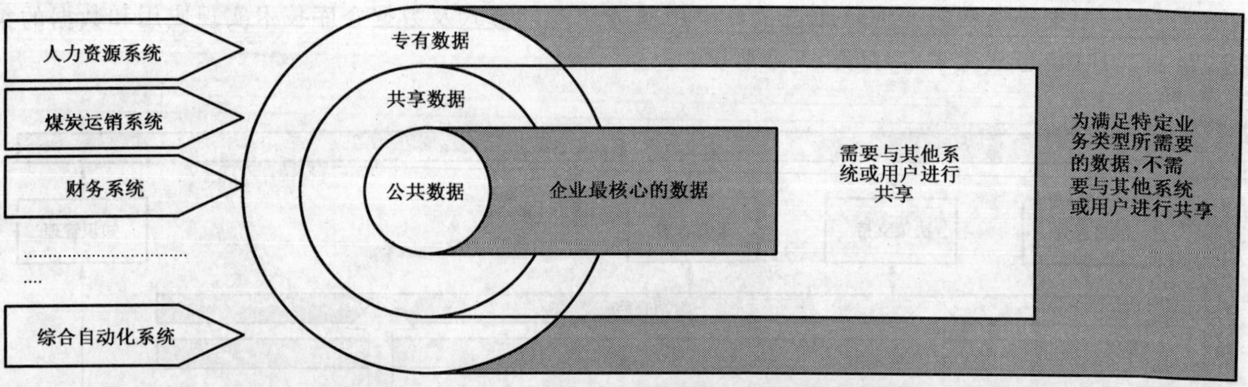

数据类型	数据子类型	举例
公共数据	核心主数据	人员,组织机构,煤质,供应商,客户,物资,设备等
	公共代码	行业代码,区域
共享数据	指标	利润率,单位能耗
	计算指标所需要的基础数据	…………………………
	跨系统交换数据	运销系统与财务系统交换的销售数据等
专有数据	专有代码	模块编号,用户编号
	系统运行与维护专有数据	生产实时数据、日志,流程控制、文档信息、知识信息等

图 A.6　系统数据架构

A.6　信息化集成系统基础设施架构

信息化集成系统基础设施架构如图 A.7 所示。

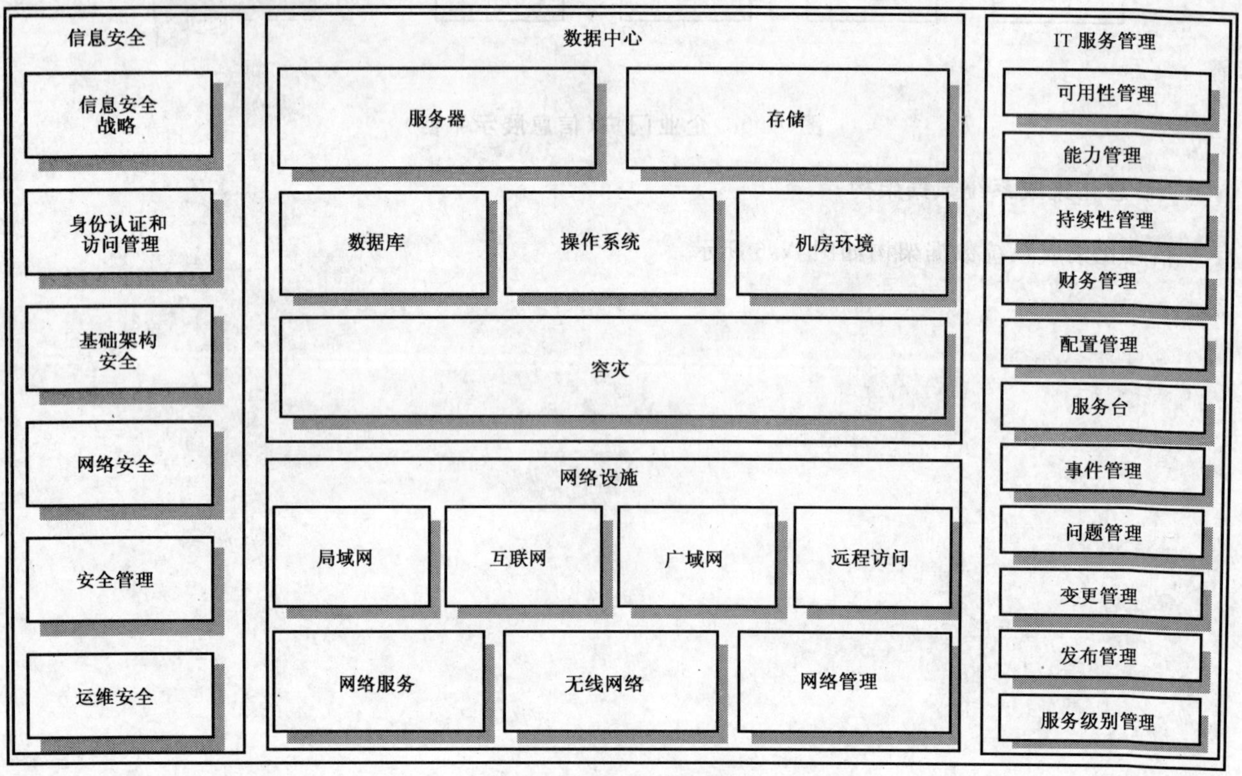

图 A.7　基础设施架构

ICS 25.040
N 10

中华人民共和国国家标准

GB/T 26336—2010/IEC 61918:2007

工业通信网络 工业环境中的通信网络安装

Industrial communication networks— Installation of communication networks in industrial premises

(IEC 61918:2007,IDT)

2011-01-14 发布　　2011-06-01 实施

中华人民共和国国家质量监督检验检疫总局
中国国家标准化管理委员会　发布

前　言

本标准等同采用IEC 61918:2007《工业通信网络　工业环境中的通信网络安装》(英文版),并根据它附带的勘误文件IEC 61918:2007(第一版)《工业通信网络　工业环境中的通信网络安装　勘误表》进行编辑。

本标准所作的主要编辑性修改如下:

——删除IEC 61918的前言,按GB/T 1.1—2000重新编写了前言;

——根据GB/T 1.1—2000进行编辑性修改。

本标准由中国机械工业联合会提出。

本标准由全国工业过程测量和控制标准化技术委员会(SAC/TC 124)归口。

本标准起草单位:机械工业仪器仪表综合技术经济研究所。

本标准主要起草人:谢素芬、潘长清、丁露、王麟琨、刘丹。

引　　言

过程自动化和工厂自动化越来越依靠通信网络和现场总线，这些通信网络和现场总线本身被设计为应对工业环境的特定环境条件。网络和现场总线提供车间/工厂的几个功能单元中应用的有效集成。因此，上层管理系统与现场生成数据的集成可以在保持或增加生产数量和质量的同时减少生产成本。正确的网络安装是保证通信可用性和通信性能的重要前提。这要求适当考虑工业自动化场所的重要方面，如拓扑、气候条件、振动、化学污染、EMC（电磁兼容）、功能安全。

这些通信网络规范在以下标准中提供。

ISO/IEC 24702 规定了工业环境中通用电信设施的设计，并提供了本标准的一些传输性能规范的基础。ISO/IEC 24702 仅规定了通道的原始带宽；它没有规定使用该通道的特定网络的有用数据传输率，或通信过程中考虑干扰后的预期错误。

IEC 61158 现场总线标准及其配套标准 IEC 61784（包括第 1～4 部分和相关子部分）一起规定了适用于工业自动化的多个 CP（通信行规）。这些 CP 规定了原始带宽能力，并且规定了位调制及其现场总线的编码规则。一些行规也规定了有用数据传输率的目标等级，以及通信过程中干扰引起的差错个数的最大值。

本标准为工业环境中的综合布线（电信设施）和现场总线提供了一组一致的安装规则。寻求解决的问题之一是：大型自动化场所的不同部分是由不同供应商提供的，而这些供应商使用具有不同结构和内容的不同安装指南，这会导致通信系统产生可能无法正常工作的风险。

本标准通过统一多个用户组和工业组织的方法进行制定。

本标准为大部分工业场所中最常用的工业通信网络媒体安装提供了通用参考。本标准覆盖了以下章节中安装的生命周期（见本标准的图 1）：

第 4 章：安装设计；

第 5 章：安装实现；

第 6 章：安装验证及安装验收测试；

第 7 章：安装管理；

第 8 章：安装维护和故障检测。

这些章所述方法采取的编写方式是为了给众多领域的技术人员提供安装指南。

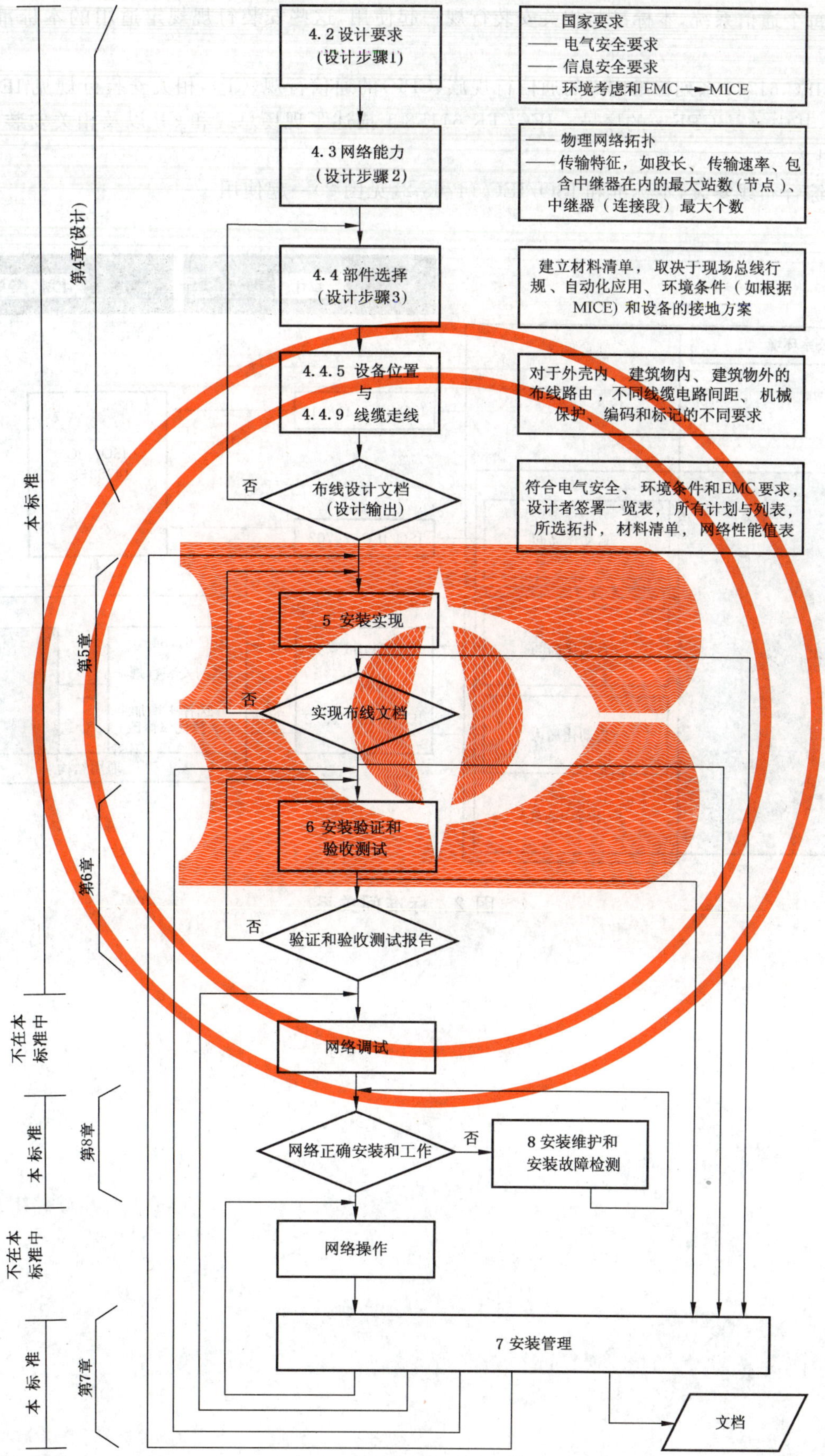

图 1　工业网络安装生命周期

对于每个通信系统，本标准与相关安装行规一起使用，这些安装行规规定适用的本标准的选择、补充和替代。

关于 IEC 61784 系列标准定义的通信行规族(CPF)的通信行规(CP)，相关安装行规见 IEC 61784-5-x 系列标准，其中 x 是 CPF x 的序号。IEC/TR 61158-1 描述了现场总线和 CP 以及相关安装行规之间的关系(见图 2)。

对于综合布线安装，本标准和 ISO/IEC 14763-2(见图 2)一起使用。

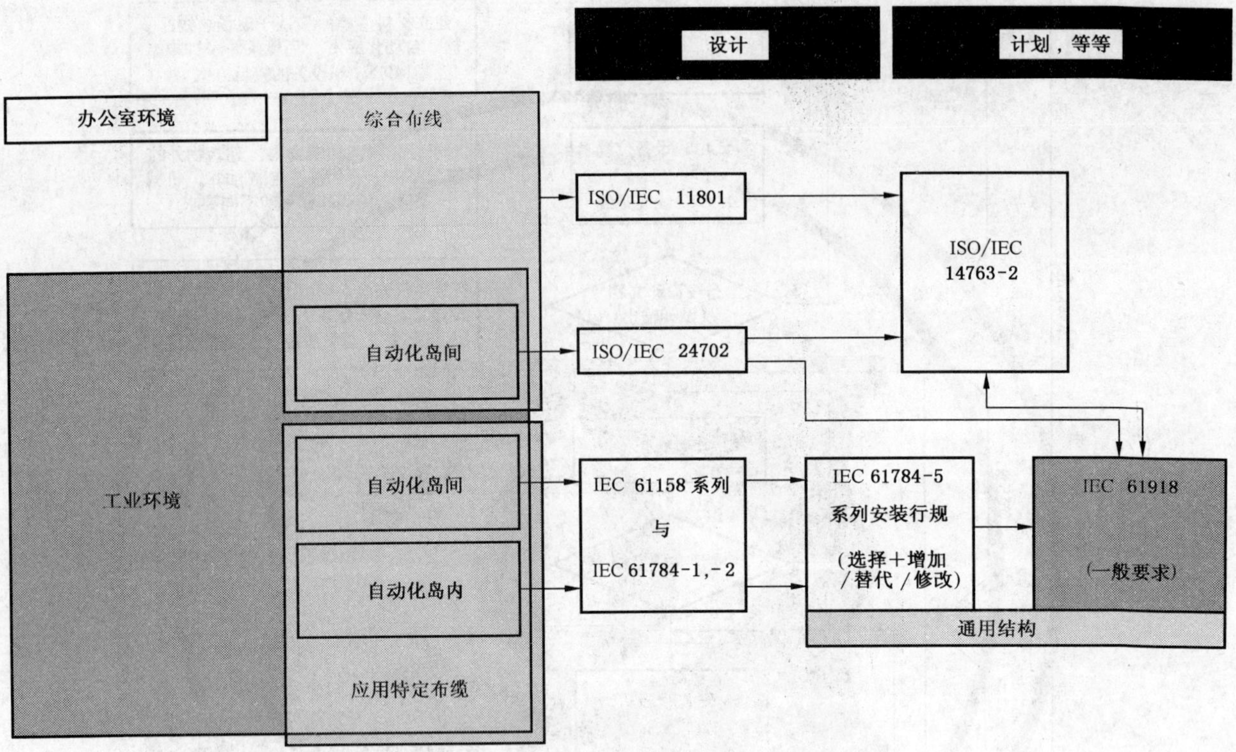

图 2　标准间关系

工业通信网络　工业环境中的通信网络安装

1　范围

本标准规定了工业环境中及工业现场的自动化岛内和岛间的通信网络媒体安装的基本要求。本标准包括对称线缆布线和光纤布线，以及无线媒体的布线设施，但不包括无线媒体本身。其他媒体见IEC 61784-5系列标准。

本标准是工业自动化岛通信网络的配套标准，尤其是对IEC 61158系列和IEC 61784系列标准中规定的通信网络。此外，本标准还包括：

——ISO/IEC 24702中规定的工业环境电信综合布线的安装；

——ISO/IEC 24702中规定的电信综合布线与自动化岛的特定布线之间的连接，其中，用自动化引出端(AO)代替ISO/IEC 24702的电信引出端(TO)。

注：如果AO使用的接口不符合ISO/IEC 24702对TO的接口规定，那么，尽管保留了综合布线的某些特性(含性能)，这种布线也不再符合ISO/IEC 24702。

本标准提供解决工业自动化领域关键问题(拓扑、气候条件、振动、化学污染、EMC、功能安全、信息安全等)的指南。

本标准为设计者、安装者、验证者和验收测试人员、管理和维护人员分配任务、规定相应职责，并且/或者给予指导。

2　规范性引用文件

下列文件中的条款通过本标准的引用而成为本标准的条款。凡是注日期的引用文件，其随后所有的修改单(不包括勘误的内容)或修订版均不适用于本标准，然而，鼓励根据本标准达成协议的各方研究是否可使用这些文件的最新版本。凡是不注日期的引用文件，其最新版本适用于本标准。

GB 3836.15　爆炸性气体环境用电气设备　第15部分：危险场所电气安装(煤矿除外)(GB 3836.15—2000,eqv IEC 60079-14:1996)

GB/T 13534　颜色标志的代码(GB/T 13534—2009,IEC 60757:1983,IDT)

GB/T 14048.10　低压开关设备和控制设备　第5-2部分：控制电路电器和开关元件　接近开关(GB/T 14048.10—2008,IEC 60947-5-2:2004,IDT)

GB/T 15157.7　频率低于3 MHz的印制板连接器　第7部分：有质量评定的具有通用插合特性的8位固定和自由连接器详细规范(GB/T 15157.7—2002,IEC 60603-7:1996,IDT)

GB/T 16657.2　工业通信网络　现场总线规范　第2部分：物理层规范和服务定义(GB/T 16657.2—2008,IEC 61158-2:2007,IDT)

GB/T 16895.1—2008　低压电气装置　第1部分：基本原则、一般特性评估和定义(IEC 60364-1:2005,IDT)

GB 16895.3　建筑物电气装置　第5-54部分：电气设备的选择和安装　接地配置、保护导体和保护联结导体(GB 16895.3—2004,IEC 60364-5-54:2002,IDT)

GB/T 18233—2008　信息技术　用户建筑群的通用布缆(IEC 11801:2002,IDT)

ISO/IEC 8802-3　信息技术　系统间远程通信和信息交换　局域网和城域网　特定要求　第3部分：带碰撞检测的载波侦听多址访问(CSMA/CD)的访问方法和物理层规范

ISO/IEC 14763-1　信息技术　用户建筑群布线的实现和操作　第1部分：管理

ISO/IEC 14763-2 信息技术 用户建筑群布线的实现和操作 第2部分:设计和安装

ISO/IEC 14763-3 信息技术 用户建筑群布线的实现和操作 第3部分:光纤布线的测试

ISO/IEC 18010 信息技术 用户建筑群布线的旁路和间隔

ISO/IEC 24702:2006 信息技术 综合布线 工业建筑群

IEC 60364-4-41 低压电气装置 第4-41部分:安全防护 电击防护

IEC 60364-4-44 建筑物电气装置 第4-44部分:安全防护 电压干扰和电磁干扰的防护

IEC 60793(所有子部分) 光纤

IEC 60794(所有子部分) 光缆

IEC 60807-2 频率低于3 MHz的矩形连接器 第2部分:有质量评定的梯形金属外壳和环绕接触的连接器详细规范 固定焊接类型

IEC 60807-3 频率低于3 MHz的矩形连接器 第3部分:梯形金属外壳和环绕接触的连接器详细规范 固定焊接类型总规范 一般要求和编制有质量评定要求的连接器详细规范的导则

IEC 60825-2 激光产品的安全 第2部分:光线通信系统的安全(OFCS)

IEC 60874-10(所有子部分) 光缆连接器 第10部分:端接A1类多模光纤的BFOC/2.5型光纤连接器详细规范

IEC 60874-14(所有子部分) 光缆连接器 第14部分:端接A1a、A1b类多模光纤的SC/PC标准型光纤连接器详细规范

IEC 60950-1:2005 信息技术设备的安全 第1部分:通用要求

IEC 61076-2-101 电子设备连接器用产品要求 第2-101部分:螺纹锁定的M12圆形连接器的详细规范

IEC 61076-3-106 电子设备连接器用产品要求 第3-106部分:符合IEC 60603-7系列接口的工业环境用8路屏蔽和非屏蔽连接器的住宅保护矩形连接器详细规范

IEC 61754-2 光纤连接器接口 第2部分:BFOC/2.5型连接器家族

IEC 61754-4 光纤连接器接口 第4部分:SC型连接器家族

IEC 61754-20 光纤连接器接口 第20部分:LC型连接器家族

IEC 61754-22 光纤连接器接口 第22部分:F-SMA型连接器家族

IEC 61784-1 工业通信网络 行规 第1部分:现场总线行规

IEC 61784-2 工业通信网络 行规 第2部分:基于ISO/IEC 8802-3的实时网络附加现场总线行规

IEC 61784-3 工业通信网络 行规 第3部分:功能安全现场总线的通用规定和行规定义

IEC 61784-4 工业通信网络 行规 第4部分:保证工业网络通信的行规(在准备中)

IEC 61784-5系列 工业通信网络 行规 第5-2部分:现场总线安装 CPF2安装行规

IEC 61784-5系列 工业通信网络 行规 第5-3部分:现场总线安装 CPF3安装行规

IEC 61784-5系列 工业通信网络 行规 第5-6部分:现场总线安装 CPF6安装行规

IEC 61784-5系列 工业通信网络 行规 第5-10部分:现场总线安装 CPF10安装行规

IEC 61784-5系列 工业通信网络 行规 第5-11部分:现场总线安装 CPF11安装行规

IEC 61935-1:2005 根据ISO/IEC 11801测试对称通信线 第1部分:线缆敷设

IEC 62439 工业通信网络 高可靠性自动化网络

IEC 62443 工业过程测量和控制安全 网络和系统安全(制定中)

IEC/PAS 61076-3-117 电子设备连接器用产品要求 第3-117部分:符合IEC 60603-7的工业环境用频率小于600MHZ的8路屏蔽和非屏蔽连接器的住宅保护矩形连接器

ANSI/NFPA T3.5.29 R1-2003 液压系统和组件 电控工业阀 接线盒接口尺寸

EN 50377-6-1 光纤通信系统使用的连接器和互连元件 产品规范 第6-1部分:端接IEC 60793-2中A1a和A1b类多模光纤的SC-RJ类

EN 122120　部分规范:BNC 系列射频同轴连接器

3　术语和定义、缩略语

3.1　术语和定义

为了便于使用，这里将重复 IEC 61158 系列标准、IEC 61784 系列标准、ISO/IEC 8802-3、GB/T 18233—2008 和 ISO/IEC 24702 中包含的部分术语和定义。下列术语和定义适用于本标准。

注：GB/T 18233—2008 的部分术语和定义在 ISO/IEC 24702 中有所修改。这种情况下，优先采用后一标准。

3.1.1

验收测试　acceptance test

向客户证明所装线缆符合其规范的某些条件的合同测试。

注：通常网络所有者或第三方完成此工作。

[IEV 151-16-23，修改]

3.1.2

有源网络元件　active network element

包含允许网络扩展的电有源和/或光有源部件的网络元件。

注：有源网络元件的示例，比如，中继器和交换机。

3.1.3

有源网络　active network

在该网络中，非直接连接设备间的数据传输取决于形成连接路径的中间设备中的有源元件。

注：有源网络元件的失效会干扰网络通信。

3.1.4

管理　administration

定义对布线系统及其内容、功能元件的标记，以及记录移动、增加和变更过程的文档要求的方法。

[GB/T 18233—2008，3.1.1]

3.1.5

装置　apparatus

工业环境中配有一个或多个网络接口的具有特定的和定义的整体功能的一个或多个设备。

[ISO/IEC 24702，3.1.1]

注：该定义仅适用于 IT 设备(equipment)，不适用于自动化设备(device)。

3.1.6

自动化岛　automation island；AI

控制、监视和保护车间过程的所有系统的组合。

注：一个车间可包含一个或多个 AI。有多个 AI 的车间的示例：车间被划分为不同的物理(地理)区域，或车间由几个不同的过程组成，或车间中的大型过程被划分为不同子过程。

3.1.7

自动化岛网络　automation island network

用于一个 AI 的所有系统内部和之间的通信网络。

注：一个车间可包含一个或多个 AI。有多个 AI 情况的示例：一个车间被划分为不同的物理(地理)区域，或一个车间由几个不同的过程组成。

3.1.8

自动化引出端　automation outlet；AO

AI 网络结束处的固定连接硬件，它提供工业通信设备连接到所安装布线的接口。

注 1：对于符合 ISO/IEC 24702 的综合布线，用 AO 替代 TO，并且 AO 是综合通信布线和自动化特定布线间的分界点。

注 2：当 AO 所用接口不符合 ISO/IEC 24702 对 TO 所做规定时，综合布线不再符合 ISO/IEC 24702。

3.1.9

(等电位)连接　bonding

将基本为等电位的设备、系统或装置的暴露的导电部分和其外部的导电部分连到一起的动作。

注：出于安全目的，等电位连接通常包括(但不是必要地)到紧邻的接地系统的连接。

[IEC 61000-5-2,3.1]

3.1.10

网桥　bridge

工作在 OSI 模型的数据链路层，并用于连接两个网络的设备。

3.1.11

双卡套接头　bulkhead

适用于两边的侵入和气候环境分类的墙或隔板。

[ISO/IEC 24702,3.1.4]

3.1.12

双卡套接头连接器(铜)　bulkhead connection (copper)

由一个双卡套接头分开的两个背靠背连接的装置。

注：该定义符合 GB/T 18233—2008 中对连接的定义。

3.1.13

双卡套接头连接器(光纤)　bulkhead connection (optical fibre)

装配到双卡套接头的光纤适配器。

3.1.14

双卡套接头线缆密封套　bulkhead cable gland

为电力或信号提供线缆通路的封闭双卡套接头处的硬件。

注：该硬件没有电连接。

3.1.15

总线　bus

含有一条长主干和多条分支的无源网络，其中各分支用于将设备连接到主干。

注：在一条总线上，所有通信设备共享公共媒体来传输数据。

3.1.16

线缆密封套　cable gland

设计用来允许线缆进入壳体并提供密封和固定的硬件装置。

[IEC 60670-1,3.10,修改]

3.1.17

布线　cabling

可以支持自动化设备连接的通信线缆、软线和连接硬件的系统。

[GB/T 18233—2008,3.1.11,修改]

3.1.18

通道　channel

连接任意两个应用特定设备的端到端传输路径。

注1：设备软线包含在通道中，但不包含到应用特定设备的连接硬件。

注2：这是对 ISO/IEC 24702 的定义修改，以允许它用于符合 IEC 61784-5 系列标准的 CP。

[ISO/IEC 24702,3.1.5,修改]

3.1.19

基于条件的(有条件的)　维护 condition based (conditional) maintenance

基于性能降级文档所执行的预防性活动(如自动诊断或磨损测量)。

注：它是基于性能降级或间歇失效的适当可见性。

3.1.20

(导体间的)连接 connection (of conductors)

导体间的有意电接触。

[IEV 151-12-07,修改]

3.1.21

(光纤间的)连接 connection (of optical fibres)

光纤间的有意物理接触,以允许光线通过。

[IEV 151-12-07,修改]

3.1.22

(用于导体间的)连接器 connector (for conductors)

提供导体连接和断开的部件。

注1:连接器是成对的。

注2:一个连接器有一个或多个接触部分。

[IEV 151-12-19]

3.1.23

(用于光纤的)连接器 connector (for optical fibres)

提供光纤连接和断开的部件。

注:它是成对的,而不只是公连接器或母连接器。

[IEV 151-12-19,修改]

3.1.24

故障维修 corrective maintenance

在故障识别之后执行的,并计划将维护对象状态置为可执行要求功能的维护。

[IEV 191-07-08]

3.1.25

菊花链 daisy chain

在该总线中,每个无源网络接口连接两个主干部分,并且提供那些区域间的直流耦合。

注1:其中一部分可为总线终端电阻。

注2:关于有源网络对于"菊花链"术语的使用,见为线型拓扑给出的定义。

3.1.26

设备 device

连到由通信元件和可能的其他功能元件组成的现场总线的物理实体。

[GB/T 16657.2,3.1.13,修改]

3.1.27

地(名词) earth (noun)

地(名词) ground(noun)(美式英语)

地的导电部分,其任何一点的电势通常视为零。

[IEC 61131-2,3.16]

3.1.28

接地(动词) earth(verb)

接地(动词) ground(verb)(美式英语)

在系统、装置或设备中的给定点与本地地之间进行电连接。

注1:到本地地的连接可为有意的、非有意的或偶然的。

注2:连接可为永久的或暂时的。

[IEV 195-01-08]

3.1.29

外壳 enclosure

提供适用于计划应用的防护类型和等级的壳体。

[IEC 61131-2,3.19]

3.1.30

等电位连接 equipotential bonding

导电部分间的电连接,以达到等电位。

[IEV 195-01-10]

3.1.31

等电位连接系统 equipotential bonding system

在各部分间提供相同电位的导电部分的互连。

注:如果等电位连接系统接地,则它成为接地的一部分。

[IEV 195-02-22]

3.1.32

3.1.33

失效 failure

执行要求功能的能力的终止。

注1:失效后,产生故障。

注2:"失效"不同于"故障","失效"是一个事件,而"故障"是一个状态。

[IEV 191-04-01]

3.1.34

故障 fault

无能力执行要求功能的状态,不包括预防性维护或其他计划动作期间的无能力,或外部资源缺少产生的无能力。

注:IEC 61508-4 定义"故障"为:使功能单元执行要求的功能的能力降低或能力丧失的异常状况。

[IEV 191-05-01]

3.1.35

功能接地 functional earthing

出于非电气安全的原因,系统、装置或设备中的一个点或多个点接地。

[IEV 195-01-13]

3.1.36

无源的金属部分 inactive metal part

任何可被人接触的不载流的金属。

3.1.37

检查 inspection

对实际状况的观察和评估采取措施。

3.1.38

插座到插座适配器(J-J 适配器) jack to jack adaptor (J-J adaptor)

不在壳体/环境隔板上的背靠背插口。

3.1.39

线型拓扑 linear topology

在该拓扑中,节点顺序连接,其中两个节点仅连接一个其他节点,剩余所有节点每个都连接两个其他节点(即,连成一条线)。

注:该拓扑对应于打开的环形拓扑。

3.1.40

维护　maintenance

所有技术和相应管理动作的组合，包括监督动作，目的是将项目保持或恢复到可以执行要求功能的状态。

注1：维护的详细定义见“预防性维护”和“故障维修”。

注2：要求的功能可定义为一个规定的条件。

[IEV 191-07-01]

3.1.41

维护干预　maintenance intervention

为保持规定状况而采取的措施。

3.1.42

平均故障间隔时间　mean time between failures

MTBF

故障间隔时间的期望值。

[IEV 191-12-08]

3.1.43

平均恢复时间　mean time to recovery

MTTR

恢复时间的期望值。

注：在 IEV 191-13-08 中，不使用平均修复时间(mean time to repair，MTTR)。

[IEV 191-13-08]

3.1.44

网络　network

连接一组给定通信设备的所有媒体、连接器、中继器、路由器、网关和相关的节点通信元件。

[GB/T 16657.2，3.1.30]

3.1.45

节点　node

网络中分支的端点。

3.1.46

无源网络　passive network

在该网络中，数据传输独立于连到网络的设备内的有源元件。

注：设备的失效不影响信息的传输。

3.1.47

管路　pathway

用来容纳物理结构定义的终端各点间线缆的线缆路径(如导管、管道、槽或管)。

[ISO/IEC 14763-1，3.1.3]

3.1.48

永久链路　permanent link

电信/自动化引出端与中间配线架或等同位置间的传输路径。

注1：不包括装置附属软线、设备软线、接插线和跳线，但包括各个末端的连接。

注2：为了允许它用于符合 IEC 61784-5 系列标准的 CP，这里对 GB/T 18233—2008 的定义进行了修改。

[GB/T 18233—2008，3.1.52，修改]

3.1.49

预防性维护　preventive maintenance

以预先定义的时间间隔或按照规定的标准执行的维护，以降低失效概率或某项功能降级的可能性。

[IEV 191-07-07]

3.1.50

保护接地导体　protective earthing conductor

用于保护接地的保护导体。

[IEV 195-02-01]

3.1.51

RC 接地　RC earthed

通过并联 RC 电路接地。

3.1.52

(高复原能力项的)修复　recovery (of a high resilience item)

在故障修正后，当某个项重新获得其规定的通信性能和故障复原能力等级时的事件。

注：一个故障(可能多个故障)发生后，高可用性网络提供的复原能力可使可接受的通信继续。

3.1.53

修理　repair

为重建规定的状况所采取的措施。

3.1.54

中继器　repeater

接收并重传所有信号的双端口有源物理层设备，以增加在给定媒体上正确传输信号的距离和设备数量。

[GB/T 16657.2,3.1.38]

3.1.55

接地电阻　resistance to earth

对地阻抗的实部。

[IEV 195-01-18]

3.1.56

恢复　restoration

通信网络重新获得其恢复能力冗余的设计等级。

3.1.57

环　ring

每个节点都与其他两个节点顺序连接的有源网络。

3.1.58

计划维护　scheduled maintenance

按照预先定义的计划或者按使用单元(如启动序号)执行的预防性活动(管理的时间或动作序号)。

[IEV 191-07-10,修改]

3.1.59

段　segment

两端都通过其特性阻抗终止的网络主干线缆区域的集合。

注：段在逻辑链路内通过中继器链接，并通过网桥链接形成网络。

[GB/T 16657.2,3.1.39 修改]

3.1.60

(线缆的)屏蔽　shield (of a cable)

封闭线缆内部电场并且保护线缆不受外部电气干扰的环绕金属层。

注1：金属护套、铠装和接地同轴导体也可视作屏蔽。

注2：对于工业环境中的综合布线，ISO/IEC 24702 使用术语“屏蔽(screen)”代替“屏蔽(shield)”。

[GB/T 16657.2,3.1.41 修改]

3.1.61

接头　splice

通常连接不同线缆的导体或光纤。

注：无连接器的连接。

3.1.62

分支　spur

作为最终电路的支线(即,通过其路径上的点连接到更大链路的链路)。

注：在 IEC 61158 中使用另一个术语“分支线缆(drop cable)”。

[GB/T 16657.2,3.1.41]

3.1.63

星型　star

所有设备都连接到一个中心点的三个或更多设备的网络(可为有源或无源)。

3.1.64

分接头　tap

从节点或分支到干线线缆的连接点。

注：使用分接头可容易地将节点从链路中移除而不干扰链路。

[GB/T 16657.2,3.3.34]

3.1.65

电信引出端　telecommunication outlet;TO

中间线缆终端处的固定连接设备,它提供与装置附件布线的接口。

[ISO/IEC 24702,3.1.15]

3.1.66

终端电阻　terminator

以其特性阻抗终止传输线的实体,用于防止反射。

注：在某些情况下,终端电阻可嵌在终端设备或连接器中。

[GB/T 16657.2,3.1.43,修改]

3.1.67

拓扑　topology

网络中各个元件的相对位置和互连形式。

注：术语“拓扑”有时包括连接网络节点的路径的延迟、衰减和物理媒体类别等过多含义。

[IEV 131-13-02,修改]

3.1.68

故障检测　troubleshooting

定位故障。

3.1.69

干线　trunk

作为给许多其他线路(分支)的主要供应源的通信主干线路。

[GB/T 16657.23.1.46]

3.1.70

确认　validation

通过测量完成的验收测试部分。

3.1.71

验证　verification

评估安装是否符合其规范的动作。

注 1：安装者通常执行该动作。

注 2：该动作通常包括部件修正选择、物理布局、通信接地、绝缘和网络部件连续性的验证。

3.1.72

接线图 wire map

线缆终端到连接器各引脚的连接图。

3.2 缩略语

a. c.	Alternating current	交流电
AI	Automation island	自动化岛
AO	Automation outlet	自动化引出端
BD	Building distributor (ISO/IEC 24702)	建筑物配线架(ISO/IEC 24702)
BER	Bit error rate	(二进制)误码率
BFOC	Bayonet fibre optic connector	大口式光纤连接器
C	Connection	连接
CBN	Common bonding network	公共等电位网络
CD	Campus Distributor	建筑群配线架
CP	Communication profile (IEC 61784-1)	通信行规(IEC 61784-1)
CPF	Communication profile family (IEC 61784-1)	通信行规族(IEC 61784-1)
d. c.	Direct current	直流电
DCR	Direct current resistance	直流电阻
EFT	Electrical fast transient	电快速瞬变
EFT/B	Electrical fast transient/burst (IEC 61000-4-4)	电快速瞬变脉冲群/(IEC 61000-4-4)
ELFEXT	Equal level far-end crosstalk	等效远端串扰
ELTCTL	Equal level transverse conversion transfer loss	等电平横向转换传输损耗
EMC	Electromagnetic compatibility (IEV 161-01-07)	电磁兼容性(IEV 161-01-07)
EMI	Electromagnetic interference (IEV 161-01-06)	电磁干扰(IEV 161-01-06)
EQP	Equipment	设备
ESD	Electrical static discharge	静电放电
FD	Floor distributor (ISO/IEC 24702)	楼层配线架(ISO/IEC 24702)
FI	Fieldbus interface	现场总线接口
F-SMA	Fibre sub miniature version A (IEC 61754/22)	光纤超小型A版(IEC 61754/22)
HP	Horse power	马力
ID	Intermediate distributor (ISO/IEC 24702)	中间配线架
IDC	Insulation displacement contact	免剥式接头
IP	International protection (IEC 60529)	国际防护(IEC 60529)
J-J	Jack-to-jack	插座到插座
kbit/s	One thousand bits per second	千比特每秒
LC	Optical fibre connector in accordance with IEC 61754-20	符合 IEC 61754-20 的光纤连接器
LV	Low voltage	低压
Max.	Maximum	最大
Mbit/s	Million bits per second	兆比特每秒

MD	Machine distributor (ISO/IEC 24702)	机器配线架(ISO/IEC 24702)
MHV	Medium high voltage	中高压
MICE	Mechanical, Ingress, Climatic and Chemical, Electromagnetic (ISO/IEC 24702)	机械、侵入、气候和化学、电磁(ISO/IEC 24702)
Min.	Minimum	最小
MTBF	Mean time between failures	平均故障间隔时间
MTTR	Mean time to repair (use deprecated in IEV 191-13-08) replaced with mean time to recovery	平均恢复时间(IEV 191-13-08 用法不同)替代平均修复时间
N	Neutral	中性
NA	Numerical aperture (IEC 60793 series)	数值孔径(IEC 60793 系列)
na	Not available	不可用
NEXT	Near end crosstalk loss	近端串扰损耗
NI	Network Interface (ISO/IEC 24702)	网络接口(ISO/IEC 24702)
No.	Number	序号
OF	Optical fibre	光纤
PE	Protective earthing conductor (IEV 195-02-10)	保护接地导体(IEV 195-02-10)
P&ID	Process and Instrumentation Diagram	工艺和仪表流程图
PoE	Power over Ethernet	以太网供电
POF	Plastic optical fibre	塑料光纤
PSELFEXT	Power sum equal-level far-end crosstalk loss	等电平远端串扰损耗功率和
RC	Resistor-capacitor (circuit)	阻容(电路)
Rep	Repeater	中继器
SC	Optical fibre connector in accordance with IEC 61754-4	符合 IEC 61754-4 的光纤连接器
SC-RJ	Optical fibre connector in accordance with IEC 61754-24 (under consideration)	符合 IEC 61754-24(考虑中)的光纤连接器
STP	Cable with either foil shielded balanced cable elements and/or an overall braided or foil shield (GB/T 18233—2008, modified)	带金属箔屏蔽的对称线缆元件和/或全部编织或金属箔屏蔽的线缆(GB/T 18233—2008,修正)
TCL	Transverse conversion loss	横向转换损耗
TO	Telecommunication outlet	电信引出端
UTP	Unshielded cable with unshielded balanced cable elements (U/UTP in GB/T 18233—2008)	带非屏蔽对称线缆元件的非屏蔽线缆(GB/T 18233—2008 中的 U/UTP)
UV	Ultraviolet	紫外线
Y/N	Yes/No	是/否

3.3 安装行规的约定

安装行规的约定见 IEC 61784-5 系列标准。

4 安装设计

4.1 概述

4.1.1 目标

本章主要描述布线和相关设施的设计，以支持工业环境中的通信网络。

4.1.2 工业环境中的布线

布线可包括：

——符合 IEC 61784-5 系列安装行规的自动化岛内或岛间的特定通信布线；

——ISO/IEC 24702 规定的工业环境中的综合电信布线；

——修改的综合布线元件，以满足符合 IEC 61784-5 系列安装行规的自动化岛内的特定通信布线需要。

ISO/IEC 24702 规定的工业环境中的综合布线设计提供了灵活布线结构。该布线结构包括规定传输性能的一系列布线子系统。这些子系统可通过软线无源地连到一起或者使用传输设备有源地连到一起(见附录 A)。图 3(出自 ISO/IEC 24702)示出了连到自动化岛的综合布线结构。在该自动化岛中的 TO 接口允许连接广泛的网络设备。

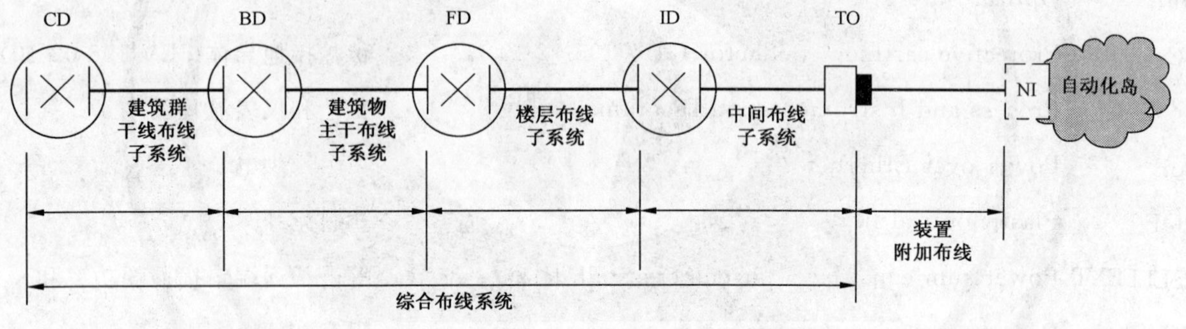

图 3 连到自动化岛的综合布线结构

当在一个自动化岛中需要从综合布线到特定通信布线的指定连接时，本标准规定的 AO 可替代 TO，如图 4 所示。

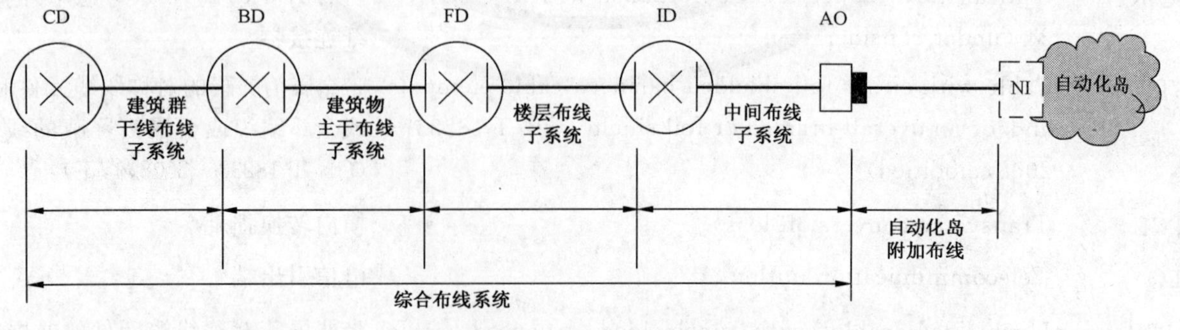

图 4 连接到综合布线元件的自动化岛布线

应符合本章中对工业环境综合布线设计的特定要求和建议。此外，应考虑 ISO/IEC 14763-2 的通用建议。

一个自动化岛可包含(见图 5)：

——符合综合布线要求的一个或多个工业自动化装置；

——用自动化岛网络实现的一个或多个工业自动化应用，该自动化岛网络使用基于以太网(ISO/IEC 8802-3)和基于非以太网的符合 IEC 61784-1 或 IEC 61784-2 的布线。

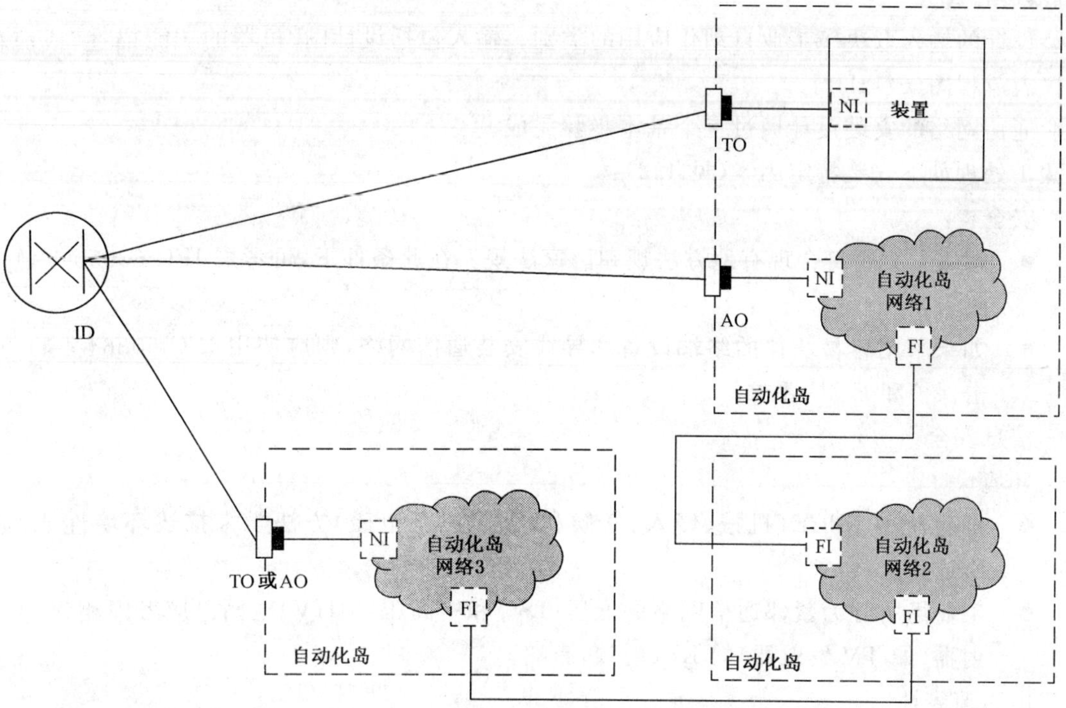

图 5　自动化岛

自动化岛网络与综合布线之间的互连可通过适当的转换器/适配器(见图 6)完成。而自动化岛中的连接可通过一个或多个现场总线到现场总线连接和适当的转换器/适配器完成，或者通过综合布线(见图 5)完成。

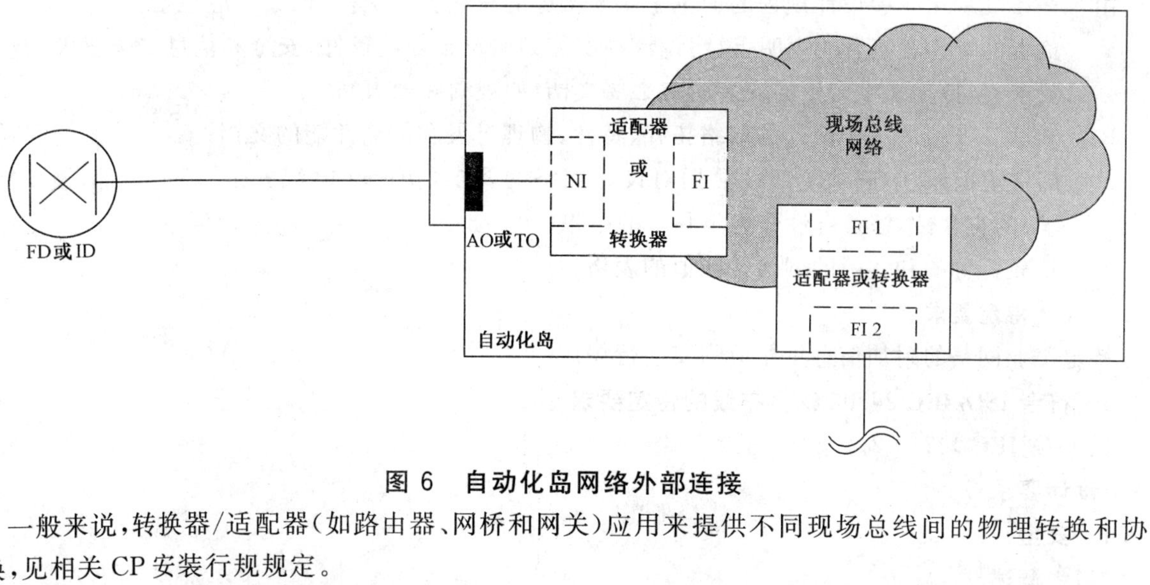

图 6　自动化岛网络外部连接

一般来说，转换器/适配器(如路由器、网桥和网关)应用来提供不同现场总线间的物理转换和协议转换，见相关 CP 安装行规规定。

如果两个互连的接口(NI 和 FI)有匹配规范，则可不需要转换器/适配器功能。如果通过 ID 互连自动化岛，则设计者负责检查综合布线的适用性，以支持本标准定义的通信网络安装要求。这种情况下，应符合从 ID 到 NI 的通道性能(不包括 NI 处的连接器接口)。

4.1.3 设计过程

自动化系统的通信设计由以下一个或多个人负责(见附录L):建筑物网络设计者、自动化设计者和/或机器设计者。

安装设计的输入取决于工业自动化应用的类别。输入包括设计图、机器的功能描述,或流程安装的工艺和仪表流程图(P&ID)。

工业通信网络的安装设计通过三个基本步骤完成。

步骤1处理如下安装特定因素(见4.2):

——安全

- 解决方案应符合现有地方法规和国家法规。在此条件下,可考虑IEC 60950-1规定的安全要求。
- 如果采用容易获得的终端设备和导线安装通信网络,则应使用IEC 60364-4-41关于防电击保护和EMC要求。

——信息安全

——环境

- 推荐使用MICE(机械、侵入、气候和化学,以及电磁)方法学来描述环境性能,如4.2.3所述;
- 工业场所分为紧邻通信网络的低压(LV)和中高压(MHV)电网。应考虑相邻的大功率发射器(如TV发射器)的RF(射频)影响。

——电磁兼容性

步骤2处理不同通信网络的能力(见4.3):

——拓扑

——网络特性

步骤3处理步骤1和2相应的布线部件的选择和使用(见4.4)。

由4.2、4.3和4.4中设计规程的产生了4.5所述的布线设计文档,该文档应包括:

a) 负责的设计者签署的声明,说明设计的安装如何符合环境条件、安全和信息安全要求,及EMC要求,包括步骤1产生的安装所有必要文档(如规划和列表);

b) 步骤2产生的关于设计的网络拓扑、特性、物理扩展和传输性能的文档;

c) 部件规范,其中记录了部件数据对设计网络的要求(功能和电气安全、环境条件,及EMC要求)的符合性,该符合性作为步骤3的结果;

d) 比较标称的和实际的网络性能值的表格。

4.1.4 CP特定要求

特定工业网络的附加信息见相应的安装行规。

4.1.5 符合ISO/IEC 24702综合布线的特定要求

见ISO/IEC 14763-2。

4.2 设计要求

4.2.1 安全

4.2.1.1 概述

设计者应考虑通信网络中的安全法规,特别要注意安装、布线、验证和确认。

设计者应在布线设计文档中包括安全要求。

4.2.1.2 电气安全

正确执行本标准要求电气安装符合IEC 60364系列相关标准,或者符合地方和国家法规的要求。

4.2.1.3 功能安全

当使用数字通信完成一个或多个安全功能时，通信系统应具有足够的完整性（考虑硬件、软件和规定的环境）以满足各个安全功能的安全完整性要求。

安全完整性的要求可包含适用于相关通信媒体生命周期多个阶段的特殊措施（见 IEC 61784-3 和/或 IEC 61784-5 系列的相关技术部分）。设计者应采用这些特殊措施。

4.2.1.4 本质安全

当要求本质安全设计时，设计者应按照适用的本质安全标准和 GB/T 16657.2 以及 IEC 61784-1 中的适用 CP 来设计网络。

4.2.1.5 光纤通信系统的安全

光纤布线应按照 IEC 60825-2 中的安全要求或地方法规进行设计。

4.2.2 信息安全

当按照将来的 IEC 61784-4 和将来的 IEC 62443 设计通信网络时，应执行风险评估以确定信息安全的任何附加要求。设计者应使用所有这些要求。

示例：一个典型的要求就是使用附加的机械操作防护和电磁辐射防护。

由于布线可用来在工业环境中提供不同的组管理的应用，综合布线的普遍特性需要作附加的信息安全考虑。例如，综合布线除连接自动化岛以外，还提供基本电话服务、信息技术和建筑物控制服务。需仔细考虑防止对这些服务中的任何服务的意外干扰。

4.2.3 环境因素和 EMC

4.2.3.1 描述方法

设计者应提供环境的准确描述，该环境用作部件选择和调节要求的基础。

ISO/IEC 24702 使用称为“MICE”分类的环境评估。因为该方法使设计者能以一种准确而无歧义的方式来描述环境条件，所以对所有 CP 都推荐使用。

本条和附录 B 为设计者和安装者解释了该方法的使用。

注 1：ISO/IEC 24702 的 MICE 分类系统不是部件测试规范。

注 2：ISO/IEC 24702 的 MICE 分类系统并不替代现有国际标准或国家标准。

注 3：部件的现有国际标准或国家标准包括产品合格性的测试要求和测试计划。

4.2.3.2 使用说明的环境生成材料清单

设计者应通过以下步骤生成满足目标环境的部件的材料清单：

a) 对应用空间内各个显著不同区域（如机器旁边、控制室内，以及两者之间）建立周围环境条件；

b) 确定组成通信系统的部件，包含其环境规范；

c) 如果部件不满足目标环境，则定义附加调节，以协调部件规范和目标环境。

设计者应通过使用 MICE 表（提供环境的准确分类）或等价方法提供环境描述。设计者应通过规定部件选择结合要用的调节技术来处理环境要求（见图 7）。

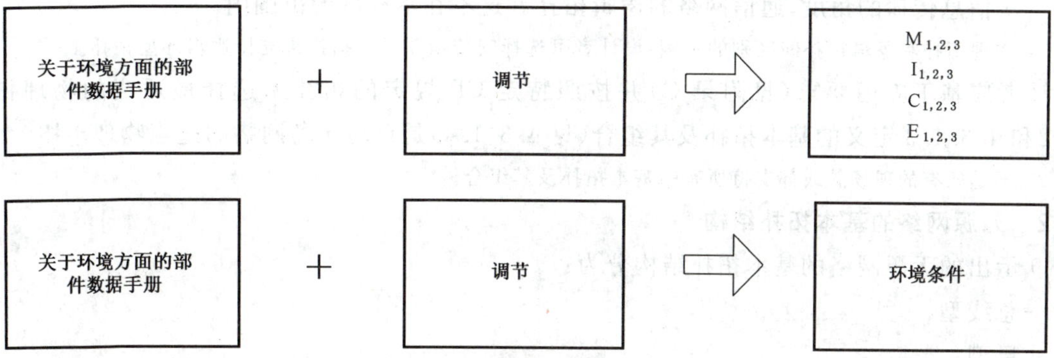

图 7　如何满足环境条件

提供调节所需的产品(如,外壳等),也应包含在材料清单中。

以下三种方法的任意组合可以满足部件的兼容性:

a) 安装相关的隔离(例如,外壳防护);

b) 分离(例如,与其他部件的物理分离);

c) 部件改进(部件参数的设计改进,例如,增加线缆屏蔽或外部屏蔽)。设备供应商可提供减少安装要求的部件改进。

图 8 示出如何组合三种方法(隔离、分离和改进),为给定应用提供关于环境的一种成本有效且技术可行的解决方案。MICE 概念的使用示例见附录 B。

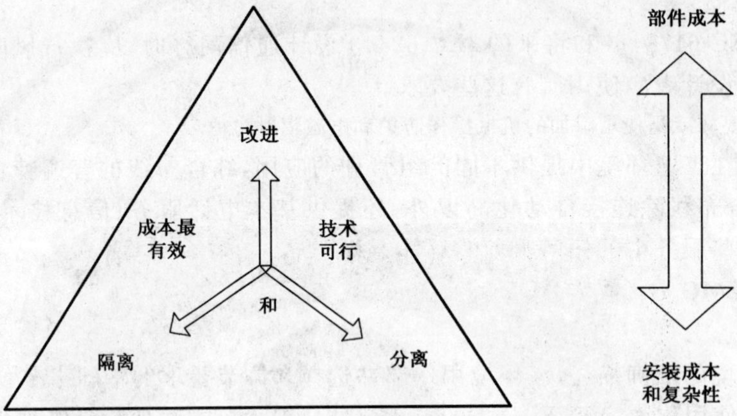

图 8 隔离、分离和改进方法的组合

4.2.4 符合 ISO/IEC 24702 综合布线的特定要求

见 ISO/IEC 14763-2。

4.3 网络能力

4.3.1 网络拓扑

4.3.1.1 一般描述

对于工业自动化岛网络,有两个基本方面:

a) 从物理组成的角度,通信网络的物理拓扑。由此,网络的基本物理拓扑分为两种:

——无源网络的物理拓扑;

——有源网络的物理拓扑。

b) 从信息传播的角度,通信网络的逻辑拓扑。这不在本标准的范围内。

注 1:物理拓扑和逻辑拓扑间区别的示例:设计者可选择安装物理星型拓扑来支持逻辑环型拓扑。

设计者应基于应用要求(见附录 C)并按照特定 CP 规定的拓扑来选择最适当的物理拓扑。在 4.3.1.2和 4.3.1.3 定义的基本拓扑及其组合(见 4.3.1.4)是自动化岛网络的适当物理拓扑。

注 2:不是所有的现场总线都支持所有的基本拓扑及其组合。

4.3.1.2 无源网络的基本拓扑结构

图 9 示出的无源网络的基本拓扑结构分为:

——总线型;

——星型。

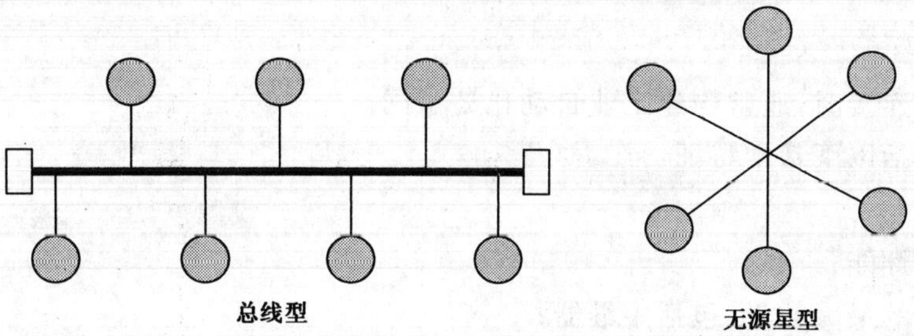

图 9　无源网络的基本拓扑结构

4.3.1.3　有源网络的基本拓扑结构

图 10 示出的有源网络的基本拓扑结构分为：

——星型；

——环型；

——线型。

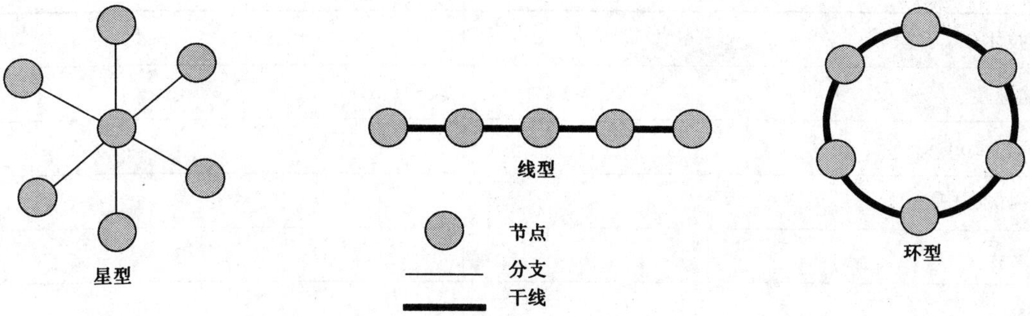

图 10　有源网络的基本拓扑结构

4.3.1.4　基本拓扑结构的组合

允许基本拓扑的组合，并在 CP 的安装行规中定义。

图 11 提供的示例为由有源总线中继器连接的两个无源总线段的一般配置。

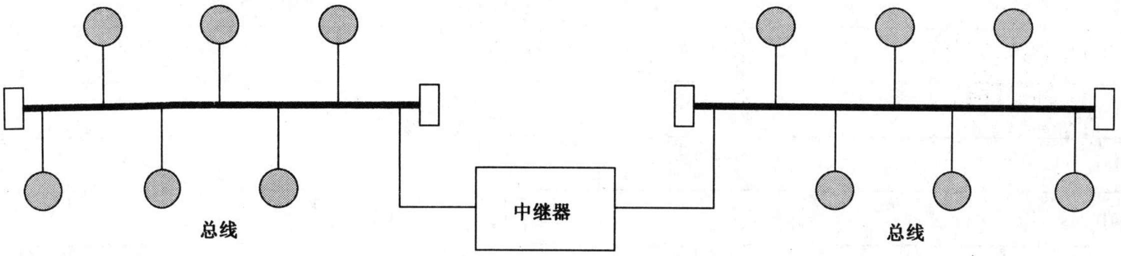

图 11　基本拓扑结构的组合的示例

4.3.1.5　CP 特定要求

关于特定工业网络拓扑要求的附加信息见相应安装行规。

4.3.1.6　符合 ISO/IEC 24702 综合布线的特定要求

符合 ISO/IEC 24702 综合布线的通道可组成 4.3.1.2～4.3.1.5 所述的网络元件。特定限制详见 ISO/IEC 24702。

4.3.2 网络特性

4.3.2.1 概述

当有大量设备要连接时,通常构建工业自动化岛子网。

每个网络规范包括以下基本特征:

——传输率;

——媒体类型和性能;

——设备(节点)的最大数量,包括中继器;

——中继器(连接各段)的最大数量;

——段的最大长度。

注:传输率可表示为使用特定现场总线技术的调制和编码方法的带宽容量或有效数据吞吐速度。有效数据传输率值的要求也可包括 BER 和突发错误最大可接受值的声明(例如 IEC 61784-2,第 5 章)。

4.3.2.2 基于非以太网的对称线缆布线网络特征

对基于非以太网的对称线缆布线,设计者应按照表 1 给出的模板使用在相应安装行规中定义的基本网络特性。

表 1 基于非以太网的对称线缆布线的基本网络特性

特 性	CP x/y
基本传输技术	
长度/传输速度	段长(m)
9 kbit/s～33 kbit/s	
33 kbit/s～93 kbit/s	
125 kbit/s	
187 kbit/s	
250 kbit/s	
500 kbit/s	
1.5 Mbit/s	
2 Mbit/s	
3-6-12 Mbit/s	
5 Mbit/s	
8 Mbit/s	
16 Mbit/s	
最大容量	最大个数
设备/段	
设备/网络	

4.3.2.3 基于以太网的对称线缆布线网络特性

对基于以太网的对称线缆布线,设计者应按照表 2 给出的模板使用在相应安装行规中定义的基本网络特性。

表 2 基于以太网的对称线缆布线的基本网络特性

特 性	CP x/y
支持的数据传输率/(Mbit/s)	
支持的通道长度[b]/m	
通道中连接的数量(最大)[a,b]	
接插线长度[a]/m	
符合 ISO/IEC 24702 的通道类(最小)[b]	
符合 ISO/IEC 24702 的线缆类别(最小)[c]	
符合 ISO/IEC 24702 的连接 HW 类别(最小)	
线缆类型	

[a] 见 4.4.3.2;
[b] 本表的通道定义见 ISO/IEC 24702;
[c] 附加信息见 IEC 61156 系列标准。

4.3.2.4 光纤布线的网络特性

对于光纤布线,设计者应按照表 3 给出的模板使用在相应安装行规中针对各波长定义的基本网络特性。

表 3 光纤布线的网络特性

CP x/y		
光纤类型	描 述	
单模硅光纤	标准	
	衰减系数(λ)	
	带宽或等价(λ)	
	其他描述	
	模场直径(μm)	
	外径(μm)	
	最小长度(m)	
	最大长度(m)	
多模硅光纤	标准	
	衰减系数(λ)	
	模式带宽(MHz·km)(λ)	
	其他描述	
	芯径(μm)	
	外径(μm)	
	NA	
	最小长度(m)	
	最大长度(m)	

表 3（续）

CP x/y		
光纤类型	描　述	
POF	标准	
	衰减系数(λ)	
	模式带宽(MHz·km)(λ)	
	其他描述	
	芯径(μm)	
	外径(μm)	
	NA	
	最小长度(m)	
	最大长度(m)	
硬包层硅光纤	标准	
	衰减系数(λ)	
	模式带宽(MHz·km)(λ)	
	其他描述	
	芯径(μm)	
	外径(μm)	
	NA	
	最小长度(m)	
	最大长度(m)	

4.3.2.5　特定网络特性

关于特定工业网络特性的其他信息可见相应安装行规。

4.3.2.6　符合 ISO/IEC 24702 综合布线的特定要求

符合 ISO/IEC 24702 的某些综合布线通道可提供支持网络(见 4.3.2.2～4.3.2.5 中的模板)的传输性能。更多细节见 ISO/IEC 24702。

4.4　布线部件的选择和使用

4.4.1　线缆选择

4.4.1.1　一般描述

设计者应确保线缆在规定的环境下(通过参考 MICE 分类法或等价方法，见 4.2.3.1)能提供要求的传输性能。

工业线缆应能承受极端的机械应力。

示例：线缆可为悬杆、“C”导轨(牵引链)或机器人柔性应用提供连接。

在这些情况下，应根据特定应用的要求选择布线，且应遵守相应制造商的使用说明。

设计者可决定使用部分已存在的综合布线系统连接自动化岛网络。在这种情况下，设计者有责任确保布线系统满足应用要求。

注：符合 ISO/IEC 24702 的综合布线系统对一些 CP 可能不适用。

设计者应选择合适的地下线缆，以满足以下要求：

——地方法规；

——雷电安全；

——避免啮齿类动物的损害；

——避免化学品损害。

如果设备位置要求使用不符合本标准相关网络要求的特殊线缆和/或连接元件，设计者应咨询线缆/连接器制造商，以获得必要信息来确定通道/永久链路的长度。

4.4.1.2 铜缆

4.4.1.2.1 基于以太网 CP 所用的对称线缆

基于以太网的 CP 所用对称线缆应满足表 2 的要求。

设计者应查阅用于对称线缆附加要求或建议的相关安装行规。

当规定每个对称线缆的线对数量时，设计者应考虑下面信息：

——在一个通道内的所有线缆应具有相同的线对数量；

——使用 2 线对的布线并不常见，也不能支持所有应用（例如，如果将来计划采用更高的数据传输率或 PoE，则应考虑 4 线对线缆）；

——对于控制应用不推荐使用线对数过高的线缆；

——在有源通道内并且在同一个通道内混合使用 2 线对和 4 线对线缆元件的布线，对所有未使用的线对，应在线缆的两个终端端接线缆的差模和共模阻抗（即 4 线对线缆不应放入 2 线对连接硬件内）。该要求不适用于使用单个屏蔽线对的线缆结构。

注：在 ISO/IEC 24702 参考实现中规定的对称线缆包含 4 线对，并提供最大 100 m 的通道长度。

设计者应根据表 4 和表 5 中给出模板使用在相应安装行规中定义的数据。

表 4 铜缆的相关信息：固定线缆

特　　性	CP x/y
线缆的标称阻抗（公差）	
导线的 DCR	
屏蔽的 DCR	
导线个数	
屏蔽	
导线的色码	
护套颜色要求	
护套材料	
抗恶劣环境的能力（例如：UV、耐油、LS 0H（低烟无卤））	
作用等级	
其他特性[a]	
[a] 在此插入其他需要的特性名称（一个或多个，视需要而定）。	

表 5 铜缆的相关信息：软线

特　　性	CP x/y
线缆的标称阻抗（公差）	
导线的 DCR	
屏蔽的 DCR	
导线个数	
长度	
屏蔽	

表 5(续)

特　　性	CP x/y
导线的色标	
护套颜色要求	
护套材料	
抗恶劣环境的能力(例如:UV、耐油、LS 0H)	
作用等级	
其他特性[a]	
[a] 在此插入其他需要的特性名称(一个或多个,视需要而定)。	

4.4.1.2.2　**基于非以太网的CP所用铜缆**

基于非以太网的CP所用铜缆应满足表1的要求和安装行规中的任何附加要求或建议。

设计者应根据表4和表5中的模板使用在相应安装行规中定义的数据。

4.4.1.3　**无线安装线缆**

无。

4.4.1.4　**光缆**

支持特定CP的光缆应满足CP要求或建议(见IEC 60794系列)。

设计者应确保在考虑连接和接头的情况下,光缆的设计和传输性能为所支持CP提供全部要求的通道长度。

注:CP可能包括最大和最小通道长度,和/或插入损耗限值。

设计者应查阅用于光缆的附加要求或建议的相关安装行规。

设计者应根据表6给出模板使用在相应安装行规中定义的数据。

注:应由安装者和维护者考虑的附加信息在本标准的相关条中给出。

表 6　光缆的相关信息

特　　性	9..10/125 μm 单模硅光纤	50/125 μm 多模硅光纤	62.5/125 μm 多模硅光纤	980/1 000 μm 阶跃折射率 POF	200/230 μm 阶跃折射率硬包层硅光纤
每公里衰减(650 nm)					
每公里衰减(820 nm)					
每公里衰减(1 310 nm)					
光纤个数					
连接器类型(例如:双工或单工)					
护套颜色要求					
护套材料					
抗恶劣环境的能力(例如:UV、耐油、LS 0H)					
分支点(Y/N)					
其他特性[a]					
[a] 在此插入其他需要的特性名称(一个或多个,视需要而定)。					

4.4.1.5 用于特殊目的的铜缆和光缆

下面的线缆为特殊应用提供支持。设计者应考虑任何要求的附加布线属性,以提供布线系统希望的生命周期。用于特定目的的对称线缆和光缆如下:

a) 拖挂线缆;

b) 高柔性线缆;

c) 用于三维移动的高柔性线缆;

d) 抗 UV 线缆;

e) 抗焊熔金属飞溅线缆。

选择高柔性线缆时应考虑以下方面:

——用于卷动"C"导轨(也被称为牵引链)和机器人应用的线缆的等级不同,在机器人应用中线缆以弯曲柔性方式移动(也被称为"tic-toc");

——线缆应仅在需要的场所使用,即在高柔性区域;

——增加的铜缆衰减(例如由于导线绞合),可能会影响通道长度;

——在有移动机械的情况下应对线缆进行适当的保护,以尽可能减少弯曲和扭曲;

——应保持规定的线缆弯曲半径;

——出于维护的目的,应在线缆的各端安装连接器。

高柔性线缆通常用于机器人焊接应用,在这种情况下应考虑抗焊熔金属飞溅的护套材料。

4.4.1.6 CP 的特定要求

关于特定工业网络线缆要求的附加信息可在相应安装行规中找到。

如果网络使用混合线缆,其要求见相关安装行规。

4.4.1.7 符合 ISO/IEC 24702 综合布线的特定要求

ISO/IEC 24702 对选择和使用的部件提出要求,以在规定的环境中获得期望的通道性能。

ISO/IEC 24702 也:

——规定了将特定部件规范与通道传输性能联系起来的参考实现;

——提供部件规范的合适方法,例如:参考其他 IEC 委员会制定的详细规范。

设计者应确保在一个通道内规定的部件及其使用能提供要求的传输性能。

设计者应确保维护系统在布线的使用年限内可用于维护通道性能。

4.4.2 连接硬件选择

4.4.2.1 一般描述

设计者应确保在规定的环境下(可参考 MICE 分类法或等价的其他分类法,见 4.2.3.1)连接器提供要求的传输性能。本标准使用附录 D 中定义的导线色码约定。CP 特定连接器的导线色码见附录 D。

4.4.2.2 基于以太网 CP 的对称线缆布线用连接硬件

本标准采用 IEC 61076-3-106 中的密封连接器外壳变型 1 和 6,以及 IEC/PAS 61076-3-117 描述的密封连接器外壳变型 14,该连接器外壳用于封装符合 GB/T 15157.7 的 RJ45 连接器。在非密封连接的应用中,应使用 GB/T 15157.7 规定的 RJ45 连接器。AO 处的变型 1、6 或 14 的安装与选择的 CP 相关。此外,IEC 61076-2-101 中描述的用于工业以太网的 D 编码 M12-4 连接器可用于 AO。

注:上述的连接器变型(1、6 和 14)(逆向)兼容 ISO/IEC 24702 定义的软线,并保证(逆向)兼容 GB/T 15157.7。因此该标准测试设备可用于网络确认和故障检测。

设备和 AO 应与插座相匹配。线缆应与设备和 AO 接口的插头相匹配。

设计者应根据表 7 中的模板使用在相应安装行规中定义的数据。

表 7　基于以太网 CP 的对称线缆布线用连接器

	GB/T 15157.7[a]		IEC 61076-3-106[b]		IEC/PAS 61076-3-117[b]	IEC 61076-2-101
	(屏蔽)	(非屏蔽)	变型 1	变型 6	变型 14	D 编码 M12-4
CP x/y						

a　对于 GB/T 15157.7，连接器的选择基于要求的通道性能。

b　外壳用于保护连接器。

4.4.2.3　基于非以太网的 CP 的铜缆布线用连接硬件

设计者应根据表 8 中的模板使用相关安装行规中定义的数据。

表 8　基于非以太网 CP 的铜缆布线所用连接器

	IEC 60807-2 或 IEC 60807-3	GB/T 14048.10 或 IEC 61076-2-101			EN 122120	ANSI/NFPA T3.5.29 R1-2003		其他		
	Sub-D	A 编码 M12-5	B 编码 M12-5	X 编码 M12-n	同轴线缆 (BNC)	M 18	7/8-16 UN-2B THD	开放模式	接线板	其他
CP x/y										

注：有许多应用使用这些不兼容的 M12-5 连接器，如混用可能对应用造成损害。

4.4.2.4　无线安装用连接硬件

无。

4.4.2.5　光纤布线用连接硬件

对于工业网络的光缆连接器(见 IEC 60874-10，IEC 60874-14 等)，设计者应根据表 9 中的模板使用在对应安装行规中定义的数据。

表 9　光纤连接硬件

	IEC 61754-2	IEC 61754-4	EN 50377-6-1	IEC 61754-20	IEC 61754-22	其他
	BFOC/2,5	SC	SC-RJ	LC	F-SMA	
CP x/y						

注：IEC 61754 系列定义了光纤连接器的机械接口；端接特定光纤类型的光纤连接器的性能规范见 IEC 60874 系列。

4.4.2.6　CP 的特定要求

关于特定工业网络对连接硬件要求的附加信息见相应的安装行规。

4.4.2.7　符合 ISO/IEC 24702 综合布线的特定要求

见 4.4.1.7。

4.4.3　通道/永久链路内的连接

4.4.3.1　一般描述

对 ISO/IEC 24702 定义的术语“通道”和“永久链路”在 3.1.18 和 3.1.48 中做了修改，以允许用于符合 IEC 61784-5 系列的 CP。

不应超过支持特定 CP 的线缆媒体的最大通道长度。但是，服务质量取决于通道长度和其中的连接和接头个数。

通道内连接和接头的个数会增加通道插入损耗，对于对称线缆布线则会增加通道内的噪声等级。

对于对称线缆布线，设计者应要求有源通道内未使用的线对按 4.4.1.2 端接。

设计者应考虑通道内连接个数的影响，如本条所述。关于通道内的连接个数，ISO/IEC 24702 中描述的参考实现将连接个数限制为 4。如果设计要求多于 4 个连接，则需要对此进行进一步的分析。可要求对通道性能进行测量，以确保该通道满足应用要求。

设计者应确保维护系统在线缆使用年限内可用于维护通道性能。

4.4.3.2 基于以太网的 CP 的对称线缆布线连接

4.4.3.2.1 一般描述

基于以太网的网络应遵循下述规则：

——ISO/IEC 24702 描述的参考实现（具有规定的结构、部件和性能）。

——传输性能应符合 ISO/IEC 24702 定义的相关类要求。需注意：这些类包括对应 MICE 分类（E1、E2 或 E3）的对 TCL、ELTCTL 和耦合衰减的要求。

——也可支持在参考实现中未给出的用于 CP 的配置，这在 CP 安装行规中充分描述。

a) 基本参考实现

图 12 所示的模型可用于将本条规定的布线尺寸规格与 ISO/IEC 24702 的通道规范关联起来。所示的布线通道在通道的每一端包含两个连接和两个软线缆。本条将跳线作为软线缆。

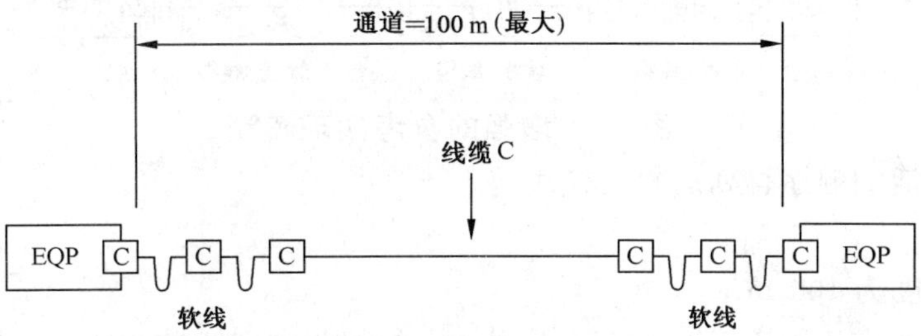

图 12 基本参考实现模型

表 10 中的基本参考实现方法允许调整线缆 C 的长度，以补偿可变软线缆长度和通道的工作温度。

表 10 基本参考实现公式

类别	部 件 类		
	D	E	F
5	$C=(113-2\times N-F\times Y)/X$[a]	—	—
6	$C=(115-N-F\times Y)/X$	$C=(106-N-F\times Y)/X$	
7	$C=(119-N-F\times Y)/X$	$C=(109-N-F\times Y)/X$	$C=(106-N-F\times Y)/X$

如果工作温度超过 20 ℃，对于屏蔽线缆，每摄氏度线缆长度 C 缩短 0.2%；对于非屏蔽线缆，每摄氏度（20 ℃～40 ℃）缩短 0.4%，以及每摄氏度（>40 ℃～60 ℃）缩短 0.6%。当工作温度超过 60 ℃时，应考虑制造商关于降低线缆长度要求的信息。

注：使用本表提供的公式并基于性能建模的统计方法，提供要求的通道性能。

[a] 其中：

C——固定线缆的长度（m）；

N——连接个数（最大为 4，否则需验证 NEXT、回波损耗（Return Loss）和 ELFEXT 性能）；

F——软线和跳线长度之和（m）；

X——固定线缆 *C* 的插入损耗（dB/m）与相关类别线缆的插入损耗（dB/m）的比值；

Y——软线/跳线的插入损耗（dB/m）与相关类别线缆的插入损耗（dB/m）的比值。

表 10 假定：

——最大通道长度为 100 m；

——线缆 C 可具有不同于 IEC 61156 系列规定的相关类别线缆的插入损耗规范；

——软线可具有不同于固定线缆的插入损耗规范；

——通道中所有软线具有共同的插入损耗规范；

——所有线缆和软线要经受相同的温度条件。

线缆 C 的长度应由表 10 中定义的公式确定。

当在一个通道内有 4 个连接时，线缆 C 的物理长度应至少为 15 m。线缆 C 的最大长度取决于通道内支持的软线的总长度。软线的最大长度应是固定的，在对已安装的布线进行操作期间，应实现管理系统以确保用于构成该通道的软线符合这些设计限制。

b) 增强的参考实现

图 13 所示的模型可用于将本条规定的布线尺寸规格与 ISO/IEC 24702 中的通道规范关联起来。所示的布线通道包含 4 个连接。本条将跳线等同于软线。

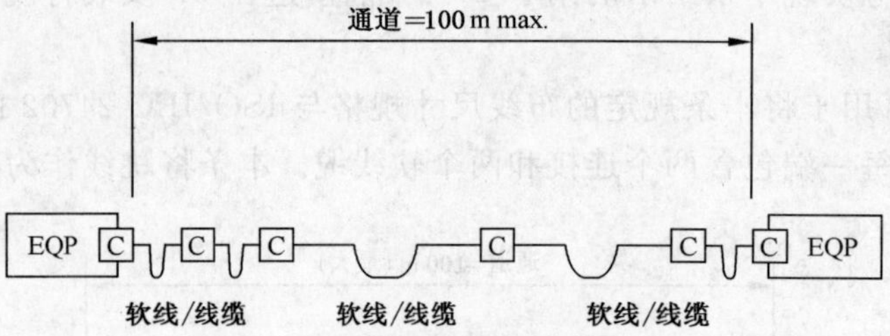

图 13 增强的参考实现模型

该通道包括以灵活的顺序排列的软线或线缆。

表 11 假定：

a) 最大线缆长度为 100 m；

b) 所有线缆可具有不同于 IEC 61156 系列规定的相关类别线缆的插入损耗规范；

c) 每根线缆可具有不同的插入损耗规范；

d) 每根线缆可经受不同的温度条件。

在给定类的通道内所用软线的长度应由表 11 中的公式确定。

当提出的实现导致通道（长度小于 $15/Y$(m)）内存在将两对连接分开的线缆时，应执行确认以证实通道性能。

注：Y 在表 11 中定义。

设计者应要求在已安装布线的使用过程中，维护机构确保用于构建通道的软线应符合该通道的设计规则。

表 11 增强的参考实现公式

类别	部件类		
	D	E	F
5	$\Sigma F_i \times Y_i \times Z_i (i=1\sim j) \leqslant 113-2\times N$[a]	—	—
6	$\Sigma F_i \times Y_i \times Z_i (i=1\sim j) \leqslant 115-N$	$\Sigma F_i \times Y_i \times Z_i (i=1\sim j) \leqslant 106-N$	
7	$\Sigma F_i \times Y_i \times Z_i (i=1\sim j) \leqslant 119-N$	$\Sigma F_i \times Y_i \times Z_i (i=1\sim j) \leqslant 109-N$	$\Sigma F_i \times Y_i \times Z_i (i=1\sim j) \leqslant 106-N$

注：使用本表提供的公式并基于性能建模的统计方法，提供要求的通道性能。

[a] 其中：

i——线缆选择，1～j（最小为 1，最大为 5）；

N——连接个数（最大为 4，否则需验证 NEXT、回波损耗（Return Loss）和 ELFEXT 性能）；

F_i——线缆长度（m）；

Y_i——该线缆插入损耗（dB/m）与相关类别线缆插入损耗的比值（dB/m）；

Z_i——工作温度超过 20 ℃时，软线插入损耗的降级，在表 12 中定义。

表 12 工作温度超过 20 ℃的修正因子

线缆结构	修正因子 Z^a	
	20 ℃<T<40 ℃	40 ℃<T<60 ℃
屏蔽	1+0.002×(T−20)	1+0.002×(T−20)
非屏蔽	1+0.004×(T−20)	1+0.006×(T−20)
[a] 当工作温度超过 60 ℃时，应考虑制造商关于适当因子的信息。		

对于通道测量，在终端连接与标准通道的规定终端连接不同时，设计者应要求对带有接插线或适配器的测试设备进行校准。

4.4.3.2.2 连接的最小距离

应满足特定 CP 安装行规中对连接间最小距离的任何要求。

4.4.3.2.3 对称线缆布线接头

接头应仅被用作一种维修的手段，且只有能保证要求的通道性能时才考虑使用。

4.4.3.2.4 对称线缆布线的双卡套连接

如果不能证明双卡套连接满足单连接的传输性能，则一个双卡套连接应作为两个连接计算。

注：关于双卡套的附加信息见附录 J。附录 J 的内容与 ISO/IEC 24702 不同。

当使用双卡套连接不符合通道的连接限制时，可用双卡套线缆密封套代替双卡套连接。

4.4.3.2.5 对称线缆布线 J-J 适配器

如果不能证明 J-J 适配器连接满足单连接的传输性能，则一个 J-J 适配器连接应作为两个连接计算。

J-J 适配器适用于连接固定布线和柔性布线，例如：用于机器内的卷绕式 C 轨道。J-J 适配器也适用于为传送带提供连接，该传送带由几个模块构成，当使用这些模块时将它们插在一起。

4.4.3.3 基于非以太网的 CP 的铜缆布线连接

4.4.3.3.1 一般描述

在相关 CP 中应描述允许连接个数及对应的现场总线长度。

4.4.3.3.2 连接的最小距离

见 4.4.3.2.2。

4.4.3.3.3 铜缆布线接头

见 4.4.3.2.3。

4.4.3.3.4 铜缆布线的双卡套连接

见 4.4.3.2.4。

4.4.3.3.5 铜缆布线 J-J 适配器

见 4.4.3.2.5。

4.4.3.4 基于以太网的 CP 的光纤布线连接

4.4.3.4.1 一般描述

CP 特定的最大通道插入损耗(参见 ISO/IEC 8802-3)定义了以指定波长布线的可能配置，见下式：

$$L=1\,000\times(A-iM-jS)/C$$

式中：

L——通道长度(m)；

A——最大通道插入损耗/光功率分配(dB)；

M——每个连接的插入损耗规格(dB)；

S——每个接头的插入损耗规格(dB)；

i——通道内的连接个数；

j——通道内的接头个数；

C——线缆衰减系数(dB/km)。

应满足对最大通道长度以及在特定 CP 内部件个数或规格的任何要求。应参考相关的安装行规(IEC 61784-5 系列)，以确定是否存在附加要求。

当使用符合 ISO/IEC 24702 参考实现的布线来支持特定 CP 时，设计者应使用该标准的部件规格。

更多关于双卡套连接的细节见 4.4.3.4.2。

4.4.3.4.2 光纤双卡套连接

光纤双卡套连接典型地由一个连接组成。

4.4.3.4.3 光纤 J-J 适配器(光纤耦合器)

光纤 J-J 适配器典型地由一个连接组成。

4.4.3.5 基于非以太网的 CP 的光纤布线连接

允许的连接和接头个数及其对应的现场总线长度应在相关 CP 安装行规中描述。

4.4.3.6 符合 ISO/IEC 24702 综合布线的特定要求

无其他要求。

4.4.4 终端电阻

4.4.4.1 一般描述

在布线系统中，终端电阻能降低反射，并有助于降低辐射和噪声敏感度。设计者应考虑 CP 中关于终端电阻和终端电阻取值的要求。

关于所有未用线对端接的附加要求见 4.4.1.2。

4.4.4.2 CP 的特定要求

关于特定工业网络对终端电阻要求的附加信息见相应安装行规。

4.4.4.3 符合 ISO/IEC 24702 综合布线的特定要求

无其他要求。

4.4.5 设备位置和连接

4.4.5.1 一般描述

设备放置的位置应便于维护和故障检测，以满足要求的通道性能。此外，应考虑线缆敷设和连接(见 4.4.11.1)。

4.4.5.2 CP 的特定要求

关于特定工业网络的设备位置和连接要求的附加信息见相应的安装行规。

4.4.5.3 无线安装的特定要求

无。

4.4.5.4 符合 ISO/IEC 24702 综合布线的特定要求

无其他要求。

4.4.6 编码和标记

4.4.6.1 一般描述

在车间中使用的编码或标记应有助于检查和网络部件替换。使用色码能容易地标识光纤布线和对称线缆布线。

注：附加信息见第 7 章。

4.4.6.2 CP 的附加要求

线缆和 AO 应按系统图进行标记。连接器和/或线缆(对称线缆或光纤)的标记应易于识别。当确定编码和标记时应考虑安全性。

应提供识别光纤极性的方法。

4.4.6.3 CP 的特定要求

关于特定工业网络的编码和标记要求的附加信息见相应安装行规。

4.4.6.4 符合 ISO/IEC 24702 综合布线的特定要求

见 ISO/IEC 14763-2。

4.4.7 设备、装置和屏蔽布线的接地和等电位连接

4.4.7.1 一般描述

4.4.7.1.1 基本要求

当部分综合布线用于支持给定 CP 的通信，则该部分综合布线应符合该 CP 的要求。

设备的接地和等电位连接，以及使用屏蔽线缆是布线安装的重要方面。

布线终端点之间的地电位差将在布线系统中引入噪声，这在屏蔽布线系统中确实存在。控制地电流对降低由地电位偏移所造成的干扰至关重要。通过使用本标准和相关 CP 中定义的合适的接地系统和/或合适的屏蔽接地技术，可降低屏蔽电流。如果不能满足该要求，则应考虑使用替代媒体，如：UTP，光缆或无线。

应根据地方、国家或国际法规和标准（如：IEC 60364-4-41 和 GB 16895.3）实现建筑物和车间的接地布线系统。如果有一致性要求，则网络设计者/安装者和验证者应确认该设施符合应用标准。

4.4.7.1.2 设计者任务

设计者应执行下述任务：

- 要求 1

设计者应与建筑物和车间的所有者核对建筑和车间的接地系统配置，以及接地电阻值。

- 要求 2

对于与现有建筑物和车间接地系统的连接，网络安装设计者应为适合连接规定如下要求：

——定义在 5.7.1 中的接地连接质量的要求；

——应建立公共等电位连接网络（CBN），该公共等电位连接网络由全金属结构部件构成，具有要求的接地电阻和高载流能力；

——为确保长期可靠性，应采取适当的措施以保护接地线缆和连接不被腐蚀。

接地系统的电位差的控制方法以及接地和等电位系统的选择见 4.4.7.1.3。

4.4.7.1.3 接地系统电位差的控制方法

设计者应按本标准和相关安装行规设计工业通信网络的接地。IEC/TR 61000-5-2 给出附加指南。

有两种得到证明的接地方法：网状（等电位）和星型（见 4.4.7.3）。设计者应使用其中一种方法，以降低地电位偏移的影响。

如果不可能满足要求，则应使用替代传输媒体（如：UTP，光缆或无线）。

4.4.7.1.4 接地和等电位连接系统的选择

设计者应对网络覆盖区域内的建筑/车间的现有接地和等电位连接系统的状况有充分的了解。如果存在适当的接地和等电位连接系统，则无需将整个系统分为多个接地子系统。如果没有适当的接地和等电位连接系统，则应将系统分为接地子系统。按适用的 CP 安装行规的要求，每个接地子系统可采用两种经过证实的接地和等电位连接方法的任何一种。设计者应向机器施工人员提供关于设施接地方案的建议，并应根据设施的接地方案和特定安装行规来设计机器的接地。图 14 中的流程图可帮助设计者决定如何进行。

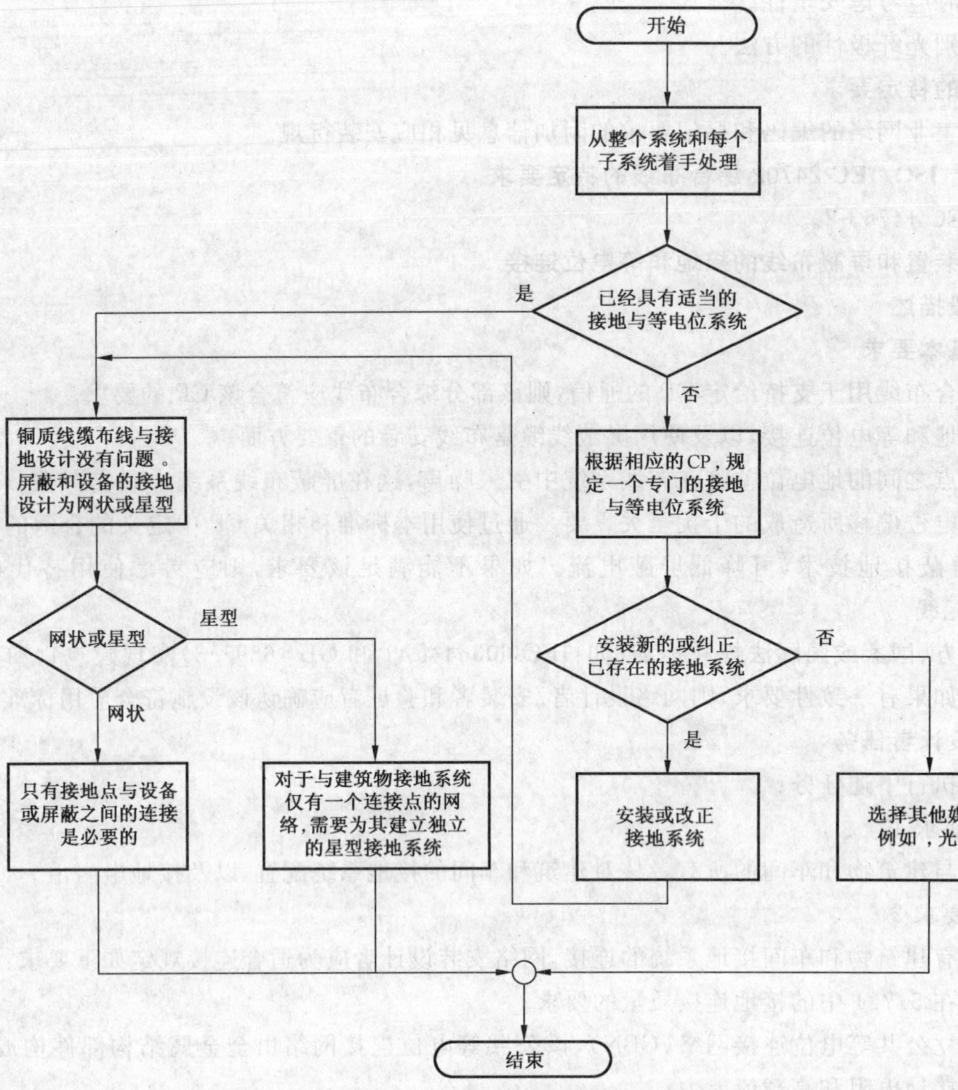

图 14 接地和等电位连接系统的选择

设计者应记录选择的完整通信网络的接地系统(等电位接地或星型接地)。附录 E 给出了在电力网中使用特定系统的原因。

4.4.7.2 外壳和管路的接地和等电位连接

4.4.7.2.1 等电位和接地导体的尺寸和长度

接地导线的线材规格(表 13)应不小于 8.36 mm^2(对应的 AWG 见附录 F)。接地汇流排的长度应不小于 25 mm (1 in)。地方法规可能要求附加接地导线要求。

注：表 13 是基于接地导体电阻最大值为 1 Ω 的情况。

表 13 等电位和接地导线尺寸和长度

最小导线横截面/mm^2	最大长度/m
8.36	291
10.55	367
13.3	463
16.77	584
21.15	736

4.4.7.2.2 **搭接线和尺寸**

搭接线的材料应为铜、铝或镀锌板(见表 14)。

搭接线最好为多股编织线，这种线的大表面积可以确保该连接在高频下的有效性。

表 14 搭接线横截面

材　料	最小横截面/mm²
铜	6
铝	16
镀锌板	50

表 15(见 IEC 60354-5-54)给出了搭接板表面防护要求。

表 15 搭接板表面防护

材　料	表面防护	厚度/μm
钢，钢带	热镀锌	63～70
铝	未定义	—
铜	裸露 镀锡 镀锌	无 1～5 20～40

4.4.7.2.3 **表面处理和方法**

布线设计文档应要求将良好施工工程实践运用到所有与金属表面的连接中。布线设计文档应要求对涂漆面进行处理以提供低电阻连接并可保护表面避免腐蚀。第 5 章为安装者提供了关于实现到金属表面良好连接的附加指南。

4.4.7.2.4 **等电位连接和接地**

设计者应提出以下要求：

a) 在两个独立的可移动金属管路被隔开的情况下，应使用软搭接线将两个金属分支管路连在一起(见图 29)。

b) 在使用固体金属片将两个金属管路进行机械连接的情况下，可使用单独的软搭接线。

c) 扩展管路和接合点连接应通过软搭接线连接(见图 29)。

d) 所有无源金属件，尤其是紧邻自动化部件和通信线缆的无源金属件，应连接到接地系统中。这些金属件包括机柜、建筑和机器等的所有金属件，它们在自动化系统中不执行任何电传导功能。

e) 如果需要等电位系统，金属导电线缆管路应属于系统的等电位连接，且位于单个系统部分之间。设计者应规定管路连接至等电位连接系统的频度。

f) 线缆管路的各段间应以低阻抗连接。

4.4.7.3 **接地方法**

4.4.7.3.1 **网状，等电位**

图 15 所示为在网状接地配置下等电位连接的外壳和管路的配线以及接地配线示例。

对等电位线缆的规定见 4.4.7.2。

如果无法控制地电流，可能会造成部件失效或通信故障。在此情况下应考虑替代媒体。

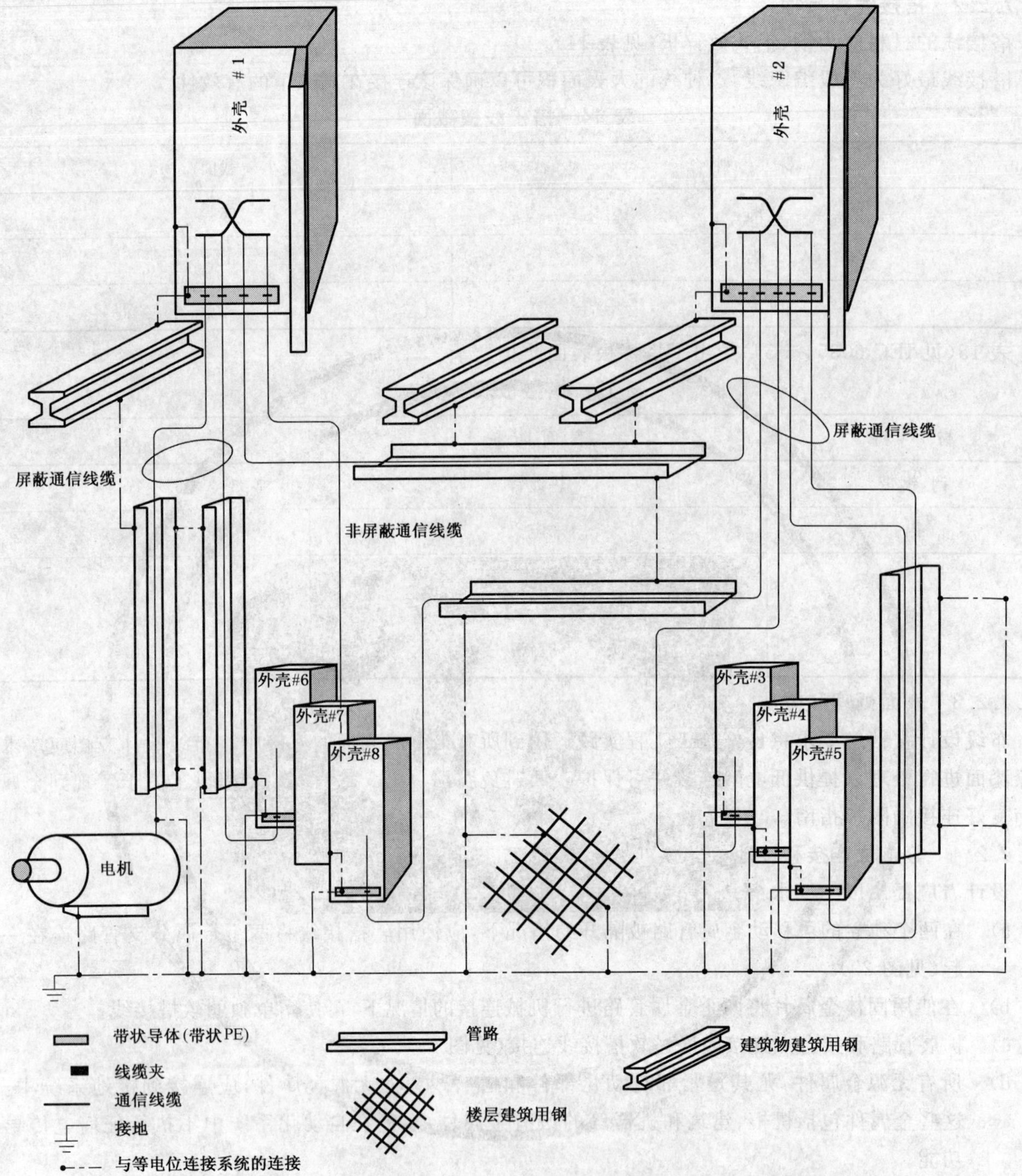

图 15　在网状等电位配置下等电位连接和接地的配线

应采用地方、国家或国际安全接地标准。

注：安全应总是优先于 EMC。

4.4.7.3.2　星型

可通过采用星型接地系统以及信号地与设备地的隔离，对大电流在接地路径上产生的电流进行控制。这通过提供两个星型地实现上述控制，其中一个星型地用于设备外壳，另一个星型地用于通信设备。通信设备的屏蔽应仅连接到信号地，且设备外壳都不应连接信号地。两个系统的星型地应汇聚在建筑物内的一点，见图 16。设计者应要求不采用从一个机柜到另一个机柜的菊花链式接地。当要求设备连接到功能地系统（与保护地系统隔离）时，设计者应规定隔离方法。隔离的汇流排可用于产生信号地或功能地（见图 30）。

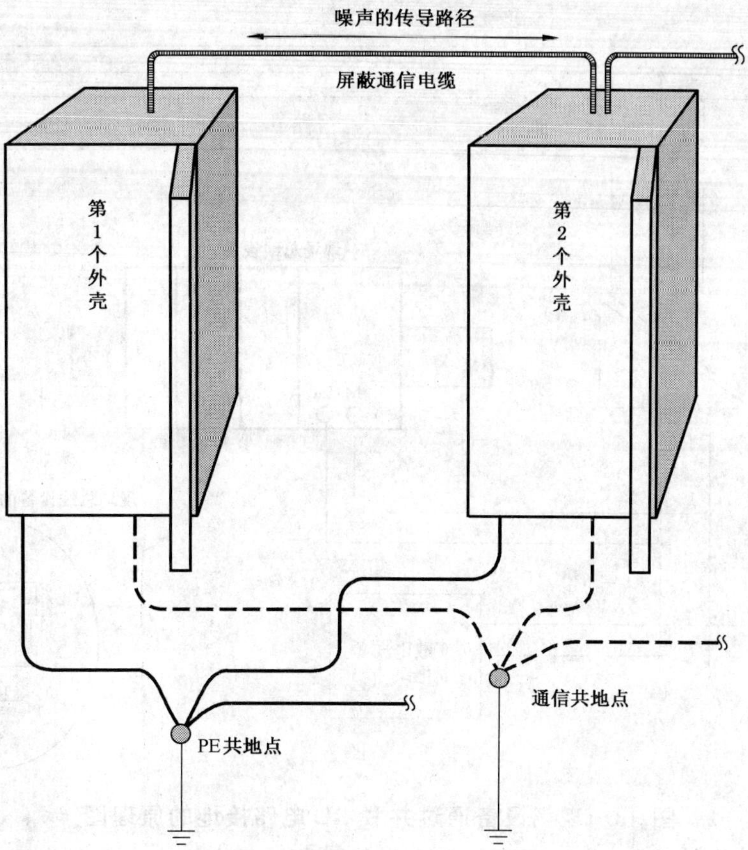

图 16　星型接地配置下的接地配线

4.4.7.3.3　设备(装置)接地

设备一般要与地连接,由此设备的功能地(M)以大面积区域(见图 17)连接到保护地(PE)。在一些例外情况下,可将设备配置为非接地系统。如果会产生高短路电流(如感应炉),则这种处理是必要的。在非接地系统内,需要提供带有限压器的绝缘监视装置(见图 18)。如果在通信屏蔽和地之间有并联 RC 电路,则也使用术语"非接地"。许多设备都配有这种类型的并联 RC 电路以提高抗扰度。当选择地漏电流监视器时,应对此加以考虑。此外,采用非接地配置应确保未受控的对称电流不会损坏或干扰总线上的通信设备。接地应遵循相关安全法规。

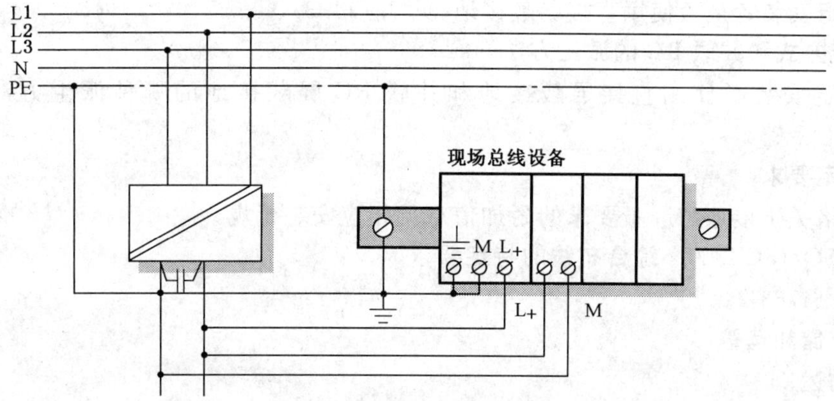

图 17　现场设备直接接地的原理图

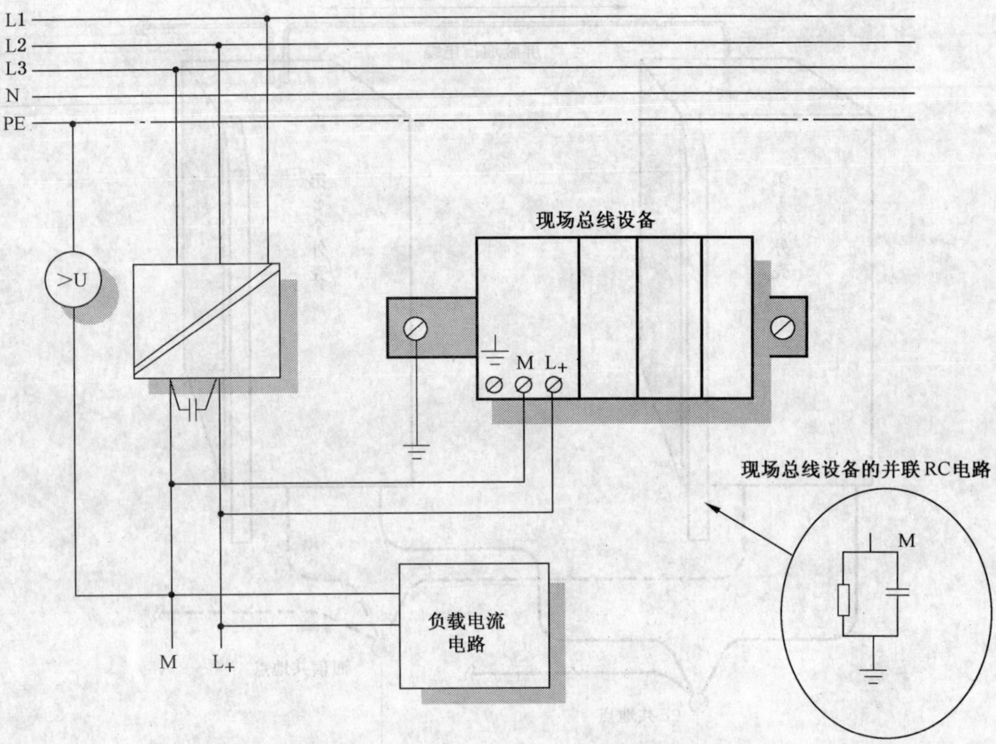

图 18 现场设备通过并联 RC 电路接地的原理图

4.4.7.3.4 铜质汇流排的安装

应使用汇流排互连接地导体。

汇流排的互连应符合地方、国家和国际法规与标准。

布线设计文档应提供关于汇流排接地和/或与建筑钢材隔离的指导。

4.4.7.4 屏蔽接地

4.4.7.4.1 非接地或并联 RC

设计者应规定安装者应使用非接地屏蔽终端或通过并联 RC 电路(见图 32)接地的屏蔽终端。

当要求通信屏蔽接地时,应使用图 15 所示的等电位连接方法。

4.4.7.4.2 直接方式

设计者应规定安装者是否使用直接屏蔽接地(见 5.7.4.3)。

4.4.7.4.3 直接方式和并联 RC 的派生方法

设计者应规定安装者使用直接屏蔽接地和并联 RC 屏蔽接地的哪种派生方法。派生方法示例见 5.7.4.4。

4.4.7.5 CP 特定要求

特定工业网络关于接地和屏蔽要求的附加信息见相应安装行规。

4.4.7.6 符合 ISO/IEC 24702 综合布线的特定要求

见 ISO/IEC 14763-2。

4.4.8 线缆的存储和运输

4.4.8.1 一般描述

设计者应要求在特定的当地环境条件下的运输、存储和安装过程中满足制造商的装卸和存储要求。为保护线缆终端避免腐蚀,在安装并端接前应密封线缆两端。

4.4.8.2 CP 特定要求

特定工业网络关于存储和运输要求的附加信息见相应安装行规。

4.4.8.3 符合 ISO/IEC 24702 综合布线的特定要求

见 ISO/IEC 14763-2。

4.4.9 线缆敷设

4.4.9.1 一般描述

本条描述了建筑物和外壳内以及建筑物外对 CP 线缆敷设的要求。

注：与综合布线相关的线缆敷设要求见 ISO/IEC 14673-2。

——应选择使噪音耦合和串扰最小化的线缆路线；

——应选择避免损害线缆(光纤和对称线缆)路线。

对于预制组件(见 4.4.9.2)以外的线缆的布置和防护，设计者应要求使用线缆管路。线缆管路应符合 ISO/IEC 18010。对线缆管路系统的选择应考虑环境条件。应考虑线缆供应商的使用说明，以确定所选的管路系统对于要安装的线缆是适用的。

此外，设计者应要求用于 EMC 目的的管路系统按如下规则进行安装(见图 29)：

——应使用实心金属墙结构。只允许使用能提供要求的 EMC 防护等级的网状栅结构。应避免使用导线管路和有开口的管路。

——应使用刚性金属带连接管路，并以最大面积覆盖其间隙。

——当已连接的管路系统的两部分需彼此独立地移动时，才允许使用编织带连接。

注：不推荐在管路系统的两部分之间使用单编织带，其原因是这将导致局部阻抗过高，从而降低其电磁性能。当频率在 MHz 以上时，线缆管理系统两部分之间的 10 cm 编织带将使阻抗性能降低 10 倍以上。

应规定合适的线缆管路和管路系统，以确保在安装和操作过程中保护线缆避免损坏，并且符合供应商对弯曲半径、抗张强度、耐挤压性和温度范围的规定。

包含可燃性材料(例如聚乙烯护套)的信息技术线缆符合以下要求之一：

a) 在建筑物内终止，且在防火栅(例如：地板/天花板/墙)的内部穿越点的 2 m(或由国家或地方法规规定的其他距离)范围内；

b) 在线槽或管道内安装，且该线槽或管道可认为是符合地方防火法规的防火栅。

4.4.9.2 组件的线缆敷设

设计者应确保自动化系统预制的子组件按 4.4.10 进行设计。

在卷绕"C"轨道应用中应使用合适的高柔性线缆。对于要求持续移动线缆的应用，如线缆以弯曲柔性方式移动的机器人应用(见 4.4.1.5)，应为其选择适当的柔性线缆。

4.4.9.3 在外壳内线缆敷设的详细要求

设计者应规定：

a) 对使用管路的要求(例如：连续金属，不连续金属，非金属)；

b) 按表 16 定义的电路类型，将线缆分为单独的束；

c) 线缆屏蔽应是连续的，并按制造商给出的说明书和 CP 安装行规端接线缆。

4.4.9.4 建筑物内的线缆敷设

除了 4.4.9.1 规定的要求外，设计者应提出如下要求：

a) 建筑物内的通信线缆路径应与表 16 中的其他线缆电路分离。

b) 当安装在金属管路内时，管路应按 4.4.7.3 进行接地和等电位连接。

c) 如果通信线缆与其他线缆电路共用同一管路，则可要求使用金属隔板进行隔离。金属隔板的选择应符合 EMC 要求(见图 B.5)。

d) 如果通信线缆、低压电缆或单个线缆电路类型共用一个金属管路，则这几个线缆电路类型应通过金属隔板彼此隔离。隔板应直接连接到管路上。

4.4.9.5 建筑物外的线缆敷设

通常，适用于建筑物内安装布线的规则也适用于建筑物外安装的线缆。在建筑物之间安装的线缆应安装在塑料管内。

应对安装在地上的铜缆进行适当的防雷电保护。

注：考虑到防雷电和/或建筑物和外部设施之间较大的地电位偏移，在建筑物之间以及建筑物和外部设施之间推荐使用光纤连接。

4.4.9.6 冗余通信线缆的安装

冗余线缆应总是安装在分开的线缆路径上，以防止同时被损坏。应使用标签区分冗余线缆。设计者可要求符合 IEC 62439 的附加措施。

4.4.10 电路间距

表 16 定义了不同电路类型的最小距离。

表 16 中的要求适用于所有布线。

表 16 线缆电路类型和最小距离

电路类型	线缆用途	外壳外敷设距离	外壳内或金属管路内敷设距离
大于 100 kVA 的交流电源线 大功率数字 a.c. I/O 大功率数字 d.c. I/O 从运动驱动器到电机的电源连接(导线)	电机 电机驱动器 次级火花放电 电焊机，电源	0.6 m (24 in)	0.3 m (12 in)
模拟 I/O 线和模拟电路 小功率数字 a.c./d.c. I/O 线 控制用通信线缆 20A 或更高交流电源线(不超过 100 kVA)	开关式 I/O 螺线管 接触器	0.3 m (12 in)	0.15 m (6 in)
低电压 d.c. 电源线 在同一外壳内连接系统部件的通信线缆 过程信号(≤25 V) 非屏蔽 d.c. 电压(≤60 V) 非屏蔽 a.c. 电压(≤25 V) 载流小于 20 A 的导线	直流电源 低压 d.c. I/O	0.15 m (6 in)	0.08 m (3 in)
电灯和电源	最小距离：8 cm (3 in)： 0 V～100 V：8 cm (3 in) 101 V～200 V：11cm (4 in) 201 V～300 V：13 cm (5 in) 301 V～400 V：16 cm (6 in)		

4.4.11 布线部件的机械防护

4.4.11.1 一般描述

连接器和双卡套接头连接器放置的位置应使来自临近设备的损害降至最低。

布线部件应安装在能防护来自机器运动(包括拖动电机)的损害的区域内。

可要求对坠落物体、液体、高温和火花的防护。

4.4.11.2 CP 特定要求

关于特定工业网络对布线部件机械防护要求的附加信息见相关的安装行规。

4.4.11.3 符合 ISO/IEC 24702 综合布线的特定要求

见 ISO/IEC 14763-2。

4.4.12 在特殊区域的安装

4.4.12.1 一般描述

应基于区域或应用的特性选择线缆结构或防护。例如:焊接飞溅应用要求防焊接飞溅布线或在布线上加防护套。

应提供安装实现文档。

4.4.12.2 CP 特定要求

关于特定工业网络在特殊区域的安装要求的附加信息见相关安装行规。

4.4.12.3 符合 ISO/IEC 24702 综合布线的特定要求

见 ISO/IEC 14763-2。

4.5 布线设计文档

4.5.1 一般描述

应基于 4.1、4.2、4.3 和 4.4 完成布线设计文档,该文档应包含 4.5.2、4.5.3 和 4.5.4 中列出的适用元素。

4.5.2 CP 的布线设计文档

布线设计文档应包含下列信息:

——规定的环境;

——每个 AO 的位置;

——互连的位置;

——线缆段的长度;

——管路类型(线缆槽、管道、导管、金属导轨等);

——线缆类型(屏蔽、非屏蔽、光纤等);

——满足规定环境(柔性、液体或灰尘侵入等级、温度等)的附加线缆要求;

——线缆布置说明(敷设);

——AO 和线缆的标记说明;

——连接器类型,包括规定环境下的密封要求;

——设备连接位置;

——要求的调节(mitigation);

——要求的通道/永久链路性能;

——布线的生命周期;

——接地和屏蔽要求;

——根据 IEC 60825-2 对包含光纤布线的区域的标注;

——要求的测试列表;

——网络性能标称值和实际值的比较表;

——备件列表。

4.5.3 网络认证文档

如要求电气安全认证,则设计者应定义要求的文档,以及获得认证和要求文档所需步骤的列表。

4.5.4 符合 ISO/IEC 24702 综合布线的布线设计文档

见 ISO/IEC 14763-2。

4.6 布线设计规范的验证

设计者应验证布线设计工作是否充分地并正确地按 4.1.3 记录在文档中,尤其应对以下方面进行验证:

——设计的部件是否符合规定的环境；

——是否存在适当的车间/建筑物接地系统以支持要求的通信性能。

5 安装实现

5.1 通用要求

5.1.1 一般描述

应按布线设计文档(见 4.5)完成安装。安装实现过程中，如果与安装规范有差异，则安装者应咨询设计者，并应在布线设计文档中记录任何经过协商同意的差异。

5.1.2 CP 的安装

对于支持 IEC 61784 系列中规定的 CP 的布线，安装人员(在本标准中称为“安装者”)应熟悉 IEC 61784-5 系列的相应安装行规。

5.1.3 工业环境中的综合布线安装

对于符合 ISO/IEC 24702 的综合布线，安装的通用要求和建议应符合 ISO/IEC 14763-2。工业环境综合布线安装的特定要求和建议在本条中详细给出。

5.2 线缆安装

5.2.1 所有布线类型的通用要求

5.2.1.1 存储和安装

应按制造商使用说明对布线部件进行运输、存储和安装。

此外，应满足布线设计文档中的要求(4.4.8)。

5.2.1.2 保护通信线缆避免潜在机械损坏

通信线缆不应承受超过制造商规定的机械载荷，以及安装行规中定义的且符合表 17、表 18、表 19、表 20 中的模板的机械载荷值或取值范围。设计者规定的线缆管路和管路系统的安装应确保线缆免受损害，并保证在安装过程中符合供应商对弯曲半径、抗张强度、抗破碎性和温度范围的规定。

注：值和取值范围的示例在 CP 的安装行规中提供。

表 17 对称线缆参数

特性		值
机械力	最小弯曲半径，单次弯曲/mm	
	弯曲半径，多次弯曲/mm	
	拉力/N	
	永久张力/N	
	最大侧向力/(N/cm)	
	安装过程的温度范围/℃	

表 18 硅光缆参数

特性		值
机械力	最小弯曲半径，单次弯曲/mm	
	弯曲半径，多次弯曲/mm	
	拉力/N	
	永久张力/N	
	最大侧向力/(N/cm)	
	安装过程的温度范围/℃	

表 19 POF 光缆参数

特 性		值
机械力	最小弯曲半径，单次弯曲/mm	
	弯曲半径，多次弯曲/mm	
	拉力/N	
	永久张力/N	
	最大侧向力/(N/cm)	
	安装过程的温度范围/℃	

表 20 硬包层硅光缆

特 性		值
机械力	最小弯曲半径，单次弯曲/mm	
	弯曲半径，多次弯曲/mm	
	拉力/N	
	永久张力/N	
	最大侧向力/(N/cm)	
	安装过程的温度范围/℃	

在建筑物和机器的管路区域以及运输路线和快速道路区域，通信线缆应由连续封闭的金属导管或钢质线缆管道保护。

应参考线缆供应商的使用说明，以确定选择的管路系统对于要安装的线缆是适用的。

管路系统应由设计者规定，安装管路系统的目的是消除尖锐边缘或尖锐弯角造成的损害危险。边缘保护应按图 19 使用。必要时管路系统应提供对水或其他污染性液体的防护。

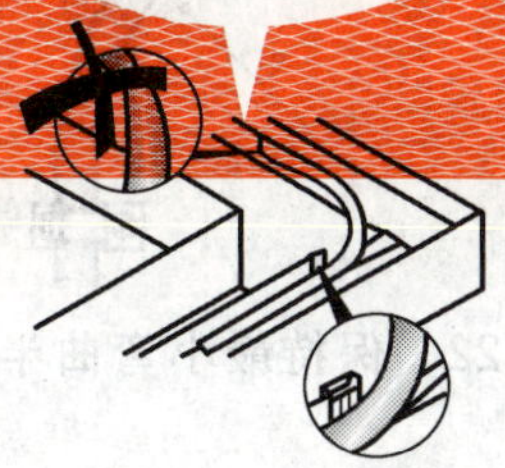

图 19 插入边缘保护

在布线安装前，管路应保持清洁，并避免在用的隔离板和桥接元件阻塞管路。入口处不应阻塞。

在共用管路内如需拉拽线缆，安装者应采取预防措施以防止对新的线缆和已存在线缆或结构的损害。

冗余线缆应总是安装在分开的线缆路线上，以防止同一事件的发生引起同时损害(见 4.4.9.6)。

5.2.1.3 避免形成环

当将线缆拉入管路时，应使用适当的线缆卷轴管理方法，以防止由扭转和结环造成的损坏(见图 20)。

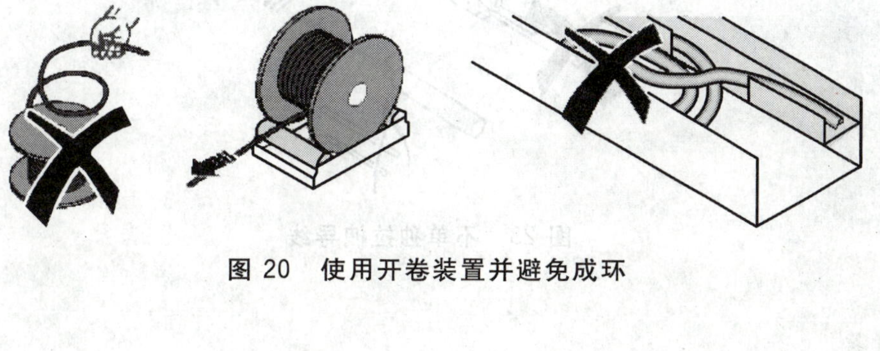

图 20 使用开卷装置并避免成环

5.2.1.4 扭转(扭曲)

扭曲应力能造成个别线缆结构元件的移动,因而会对线缆的电气特性有不良影响。鉴于此,通信线缆不应扭曲(如图21所示),除非是在扭曲应变方面做过特殊设计的线缆(例如,机器人应用)。

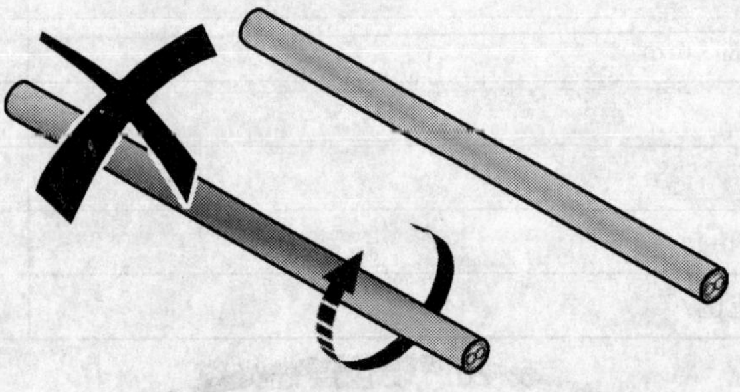

图21 避免扭曲

5.2.1.5 抗张强度(所装线缆的)

当在管路内安装额外线缆时,安装者使用的安装方法应保证不超过已装线缆的抗张强度限值。

5.2.1.6 弯曲半径

线缆的最小弯曲半径按5.2.1.2规定,应与制造商数据表一致。弯曲半径在任何时候不应低于规范中的要求。

注1:如无法满足这些要求,则会导致线缆电性能或光性能的永久降级。

注2:线缆的弯曲半径由以下描述决定。

当在拉伸负荷下拉拽线缆时,弯曲半径大于在无拉伸负荷安装状态下的弯曲半径。

当弯曲扁平线缆时,弯曲半径仅适用于扁平面。在圆形侧的弯曲要求更大的半径。

当按图22所示进行直角安装时,推荐使用线缆夹适当的减缓应力以保护线缆。

注3:线缆夹不能过紧,否则可能会压坏线缆。

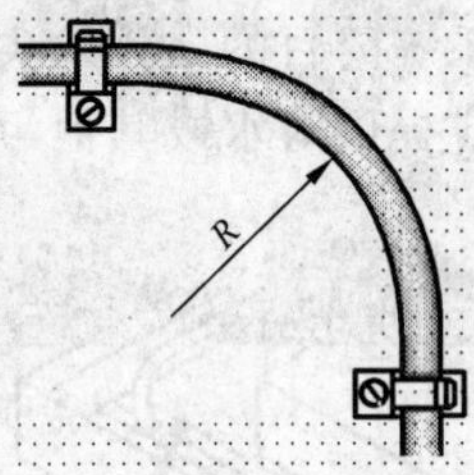

图22 保持最小弯曲半径

5.2.1.7 拉力

线缆允许拉力见5.2.1.2,应与制造商的数据表一致。在操作(如重绕)或安装过程中,施加在线缆上的拉力不应超过线缆的最大抗张强度。拉拽线缆时不应单独拉导线或光纤,见图23。

在线缆终端安装提拉夹,这有助于在将线缆拉入管路时降低线缆应变。在将线缆拉入管路时应使用导线卷轴降低线缆上的应变。

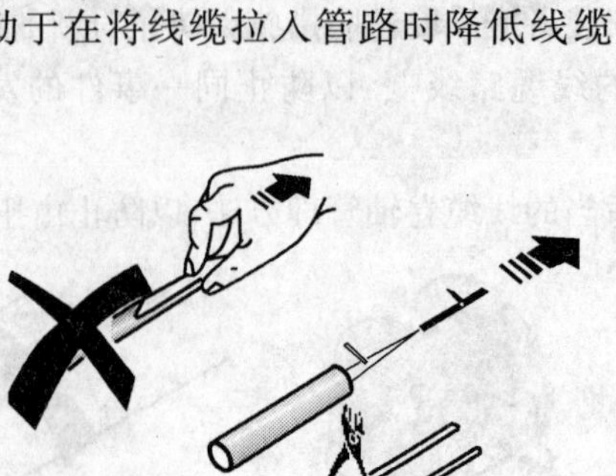

图23 不单独拉拽导线

5.2.1.8 安装应变消除装置

应变消除部件应安装在距离承受张力的所有线缆的连接点大约 1 m 处(见图 24)。

注:屏蔽护套上的线缆夹作为应变消除装置是不够的。

图 24 使用具有大(宽)表面的线缆夹

吊挂应用中对从顶篷悬挂下来的线缆应进行适当的应变消除。

线缆夹用于保证线缆在控制柜内处于适当位置。

注 2:线缆夹不能过紧,否则可能会压坏线缆。

使用具有大表面的织物压合带或塑料捆扎元件,保护线缆避免变形。捆扎元件的宽度应至少5 mm (0.197 in),且捆扎时无需电动工具。

5.2.1.9 在柜内或外壳内安装线缆

应使用具有弯曲保护的线缆导线密封套或其他适合方法,以保护线缆避免由于超过线缆的最小弯曲半径而造成的损害(见图 25)。

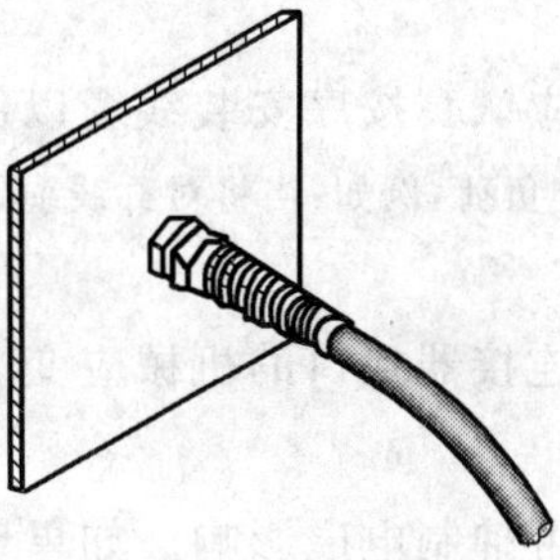

图 25 具有弯曲保护的线缆密封套

5.2.1.10 在移动部件上的安装

在移动部件(例如:在工业机柜/控制柜的门)上或移动部件之间安装线缆时,应通过适当的安装来保护线缆以避免低于规定的弯曲半径(见图 26)。

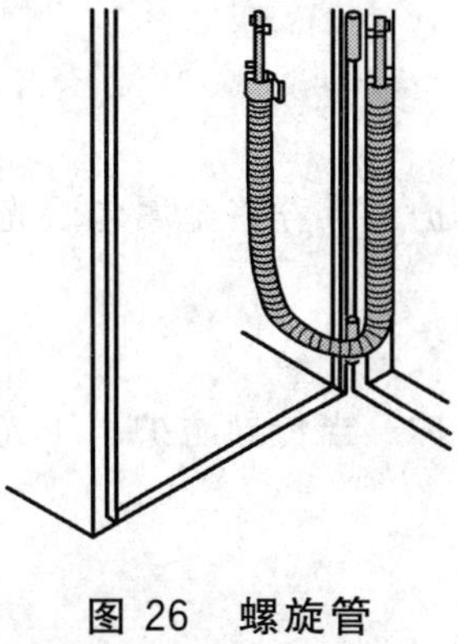

图 26 螺旋管

5.2.1.11 线缆压坏

应保护线缆避免压坏。应适当布置线缆或使用机械防护。

5.2.1.12 **连续柔性线缆的安装**

当将线缆安装在卷绕"C轨道"的情况下,应将线缆沿直线布置并与轨道的移动平行。此外,应遵守与其他电路的分离原则。在卷绕"C轨道"应用中应使用合适的高柔性线缆。连续柔性线缆应按4.4.1.5安装。

5.2.1.13 **光缆安装的附加说明**

5.2.1.13.1 **使用纱线拉拽**

仅在下述情况下,需使用线缆拉拽工具:

——线缆供应商使用说明书中对此做了规定;

——按线缆供应商使用说明书中的规定,将该工具用于线缆构件。

5.2.1.13.2 **使用光缆的注意事项**

应根据 IEC 60825-2 或地方法规的安全要求,完成光缆的安装。

打开的可接触的光纤终端应远离皮肤和眼睛。

在实践活动中宜采纳下面的建议。

安装和维护人员绝不能用裸眼或显微镜直接看光纤终端。

当查看光纤连接器时,安装者应确保光纤的另一端没有连接收发器或光源。

5.2.1.13.3 **保持插头清洁**

应在所有暴露的光纤插头和适配器上使用保护帽,以避免光纤端面的污染和损坏。

5.2.1.13.4 **负荷下的衰减变化**

当将光缆和其他线缆类型混合时,应认真按序安装线缆以保护线缆避免损坏。

注:这是为保护光缆避免增加弯曲和拉伸负荷,例如:当将对称线缆置于共用的线缆管路时。

5.2.1.13.5 **应变消除**

应使用应变消除设备,以减轻线缆连接器接口的机械应变。

5.2.1.13.6 **EMC 强度**

即使没有金属护套或铠装,光缆也可抑制电磁影响。如果地方法规允许,光缆可直接与其他电路混合(例如:230/400 V 电源)。

5.2.1.13.7 **直埋式**

当在地下安装光缆时,光缆应适合直埋并满足下述要求:

——地方法规;

——雷电安全;

——防啮齿类动物的损害;

——防化学损害。

光缆的金属包层提供额外的机械防护。推荐将金属包层光缆用于直埋式应用和其他需要机械防护的应用。

5.2.1.13.8 **抗压性**

金属护套或铠装为光缆提供机械防护。当传导防护用于光缆时,将光缆与其他高压线路混合时需谨慎。

5.2.2 **安装和敷设**

5.2.2.1 **一般描述**

安装者应确保线缆符合建议路线的环境条件。环境分类见4.2.3和附录B。

对如下方面应特别关注:

——当在高温环境敷设线缆时,安装的线缆应适合高温环境;

——当线缆敷设经过潮湿环境时，安装的线缆应适合潮湿环境；

——当在有腐蚀性化学药品或腐蚀性气体的区域进行敷设线缆时，安装的线缆应适合此特定腐蚀性环境。

除非选择合适的部件或采用如下的减轻干扰的技术，线缆的敷设应考虑当前存在的和潜在的电磁干扰。

——应将线缆布置为远离高 EMI 源，如：电机、电机驱动器、弧焊和电感加热器等；

——不应将线缆与其他载有噪声的导体(包括电源)并行走线。

安装者应采取措施以避免线缆内存在的任何可燃物质(例如：石油凝胶)在管路、箱体或终端任何点的泄漏。

当线缆包含液体或胶体填充物质时，建议在线缆的暴露终端使用保护帽(或类似物)。当在线缆安装和终端间存在较大延时时，这尤其重要。

对于光缆，安装者应遵守最小布线路径损耗要求(线缆和连接器)，以确保合适的有用通道。此外，应遵守线缆、插头连接器和设备制造商的使用说明。

应按布线设计文档使用标记。

5.2.2.2 电路隔离

为避免 EMI 对通信的不良影响，应遵守用于不同电路的线缆间的最小间距，最小距离由设计者按照 4.4.10 定义。

应将通信线缆安装在与其他电路分开的管路内，以降低 EMI 对通信线缆的影响。在共用管路内，通信线缆应通过设计者规定的金属隔板(见图 B.5)，将通信线缆与其他电路隔离。

图 27 给出光缆的隔离示例。

注：隔离有很多益处。

——改善 EMC；

——保护现有线缆，避免由于在管路内拉拽其他线缆而造成的损害；

——如需故障检测，则易于定位。

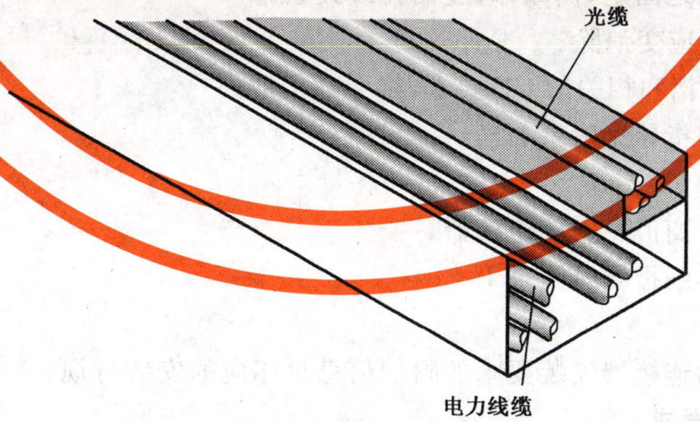

图 27 隔离的线缆管路

5.2.3 CP 特定要求

关于特定工业网络的线缆安装要求的附加信息见相应的安装行规。

5.2.4 无线安装的特定要求

无。

5.2.5 符合 ISO/IEC 24702 综合布线的特定要求

见 ISO/IEC 14763-2。

5.3 连接器安装

5.3.1 一般描述

应按连接硬件的制造商/供应商提供的使用说明端接线缆。如果端接线缆要求特定工具，则仅能使用制造商推荐的那些工具。

完成端接线缆后，线缆元件应按某种方式布置，在这种方式下允许在后续修理、安装布线的扩展或延伸期间，能在对临近部件的干扰最小的情况下接触单个连接器、节点和线缆元件。

连接器引脚对的分配应符合布线设计文档。

当制作线缆或线束时，安装者应参考附录 H 以获得合适的连接器和连接器接线的信息。

应避免下面的常见错误：

a) 当剥线缆皮时，切断导线绝缘。如果安装者损坏绝缘，应切除该段线缆重新开始。

b) 将连接器外壳或保护罩未按连接器安装的正确次序布置。

c) 将对称多芯线缆的线对的绞接打开的太远，这对于维护对称线缆布线系统的系统性能十分重要。

d) 导线在连接器中的错误连接。

此外，应根据 5.3.2 和 5.3.3 中描述的基本规则以及建议，来端接 UTP 和 STP 双绞线线端。

在将导线安装到连接器时，应将导线修剪的越短越好。线缆外套的长度应足够长，以深入到连接器后端。

应按布线设计文档使用标记。

5.3.2 屏蔽连接器

线缆屏蔽应完全覆盖全部长度的线缆(仅通过排扰线的屏蔽接触在高频时作用不大)。线缆屏蔽应在所有终端点处端接。

在每个终端点：

a) 需特别注意连接元件的装配。根据法拉第笼原理，屏蔽应 360°接触。屏蔽连接应为低阻抗设计。

b) 屏蔽应连续通过合适的屏蔽连接，不应只使用普通针式插头。

c) 应避免屏蔽的不连续，例如：屏蔽、柔韧铜辫和环线中的小洞。

d) 屏蔽连接应可靠地固定，例如，通过捆扎或夹紧。

e) 屏蔽不应被用作应变消除。

f) 应按布线设计文档和相关的 CP 要求，将屏蔽接地。

端接屏蔽线缆的详细指导见附录 I。

5.3.3 非屏蔽连接器

按设计者建议和制造商信息安装连接器。

端接非屏蔽线缆的详细指导见附录 I。

5.3.4 CP 的特定要求

关于特定工业网络的连接器安装要求的附加信息见相应的安装行规。

5.3.5 无线安装的特定要求

无。

5.3.6 符合 ISO/IEC 24702 综合布线的特定要求

见 ISO/IEC 14763-2。

5.4 终端电阻安装

5.4.1 一般描述

终端电阻的安装应符合布线设计文档。

注：任何对称线缆元件或屏蔽的不合适终端可能会降低传输性能，增加辐射并降低抗扰度。(来自 GB/T 18233—2008，10.1.6)

5.4.2 CP 特定要求

关于特定工业网络的终端电阻安装要求的附加信息见相应的安装行规。

5.5 设备安装

5.5.1 一般描述

如果关于设备的布置与布线设计文档存在偏离，一旦安装者与设计者达成一致，则安装者应在布线实现文档中增加关于设备布置的注解。

应按布线设计文档使用标签。

5.5.2 CP 特定要求

关于特定工业网络的设备安装要求的附加信息见相应的安装行规。

5.6 编码和标记

5.6.1 一般描述

应按设计者要求使用编码和标记。

5.6.2 CP 特定要求

关于特定工业网络的编码和标记要求的附加信息见相应的安装行规。

5.7 装置、设备和屏蔽布线的接地和等电位连接

5.7.1 一般描述

安装者应按本条规定的布线设计文档，完成安装(包括装置、管路、设备和线缆屏蔽)的接地，并应采用 IEC/TR 61000-5-2 中的建议。

如果布线设计文档要求，安装者应确保接地导体满足下面的规定：

- 接地阻抗应小于 1 Ω，最好小于 0.6 Ω。在通信设备或线缆屏蔽的任意两个接地点间测量接地阻抗。

注 1：在高频情况下，接地导体的电感因素将增加有效接地阻抗(见附录 B)。

注 2：低阻抗并不是在通信错误情况下保证功能特性的充分条件。

安装者应确保到接地母线的连接电阻小于 0.005 Ω。

按布线设计文档使用标记。

5.7.2 外壳和管路的等电位连接和接地

5.7.2.1 等电位导体和接地导体的尺寸和长度

如果导体尺寸要求未在布线设计文档中定义，则安装者应使用 4.4.7.2.1 中定义的线缆横截面值。

接地导体长度不应长于完成连接所需的长度。

接地导体不应被置于金属管道中，除非该导体在金属管道的每一端都进行了等电位连接。

注：忽略等电位连接要求会增加接地导体阻抗，并降低噪声的低阻抗接地路径的有效性。

5.7.2.2 搭接线和尺寸

如果搭接线要求未在布线设计文档中定义，则安装者应使用 4.4.7.2.2 中定义的搭接线尺寸。

5.7.2.3 表面处理和方法

图 28 给出了接地的合适机械实现的示例。

当安装接地硬件时，安装者应完成下面的工作：

——在固定地线前，应清除接地表面的任何涂漆；

——在螺栓和接地片之间以及接地片和接地板之间使用星形垫圈(见图 28)。

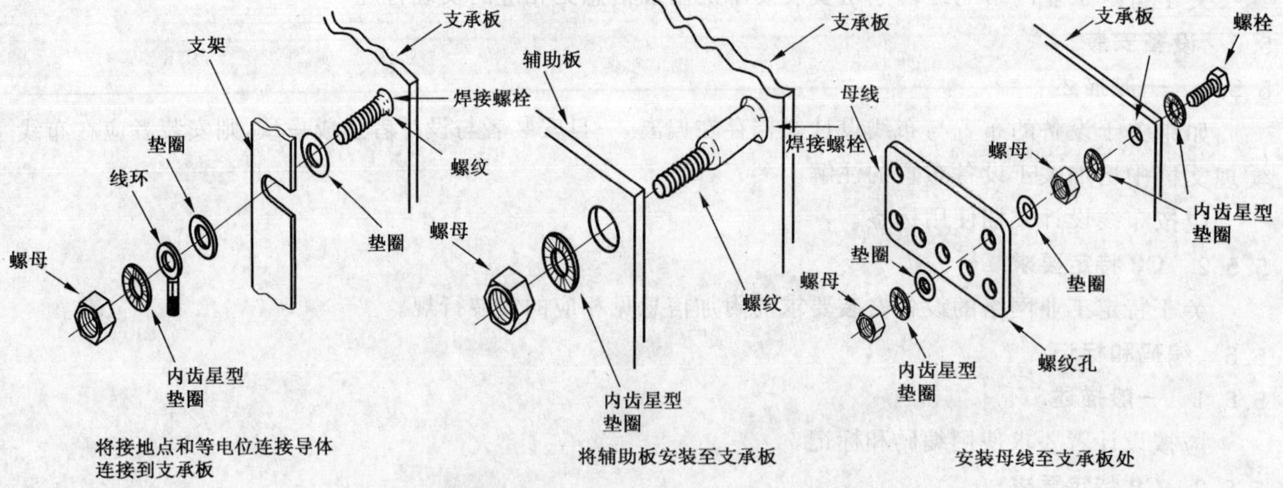

图 28 机电地和等电位连接的表面处理

应保护对地连接不受腐蚀以确保长期稳定性。

5.7.2.4 外壳和管路的等电位连接和接地

图 29 说明按照 4.4.7.2.4 规定的设计者要求，安装者如何使用柔性搭接线和金属搭接片。

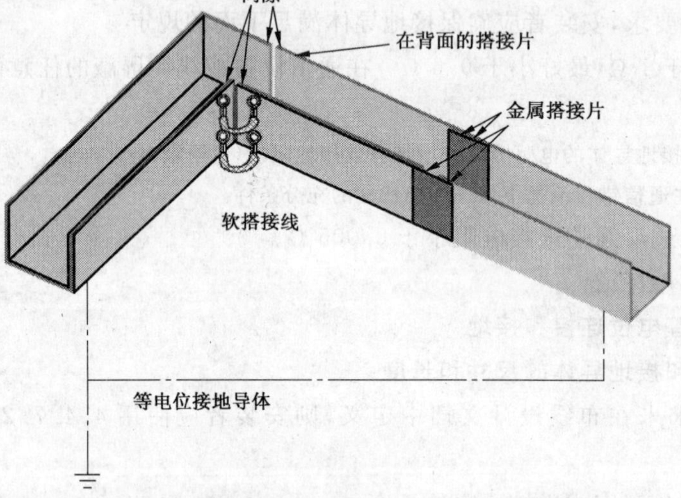

图 29 在可移动金属管路内使用软搭接线

5.7.3 接地方法

5.7.3.1 网状等电位

当安装外壳和通信设备时，除了由设计者规定的要求，安装者应确保下述要求和 5.7.2.4 规定的要求。

a) 等电位轨道应在每个工业机柜/控制柜内接地，并连接到其他控制柜的等电位轨道上；

b) 应按设计者的规定，将已安装网络的每部分和设备电连接至尽可能多处的等电位系统/功能地。接地导体、支架、机器部分或支撑结构、任何附加等电位连接导体应集成到等电位系统。

5.7.3.2 星型

当布线设计文档规定了星型接地系统，且要求设备连接到与保护地隔离的功能接地系统时，应使用设计者规定的方法以及下面的规范：

a) 图 30 所示为隔离的母线提供的连接点。母线为星型接地系统提供方便的星型接地点。

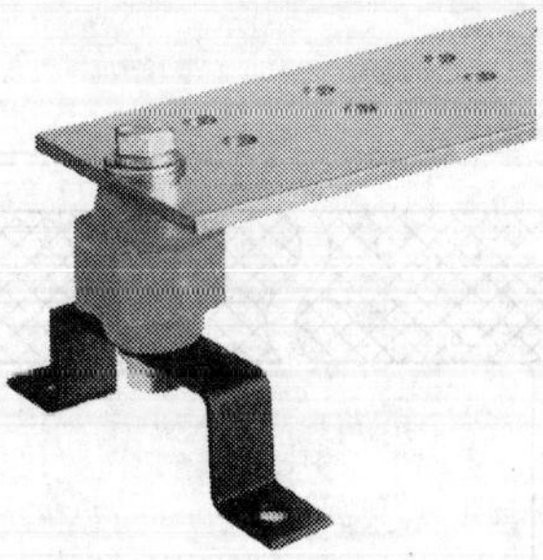

图 30　隔离母线示例

b)　如果通信部件是通过 DIN 轨道安装的，则应使用 DIN 轨道的绝缘体(见图 31 给出的示例)。

图 31　DIN 轨道安装的绝缘体示例

缩短星型接地系统中接地导体长度的方法要求将一个工作单元连接至共用星型连接器上，并将该星型连接器连接到建筑物的接地系统中。这将有助于消除局部工作单元内的地电位偏移。如果屏蔽通信线缆跨越不同的工作区域，则关联地应为星型接地系统的一部分。

5.7.3.3　装置(设备)的接地

5.7.3.3.1　非接地或并联 RC

当布线设计文档要求设备与地隔离时，则泄漏电流应符合相关安装行规。

如果在地和设备间使用并联 RC 电路，则该电路的安装应符合布线设计文档和相关通信行规。RC 值应符合相关通信行规。安装者应证实并联 RC 电路的存在以确保设备被正确隔离。需要图 30 中所示的隔离的支座防止 RC 电路短路。

5.7.3.3.2　直接接地

应按 5.7.1 中的规定建立到地的直接连接。

5.7.4　屏蔽接地方法

5.7.4.1　概述

当使用屏蔽线缆时，设备外壳和用于现场总线设备安装的控制柜，应通过对地的大面积金属连接(例如：使用铜质材料确保良好连接)，使其具有相同的地电位。

很重要的一点是：要确保通信线缆屏蔽不会由于地电位偏移以及设备和外壳的不正确接地而传导噪声电流。在线缆屏蔽中的噪声电流会造成通信网络的紊乱。

后续条给出了对接地技术的描述，该技术已被证实有助于降低由于屏蔽结束处的地电位偏移造成的通信故障。

5.7.4.2　并联 RC

屏蔽的并联 RC 接地如图 32 所示。

图 32　并联 RC 屏蔽接地

5.7.4.3 直接接地

屏蔽的直接接地如图 33 所示。

图 33 直接屏蔽接地

此外，安装者应遵从下列要求：

a) 用金属线缆夹固定编织屏蔽带(见图 34)。

b) 仅在铜编织屏蔽层上而不在常见的铝箔屏蔽层上建立线缆接触。铝箔屏蔽层常被固定在塑料薄膜的一侧，以增加抗扯强度，所以不用作导电。

c) 当剥去线缆的外套时，不能损坏线缆屏蔽箔和编织带。

d) 镀锡表面或稳定的镀锌表面对建立良好接触十分理想。对于镀锌表面，有必要使用合适的螺丝连接建立接触。有涂漆表面的接触点是不合适的。

e) 屏蔽护套夹/接触件不应被用作消除应变，除非明确设计为可用于此目的。接触可能变松或脱离。

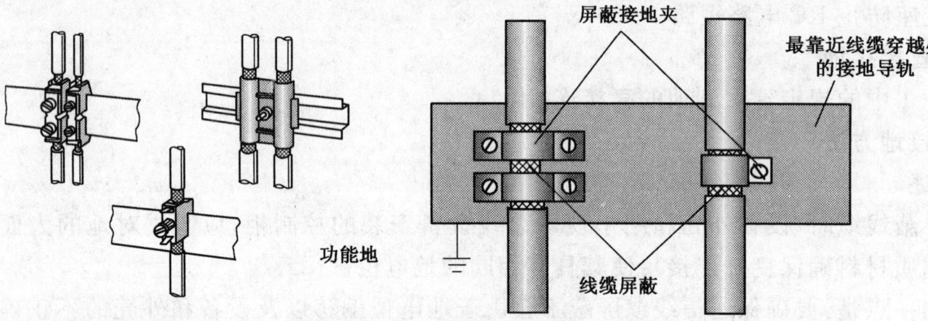

图 34 屏蔽应用示例

5.7.4.4 直接接地和并联 RC 接地的派生接法

屏蔽的直接接地和并联 RC 接地的派生接法示例见图 35 和图 36。

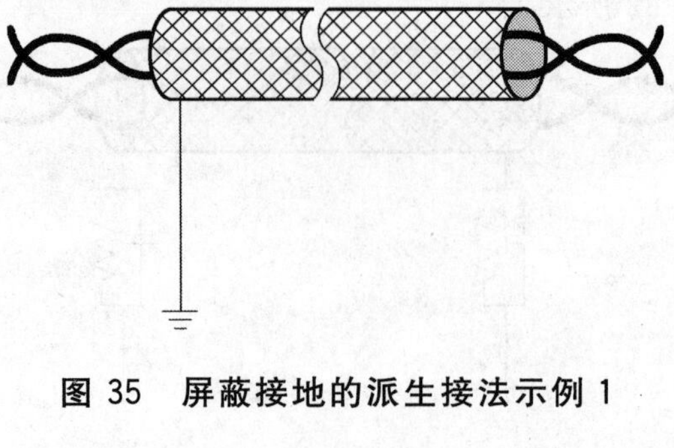

图 35 屏蔽接地的派生接法示例 1

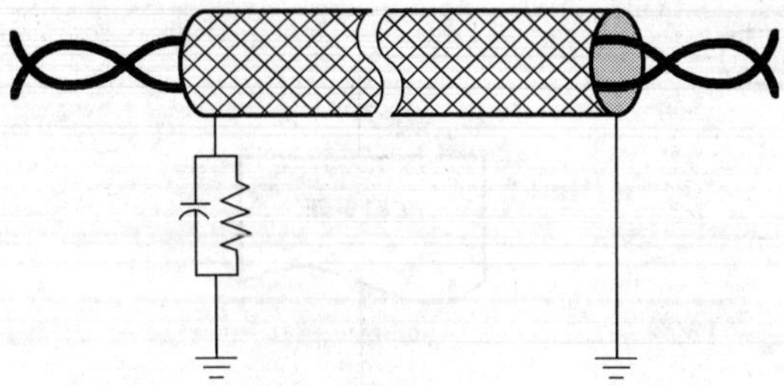

图 36 屏蔽接地的派生接法示例 2

5.7.5 CP 特定要求

关于特定工业网络接地和屏蔽安装要求的附加信息见相应的安装行规。

5.7.6 符合 ISO/IEC 24702 综合布线的特定要求

见 ISO/IEC 14763-2。

5.8 实现的布线的文档

安装者应将网络安装的结果记入文档。实现的布线的文档应至少包括以下项：

a) 安装部件的详细目录；

b) 线缆敷设；

c) 使用的标记；

d) 连接到网络的设备位置。

6 安装验证及安装验收测试

6.1 概述

本条说明对已安装布线设施的验证及安装验收测试。

安装验证包括检查布线设施及测试有关方面(如接地系统)是否符合以下验证要求：

a) 布线设计文档以及所记录的偏离与补充；

b) IEC 61784-5 系列的适当安装行规，或 ISO/IEC 24702(综合布线)；

c) 第 5 章的要求。

验收测试确保安装有能力支持要求的应用并包括以下：

——检查已安装的布线；

——根据布线设计文档及任何记录的差异进行线缆传输性能测试。

如果布线支持 IEC 61784 系列中的 CP，则测试执行人员应熟悉相应的 CP 安装行规或 ISO/IEC 24702(综合布线)。

6.2 安装验证

6.2.1 概述

验证者应检查(目视检查以及简单测量)整个网络的安装是否完全符合布线设计文档，并且根据要求检查实现的布线的文档是否完整、正确。

在进行每次附加连接或在添加、维护、更改和移除行为后，也要进行验证。

注：验证者的工作一般由安装者自己在安装结束后执行。

根据布线设计文档，需要验证的项列在后续条中。

这些验证活动项是为了保证按照布线设计文档进行网络安装，并支持将来的维护和/或故障检测活动。

图 37 示出了安装验证过程指南。

在 CP 基础上选择商用的测试工具。

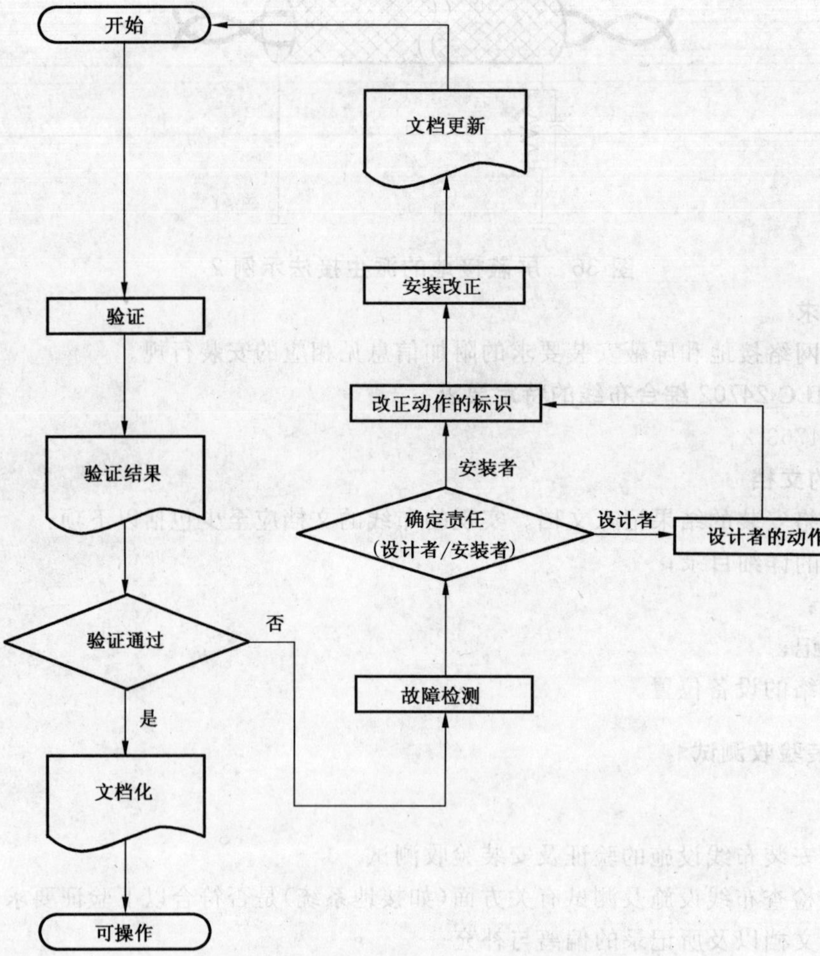

图 37　安装验证过程

6.2.2　根据布线设计文档的验证

为了正确安装，应根据后续条中的要求及附录 G 中的检查列表验证每个安装的布线。

关于特定工业网络的安装验证要求的其他信息，可见相应的安装规范。

6.2.3　接地及等电位连接验证

6.2.3.1　概述

所有接地和等电位连接都应符合布线设计文档，并应验证其是否满足本条规定的最小电阻要求。

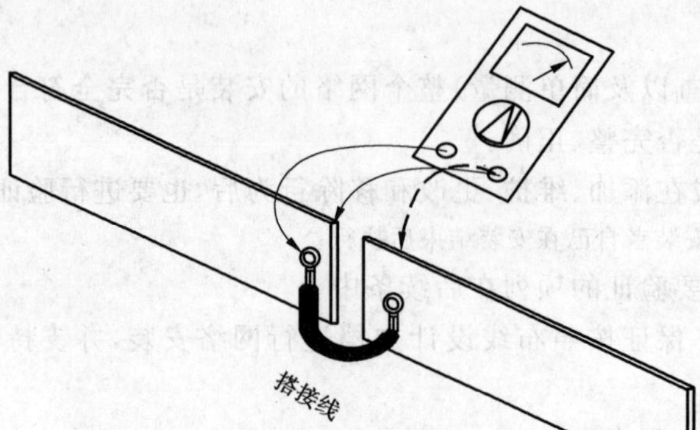

图 38　接地连接测试

通过使用合适的电压表(或示波器),在无通信线缆连接的情况下,测试(见图38)任何已安装的接地点和等电位连接与一个之前存在的接地点和等电位连接之间的电阻或电压偏差是否小于0.6 Ω或1 V。等电位连接或接地导体同任何金属表面之间的机械连接的电阻应小于0.005 Ω。如果距离原因导致该测试不能能执行,则应对接地要求进行目视验证以及验证连接点的电阻测量值。目视验证应包括验证接地和等电位连接的导体尺寸是否符合布线设计文档。如果上述条件不能满足,则应改正接地系统或考虑其他媒体(UTP、光缆或无线)。

注:长和/或小直径的接地导体可增加接地阻抗,导致在雷电事件中接地无效。

本条适用于所有设备、设备外壳和通信间。

应验证铜母线是否正确安装。如果母线在装配点与建筑用钢隔离,应验证母线同装配点之间的绝缘电阻是否大于2 MΩ。如果母线直接固定到建筑用钢上,应验证母线同建筑用钢之间的电阻是否小于0.005 Ω。

当设计者要求时(见4.4.7.3.4),应依据地方法规及本规范要求,使用适当的导体将母线连接在一起。验证导体的尺寸是否合适及导线同母线之间的等电位连接电阻是否不大于0.005 Ω。

如果等电位,则需验证星型或网状配置是否正确实现。

6.2.3.2 接地及等电位连接的特殊要求

关于特定工业网络的接地及等电位连接验证要求的其他信息,可见相应的安装行规。

6.2.4 屏蔽接地验证

本条适用于当使用屏蔽线缆或带有屏蔽的元件或单元时的情况。仅提供基本指南。

为电气安全和EMC提供适当接地的必要规程要遵从国家及地方法规、取决于合适的工艺,并且有时仅通过特定的施工安装实现。

值得注意的是,不合适的屏蔽终端可降低安全性或性能。

当屏蔽应接地时,应根据相应CP安装行规的要求对其进行验证。如果没有特定指南,则应验证屏蔽与接地点之间是否不大于0.005 Ω。

6.2.5 布线系统验证

6.2.5.1 线缆敷设验证

目视检查应验证线缆敷设是否符合设计者要求以及线缆敷设技术。

注:根据CP或安装的网络,有一些特定的拓扑限制(所支持的拓扑见第4章及相应CP安装行规)。布线设计文档应为要安装的网络定义拓扑结构。

网络的目视检查应包括验证线缆的安装是否按本标准及地方法规的规定(见4.4.10),与电路具有正确的绝缘以及隔离。

6.2.5.2 线缆保护及适当的应变消除的验证

如适用,则验证线缆进入及离开外壳时是否保持密封、适当的应变消除及滴水圈。

6.2.6 线缆选择验证

6.2.6.1 一般描述

验证应包括验证安装的部件是否符合布线设计文档及实现的布线的文档。

6.2.6.2 CP特定要求

关于特定工业网络的线缆选择验证要求的其他信息,可见相应的安装规范。

6.2.6.3 无线安装的特定要求

无。

6.2.7 连接器验证

6.2.7.1 一般描述

连接器验证包括以下两个要求:

——连接器是否符合布线设计文档；

——已安装的连接器是否符合安装行规和制造商数据单。

6.2.7.2 CP的特定要求

关于特定工业网络的连接器验证要求的其他信息，可见相应的安装规范。

6.2.7.3 无线安装的特殊要求

无。

6.2.8 连接验证

6.2.8.1 一般描述

验证者应验证连接和所用连接器的个数是否合适，以及接线图是否符合后续条款的描述。

6.2.8.2 连接和连接器的个数

验证连接和所用连接器的个数(尤其是允许连接的个数)是否合适并符合布线设计文档。

6.2.8.3 接线图

验证者应验证接线图是否符合布线设计文档。测试方法在IEC 61935-1的5.3.2.2中给出。

接线图是为了验证每个末端的管脚到管脚(pin-to-pin)终端是否正确并检查安装连接错误。对于线缆中的每个导线，接线图指示：

——到远程末端的连续性；

——任何两个或多个导体间的短路；

——反向线对；

——劈分线对；

——换位线对；

——任何其他未用导线(miswiring)。

图39和图40示出了引脚和线对分组分配的示例。不正确的配对示例见图41。

当一个线对的极性在永久链路的末端被颠倒时，就出现了反向线对(也称为顶端/环反相)。

当一个线对中的两根导线被连接到远程连接上的其他线对位置时，就出现了换位线对。

注1：线对换位有时指交叉线对。

当保持引脚到引脚的连接但物理线对被分开时，就出现了劈分线对。

注2：当测试2对系统时，可能需要线缆测试仪的连接器转换以支持M12连接器。另外，该硬件需支持已正确配置的两对线缆。

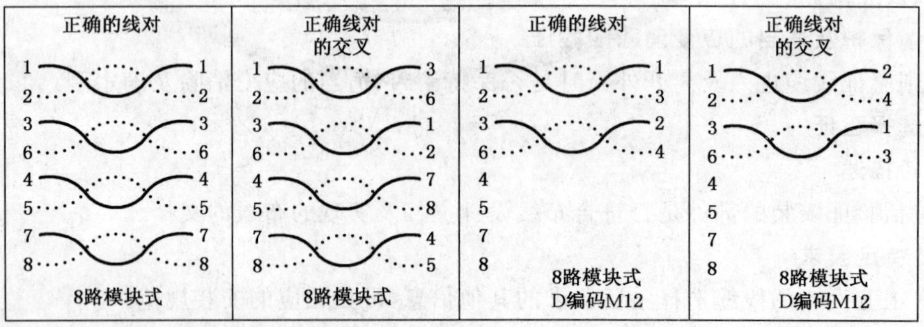

图39 2个8路GB/T 15157.7连接器与4路IEC 60603系列到IEC 81076-2-101连接器引脚和线对分配

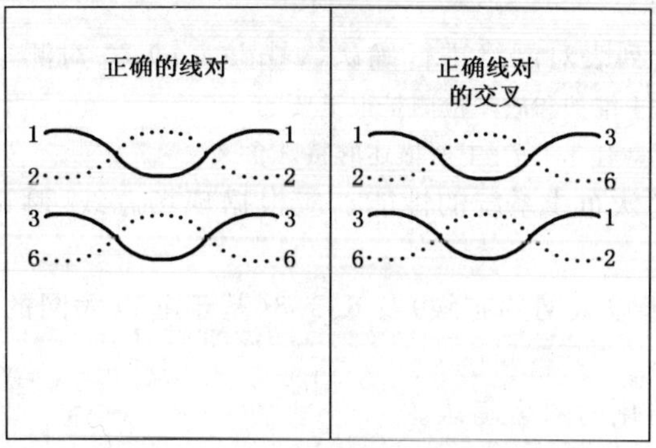

图 40　2 对 8 路模块式连接器

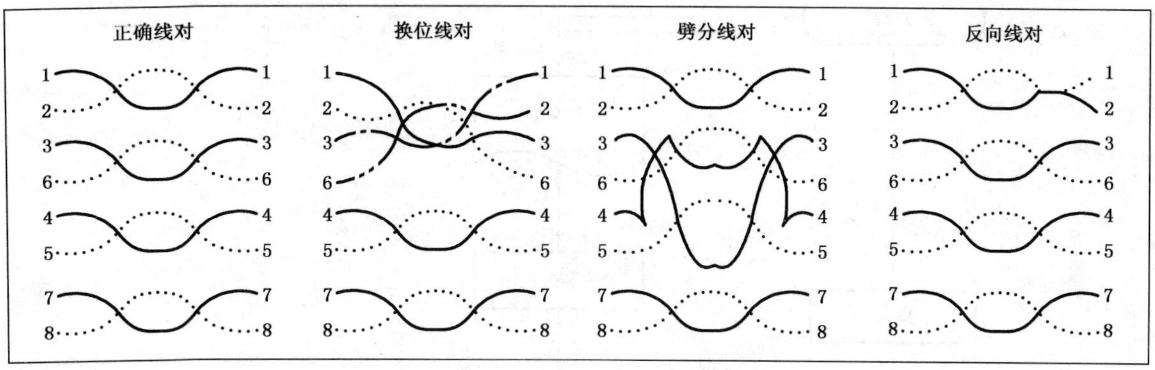

图 41　换位线对、劈分线对和反向线对

6.2.9　终端电阻验证

6.2.9.1　一般描述

验证过程应包括目视验证和电气验证(即验证终端电阻值、放置及保护作用)是否符合布线设计文档。

6.2.9.2　CP 特定要求

关于特定工业网络的终端电阻验证要求的其他信息,可见相应的安装规范。

6.2.10　编码和标记验证

6.2.10.1　一般描述

验证者应验证是否有标记以及标记是否包含布线设计文档中要求的文本。当要求时,验证者应验证标记是否用耐用材料制成并带有永久可读的文本。

6.2.10.2　特殊编码及标记验证要求

关于特定工业网络的编码和标记验证要求的其他信息,可见相应的安装规范。

6.2.11　验证报告

验证的成功完成应记录在最终的验证报告中。报告应包括由验证者填写的检查列表(见附录 G)副本。

6.3　安装验收测试

6.3.1　概述

执行验收测试的机构应评估支持要求的应用的网络能力。"验收测试"是确保实现符合布线设计文档(见 4.5)所详细规定的标准的过程。

验收测试人员应:

a)　检查布线设计文档及其记录的偏离和补充是否完整、正确的;

b)　包括对网络安装的目视检查以确保网络被正确安装(见 6.2.4～6.2.6,6.2.6.3、6.2.9 和

6.2.10)；

c) 通过一个规定的测量列表对网络进行确认(validation)，并对测量结果进行文档记录。

注1：肯定测试结果的记录对于维护和故障检测是很重要的。

注2：本标准中的术语“确认”具有3.1.70中所描述的特殊含义。

可使用许多商用工具来确认布线系统的性能。应根据现场总线、测试覆盖项和期望精度选择测试工具。

测试者应依据6.3.2(基于以太网的布线)及6.3.3(基于非以太网的布线)描述的验收测试要求来执行网络测试。

测试结果的记录提供文档化的网络确认。

图42示出的流程图用于提供确认过程的指南。

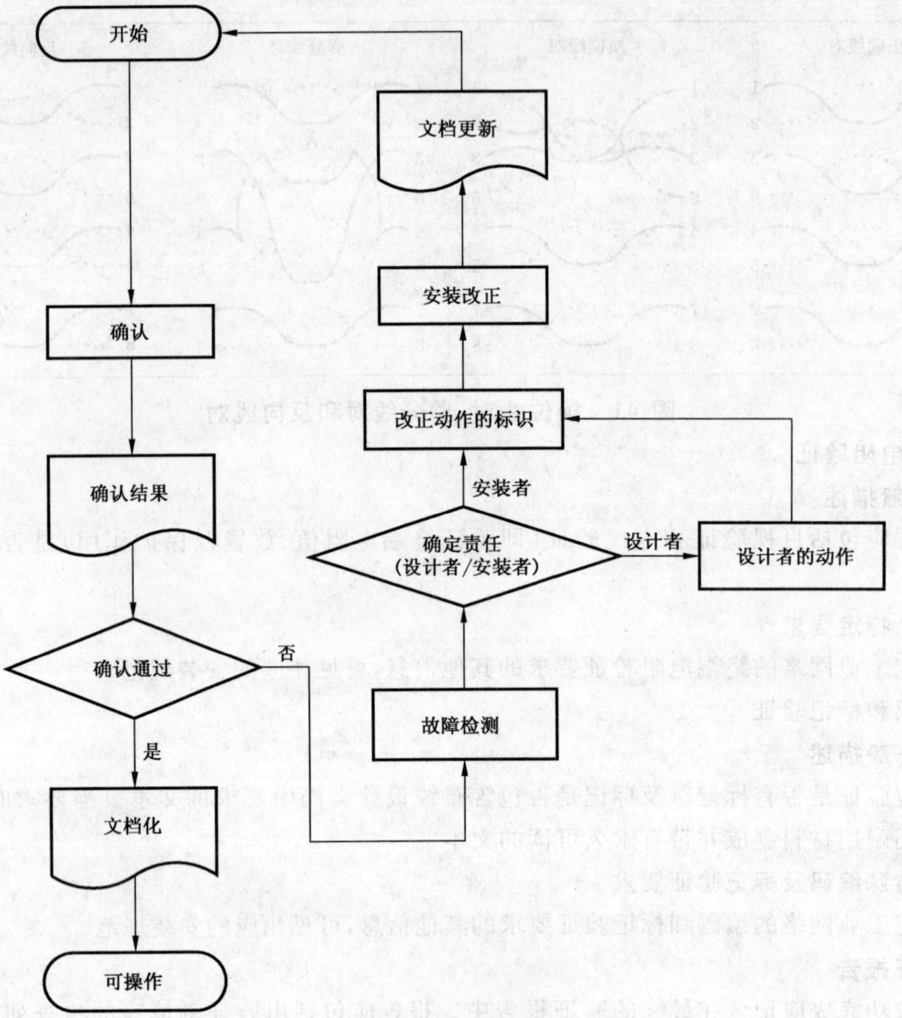

图42 确认过程

6.3.2 基于以太网布线的验收测试

6.3.2.1 基于以太网CP的对称线缆布线确认

6.3.2.1.1 一般描述

如果存在将已安装布线同设备连接起来的线缆或软线，才能确定布线通道(图43)的传输性能(见第4章)。用来端接这些线缆或软线的连接硬件的类型，可能影响测试设备的选择。

使用特殊的测试软线才能确定永久链路(见图44)的传输性能。用来端接这些线缆或软线的连接硬件类型，可能影响测试软线和测试设备的选择。

当规定的 CP 可由 ISO/IEC 24702 定义的传输性能类支持时，可将 ISO/IEC 24702 中的测试方法应用到该通道。

仅当后续连接到永久链路以形成传输通道的布线部件已被证明支持所要求的 ISO/IEC 24702 通道性能类时，才应采用永久链路测试来检查是否满足 ISO/IEC 24702 中适当传输类的适用要求。

依据 ISO/IEC 24702 执行测试的测试设备在 IEC 61935-1 中规定。要求该设备可生成包含传输性能和导线接线图的特定文档。

注：符合 IEC 61935-1 的测试设备可要求改进以允许进行 2 对对称线缆的有效测试。

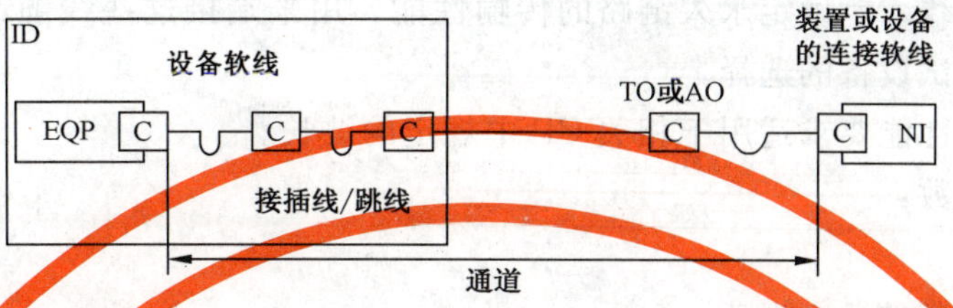

图 43　通道示意图

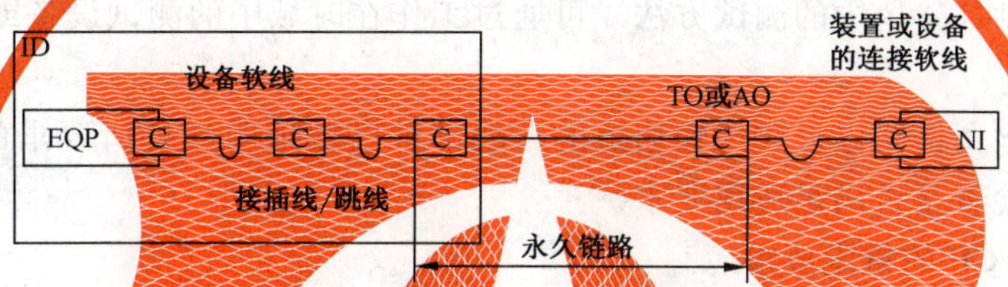

图 44　永久链路示意图

符合 IEC 61935-1 的测试设备可应用于通道测试和永久链路测试，测试其是否符合其他以太网性能指标(如那些在其他标准中规定的)。然而，仅当后续连接到永久链路以形成传输通道的布线部件已被证明支持所要求的通道性能时，才应采用永久链路测试来检查是否满足适用要求。

其他通道或永久链路性能要求的使用应按相关 CP 安装行规的具体规定。

6.3.2.1.2　传输性能测试参数

ISO/IEC 24702 中规定的现场测试的参数，以及 IEC 61935-1:2005 中支持存在的参数如下：

a)　回波损耗；

b)　插入损耗；

c)　近端串扰损耗(NEXT)；

d)　近端串扰损耗功率和(PSNEXT)；

e)　衰减串扰比(ACR)；

f)　衰减串扰比功率和(PSACR)；

g)　等电平远端串扰损耗(ELFEXT)；

h)　等电平远端串扰损耗功率和(PSELFEXT)；

i)　直流回路电阻；

j)　传输延迟；

k)　延迟差异(delay skew)。

注 1：本列表假设接线图和长度都已被成功验证，这是因为：

——管脚映射错误将导致标识的传输性能失效；

——通道/永久链路长度不是传输性能测试参数(但对于维护正确的安装文档是很重要的)。

注 2：因为管脚映射错误将导致标识的传输性能失效，所以不包括连续性。

注 3：本列表可在上述标准的后续版本中进行修正。

测试结果应被记录到验收测试报告。

6.3.2.1.3 基于以太网 CP 的特定要求

关于特定 CP 的确认要求的其他信息,可见相应的安装规范。

6.3.2.2 基于以太网 CP 的光纤布线确认

6.3.2.2.1 一般描述

如果存在将已安装布线同设备连接起来的线缆或软线,才能确定第 4 章描述的布线通道的传输性能。用来端接这些线缆或软线的连接硬件类型,可能影响测试软线和测试设备的选择。

使用特殊的测试软线才能确定永久链路的传输性能。用来端接这些线缆或软线的连接硬件类型,可能影响测试软线和测试设备的选择。

通道或永久链路的性能要求适用于相关 CP 中规定的波长。

至少应测量以下参数:

——光纤极性;

——永久链路或通道的插入损耗;

——长度。

应采用 ISO/IEC 14763-3 中的测试方法。可通过工作在时域中的测试设备或通过线缆记号来确定布线的长度。

仅当后续连接到永久链路以形成传输通道的布线部件已被证明支持所要求的通道性能类时,才应采用永久链路测试来检查是否满足适用要求。

6.3.2.2.2 光纤布线 CP 的特定要求

关于特定 CP 的光纤布线确认要求的其他信息,可见相应的安装规范。

6.3.2.3 符合 ISO/IEC 24702 综合布线的特定要求

应根据 ISO/IEC 24702 中规定的方法来测试工业环境中已安装的综合布线是否满足 ISO/IEC 24702中相关传输性能类的要求。

6.3.3 基于非以太网布线的验收测试

6.3.3.1 基于非以太网的 CP 的铜缆布线

6.3.3.1.1 一般描述

应按相关 CP 的规定执行以下布线确认的测量:

a) 回路电阻(见布线规范);

b) 数据线的 DCR(见布线规范);

c) 屏蔽的 DCR(见布线规范);

d) 数据线间的 DCR(结果应为开路);

e) 数据线同屏蔽间的 DCR(结果应为开路);

f) 通过测试设备或检查得到的线缆长度;

g) 屏蔽与等电位连接表面之间的 DCR(结果取决于实现的屏蔽接地方法);

h) 终端电阻值(见 CP 安装行规)。

对于 a)和 b),一般只执行一项。

确认结果可由附录 N 中描述的方法来确定。

6.3.3.1.2 基于非以太网的 CP 的铜缆布线的特定要求

关于特定工业网络的基于非以太网的对称线缆布线确认要求的其他信息,可见相应的安装规范。

6.3.3.2 基于非以太网的 CP 的光纤布线

6.3.3.2.1 一般描述

见 6.3.2.2.1。

6.3.3.2.2 基于非以太网的CP的特定要求

关于特定工业网络的基于非以太网的光纤布线确认要求的其他信息,可见相应的安装规范。

6.3.3.3 符合ISO/IEC 24702综合布线的特定要求

应根据ISO/IEC 24702中规定的方法来测试工业环境中已安装的综合布线是否满足ISO/IEC 24702中相关传输性能类的要求。

6.3.4 无线安装的特殊要求

无。

6.3.5 验收测试报告

验收测试的成功完成应记录在最终报告中。

该报告应包含验收测试人员填写的检查列表的副本。

7 安装管理

7.1 概述

通信网络基础设施的可操作性基于有效的管理。每个网络拥有者应根据公司要求或可用标准建立和维护管理程序。

本章没有为网络管理推荐特定规则。仅提供了可开发和维护的适当管理系统的基本原理和示例。

布线管理考虑生命周期内的布线,包括:

——增加和移除总线段;

——增加和移除包含附加软线、AO和TO的连接点。

注:网络管理的附加信息见EN 50174-1和EIA/TIA 568。

安装管理的特殊要求应由下列规定:

a) 工业环境综合布线管理的特殊要求在ISO/IEC 14763-1中规定。

b) CP布线管理的特殊要求在相关安装行规中规定。

7.2 管理适用的领域

应在网络的生命周期内执行网络管理。本条中术语"现场总线基础设施(fieldbus infrastructure)"包括信息技术布线及与之关联的应用和设备。

管理覆盖下列领域。

——管理系统基本原则;

——工作规程;

——安装位置标识;

——标记;

——文档化。

7.3 管理系统的基本原则

布线系统的管理系统按以下方法建立:

——与车间的其他系统的管理系统一致;

——布线系统的标记与车间其他系统的标记一致(例如机器的电缆);

——能够集成清楚描述设备位置和线缆位置的其他管理系统的适当信息。位置描述加入到布线管理系统中;

——布线管理的记录彼此关联,且与其他建筑物服务的记录(如电灯、电源、加热和建筑平面图)关联。

7.4 工作规程

工作规程的建立方式应确保下列问题在细节上得到确定。

——设计、安装实现、验证和确认、安装的运行和维护后要求的文档范围和格式；

——该文档从承包方到现场总线基础设施使用方的移交；

——该文档的保存周期；

——更新该文档以反映布线生命周期内的任何改变或修正。更新文件的行为包括：

- 标记无效文件；
- 每次改变或修正后，更新所有相关记录，确保多个更新一致；
- 这些记录的副本标记为“拷贝”；
- 工作规程包括更新这些记录的副本或警告；
- 每个改变或修正的时间记录在文档中；
- 使用定义的方法进行修订控制(例如文档中使用修订字体)；
- 应考虑接口的文档中的改变或修正可能会引起连接到接口的设备的改变和修正；
- 每次改变或修正后，标签和标记与文档保持一致；
- 操作、维护和有权限的人员可获得最新的文档。

——支持网络所需要的备件和测试设备的详细目录；

——如果在多个地方配置或复制支持文档，则支持文档的位置都可以找到。

7.5 设备位置标记

通常采用以下方法：

——每个设备位置用一个适当的标记来标识；

——根据环境选择标记材料；

——所有设备位置在适当的地点标记，如在入口处。

7.6 部件布线标记

建议使用一致的标记方法。布线系统的所有主要部件通常都要标记。例如，应标记线缆末端来唯一识别每个线缆，包括起始和终止位置。

以下列项为良好的标记习惯。

——标签既可以是部件的一部分，附着到附件，也可在部件附近；

——如果有要求，部件可有多个标签(例如，通常在线缆的每个末端进行标记)；

——标签通常贴在容易接触的、容易读的和容易更改的地方；

——标记在布线的预期生命范围内保持清晰；

——根据环境选择标记材料；

——标签反映最新的配置；

——文档、标记和网络配置保持一致。

标记的内容和格式通常在技术和组织标准基础上规定：标签内容应包含清楚易读的信息。

标记通常包括：

——惟一的标识(例如：多元件部件的子元件)；

——部件类型的描述；

——安装位置标识；

——附加信息。

在文档中提供标签的结构和内容的相关信息。

要标记的部件如下：

——线缆

- 每个线缆应有清晰的标记；

- 应在线缆的每个末端贴上标记；
- 所有分支连接应使用标签惟一标识；
- 对于多光纤的光缆，单个光纤用彩色码或标签来标识。

——连接点

- 应标记每个连接点。例如，终端模块应在文档和终端模块上清楚地标识。

——接地和等电位

- 应标记每个接地和等电位连接。

——网络的有源元件

- 每个元件应有标签。

——线缆管路

- 每个线缆管路应有标签。

7.7 文档

布线的文档通常包括下列元素：

——系统图。

——位置图、建筑布局图和区域图纸，包括连接点的标识和位置、线缆敷设、线缆、设备和安全设备。

——示意图和其他信息，显示电气连接和线缆概要、连接点、设备连接、接地和等电势、段长度、所有部件的标志和位置。

——记录输入检查结果的规定，包括订购的材料列表和收到的材料列表间的比较结果。另外，记录差异或损坏材料的规定。

——安装验证和验收测试报告。

——关于已经在用的所装接地系统和布线设计文档中记录的测量的细节。

——在布线设计文档和实现的布线的文档中规定的线缆敷设记录。

——使用的部件列表，该列表包括部件的制造商订货号、现场总线组织类型名称、或带有相应数量和指定标签的标准材料名称。

——要求的备件、线缆、线缆附件、连接器、工具、测量仪器、测量线缆、设备等的列表。

——记录安装日期、检查日期、维护、服务、更新和每个部件的更换日期。

——制造商或供应商提供的部件文档(如安装手册等)。

7.8 管理的特定要求

关于特殊工业网络管理要求的附件信息见相应的安装行规。

8 安装维护和安装故障检测

8.1 概述

通过选择本条描述的选项和图 45 中的适当规程，在网络的整个生命周期中，每个网络拥有者应建立并保持维护和故障检测规程。

本章也可应用于 IEC 62439 规定的高可用性网络。维护规程应包括依据这些网络中使用的高复原能力项的恢复与这些项的复原能力定义的策略。

应用于现场总线网络的适当的维护规程有助于获得最大 MTBF，适当的故障检测规程有助于获得最小 MTTR。

网络管理的详细建议见第 7 章。第 7 章描述了包含维护和故障检测工作的文档的更新规程。

所有通信网络诊断工具有助于通信网络的维护和故障检测。一些网络部件可包括诊断工具。网络拥有者应决定，其培训维护和故障检测人员使用这些工具的投资和对附加诊断工具的投资。

本条的要求和建议可应用于除 ISO/IEC 24702 以外的综合布线。

8.2 维护

8.2.1 计划维护

计划维护是一种在每个部件上执行的预防性维护,目的是在发生故障之前发现部件的降级,并将部件修复到可执行要求功能的状态。干预之间的时间间隔(按照时间和动作数量定义)基于部件的特性和制造商提供的信息定义。该方法的主要缺陷是对每个部件的干预有规律的执行,不考虑部件的实际状况。这导致时间和金钱的浪费,因为在许多情况下部件都工作正常。

网络的计划维护有助于最大化 MTBF。适当的诊断工具和维护人员培训的投资有助于最小化 MTTR。

有下列两种计划干预类型:

——目视检查和核对

通过将目视检查和核对的结果与参考信息(来自验收测试的基准)和维护文档中记录的性能限值进行比较来执行目视检查和核对。

目视检查和核对文档列出:

- 目视检查/核对的部件(例如,在用线缆、冗余线缆、线缆敷设、接地系统);
- 每个部件的目视检查和核对的时间间隔或动作数量;
- 每个部件的基准、性能限值和故障(pass-fail)标准;
- 工具。

如果需要校正动作,可应用 8.2.3 中描述的过程。

——部件置换/调整

对部件的置换/调整干预使其处于定义的可接受的条件(例如,发送定义数量的数据帧后,重启所有有源部件)。该维护干预特别应用于有关键属性(如有限的生命)的部件。

该维护干预文档列出:

- 关键部件;
- 每个部件的置换/调整动作(例如,传输的数据帧)的时间间隔和数量;
- 每个部件的置换/调整规程;
- 工具和备件。

如果需要校正动作,可应用 8.2.3 中描述的过程。

8.2.2 基于条件的维护

基于条件的维护是一种基于每个要维护部件的已知条件对部件进行的预防性维护。仅当降级被证明能导致网络故障,才对部件执行干预。如果在线监测部件的状况,降级能被实时发现,干预能够在超出可接受限值之前及时执行。与计划维护相比,基于条件的维护通常需要较少的时间和维护人员的费用。

基于条件的网络维护有助于最大化 MTBF。适当的对在线诊断工具和维护人员的培训的投资有助于最小化 MTTR。

降级的示例如下:

a) 接地阻抗超出规定值(如 1 Ω);

b) 两个部件之间的 BER 超出规定值(例如 1×10^{-9})。

如果需要校正动作,可应用 8.2.3 中描述的过程。

8.2.3 故障维修

部件发生失效后的校正性维护目的是使部件恢复到能够执行要求功能的状态。对适当修理方法、工具和人员培训的投资有助于MTTR最小化。

一旦发生失效，维护人员应：

——检测网络失效(见8.3)；

——执行维护文档描述的校正动作。

该维护干预文档列出：

——基于供应商提供的文档，修复或更换故障部件的规程；

——备件；

——矫正网络故障的规程；

——根据所选的第6章的要求，矫正干预后的网络验证和确认规程。

干预的结果通常被考虑用于维护规范的更新(根据第7章的要求)。

8.3 故障检测

8.3.1 一般描述

网络发生失效或性能降级后开始故障检测(见图45)。

检修组织通过建立必要的文档和故障检测人员的培训开始他们的工作。

故障检测干预的文档列出：

——基于供应商提供的文档的系统的网络故障检测指南，比如检查表或流程图；

——基于供应商提供的文档的部件故障检测指南；

——特定网络的测试工具。

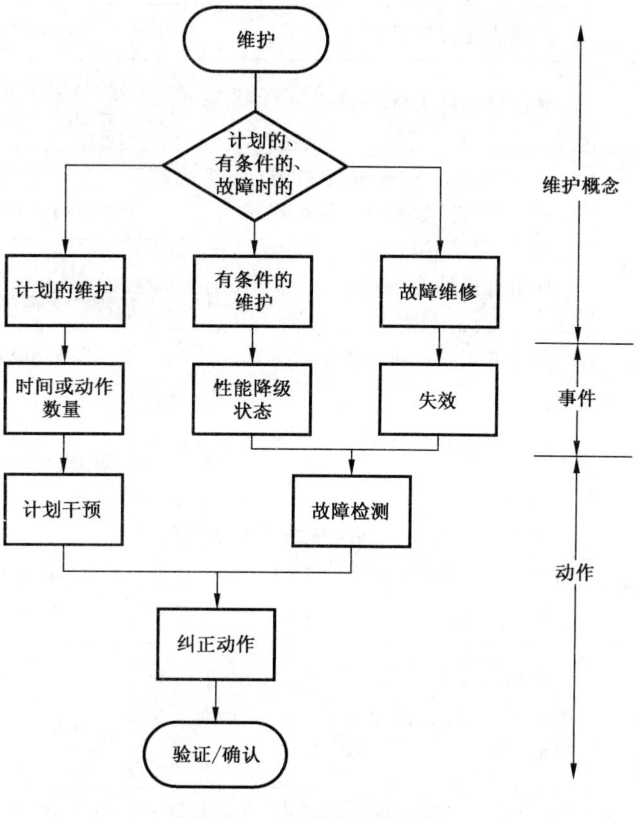

图45 通信网络维护

8.3.2 问题的评估

下列问题的答案通常有助于清楚地理解问题和有效地进行网络故障检测。

——是否有可用的完整网络文档？

——网络设施近期是否有任何改变?
——问题是如何识别的?
——什么时候识别问题的?
——相关应用是否已经在无故障地工作?
——哪些用户/设备受到问题的影响?
——问题发生时是否有确定的时间范围?
——是否为可重现的问题?
——是否已尝试纠正错误?

8.3.3 典型问题

表 21 和表 22 描述了维护人员经常遇到的问题。

表 21 对称线缆布线网络中的典型问题

问题	最可能的原因	纠正动作
通信失败或/和高误码率	终端电阻不牢固或连接器(或接线端子)接触不良	定位并纠正不良连接
	其他设备、接地不良、与辐射设备或线缆的不适当隔离造成的 EMC 影响	定位并纠正接地,确定不合适的隔离或屏蔽,使用光纤
	屏蔽连接的腐蚀	定位并用合适的保护或用兼容部件替换受损部件
	线缆或连接的机械应力	安装机械支撑和应变消除
通信短时中断和/或突发错误率	其他设备的 EMC 影响	找出通信问题与物理或环境事件的联系。定位并采取纠正措施(调节等)
	终端电阻不牢固或连接器(或接线端子)接触不良,如振动或温度影响	定位并用合适的保护或用兼容部件替换受损部件。
	屏蔽连接的腐蚀	定位并用合适的保护或用兼容部件替换受损部件
	线缆或连接的机械应力	安装机械支撑和应变消除
	电气接头间的冷凝液体	清洁连接器。用合适的保护或用兼容部件替换受损部件
来自对称线缆布线诊断设备的故障报告:回波损耗太大	使用了具有不正确阻抗的线缆或软线,例如,以太网系统中使用不等于 100 Ω 的阻抗	用合适部件
来自对称线缆布线诊断设备的故障报告:线缆长度太长,衰减或回路电阻太大	使用的线缆或软线的线径比应用所允许的低,或线缆长度太长。也可能是一个损坏	使用合适的部件、线缆长度或替换部件
来自对称线缆布线诊断设备的故障报告: NEXT、PSNEXT、ACR、PSACR、ELFEXT、PSELFEXT	没有使用期望质量的连接器、线缆或软线。 也可能是一个损坏	使用合适的部件、线缆长度或替换部件

表 22 光纤布线网络中的典型问题

问 题	最可能的原因	纠 正 动 作
通信失败或/和高错误率	终端电阻不牢固或连接器(接头)接触不良,如振动或温度影响	定位并纠正不良连接
	光纤衰减增加(老化或粉尘)	用合适的清洗程序清洗光纤末端。用合适的保护或用兼容部件替换受损部件
	发射器功率降低(老化)	替换模块
	光纤终端之间的液体或冷凝液体	用合适的清洗程序清洗和保护光纤末端。用合适的保护或用兼容部件替换受损部件
	线缆或连接器的机械应力	安装机械支撑和应变消除
检测不到光源功率	光源有故障	更换模块
	模块没有供电	给模块供电
	软线有故障	更换软线
光纤诊断设备的故障报告:功率损耗超出预期	光纤连接到测试单元的错误端口	参考标记和文档中的正确接线图,如果有必要则纠正
	光纤在链接的一个末端次序颠倒	参考标记和文档中的正确接线图,如果有必要则纠正
	软线断开	用不同软线重新测试
	在链接上,有一个或多个不干净的连接	清洗所有光纤连接器端并重新测试
	在 SETUP 中,连接器、适配器或接头的数量设置的太低	根据该网络的文档纠正
	参考功率等级不正确	使用与测试相同的接插线重新设置参考
	软线或光纤段有错误的芯尺寸。例如,使用 62.5 μm 的接插线连接到 50 μm 的光纤。或者使用多模接插线或适配器连接到单模光纤	在描述的波长和光纤尺寸通道中使用适当部件
光纤诊断设备的故障报告:测得已知线缆长度太长或太短	被测光纤的折射率设置不正确	设置正确的折射率以给出已知长度光纤的传输长度

8.3.4 故障检测规程

图 46 中的规程是一个通用故障检测规程的示例,适用于大多数通用网络。如果没有可用规程,则应用图 46 所示的故障检测规程。

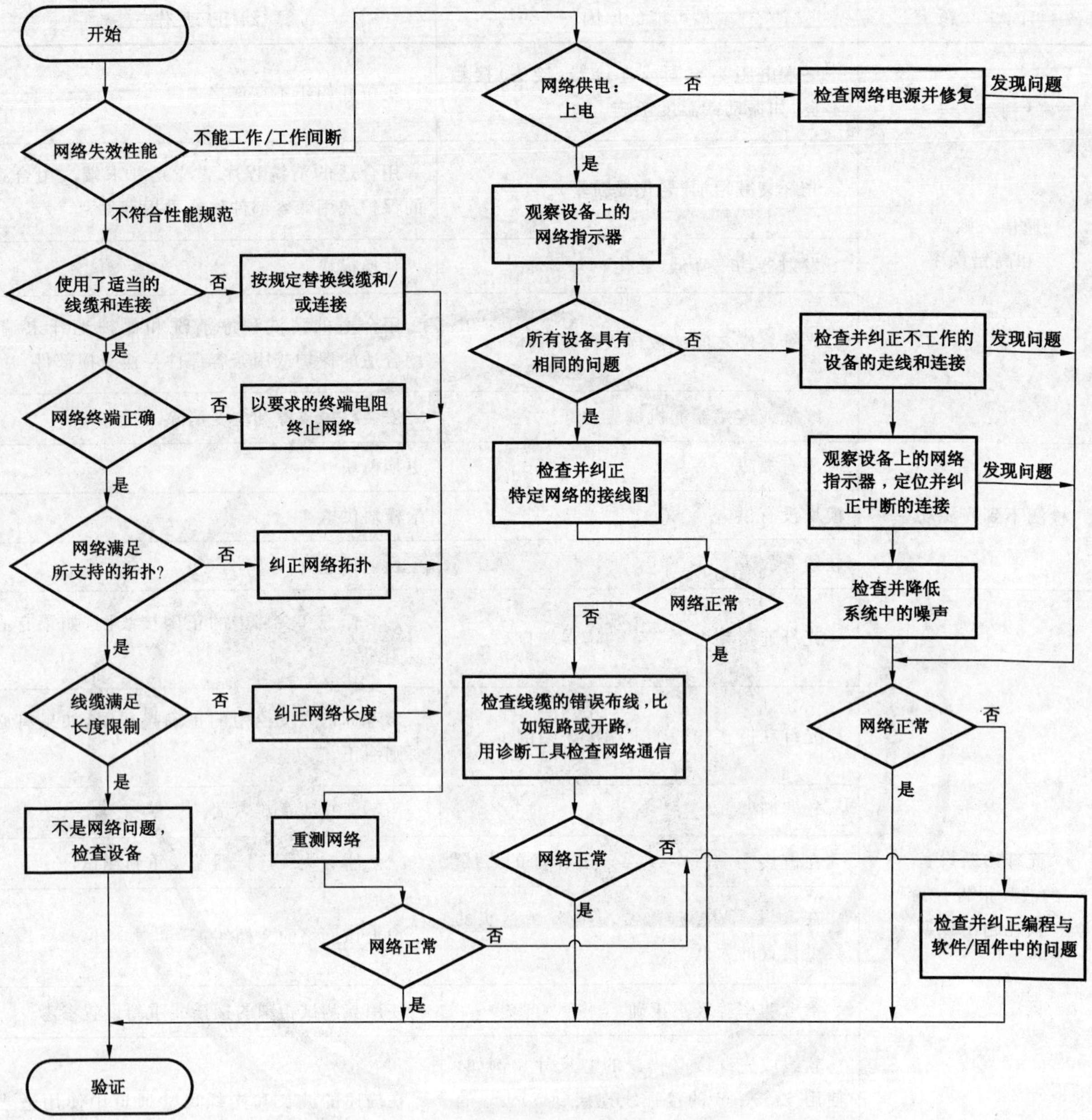

图 46　故障检测规程

8.3.5　简化的故障检测规程

图 47 中是简化的故障检测的示例，在许多情况下可以满足要求。该规程不要求使用特殊工具。如果未建立特定规程，则可使用该规程。

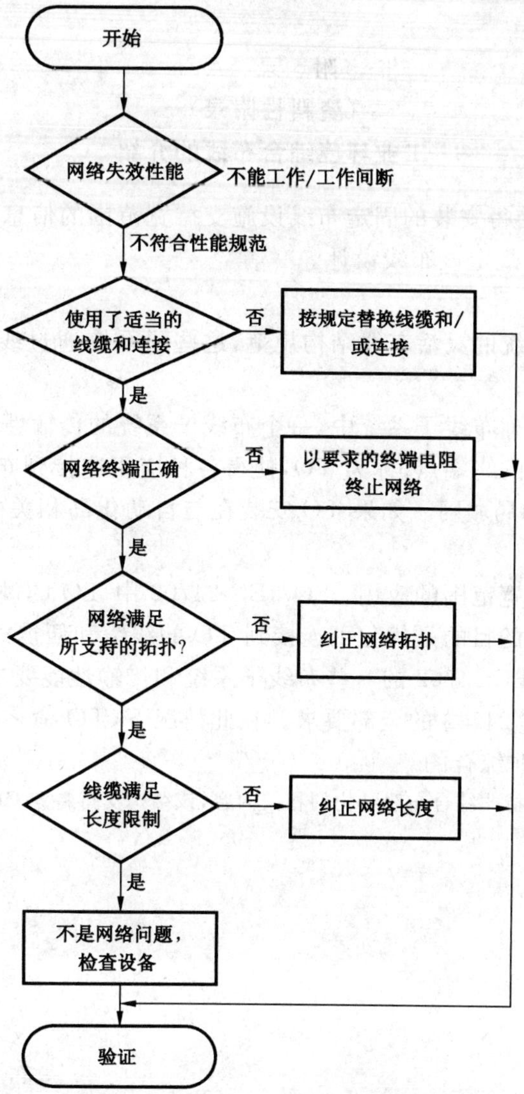

图 47　无需特殊工具的故障检测

如果故障检测结束时需要有纠正动作，则应用 8.2.3 描述的规程。

8.4　维护和故障检测的特殊要求

关于特定工业网络故障检测要求的附加信息可见相应的安装规程。

附　录　A
（资料性附录）
工业环境综合布线的介绍

在工业环境下，综合布线使得安装的固定布线设施支持宽范围的信息技术、过程控制和监控应用成为可能。在ISO/IEC 24702中规定该布线设计。

布线的通用特性如下：

——包括一系列布线子系统的灵活布线结构规范，这些子系统通过线缆无源地连接或使用传输设备有源地连接在一起；

——在用作分布应用的系列布线子系统中，每个布线子系统的传输性能的最小等级。

在环境中分布的综合布线的终端点，称为TO，使得各种应用连接到布线系统中。支持的应用详见ISO/IEC 24702，包括电话网和局域网。如果TO安装在与自动化岛相关的位置，也应支持本标准中的应用类型。

由于综合布线目的是支持宽范围的应用，ISO/IEC 24702中TO的规范被限定为对称线缆布线和光纤布线的特定接口。该限制的目的是优化可连接到TO的线缆和便携式终端设备的互操作性。

尽管布线可能包含ISO/IEC 24702的一些布线子系统和传输性能要求，设计成满足特定CPF的要求的布线可能不满足ISO/IEC 24702的全部要求。在此情况下，TO命名为AO，且其定义用于本标准中的CPF，这种布线被认为是非综合的。

注：ISO/IEC 24702也包括支持非综合布线结构的相关内容，该结构支持特定CPF的实现。

附 录 B
（资料性附录）
MICE 描述法

B.1 概述

在 ISO/IEC 24702 中规定了 MICE 环境分类。

该方法的研究背景将在以后的 ISO/IEC TR 29106 中给出。

安装设计者和安装者对该方法在更广泛的应用中使用的建议见第 4 章。本附录包括对设计者和安装者有益的附加信息。

B.2 MICE 简介

MICE 概念是一个相对新的概念，其中安装环境按照环境等级和 EMI 等级分类。表 B.5 定义了称为 MICE 的机械、侵入、气候和电磁分类的 3 个等级。图 B.1 示出这三个分类。这些分类通常以最低 ($M_1I_1C_1E_1$) 开始，它对大多数办公空间进行了最佳描述，并扩展到一个最高等级 ($M_3I_3C_3E_3$)，对典型工业空间进行了最佳描述。

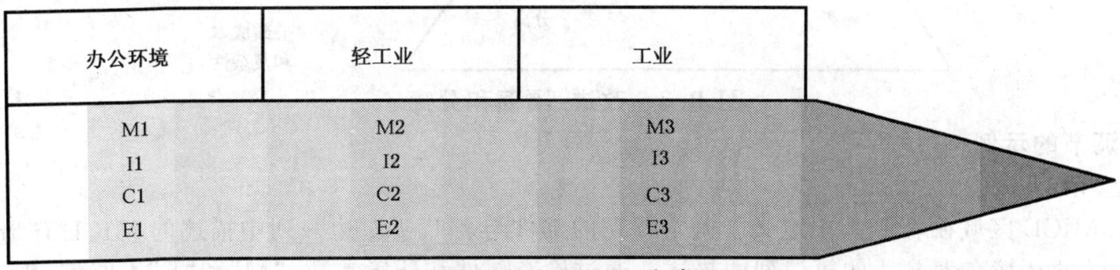

图 B.1 MICE 分类

所有三个领域可存在于工厂车间，如图 B.2 所示。

图 B.2 是包含一个或多个自动化岛的典型工业区域的示例。此外，自动化岛可扩展到包括整个工厂车间。图 B.2 显示了在工厂内三个主要区域的典型 MICE 分类。不是所有区域全都属于一类，例如，自动化岛机械振动大于 150 ms^{-2}，等级为 M3。该环境可能仅有轻微尘埃，等级为 I2，线缆和设备的布线/安装的温度可能为 65℃，根据 MICE 表气候等级为 C2。在自动化岛中机械可能包括焊接机器人，在该环境下 EMI 很可能为 E3 级。因此，MICE 环境能概括为 M3，I2，C2 和 E3。

注：图 B.2 中用到的术语是本附录特定的。

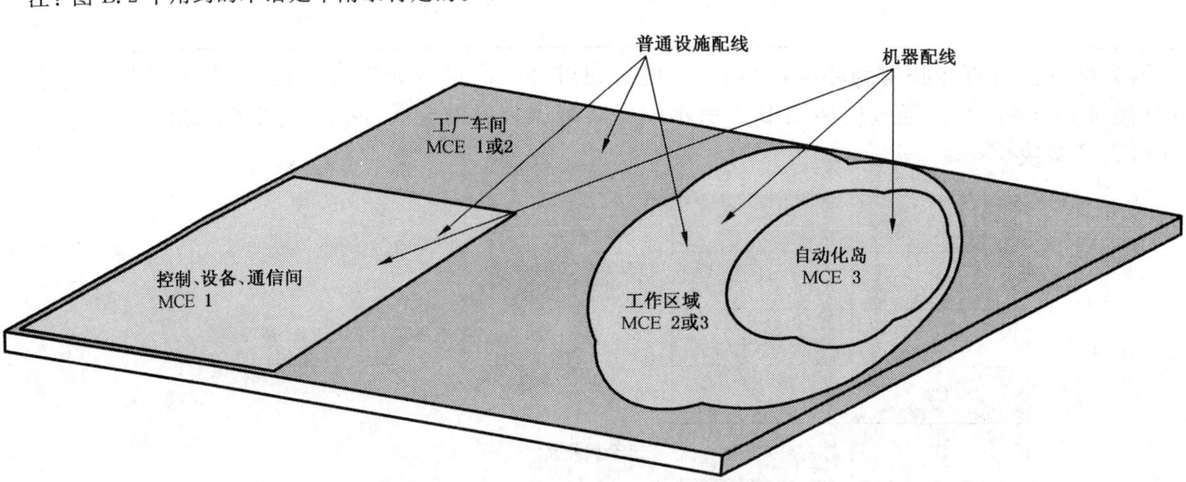

图 B.2 工厂内 MICE 区域的示例

B.3 应用 MICE 概念的示例

B.3.1 一般描述

设计者应考虑线缆和设备安装区域的环境和 EMC 等级。通过系统的分类安装覆盖区域，决定部件选择和必要的附加调节措施。布线系统可用全部不要求调节的增强性能的部件来设计，或选择增强性能部件和调节的组合来设计。在某些情况下，这可能限制灵活性或引起成本增加和/或可用性问题。该方法允许设计者通过设计最健壮的成本有效布线系统，用节省的调节成本来平衡部件的成本（和可用性），如图 B.3 所示。调节措施可以分成两部分：分离和隔离。下面的示例有助于强化调节的重要性。调节措施将一个 MICE 区域简单的转换为与要安装的线缆部件和设备兼容的另一个 MICE 区域。

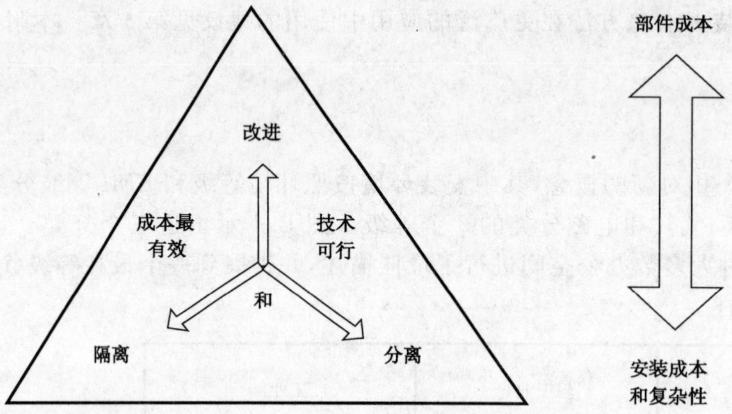

图 B.3 改进、隔离和分离

B.3.2 调节的示例

B.3.2.1 示例 1

目标 MICE 区域在表 B.1 中定义。确定预期的部件与表 B.1 左边一列中描述的 MICE 环境兼容。部件应安装的环境在表 B.1 的第二列中描述。通过检查部件和环境参数，“M”和“E”不匹配，则要求调节。参数“I”和“C”超出环境条件，因此需要采取措施。

表 B.1 目标 MICE 区域的示例 1

部　　件	环　　境
M1	M3
I3	I1
C3	C2
E2	E3

因为部件没有直接映射到环境，应调节环境。通过外壳内设备的减震安装，对本地部件来说恶劣的 M3 环境能转变到 M1。通过使用图 B.4 所示的安装减震装置的金属外壳来降低强 EMI。M3 和 E3 问题都得到了解决。

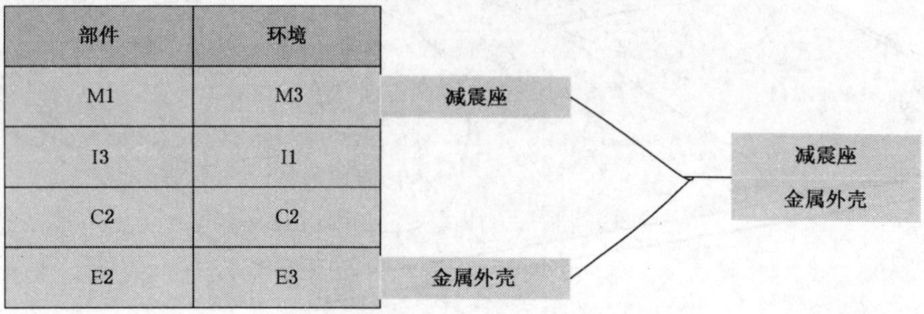

图 B.4 调节示例 1

B.3.2.2 示例 2

这是线缆安装在表 B.2 描述的环境中的一个示例。通过检查,能够发现线缆与环境条件 EMI(E) 不匹配。因此要求一些调节措施。

表 B.2 目标 MICE 区域的示例 2

部　件	环　境
M1	M1
I3	I1
C2	C2
E2	E3

因为选择的线缆不满足 EMI 要求,所以要求采取一些调节措施。调节措施能用分离和/或隔离两种途径解决。图 B.5 显示如何在管路中实现。

部件	环境
M1	M3
I3	I1
C2	C2
E2	E3

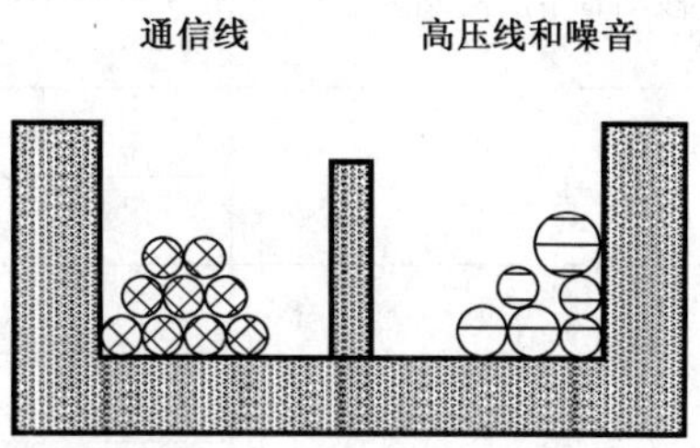

图 B.5 调节措施示例 2

通过在强 EMI 导体和通信线缆之间提供物理分离,来降低噪声耦合。在导体间增加金属板提供隔离,能额外降低噪音耦合。这两种方法的一种或两种可能单独使用或要求一起使用以充分降低噪声耦合。

B.4 确定 E 分类

在工厂环境电磁干扰有很宽的频率范围。另外,有电磁干扰耦合机理的范围。图 B.6 提供的指南用于确定在自动化岛中发现的常见电磁干扰生成设备的频率范围。设备不仅生成有害的基波频率,他们也生成干扰通信网络的谐波。图 B.6 横条灰色部分表示由三次谐波引起的附加范围。

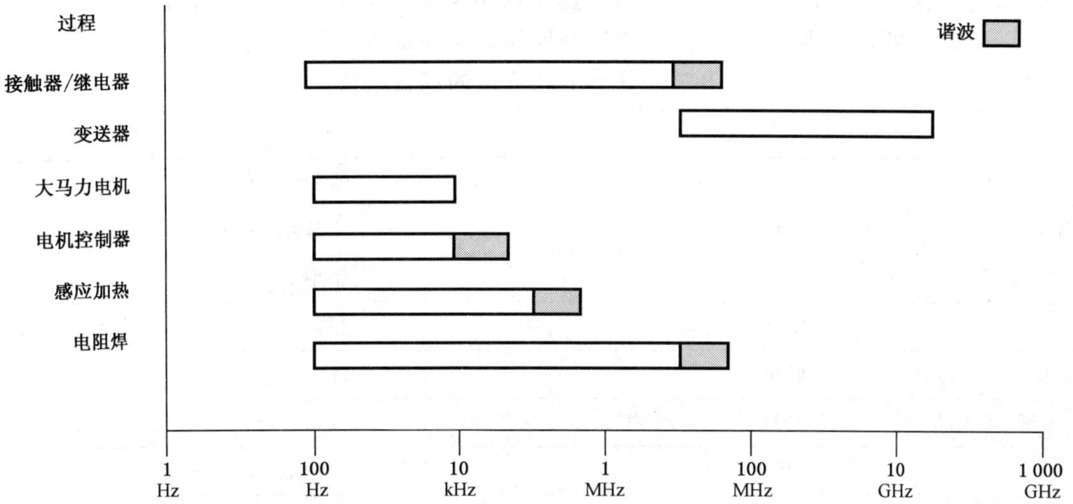

图 B.6 常见工业设备电磁干扰的频率范围

表 B.3 对许多常见电磁干扰生成设备的电磁等级(E1、E2、E3)提供了一般指导。设备电磁干扰等级取决于两个因素:1)距干扰设备的距离;2)干扰设备的强度。表 B.3 为确定基于分离的可能电磁分类(E1、E2、E3)提供了粗略指导。

表 B.3 电磁干扰生成设备和“E”分类的关系

电磁干扰生成设备	与线缆的距离	“E”分类
继电式接触器	<0.5 m	E2
	>0.5 m	E1
发射机(<1 W)	<0.5 m	E3
	>0.5 m	E1 或 E2
发射机(1 W～3 W)	<1.0 m	E3
	≥1.0 m	E1 或 E2
发射机(TV、无线电、移动通信、基站)	<1 km	E3
	≥0.3 km	E1 或 E2
大功率电机	<3 m	E3
	>3 m	E1
电机控制器	<0.5 m	E3
	0.5 m～3 m	E2
	>3 m	E1
感应加热< 8 MW	<0.5 m	E2
	>0.5 m	E1
荧光灯	<0.15 m	E3
	>0.15 m	E1 或 E2
恒温开关 110 V～230 V	<0.5 m	E2～E3
	>0.5 m	E1

表 B.4 给出关于每个干扰设备耦合机理的信息。表 B.4 帮助指导设计者、安装者和故障检测人员减缓或纠正噪音干扰。例如,在继电式接触器引起干扰的环境中,引入噪声的机理是高的 dV/dt 通过临近线(EFT)引起的耦合。为改善该情况,通过增加间距来降低耦合强度。

表 B.4 每个干扰设备的耦合机理

类　型	电磁干扰	耦合机理
电机	浪涌和电快速瞬变脉冲群(EFT)	本地地、传导
驱动控制器	传导和浪涌	本地地、传导
继电器和接触器	EFT	辐射、传导
焊接	EFT、感应	辐射磁场
RF 感应焊接	射频	辐射、传导
材料处理 纸/纺织品	ESD	辐射
加热	EFT	本地地、传导、辐射
感应加热	EFT、磁场	本地地、传导、辐射
无线通信	射频	辐射

图 B.7 给出分离距离与 EFT 值的关系。可选地，通过屏蔽的隔离以提供附加屏蔽衰减的方式可降低电磁瞬变的影响。

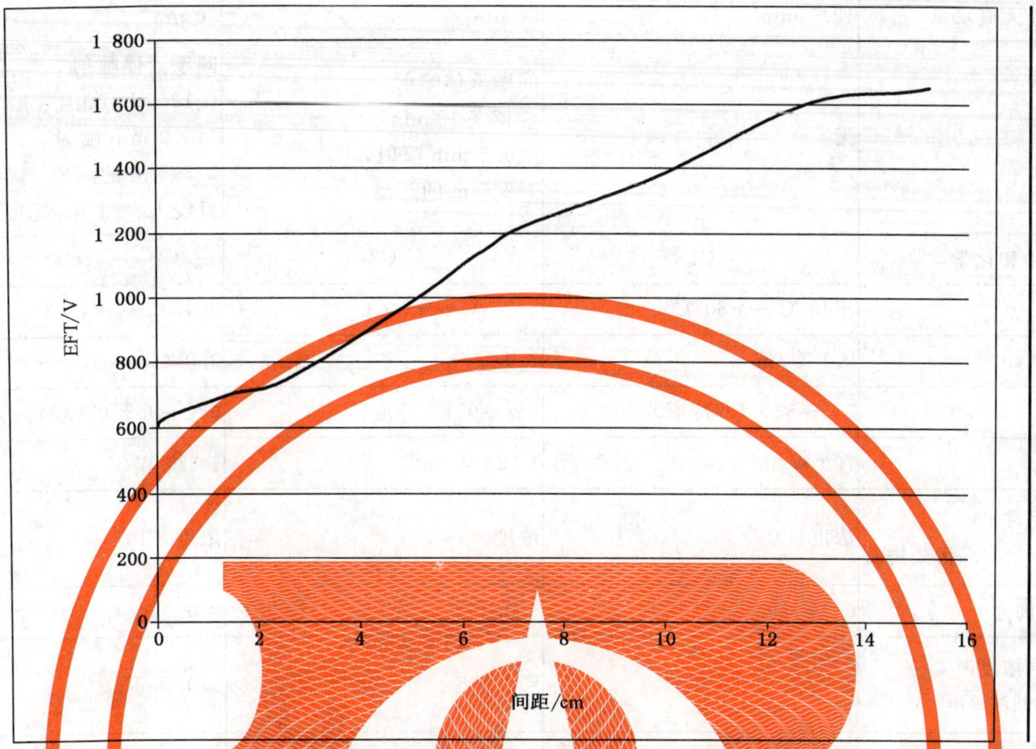

图 B.7　分离距离与 EFT 值之间的关系示例

图 B.7 示出通信线缆与带有电磁瞬变的导体之间的推荐分离距离。该间距假设线缆满足 GB/T 18233—2008对平衡和串扰的最低要求。

注：ISO/IEC 24702 也包括支持非综合布线结构的相关内容，该结构支持特定 CPF 的实现。

B.5　MICE 表

表 B.5 是从 ISO/IEC 24702 的摘录，它详细说明 MICE 分类的边界，将工业空间的每个环境因素(M、I、C、E)分为 3 个环境类别(1、2、3)。$M_3I_3C_3E_3$ 是最严酷的，$M_1I_1C_1E_1$ 对应大多数商业建筑环境。表 B.5 的值可用来确定用户环境中每个环境区域的分类。

表 B.5　MICE 定义

机械的	M1	M2	M3
冲击/碰撞(见注 1)			
峰值加速度	40 m/s²	100 m/s²	250 m/s²
振动			
位移幅值(2 Hz～9 Hz)	1.5 mm	7.0 mm	15.0 mm
加速度幅值(9 Hz～500 Hz)	5 m/s²	20 m/s²	50 m/s²
张力	见注 2	见注 2	见注 2
压力	45 N 超过 25 mm(线型)最小值	110 N 超过 150 mm(线型)最小值	2 200 N 超过 150 mm(线型)最小值
冲击	1 J	10 J	30 J
弯度、绕度和扭曲	见注 2	见注 2	见注 2

表 B.5（续）

侵入	I1	I2	I3
粉尘（直径最大值）	12.5 mm	50 μm	30 μm
浸入	无	间歇液体喷射 ⩽12.5 L/min， ⩾6.3 mm 喷射， ＞2.5 m 的距离	间歇液体喷射 ⩽12.5 L/min， ⩾6.3 mm 喷射， ＞2.5 m 的距离 且浸入（⩽1 m，⩽30 min）
气候和化学	C1	C2	C3
环境温度	−10 ℃～＋60 ℃	−25 ℃～＋70 ℃	−40 ℃～＋70 ℃
温度变化率	0.1 ℃/m	1.0 ℃/m	3.0 ℃/m
湿度	5%～85%（非冷凝）	5%～95%（冷凝）	5%～95%（冷凝）
太阳辐射	700 W/m^2	1 120 W/m^2	1 120 W/m^2
液体污染（见注 3） 污染物质	浓度×10^{-6}	浓度×10^{-6}	浓度×10^{-6}
氯化钠（盐/海水）	0	＜0.3	＜0.3
油（干燥空气浓度） （油类型，见注 2））	0	＜0.005	＜0.5
硬脂酸钠（肥皂）	无	＞5×10^4 不含水凝胶	＞5×10^4 含水凝胶
清洗剂	无	ffs	ffs
导电材料	无	暂时的	当前的
气体污染（见注 3） 污染物质	平均值/峰值 （浓度×10^{-6}）	平均值/峰值 （浓度×10^{-6}）	平均值/峰值 （浓度×10^{-6}）
硫化氢	＜0.003/＜0.01	＜0.05/＜0.5	＜10/＜50
二氧化硫	＜0.01/＜0.03	＜0.1/＜0.3	＜5/＜15
三氧化硫（ffs）	＜0.01/＜0.03	＜0.1/＜0.3	＜5/＜15
湿氯气（＞50%湿度）	＜0.000 5/＜0.001	＜0.005/＜0.03	＜0.05/＜0.3
干燥氯气（＜50%湿度）	＜0.002/＜0.01	＜0.02/＜0.1	＜0.2/＜1.0
氯化氢	—/＜0.06	＜0.06/＜0.3	＜0.6/3.0
氟化氢	＜0.001/＜0.005	＜0.01/＜0.05	＜0.1/＜1.0
氨	＜1/＜5	＜10/＜50	＜50/＜250
氮的氧化物	＜0.05/＜0.1	＜0.5/＜1	＜5/＜10
臭氧	＜0.002/＜0.005	＜0.025/＜0.5	＜0.1/＜1
电磁	E1	E2	E3
静电放电-接触（0.667 μC）	4 kV	4 kV	4 kV
静电放电-空气（0.132 μC）	8 kV	8 kV	8 kV

表 B.5（续）

电磁	E1	E2	E3
辐射 RF-AM	3 V/m,80 MHz～1 000 MHz 3 V/m,1 400 MHz～2 000 MHz 1 V/m,2 000 MHz～2 700 MHz	3V /m,80 MHz～1 000 MHz 3 V/m,1 400 MHz～2 000 MHz 1 V/m,2 000 MHz～2 700 MHz	10 V/m,80 MHz～1 000 MHz 3 V/m,1 400 MHz～2 000 MHz 1 V/m,2 000 MHz～2 700 MHz
传导 RF	3 V,150 kHz～80 MHz	3 V,150 kHz～80 MHz	10 V,150 kHz～80 MHz
EFT/B(comms)	500 V	1 000 V	1 000 V
浪涌(瞬变地电位差)-信号、线地	500 V	1 000 V	1 000 V
工频磁场(50/60 Hz)	1 A/m	3 A/m	30 A/m
磁场(60 Hz～20 000 Hz)	ffs	ffs	ffs
注 1：碰撞：应考虑通道经历的冲击可重复特征 注 2：该环境分类的因素是安装特定，且应考虑 IEC 61918 和适当的部件规范。 注 3：选择单个特征即浓度 $\times 10^{-6}$ 来统一不同标准的限值。			

注：注 1、注 2 和注 3 在 ISO/IEC 24702 中为脚注，且在每页的下面被重复。

附 录 C
（资料性附录）
网络拓扑

C.1 一般描述

每个网络拓扑拥有不同的特征和属性。网络设计者和规划者应考虑以下注意事项。

C.2 线缆的总需求

安装要求的线缆总量取决于设备的地理位置和用来连接他们的拓扑布局。在大多数情况下，星型和环型结构比其他结构需要更多的线缆。

C.3 最大线缆段长度

两个节点之间段的线缆最大长度按照网络的该部分所属现场总线类型类别确定。因此，应检查该限制。

C.4 最大网络长度

因为每个中继器再生通信信号，所以中继器可将网络长度扩展到更大的地理距离。然而，有些情况下再生过程可引入不可接受的传输延时。

C.5 容错

C.5.1 概述

所有网络设计应考虑对潜在故障及其对性能影响的评估。

应对线缆、节点和电源的故障对网络性能的影响进行评估。在无源拓扑中，这种故障通常导致与一个节点的通信丢失。在有源拓扑中，这种故障通常导致多个节点的通信丢失。

注：星型拓扑结构的中央单元代表其失效能停止所有通信的一个单一点，此类失效是由非冗余中继器/交换机中的故障或中央单元内和周围的环境问题引起的。

C.5.2 冗余的使用

可通过使用有源传播点的冗余组合和/或通过提供可选的/备用的通信路径来改进网络容错。

基于环型的技术通常提供故障检测和自动重配置，使得至少一个故障情况下仍能工作。

C.5.3 冗余网络的故障分析

应在三个阶段考虑冗余网络故障的影响，包括对下列动作要求的时间的评估。

a) 初始化故障检测和任何必要的重配置来恢复通信。

注1：故障检测和重配置以后，网络正常运行，但以“备份模式”使用一些冗余元件，因此这会降低故障恢复力，且可能导致不能从第二个故障中恢复。

注2：一些网络拓扑和设计方法支持无时间丢失或中断通信的检测和重配置。在环型网络中，故障检测和重配置可在0.3 s到几分钟内完成。

b) 故障功能的修复/替换

注3：这个阶段考虑修复活动对通信的影响，例如，替换有几个正常端口和一个故障端口的多端口交换机时可能要求网络停歇。

注4：修复期间和修复后，网络可能运行在备份模式。

c) 恢复到网络的初始运行状态

注5：作为重配置和备份过程的一部分，有源“网络管理器”行为和“网络时间源”被转移到网络上其他节点，然而，为了正常运行，这些实体需要恢复到他们的初始设计状态，如主控室中的保护节点。应评估复原过程中的任

何操作的影响。

故障影响元素的数量因不同的技术、拓扑和故障情况而不同。上面的分析应包括对不同故障的时间要求、丢失和延时报文的数量进行评估，包括修复和复原后的有源网络管理器功能的故障和有源网络时间源的故障。

C.6 便于诊断的网络访问

星型结构的中央单元是便于网络诊断、网络重配置和管理的单元。

C.7 可维护性和在线添加

许多现场总线技术提供在运行的现场总线网络中添加和移除设备的功能。

在正常运行期间，如果应用要求设备变化，则应对供应商推荐的在线连接和断开连接规程从以下几个方面进行评估：

- 建立/断开设备物理和逻辑连接所需时间和对通信的影响；
- 对运行中的应用加入/移除设备所需时间和对通信的影响。

典型地，当设备连接到总线上的分支或分接头或交换机端口时，可在其他设备没有通信丢失的情况下增加和移除它们。

典型地，当设备是环型结构或线型干线结构的部分时，设备的增加和移除将会引起其他设备重配置和通信中断。

附　录　D
（资料性附录）
连接器表

本附录中提供的连接器表是为了方便工业现场通信网络的安装者和故障检测人员的使用。

表 D.1 依据 GB/T 13534 的规定提供关于颜色的约定。连接器表使用了这些约定。颜色代码的组合按下面的示例：颜色代码 1/颜色代码 2。写在前面的。

表 D.1　连接器表中使用的颜色代码的约定

颜　色	代　码
黑色	BK
蓝色	BU
褐色	BN
绿色	GN
灰色	GY
橙色	OG
粉色	PK
红色	RD
青绿色	TQ
紫色	VT
白色	WH
黄色	YE

表 D.2 为许多连接器提供引脚与导线代码分配，这些分配由一些团体为他们的 CP 定义。CP 的商标名在表后面说明。

其他约定为：

a)　对没有某些引脚的连接器，引脚用“na”标识；

b)　不使用的引脚用符号“-”标识；

c)　排扰线或屏蔽表示为“Drain”。

表 D.2 中相关的 CP 完整地列在这里，包括其商标名（完整列表见附录 M，与 IEC 61158-1 的附录 A 中记录的相同）。

——CPF 1(FOUNDATION Fieldbus)：CP 1/1(FOUNDATION Fieldbus)；

——CPF 2(CIP™)：CP 2/1(ControlNet™)，CP 2/2(EtherNet/IP™)，CP 2/3(DeviceNet™)；

——CPF 3(PROFIBUS/PROFINET)：CP 3/1 和 CP 3/2(PROFIBUS)；CP 3/3，CP 3/4，CP 3/5，CP 3/6(PROFINET)；

——CPF 6(INTERBUS)：CPF 6 类型 8 网络(CP6/1 等)以及基于以太网的 CP 6/2 的公共安装行规；

——CPF 10(Vnet/IP)：CP 10/1；

——CPF 11(Tcnet)：CP 11/1。

表 D.2 连接器表

连接器	CP	引脚								
		1	2	3	4	5	6	7	8	9
8路 RJ45	CP 1/1	—	—	—	—	—	—	—	—	na
	CP 2/1	—	—	—	—	—	—	—	—	na
	CP 2/2	WII/OG	OG	WH/GN	BU	WH/BU	GN	WH/BN	BN	na
	CP 2/3	—	—	—	—	—	—	—	—	na
	CP 3/1	—	—	—	—	—	—	—	—	na
	CP 3/2	—	—	—	—	—	—	—	—	na
	CP 3/3	YE	OG	WH	—	—	BU	—	—	na
	CP 3/4	YE	OG	WH	—	—	BU	—	—	na
	CP 3/5	YE	OG	WH	—	—	BU	—	—	na
	CP 3/6	YE	OG	WH	—	—	BU	—	—	na
	CP 6/1,6/3	—	—	—	—	—	—	—	—	na
	CP 6/2	WH/OG	OG	WH/GN	BU	WH/BU	GN	WH/BN	BN	na
	CP 10	WH/OG	OG	WH/GN	BU	WH/BU	GN	WH/BN	BN	na
	CP 11	WH/OG	OG	WH/GN	BU	WH/BU	GN	WH/BN	BN	na
A 编码 M12-4	CP 1/1	—	—	—	—	na	na	na	na	na
	CP 2/1	—	—	—	—	na	na	na	na	na
	CP 2/2	—	—	—	—	na	na	na	na	na
	CP 2/3	—	—	—	—	na	na	na	na	na
	CP 3/1	—	—	—	—	na	na	na	na	na
	CP 3/2	GN	—	RD	—	na	na	na	na	na
	CP 3/3	—	—	—	—	na	na	na	na	na
	CP 3/4	—	—	—	—	na	na	na	na	na
	CP 3/5	—	—	—	—	na	na	na	na	na
	CP 3/6	—	—	—	—	na	na	na	na	na
	CP 6/1,6/3	—	—	—	—	na	na	na	na	na
	CP 6/2	—	—	—	—	na	na	na	na	na
	CPF 10	—	—	—	—	na	na	na	na	na
	CPF 11	—	—	—	—	na	na	na	na	na

表 D.2（续）

连接器	CP	引脚								
		1	2	3	4	5	6	7	8	9
A 编码 M12-5	CP 1/1	—	—	—	—	—	na	na	na	na
	CP 2/1	—	—	—	—	—	na	na	na	na
	CP 2/2	—	—	—	—	—	na	na	na	na
	CP 2/3	Drain	RD	BK	WH	BU	na	na	na	na
	CP 3/1	—	—	—	—	—	na	na	na	na
	CP 3/2	—	—	—	—	—	na	na	na	na
	CP 3/3	—	—	—	—	—	na	na	na	na
	CP 3/4	—	—	—	—	—	na	na	na	na
	CP 3/5	—	—	—	—	—	na	na	na	na
	CP 3/6	—	—	—	—	—	na	na	na	na
	CP 6/1,6/3	—	—	—	—	—	na	na	na	na
	CP 6/2	—	—	—	—	—	na	na	na	na
	CPF 10	—	—	—	—	—	na	na	na	na
	CPF 11	—	—	—	—	—	na	na	na	na
D 编码 M12-4	CP 1/1	—	—	—	—	na	na	na	na	na
	CP 2/1	—	—	—	—	na	na	na	na	na
	CP 2/2	WH/OG	OG	WH/GN	GN	na	na	na	na	na
	CP 2/3	—	—	—	—	na	na	na	na	na
	CP 3/1	—	—	—	—	na	na	na	na	na
	CP 3/2	—	—	—	—	na	na	na	na	na
	CP 3/3	YE	WH	OG	BU	na	na	na	na	na
	CP 3/4	YE	WH	OG	BU	na	na	na	na	na
	CP 3/5	YE	WH	OG	BU	na	na	na	na	na
	CP 3/6	YE	WH	OG	BU	na	na	na	na	na
	CP 6/1,6/3	—	—	—	—	na	na	na	na	na
	CP 6/2	—	—	—	—	na	na	na	na	na
	CPF 10	—	—	—	—	na	na	na	na	na
	CPF 11	—	—	—	—	na	na	na	na	na

表 D.2（续）

连接器	CP	引脚								
		1	2	3	4	5	6	7	8	9
B编码 M12-5	CP1/1	—	—	—	—	—	na	na	na	na
	CP 2/1	—	—	—	—	—	na	na	na	na
	CP 2/2	—	—	—	—	—	na	na	na	na
	CP 2/3	—	—	—	—	—	na	na	na	na
	CP 3/1	—	GN	—	RD	—	na	na	na	na
	CP 3/2	—	—	—	—	—	na	na	na	na
	CP 3/3	—	—	—	—	—	na	na	na	na
	CP 3/4	—	—	—	—	—	na	na	na	na
	CP 3/5	—	—	—	—	—	na	na	na	na
	CP 3/6	—	—	—	—	—	na	na	na	na
	CP 6/1,6/3	YE	GN	GY	PK	BN	na	na	na	na
	CP 6/2	—	—	—	—	—	na	na	na	na
	CPF 10	—	—	—	—	—	na	na	na	na
	CPF 11	—	—	—	—	—	na	na	na	na
SubD (9)	CP 1/1	—	—	—	—	—	—	—	—	—
	CP 2/1	—	—	—	—	—	—	—	—	—
	CP 2/2	—	—	—	—	—	—	—	—	—
	CP 2/3	—	—	—	—	—	—	—	—	—
	CP 3/1	—	—	RD	—	—	—	—	GN	—
	CP 3/2	—	—	—	—	—	—	—	—	—
	CP 3/3	—	—	—	—	—	—	—	—	—
	CP 3/4	—	—	—	—	—	—	—	—	—
	CP 3/5	—	—	—	—	—	—	—	—	—
	CP 3/6	—	—	—	—	—	—	—	—	—
	CP 6/1,6/3	YE	GY	BN	—	—	GN	PK	—	—
	CP 6/2	—	—	—	—	—	—	—	—	—
	CPF 10	—	—	—	—	—	—	—	—	—
	CPF 11	—	—	—	—	—	—	—	—	—

表 D.2（续）

连接器	CP	引　脚								
		1	2	3	4	5	6	7	8	9
M18	CP 1/1	—	—	—	—	—	—	—	—	—
	CP 2/1	—	—	—	—	—	—	—	—	—
	CP 2/2	—	—	—	—	—	—	—	—	—
	CP 2/3	Drain	RD	BK	WH	BU	—	—	—	—
	CP 3/1	—	—	—	—	—	—	—	—	—
	CP 3/2	—	—	—	—	—	—	—	—	—
	CP 3/3	—	—	—	—	—	—	—	—	—
	CP 6/1,6/3	—	—	—	—	—	—	—	—	—
	CP 6/2	—	—	—	—	—	—	—	—	—
	CPF 10	—	—	—	—	—	—	—	—	—
	CPF 11	—	—	—	—	—	—	—	—	—
开放类型	CP 1/1	—	—	—	—	—	—	—	—	—
	CP 2/1	—	—	—	—	—	—	—	—	—
	CP 2/2	—	—	—	—	—	—	—	—	—
	CP 2/3	BK	BU	Drain	WH	RD	—	—	—	—
	CP 3/1	—	—	—	—	—	—	—	—	—
	CP 3/2	—	—	—	—	—	—	—	—	—
	CP 3/3	—	—	—	—	—	—	—	—	—
	CP 6/1,6/3	—	—	—	—	—	—	—	—	—
	CP 6/2	—	—	—	—	—	—	—	—	—
	CPF 10	—	—	—	—	—	—	—	—	—
	CPF 11	—	—	—	—	—	—	—	—	—
BNC	CP 1/1	Centre	Drain	na	na	na	na	na	na	na
	CP 2/1	—	—	na	na	na	na	na	na	na
	CP 2/2	—	—	na	na	na	na	na	na	na
	CP 2/3	—	—	na	na	na	na	na	na	na
	CP 3/1	—	—	na	na	na	na	na	na	na
	CP 3/2	—	—	na	na	na	na	na	na	na
	CP 3/3	—	—	na	na	na	na	na	na	na
	CP 6/1,6/3	—	—	na	na	na	na	na	na	na
	CP 6/2	—	—	na	na	na	na	na	na	na
	CPF 10	—	—	na	na	na	na	na	na	na
	CPF 11	—	—	na	na	na	na	na	na	na

表 D.2（续）

连接器	CP	引脚								
		1	2	3	4	5	6	7	8	9
TNC	CP 1/1	Centre	Drain	na	na	na	na	na	na	na
	CP 2/1	—	—	na	na	na	na	na	na	na
	CP 2/2	—	—	na	na	na	na	na	na	na
	CP 2/3	—	—	na	na	na	na	na	na	na
	CP 3/1	—	—	na	na	na	na	na	na	na
	CP 3/2	—	—	na	na	na	na	na	na	na
	CP 3/3	—	—	na	na	na	na	na	na	na
	CP 6/1,6/3	—	—	na	na	na	na	na	na	na
	CP 6/2	—	—	na	na	na	na	na	na	na
	CPF 10	—	—	na	na	na	na	na	na	na
	CPF 11	—	—	na	na	na	na	na	na	na

附 录 E
（资料性附录）
考虑电磁干扰的供电网-TN-C和TN-S方法

电磁干扰的主要来源是通过现场总线通信的分布式自动化系统之间的电源线布线。目前为止，在主干线和分支线之间使用PE(保护地)和N(中线)的结合是常用的并且是标准允许的方法。这种布线方法也称为TN-C供电网。如果不涉及到扩展的现场总线网络，并且电源线L1、L2和L3中的电流是平衡的(图E.1)，则该方法是可接受的。

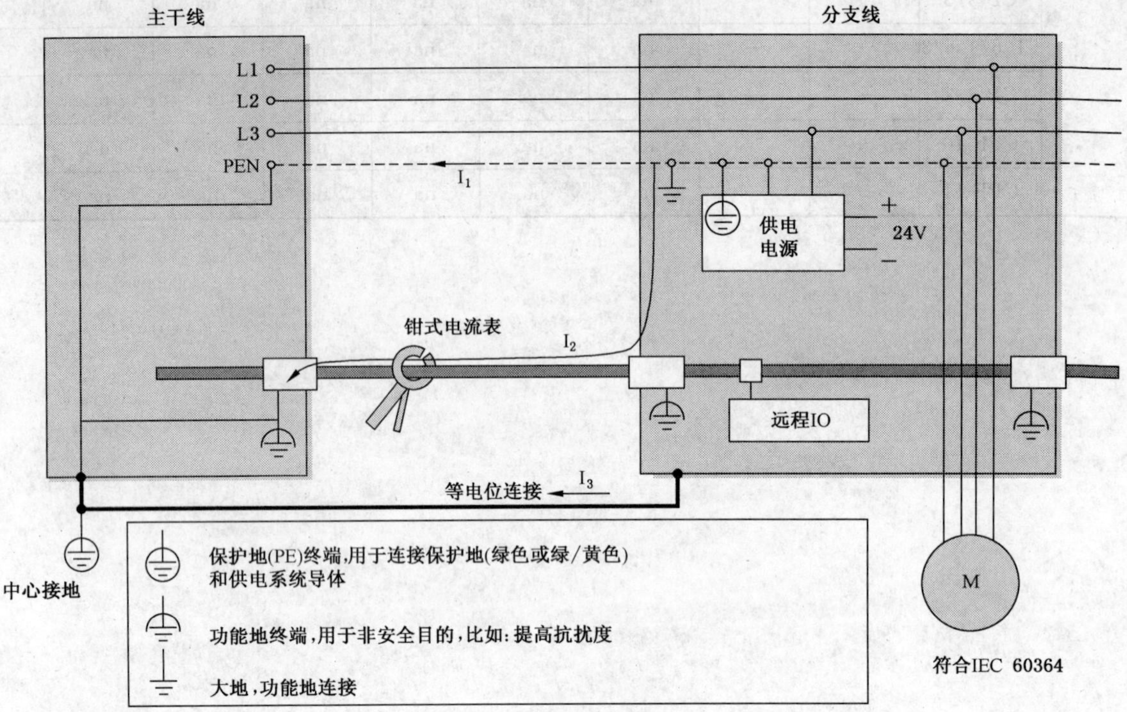

图 E.1 四线制供电网(TN-C)

根据国家/地方电气法规要求，将功能地终端和功能地连接与供电电源的保护地搭接。

现代驱动电子设备和供电电源都使用高频开关技术，这会引起不平衡(高频)的电流流经系统的PEN线。与PEN线并行的现场总线线缆的低阻抗屏蔽层将接收这些高频电流，结果导致对报文传输的干扰。

为了避免现场总线通信错误和可能的重试(这会影响效率以及可能影响整个系统(见图E.2)的可用性)，强烈推荐使用分离的PE和N线("5线制")。相应的供电网类型称为TN-S。

考虑电磁干扰时的供电网设计的更多相关完整信息可从IEC 60364-4-44获得。

考虑安全时的供电网设计更多相关完整信息可从GB/T 16895.1—2008，312.2.1 TN系统获得。

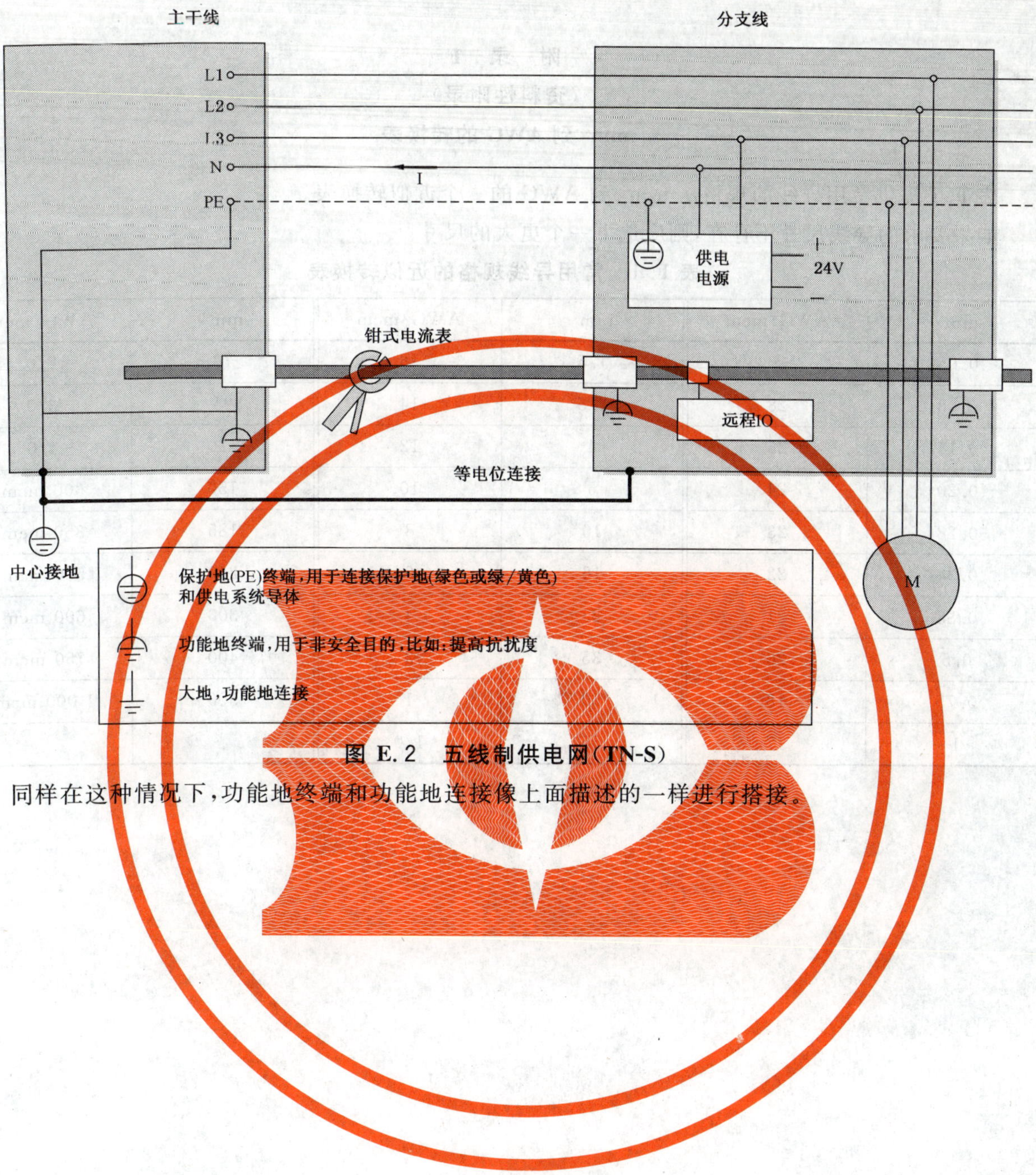

图 E.2　五线制供电网(TN-S)

同样在这种情况下，功能地终端和功能地连接像上面描述的一样进行搭接。

附　录　F
（资料性附录）
mm^2 到 AWG 的转换表

表 F.1 提供常用导线的规格从 mm^2 到 AWG 的一个近似转换表。

如果要求的导线尺寸不存在，则应选下一个更大的尺寸。

表 F.1　常用导线规格的近似转换表

mm^2	AWG/mcm	mm^2	AWG/mcm	mm^2	AWG/mcm
0.05	30	1.5	16	70	2/0
0.08	28	2.5	14	95	3/0
0.14	26	4	12	120	4/0
0.20	24	6	10	150	300 mcm
0.28	23	10	8	185	350 mcm
0.34	22	16	6	240	500 mcm
0.38	21	25	4	300	600 mcm
0.5	20	35	2	400	750 mcm
0.75	18	50	1	500	1 000 mcm
1	17	55	1/0		

附　录　G
（资料性附录）
已安装布线的验证检查表

G.1　简介

本附录为已安装的布线验证提供检查表。

验证者应该证实检查表中所列的所有项都应符合布线设计文档，并记录了偏差和添加内容，以及符合 IEC 61784-5 系列的适当安装行规。

G.2　铜缆布线验证检查表

表 G.1 提供铜缆布线验证检查表。

表 G.1　铜缆布线验证检查表

<table>
<tr><td colspan="3">系统</td><td colspan="2">段名称</td></tr>
<tr><td colspan="3"></td><td colspan="2">传输速度</td></tr>
<tr><td colspan="5">安装验收执行人：</td></tr>
<tr><td colspan="5">意见</td></tr>
<tr><td colspan="5">已安装铜缆布线的可视检查、验证</td></tr>
<tr><td>合格</td><td>不合格</td><td>检查项编号</td><td>检查项</td><td>注</td></tr>
<tr><td colspan="5">所有 CP 的一般检查</td></tr>
<tr><td></td><td></td><td>1</td><td>使用合适的线缆和连接器，无损坏的线缆护套</td><td></td></tr>
<tr><td></td><td></td><td>2</td><td>布线部件的布置</td><td></td></tr>
<tr><td></td><td></td><td>3</td><td>管路</td><td></td></tr>
<tr><td></td><td></td><td>4</td><td>出于 EMC 目的的线缆敷设</td><td></td></tr>
<tr><td></td><td></td><td>5</td><td>与其他电路分离。满足线缆之间的最小空间，或者已插入金属隔板</td><td></td></tr>
<tr><td></td><td></td><td>6</td><td>线缆以直角交叉</td><td></td></tr>
<tr><td></td><td></td><td>7</td><td>损伤防护。在危险点有防止机械损伤的安全装置</td><td></td></tr>
<tr><td></td><td></td><td>8</td><td>尖锐边缘已经有覆盖或移除</td><td></td></tr>
<tr><td></td><td></td><td>9</td><td>线缆无纽结</td><td></td></tr>
</table>

表 G.1(续)

合格	不合格	检查项编号	检查项	注
			所有 CP 的一般检查	
		10	符合弯曲半径规范	
		11	没有超出段/分支线的最大长度	
		12	没有超出一个通道内的最大连接数	
		13	引入机柜和/或建筑物的线缆正确	
		14	使用导线密封套且安装正确,附加了缓解应变装置	
		15	接线图	
		16	未接线、正确的线对、引脚,并且没有短路或开路	
		17	连接器的保护帽	
		18	接地	
		19	线缆屏蔽接地	
		20	线缆槽接地	
		21	所有等电位连接点可用	
		22	等电位连接机柜入口处的屏蔽	
		23	屏蔽应用到设备并且连接到等电位连接点	
		24	根据制造商的描述,切换不需要的通道	
		25	物理拓扑	
		26	标记与标签	
		27	至少保留一个插头/插座用于编程/维护设备连接	
		28	使用的部件符合结构设计(24 V/230 V 部件不反转)	

表 G.2 提供接地和搭接测量检查表。

表 G.2 接地和搭接测量检查表

		对接地和搭接的测量				最大允许值	
合格	不合格	动作项编号	测量	测量值			
		1	对地阻抗 [a]		mΩ	0.005	Ω
		2	阻抗偏移 [b]		Ω	0.6	Ω
		3	电压偏移 [c]		V	1	V

[a] 在与地搭接的连接和表面与专门的接地点之间进行测量。

[b] 在任何新安装的接地和等电位连接与一个已有的接地和等电位点之间进行测量。

[c] 在任何新安装的接地和等电位连接与一个已有的接地和等电位点之间进行测量。当系统完全工作时该测量应重复进行。

表 G.3 提供安装者和调试人员的签名的位置。

表 G.3　用于检查表 G.1 和表 G.2 的签名

日　期	安装者签名	调试人员签名

表 G.4 提供用于专门检查基于非以太网 CP 的检查表。

表 G.4　用于专门检查基于非以太网 CP 的检查表

基于非以太网 CP 的专门检查				
合格	不合格	动作项编号	动　作　项	注
		29	传输速率和现场总线相关的设备地址	
		30	终端电阻的编号正确，在正确的位置有正确的值	
		31	对终端电阻的供电有保证(即使在急停的情况下)	
		32	末端接线缆的线缆端	
对本质安全段的附加检查（Ex i 环境）				
		IS 1	现场总线隔离中继器用来将 Ex i 干线与非 Ex i 干线隔离开	
		IS 2	保证有限的传输速率	
		IS 3	仅使用符合 RS 485-IS 规范的连接器，比如，无离散电感器、特殊终端电阻	
		IS 4	使用的所有设备都通过 Ex i 认证	
		IS 5	所有总线参与方(现场设备，现场总线隔离中继器等)的最大安全值都符合规范	
		IS 6	检查所有总线参与方(现场设备，现场总线隔离中继器等)的互连是否都是本质安全的	
		IS 7	检查是否遵守危险区域安装的相关规定，比如，应符合 GB 3836.15	

表 G.5 提供安装者和调试人员的签名的位置。

表 G.5　用于检查表 G.4 的签名

日期	安装者签名	调试人员签名

G.3　光纤布线验证检查表

表 G.6 提供光纤布线验证检查表。

表 G.6　光纤布线验证检查表

<table>
<tr><td colspan="3" rowspan="2">系统</td><td colspan="2">段名称</td></tr>
<tr><td colspan="2">传输速率</td></tr>
<tr><td colspan="5">安装验收执行人：</td></tr>
<tr><td colspan="5">意见</td></tr>
<tr><td colspan="5">光纤布线的可视检查、验证</td></tr>
<tr><td>合格</td><td>不合格</td><td>检查项编号</td><td>检查项</td><td>注</td></tr>
<tr><td></td><td></td><td>1</td><td>使用合适的线缆和连接器，无损坏的线缆护套</td><td></td></tr>
<tr><td></td><td></td><td>2</td><td>线缆部件的放置</td><td></td></tr>
<tr><td></td><td></td><td>3</td><td>管路</td><td></td></tr>
<tr><td></td><td></td><td>4</td><td>与其他电路分离。光缆放在支架顶层</td><td></td></tr>
<tr><td></td><td></td><td>5</td><td>损伤防护。在危险点有防止机械损伤的安全装置</td><td></td></tr>
<tr><td></td><td></td><td>6</td><td>尖锐边缘已经有覆盖或移除</td><td></td></tr>
<tr><td></td><td></td><td>7</td><td>线缆无纽结</td><td></td></tr>
<tr><td></td><td></td><td>8</td><td>符合弯曲半径规范</td><td></td></tr>
<tr><td></td><td></td><td>9</td><td>没有超出段/分支线的最小/最大长度</td><td></td></tr>
<tr><td></td><td></td><td>10</td><td>引入机柜或建筑物的线缆正确</td><td></td></tr>
<tr><td></td><td></td><td>12</td><td>使用线缆密封套并安装正确，附加了缓解应变装置</td><td></td></tr>
<tr><td></td><td></td><td>13</td><td>接线图</td><td></td></tr>
<tr><td></td><td></td><td>14</td><td>光纤极性正确</td><td></td></tr>
<tr><td></td><td></td><td>15</td><td>连接器的保护帽</td><td></td></tr>
<tr><td></td><td></td><td>17</td><td>物理拓扑</td><td></td></tr>
<tr><td></td><td></td><td>18</td><td>标记与标签</td><td></td></tr>
</table>

表 G.7 提供安装者和调试人员的签名的位置。

表 G.7　用于检查表 G.6 的签名

日期	安装者签名	调试人员签名

附 录 H
（资料性附录）
连接器/线缆引脚连接

H.1 简介

本附录为基于以太网的网络提供连接器/线缆引脚连接。

H.2 构造线束

本条详细描述插头对插头的线束的引脚/线对分配。线束由工厂装配或者现场装配。提供下面的表和图的目的是帮助构造线束及验证线束。所有的线束应符合基于线缆类型与环境条件的通道衰减。所有线束在线缆的每一端都应装一个插头。可为扩展线束安装插头和插座以使通道中的连接数最小。

H.2.1 带D编码M12-4连接器的直通线束

直通D编码M-12线束可以是工厂供应的也可以现场装配。如果现场装配，则有几种连接器连接方法。最常用的方法包括安装不需要工具的IDC类型。其他方法为导线连接提供外壳夹、螺纹接线端子或者焊锡坑。如果现场装配，重要的是选择正确的连接器以满足相关环境的IP码。不正确的装配会导致连接器上IP等级的损失。应遵守制造商装配说明。线缆的线束如图H.1和表H.1所示。强烈推荐使用双绞线，因为它们比星绞四线线缆能提供更好的抗扰性。

图 H.1 带D编码M12-4连接器的直通线束

表 H.1 D编码M12-4引脚/线对分配

引脚	导线颜色	名 称	信 号
1	WH/OG	发送数据(Transmit data)＋	TXD＋
2	WH/GN	接收数据(Receive data)＋	RXD＋
3	GN	发送数据(Transmit data)－	TXD－
4	OG	接收数据(Receive data)－	RXD－

H.2.2 带D编码M12-4连接器的交叉线束

带D编码M12-4连接器的交叉线束可以由工厂供应或者现场装配。如果现场装配，重要的是选择正确的连接器以满足相关环境的IP码。线束的接线如图H.2和表H.2所示。

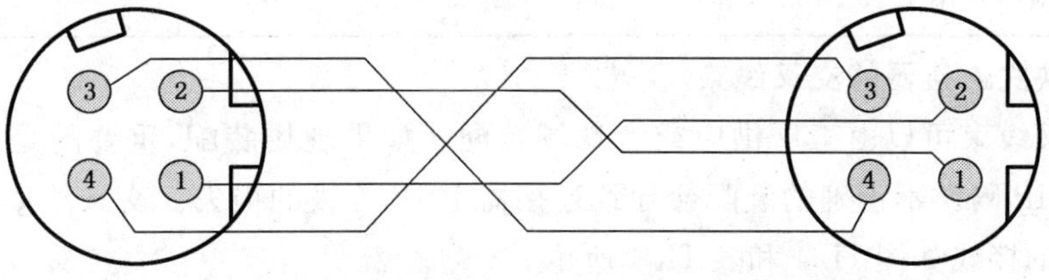

图 H.2 带D编码M12-4连接器的交叉线束

表 H.2　M12 到 M12 交叉线引脚/线对分配

M12 引脚	M12 引脚	导线颜色	名　称	信　号
2	1	WH/OG	发送数据(Transmit data)＋	TXD＋
1	2	WH/GN	接收数据(Receive data)＋	RXD＋
4	3	OG	发送数据(Transmit data)－	TXD－
3	4	GN	接收数据(Receive data)－	RXD－

H.2.3　带 8 路模块式连接器的直通线束

8 路模块式线束可以由工厂供应或者现场装配。如果现场装配，重要的是选择正确的连接器以满足相关环境的 IP 码。不正确的装配会导致连接器上 IP 等级的损失。直通线束的连接应遵守制造商装配指导。线束的接线如图 H.3 和表 H.3 所示。

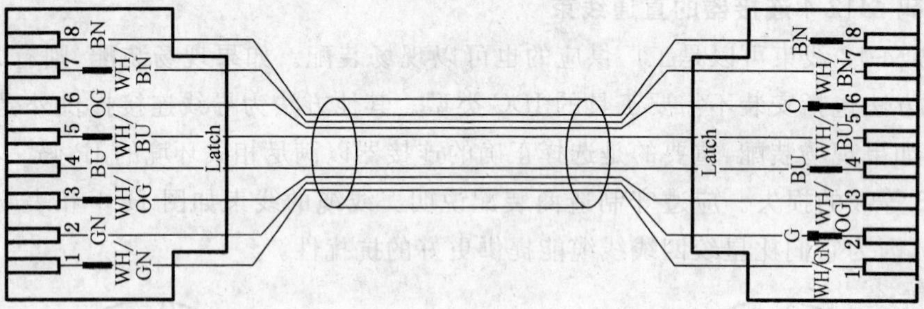

图 H.3　带 8 路模块式连接器的直通线束

表 H.3　8 路模块式连接器引脚/线对分配

引脚(PIN)	信号名称	导线颜色(T568A)	线对分配	导线颜色(T568B)	线对分配
1	TXD＋	WH GN	线对 3	WH OG	线对 2
2	TXD－	GN		OG	
3	RXD＋	WH OG	线对 2	WH GN	线对 3
4	—	BU	线对 1	BU	线对 1
5	—	WH BU		WH BU	
6	RXD－	OG	线对 2	GN	线对 3
7	—	WH BN	线对 4	WH BN	线对 4
8	—	BN		BN	
注：线对 1 和线对 4 不用于 10 Mbit/s 和 100 Mbit/s 网络。					

H.2.4　带 8 路模块式连接器的交叉线束

8 路模块式交叉线束可以由工厂供应或者现场装配。如果现场装配，重要的是选择正确的连接器以满足相关环境的 IP 码。不正确的装配会导致连接器上 IP 等级的损失。交叉线束的连接应遵守制造商装配指导。线束的接线如图 H.4 和表 H.4 所示。

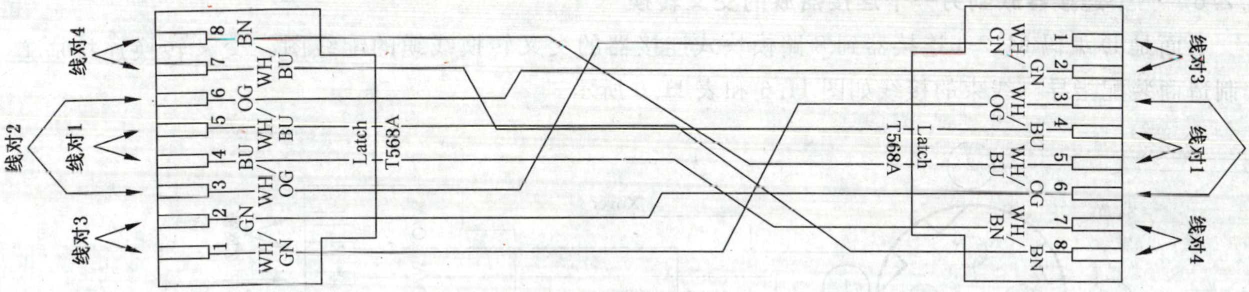

图 H.4 带 8 路模块式连接器的交叉线

表 H.4 8 路模块式交叉线引脚/线对分配

引脚(PIN)	信号名称	导线颜色	线对分配	到引脚(PIN)的路径
1	TXD+	WH GN	线对 3	3
2	TXD−	GN		6
3	RXD+	WH OG	线对 2	1
4	—	BU	线对 1	7
5	—	WH BU		8
6	RXD−	OG	线对 2	2
7	—	WH BN	线对 4	4
8	—	BN		5

H.2.5 一个连接器族到另一连接器族的直通转换

下面是为 8 路模块式连接器和 4 孔 D 编码 M12 连接器之间提供连接的线束(插头对插头)的引脚信息。直通转换连接应遵守制造商装配指导。线束的接线如图 H.5 和表 H.5 所示。

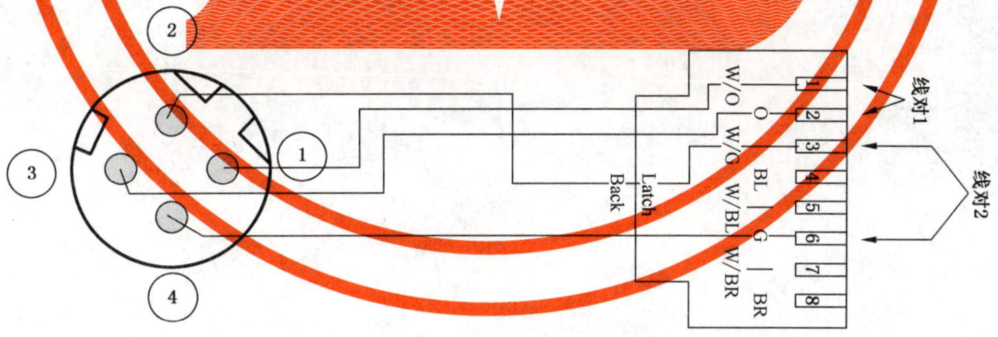

图 H.5 M12-4 到 8 路模块式连接器的转换

表 H.5 连接引脚分配

8 路模块式连接器	M12 引脚	导线颜色	名　　称	信　　号
1	1	WH OG	发送数据(Transmit data)＋	TXD＋
3	2	WH GN	接收数据(Receive data)＋	RXD＋
2	3	OG	发送数据(Transmit data)－	TXD－
6	4	GN	接收数据(Receive data)－	RXD－

H.2.6 一个连接器族到另一个连接器族的交叉转换

下面是D编码M12-4连接器到8路模块式连接器的交叉转换线缆的配线图。交叉转换连接应遵守制造商装配指导。线束的接线如图H.6和表H.6所示。

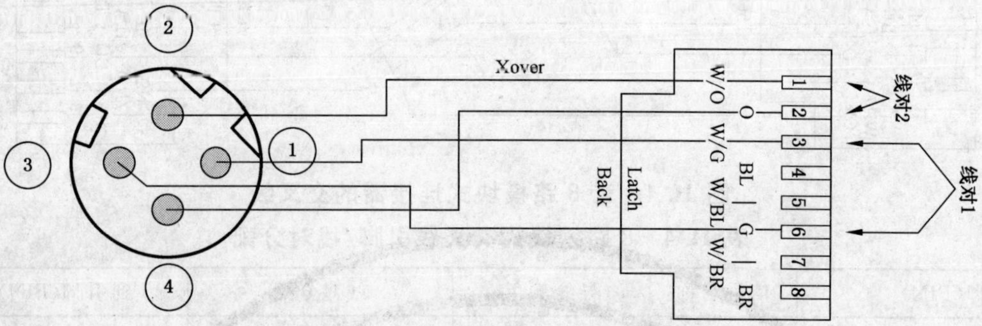

图 H.6 M12-4到8路模块式连接器的交叉线

表 H.6 M12到8路模块式交叉线引脚/线对分配

8路模块式连接器	M12引脚	导线颜色	名　称	信　号
3	1	WH OG	发送数据(Transmit data)＋	TXD＋
1	2	WH GN	接收数据(Receive data)＋	RXD＋
6	3	OG	发送数据(Transmit data)－	TXD－
2	4	GN	接收数据(Receive data)－	RXD－

附　录　I
（资料性附录）
端接线缆终端的指南

I.1　简介

除了5.3中给出的一般规则，这里给出以下指南可作为端接线缆终端的良好示例。

端接线缆终端需以下工具：

——切线与制备工具；

——线缆护套剥离器；

——压线工具。

I.2　用8路模块式插头端接屏蔽双绞线的指南

有几种提供不同屏蔽等级的屏蔽双绞线。一般来说，它们的端接方式相同。以下描述指所有作为STP线缆的屏蔽线类型。

根据线缆使用的屏蔽类型，线缆端接与制备的过程对不同的线缆和不同的连接器可能不同。关于正确端接的方法参考线缆和/或连接器制造商的建议。

端接屏蔽双绞线的基本步骤如下：

a)　测量线缆并用线缆切割器将它修剪到合适的长度。将线缆长度切成比最终线缆长度长75 mm (3 in)。

b)　参考图I.1，用护套剥离工具将护套剥离25 mm(1 in)左右。

图 I.1　剥离线缆护套

c)　使屏蔽层为导体提供360°的覆盖。小心不要切到导线的屏蔽层、排扰线或绝缘层。如果屏蔽层、排扰线或绝缘层被损坏，切掉线缆的末端再开始。

d)　分离单独的线对。打开不再与护套边缘平齐的绞合导线对，如图I.2所示。

e)　将排扰线和/或屏蔽折回到与线缆平行。

f)　将导线排列成颜色组，如图I.2所示。几个CP的线缆颜色代码见表D.2(例如CP 2/2)。

1)　如果线缆为T568A，则白/橙和橙色线对由蓝和白/蓝隔开；

2)　如果线缆为T568B，则绿/白和绿色线对由蓝和白/蓝隔开。

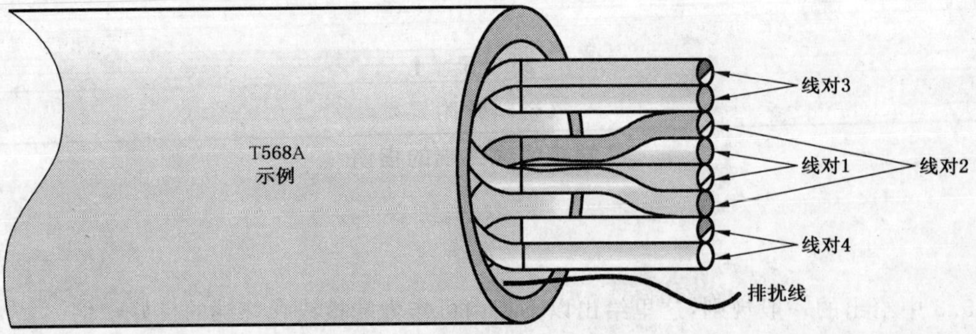

图 I.2 类型 A 线缆制备示例

g) 检查如下项：

1) 线对的绞合尽可能长；

2) 线对 2(T568A)均匀分离；

3) 导线端修整均匀；

4) 导线修整长度取决于连接器制造商说明。

h) 保持导线在合适的方向，用锋利的切割器将多余的长度修剪掉。最终超出护套的长度应小于 12 mm(0.5 in)。

i) 证实导线的方向正确。应用 CP 特定的配线约定(见相关安装行规)和图 I.3 中的连接器引脚。将导线插入连接器内，如图 I.4。

注：每根导线有自己的槽。

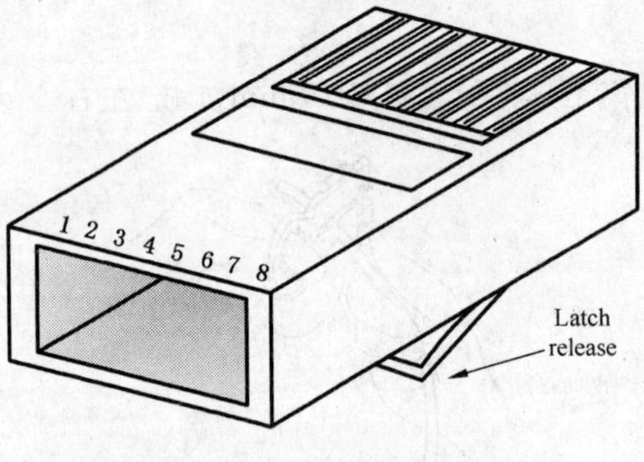

图 I.3 8 路模块式插头

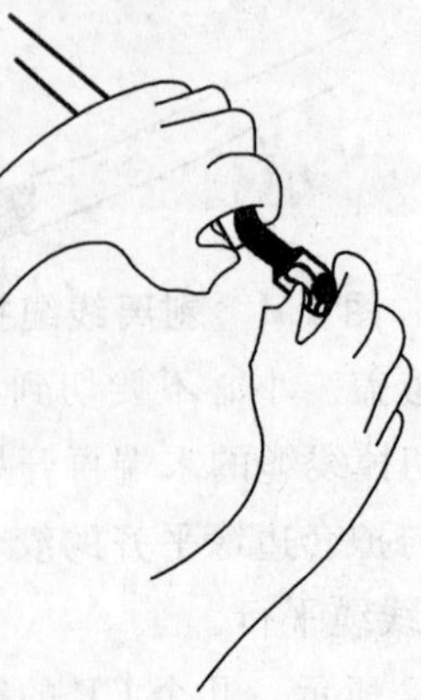

图 I.4 将线缆插入连接器内

j) 将线缆推入屏蔽连接器内，直到所有的导线接触到连接器的底端。线缆护套插入连接器应足够深，以便线夹能卡住线缆护套。

k) 将连接器插入压接工具(图 I.5)并压紧连接器。证实连接器完全放入压接工具中。

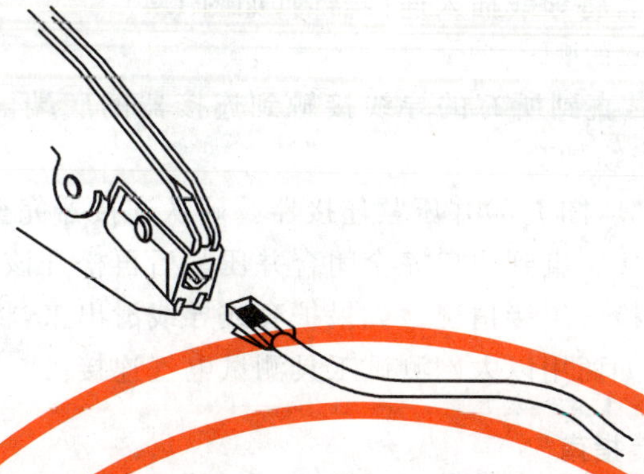

图 I.5　压接连接器

l) 挤压手动工具完成压接。直到钳口完全闭合并压紧后再松开该工具。

m) 通过轻轻的拉连接器检查压接情况。如果护套或导线滑出来，将连接器切掉重新开始。

n) 用适当的测试工具比如商用以太网测试工具测试电气连接。

I.3　8 路模块式插头的非屏蔽双绞线的端接指南

端接模块式 8 路插头的步骤如下：

a) 测量线缆，用线缆切割器将其修剪为合适的长度。将线缆切割为比最终线缆长度长约 75 mm (3 in)。

b) 使用类似图 I.1 的剥线工具，将线缆护套剥离 25 mm(1 in)。小心不要切到导线的绝缘层。如果导线的绝缘层被损坏，切掉线缆的一端重新开始。

c) 将导线排列成颜色组，如图 I.6 所示。

d) 分离单独的线对。几个 CP 的导线颜色代码在表 D.2 中给出。例如，用于 CP2/2 的颜色代码。

1) 如果线缆为 T568A，则白/橙和橙色线对由蓝和白/蓝分离隔开；

2) 如果线缆为 T568B，则绿/白和绿色线对由蓝和白/蓝分离隔开。

e) 将导线绞合打开到与护套边缘平齐(见图 I.6)。

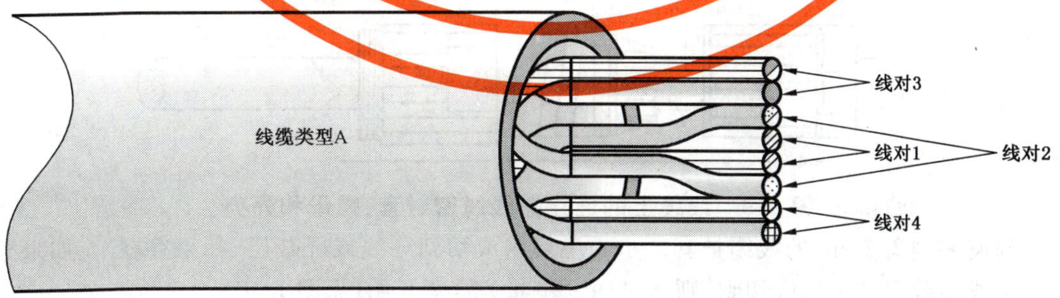

图 I.6　类型 A 线缆制备示例

f) 检查如下项：

1) 线对的绞合尽可能长；

2) 线对 2(T568A)均匀分离；

3) 导体端修整均匀；

4） 导体修整长度取决于连接器制造商说明。

g） 保持导线在合适的方向，用锋利的切割器将多余的长度修剪掉。最终超出护套的长度应小于12mm(0.5 in)。见连接器制造商说明。

h） 确认导线的正确方向。将导线插入连接器内(如图 I.4)。

注：在连接器内每个导线有自己的槽。

i） 将线缆推入连接器内，直到所有的导线接触到连接器的底端。线缆护套插入连接器应足够深，以便线夹能卡住线缆护套。

j） 将连接器插入压接工具(图 I.5)并压紧连接器。确认连接器完全固定到压接工具中。

k） 挤压手动工具完成压接。直到钳口完全闭合并压紧后再松开该工具。

l） 通过轻轻的拉连接器检查压接情况。如果护套或导线滑出来，将连接器切掉重新开始。

m） 用适当的测试工具比如商用以太网测试工具测试电气连接。

I.4 D 编码 M12-4 连接器安装指南

下面的示例步骤用于将“D”编码 M12-4 连接器安装到 2 对 UTP 或 STP 线缆上。该规程可用于金属外壳和塑料外壳连接器结构。如果使用 STP 线缆，需要附加步骤来处理屏蔽层。

a） 标识连接器部件并分离部件(见图 I.7)。

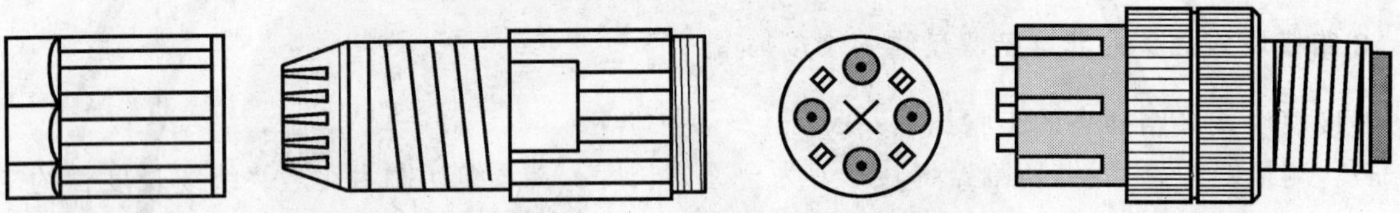

图 I.7 连接器部件

b） 从线缆的一端切掉约 50 mm，将切掉的部分丢弃(见图 I.8)。

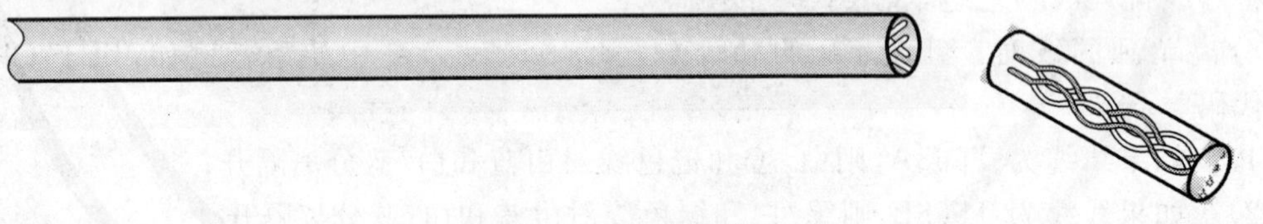

图 I.8 线缆制备

c） 将线缆密封套、螺母和连接器壳套到线缆上(见图 I.9)。

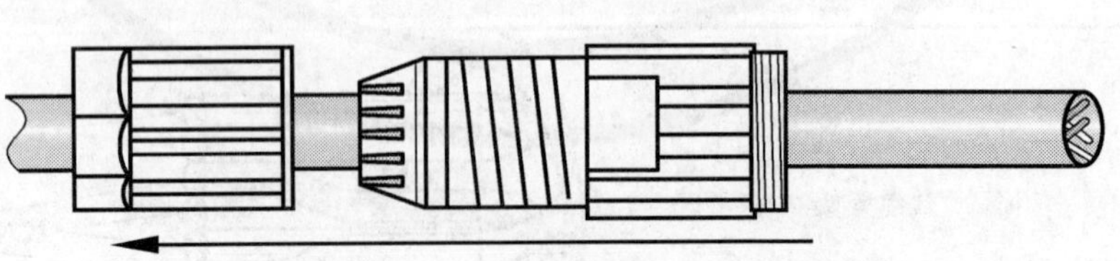

图 I.9 线缆上的连接器线缆密封套、螺母和外壳

d） 刻痕并剥离 2 cm 的线缆护套。小心不要刻或切到导线或屏蔽层(如果存在)。如果导线绝缘层或屏蔽层被刻痕或切到，则通过回到步骤 2 重新开始(见图 I.10)。

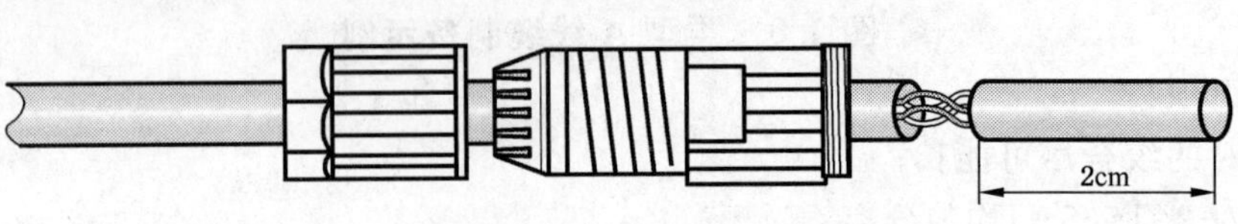

图 I.10 导线制备

e） 移除并丢弃护套(见图 I.11)。

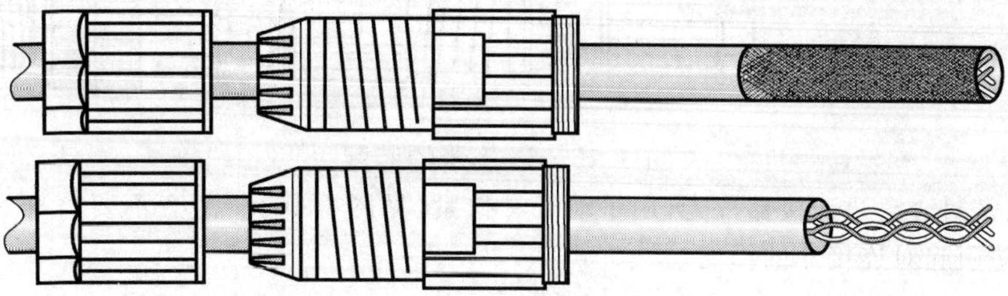

图 I.11 护套移除

f） 如果线缆是屏蔽的，将屏蔽层折回到护套上并根据连接器文档修剪，否则略过该步骤(见图 I.12)。

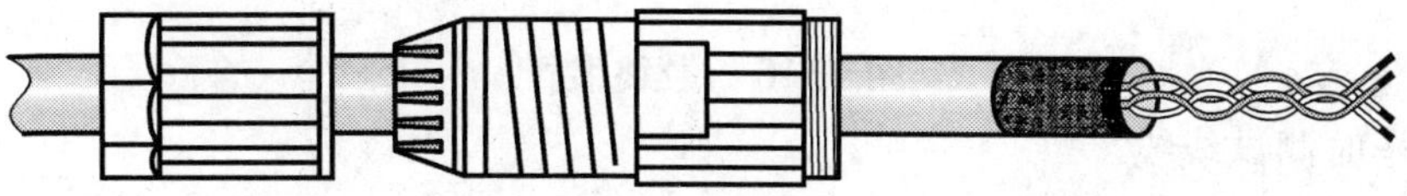

图 I.12 屏蔽层处理

g） 将导线修剪为必要的长度。重要的是保持未绞合的长度和暴露的长度尽可能的短。剥离 0.5 cm的导线绝缘(见图 I.13)。

注：有些连接器使用 IDC 接触件代替螺纹接线端子或外壳夹。对 IDC 接触件不必剥离绝缘层。

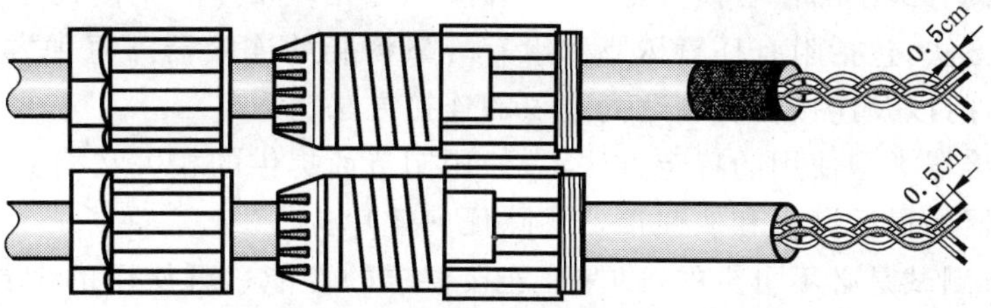

图 I.13 导线制备

h） 根据布线设计文档中的接线图制备导线。

i） 将导线插入到连接器的后端(见图 I.14)。根据连接器，可使用螺纹接线端子、外壳夹或 IDC 类型接触件固定导线。

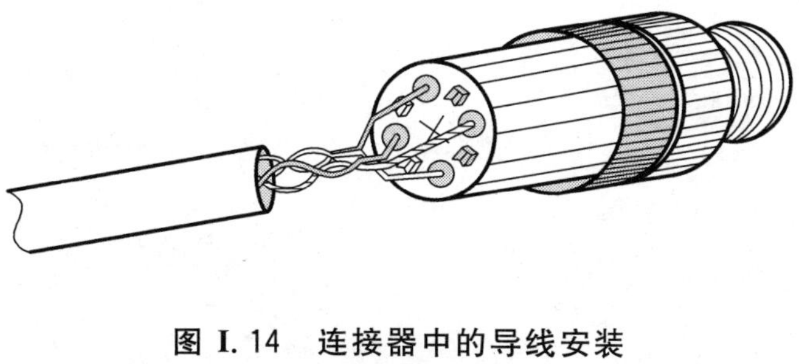

图 I.14 连接器中的导线安装

j） 通过轻轻拉线缆，检查导线是否已经牢固连接到连接器接触件。

k） 将连接器壳滑到连接器后端，根据连接器文档旋紧(见图 I.15)。

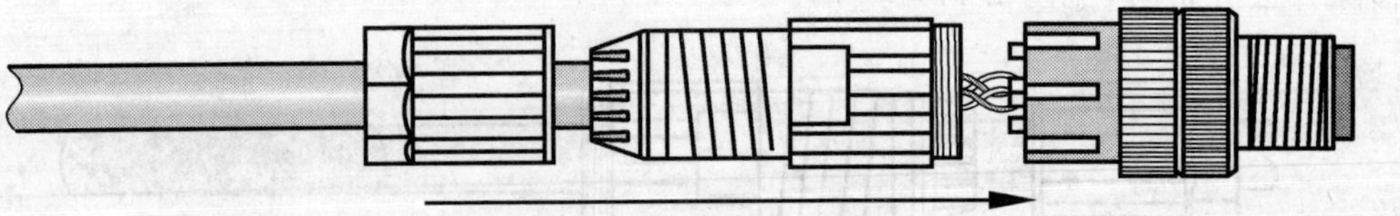

图 I.15　连接器的装配

l)　将导线密封套滑过连接器外壳，用手动工具拧紧(见图 I.16)。注意不要将导线密封套拧的过紧，以防引起对连接器的损伤。

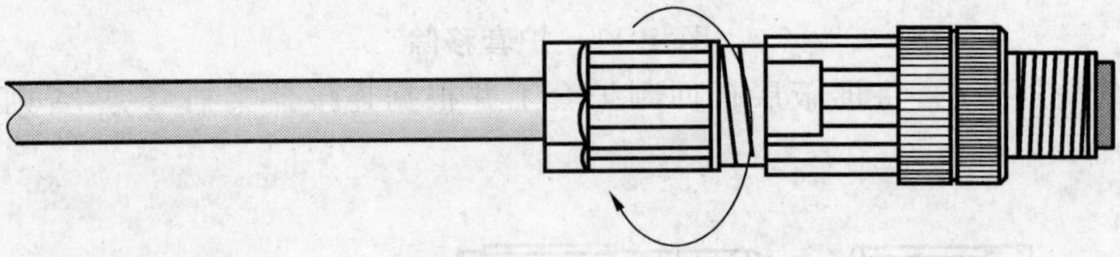

图 I.16　最终装配

m)　装配完毕时测试线缆。

I.5　端接光缆指南

存在许多光纤连接器用于几种光纤线缆。对于表 9 中列出的那些光纤连接器，将要使用的列在 CP 安装行规中。

光纤是细的玻璃丝或塑料丝，用来通过光信号传输信息。不像铜缆，对光纤来说，机械连接是不够的。光通过光纤后应具有最小的信号损失，并且光纤应和与光缆相连的光接收器对齐。

有几种端接光缆方法，包括附有环氧树脂和没有环氧树脂的连接器。每种方法的详细描述取决于每个连接器的特殊特性，以及连接器的制造商建议的连接方法。

为了了解每种连接器类型使用的特定方法，需使用制造商提供的相关文档。

应特别注意连接器的最后抛光和从连接器移除任何碎片。

然后，对连接进行测试是必不可少的，以保证连接要求的性能。可使用的工具为光纤显微镜，它能使人发现任何裂缝或缺陷。如果裂缝或缺陷在覆层中，因为覆层不传递信号，所以这不算问题。如果裂缝或缺陷在线芯，这是应该解决的问题。如果重新抛光光纤也不能解决该问题，则可将连接器切下来，重新端接线缆。

附 录 J
（资料性附录）
关于双卡套接头连接性能与通道中有4个以上连接的通道性能的建议

J.1 简介

当使用具有背对背连接器的双卡套接头连接以及需要4个以上的连接时，需考虑以下建议。

注：（警告）当前，使用背对背连接时对通道性能的影响仍在研究中。

J.2 建议

对一个双卡套接头连接，连接个数计数取决于背对背连接器的电气性能和两个连接器之间的距离。如果两个连接器之间的距离小于10 cm，计数为1个连接。如果两个连接器间的距离大于10 cm，计数为2个连接。

当前研究表明：

a) 包括双卡套接头连接的插头到插头连接可当作ISO/IEC 11801中定义的单对5类线连接，假设两个方向每个插头/插座接口超过了式(J.1)给出的回波损耗，并且每个插头/插座接口满足6类线PSNEXT和PSFEXT最低性能；

$$RL(f) \geqslant 66-20\lg(f) \qquad \cdots\cdots(J.1)$$

式中：

RL——回波损耗，单位为dB；

f——频率，单位为MHz，$f \leqslant 250$。

b) 一个通道拓扑可包括多达4个成对连接，其中每个成对连接都满足5类线(GB/T 18233—2008)最低性能要求；

c) D类通道拓扑可包括多达6个成对连接，其中每个成对连接都满足6类线最低性能要求；

d) 双卡套接头连接的插座与插座之间的最大距离为10 cm。如果该距离大于10 cm，则每个插头/插座接口被当作一个分离的成对连接。

为了满足期望的线类要求，有4个以上连接的通道应使用更高性能的连接。为了保持通道中的5类线的性能，使用6类线连接。构建更大通道个数时的回波损耗和NEXT传输要求见表J.1。

表J.1 通道中有4个以上连接时的传输要求

期望的通道类	连接个数	要求的连接硬件最小回波损耗 dB	要求的最小连接硬件NEXT dB	线缆类
D	5或6	66(TBD)−20 lg (f)	94(TBD)−20 lg (f)	CAT 5
E	5或6	70(TBD)−20 lg (f)	100(TBD)−20 lg (f)	CAT 6
注：要求5个或6个连接的E类通道可能受限于连接器的回波损耗和NEXT性能。				

附 录 K
（资料性附录）
现场总线数据传输测试

K.1 背景

工业自动化系统要求提供“确定性”与“可重复的”数据传输的通信通道。这些要求隐含对布线和干扰引起的容许错误的限制。

网络总的可用性或正常运行时间以及突发错误的影响对许多控制应用也很关键。

K.2 控制系统的允许差错率

K.2.1 误码

一般的误码事件导致包含差错的报文帧的丢失或拒绝。大多数情况下，该丢失过后跟随一个恢复活动，以在稍后重发该报文帧。

这对通信具有以下影响：

——受影响的报文帧中的控制信息要么完全丢失要么没有及时提供给目标接收者；

——当资源被用于恢复事件时，通道响应时间被延长；

——通道总的传输能力被降低。

对那些要求可预测的控制响应时间的许多控制应用，以及紧急报警与控制事件时要求有确定的最坏情况传递时间的许多控制应用来说，这些结果是不可接受的。

对一个现场总线应用，为保证可接受的通信通道性能，最大允许故障数据误码率表示为总数据的比例应为：

——10^6 分之一，标称数据速率为 100 kbit/s 的现场总线；

——10^{12} 分之一，标称数据速率为 100 Mbit/s 的现场总线。

K.2.2 突发错误

少量的随机通信错误总是存在于真实的通信通道中。所以，控制系统通常设计为容许当一个数据样本在通信中丢失或不能按时到达时的几个事件。

影响控制环的多个测量样本中两个样本序列的通信丢失或延时通常是不可接受的，因为它们使得控制环不稳定。

作为一般规则，影响多个样本通信的最长突发错误应小于最快控制环的采样间隔。

快速控制环采样间隔的典型值如下：

——过程控制的快速采样间隔为 100 ms；

——工厂自动化的快速采样间隔为 10 ms；

——一些机器人和电机速度控制应用的采样间隔为 1 ms 或小于 1 ms。

对一个工厂应用，基于这些值，一个持续 1 ms 的突发错误可引起 100 个连续报文的丢失，这些报文代表 100 个控制环中的每个控制环的一个样本。这通常不算是非安全的状态，因为每个控制环应容许丢失一个样本。

然而，持续 20 ms 的一个突发错误会引起以 10 ms 采样间隔运行的每个控制环丢失 2 个连续的样本。在上述例子中，所有 100 个控制环由于具有很大可能进入非安全控制状态，所以是不稳定的。

对特定控制系统应用，可接受的最长突发错误事件可从控制系统使用的最短采样间隔计算获得。

K.3 测试通道性能

应对安装的通信通道进行测试，以验证所要求的通道性能。使用的测试方法和通道性能限制取决于线缆类型和布线系统所支持的应用需要。

通道性能测试可考虑以下两个级别：

——布线系统级；

——应用级。

K.4 测试线缆参数

K.4.1 概述

线缆参数测试包括以下测量：在线缆类别(Category)/类(Class)的适用频率范围上对连接性、电阻、带宽、反射以及串扰等的测量。

线缆参数性能测量说明布线和连接硬件(包括接插线、交叉连接布线等)的安装特性。它们只与通信系统的物理层组成的无源元件相关。这些测量通常不说明电气或电磁干扰的存在，并且不测量与数据传输错误相关的统计数据。

注1：满足一组线缆参数的确认只证明通道的原始带宽能力，它不测量干扰因子的存在或者预测它们对实际数据传输性能的影响。当已确认的通道用于特定通信技术时，符合特定传输类不保证通道有用数据传输率或者由干扰引起的误码率或突发错误有一个理想值。

注2：当在存在严重干扰情况下测试线缆参数时，测试设备可能将干扰报告为测试结果的一部分，或者由于测试所用时间异常的长，测试人员因此推断干扰的存在。

K.4.2 普通线缆测试

当普通线缆安装到工业环境下时，应根据 ISO/IEC 24702 中的相关传输性能类的要求，用 ISO/IEC 14763-2 中规定的方法对线缆进行测试。

注：CAT 5E/Class D 的频率范围为 1 MHz～100 MHz，CAT 6/Class E 的频率范围为 1 MHz～250 MHz。

K.4.3 现场总线线缆测试

现场总线线缆测试应按照相关 CP 安装行规中的方法进行。如果现场总线系统将其他线缆或普通线缆的任何部分用于控制应用，则这些部分应包括到现场总线应用测试中。

注：多种频率范围可适用于不同的现场总线类型和行规。

K.5 测试现场总线数据速率性能

K.5.1 概述

利用安装的现场总线技术行规特定的信号调制和编码方法，现场总线数据速率测试提供覆盖该行规的数据传输错误的统计报告。

这些测试通常是安装的控制系统设备的一部分。大多数基于现场总线的测量与控制系统包括管理实体，以计数并报告不好的通信事件。该信息应被记录日志，并用于故障查找以及布线性能的趋势追踪。

可能存在其他工具发送测试报文并分析检测到的错误事件，以报告误码的发生。

K.5.2 现场总线测试

现场总线用户关注以合理的周期(h/days)、针对用户特定的环境和现场总线类型进行的测试中的报告，以获得应用的统计 BER 或者可接受的误码率。

对现场总线测试报告中的关注项如下：

——特定现场总线通信级的报文误码率；

——丢失报文统计的分析，包括突发错误以及多个连续报文上发生的丢失事件的细节。

这些报告能使用户确定是否他们的控制应用能容忍这些预期的错误形式。

K.5.3 现场总线数据速率测试规划

许多安装存在与时间和气候相关的干扰形式，因此，当资源允许时，应在一个适当的时间周期上进行数据传输速率的测量和错误统计，该时间周期包括预期最坏的通信干扰情况。

规划现场总线性能测试时需考虑的项包括：

——安装的现场总线 CP 的设计特征；

——要测试的网络部分的位置和范围；

——测试发生日期和持续时间；

——使用的报文大小和报文形式。

缺少特定测试参数时，推荐使用下列缺省参数：

——全网络测试覆盖所有安装的通道；

——测试持续时间：24 h；

——连续 2 d 重复测试；

——以全系统数据速率测试；

——测试报文大小为现场总线最大报文；

——测试报文速率为现场总线最大速率。

K.5.4 现场总线数据速率测试报告模版

建议测试报告包括如下内容：

——特定测试计划的细节；

——基于时间的图形，以测试期间的可能吞吐量的分数形式给出获得的吞吐量；

——基于时间的图形，显示检测到的报文丢失事件和报文丢失数量；

——多报文丢失事件（突发错误）的个数相对以适当时间单位表示的每个事件持续时间的图形报告。

K.5.5 可接受的现场总线性能值

可接受的性能值应基于应用需要计算获得。

附 录 L
（资料性附录）
通信网络安装工作责任

L.1 简介

本附录规定通信网络安装生命周期（例如：设计、安装实现、验证及确认）几个阶段的要求。对每个阶段，确定一个特定主体（人或组织）负责满足这些要求。

L.2 安装工作责任

一般来说，一个主体（人或组织）应对本标准中定义的安装生命周期的每个阶段负责。

如果某个定义的阶段的部分工作被委托或分包给其他方，则负责该阶段的主体仍负责被委托或分包的工作项的一致性。例如，分配安装者的部分工作可由其他方完成，这种情况下，该安装者仍被要求按照第5章的要求去评估其他方所做工作的一致性。

对于作为网络正确安装（例如：建筑物接地以及车间接地）的先决条件的所有项，同样需要确定一个责任主体。如果这些工作不是网络安装工作的一部分，仍然需要一个责任主体来提供信息和文档，以正确开展网络安装工作。

L.3 安装工作责任表

对于复杂安装工作，建议建立并维护一个责任表，以明确规定解决定义在本标准每一条（或一组条）中的要求时的责任。

附 录 M
（资料性附录）
通信行规的商标

附录D列出了可作为商标的CPF名称。IEC 61784-1和IEC 61784-2中定义的所有CP的商标列在这里，见表M.1。

表 M.1 CPF和CP的商标

CPF族号	技术名称
1	Foundation Fieldbus
2 CP 2/1 CP 2/2 CP 2/3	CIP™ ControlNet™ EtherNet/IP™ DeviceNet™
3	PROFIBUS & PROFINET
4	P-NET®
5	WorldFIP®
6	INTERBUS®
8	CC-Link
9	HART
10	VNET/IP
11	TCnet
12	EtherCAT
13	Ethernet Powerlink
14	EPA
15	MODBUS-RTPS
16	SERCOS

附　录　N
（资料性附录）
确认测量

N.1　概述

本附录描述一些确认测量细节。

N.2　DCR（直流电阻）测量

N.2.1　测试目的

为了确认下列内容，下述规程适用于安装线缆的DCR测量：

——回路电阻；

——数据线的DCR；

——屏蔽层的DCR；

——导线间不存在短路；

——导线和屏蔽层间不存在短路。

该规程可用于所有线缆导线的评估。

仅执行该规程的一部分可导致不正确的结论。

N.2.2　假设

线缆的安装物理长度已知。

计划使用的方法取决于测量的准确度和精度。

测量线缆时的温度与数据手册中的温度相同。

N.2.3　测量

测量分5步实现。

——步骤1

- 远端开路，执行导线的所有组合间的测量，以验证直流电阻大于1 MΩ。如果任何测量结果小于1 MΩ，则表明有潜在的问题。在继续进行前，应解决该问题；
- 在远端将导线1和导线2短路（见图N.1）；
- 测量导线1和导线2之间的回路电阻。

图 N.1　导线与导线间的回路电阻测量

——步骤2

- 在远端将导线1和屏蔽短路（见图N.2）；
- 在本地端测量导线1和屏蔽间的回路电阻。

图 N.2　导线 1 与屏蔽间的回路电阻测量

——步骤 3

- 在远端将导线 2 和屏蔽短路(见图 N.3)；
- 在本地端测量导线 2 和屏蔽间的回路电阻。

图 N.3　导线 2 与屏蔽间的回路电阻测量

——步骤 4(测量导线 1 与导线 2 之间的短路)

- 在远端将导线 2 与屏蔽短路(见图 N.4)；
- 在本地端测量导线 1 与屏蔽间的回路电阻。

图 N.4　用于检测导线短路的电阻测量

——步骤 5

- 导线 1 和导线 2 在远端不连接(见图 N.5)；
- 在本地端测量导线 1 和导线 2 间的电阻。

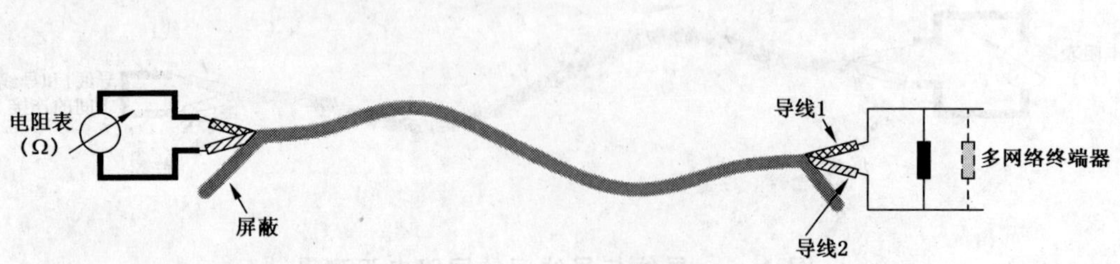

图 N.5　导线 1 与导线 2 之间的电阻测量

N.2.4　计算

N.2.4.1　导线和屏蔽的 DCR 值计算

从线缆制造商提供的数据手册中获得线缆的典型 DCR。

每个安装线缆的 DCR(calc)可用单位长度的典型值乘以线缆长度计算。

$DCR\text{-}calc_{(导线)}=DCR_{(导线,自数据手册)}\times L$

$DCR\text{-}calc_{(屏蔽)}=DCR_{(屏蔽,自数据手册)}\times L$

其中,L 为安装线缆的已知长度。

注:当线缆制造商提供其他等价信息时,可能不需要该计算,例如,给出线缆长度相关的 DCR 值的表。

N.2.4.2 导线和屏蔽的 DCR 值推导

导线和屏蔽的 DCR 值以及两个导线间的两个 DCR 值的差,可从测量步骤 1~步骤 3 按下方公式获得:

a) $DCR_{(导线)}=0.5\times DCR_{(步骤1)}$

1) $DCR_{(屏蔽1)}=DCR_{(步骤2)}-DCR_{(导线)}$

2) $DCR_{(屏蔽2)}=DCR_{(步骤3)}-DCR_{(导线)}$

3) $DCR_{(屏蔽)}=0.5\times(DCR_{(屏蔽1)}+DCR_{(屏蔽2)})$

b) $DC_{unbal}=|DCR_{(步骤2)}-DCR_{(步骤3)}|$

注:该方法的准确度约为 10%。当测量值和计算值在 10%内时,确认被测线缆是符合要求的。

N.2.5 测量结果

N.2.5.1 线缆 DCR 的确认

图 N.6 给出依据数据手册和相关 CP 安装行规,对安装线缆 DCR 的确认结论。

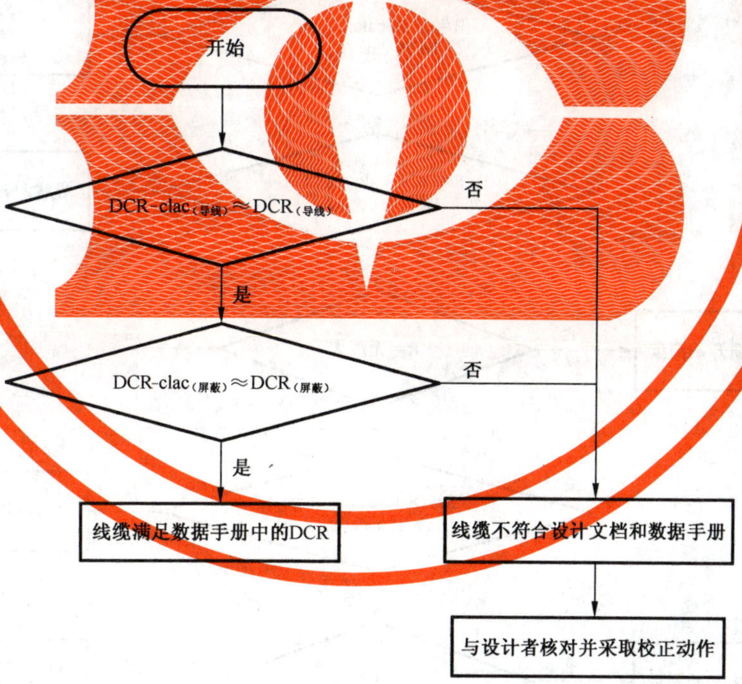

图 N.6 线缆 DCR 的确认

N.2.5.2 关于线缆开路或短路的结论

比较 DCR(calc)值与从测量步骤 1、步骤 2 和步骤 3 推导的 $DCR_{(导线)}$,获得安装线缆的质量描述。

N.2.4.2 a)中 1)和 N.2.4.2a)中 2)计算的 $DCR_{(屏蔽)}$ 应相同,都在测量准确度内。

图 N.7 给出了线缆开路或短路的结论。

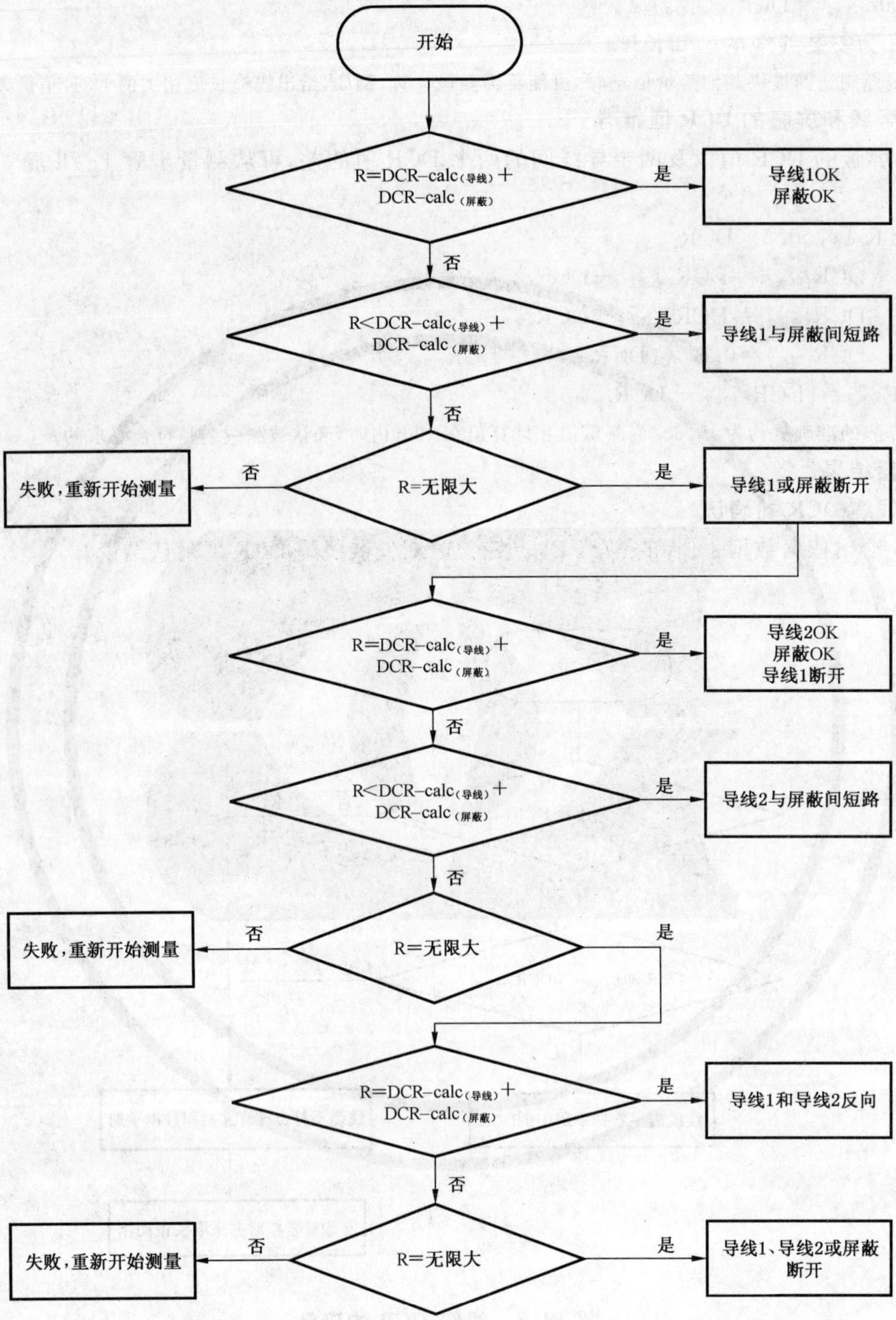

图 N.7 线缆开路或短路的结论

N.2.5.3 线缆终端电阻的正确值的确定

图 N.8 给出依据相关 CP 安装行规,关于安装的终端电阻的正确值和个数的结论。

如果线缆回路电阻对终端电阻的值重要,可能需要更多计算以确定终端是否正确。

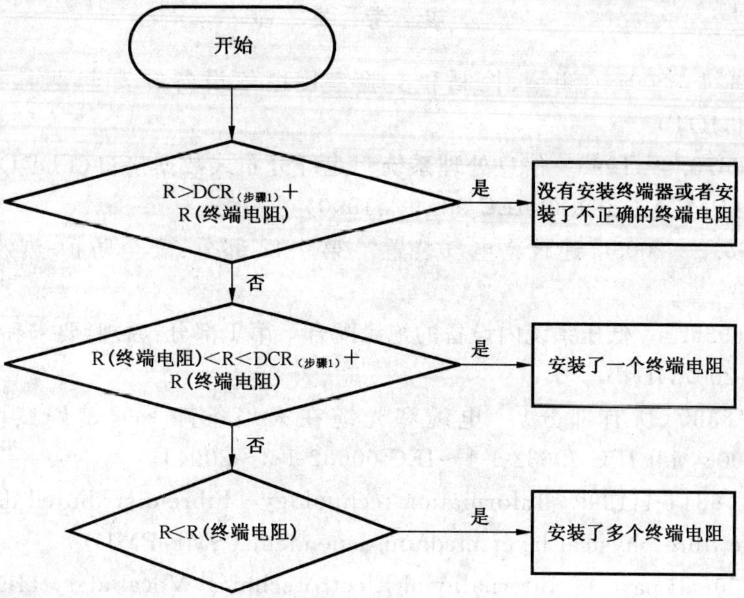

R＝测量值

$R_{(终端器)}$＝符合相关安装行规的终端器

图 N.8 确定正确的线缆终端电阻值

参 考 文 献

[1] GB 4793.1—2007 测量、控制和实验室用电气设备的安全要求 第1部分:通用要求(IEC 61010-1:2001,IDT)

[2] GB/T 16678.3—1996 信息处理系统 光纤分布式数据接口(FDDI) 第3部分:令牌环物理层媒体相关部分(PMD)(idt ISO/IEC 9314-3:1990)

[3] GB 16895.2—2005 建筑物电气装置 第4-42部分:安全防护-热效应保护(IEC 60364-4-42:2001,IDT)

[4] GB/T 16935.1 低压系统内设备的绝缘配合 第1部分:原理、要求和试验(GB/T 16935.1—2008,IEC 60664-1:2007,IDT)

[5] GB/T 18380(所有部分) 电缆和光缆在火焰条件下的燃烧试验(GB/T 18380.1～GB/T 18380.1—2008, idt IEC 60632-1-1～IEC 60632-1-3～2004)

[6] ISO/IEC 9314-4:1999 Information technology—Fibre distributed data interface (FDDI)—Part 4:Single-mode fibre physical layer medium dependent (SMF-PMD)

[7] IEC 60050(all parts) International Electrotechnical Vocabulary (IEV)

[8] IEC 60060-1 High-voltage test techniques—Part 1:General definitions and test requirements

[9] IEC 60079-11:2006 Explosive atmospheres—Part 11:Equipment protection by intrinsic safety "i"

[10] IEC 60079-27:2005 Electrical apparatus for explosive gas atmospheres—Part 27: Fieldbus intrinsically safe concept (FISCO) and Fieldbus non-incendive concept (FNICO)

[11] IEC 60512-4 (all parts) Connector for electronic equipment- Tests and measurements—Part 4:Voltage stress tests

[12] IEC 60670-1:2002 Boxes and enclosures for electrical accessories for household and similar fixed electrical installations—Part 1:General requirements

[13] IEC 60950-21:2002 Information technology equipment—Safety—Part 21: Remote power feeding

[14] IEC 61000-4 (all subparts) Electromagnetic compatibility(EMC)—Part 4:Testing and measurement techniques

[15] IEC 61000-6-2:2005 Electromagnetic compatibility (EMC)—Part 6-2:Generic standards—Immunity for industrial environments

[16] IEC 61000-6-4:2005 Electromagnetic compatibility (EMC)—Part 6-2:Generic standards—Emission standard for industrial environments

[17] IEC 61131-2:2003 Programmable controllers—Part 2:Equipment requirements and tests

[18] IEC 61156-2 (all subparts) Multicore and symmetrical pair/quad cables for digital communications—Part 2:Horizontal floor wiring

[19] IEC 61156-3 (all subparts) Multicore and symmetrical pair/quad cables for digital communications—Part 3:Work area wiring

[20] IEC 61326:2002 Electrical equipment for measurement, control and laboratory use—EMC requirements

[21] IEC 61326-1:2005 Electrical equipment for measurement, control and laboratory use—General requirements

[22] IEC 61326-3 (all subparts) Electrical equipments for measurement, control and laboratory use—EMC requirements—Part 3: Immunity requirements for safety-related systems and for equipment intended to perform safety related functions (functional safety)

[23] IEC 61754-24 Fibre optic connector interfaces—Part 24: Type SC-RJ connector family (under consideration)

[24] IEC 61984:2001 Connectors—Safety requirements and tests

[25] IEC Guide 104:1997 The preparation of safety publications and the use of basic safety publications and group safety publications

[26] ISO/IEC TR 29106 Information technology—Generic cabling—Introduction to the MICE environmental classification for comment

[27] IEC/TR 61000-5-2:1997 Electromagnetic compatibility (EMC)—Part 5: Installation and migigation guidelines—Section 2: Earthing and cabling

[28] IEC/TR 61158-1 Industrial communication networks—Fieldbus specifications—Part 1: Overview and guidance for the IEC 61158 and IEC 61784 series

[29] EN 50310:2006 Application of equipotential bonding and earthing in buildings with information technology equipment

[30] EIA/TIA 568 Commercial building telecommunications cabling standard

ICS 35.240.50
L 67

中华人民共和国国家标准化指导性技术文件

GB/Z 26337.1—2010

供应链管理
第1部分:综述与基本原理

**Supply chain management—
Part 1:Overview and basic principle**

2011-01-14 发布 2011-06-01 实施

中华人民共和国国家质量监督检验检疫总局
中国国家标准化管理委员会 发布

前　言

GB/Z 26337《供应链管理》包括以下部分：

——第1部分：综述与基本原理；

——第2部分：SCM术语。

本部分为GB/Z 26337的第1部分。

本部分由中国标准化研究院提出并归口。

本部分主要起草单位：中国标准化研究院、用友软件股份有限公司、北京声迅电子有限公司。

本部分主要起草人：王志强、刘江鹰、聂蓉、邹亚丽、杨青海、洪岩、刘守华。

供应链管理
第1部分:综述与基本原理

1 范围

GB/Z 26337 的本部分给出了供应链管理的基本原理和标准体系结构。

本部分适用于供应链管理的研究、产品开发及应用,与供应链管理有关的其他领域亦可参照采用。

2 规范性引用文件

下列文件中的条款通过 GB/Z 26337 的本部分的引用而成为本部分的条款。凡是注日期的引用文件,其随后所有的修改单(不包括勘误的内容)或修订版均不适用于本部分,然而,鼓励根据本部分达成协议的各方研究是否可使用这些文件的最新版本。凡是不注日期的引用文件,其最新版本适用于本部分。

GB/T 18354—2006 物流术语

3 术语、定义和缩略语

3.1 术语和定义

GB/T 18354—2006 界定的及下列术语和定义适用于 GB/Z 26337 的本部分。

3.1.1

供应链 supply chain

生产及流通过程中,围绕核心企业,将所涉及的原材料供应商、制造商、分销商、零售商直到最终用户等成员通过上游和或下游成员链接所形成的网链结构。

3.1.2

供应链管理 supply chain management;SCM

利用信息技术全面规划供应链中的商流、物流、资金流及信息流等,并进行计划、组织、协调与控制的各种活动和过程。

3.1.3

商流 business process

指供应链中交易的商务过程。

3.1.4

物流 logistics

物品从供应地向接受地的实体流动过程。根据实际需要,将运输、储存、装卸、搬运、包装、流通加工、配送、信息处理等基本功能实施有机结合。

[GB/T 18354—2006,定义 2.2]

3.1.5

资金流 fund flow

伴随供应链中商务活动而发生的资金往来的流动过程。

3.1.6

信息流 information flow

伴随供应链中的商流、物流,资金流而产生的信息的流动过程。

3.2 缩略语

下列缩略语适用于本部分。

SCM 供应链管理(supply chain management)

ERP 企业资源计划(enterprise resource planning)

MRP 物料需求计划(material requirements planning)

MRPII 制造资源计划(manufacturing resource planning)

CRM 客户关系管理(customer relationship management)

SCOR 供应链运作参考模型(supply chain operations reference model)

4 供应链综述

4.1 概述

本章给出了供应链的基本结构、特征和主要类型。

4.2 供应链的基本结构

供应链的基本结构见图1。

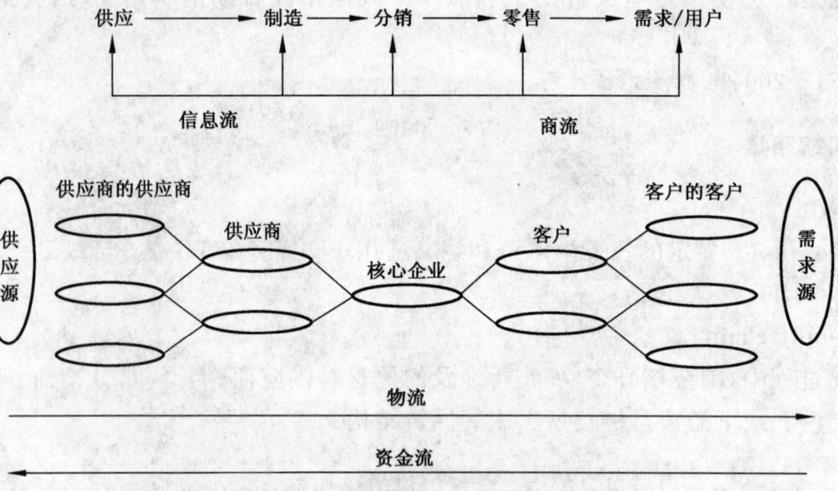

图1 供应链的网链结构模型

商流、物流、资金流和信息流是流动过程中的四大组成部分(简称"四流"),由这"四流"构成了一个完整的流动过程。"四流"互为存在,密不可分,相互作用,既是独立存在的单一系列,又是一个组合体。

通常情况下,物流从供应商到用户的方向流动,资金流的流动方向与之相反,而信息流、商流则是双向的,因为用户的需求信息是向上游反馈的,而供应商的供应信息则是向下游传递。商流是物流、资金流和信息流的起点,也可以说是后"三流"的前提,没有商流一般不可能发生物流、资金流和信息流。反过来,没有物流、资金流和信息流的匹配和支撑,商流也不可能达到目的。"四流"之间往往互为因果关系。

4.3 供应链的特征

从供应链的结构模型可以看出,供应链是一个网链结构,通常由核心企业及其供应商、供应商的供应商和客户、客户的客户组成。一个企业是一个节点,节点企业和节点企业之间是一种需求与供应关系。供应链主要具有以下特征:

a) 网链结构。因为供应链节点企业组成的跨度(层次)不同,供应链往往由多个、多类型甚至多国企业构成,所以供应链结构模式比一般单个企业的结构模式更为复杂。

b) 协同共赢。供应链各节点企业以信息共享为基础,以优化供应链绩效为目标,进行协同决策,始终从全局观点出发,采取一种"共赢"的原则,相互信任、团结和同步,提高整个供应链的柔性和实现整个供应链价值的最优化。

c) 动态适应。供应链管理因企业战略和适应市场需求变化的需要，其中节点企业需要动态地更新，这就使得供应链具有明显的动态性。

d) 需求驱动。供应链的形成、存在、重构，都是基于一定的市场需求而发生，并且在供应链的运作过程中，客户的需求拉动是供应链中信息流、产品/服务流、资金流运作的驱动源。

e) 交叉重合。节点企业可以是这个供应链的成员，同时又是另一个供应链的成员，众多的供应链形成交叉结构，增加了协调管理的难度。

4.4 供应链的主要类型

根据不同的划分标准，可以将供应链分为以下几种类型，在企业实际运行中，往往是几种类型的有机结合。

a) 稳定供应链和动态供应链

根据供应链存在的稳定性，可以将供应链分为稳定的和动态的供应链。基于稳定、单一的市场需求而组成的供应链稳定性较强，而基于相对频繁变化、复杂的需求而组成的供应链动态性较高。在实际管理运作中，需要根据不断变化的需求，相应地改变供应链的组成。

b) 平衡供应链和非平衡供应链

根据供应链容量与客户需求的关系可以划分为平衡供应链和非平衡供应链。一个供应链具有一定的，相对稳定的设备容量和生产能力(所有节点企业能力的综合，包括供应商、制造商、运输商、分销商、零售商等)，但客户需求处于不断变化的过程中，当供应链的能力满足客户需求时，供应链处于平衡状态，而当市场变化加剧，造成供应链成本增加、库存增加、浪费增加等现象时，企业不是在最优状态下工作，供应链则处于不平衡状态。如图 2 所示。

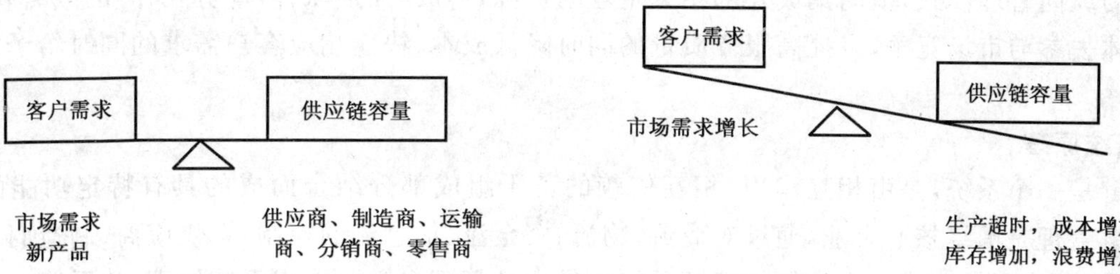

图 2 平衡供应链和非平衡供应链

平衡的供应链可以实现各主要职能(采购/低采购成本、生产/规模效益、分销/低运输成本、市场/产品多样化和财务/资金运转快)之间的均衡。

c) 经济性供应链和反应性供应链

根据供应链的功能模式(物理功能和市场中介功能)可以把供应链划分为两种:经济性供应链和反应性供应链。经济性供应链主要体现供应链的物理功能，即以最低的成本将原材料转化成零部件、半成品、产品，以及在供应链中的运输等。反应性供应链主要体现供应链的市场中介的功能，即把产品分配到满足客户需求的市场，对未预知的需求作出快速反应等。两种类型的供应链的比较见表 1。

表 1 经济性供应链与反应性供应链的比较

对比项	经济性供应链	反应性供应链
基本目标	以最低的成本供应客户预约的需求	尽可能快地对不可预测的需求作出反应，使缺货，降价，库存最小化
制造的核心库存策略	产生高收入而使整个链的库存最小化	配置多余的缓冲库存，布置好零件和成品的缓冲库存
提前期	尽可能短的提前期(在不增加成本的前提下)	大量投资以缩短提前期
供应商的标准产品设计的策略	以成本和质量为核心绩效最大化而成本最小化	以速度、柔性、质量为核心用模块化设计以尽可能延迟产品差别

d) 推动式供应链和拉动式供应链

根据供应链对客户需求的执行顺序,可以将供应链分为推动式供应链和拉动式供应链。

推动式供应链是以制造商为核心,产品生产建立在需求预测的基础上,通常是在客户订货前进行生产,产品生产出来后再考虑销售给不同的客户,客户处于被动接收的末端。在拉动式供应链中,产品生产由需求驱动,不需要以预测需求相协调的,可以根据客户订单实现定制化服务,按订单组装和配置。

5 供应链管理基本原理

5.1 概述

供应链管理的目标是要将客户所需的正确的产品能够在正确的时间、按照正确的数量、正确的质量和正确的状态送到正确的地点,并使整体效益达到最佳化。

企业采用供应链管理的主要目的包括:

a) 提升客户满意度(如:提高交货的可靠性和灵活性);

b) 降低企业成本(如:降低库存,减少生产及分销的费用);

c) 优化供应链整体流程品质(如:错误成本去除,异常事件消弭)。

5.2 供应链管理的原理

5.2.1 资源横向集成原理

资源横向集成原理揭示的是新经济形势下的一种新思维。在经济全球化迅速发展的今天,企业仅靠原有的管理模式和自己有限的资源,已经不能满足快速变化的市场对企业所提出的要求。企业必须放弃传统的纵向管理模式,横向集成外部相关企业的资源,形成"强强联合,优势互补"的战略联盟,结成利益共同体去参与市场竞争,以提高服务质量的同时降低成本、快速响应客户需求的同时给予客户更多选择。

5.2.2 系统原理

供应链是一个系统,是由相互作用、相互依赖的若干组成部分结合而成的具有特定功能的有机整体。供应链管理是围绕核心企业,通过对商流、物流、资金流、信息流的控制,把供应商、制造商、分销商、零售商、直到最终用户连成一个整体的管理系统。供应链管理也需要采用系统原理,从系统角度实现供应链全局优化的过程。

5.2.3 多赢互惠原理

供应链是相关企业为了适应新的竞争环境而组成的一个利益共同体,其密切合作是建立在共同利益的基础之上,各成员企业之间通过一种协商机制,来谋求一种多赢互惠的目标。供应链管理将企业之间的竞争转变为供应链之间的竞争,强调核心企业通过与供应链中的上下游企业之间建立战略伙伴关系,以强强联合的方式,使每个企业都发挥出各自的优势,在价值增值链上达到多赢互惠的效果。

5.2.4 合作共享原理

合作共享原理具有两层含义,一是合作,二是共享。

企业要想在竞争中获胜,就必须将有限的资源集中在核心业务上,而将本企业中的非核心业务交由全球范围内在该业务方面有竞争优势的相关企业合作完成,充分发挥各自独特的竞争优势,从而提高供应链系统整体的竞争能力。

实施供应链合作关系意味着管理思想与方法的共享、资源的共享、市场机会的共享、信息的共享、先进技术的共享以及风险的共担。其中,信息共享是实现供应链管理的基础,准确可靠的信息可以帮助企业作出正确的决策。

5.2.5 需求驱动原理

供应链的形成、存在、重构,都是基于一定的市场需求,在供应链的运作过程中,客户的需求是供应链中商流、物流、资金流、信息流运作的驱动源。

5.2.6 快速响应原理

供应链企业必须能对不断变化的市场作出快速反应，必须要有很强的产品开发能力和快速组织产品生产的能力，源源不断地开发出满足客户多样化需求的、定制的"个性化产品"去占领市场，以赢得竞争。

5.2.7 同步运作原理

供应链是由不同企业组成的功能网络，其成员企业之间的合作关系存在着多种类型，供应链系统运行业绩的好坏取决于供应链合作伙伴关系是否和谐，只有和谐而协调的系统才能发挥最佳的效能。供应链管理的关键就在于供应链上各节点企业之间的密切合作以及相互之间在各方面良好的协调。

5.2.8 动态重构原理

供应链是动态的、可重构的。供应链是在一定的时期内，针对某一市场机会，为了适应某一市场需求而形成的，具有一定的生命周期。当市场环境和客户需求发生较大的变化时，围绕着核心企业的供应链必须能够快速响应，能够进行动态快速重构。

5.3 供应链管理的内容

供应链管理包括五大基本内容：

a) 计划：这是 SCM 的策略性部分。需要有一个策略来管理所有的资源，以满足客户对产品的需求。好的计划是建立一系列的方法监控供应链，使它能够有效、低成本地为客户递送高质量和高价值的产品或服务。

b) 采购：选择能为产品和服务提供货品和服务的供应商，和供应商建立一套定价、配送和付款流程并创造方法监控和改善管理，并把对供应商提供的货品和服务的管理流程结合起来，包括提货、核实货单、转送货物到生产部门并批准对供应商的付款等。

c) 生产：安排制造、测试、包装和准备送货所需的活动，是供应链中测定内容最多的部分，包括质量水平、产品产量和工人的生产效率等的测定。

d) 配送：也称为物流，是维护客户定单、建立仓库网络、提货并送货到客户手中、建立货品计价系统、接收付款。

e) 退货：这是供应链中的问题处理部分。建立网络接收客户退回的次品和多余产品，并在客户应用产品出问题时提供支持。

供应链运作参考模型使 SCM 标准化，这对于跨企业的 SCM 来说，具有重要意义。

详细见图 3。

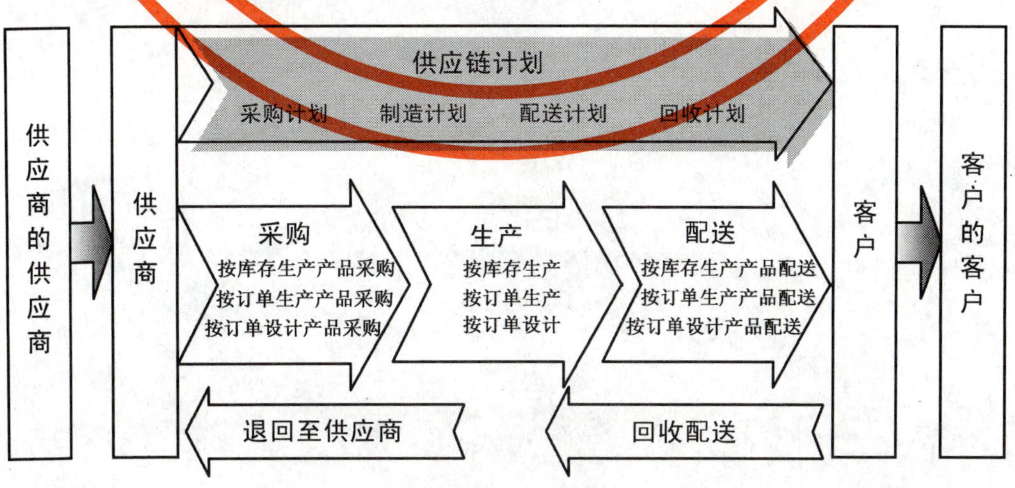

图 3 供应链的运作参考(SCOR)模型

5.4 供应链管理的运营机制

供应链成长过程体现在企业在市场竞争中的成熟与发展之中，通过供应链管理的合作机制、决策机制、激励机制和自律机制等来实现满足客户需求等功能目标，从而实现供应链管理的最终目标：社会目标（满足社会需求）、经济目标（创造最佳利益）和环境目标（保持生态与环境平衡）的合一。

5.4.1 合作机制

供应链合作机制体现了战略伙伴关系和企业内外资源的集成与优化作用。基于这种企业环境的产品制造过程，从产品的研究开发到投放市场，周期大大地缩短，而且客户导向化程度更高，模块化、简单化产品、标准化组件，使企业在多变的市场中柔性和敏捷性显著增强。

5.4.2 决策机制

由于供应链企业决策信息来源不再仅限于一个企业内部，而是处于开放的信息网络环境下，不断进行信息交换和共享，达到供应链企业同步化、集成化计划与控制的目的，处于供应链中的任何企业决策模式应该是基于互联网的开放性信息环境下的群体决策模式。

5.4.3 激励机制

供应链管理和任何其他的管理思想一样，都是要使企业在竞争中在“TQCSF”上有上佳表现（T 为时间，指反应快，如提前期缩短，交货迅速等；Q 指质量，产品、工作及服务质量高；C 为成本，企业要以更少的成本获取更大的收益；S 为服务，企业要不断提高客户服务水平，提高客户满意度；F 为柔性，企业要有较好的应变能力）。缺乏均衡一致的供应链管理业绩评估指标和评估方法，是目前供应链管理研究的弱点和导致供应链管理实践效率不高的一个主要原因。为了掌握供应链管理的技术，必须建立、健全业绩评价和激励机制。

5.4.4 自律机制

自律机制要求在供应链企业向行业的领头企业或最具竞争力的竞争对手看齐，不断对产品、服务和供应链业绩进行评价，并不断改进，以使企业能保持自己的竞争力和持续发展。自律机制主要包括企业内部的自律、对比竞争对手的自律、对比同行企业的自律和比较领头企业的自律。

6 供应链管理标准体系框架

参见附录 A。

附 录 A
（资料性附录）
供应链管理标准体系框架

A.1 体系表的第一层

标准体系表的第一层分为供应链管理基础标准、供应链管理作业标准、供应链管理流通过程标准、供应链管理绩效评估标准和供应链管理服务标准，见图A.1。

A.2 体系表的第二层

供应链管理基础标准，是供应链管理应用中通用的标准，分为供应链管理术语标准、综述与基本原理和标准化指南。

对供应链管理作业标准，按照计划标准、采购标准、制造标准、配送标准、回收标准和执行标准进一步分层。

供应链管理流通过程标准从流程入手，分为商流标准、物流标准、资金流标准和信息流标准。

供应链管理绩效评估标准分为交付绩效标准、供应链反应能力指标、资产和库存指标、成本指标。

供应链管理服务标准分为供应链管理服务设计规范、供应链管理服务分类标准、供应链管理服务质量规范和从事供应链管理企业资质认证标准。

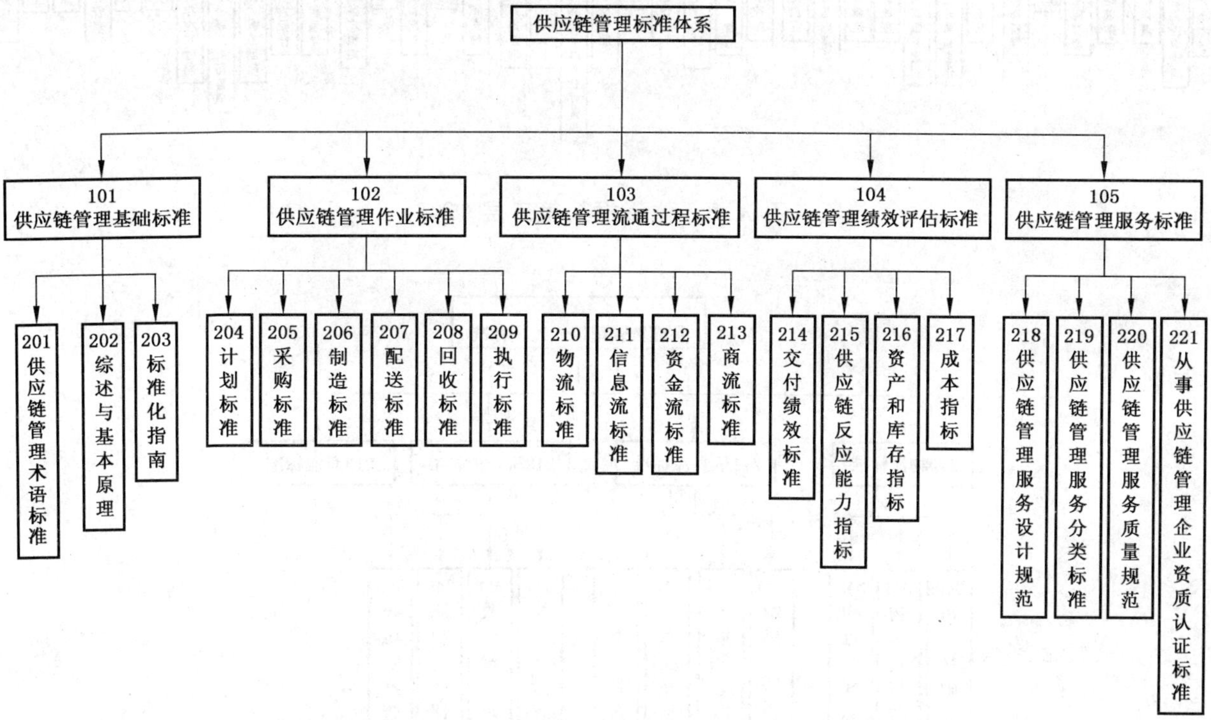

图 A.1 体系表的第一层和第二层

A.3 体系表的第三层

第三层由第二层扩展而成，共分若干个方面，每个方面都可以继续扩展成若干个更小方面，每一个更小方面都可以组成本专业的一个标准系列或是一个标准。

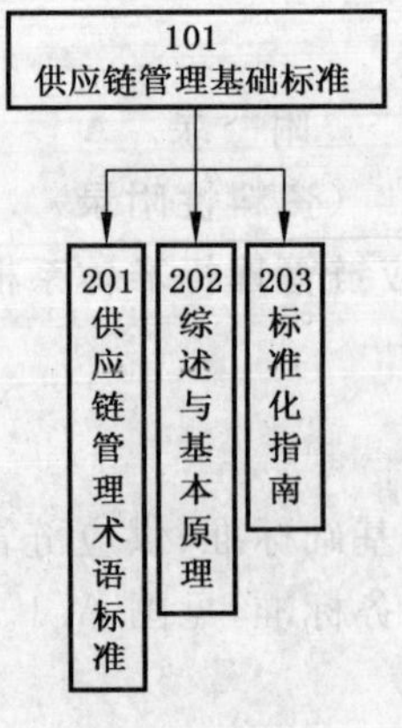

图 A.2 体系框架第三层（1）

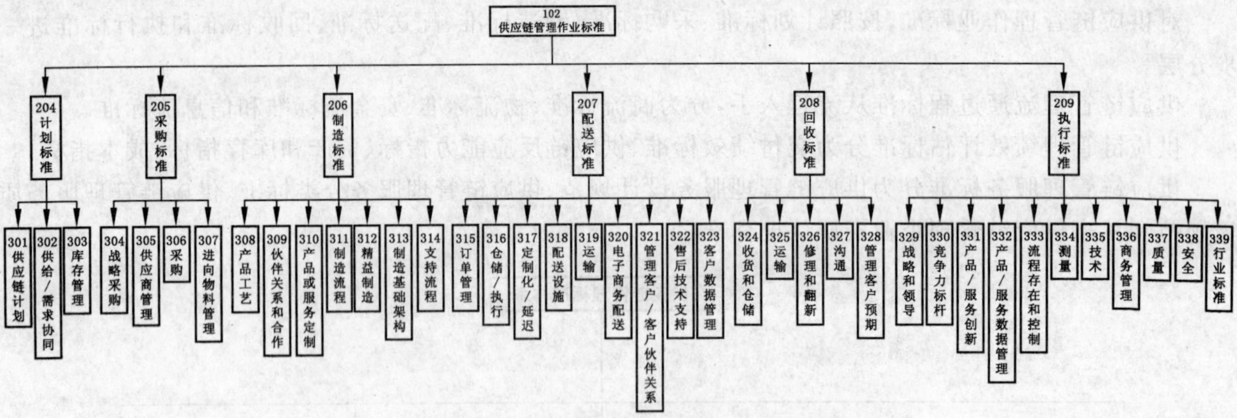

图 A.3 体系框架第三层（2）

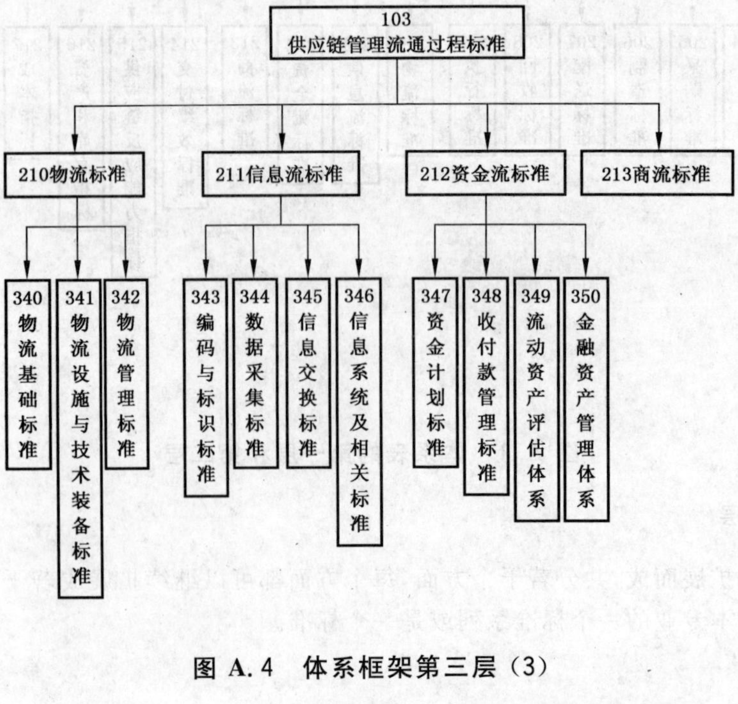

图 A.4 体系框架第三层（3）

参 考 文 献

[1] 供应链管理流程标准.美国供应链管理专业协会.2004.
[2] Gartner Group 公司词汇表(http://www.gartner.com/6_help/glossary/GlossaryMain.jsp).
[3] 马士华.供应链管理(第2版).北京:机械工业出版社,2005.
[4] 王国文,赵海然,佟文立.供应链管理核心与基础.北京:企业管理出版社,2006.
[5] 森尼尔·乔普瑞,彼得·梅因德尔.供应链管理.北京:社会科学文献出版社,2003.

ICS 35.240.80
L 71

中华人民共和国国家标准化指导性技术文件

GB/Z 26338—2010

健康信息学 国家及其行政区划标识符应用指南

Health informatics—Application guide for countries and their subdivision identifiers

(ISO/TS 17120:2004, Health informatics—Country identifier standards, NEQ)

2011-01-14 发布 2011-06-01 实施

中华人民共和国国家质量监督检验检疫总局
中国国家标准化管理委员会 发布

前　言

本指导性技术文件对应于ISO/TS 17120:2004《健康信息学　国家标识符标准》(英文版),与ISO/TS 17120:2004的一致性程度为非等效。

本指导性技术文件与ISO/TS 17120:2004相比主要区别如下:

——ISO/TS 17120:2004的名称为《健康信息学　国家标识符标准》,而本指导性技术文件的名称为《健康信息学　国家及其行政区划标识符应用指南》;

——ISO/TS 17120应用的世界各国和地区名称代码只包括到世界各国下属的省、州一级,而GB/T 2260《中华人民共和国行政区划代码》规定的我国的行政区划代码包括到了县一级,因此在正文中增加了关于我国行政区划代码的内容;

——增加了附录C,对GB/T 2260进行了综述。

本指导性技术文件仅供参考。有关对本指导性技术文件的建议和意见,向国务院标准化行政主管部门反映。

本指导性技术文件的附录A、附录B、附录C、附录D、附录E和附录F为资料性附录。

本指导性技术文件由中国标准化研究院提出并归口。

本指导性技术文件起草单位:中国标准化研究院。

本指导性技术文件主要起草人:董连续、石丽娟、李小林、陈煌、任冠华、岳高峰。

引　言

标识国家及其所属行政区划的机制有多种形式，并有许多用途。从统计汇总到电信用途，从互联网顶层域到成员国列表，从医疗保健信息到运动纪录，都需要统一的、可比的、代码化的国家标识，有时要用到国家所属行政区划标识。如果有一个正式的国家及其行政区划的名称和代码列表，能够被各种个体或群体遵守和使用，并有对这些列表进行维护的管理程序，则可以认为这些机制都是“标准”的。

本指导性技术文件给出了用于健康信息领域的标识符标准及参照这些标准标识国家及所属行政区划的主要依据。

本指导性技术文件对应用上述标准的基本理由进行了归纳和阐述，并给出了这些标准在医疗保健信息化方面的说明、评价和使用建议。本指导性技术文件的附录还对各种国际组织应用国家标识符的情况给出了评论。

本指导性技术文件所提及的国家和行政区划的名称及代码不代表我国对其主权、政治地位及边界划分的态度。

本指导性技术文件的附录对国内和国际上使用的国家标识符标准进行了分析，并给出了这些标准的应用说明。

健康信息学 国家及其行政区划标识符应用指南

1 范围

本指导性技术文件给出了用于健康信息学领域的国家及其行政区划的标识符标准及其应用指南。

本指导性技术文件适用于健康信息学相关应用的规划、开发、实施和分析。

2 规范性引用文件

下列文件中的条款通过本指导性技术文件的引用而成为本指导性技术文件的条款。凡是注日期的引用文件，其随后所有的修改单(不包括勘误的内容)或修订版均不适用于本指导性技术文件，然而，鼓励根据本指导性技术文件达成协议的各方研究是否可使用这些文件的最新版本。凡是不注日期的引用文件，其最新版本适用于本指导性技术文件。

GB/T 2260 中华人民共和国行政区划代码

ISO 3166-1:1997 世界各国和地区名称代码 第1部分:国家代码

ISO 3166-2:1998 世界各国和地区名称代码 第2部分:行政区划代码

ISO 3166-3:1999 世界各国和地区名称代码 第3部分:过去的国家和地区代码

ITU-T E.164.1 164国家代码和相应标识码(ICs)的预留、分配和回收的规则和方法

3 国家及其行政区划标识符的应用

3.1 标识用标准

3.1.1 ISO 3166

——当与医疗保健相关的系统、应用或数据格式中需要使用国家标识符时，ISO 3166-1应作为主要参照标准。

——当与医疗保健相关的系统、应用或数据格式中需要使用国家行政区划的标识符时，ISO 3166-2应作为主要参照标准。在与各国行政区划或医疗保健行政需求相关时，也可以考虑采用其他的行政区划标识符。

——当与医疗保健相关的系统、应用或数据格式中需要使用目前退出使用的国家和地区名称时，ISO 3166-3应作为历史性标识符的主要参照标准。

有关ISO 3166的应用语境参见附录A。有关ISO 3166的说明参见附录B。

3.1.2 GB/T 2260

当与医疗保健相关的系统、应用或数据格式中需要使用中国省、县级行政区划标识符时，GB/T 2260应作为主要参照标准。省级行政区划标识符也可参照使用ISO 3166-2所表达的中国省份代码。

有关GB/T 2260的说明参见附录C。

注：ISO 3166-2中的中国省份代码是CN-××；GB/T 2260中省份代码是××，县级代码是××××××/×××(其中数字代码是6位，字母代码是3位)。

3.1.3 ITU-T E.164.1

在医疗保健领域中，如果患者远程通信需要使用国家标识符，则国际电信联盟的ITU-T E.164.1应作为标识国家的参照标准。

有关ITU-T E.164.1的应用语境参见附录A。有关ITU-T E.164.1的说明见附录D。

3.2 理由

以下给出了将上述标准作为健康信息学领域内国家及其行政区划标识符参照标准的理由，对其他未采用的有关标准的说明参见附录E。

——这些标准提供了对行政管理意义上和地理意义上的国家及其行政区划进行标识的能力（参见附录F）；

——这些标准给出的国家及其行政区划标识符适用于基于个人和基于服务的医疗保健；

——这些标准互为补充，以位置和联系标识以及管辖区域和地理标识为目的；

——在使用和实现两位字母、三位字母和三位数字代码时，这些标准在应用和实现时具有灵活性，并通过三位数字编码的有效应用，使得这些标准具有稳定性和中立性；

——在不影响上述标准或其使用的情况下，对来自于多个国家的健康数据的地域性汇总可不受限于上述标准；

——这些国际标准由国际标准化组织指定的维护机构进行维护；

——这些国家标准由国家标准化主管部门进行维护；

——主要参照标准 ISO 3166（所有部分）是由 ISO 维护机构在网上及时发布修改单来实现版本更新的；

——GB/T 2260 国家标准是由国家标准化主管部门在网上及时发布修改单来实现更新的；

——ISO 3166（所有部分）是由 ISO 特定机构在网上及时发布修改单来实现更新的。

3.3 联络

鉴于本指导性技术文件将 ISO 3166（所有部分）和 GB/T 2260 作为我国医疗保健领域的技术参照标准，本指导性技术文件的归口单位应与这些标准的归口单位或技术委员会应继续保持联络，其目的是：

——通过使用和维护本指导性技术文件，促进国内外医疗保健各方的信息交流；

——确认国家及其行政区划标识符标准的维护机构发布的关于再分配代码、用户自定义代码注册及最新修订版本的信息。

附 录 A
（资料性附录）
技 术 说 明

A.1 概述

国家既是政治实体又是地理实体。提及国家时，既可指其管辖权（政治或行政方面），又可指其物理位置（地理方面）。国家及其下属行政区划的标识符标准的使用语境决定了标准的适用性、可用性或一致性。因为不管运用标准的目的是识别、联系还是分析，都可以采用不同的国家标识符标准。

确定与医疗保健相关的国家标识符机制语境的方法有两种。第一种方法是以场景的形式对本指导性技术文件的宏观性语境和需求进行说明，并将国家标识符工作与实际医疗保健情况联系起来；第二种方法是以用例的形式对标准进行特定的测试，并说明标准的有效性。以下简短用例及场景体现了此健康信息学标准的使用情况。

了解本指导性技术文件的适用和不适用的范围同样重要。本指导性技术文件不用于在医疗保健中确定特定患者的具体位置，也不作为患者的标识符；同时本指导性技术文件不作为地理定位系统中的精确地理定位。在承认其国家固有国界的情况下，本指导性技术文件所确定的技术参照标准仅明确适用于标识患者所属的国家和行政区划，而并不用于标识任何具体患者的定位及其身份。

A.2 语境（老人生病了）

A.2.1 场景

琼斯先生是澳大利亚居民，在加拿大度假。琼斯先生患了严重的传染病，并且虚脱了。他被急救车送往多伦多一所公立医院的急诊科。经急诊科医师诊治，琼斯先生被收入院治疗。住院期间琼斯先生继续接受健康服务，直到病愈出院。琼斯这一事件引发了需要有关"国家"信息的一系列活动。

首先，由于需要明确医疗行为产生的费用应采取何种方法支付，因此对于医院管理部门来说，确定琼斯先生所定居的国家是十分重要的，由于琼斯先生不是加拿大居民，其医疗费用无权经由加拿大国家医疗计划进行支付。因此，医院需要知道琼斯先生投保的公立或私立的保险公司所在的国家，以便可以编制可交换的账单。

其次，琼斯先生被诊断患上了"海狸热"，这种疾病是通过水传播的，被称为贾第鞭毛虫病，必须向加拿大的国家卫生管理机构报告，也要向世界卫生组织报告，以便纳入国际疾病跟踪活动。这条信息被存入便于检索的电子数据库中。按照疾病调查的过程，多伦多的公共卫生护理人员了解到琼斯先生两周前曾经在横跨美国西北和加拿大不列颠哥伦比亚省的落基山脉露营旅行并经常饮用当地的山泉。由于无法准确确定疫源地，公共卫生护理人员记录了最可能的地点即美国的蒙大拿州、爱达荷州、华盛顿州和加拿大的不列颠哥伦比亚省、阿尔伯达省。可见，国家及其行政区划的定位对疾病跟踪是非常重要的。

最后，阿尔伯达省的班夫环境卫生研究中心的研究人员对近十年来贾第鞭毛虫病的流行状况进行了研究，他们按惯例访问国际流行病学数据库以了解其流行情况、疫源地和患者类型（如感染此疾病的游客）。因此，流行病学家在确定疫源地时会关注国家地点及其行政区划，也还会关注数据库中索引患者的常住地及其对他人的传染情况。

A.2.2 用例

在医疗保健领域支持国家及其行政区划标识符评价和验证的用例信息提供了多样的形式化的视角，以确保本指导性技术文件适于医疗保健的应用。针对用例并考虑上述场景的当前视角（与其场景关系一致）包括：

——患者(琼斯先生);

——公共卫生或医疗服务提供者(急诊医师、公共卫生护理人员);

——医疗服务的付款人/出资人(澳大利亚健康服务保险机构);

——研究人员(班夫环境卫生研究中心的工作人员);

——政府(加拿大安大略省);

——制造商/系统销售商(医院急诊信息系统销售商、产品供应商);

——调查方/保险机构(私立保险公司)。

所有视角包含了两个主要的观察单元,即人员和服务或案例(对国家标识符应用的理解)。例如,在标识、为某人出资或共享此人的医疗信息时,国家标识符的政治(管辖权)语境具有重要的相关性。对于接触或追踪某个个人而言,政治和地理语境有助于正确标识地点。为了汇总、分析、定位或满足涉及社会、文化方面的医疗保健需求,国家标识符的政治和地理语境也具有相关性。

上述场景中所提到的三种主要应用以及相关的不同视角指出了国家标识符标准化机制的语境。以下内容是有关服务提供方和服务接受方这两个视角的完整的、高层的用例:

用例描述　　　　　　　　　　　　ISO/TC 215/WG 1/CI-UC01

以来自国外的服务接受方为服务对象的服务提供方

创建人:Jane Curry/Don Newsham

创建日期:1999-10-25

版本:0.1

状态:完整版

标识:

——简述:本用例将标识向负责诊断传染病的医疗服务提供方(医师)提出医疗服务要求的接受方(患者),本用例是在一定程度上包括多个子用例的高层用例。

——主要执行者:服务提供方/服务接受方。

先决条件:

——服务接受方患有贾第鞭毛虫病(海狸热)。

引发:

——非本国个人提出健康服务要求[适用于此人接受健康服务并支付费用的出资规则引发了管辖权(政治)上的国家标识代码需求]。

——确诊传染病[疾病追踪和传染病通告引发物理(地理)上的国家标识需求]。

主要有效场景:

——(假定)疾病是应报告的/须申报的疾病。

流程:

1) 患者接受急诊治疗;
2) 患者告知医师其来自国外;
3) 标识特定的付款方式/出资要求,并标识居住的国家(按照 ISO 3166-1 记录其国家,如果可能,再按照 ISO 3166-2 记录其具体的行政区划);
4) 医师诊断患者患有传染性疾病;
5) 医师应将患者及疫源国家(ISO 3166-1)告知国家跟踪机构;
6) 医师应通知国际疾病跟踪机构,并尽可能通知患者居住地的国家疾病跟踪机构(如果通过电子邮件通知,则依据 ISO 3166-1;如果通过电话通知,则依据 ITU E164.1);
7) 患者本人支付或通过其国家的保险机构支付医疗费用;
8) 医疗服务提供方应电话告知返回常住国家的患者关于进一步采取临床措施的信息,这需要有国家代码以联系患者(ITU E164.1)。

附 录 B
（资料性附录）
ISO 3166 综述

B.1 导言

ISO 3166 适用于以代码形式表示国家名称的应用。以下内容为该标准各部分的要点。

B.2 ISO 3166-1 世界各国和地区名称代码 第 1 部分：国家和地区代码

——第一版于 1974 年出版。

——国家名称（包括全称和简称）以联合国当时的文献为依据。

——在有交换需求的情况下，国家名称和所属行政区划名称可以重合（例如：法国为 FR，圣皮埃尔和密克隆岛为 PM，两者均作为国家标识符存在；同时 FR-PM 也作为行政区划标识符存在），地理上分开的地域或区域代码被连接到其国家代码。

——ISO 3166 提供了三种类型的国家标识符代码：两位字母代码（AA-ZZ）、三位字母代码（AAA-ZZZ）和三位数字代码（000-999）。

——有一个维护机构（ISO 3166/MA）存在，它可以增加或删除国家名称、按需要分配代码元素、提出关于代码使用的建议、更新和公布列表、维护参考列表、提供正式的修改单并管理代码的保留和分配。ISO 3166/MA 由设在日内瓦的 ISO 中央秘书处管理。它作为一个联络点为 ISO 3166-1 的用户提供组织支持和服务。

——在代码每一版的间隔期间内，修改单是更新 ISO 3166 的正式方式。现行 ISO 3166 的版本是第 5 版，对第 1 版至第 4 版均发布过修改单；对 ISO 3166-2 的第 1 版至第 2 版也发布过修改单。

——ISO 3166/MA 由 10 个独立成员组成。这 10 个成员分别来自成员机构：美国（ANSI）、英国（BSI）、德国（DIN）、瑞典（SIS）、法国（AFNOR）、国际电信联盟（ITU）、联合国统计署（UNSD）、万国邮政联盟（UPU）、国际原子能机构（IAEA）和联合国贸易与发展会议/联合国欧洲经济委员会（UNCTAD/UNECE）。

——代码在重新分配以前至少要保留 5 年时间，实际的保留周期按个案处理。

——在三种代码集中，ISO 3166/MA 所允许的用户分配代码集限定为数字 900 至 999。然而，必须通知 ISO 3166/MA 其采用情况。

B.3 ISO 3166-2 世界各国和地区名称代码 第 2 部分：行政区划代码

——ISO 3166-2 包括了国家的主要行政区划或类似区域名称表达代码的结构；

——这种行政区划划分的原始信息通常来自该国家的权威部门；

——行政区划名称以该国家的语言表达；

——这种行政区划代码最多包含六个字符，前两个字符是两位字母国家代码元素，第三个字符是连字符，代码的最后部分用来指定国家的行政区划，由一位、两位或三位字母和/或数字字符组成。

B.4 ISO 3166-3 世界各国和地区名称代码 第 3 部分：过去的国家和地区代码

——ISO 3166/MA 有完整的行政区划代码维护程序。

——更换名称、分离、合并或取消的国家也被纳入标准进行维护，该标准包括原始代码、有效周期和延续使用的四位字母代码。

附 录 C
（资料性附录）
GB/T 2260 综述

C.1 导言

GB/T 2260 适用于以代码形式表示县级及县级以上行政区划名称的应用。

C.2 GB/T 2260—2007 的要点

——该标准于 1980 年 12 月首次发布后已经过多次修订，现行 GB/T 2260—2007 是第九次修订版；

——该标准所依据的我国行政区划资料的截止日期为 2007 年 10 月 30 日；

——该标准规定了我国县级及县级以上行政区划的数字代码和字母代码；

——其行政区划数字代码（简称数字码）采用三层六位层次码结构，按层次分别表示我国各省（自治区、直辖市、特别行政区）、市（地区、自治州、盟）、县（自治县、县级市、旗、自治旗、市辖区、林区、特区）；

——该标准为了保证数字码的唯一性，对由于行政区划发生变更而撤销的数字码不再赋予其他行政区划；

——其行政区划字母代码（简称字母码）参照县及县以上行政区划名称的罗马字母拼写，取相应的字母编制；

——该标准以代码表的形式给出了省、自治区、直辖市和特别行政区的代码，并给出了各省（自治区、直辖市）县及县以上行政区划的代码，但是台湾地区、香港特别行政区和澳门特别行政区的下属行政区划代码暂缺。

附 录 D
（资料性附录）
ITU 国家标识符标准综述

D.1 导言

ITU 是联合国下属的全球性专门负责研究国际电信的规章、标准化、协调和开发工作的机构。它的最高管理机构是全权代表大会，行政事务由一个理事会管理，其他方面的有关决策由国家电信的世界会议确定。

ITU 的核心职能由三个部门分担：

——无线电通信部门(ITU-R)；

——电信标准化部门(ITU-T)；

——电信发展部门(ITU-D)。

D.2 电信标准化部门(ITU-T)

ITU-T E.164.1 规定了 E.164 国家代码和关联的标识代码(ICs)的保留、分配和收回的准则和程序。该建议书的主要特性如下：

——1998 年版是该标准的第 1 版，也是现行版本。实际的国际公共电信号码计划可在 ITU-R E.164(修订 2 版，1997 年 5 月)中查到。

——申请 ITU 国家代码的国家必须是联合国或 ITU 所承认的国家。

——国家代码适用于地理区域、全球服务(为了在提供电信服务的国家中实现无处不在的接入，只允许用户拥有世界范围内唯一编号)或网络服务。

——地理区域国家代码用于标识：

a) 特定国家(例如，澳大利亚的代码是 61)；

b) 在综合号码计划中的国家(例如，加拿大和美国是两个国家，一同被标识为代码 1)；

c) 特定地理区域的国家。

——地理区域的国家代码长度从 1 位数字到 3 位数字不等，新的国家代码被分配为 3 位数字。

——ITU E.164 国家代码的维护由 ITU 的通信标准局(Telecommunication Standardization Bureau，TSB)负责维护。

——维护包括保留、分配、所有收回的关联程序，收回前的保留周期至少为两年。

附 录 E
（资料性附录）
其他机构的国家及其行政区划标识符标准综述

E.1 互联网国家代码顶层域

互联网国家代码顶层域由国际因特网地址分配委员会（the Internet Assigned Numbers Authority，IANA）或者它的接替组织互联网名称与数字地址分配机构（Internet Corporation for Assigned Names and Numbers，ICANN）进行分配。

顶层和第二层域名分配的日常工作由因特网注册（Internet Registry，IR）和区域注册机构进行管理。

IANA 国家代码采用 ISO 3166-1 规定的两位字母代码。但过去 IANA 也进行了某些例外于顶层域的配置，最明显的是由于历史原因英国的代码采用“.uk”代替“.gb”的情况。

E.2 联合国

联合国统计司采用了三项关于国家标识符的标准。

E.2.1 国家名称

国家或行政区划名称的 UN 版本标准已载入最近的《术语集公告》No.7/Rev.1。它是由联合国秘书处的成员大会事务部与会议服务部所编制的。

E.2.2 统计学采用的国家和地区代码

该代码集为 3 位阿拉伯数字代码集，载入以上述标题名称的文件第 4 版中。所列出的 3 位阿拉伯数字代码，由联合国统计司用于统计信息的处理。

E.2.3 ISO 3166-1

该代码集是 3 位字符的字母代码集，由 ISO 3166/MA 分配，载入《世界各国和地区名称代码 第 1 部分：国家代码》1977 版文件，用于联合国工作的多种用途。

E.3 世界卫生组织（WHO）

目前没有由 WHO 机构和部门所采用的国家、区域或地区标识符标准，但希望在术语集、命名法和指示符（包括国家标识符）方面能够达到一致。

E.4 无国界医生

无国界医生使用按照 ISO 3166 规定的表征国家及其行政区划的代码，包括 2 位字母代码、3 位字母代码和国家及其行政区划的名称。

E.5 红十字国际委员会/红十字会和红新月会国际联盟

目前还没有可利用的信息。

E.6 体育联合会

国际奥林匹克委员会（International Olympic Committee，IOC）和国际业余田径联合会（International Amateur Athletic Federation，IAAF）使用国家代码集合，但其代码的来源不明。他们以前所采用的代码与 ISO 3166 代码集一致。

附 录 F

(资料性附录)

ISO 和 ITU 规定的标识符用于健康信息学领域的优缺点分析

首先应明确关于国家及其行政区划标识符优点和缺点的讨论具有主观性和开放性。当国际标准ISO 3166处于评议和批准阶段时,提出以下观点以进一步探讨。

至少可以从两个视角分析它们的优点和缺点,第一个视角是从通用标准的角度进行分析,第二个视角是从用于医疗保健的国家及其行政区划标识符机制的角度进行分析。要考虑的首要问题就是依据通用标准。

对于ISO 3166的有效性来说,虽然人们公认标准代码集的实现和现行使用情况是关键问题,但除了关系到代码结构和定义的问题之外,优点和缺点的审查并不试图说明实现和使用问题。

表 F.1 ISO 3166(所有部分)和 ITU-T E.164.1 的优缺点分析

优点	ISO 3166(所有部分)	ITU-T E.164.1
代码类型	国家标识符代码可灵活选用(2字符或3字符),且3位数字代码的使用与语言无关	数字代码的使用与语言无关
稳定性	即使国家名称发生重要变更,3位数字代码也是相当稳定的	即使国家名称发生重要变更,3位数字代码也是相当稳定的
行政区划	行政区划代码可供使用	
用户分配代码	在所有编码方案(如AA、QM-QZ、900系列等)内满足特定需求的用户分配代码均可供使用	
中立的维护机构	该标准包括完整的维护机构,该机构在政治上是中立的	该数字标准包括完整的维护机构,该机构在政治上是中立的
地理标识		启用了国家的物理(地理)标识。数字标准可用于定位或联系的目的(即联系或定位健康服务接受方)
政治标识	启用了国家的政治(管辖权)标识	
过去的代码	过去的国家名称代码集(4位字母)可供使用	
缺点	**ISO 3166(所有部分)**	**ITU-T E.164.1**
弱化地理标识	如果认为特定区域等于政治疆界,地理标识方可行	
受限或非地理汇总	编码结构本身的地理汇总(用于健康研究和监督用途)不能用于国家分组(即,在该编码结构中不可能有高层地理汇总;在3166-1代码的某些情况中也不可能分解地理汇总,如:对英国被拆分为威尔士、英格兰、苏格兰和北爱尔兰的情况,目前只能用行政区划代码层级	除了集成编码方法计划和某些特定的国家分组以外,在该数字代码结构内,既不可能有充分的地理汇总,也不可能分解汇总
代码的重新分配	代码的重新分配可能出现在5年后,这会使涉及病源国的纵向健康研究遇到困难。 例如:出生于扎伊尔的人具有ZR标识,1997年ZR代码变更为刚果(CD),对过去的国家所采用的带有ZR代码的新集合为ZRCD,那么,如果5年或更长时间之后ZR被重新启用,且病源地的研究需要ZR作为唯一标识时,会发生什么呢?这也是按疆界搜集健康信息时偶尔会遇到的问题	ITU-T E.164.1也存在ISO 3166中所确定的重新分配问题,并且由于两年后会对3位数字代码进行重新分配而显得更为重要

表 F.1（续）

缺点	ISO 3166(所有部分)	ITU-T E.164.1
用户分配代码并非总是注册的	用户分配代码并非总是在 ISO 3166/MA 注册的，这就可能导致在几个需要健康信息交换的国家之间，分配给用户的代码重复使用	
长时间的修订周期	1974、1981、1988、1993 和 1997 年，ISO 3166/MA 发布了国家代码标准的修订版。这些版本之间的间隔期意味着任何新的国家代码的出台要延迟，这一点在国家疆界和行政区划变更较快时尤为明显。修改单的版本更新在完整代码修订版本时间周期之内会遇到很多困难	
非政治化标识		数字代码不等于用于管辖目的的政治疆界。数字代码将用于任何健康医疗服务国家标识符，这将出现健康管辖权问题，例如：支付/出资、疾病监测报告等

ICS 11.040.70
C 32

中华人民共和国国家标准

GB/T 26339—2010

眼科光学与设备　电子助视器

**Ophthalmic optics and instruments—
Electro-optical devices for enhancing low vision**

(ISO 15254:2002,MOD)

2011-01-14 发布　　2011-05-01 实施

中华人民共和国国家质量监督检验检疫总局
中国国家标准化管理委员会　发布

前 言

本标准采用重新起草法修改采用ISO 15254:2002《眼科光学与设备　电子助视器》(英文版)。

本标准与ISO 15254:2002相比存在技术性差异的具体调整情况如下:

——将ISO 15254:2002第1章中的注列为标准正文;

——将ISO 15254:2002中的附录内容调整至本标准"5.5　机械设计";

——用GB 9254代替EN 55022;

——用等同采用国际标准的GB 9706.1代替IEC 60601-1-1;

——用修改采用国际标准的GB/T 14214代替ISO 12870;

——用等同采用国际标准的GB/T 17626.2代替IEC 61000-4-2;

——用等同采用国际标准的GB/T 17626.3—2006代替IEC 61000-4-3。

本标准由中华人民共和国民政部提出。

本标准由全国残疾人康复和专用设备标准化技术委员会(SAC/TC 148)归口。

本标准起草单位:杭州贝迪科技有限公司、中国残疾人辅助器具中心、浙江省残疾人辅助器具资源中心、国家康复器械质量监督检验中心。

本标准主要起草人:陈强、陈光、于娟娟、蒋清晓、李响、张红涛。

眼科光学与设备　电子助视器

1　范围

本标准规定了电子助视器的术语和定义、光电及机械要求和试验方法等。

本标准适用于低视力者使用的电子助视器。

本标准不适用于光学助视器。

2　规范性引用文件

下列文件中的条款通过本标准引用而成为本标准的条款。凡是注日期的引用文件，其随后所有的修改单(不包括勘误的内容)或修订版均不适用于本标准，然而，鼓励根据本标准达成协议的各方研究是否可使用这些文件的最新版本。凡是不注日期的引用文件，其最新版本适用于本标准。

GB 9254　信息技术设备的无线电骚扰限值和测量方法(GB 9254—2008,CISPR 22:2006,IDT)

GB 9706.1　医用电气设备　第1部分:安全通用要求(GB 9706.1—2007,IEC 60601-1-1,IDT)

GB/T 14214　眼镜架　通用要求和试验方法(GB/T 14214—2003,ISO 12870,MOD)

GB/T 17626.2　电磁兼容　试验和测量技术　静电放电抗扰度试验(GB/T 17626.2—2006,IEC 61000-4-2,IDT)

GB/T 17626.3　电磁兼容　试验和测量技术　射频电磁场辐射抗扰度试验(GB/T 17626.3—2006,IEC 61000-4-3,IDT)

ISO 15004　眼科仪器基本要求和测试方法(Ophthalmic instruments—Fundamental requirements and test methods)

3　术语和定义

下列术语和定义适用于本标准。

3.1

电子助视器　electro-optical low-vision device

通过电子成像方法，供低视力者使用的装置。

3.2

显示尺寸　display size

图像显示区域的水平和垂直尺寸。

3.3

放大倍数　display magnification

显示图像的线性尺寸与实物的线性尺寸之间的比例。

3.4

分辨率　spatial resolution

在给定条件下，系统可分辨两点间的最小距离。

3.5

物体移动极限速度　object speed limit

不会导致可察觉的分辨率降低的最大物体移动速度。

3.6

亮度比率　luminance ratio

图像的最大亮度与最小亮度之差与最小亮度的比值。

$(L_{max}-L_{min})/L_{min}$

3.7

载物台　object table

放置被观测物体的台面。

3.8

工作距离　free working distance

在一定放大倍数下，电子助视器的摄像机或图像采集系统与物体所在平面之间的允许距离。

3.9

对比模式切换系统　reverse polarity system

使图像在黑白模式之间转换的系统。

3.10

便携式　portable system

通过自带组件携带的产品。

4　分类

电子助视器分为以下几种：

a)　手持式；

b)　桌面式；

c)　便携式；

d)　头戴式。

5　技术要求

5.1　总则

当设备不是一个完整的系统时，制造商应说明符合标准要求的显示器，以及适合放大范围要求的显示器尺寸。

5.2　图像特性

5.2.1　分辨率

在设备提供或制造商建议的照明条件下，按 7.2 测试时，在规定的显示区域中央 70％的区域内，系统可以解析宽度不超过 0.233 mm 的线对(或宽度不超过 0.116 mm 的线条)，并说明达到该分辨率的放大倍数。

5.2.2　放大倍数

按 7.3 测试时，在显示区域中央 20％的范围内，放大倍数与说明书给定值之间的误差应不大于±10％。

5.2.3　放大倍数的偏差

按 7.4 测试时，距离显示区域中央 70％范围内的放大倍数与显示区域中心的放大倍数之间的误差应不大于±5％。

5.2.4　物体移动速度

在最小放大倍数下，电子助视器与物体之间的相对速度不小于 20 mm/s 时，应达到分辨率要求。

5.2.5　显示亮度

说明书中应规定在最高对比度下的最大显示亮度。

5.2.6 亮度比率

在最大显示亮度下,亮度比率应不小于75。

5.3 材料和结构

5.3.1 载物台

将300 mm×220 mm的物体放在载物台上,在最大放大倍数下显示器应能完整显示,而不需改变物体与载物台之间的相对位置。

5.3.2 工作距离

如系统设计有载物台,则在最大放大倍数下,允许工作距离应不小于100 mm。

5.3.3 材料

所用材料应符合ISO 15004和GB/T 14214的要求。

5.4 电气特性

5.4.1 总则

系统应符合ISO 15004中规定的基本要求和试验方法。

5.4.2 射频干扰

应符合GB 9254无线电骚扰部分的要求。

5.4.3 静电放电

应符合GB/T 17626.2中静电放电部分的要求。

5.4.4 电磁场

应符合GB/T 17626.3中电磁场部分的要求。

5.5 机械设计

所有控制按键、旋钮、开关设计应使用适合的对比色和足够大的尺寸,以方便低视力者的分辨和使用。

6 使用环境条件

电子助视器在使用时,应符合ISO 15004中的基本环境要求及试验条件。

7 试验方法

7.1 总则

本标准的试验方法都是典型测试,允许选择使用等效的测试方法,但是制造商或试验者应证明该方法的等效性。

7.2 分辨率

7.2.1 试验原理

使用合适的视力表或旋转90°、180°、45°及135°的朗奇刻线图(见图1),评定分辨率的标准为能正确辨识视力表或不同方向的线条。测量视野内可解析的视力表中线条的宽度。

观察者视力要达到1.0。

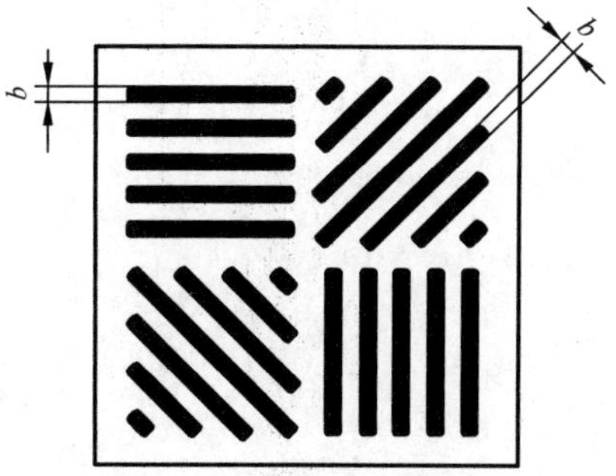

b=0.116 mm

图1 分辨率测试使用的朗奇刻线图示例

7.2.2 **测试过程**

在测试物体周围的光照度正常条件下，将测试物体放在目标位置。

在调整视力表后，将放大倍数分别调到最大值、平均值以及最小值来进行测试。

7.3 放大倍数测试

7.3.1 **仪器**

两个相同的标尺。

7.3.2 **测试方法**

将一个标尺放在载物台上，设置系统为最小放大倍数，使用另一个标尺测量屏幕上显示 100 mm（或其他适合的值）的长度。屏幕显示标尺的长度应尽可能达到最高精度。

设置系统为最大放大倍数，重复以上测试。

计算放大倍数应符合 5.2.2 的要求。

7.4 放大倍数的偏差

在显示区域中央 70％的范围内，按 7.3.2 测试，应符合 5.2.3 的要求。

8 标志与使用说明书

8.1 标志

任何产品应至少有如下标志：

a) 制造商名称、产品名称，规格型号及出厂编号；

b) 按第 4 章的分类；

c) GB 9706.1 要求的其他标志；

d) 放大倍数。

8.2 使用说明书

产品应附有使用手册，说明仪器使用和维护方法，并采用大字体印刷。

ICS 11.180.99
C 30

中华人民共和国国家标准

GB/T 26340—2010

可调式康复训练床

Adjustable rehabilitation training bed

2011-01-14 发布 2011-05-01 实施

中华人民共和国国家质量监督检验检疫总局
中国国家标准化管理委员会 发布

前　言

本标准的制定参考了 EN 1970:2000《残疾人用调节床要求和测试方法》(英文版)。

本标准由中华人民共和国民政部提出。

本标准由全国残疾人康复和专用设备标准化技术委员会(SAC/TC 148)归口。

本标准起草单位:国家康复器械质量监督检验中心、常州市钱璟康复器材有限公司、中山市力臣康复器械有限公司。

本标准主要起草人:张红涛、樊金成、王保华、贾亚玲、于娟娟、毕建明、何健辉、张健。

可调式康复训练床

1 范围

本标准规定了可调式康复训练床的术语和定义、分类和型号、安全要求、技术要求、试验方法、使用说明书和标签等。

本标准适用于康复机构进行康复训练时使用的手动或电动可调式康复训练床、PT 康复训练床、直立康复训练床、多体位康复训练床等。

2 规范性引用文件

下列文件中的条款通过本标准的引用而成为本标准的条款。凡是注日期的引用文件,其随后的修改单(不包括勘误的内容)或修订版均不适用于本标准,然而,鼓励根据本标准达成协议的各方研究是否可使用这些文件的最新版本。凡是不注日期的引用文件,其最新版本适用于本标准。

GB/T 3768 声学 声压法测定噪声源声功率级 反射面上方采用包络测量表面的简易法

GB 9706.1 医用电器设备 第一部分:安全通用要求

GB/T 10357.6 家具力学性能试验 单层床强度和耐久性

3 术语、定义和缩略语

3.1 术语和定义

下列术语和定义适用于本标准。

3.1.1

可调式康复训练床 adjustable rehabilitation training bed

有一块或多块床板,可以调节高度和(或)角度,辅助使用者在床面上进行康复训练活动的床,包括由制造商指定的使设备能够正常使用所必需的附件。

3.1.2

PT 康复训练床 physical therapy rehabilitation training bed

在物理治疗师辅助躯体运动训练时使用的,可以调节高度的床(见图 1)。

3.1.3

直立康复训练床 stand up rehabilitation training bed

床面可以调节为与地面垂直,辅助支撑使用者进行站立训练的床(见图 2)。

3.1.4

多体位康复训练床 multi-body-position rehabilitation training bed

有两块以上床板,可以独立调节各床面的高度和(或)角度,辅助使用者进行多种姿势训练的床(见图 3)。

3.1.5

床升降架 bed lift

调节训练床高度或改变训练床角度,并支撑训练床的架子。

3.1.6

安全工作载荷 safe working load

不致造成人员伤害或训练床损坏的最大允许承重,包括使用者、床板、床垫和附件,以及床体上其他被升降架提升的部件。

3.1.7

控制器　control unit

通过有线或无线电路操纵训练床进行各项功能运行的装置。

3.1.8

点动控制开关　hold-to-run control device

仅在控制器被触动时,启动和保持元件运行的控制器件。释放时控制器自动回到停止位。

3.1.9

床下间隙　under bed clearance

床架下未被脚轮、支脚、床架或其他结构部分占据的空间。

3.1.10

手指可触及范围　normal reach for fingers

不同床板间拼接处以及床板上下表面距离床面外边缘 200 mm 以内的部位(见图 4)。

3.1.11

脚可触及范围　normal reach for feet

床下距离床面外边缘垂直线 120 mm 以内的部分。

3.1.12

活动部件　moving parts

相对于固定部件或其他运动部件可移动的部分。

3.1.13

扶手　grab handle

辅助使用者移位或进行站立训练时,辅助支撑肘部或手的支撑部件。

3.1.14

脚托板　foot panel assembly

装在床端的组件,使用者进行站立训练时,支撑足部的装置。

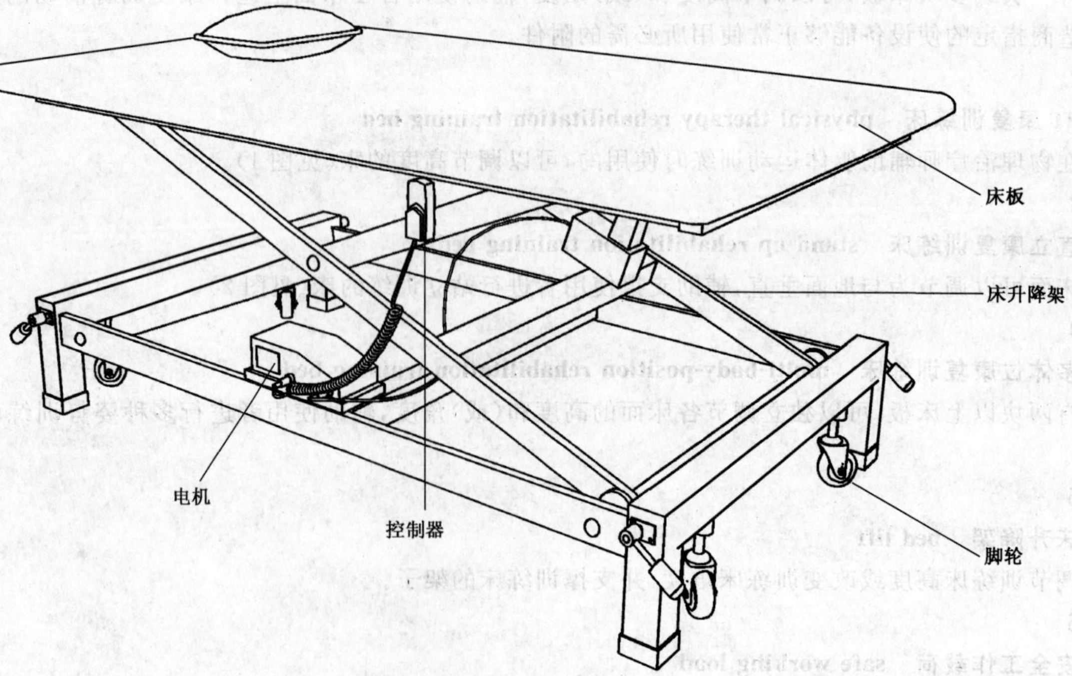

图 1　PT 康复训练床

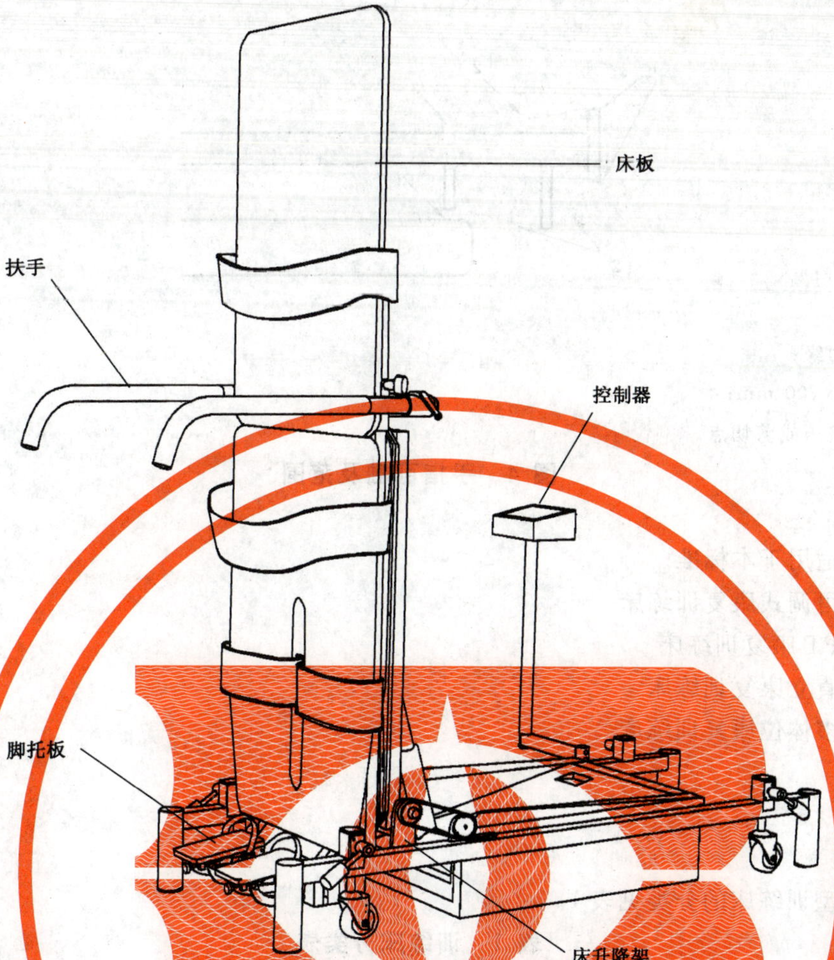

图 2　直立康复训练床

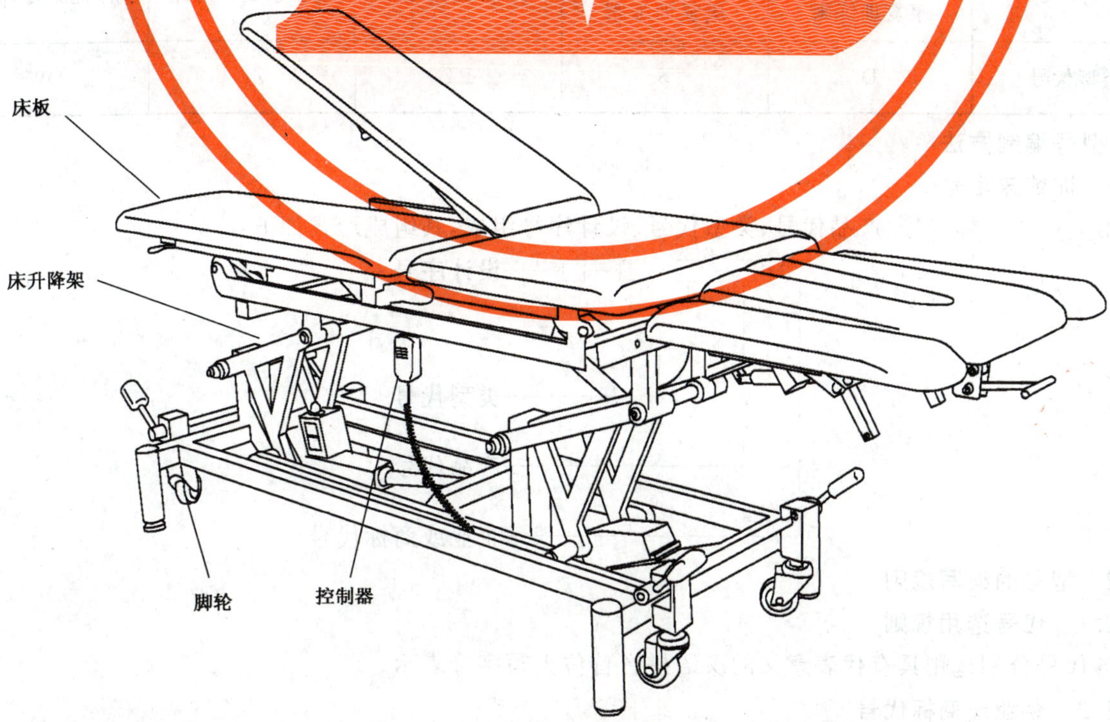

图 3　多体位康复训练床

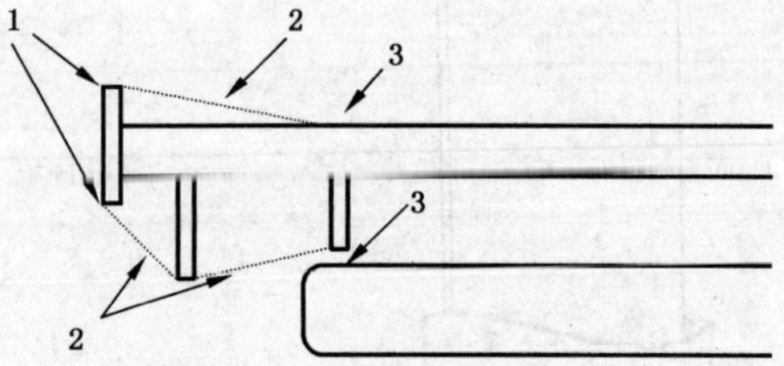

1——床板外边缘；

2——距离最小 200 mm；

3——可能的挤压或剪切点。

图 4 手指可触及范围

3.2 缩略语

下列缩略语适用于本标准。

训练床 可调式康复训练床

PT 床 PT 康复训练床

直立床 直立康复训练床

多位床 多体位康复训练床

4 分类和型号

4.1 分类

根据功能类型训练床的分类见表 1。

表 1 训练床分类表

训练床类别	电动可调式康复训练床	手动可调式康复训练床	PT 康复训练床	直立康复训练床	多体位康复训练床
类型代号	D	S	PT	ZL	DW

4.2 型号编制方法

4.2.1 训练床型号

由企业或商标代号、产品代号、类型代号、设计序号组成，其组成形式如下：

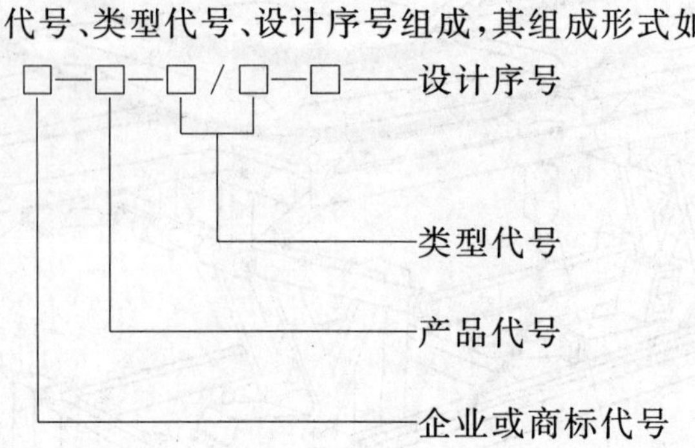

4.2.2 型号的编写规则

4.2.2.1 代号选用规则

各代号分别选用具有代表意义的汉语拼音首位大写字母表示。

4.2.2.2 企业或商标代号

用企业或商标名称中两个或三个汉字的汉语拼音首位大写字母及数字表示。

4.2.2.3 产品代号

用汉字“训练床”的汉语拼音首位大写字母“XLC”表示。

4.2.2.4 类型代号

用控制类型代号和种类代号组合表示，中间用“/”隔开。控制类型代号中，电动调节控制用“D”表示，手动调节控制用“S”表示。种类代号中，PT 训练床用“PT”表示，直立训练床用“ZL”表示，多体位训练床用“DW”表示。

4.2.2.5 设计序号

当同一生产企业的商标、产品、类型代号相同，但训练床的基本结构不同时，应用设计序号予以区别，用 1、2、3……依次表示设计的顺序。

4.2.2.6 型号编号示例

示例 1：××牌，电动直立训练床，第一次设计制造。

××-XLC-D/ZL-1

示例 2：××牌，手动 PT 训练床，第二次设计制造。

××-XLC-S/PT-2

5 训练床通用安全要求

5.1 活动部件

5.1.1 人员可触及范围内的活动部件，存在安全隐患的挤压和剪切点不应暴露。

5.1.2 在人员（包括使用者、服务人员或其他人员，以下同）手指可触及范围内暴露的活动部件间的距离应小于 8 mm，或大于 25 mm。

5.1.3 在人员脚可触及范围内暴露的活动部件和地面间的距离应小于 20 mm，或满足如图 5 所示的尺寸要求，单位 mm。

5.1.4 在活动部件移动范围的终端，应有终端停止器或其他限位装置，并且其强度应与预期的功能相适应。

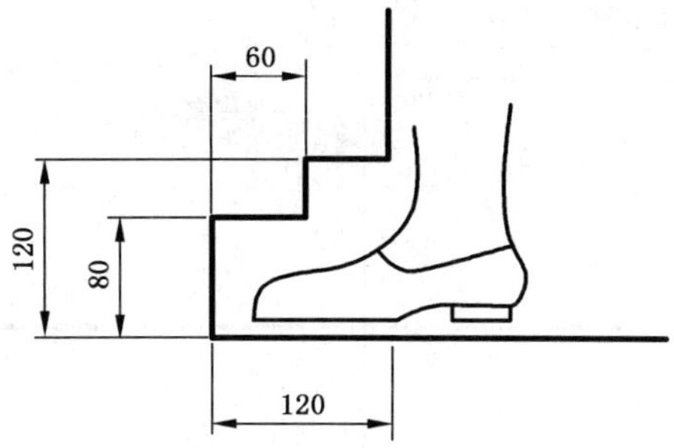

图 5 活动部件和地面间最小距离

5.2 面、边角和管端

5.2.1 床面不应采用对人体有刺激和正常使用中掉色的材料。

5.2.2 人体可触及的边缘和角应平滑，不应有锐边，突起，边角棱边应倒圆，且倒圆半径应大于2.5 mm。

5.2.3 人体可触及的管端应有管塞封堵或其他方式予以防护。

5.3 结构设计

5.3.1 整体的安装设计不应由于不正确的拆卸使部件散落。

5.3.2 设计应避免活动部件的无意触发。

5.3.3 可拆卸部件的安装，不应使用一次性配件（如木螺钉和自攻螺钉等）紧固。

5.3.4 控制器放置位置应易于被使用者或服务人员拿到。

5.3.5 控制器应采用点动控制开关。

5.3.6 为防止训练床在移动或不使用时电源线、手持控制器损坏，应配置电源线、手持控制器悬挂装置，使其脱离地面和避开任何活动部件。

5.4 稳定性

按 8.4 的方法试验时，训练床不应失衡。

5.5 机械强度

5.5.1 安全工作载荷

床板的安全工作载荷不应小于 1 700 N，升降架安全工作载荷不应小于 2 200 N。

5.5.2 静载试验强度

床板及升降架按 8.5.1 的方法加载试验，卸载后床板应无损坏，升降架各项功能应工作正常。

5.5.3 耐久性试验强度

床板及升降架按 8.5.2 的方法加载试验，卸载后床板应无损坏，升降架各项功能应工作正常。

5.5.4 冲击试验强度

床板及升降架按 8.5.3 的方法冲击试验后，床板应无损坏，升降架各项功能应工作正常。

5.5.5 床边偏移要求

按 8.5.4 的方法加载试验时，床板边缘位置的偏移量应小于 40 mm，卸载后相对于地面的垂直位移应小于 10 mm，并且训练床在试验过程中及试验后应无任何损坏。

5.5.6 高度调节装置要求

按 8.5.5 的方法测试时，升降架应工作正常，无损坏。

5.6 线性尺寸与角度要求

5.6.1 床高

床板水平放置时，其对称轴中心点最高点的可调节高度距地面应为 400 mm～800 mm。

5.6.2 床下间隙

当训练床调至任一大于 400 mm 的高度时，床下垂直间隙距地面不应小于 150 mm，水平间隙距床板对称面中心线两侧距离不应小于 500 mm，见图 6。

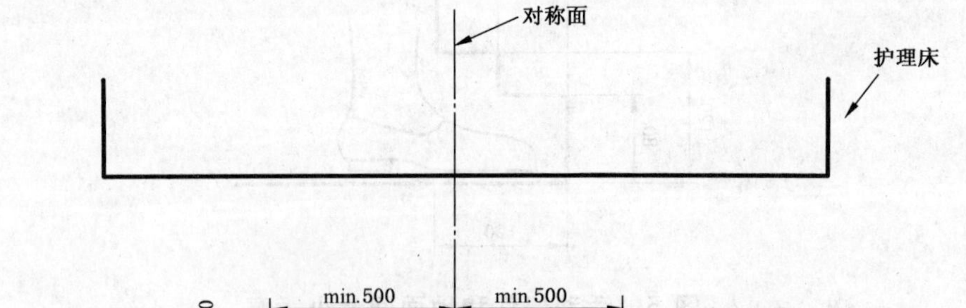

图 6 床下间隙

5.6.3 多位床角度要求

5.6.3.1 床板的夹角

背板与水平面之间的夹角 A，调节范围应在 0°～70°之间。在特殊情况下使用时（如在康复医师或服务人员指导下）可调节至最大角度 85°。

腿板与水平面之间的夹角 B 如可调，调节角度从 0°开始，最大调节角度应≥12°。

背板与腿板之间的夹角 C，应大于 90°，见图 7。

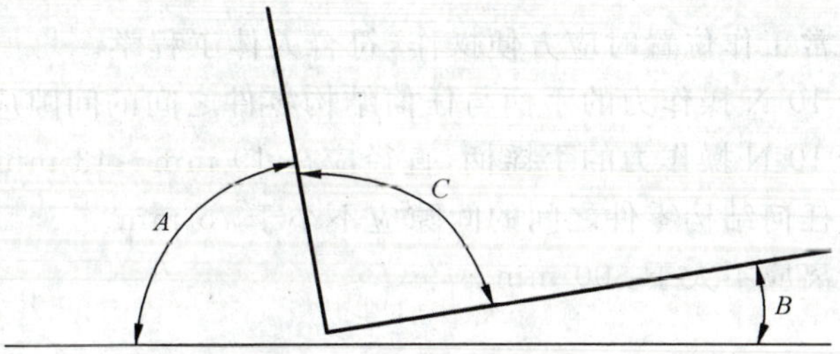

图 7　二块式床板夹角

5.6.3.2　三块式床板的夹角

背板与水平面之间的夹角 A，调节范围应在 0°～70°之间。在特殊情况下使用时(如在康复医师或服务人员指导下)可调节至最大角度 85°，见图 8a)。

腿板与水平面之间的夹角 B，调节角度从 0°开始，最大调节角度应≥12°，见图 8a)。

背板与大腿板之间的夹角 C，调节范围应大于 90°，见图 8a)。

小腿板与水平面之间的夹角 D，调节角度从 0°开始，最大调节角度应≥20°，见图 8b)。

大腿板与小腿板上表面之间的夹角 E，应不小于 180°，见图 8b)。

图 8　三块式床板夹角

5.6.3.3　四块式床板的夹角

背板与水平面之间的夹角 A，调节范围应在 0°～70°之间。在特殊情况下使用时(如在康复医师或服务人员指导下)可调节至最大角度 85°，见图 9。

虚线部分(背板与座板的转折点和大腿板与小腿板转折点的连线)与水平之间的夹角 B，调节角度从 0°开始，最大调节角度应≥12°。

背板与虚线部分(背板与座板的转折点和大腿板与小腿板转折点的连线)的夹角 C 应大于 90°。

小腿板与水平面之间的夹角 D，调节角度从 0°开始，最大调节角度应≥20°。

大腿板与小腿板上表面之间的夹角 E 应不小于 180°。

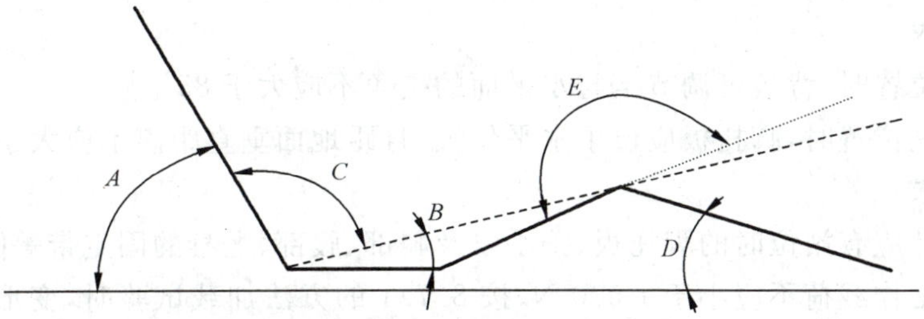

图 9　四块式床板夹角

5.6.4　控制器

控制器按钮的表面尺寸，直径应不小于 15 mm，各按钮之间的距离应大于 10 mm。

注：按钮可以具有不同的形状，不限定是圆形。

5.6.5 操作手柄和踏板

5.6.5.1 手柄和踏板在正常工作位置时应方便操作，符合人体工程学。

5.6.5.2 需要大于或等于10 N操作力的手柄与任何结构零件之间的间隙应不小于35 mm。

5.6.5.3 需要大于或等于10 N操作力的手摇柄，直径应在19 mm～43 mm之间。

5.6.5.4 踏板的上表面与任何结构零件之间的间隙应不小于75 mm。

5.6.5.5 踏板与地面的距离应不大于300 mm。

5.7 操作力

5.7.1 电动操作训练床时，按压控制器按钮的力应小于5 N。

5.7.2 手动操作训练床时，当床板上带有载荷(如图10所示)且重心位置在区域中间时，升高床板任何部分所需的力应不大于200 N。

5.7.3 当床板上带有载荷(如图10所示)且重心位置在区域中间时，升高床板任何部分时，作用在踏板上所需的静态力应不大于300 N。

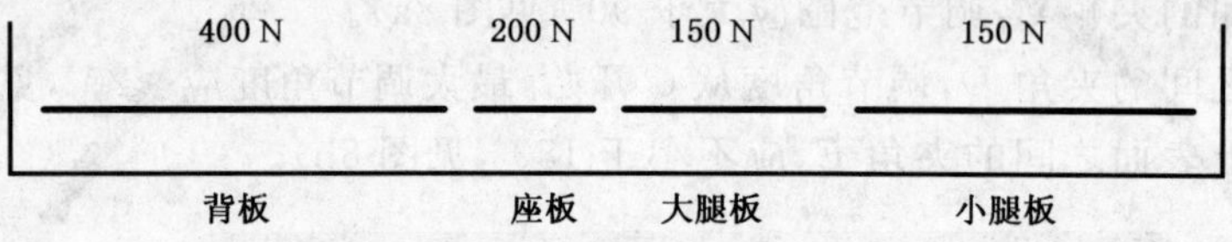

图10 床板加载

5.8 操作速度和时间

5.8.1 当加载如图10所示时，电动训练床的升降速度应控制在10 mm/s～30 mm/s之间，其他床板部件的调节时间应小于30 s。

5.8.2 直立床的床板从水平到直立位置时的运行时间不应小于30 s。

5.9 脚轮定位

带脚轮的训练床，应可靠定位，按8.5进行检测时脚轮移动不应大于10 mm。

5.10 噪音

训练床在承载安全工作载荷时(见图11)的运动噪声在一米距离处，不应大于65 dB(A)。

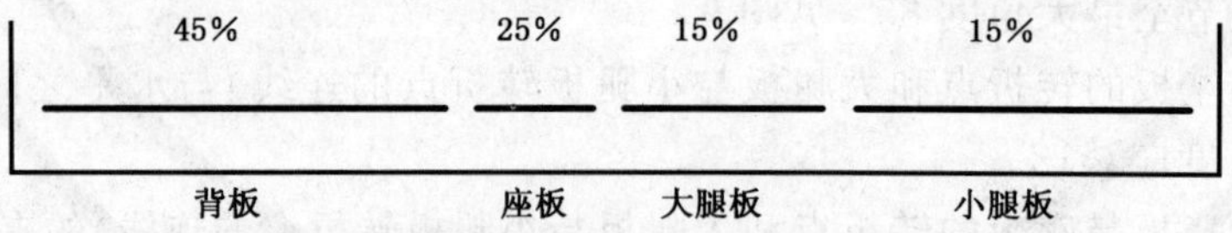

图11 试验时安全工作载荷的分布

6 直立床特定安全要求

6.1 尺寸与角度要求

6.1.1 床体在任何位置时，背板可调节至与水平面的夹角不应大于85°。

6.1.2 床板处于直立位置时，脚托板应位于水平位置，且距地面垂直距离不应大于300 mm。

6.2 附件及强度要求

6.2.1 直立床的设计应有站位时的脚托板、扶手以及腿部、腹部、上身的固定带等附件。

6.2.2 脚托板安全工作载荷不应小于1 500 N，按8.7.1的方法加载试验时，变形量不应超过3%，卸载后脚托板及固定装置应无损坏。

6.2.3 扶手垂直安全工作载荷不应小于750 N，水平安全工作载荷不应小于500 N，按8.7.2的方法加载试验时，垂直变形量不应超过3%，卸载后扶手及固定装置应无损坏。

6.2.4 固定带应为快速松解模式，安全工作载荷不应小于500 N，按8.7.3的方法加载试验，卸载后固定带及连接处不应有破损、松弛和开口等可见缺陷，并应仍具备锁紧固定功能。

6.3 附加稳定性要求

床板上承载安全工作载荷(见图 11)后，按 8.8 的方法试验过程中床应能够保持平衡。

7 电器技术要求

7.1 有电线连接的手持式和踏板式控制器

7.1.1 工作电压的限定及检验方法按 GB 9706.1 中相关规定。

7.1.2 机械强度要求及检验方法按 GB 9706.1 中相关规定。

7.2 电源软电线

7.2.1 电源线从插头到固定处的长度应大于 2.5 m。

7.2.2 电源线组件应有模压的插头或其他能够防水的方式。

7.2.3 网电源插头不应配备一根以上的电源软电线。

7.3 电击危险防护

对电击危险的防护性能应符合 GB 9706.1 的相关要求。

8 试验方法

8.1 一般试验条件

8.1.1 前期准备

训练床交付时应进行检验。如训练床是可拆卸式的，应按使用说明书装配好后检验。如训练床可以不同的方式组装，各种检验应在最不利状态下进行。

8.1.2 试验设备

8.1.2.1 静态力检验时，要确保力的施加有效，缓慢，从而确保没有或只有可忽略的动态载荷。

8.1.2.2 除特殊规定外，试验力可使用任何合适的装置施加。

8.1.3 试验顺序

如无特殊说明，试验应按本标准中条款规定的各试验分条款顺序进行，所有的试验应当在同一个样品上进行。

8.2 试验环境和仪器

8.2.1 周围环境

除有特殊声明外，试验应在温度 15 ℃～30 ℃，湿度 20%～85%的室内环境中进行。

8.2.2 地面要求

硬质、水平和平坦的地面。

8.2.3 加载垫

按 GB/T 10357.6 中相关规定。

8.2.4 冲击器

按 GB/T 10357.6 中相关规定。

8.3 部件要求及尺寸测量试验方法

用手感、目测及测量工具检查训练床是否符合 5.1、5.2 和 5.3 的要求，测量训练床的部件尺寸应符合 5.1.2、5.1.3 和 5.2.2 的要求。

8.4 稳定性试验方法

8.4.1 将训练床的高度调至最大后固定，带脚轮的训练床调至正常使用状态时的最不利位置并制动，训练床的倾翻趋向应不受限。

8.4.2 在训练床的床板上按下列方式加载试验，结果应符合 5.4 的要求：

a) 侧向稳定试验

沿床板长度边缘，整体均匀施加 2 250 N 的力，施力中心距床板外边缘 125 mm(见图 12)，检测床板及床体升降架在试验中是否失稳。

b) 纵向稳定试验

沿床板宽度边缘，整体均匀施加 1 350 N 的力，施力中心距床板外边缘 125 mm，(见图 13)，检测床板及床体升降架在试验中是否失稳。

8.5 机械强度试验方法

8.5.1 静载荷试验

将训练床的高度调至高度范围内的中间位置后固定，在床板上施加 2 倍安全工作载荷(见图 11)，保持 1 h 后卸载检查训练床是否符合 5.5.2 的要求。

8.5.2 耐久性试验

将训练床的高度调至最大后固定，将加载垫(见 8.2.3)置于图 14 所示的位置 A，通过加载垫施加安全工作载荷 10 000 次。卸载后检查样品床是否符合 5.5.3 的要求。

8.5.3 冲击试验

将训练床的高度调至最大后固定，活动部件与支撑部件相对自由。冲击器(见 8.2.4)从高于床板 180 mm 的位置，自由垂直落到选定的冲击点(见图 14，位置 B)各 10 次。试验后检查训练床是否符合 5.5.4 的要求。

8.5.4 床边偏移测试

将训练床的高度调至最大后固定，在床板上如图 14 所示 C 的位置放置加载垫(见 8.2.3)，每个加载垫上施加 750 N 载荷。在施加载荷过程中和卸载后，测量和观察是否符合 5.5.5 的要求。

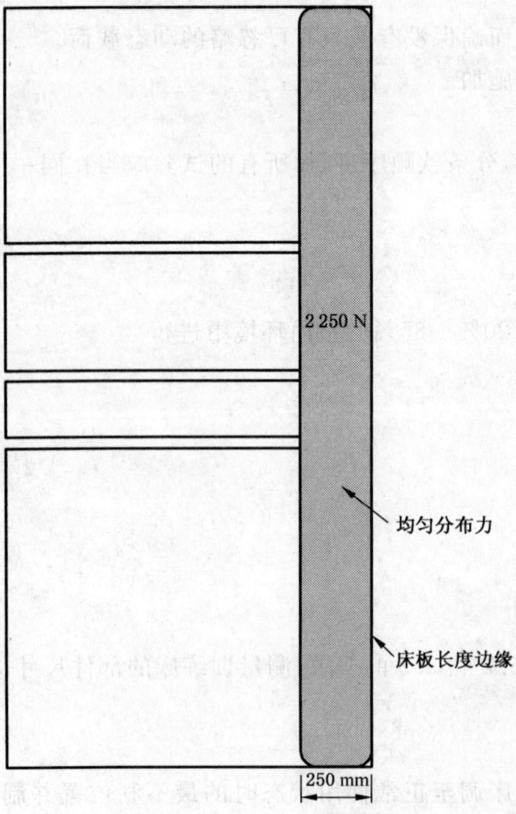

图 12 侧向稳定性试验加载方式

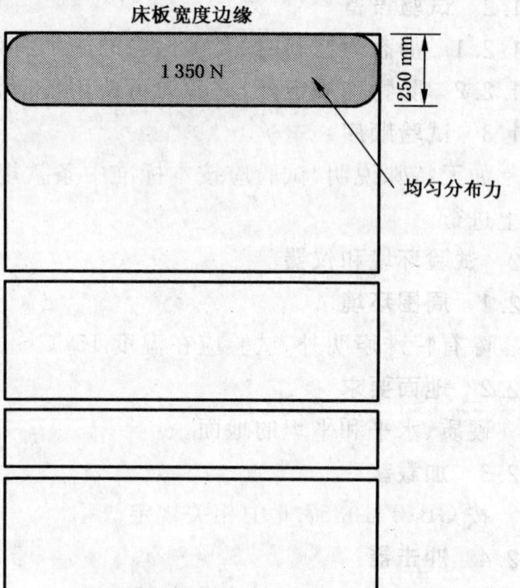

图 13 纵向稳定性试验加载方式

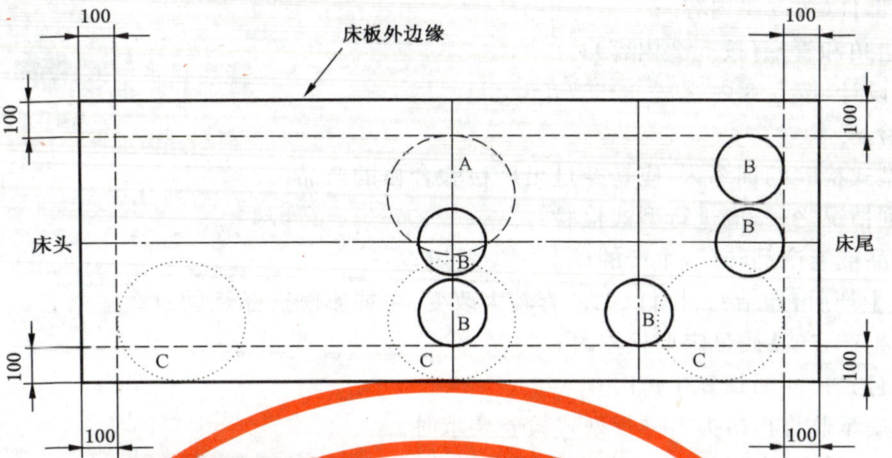

A——使用加载垫加载(耐久性);

B——冲击器冲击(冲击试验);

C——使用加载垫加载(床边偏移)。

图 14 床板的加载和冲击位置

8.5.5 高度调节测试方法

在床板上垂直向下施加安全工作载荷(见图 11)后,按使用说明书的操作方法将升降架起降 3 000 次。观察是否符合 5.5.6 的要求。

8.6 脚轮定位试验方法

将训练床的高度调至最大后,在无承载的状态下置于水平硬质地面上,将脚轮置于最不利的位置,并按使用说明书的方式制动。在训练床的最不利位置处施加 270 N 的水平力并保持 30 s,测量和观察脚轮的移动情况是否符合 5.9 的要求。

8.7 直立床附件强度试验方法

8.7.1 脚托板加载试验

将直立床调至最大直立状态(此时脚托板应处于水平位置),按使用时的方式固定后,测量脚托板长度 l_1,在脚托板表面均匀施加 2 倍的安全工作载荷或 3 000 N,取其中较大者,保持 5 min 后测量脚托板的垂直相对位移 d_1,并计算变形量 d_1/l_1,应符合 6.2.2 的要求。

8.7.2 扶手强度试验

将直立床调至直立状态,扶手按使用时的方式固定后,测量扶手长度 l_2,在扶手全长的最不利位置,沿水平方向向外施加 500 N 的力保持 5 min;然后再垂直向下施加 750 N 的力,保持 5 min 后测量扶手的垂直相对位移 d_2,并计算变形量 d_2/l_2,应符合 6.2.3 的要求。

8.7.3 固定带牢固试验

将固定带按使用时的方式连接,对其施加 500 N 张力 10 次,卸载后观察是否符合 6.2.4 的要求。

8.8 直立床附加稳定性试验方法

按图 11 所示在床板上加载安全工作载荷并固定在床板上,载荷重心应在区域中间位置,在完全升起的床板顶部向任一水平方向施加 200 N 的力,观察是否符合 6.3 的要求。

8.9 噪声测量方法

训练床运动噪声的测量方法按 GB/T 3768 的要求检测。

9 检验规则

9.1 出厂检验

9.1.1 训练床应经过生产厂质量检查部门逐个进行检验合格并附有合格证方能出厂。

9.1.2 出厂检验包括下列内容:

a） 活动部件(按5.1内容)；

b） 面、边角和管端(按5.2内容)；

c） 结构设计(按5.3内容)。

9.2 型式检验

9.2.1 提交型式检验的训练床，应是经过出厂检验合格的产品。

9.2.2 有下列情况之一，应进行型式检验：

a） 新产品或老产品转厂，生产的试制定型鉴定；

b） 正式生产后，如结构、材料、工艺有较大改变，可能影响产品性能时；

c） 成批生产，产品质量定期检查时；

d） 产品停产一年后恢复生产时；

e） 国家质量监督机构提出进行型式检验要求时。

9.2.3 型式检验按本标准规定的全部要求进行。

9.3 抽样和判定规则

9.3.1 样品应从出厂检验合格产品中随机抽取。

9.3.2 作产品型式检验用的样本不得少于3件，作产品质量定期检查用的样本按年产量3 000件检验3件的比例抽取，年产量低于3 000件按3件抽取。

9.3.3 样本在进行检验后，如其性能指标中有任何一项达不到5.4、5.5和5.10的要求时，则该样本为不合格。

9.3.4 进行型式检验的3件样本中，有一件不合格，可以抽取不合格样本的2倍重新进行检验，检查后若仍有一件不合格，则本批产品不合格。

9.3.5 进行型式检验的3件样本，有2件不合格时，则本批产品不合格。

10 使用说明书

训练床在出售时应有使用说明书，说明书至少应包括以下内容：

a） 制造商的名称；

b） 制造厂商的地址和电话；

c） 指定用途，例如：该训练床是专为12岁以上的人使用；

d） 完整的操作说明(如：装备脚轮的床怎样定位)，安装说明(如：电动床要采取怎样的措施与插板保持距离)，以及组装说明；

e） 在检验和服务时的要求；

f） 清理和维护说明；

g） 整体尺寸和重量，包括主体部分的重量；

h） 安全工作载荷；

i） 安全预防和警告语，例如：如使用清单外附件，需采取的预防措施的警告，只能使用特定升降架的警告；

j） 描述所有标签上的符号的含义；

k） 训练床的附件的说明。

11 标签

训练床或床体升降架应清晰持久地标示以下内容：

a） 制造商的名称，地址，电话号码；

b） 产品标识(型号)；

c） 批次号和各个产品的编号；

d） 生产日期；

e） 如为可拆卸床，需标示重量大于 50 kg 的主要部件；

f） 安全工作载荷；

g） 框架可调的床体升降架上，框架的宽度范围；

h） 控制功能。

ICS 03.020
C 05

中华人民共和国国家标准

GB/T 26341—2010

残疾人残疾分类和分级

Classification and grading criteria of disability

2011-01-14 发布　　2011-05-01 实施

中华人民共和国国家质量监督检验检疫总局
中国国家标准化管理委员会　发布

前　言

本标准按照 GB/T 1.1—2009 给出的规则起草。

本标准由全国残疾人康复和专用设备标准化技术委员会(SAC/TC 148)归口。

本标准起草单位:中国残疾人联合会、中国医学科学院北京协和医院、中国聋儿康复研究中心、中国康复研究中心、武警北京市总队第三医院、首都师范大学、北京大学精神卫生研究所、北京大学第一附属医院、中国残疾人辅助器具中心等。

本标准主要起草人:陈新民、张宗久、叶奇、赵家良、孙喜斌、李胜利、丁伯坦、徐本明、田宝、黄悦勤、董问天、张致祥、杨虹、贾亚玲、韩纪斌、邱卓英等。

残疾人残疾分类和分级

1 范围

本标准规定了残疾人残疾分类和分级的术语和定义、残疾分类和分级及代码等。

本标准适用于残疾人的信息、统计、管理、服务和保障等社会工作。

2 规范性引用文件

下列文件对于本文件的应用是必不可少的。凡是注日期的引用文件，仅注日期的版本适用于本文件。凡是不注日期的引用文件，其最新版本(包括所有的修改单)适用于本文件。

GB/T 2261.3 个人基本信息分类与代码 第3部分：健康状况代码

世界卫生组织残疾评定量表Ⅱ(WHO-DASⅡ)(WHO Disability Assessment Schedule Ⅱ)

注：可从下面网址获得：〈http://www.who.int/classifications/icf/whodasii/en/〉

3 术语和定义

下列术语和定义适用于本文件。

3.1

残疾 disability

身体结构、功能的损害及个体活动受限与参与的局限性。

3.2

残疾人 disabled person

在精神、生理、人体结构上，某种组织、功能丧失或障碍，全部或部分丧失从事某种活动能力的人。

3.3

最佳矫正视力 best corrected visual acuity

BCVA

以最适当镜片进行屈光矫正后所能达到的最好视力。

3.4

平均听力损失 average hearing loss

500 Hz、1 000 Hz、2 000 Hz和4 000 Hz四个频率点纯音气导听力损失分贝数的平均值。

3.5

听力障碍 dysaudia

听觉系统中的感音、传音以及听觉中枢发生器质性或功能性异常，而导致听力出现不同程度的减退。

3.6

失语 aphasia

大脑言语区域以及相关部位损伤导致的获得性言语功能丧失或受损。

3.7

运动性构音障碍 dysarthria

神经肌肉病变导致构音器官的运动障碍，主要表现为不会说话、说话费力、发声和发音不清等。

3.8

器质性构音障碍 organic anarthria

构音器官形态结构异常导致的构音障碍。其代表为腭裂以及舌或颌面部术后造成的构音障碍。主要表现为不能说话、鼻音过重和发音不清等。

3.9

发声障碍 voice disorder

呼吸及喉器质性病变导致的失声、发声困难和声音嘶哑等。

3.10

儿童言语发育迟滞 childhood dylayed speech development

儿童在生长发育过程中其言语发育落后于实际年龄的状态。主要表现为不会说话、说话晚、发音不清等。

3.11

听力障碍所致的言语障碍 speech disorder caused by dysaudia

听力障碍导致的言语障碍。主要表现为不会说话或者发音不清，不能通过听觉言语进行交流。

3.12

口吃 stuttering

言语的流畅性障碍。主要表现为在说话的过程中拖长音、重复、语塞并伴有面部及其他行为变化等。

3.13

语音清晰度 phonetic intelligibility

口语中语音、字、词的发音清晰和准确度。

3.14

言语表达能力 ability of expression in speech

言语表达过程中，正确使用词汇、语句和语法的能力。

3.15

发育商 development quotient; DQ

衡量婴幼儿智能发展水平的指标。

3.16

智商 intelligence quotient; IQ

智力商数

衡量个体智力发展水平的指标。

3.17

适应行为 adaptive behavior; AB

个体实现人们期待的与其年龄和文化群体相适应的个人独立与社会职责的程度或效果。

4 残疾分类

4.1 分类原则

按不同残疾分为视力残疾、听力残疾、言语残疾、肢体残疾、智力残疾、精神残疾和多重残疾。

4.2 视力残疾

各种原因导致双眼视力低下并且不能矫正或双眼视野缩小，以致影响其日常生活和社会参与。视力残疾包括盲及低视力。

4.3 听力残疾

各种原因导致双耳不同程度的永久性听力障碍，听不到或听不清周围环境声及言语声，以致影响其日常生活和社会参与。

4.4 言语残疾

各种原因导致的不同程度的言语障碍，经治疗一年以上不愈或病程超过两年，而不能或难以进行正常的言语交流活动，以致影响其日常生活和社会参与。包括：失语、运动性构音障碍、器质性构音障碍、发声障碍、儿童言语发育迟滞、听力障碍所致的言语障碍、口吃等。

注：3岁以下不定残。

4.5 肢体残疾

人体运动系统的结构、功能损伤造成的四肢残缺或四肢、躯干麻痹（瘫痪）、畸形等导致人体运动功能不同程度丧失以及活动受限或参与的局限。

肢体残疾主要包括：

a) 上肢或下肢因伤、病或发育异常所致的缺失、畸形或功能障碍；

b) 脊柱因伤、病或发育异常所致的畸形或功能障碍；

c) 中枢、周围神经因伤、病或发育异常造成躯干或四肢的功能障碍。

4.6 智力残疾

智力显著低于一般人水平，并伴有适应行为的障碍。此类残疾是由于神经系统结构、功能障碍，使个体活动和参与受到限制，需要环境提供全面、广泛、有限和间歇的支持。

智力残疾包括在智力发育期间（18岁之前），由于各种有害因素导致的精神发育不全或智力迟滞；或者智力发育成熟以后，由于各种有害因素导致智力损害或智力明显衰退。

4.7 精神残疾

各类精神障碍持续一年以上未痊愈，由于存在认知、情感和行为障碍，以致影响其日常生活和社会参与。

4.8 多重残疾

同时存在视力残疾、听力残疾、言语残疾、肢体残疾、智力残疾、精神残疾中的两种或两种以上残疾。

5 残疾分级

5.1 分级原则

各类残疾按残疾程度分为四级，残疾一级、残疾二级、残疾三级和残疾四级。残疾一级为极重度，残疾二级为重度，残疾三级为中度，残疾四级为轻度。

5.2 视力残疾分级

按视力和视野状态分级，其中盲为视力残疾一级和二级，低视力为视力残疾三级和四级。视力残疾均指双眼而言,若双眼视力不同,则以视力较好的一眼为准。如仅有单眼为视力残疾,而另一眼的视力达到或优于0.3,则不属于视力残疾范畴。视野以注视点为中心,视野半径小于10°者,不论其视力如何均属于盲。视力残疾分级见表1。

表1 视力残疾分级

级 别	视力、视野
一级	无光感～<0.02;或视野半径小于5°
二级	0.02～<0.05;或视野半径小于10°
三级	0.05～<0.1
四级	0.1～<0.3

5.3 听力残疾分级

5.3.1 听力残疾分级原则

按平均听力损失,及听觉系统的结构、功能,活动和参与,环境和支持等因素分级(不配戴助听放大装置)。

注:3岁以内儿童,残疾程度一、二、三级的定为残疾人。

5.3.2 听力残疾一级

听觉系统的结构和功能极重度损伤,较好耳平均听力损失大于90 dB HL,不能依靠听觉进行言语交流,在理解、交流等活动上极重度受限,在参与社会生活方面存在极严重障碍。

5.3.3 听力残疾二级

听觉系统的结构和功能重度损伤,较好耳平均听力损失在(81～90)dB HL之间,在理解和交流等活动上重度受限,在参与社会生活方面存在严重障碍。

5.3.4 听力残疾三级

听觉系统的结构和功能中重度损伤,较好耳平均听力损失在(61～80)dB HL之间,在理解和交流等活动上中度受限,在参与社会生活方面存在中度障碍。

5.3.5 听力残疾四级

听觉系统的结构和功能中度损伤,较好耳平均听力损失在(41～60)dB HL之间,在理解和交流等活动上轻度受限,在参与社会生活方面存在轻度障碍。

5.4 言语残疾分级

5.4.1 言语残疾分级原则

按各种言语残疾不同类型的口语表现和程度,脑和发音器官的结构、功能,活动和参与,环境和支持等因素分级。

5.4.2 言语残疾一级

脑和/或发音器官的结构、功能极重度损伤，无任何言语功能或语音清晰度小于或等于10%，言语表达能力等级测试未达到一级测试水平，在参与社会生活方面存在极严重障碍。

5.4.3 言语残疾二级

脑和/或发音器官的结构、功能重度损伤，具有一定的发声及言语能力。语音清晰度在11%～25%之间，言语表达能力等级测试未达到二级测试水平，在参与社会生活方面存在严重障碍。

5.4.4 言语残疾三级

脑和/或发音器官的结构、功能中度损伤，可以进行部分言语交流。语音清晰度在26%～45%之间，言语表达能力等级测试未达到三级测试水平，在参与社会生活方面存在中度障碍。

5.4.5 言语残疾四级

脑和/或发音器官的结构、功能轻度损伤，能进行简单会话，但用较长句表达困难。语音清晰度在46%～65%之间，言语表达能力等级测试未达到四级测试水平，在参与社会生活方面存在轻度障碍。

5.5 肢体残疾分级

5.5.1 肢体残疾分级原则

按人体运动功能丧失、活动受限、参与局限的程度分级(不配戴假肢、矫形器及其他辅助器具)。肢体部位说明如下：

a) 全上肢：包括肩关节、肩胛骨；
b) 上臂：肘关节和肩关节之间，不包括肩关节，含肘关节；
c) 前臂：肘关节和腕关节之间，不包括肘关节，含腕关节；
d) 全下肢：包括髋关节、半骨盆；
e) 大腿：髋关节和膝关节之间，不包括髋关节，含膝关节；
f) 小腿：膝关节和踝关节之间，不包括膝关节，含踝关节；
g) 手指全缺失：掌指关节；
h) 足趾全缺失：跖趾关节。

5.5.2 肢体残疾一级

不能独立实现日常生活活动，并具备下列状况之一：

a) 四肢瘫：四肢运动功能重度丧失；
b) 截瘫：双下肢运动功能完全丧失；
c) 偏瘫：一侧肢体运动功能完全丧失；
d) 单全上肢和双小腿缺失；
e) 单全下肢和双前臂缺失；
f) 双上臂和单大腿(或单小腿)缺失；
g) 双全上肢或双全下肢缺失；
h) 四肢在手指掌指关节(含)和足跗趾关节(含)以上不同部位缺失；

i) 双上肢功能极重度障碍或三肢功能重度障碍。

5.5.3 肢体残疾二级

基本上不能独立实现日常生活活动，并具备下列状况之一：

a) 偏瘫或截瘫，残肢保留少许功能（不能独立行走）；
b) 双上臂或双前臂缺失；
c) 双大腿缺失；
d) 单全上肢和单大腿缺失；
e) 单全下肢和单上臂缺失；
f) 三肢在手指掌指关节（含）和足跗跖关节（含）以上不同部位缺失（一级中的情况除外）；
g) 二肢功能重度障碍或三肢功能中度障碍。

5.5.4 肢体残疾三级

能部分独立实现日常生活活动，并具备下列状况之一：

a) 双小腿缺失；
b) 单前臂及其以上缺失；
c) 单大腿及其以上缺失；
d) 双手拇指或双手拇指以外其他手指全缺失；
e) 二肢在手指掌指关节（含）和足跗跖关节（含）以上不同部位缺失（二级中的情况除外）；
f) 一肢功能重度障碍或二肢功能中度障碍。

5.5.5 肢体残疾四级

基本上能独立实现日常生活活动，并具备下列状况之一：

a) 单小腿缺失；
b) 双下肢不等长，差距大于或等于 50 mm；
c) 脊柱强（僵）直；
d) 脊柱畸形，后凸大于 70°或侧凸大于 45°；
e) 单手拇指以外其他四指全缺失；
f) 单手拇指全缺失；
g) 单足跗跖关节以上缺失；
h) 双足趾完全缺失或失去功能；
i) 侏儒症（身高小于或等于 1 300 mm 的成年人）；
j) 一肢功能中度障碍或两肢功能轻度障碍；
k) 类似上述的其他肢体功能障碍。

5.6 智力残疾分级

按 0～6 岁和 7 岁及以上两个年龄段发育商、智商和适应行为分级。0～6 岁儿童发育商小于 72 的直接按发育商分级，发育商在 72～75 之间的按适应行为分级。7 岁及以上按智商、适应行为分级；当两者的分值不在同一级时，按适应行为分级。WHO-DASⅡ分值反映的是 18 岁及以上各级智力残疾的活动与参与情况。智力残疾分级见表 2。

表 2 智力残疾分级

级 别	智力发育水平		社会适应能力	
	发育商(DQ) 0～6 岁	智商(IQ) 7 岁及以上	适应行为 (AB)	WHO-DASⅡ分值 18 岁及以上
一级	≤25	<20	极重度	≥116 分
二级	26～39	20～34	重度	106 分～115 分
三级	40～54	35～49	中度	96 分～105 分
四级	55～75	50～69	轻度	52 分～95 分

适应行为表现：

极重度——不能与人交流、不能自理、不能参与任何活动、身体移动能力很差；需要环境提供全面的支持，全部生活由他人照料。

重度——与人交往能力差、生活方面很难达到自理、运动能力发展较差；需要环境提供广泛的支持，大部分生活由他人照料。

中度——能以简单的方式与人交流、生活能部分自理、能做简单的家务劳动、能参与一些简单的社会活动；需要环境提供有限的支持，部分生活由他人照料。

轻度——能生活自理、能承担一般的家务劳动或工作、对周围环境有较好的辨别能力、能与人交流和交往、能比较正常地参与社会活动；需要环境提供间歇的支持，一般情况下生活不需要由他人照料。

5.7 精神残疾分级

5.7.1 精神残疾分级原则

18 岁及以上的精神障碍患者依据 WHO-DASⅡ分值和适应行为表现分级，18 岁以下精神障碍患者依据适应行为的表现分级。

5.7.2 精神残疾一级

WHO-DASⅡ值大于或等于 116 分，适应行为极重度障碍；生活完全不能自理，忽视自己的生理、心理的基本要求。不与人交往，无法从事工作，不能学习新事物。需要环境提供全面、广泛的支持，生活长期、全部需他人监护。

5.7.3 精神残疾二级

WHO-DASⅡ值在 106 分～115 分之间，适应行为重度障碍；生活大部分不能自理，基本不与人交往，只与照顾者简单交往，能理解照顾者的简单指令，有一定学习能力。监护下能从事简单劳动。能表达自己的基本需求，偶尔被动参与社交活动。需要环境提供广泛的支持，大部分生活仍需他人照料。

5.7.4 精神残疾三级

WHO-DASⅡ值在 96 分～105 分之间，适应行为中度障碍；生活上不能完全自理，可以与人进行简单交流，能表达自己的情感。能独立从事简单劳动，能学习新事物，但学习能力明显比一般人差。被动参与社交活动，偶尔能主动参与社交活动。需要环境提供部分的支持，即所需要的支持服务是经常性的、短时间的需求，部分生活需由他人照料。

5.7.5 精神残疾四级

WHO-DASⅡ值在52分～95分之间，适应行为轻度障碍；生活上基本自理，但自理能力比一般人差，有时忽略个人卫生。能与人交往，能表达自己的情感，体会他人情感的能力较差，能从事一般的工作，学习新事物的能力比一般人稍差。偶尔需要环境提供支持，一般情况下生活不需要由他人照料。

5.8 多重残疾分级

按所属残疾中残疾程度最重类别的分级确定其残疾等级。

6 残疾分类和分级代码

6.1 残疾分类代码

残疾分类代码应符合GB/T 2261.3的规定。

6.2 残疾分级代码

残疾分级代码见表3。

表3 残疾分级代码

代码	名称
611	视力残疾一级
612	视力残疾二级
613	视力残疾三级
614	视力残疾四级
621	听力残疾一级
622	听力残疾二级
623	听力残疾三级
624	听力残疾四级
631	言语残疾一级
632	言语残疾二级
633	言语残疾三级
634	言语残疾四级
641	肢体残疾一级
642	肢体残疾二级
643	肢体残疾三级
644	肢体残疾四级
651	智力残疾一级
652	智力残疾二级
653	智力残疾三级
654	智力残疾四级

表 3（续）

代　码	名　称
661	精神残疾一级
662	精神残疾二级
663	精神残疾三级
664	精神残疾四级
671	多重残疾一级
672	多重残疾二级
673	多重残疾三级
674	多重残疾四级

ICS 03.080.30
A 12

GB

中华人民共和国国家标准

GB/T 26342—2010

国际运尸　木质棺柩

International carrying corpse—Xylogen coffin

2011-01-14 发布　　　　2011-06-01 实施

中华人民共和国国家质量监督检验检疫总局
中国国家标准化管理委员会　发布

前　言

本标准由中华人民共和国民政部提出。

本标准由全国殡葬标准化技术委员会归口。

本标准起草单位：中国殡葬协会、民政部一零一研究所、北京民创科技发展有限公司、北京八宝山殡仪馆。

本标准主要起草人：张洪昌、肖成龙、郭兵权、王志强、孙朝英、邓长宁。

国际运尸　木质棺柩

1　范围

本标准规定了国际运尸木质棺柩的分类、规格、技术要求、检验方法、包装、运输和储存。

本标准适用于为国际运尸木质棺柩的设计、生产、检测与验收，其他材质棺柩可参照执行。

2　规范性引用文件

下列文件中的条款通过本标准的引用而成为本标准的条款。凡是注日期的引用文件，其随后所有的修改单(不包括勘误的内容)或修订版均不适用于本标准，以鼓励根据本标准达成协议的各方研究是否可使用这些文件的最新版本。凡是不注日期的引用文件，其最新版本适用于本标准。

GB/T 3324—1995　木家具通用技术条件

GB/T 3325　金属家具通用技术条件

GB/T 4857.12　包装　运输包装件　浸水试验方法

GB/T 4857.20　包装　运输包装件　碰撞试验方法

GB/T 4893(所有部分)　家具表面测定法

GB/T 10357.5　家具力学性能试验　柜类强度和耐久性

GB/T 17344　包装　包装容器　气密试验方法

SG 279—1983　木家具涂饰标准

3　术语和定义

下列术语和定义适用于本标准。

3.1

国际运尸　international carrying corpse

国际上不同国家和地区间的尸体运送服务。

3.2

棺柩　coffin

装殓和运送尸体的器具。

4　分类

棺柩可按开启方式和外表装饰进行分类，具体分类及代号见表1。

表1　棺柩分类与代号

分类方法	类别	代号
按开启方式分类	可移盖式	K
	铰链盖式	J
按外表装饰分类	涂饰	T
	包饰	B

5 技术要求

5.1 主要尺寸及公差

木质棺柩的主要尺寸见表 2。

表 2 木质棺柩尺寸

单位为毫米

名称	长度 L	宽度 B	高度 H
木质棺柩	<300	<800	<650

木质棺柩长度、宽度、箱体高度的尺寸公差不应大于 10 mm(±5 mm);棺盖高度的尺寸公差不应大于 6 mm(±3 mm)。

5.2 形状和位置公差

木质棺柩构件形状和位置的公差不应大于表 3 的规定。

表 3 木质棺柩构件的形状和位置公差

单位为毫米

项目	构件(规格)	普级	中级	高级
翘曲度 Δa	面板(对角线长度≥1 200)	3	2	2
	面板(对角线长度<1 200)	2	1.5	1.5
平整度 Δb	面板、棺柩前面及两侧挡板	0.3	0.2	0.1
临边垂直度 Δc	面板、框架(对角线长度≥1 200)	3	3	2
	面板、框架(对角线长度<1 200)	3	2	2
	两侧挡板	2	2	1.5
平行度 Δd	棺盖与棺底	3	2	2
	前后面与两侧面	2	1.5	1.5
直线度 Δe	装饰条、棱边(长度≥1 200)	3	2.5	2
	装饰条、棱边(长度<1 200)	2.5	2	2

5.3 用料要求

5.3.1 材质要求

5.3.1.1 按产品等级不同,材质要求见表 4。

表 4 产品等级与树种要求

部位	级别		
	普级	中级	高级
棺柩板和内部用料	材质的质地、颜色应相似,在同一胶板上针阔叶材不得混合使用,对称部颜色基本对称	材质的质地相似,同一胶拼件、框板的树种单一,对称部位的纹理颜色相似	材质的单一,材性稳定,纹理相近,对称部件纹理颜色对称
外表部件用料	材质不限,材性基本稳定,对称零件颜色基本对称	材质质地相似,材性稳定,颜色相似	
隐蔽处部件用料	材质颜色不限	材性稳定,材质颜色不限	

5.3.1.2 木制装饰条、线条用料应使用纹理较直的木材。

5.3.2 斜纹要求

棺柩实板榫结合处和衬条、立柱用料的斜纹程度应符合 GB/T 3324—1995 中 4.3.9 的规定,其他部位用料的斜纹不限。

5.4 外观要求

5.4.1 棺柩木质件的外观要求

5.4.1.1 表面粗糙度

棺体表面粗糙度的要求应符合表5的规定。

表5 运尸棺体表面粗糙度要求

部　位	表面粗糙度要求		
	普　级	中　级	高　级
外表	细光	精光	精光
内部	细光	细光	细光
隐蔽处	粗光	粗光	粗光

5.4.1.2 实板胶拼件

实板胶拼件的胶缝应严密，外表局部胶缝不大于0.2 mm，内部胶缝不大于1 mm。

5.4.1.3 单板、塑料贴面板

单板、塑料贴面板的外观质量符合GB/T 3324—1995中4.4.4的规定。产品内部使用的胶合板不允许带有胶纸。

5.4.1.4 封边条、装饰条和定位止口条

基材为人造板时其外露周边应做封边处理；木质或其他材料的封边应粘贴严密平整，无脱胶、鼓泡或损伤。

外表装饰条和定位止口条应安装牢固，无松动、开裂、短痕等缺陷；接口处应平整、转弯处不应起皱；端面应平齐。

5.4.1.5 棱、角、线

外表倒棱、圆角、圆线和其他线形应均匀一致。

5.4.1.6 连接部位

5.4.1.6.1 结合处应严密、平齐，无断榫、板裂，无锤印和钉帽、钉脚、螺帽外露等缺陷。外表接合处局部缝隙不应大于0.2 mm，内部局部缝隙不应大于1 mm。

5.4.1.6.2 装板部件应配合适宜，不得松动。

5.4.1.6.3 棺盖与棺体分缝不应大于1.5 mm。棺盖合拢后，棺盖正面挡板相对于箱体正面挡板的侧向摆动度不应大于1.5 mm。

5.4.1.7 雕刻、烙花

雕刻、烙花的外观质量应符合GB/T 3324—1995中4.4.8的规定。

5.4.2 五金配件外观

5.4.2.1 棺柩提手等外露五金配件应镀层明亮、光洁、平整，无锈迹、划痕；冲压件表面不得有裂缝、脱层、严重压痕、毛刺或刃刀。

5.4.2.2 棺木拉手等外露五金配件应安装严密、端正，不得少件、漏钉，启闭配件应使用灵活。

5.4.2.3 合叶轴外露不大于轴径的3/4。

5.4.3 涂饰层外观

涂饰层外观应符合SG 279—1983中规定的无划痕、雾光、白楞、白点和鼓泡等缺陷。棺柩内应保持清洁，不应有漆迹、胶迹和污迹。

5.4.4 包饰层要求

5.4.4.1 棺柩的内饰应柔软、清洁、并配有固定带。

5.4.4.2 棺柩面包饰层的接口处应平齐、严密、无皱折、脱胶、鼓泡、凹陷和损伤等；其余各外表面的包饰层不应拼接。

5.4.4.3 同种包饰层材料应质地相同、色泽相似，要求对称的图案应对称。

5.4.4.4 包饰层材料的允许缺陷应符合相应的标准要求。

5.5 木材含水率

棺柩用木材含水率应符合使用地区的年平均木材的平衡含水率。

5.6 表面装饰层和五金配件的理化性能

5.6.1 棺柩表面漆膜涂饰层的理化性能要求应符合表6的规定。

表6 棺柩表面漆膜涂饰层的理化性能要求

检验项目	实验条件	合格指标		
		普级	中级	高级
漆膜耐液	10%碳酸钠，24 h	2	2	1
	30%乙酸，24 h	2	2	1
漆膜附着力	2 mm平行割痕间距	3	2	2
漆膜光泽	60°投射角	3	2	1
漆膜耐冷热温差	温度40 ℃±2 ℃，相对湿度98%～99%，3周期	合格		
漆膜耐磨	高级4 000 r，中级2 000 r，普级1 000 r	1级		

5.6.2 棺柩表面包饰层的理化性能应符合包覆面料的标准要求。

5.6.3 棺柩五金配件的理化性能应符合GB/T 3325的规定。

5.7 零部件性能

5.7.1 棺柩各结构部件应牢固，棺盖或棺体应起闭灵活。

5.7.2 棺柩经过载荷实验，棺体、棺盖经过耐久性实验和强度实验，棺把手经过强度实验后，试件应无下列损坏：

——零部件断裂或豁裂；

——用手掀压牢固的部件出现永久性松动；

——零部件出现严重影响使用功能的磨损或变形；

——五金连接件出现松动；

——活动部件的开、关不灵便。

5.8 抗冲击性能

将棺柩盖严，旋紧螺丝并上锁，用缚带将试验样品紧固在碰撞台上，按GB/T 4857.20要求，经多次重复性机械碰撞后，棺柩不应破损。

5.9 气密性能

棺柩应加装密封件防泄，棺柩封闭后不得有异味逸出。

5.10 渗漏性能

棺柩应做防液体渗漏处理，棺柩封闭后不得有液体滴渗现象。

6 检验方法

6.1 棺柩的主要尺寸公差和形状位置公差按照GB/T 3324中的规定检测；平行度按照GB/T 3325的相关规定检测。直线度用1 m的钢直尺和相应精度的塞规进行检测。

6.2 棺柩外观的质量和用料要求应在良好的光线下由三人分别目视、手感测定，以多数意见为准。分缝和拼缝用相应精度的塞规检测，棺盖的摆动度用相应精度的钢尺检测。

6.3 棺柩木材含水率应使用精度不低于25%的木材含水率测试仪进行测定，在棺柩的不同实木部位测定三个点后取算术平均值。

6.4 棺柩漆膜涂饰层理化性能的测定方法执行 GB/T 4893(所有部分)的相应规定。

6.5 棺柩包饰层理化性能的测定应符合相应国家标准的规定。

6.6 棺柩五金配件理化性能的测定应符合 GB/T 3325 的相应规定。

6.7 棺柩零部件性能的试验方法执行 GB/T 10357.5 的规定。

6.8 棺柩碰撞实验测定方法应符合 GB/T 4857.20 的规定。

6.9 棺柩气密实验测定方法执行 GB/T 17344 的规定。

6.10 棺柩渗漏性测定方法执行 GB/T 4857.12 的规定。

7 检验规则

7.1 周期检验

正常生产时,应每半年按 5.6 规定的理化性能指标对棺柩随机抽取一件样本进行一次周期检验;每一年按 5.7 规定的零部件性能指标对棺柩随机抽取一件样本进行一次周期检验。

7.2 出厂检验

产品质量检验部门,应以周期检验合格为前提,对所有出厂的棺柩按 5.1～5.5 规定的技术要求进行自检。符合本标准规定的为合格品。

7.3 交收检验

应以周期检验合格为前提,按 5.1～5.5 规定的技术要求对每一交货批次随机抽取三件样品进行检验。如全部合格则该批产品合格。

8 包装、运输、储存

棺柩的包装、运输和储存应按 GB/T 3324 的有关规定执行。

ICS 13.100
C 56

GB

中华人民共和国国家标准

GB/T 26343—2010

学生健康检查技术规范

Technical standard for physical examination for students

2011-01-14 发布 2011-05-01 实施

中华人民共和国卫生部
中国国家标准化管理委员会 发布

前　言

本标准的附录 A、附录 B、附录 C 为规范性附录。

本标准由中华人民共和国卫生部提出并归口。

本标准由中华人民共和国卫生部负责解释。

本标准起草单位：湖南省疾病预防控制中心、上海市疾病预防控制中心、安徽医科大学公共卫生学院、湖南省人民医院、深圳市疾病预防控制中心。

本标准主要起草人：李光春、彭宁宁、陶芳标、刘慧琳、刘思清、陈雪初、王翠兰。

学生健康检查技术规范

1 范围

本标准规定了学生形态、生理功能、五官科、外科、内科与实验室检查指标的技术要求。

本标准适用于普通中小学校、职业高中与技校学生健康检查，普通高等学校学生健康检查亦可参照执行。

2 规范性引用文件

下列文件中的条款通过本标准的引用而成为本标准的条款。凡是注日期的引用文件，其随后所有的修改单(不包括勘误的内容)或修订版均不适用于本标准，然而，鼓励根据本标准达成协议的各方研究是否可使用这些文件的最新版本。凡是不注日期的引用文件，其最新版本适用于本标准。

GB 11533 标准对数视力表

GB/T 16133 儿童少年脊柱弯曲异常的初筛

WS/T 202 儿童少年屈光检测要求

WS 288 肺结核诊断标准

3 形态指标测量

3.1 身高

3.1.1 器材

人体测高计。

使用前应校对零点，并用标准钢卷尺校正人体测高计刻度尺，每米误差不得大于0.1 cm。同时，应检查立柱与底板、立柱与滑测板是否垂直，连接处是否紧密，零件有无松动等情况，应及时加以校正。

3.1.2 方法

选择平坦靠墙的地面水平放置人体测高计，立柱的刻度尺面向光源。被检者赤足，立正姿势站立在人体测高计的底板上，两上肢自然下垂，足跟并拢，足尖分开成60°，挺胸收腹，头部正直，两眼平视前方，眼眶下缘与耳屏上缘呈水平位，足跟、骶骨部及两肩胛间区三点与立柱相接触。检测人员站立于被检者的右侧，将滑测板轻轻沿立柱下滑，直到与颅顶点接触。检测人员双眼应与滑测板等高时读数。测量误差不应超过±0.5 cm。

3.1.3 结果记录

以厘米为单位记录，读数至小数点后一位。

3.1.4 注意事项

a) 滑测板与颅顶点相接触，松紧适度。头顶的发辫、发结应解开，饰物应取下。

b) 完成测量后，应立即将滑测板推到最高处，避免其他被检者发生意外创伤。

3.2 体重

3.2.1 器材

杠杆秤或便携式电子体重测量仪。

使用前应检验其准确度和灵敏度，用50 kg及0.1 kg标准砝码进行校正，准确度要求误差不超过0.1%，灵敏度应能测出0.1 kg，达不到要求应及时更换。

3.2.2 方法

将体重秤放置在平坦的硬地面上。男学生穿短裤，女学生穿短裤、背心，站立秤台面中央。使用杠杆秤时，检测人员应站立于秤台正前方，先调整零点至刻度尺呈水平位，测量时，添加砝码，移动游码至刻度尺平衡，双眼正视刻度尺读数。测量误差不应超过±0.1 kg。

3.2.3 结果记录

以千克为单位记录，读数至小数点后一位。

3.2.4 超重、肥胖的判断

超重、肥胖的判断应按照附录A的规定。

3.2.5 注意事项

a) 被检者上、下秤台动作要轻。

b) 每天使用体重秤前均需校正。

3.3 腰围

3.3.1 器材

长度为1.5 m，宽度为1 cm，最小刻度为0.1 cm尼龙带尺。

3.3.2 方法

被检者自然站立，双臂适当张开下垂，两足分开30 cm～40 cm，露出腹部。测量时平缓呼吸，带尺下缘距肚脐上缘1 cm处、并经两侧十二肋骨下缘与髂嵴上缘之间的中点，水平环绕一周测量。测量误差不应超过±1.0 cm。

3.3.3 结果记录

以厘米为单位记录，读数至小数点后一位。

3.3.4 注意事项

a) 尼龙带尺在使用前用钢卷尺校正，每米误差不超过±0.2 cm。

b) 测量时应使尼龙带尺贴近皮肤但避免紧压而陷入皮肤。

3.4 臀围

3.4.1 器材

与3.3.1相同。

3.4.2 方法

被检者穿单裤，测量前取出裤袋内物品，自然站立，目视前方，双臂适当张开下垂，两足并拢。尼龙带尺水平环绕臀部一周，测定臀部向外最突出部位间的横向水平距离(此处读数值最大)。带尺上下移动，比较不同部位读数大小。测量误差不应超过±1.0 cm。

3.4.3 结果记录

取最大值记录，以厘米为单位，读数至小数点后一位。

4 生理功能指标测量

4.1 血压

4.1.1 器材

使用汞柱式血压计。根据不同年龄儿童上臂的长度，分别选用6 cm、8 cm、10 cm、12 cm宽的袖带或成人血压测量的袖带，袖带宽度以覆盖被检者上臂长的1/2～2/3为宜。

4.1.2 方法

被检者取坐位，裸露右上臂至肩部，伸直肘部，平放在桌面上，手掌向上，使血压计零点与肱动脉、心脏处于同一水平。

排尽袖带内空气，将袖带平整无折地缚在被检者右上臂，袖带下缘距肘窝2 cm，松紧适宜。在肘部扪及肱动脉搏动，戴上听诊器，将听诊器体件贴肱动脉处，不可压得太重，不得塞在袖带下。关闭加压气球气门，打气至肱动脉搏动音消失再使水银柱升高30 mmHg，然后以每秒2 mmHg～6 mmHg的速度放气，当听到至少连续两次搏动音时，将第一声搏动音所处水银柱刻度数值记录为收缩压，搏动音消失时为舒张压，当搏动音不消失时采用变音为舒张压。每人连续测量3次，两次间隔时间不得少于30 s。

4.1.3 结果记录

取两次测量结果相近的数据，以毫米汞柱为单位进行记录。

4.1.4 注意事项

a) 测量场地应安静。

b) 被检者在测量前1 h内不得从事任何剧烈运动。排空膀胱，静坐10 min以上才开始测量血压。

c) 测量前检查水银柱是否在零点，不在零点时应进行校正，并排除水银柱的气泡。

d) 在下一次测量前，应使血压计水银柱下降至零位后进行测量。

4.2 肺活量

4.2.1 器材

电子肺活量计或回旋式肺活量计，一次性肺活量口嘴。

肺活量口嘴应一人一用，不得重复使用。

4.2.2 方法

被检者取站立位，测量前做两次扩胸动作。然后尽力深吸气，吸满气后立即向肺活量计的口嘴内以中等速度尽力深呼气，直到不能再呼气为止。每人测量2次。

4.2.3 结果记录

以毫升为单位记录读数结果，选最大测量值作为被检者肺活量值。

4.2.4 注意事项

测量前应向被检者说明测量方法，被检者在测量过程中不能有第二次吸气。

5 五官检查

5.1 视力

5.1.1 器材

标准对数视力表。

视力表印制规格、视力表灯箱放置距离、放置高度、照明应符合GB 11533的规定。

5.1.2 方法

5.1.2.1 裸眼远视力检查

检查距离为5 m。被检者取坐位。检查顺序：用遮眼板先将左眼轻轻遮上，检查右眼视力，后遮右眼检查左眼视力。视标辨认：嘱被检者先辨认5.0行视标，如辨认正确视标数未达到要求则逐行上查，如辨认无误应逐行下查。每个视标的辨认时间不宜超过5 s。

5.1.2.2 低视力检查

使用视力表变距检查低视力（远视力＜4.0），应符合GB 11533的规定。采用远视力表走近法测定，走近至能辨认4.0行视标为止，按表1记录实际视力值。

表1 远视力表4.0行视标变距检查的实际视力

走近后的检查距离 m	4.0	3.0	2.5	2.0	1.5	1.2	1.0
实际视力	3.9	3.8	3.7	3.6	3.5	3.4	3.3

若走近视力表至1 m处仍不能辨认4.0行视标时，进行指数检查。检查距离从1 m开始，逐渐移近，直到能正确辨认为止。记录指数检查距离，例如“指数/50 cm”。

如果在5 cm处仍不能辨认指数，进行手动检查，将手在被检者眼前摆动，如果能看清手动，则记录手动检查距离，例如“手动/20 cm”。

如果眼前手动不能辨认，进行光感检查，在暗室中用蜡烛光放在被检眼前，问被检者能否看到光亮。此时，另一眼须严密遮盖不让透光。一般测量由近而远直到 5 m 为止。记录看到光亮的距离，例如“光感/3 m”。对不能分辨光感者记录为“无光感”。

5.1.2.3 视力检查结果判断

结果判断应符合 GB 11533 的规定。测出被检眼能辨认的最小行视标，当辨认正确的视标数超过该行视标总数的一半时，该行视标的视力值为被检眼的视力。对于指数检查或手动检查、光感检查者，应分别对右眼、左眼视力进行判断。

5.1.2.4 正常视力与视力低下分度

裸眼远视力为 5.0 及其以上者为正常视力。裸眼远视力低于 5.0 者为视力低下。视力低下分为三度：视力在 4.9 的为轻度视力低下，4.6～4.8 之间为中度视力低下，≤4.5 者为重度视力低下。

5.1.3 结果记录

采用 5 分记录，分别记录右眼、左眼视力检查结果。对于远视力低于 3.3 者，记录指数检查或手动检查或光感检查结果。

5.1.4 注意事项

a) 配戴眼镜者(含角膜接触镜)应摘下眼镜检查裸眼远视力。

b) 检查时不要揉眼、眯眼或斜着看。提醒被检者不要用遮眼板压迫眼球，以免影响视力。

c) 不宜在紧张视近工作、剧烈运动或体力劳动后即刻检查视力，应休息 10 min 后再行检查。

5.2 屈光检测

5.2.1 器材

标准对数视力表灯箱，串镜，检眼镜片箱。

视力表印制规格、视力表灯箱放置距离、放置高度、照明应符合 GB 11533 的规定。

5.2.2 方法

对于视力低下者，用串镜进行眼屈光筛查。被检者取坐位，眼与视力表灯箱距离为 5 m，用遮眼板盖住一眼，先查右眼后查左眼。先用±0.5 D 的球镜片检查，当用凹透镜片检查视力改善，继续增加凹透镜度数，视力继续提高，矫正视力提高 2 行及以上、且达到 1.0 及以上者，可判断为近视。若用凸透镜片视力有改善，调高凸透镜度数后视力继续提高，可初步判断为远视。两种镜片皆不能提高视力者为其他眼病，应建议去医院眼科作进一步检查。

有条件者应按照 WS/T 202 的规定进行眼屈光检测。

5.2.3 诊断

根据串镜检查或屈光检测结果，作出是否近视眼、远视眼的诊断。

5.2.4 结果记录

分别记录右眼、左眼的诊断结果。

5.3 沙眼

5.3.1 器材

2.5 倍放大镜，或裂隙灯生物显微镜。常用快速手消毒剂：醇类与胍类(醋酸氯己定等)复配的手消毒液；75%乙醇溶液；有效碘含量为 5 000 mg/L 的碘伏溶液，氧化电位水等。

5.3.2 方法

选择晴天良好自然光线下进行检查，必要时增加人工照明。先检查右眼后检查左眼。重点检查睑缘、上睑结膜与角膜。

检查睑缘时，将上睑轻轻上推，暴露睑缘，检查有无倒睫。

检查上睑结膜时，嘱被检者向下看，用拇指和食指捏住上睑缘皮肤，使上眼睑离开眼球，然后向下向前用轻柔的力翻转，并将翻转后的上睑用拇指固定于眼眶上缘，检查上睑结膜有无滤泡、炎症及瘢痕。检查完毕后轻轻将上睑复位。

检查角膜时，一手以拇指和食指将上下睑分开，另一手持放大镜检查角膜，或用裂隙灯生物显微镜检查，观察是否有角膜血管翳、角膜缘滤泡或 Herbert 小凹，有无角膜浑浊。

5.3.3 诊断标准

至少符合下述 2 条体征者可诊断为沙眼。只符合下述 a)项体征时诊断为疑似沙眼。

a) 上睑结膜有 5 个以上滤泡，滤泡直径不小于 0.5 mm；

b) 典型的睑结膜瘢痕；

c) 角膜缘滤泡或 Herbert 小凹；

d) 较明显的角膜血管翳。

5.3.4 结果记录

按右、左眼分别记录有无沙眼或疑似沙眼。

5.3.5 注意事项

a) 为避免交叉感染引起结膜病，检查者在检查前应使用皂液与流动水洗净双手，在接触有眼部疾患的病人后，应使用快速手消毒剂搓擦双手 2 min。

b) 沙眼患病率的统计不包括疑似沙眼。

5.4 结膜炎

5.4.1 方法

询问是否有眼异物感、烧灼感、痒、畏光、流泪等症状以及发病过程和过敏史，检查结膜是否有充血、水肿、渗出液、乳头增生、滤泡形成、伪膜和真膜、结膜下出血，眼睑是否肿胀，有无分泌物增多，以及耳前淋巴结肿大等。

5.4.2 诊断

根据病史、症状与体征，作出急、慢性结膜炎的临床诊断。必要时应提出去医院作病原学检查的建议，以明确诊断。

5.4.3 结果记录

记录诊断结果。

5.5 色觉

5.5.1 器材

假同色表。

5.5.2 方法

在自然光线下，将假同色表放在距被检者 0.5 m 处，让其在 5 s 内读出表内数字或图案。如果辨认困难、读错或读不出，应按假同色表所附的说明书进行判断。

5.5.3 结果记录

记录色觉是否正常，有无色弱、色盲。色盲可分红色盲、绿色盲和红绿色盲三种进行记录。

5.6 龋齿

5.6.1 器材

平面口镜，CPI 探针，手套，照明灯。

检查器材应严格进行灭菌处理。也可选用一次性器材。

可采用下列方法对器材进行灭菌处理：每查完一个被检者后，所用的器材应先清洗擦干，再用 2% 戊二醛溶液浸泡 10 h 以上，然后用蒸馏水冲洗备用。

5.6.2 方法

在人工光源下，以视诊结合探诊的方式进行，对牙的点、隙、裂、沟作重点检查，必须在探诊后作出诊断。检查顺序从右上象限最后一个牙开始至左上象限最后一个牙，再从左下象限最后一个牙至右下象限最后一个牙。

5.6.3 诊断标准及记录符号

无龋牙(乳牙记 A,恒牙记 0):牙冠健康,无因龋所做的充填物(含冠套),也无龋坏迹象的完整牙冠为无龋牙。下列情况均不诊断为龋齿:白垩色斑点;牙冠上变色或粗糙的斑点,探诊未感觉软化;釉质表面点隙裂沟染色,但无肉眼可见的釉质下潜行破坏,探诊未探到洞底或沟壁软化;中到重度氟牙症所造成釉质上硬的、色暗的凹状缺损;牙釉质表面的磨损;未发生龋坏的楔状缺损。

龋齿(乳牙记 B,恒牙记 1):牙的窝沟点隙或光滑面有明显的龋洞、或明显的釉质下破坏、或明确的可探及软化洞底或沟壁的病损即诊断为龋齿。牙冠因龋已被完全破坏只剩残根或牙上有暂时充填物(如氧化锌)也记为龋齿。应使用探针来证实所判断的龋坏。

已充填牙有龋(乳牙记 C,恒牙记 2):牙冠上有一个或多个因龋的永久充填物且伴有一个或多个部位龋坏记为已充填牙有龋。无须区分原发或继发龋(即不管龋损是否与充填体有关)。

已充填牙无龋(乳牙记 D,恒牙记 3):牙冠有一个或多个因龋的永久充填物。且无任何部位龋坏,或因龋坏而做冠修复的牙记为充填无龋。

龋失牙(乳牙记 E,恒牙记 4):因龋拔除的恒牙,未到替换年龄因龋失去的乳牙,并排除因外伤失去的前牙情况下,按龋失牙计。

因其他原因缺牙(乳牙记 X,恒牙记 5):因先天缺失,或因正畸、牙周病、外伤等丧失的乳、恒牙。

窝沟封闭(乳牙记 F,恒牙记 6):牙冠的咬合面已做窝沟封闭。如果已做窝沟封闭的牙齿有龋,用龋齿符号(乳牙记 B,恒牙记 1)进行记录。

5.6.4 结果记录

按照 4 个象限(见图 1),使用记录符号在相应的牙位上记录检查结果。

未萌出牙不做记录。同一牙位如存在乳牙滞留,恒牙萌出情况,记录恒牙,不记录乳牙。

			55	54	53	52	51	61	62	63	64	65			
18	17	16	15	14	13	12	11	21	22	23	24	25	26	27	28
□	□	□	□	□	□	□	□	□	□	□	□	□	□	□	□
□	□	□	□	□	□	□	□	□	□	□	□	□	□	□	□
48	47	46	45	44	43	42	41	31	32	33	34	35	36	37	38
			85	84	83	82	81	71	72	73	74	75			

图 1 龋齿检查结果记录图

5.7 牙周

5.7.1 器材

平面口镜,CPI 探针,手套,照明灯。

器材的消毒与 5.6.1 相同。

5.7.2 方法

检查口腔 6 个区段指数牙的牙龈炎、牙石与牙周袋深度,用社区牙周指数(CPI)评价牙龈健康情况。6 个区段划分见表 2。每个区段有 1 颗指数牙,共 6 颗指数牙,分别为 4 颗第 1 磨牙和右上、左下中切牙。

表 2 牙周检查的 6 个区段

17—14	13—23	24—27
47—44	43—33	34—37

15 岁以下者只检查牙龈炎和牙石情况,不检查牙周袋深度。牙龈炎与牙石以视诊为主,必要时作探诊。探针与牙面成 45°角,沿着龈缘轻轻地从牙齿舌面或颊面的远中探查到近中,避免深探。

牙周病检查需要探牙周袋的深度，每颗指数牙均作 6 个位点的探诊，即颊、舌侧的近中、中央、远中点进行探诊。探针应与牙长轴平行、紧贴牙面上下提插式探查。

5.7.3 诊断与记分

0：牙龈健康。

1：牙龈炎，探诊后出血。

2：牙石，肉眼可见有牙石或探诊后发现有龈下石。

3：浅牙周袋，牙周袋深度在 4 mm～5 mm。

4：深牙周袋，牙周袋深度在 6 mm 或以上。

5.7.4 结果记录

按区段记录检查结果，每颗指数牙以最重情况记分。

以 6 个区段中最高记分作为个人 CPI 分值。

示例：某学生右、左上区段指数牙有浅牙周袋，上、下中区段指数牙有牙石，右下区段指数牙牙龈健康，左下区段指数牙患牙龈炎，记录如图 2。个人 CPI 记分为 3。

3	2	3
0	2	1

图 2 牙周检查结果记录方法

5.7.5 注意事项

探诊时支点要稳，用力要轻柔，探诊的力度不大于 20 g，即将探针轻轻插入拇指甲沟内，轻轻压迫显示指盖发白且不造成疼痛或不舒服的感觉为适宜力量。

5.8 耳

5.8.1 听力筛查

5.8.1.1 方法

在静室内嘱被检者闭目坐于椅子上，并用手指堵塞一侧耳道，检查者以拇指与食指互相摩擦，自 1 m 远以外逐渐移近耳部，直到被检者听到捻指声为止，测量距离，并与正常人（检查者）比较。

5.8.1.2 结果判断

在 1 m 远处听到捻指声为听力正常。否则为听力减退。

5.8.1.3 结果记录与听力减退的处理

分左、右耳记录是否听力正常或听力减退。对于听力减退者，有条件的可做听力试验，不能在健康检查现场做听力试验的应提出去医院作进一步检查的建议。

5.8.2 听力试验（气骨导比较试验）

5.8.2.1 器材

频率为 256 Hz 的音叉。

5.8.2.2 方法

通过比较同侧耳气导与骨导听力时间，判断耳聋的性质。检查者手持音叉柄，轻击音叉臂的前 1/3 处使其振动，测气导听力时，把振动的音叉置于距外耳道口 1 cm 处，使振动的音叉双臂平面与外耳道纵轴一致。测骨导听力时，将振动的音叉柄置于被检者的乳突部。分别记录气导听力与骨导听力的时间。

5.8.2.3 结果判断

气导听力时间长于骨导听力时间，为阳性（＋），表示正常或感音神经性耳聋。听力正常者，气导听力时间较骨导长约 2 倍。气导时间短于骨导时间为阴性（－），为传导性耳聋。气导时间与骨导相等（±），为中度传导性耳聋或混合性耳聋。

5.8.2.4 结果记录

分左、右耳记录是否听力正常或是否传导性耳聋、感音神经性耳聋。

5.8.3 外耳道、鼓膜与乳突部检查

5.8.3.1 器材

耳镜,额镜,照明灯。或电耳镜。

5.8.3.2 方法

5.8.3.2.1 外耳道检查

采用双手检查法,检查者一手将耳廓向后、向上、向外牵拉,另一手食指将耳屏向前推移,使外耳道拉直,可观察外耳道与鼓膜。此法适用于外耳道较宽、耳毛较少者。否则,用耳镜检查外耳道,检查者一手将被检者的耳廓向上牵拉,另一手将大小合适的耳镜轻轻插入外耳道,注意不可超过外耳道软骨部和骨部交界处,以免引起疼痛。观察外耳道有无充血、肿胀、耵聍栓塞、异物、分泌物、肿物、瘘管以及有无先天性外耳道闭锁等。

5.8.3.2.2 鼓膜检查

用耳镜检查鼓膜,操作方法同5.8.3.2.1。观察鼓膜有无充血、肿胀、混浊、增厚、穿孔、萎缩、疤痕、钙斑,有无鼓膜积液影。

5.8.3.2.3 乳突部检查

检查乳突部位有无压痛,皮肤有无红肿、漏管及疤痕。

5.8.3.3 结果记录

分别记录左、右外耳道、鼓膜和乳突部检查的阳性结果。

5.9 鼻

5.9.1 器材

额镜,照明灯,鼻镜,1%麻黄素生理盐水;用于嗅觉检查的醋、酒精和水。

5.9.2 方法

5.9.2.1 外鼻检查

有无畸形、炎症及损伤,检查鼻翼有无压痛。

5.9.2.2 鼻腔鼻窦检查

各鼻窦相应表面皮肤有无红肿压痛、变形,鼻前庭有无红肿与分泌物。用鼻镜伸入鼻前庭,切勿超过鼻阈,以免引起疼痛或损伤鼻中隔黏膜导致出血。由下而上,检查鼻腔下鼻道、下鼻甲、鼻中隔、中鼻道、中鼻甲及嗅裂,注意中下鼻甲有无肿胀、中下鼻道有无脓液、息肉及肿瘤。如鼻黏膜肿胀,用1%麻黄素生理盐水喷雾1～2次,收缩后再检查。

5.9.2.3 嗅觉检查

用醋、酒精、水三种材料进行嗅觉检查,全能辨别为嗅觉正常,能辨别1～2种为嗅觉迟钝,三种全不辨别者为嗅觉丧失(体检时患感冒者,约定一周后复查)。

5.9.3 结果记录

有无急性或慢性鼻炎、萎缩性鼻炎、急性或慢性鼻窦炎,嗅觉是否正常。

5.10 扁桃体

5.10.1 器材

消毒备用的压舌板,额镜,照明灯。

5.10.2 方法

被检者取坐位,头略后仰,口张大并发“啊”音,检查者用压舌板轻压被检者舌前2/3处,使舌背低下、软腭上抬,在照明的配合下,检查扁桃体大小、有无充血、陷窝口分泌物、假膜、溃疡等病变。

扁桃体大小分度:扁桃体未超过咽腭弓为Ⅰ度,超过咽腭弓者为Ⅱ度,达到或超过咽后壁中线者为Ⅲ度。

5.10.3 结果记录

扁桃体是否肥大及程度。有无急性或慢性扁桃体炎。

6 外科检查

6.1 头部

6.1.1 方法

被检者取坐位。运用视诊检查头颅大小、外形的变化，是否有方颅、巨颅，是否有头部运动异常。

6.1.2 结果记录

记录阳性检查结果。

6.2 颈部

6.2.1 方法

被检者取坐位。重点做以下检查：

a) 一般内容检查：检查静坐时颈部有无静脉怒张、动脉搏动，颈部能否直立伸屈、运转自如，颈部有无包块。

b) 甲状腺检查：用双手触诊法，检查者站立于被检者背面，触诊时嘱被检者配合吞咽动作，随吞咽而上下移动者即为甲状腺。检查左叶时，右手食指及中指在甲状腺软骨下气管右侧向左轻推甲状腺右叶，左手食指、中指和无名指3指触摸甲状腺的轮廓大小及表面情况，检查有无压痛及震颤。用同样的方法检查右侧。甲状腺肿大分为3度：不能看出肿大但能触及者为Ⅰ度；能看到肿大又能触及，但在胸锁乳突肌以内者为Ⅱ度；超过胸锁乳突肌外缘者为Ⅲ度。

c) 气管检查：检查者站立于被检者前面，将食指与无名指分别置于两侧胸锁关节上，然后将中指置于气管之上，观察中指是否在食指与无名指之间，若两侧距离不等则提示有气管移位，根据气管的偏移方向判定病变的位置。

6.2.2 结果记录

记录阳性体征。

6.3 胸廓

6.3.1 方法

被检者取坐位。检查胸廓的形态。检查有无桶状胸、扁平胸、佝偻病胸、胸廓一侧膨隆或凹陷、胸廓局部隆起和脊柱畸形致胸廓变形。

6.3.2 结果记录

记录胸廓检查的阳性体征。

6.4 脊柱

6.4.1 检查内容与方法

6.4.1.1 脊柱侧弯检查方法

脊柱侧弯的一般检查、前屈试验、运动试验与俯卧试验方法应符合 GB/T 16133 的规定。

6.4.1.2 脊柱前后弯曲检查方法

脊柱前后弯曲检查方法应符合 GB/T 16133 的规定。

6.4.2 结果记录

姿势性脊柱侧弯的部位、方向与分度记录方法，姿势性驼背的分度记录方法均应符合 GB/T 16133 的规定。

6.4.3 注意事项

对于需要排除姿势性脊柱侧弯或姿势性驼背时，应提出进一步检查与处理的建议。

6.5 四肢

6.5.1 方法

被检者取站立位。观察有无特殊畸形（如神经损伤后的特殊畸形、先天性畸形、脊髓灰质炎后遗症的特殊畸形、佝偻病的下肢畸形），有无肌萎缩、关节肿胀，皮肤色泽有无改变。

6.5.2 结果记录

记录四肢阳性体征。

6.6 皮肤

6.6.1 方法

采用视诊与触诊进行检查。检查有无皮疹,以及皮疹的性质、大小、数目、颜色、形状、内容物。检查皮肤色泽,有无脱屑、紫癜、蜘蛛痣、水肿、皮下节结、瘢痕。

6.6.2 结果记录

记录皮肤阳性体征。

6.7 淋巴结

6.7.1 方法

用手指滑动触诊由浅入深触摸皮下淋巴结。检查淋巴结是否肿大,以及肿大的部位、大小、数目、硬度、压痛、活动度、有无粘连、局部皮肤有无红肿、瘢痕及瘘管。

6.7.2 结果记录

记录阳性体征。

6.8 男性外生殖器

6.8.1 方法

采取视诊与触诊方法,重点做以下检查:

a) 阴茎:检查有无包茎或包皮过长。

b) 阴囊:触诊阴囊,检查有无隐睾症。对可疑鞘膜积液或阴囊疝者采用透光试验进行检查。

6.8.2 结果记录

记录阳性检查结果。

7 内科检查

7.1 心脏

7.1.1 方法

a) 视诊

检查有无紫绀、杵状指、呼吸急促、心前区隆起,以筛查出先天性心脏病、慢性风湿性心脏病。检查心尖搏动的部位、范围和强弱。

b) 触诊

对视诊发现的异常体征进行证实。检查有无震颤,检查者用右手全手掌触诊,以手掌平贴于心前区,检查震颤及其部位与时期(收缩期、舒张期、连续性)。用食指、中指、无名指并拢以指腹检查心尖搏动的位置、强弱、范围、节律和频率。嘱被检者取坐位前倾位,在心前区检查有无心包摩擦感。

c) 叩诊

检查心脏浊音界大小、形态与位置。被检者取仰卧位,检查者站立于被检者右侧,左手叩诊板指与心缘垂直(与肋骨平行),叩时力度适中。测量心脏左右浊音界距胸骨中线的垂直距离,测量左锁骨中线至胸骨中线的垂直距离,以判断心脏大小是否正常。

d) 听诊

听诊体位:被检者取仰卧位,保持环境安静。检查者站立于右侧。

听诊部位:二尖瓣听诊区位于心尖搏动最强点,肺动脉瓣听诊区在胸骨左缘第2肋间,主动脉瓣听诊区在胸骨右缘第2肋间,主动脉瓣第二听诊区在胸骨左缘第3肋间,三尖瓣听诊区在胸骨左缘第4、5肋间。

听诊顺序:二尖瓣听诊区→肺动脉瓣听诊区→主动脉瓣听诊区→主动脉瓣第二听诊区→三尖瓣听诊区。

听诊内容:心率、心律、心音、额外心音、杂音与心包摩擦音(性质粗糙、搔抓样,与心跳一致,与呼吸无关)。注意杂音的部位、时期(收缩期、舒张期)、性质(吹风样、隆隆样、叹气样、机器声样、乐声样)、传导(帮助判断杂音的来源与病理性质)、强度、与体位变化。

对于期前收缩每分钟 6 次以上者,应建议作心电图检查。

心脏收缩期杂音强度分级:

1 级:杂音很弱,占时很短,需仔细听诊或运动或改变体位方能听到;

2 级:较容易听到的弱杂音;

3 级:中等响亮的杂音;

4 级:较响亮的杂音;

5 级:很响亮的杂音、震耳,但听诊器体件稍离开胸壁即听不到;

6 级:最响亮的杂音,以至将听诊器体件稍离开胸壁仍能听到。

杂音记录方法与结论:如 3 级杂音记为 3/6 级。被检者杂音≤2/6 级、性质柔和、吹风样、时限短、较局限属功能性,可作"正常"结论。

7.1.2 结果记录

记录视诊、触诊、叩诊、听诊检查发现的阳性体征。其中,心脏杂音分部位、时期、响度、性质与传导进行记录。

7.2 肺

7.2.1 方法

a) 视诊

呼吸运动两侧是否对称,有无呼吸运动增强及减弱,有无呼吸困难及三凹征。检查每分钟呼吸频率、呼吸节律是否均匀整齐。

b) 触诊

胸廓扩张度检查:检查者双手置于胸廓下面的前侧部,左右拇指分别沿两侧肋缘指向剑突,拇指尖在前正中线两侧对称部位,两手掌和伸展的手指置于前侧胸壁,嘱被检者做深呼吸运动,比较两手的扩张度是否一致,前正中线两侧拇指向外移动的距离是否相等。

语音震颤检查:两手掌平贴在被检者胸廓两侧对称部位,嘱被检者重复发"一"长音,比较两侧对称部位的震动感是否相同,从上至下,分别检查前胸、侧胸、后胸。

胸膜摩擦感检查:两手掌平贴在被检者胸壁的下前侧部,嘱被检者做深呼吸运动,以触查有无摩擦感。

c) 叩诊

在左右两侧胸部对称部位进行对比叩诊,前胸叩诊板指平贴肋间隙与肋骨平行,背部叩诊时,在肩胛间区板指与脊柱平行,肩胛下区板指平贴于肋间隙与肋骨平行。叩出肺上界,叩出左右锁骨中线、腋中线、肩胛下角线肺下界以及肺下界移动度。

d) 听诊

检查有无啰音,啰音的性质及所在部位。必要时做语音传导与胸膜摩擦音检查。

7.2.2 结果记录

记录检查发现的阳性体征。

7.3 肝

7.3.1 方法

用触诊法检查肝的大小、软硬度、有无压痛。被检者取仰卧位,两腿屈起,放松腹壁肌肉,缓缓作腹式呼吸运动。检查者用右手掌面平放在肋缘下部自下而上进行触诊,触诊的手应与呼吸运动密切配合,随着被检者呼气时腹壁下陷而下按,随着吸气时腹壁隆起而上抬,有利于触诊肿大的肝下缘。对肝脏肿大者应叩诊检查肝上界有无移位。

7.3.2 结果记录

a) 肝脏肿大:剑突下大小测量前正中线上剑突至肝下缘距离,肋下大小测定右锁骨中线上肋弓缘至肝下缘距离,以厘米为单位进行记录。

b) 肝脏硬度分为3度:肝脏柔软,如手指按口唇为Ⅰ度;肝脏质韧,如按鼻尖的硬度为Ⅱ度;肝脏质硬,如按前额的硬度为Ⅲ度。

c) 肝脏表面及边缘:表面是否光滑,有无结节,边缘是否整齐。

7.4 脾

7.4.1 方法

被检者取右侧卧位,右下肢伸直,左下肢屈髋、屈膝,检查者左手掌置于被检者左腰部第七至第十肋处,将其脾脏从后向前托起,右手掌平放腹部与左侧肋弓垂直,当被检者作腹式深呼吸时进行触诊检查。测定左锁骨中线与左肋缘交点至脾脏最远点的距离。

7.4.2 结果记录

脾脏肿大分度记录:脾下缘不超过肋下2 cm为轻度肿大;超过肋下2 cm至脐水平线者为中度肿大;超过脐水平线者为高度肿大。

8 实验室检查

8.1 血红蛋白测定

8.1.1 方法

氰化高铁血红蛋白(HiCN)法。

8.1.2 原理

血红蛋白(Hb)中的亚铁离子(Fe^{2+})被高铁氰化钾氧化成高铁离子(Fe^{3+}),血红蛋白转化成高铁血红蛋白。高铁血红蛋白与氰离子(CN^-)结合,生成稳定的氰化高铁血红蛋白,在540 nm波长处有一个较宽的吸收峰,在该波长处测得的吸光度(A)与溶液中浓度成正比。以测得的样品吸光度值与氰化高铁血红蛋白标准液吸光度值比较,得出样品血红蛋白含量。

8.1.3 器材

75%酒精,酒精棉球,消毒的干棉球,一次性无菌采血针,经标定合格的一次性微量血红蛋白吸管,一次性10 mL塑料试管,可见光分光光度比色计,光径1.0 cm比色杯。

采血针与微量血红蛋白吸管应一人一换,不得重复使用。医疗废物应按照卫生部颁布的《医疗卫生机构医疗废物管理办法》进行处理。

8.1.4 试剂

a) 四种浓度的氰化高铁血红蛋白标准液:50 g/L、100 g/L、150 g/L、200 g/L。

b) 市售氰化高铁血红蛋白试剂,用蒸馏水按比例要求稀释,贮存于棕色玻璃瓶中备用。

或配制氰化高铁血红蛋白试剂(HiCN试剂):

氰化钾(KCN)	0.050 g
高铁氰化钾[$K_3Fe(CN)_6$]	0.200 g
无水磷酸二氢钾(KH_2PO_4)	0.140 g
非离子表面活性剂(Triton X-100,Saponic218等)	1.0 mL

上述成分分别溶于蒸馏水中,混合,置1 L容量瓶内,再加蒸馏水至1 000 mL混匀,储存于棕色玻璃瓶中,置4 ℃~10 ℃保存不超过1个月。试剂应为淡黄色透明溶液,pH值在7.0~7.4。若试剂出现混浊则不能使用。本试剂不吸收480nm以上的光波,因此读数与蒸馏水空白一致。

8.1.5 操作步骤

a) 血红蛋白测定仪器的校正:以HiCN试剂调零,以50 g/L、100 g/L、150 g/L、200 g/L四种浓度的氰化高铁血红蛋白标准液校正仪器,分别测定在540 nm波长的吸光度。在标准仪器条件下，波长 540 nm 各浓度吸光度值恒定。若四种浓度标准液吸光度读数误差在允许范围内（表 3），血红蛋白含量与吸光度符合式(1)：

$$Hb(g/L) = A \times K = A \times 367.7 \quad \cdots\cdots(1)$$

式中：

Hb——血红蛋白值，单位为克每升(g/L)；

A——吸光度；

K——常数，为 367.7。

表 3　可见光分光光度计波长 540 nm 光径 1.0 cm 标准液允许误差

A 真值	相应 Hb 真值 g/L	误差允许范围	
		A	Hb/(g/L)
0.136	50	0.133～0.139	49～51
0.272	100	0.267～0.277	98～102
0.408	150	0.400～0.416	147～153
0.544	200	0.533～0.554	196～204

氰化高铁血红蛋白标准液吸光度读数若超出表 3 误差范围，式(1)中的 K 需要按式(2)校正：

$$K_{校正} = (\sum 吸光度真值 / \sum 吸光度读数) \times 367.7$$
$$= (1.360/\sum 吸光度读数) \times 367.7 \quad \cdots\cdots(2)$$

b)　于 10 mL 试管中加入 5 mL HiCN 试剂。

c)　用酒精消毒左手无名指，待干后用一次性无菌采血针向指尖垂直方向穿刺，深约 2 mm～3 mm。用一次性微量血红蛋白吸管吸取 20 μL 血样，管内不得有气泡，擦去管外血液。

d)　置吸管于 HiCN 试剂中，使管尖在液面下，轻轻自管中推出血液，反复吸取 HiCN 试剂(3 次以上)，将管内血液洗净，混匀，静置 10 min 以上。

e)　于 540 nm 波长处，以 HiCN 试剂为空白，测定样品吸光度。

f)　计算结果

$$样品血红蛋白值(g/L) = 样品吸光度值 \times 367.7(或 K_{校正}) \quad \cdots\cdots(3)$$

8.1.6　结果判断

遵照附录 B 的规定作出是否贫血的诊断。

8.1.7　结果记录

记录血红蛋白测定值与贫血诊断结果。

8.1.8　注意事项

a)　氰化钾是剧毒品，配置试剂与比色后应严格按剧毒品管理程序操作。

b)　用其他方法测定血红蛋白，应溯源至 HiCN 的结果。

8.2　肠道蠕虫卵

8.2.1　方法

改良加藤厚涂片透明法，检查蛔虫、鞭虫、钩虫卵。

8.2.2　器材

尼龙绢片筛孔内径 150 μm(100 目)，大小 8 cm×8 cm。椭圆孔容积为 38.75 mm^3 的定量板。透明液：用 3%孔雀绿水溶液(或亚甲基蓝)1 mL、纯甘油 100 mL、蒸馏水 100 mL 配制，彻底混匀。亲水性玻璃纸，厚 40 μm，大小为 25 mm×30 mm，置透明液浸泡 24 h 以上。

8.2.3　操作步骤

a)　将尼龙绢片放在待检粪样上加压，用塑料刮片从尼龙绢片上方刮取粪便标本。

b)　将定量板放置载玻片中央部位，通过尼龙绢片刮取的粪便标本填满定量板中央孔，并用刮片边缘横刮定量板面，以去除孔边过多的粪便。

c) 移去定量板，使粪便标本留在载玻片上。

d) 取一张经透明液浸泡的亲水玻璃纸，抖掉多余的透明液后覆盖在粪便上。用另一玻片轻压粪便标本使之均匀展开至玻璃纸边缘。

e) 待粪便透明后及时镜检，应以上下或横向移动方式检查涂片。

8.2.4 结果记录

定性记录：未检出虫卵记为阴性，对于阳性者应注明虫卵种类。

虫卵的感染分度记录应遵照附录 C 的规定。

8.2.5 注意事项

粪便涂片应放置一段时间使其透明。在室温 25 ℃、75%湿度下透明 0.5 h～1 h 即可镜检，一般不宜超过 2 h。若气温低、空气湿度大，放置时间可适当延长。检查钩虫卵透明时间宜在 30 min 以内。

8.3 肝功能

8.3.1 方法

a) 丙氨酸氨基转移酶：偶联 NADH 酶触法，速率比色测定，波长 340 nm。

b) 血清总蛋白：双缩脲比色法，波长 540 nm 比色。

c) 血清白蛋白：溴甲酚绿比色法，波长 628 nm 比色。

d) 血清胆红素：钒酸盐氧化法，主波长 450 nm、次波长 546 nm 比色。

8.3.2 原理

由光源灯发出的光经平行处理后，透过样品，通过光栅分光，由于部分光已经过被测物质吸收，剩余的光由检测器接收，检测相应项目吸光度的增加或减少值，与标准比较，计算机将读取的吸光度转变成电信号，进行自动计算处理，打印测定结果。

8.3.3 器材

全自动生化分析仪，离心机(4 000 r/min)，样品杯(试管)，移液器，37 ℃水浴箱，试管架，消毒用品。一次性真空负压采血管。相应检测项目的试剂，校准品，质控品。

医疗废物应按照卫生部颁布的《医疗卫生机构医疗废物管理办法》进行处理。

8.3.4 样品要求

a) 被检者采血前一天禁饮酒、禁食高脂肪类食物、禁服色素类药物。采血当天不得剧烈运动。

b) 血样无溶血现象。血清样品一般应在 2 h 内检验。丙氨酸氨基转移酶在 25 ℃稳定 1 d，在 2 ℃～8 ℃冷藏稳定 7 d，在－20 ℃稳定 30 d。胆红素的检验要求避光保存样品。

8.3.5 操作步骤

全自动生化分析仪比色测定，后分光法，自动程序控制，以样品为顺序，逐项进行分析。各检测项目以标准作对照，进行校准检测，质控品用于质量控制批内使用。具体步骤如下：

a) 空腹抽取静脉血 3 mL 于生化检测试管中(真空负压采血管)。

b) 按顺序放置试管架上。

c) 置 37 ℃水浴箱保温 30 min，以便于离心析出血清进行检测。

d) 已温浴样品，编号，4 000 r/min 离心 15 min。

e) 移取血清 1 mL～2 mL 至样品杯(试管)内。

f) 将装有血清的试管放入样品支架上，样品架按顺序排列置于仪器轨道槽上。

g) 根据所用检测分析仪和相应试剂确认实验参数。根据样品检测要求在仪器上依指令输入检测项目，按空白，标准，质控，样品上机进行测定。

h) 根据质控的检测情况确定是否可以发出报告。

8.3.6 正常值范围

丙氨酸氨基转移酶(ALT)：男 5 U/L～40 U/L

女 5 U/L～35 U/L

血清总蛋白(TP):64 g/L～83 g/L

血清白蛋白(ALB):4 岁～14 岁　38 g/L～54 g/L

成人　34 g/L～ 48 g/L

血清总胆红素(STB):3.4 μmol/L～17.1 μmol/L

血清结合胆红素(SCB,直接胆红素):0 μmol/L～3.4 μmol/L

8.4　结核菌素试验(PPD 皮肤试验)

8.4.1　试验方法

按照 WS 288 的规定进行试验。

8.4.2　器材

结核菌纯蛋白衍生物(PPD),一次性注射器。

皮肤试验注射器具应一人一换,不得重复使用。医疗废物应按照卫生部颁布的《医疗卫生机构医疗废物管理办法》进行处理。

8.4.3　结果判断

按照 WS 288 的规定进行判断。

8.4.4　结果记录

定性记录试验结果。

8.4.5　注意事项

a)　若前臂内侧皮肤有损伤,需重新安排皮试时间。

b)　若被检者结核变态反应强烈,如患疱疹性结膜炎、结节性红斑、或一过性多发性结核过敏性关节炎等,宜用 1 个结核菌素单位的 PPD 试验,以防局部的过度反应及可能的病灶反应。

附 录 A
（规范性附录）
儿童青少年超重与肥胖的筛查标准

A.1 体重指数(*BMI*)计算公式[见式(A.1)]

$$BMI = 体重(kg)/[身高(m)]^2 \qquad \cdots\cdots(A.1)$$

A.2 结果判断

使用表 A.1 界限值进行超重、肥胖判断。当被检者 *BMI* 值大于或等于相应年龄、性别组的超重值，而小于相应组段的肥胖值时，判断为超重。当被检者 *BMI* 值大于或等于相应年龄、性别组的肥胖值时判断为肥胖。

表 A.1 中国学龄儿童青少年超重、肥胖筛查 *BMI* 分类标准

年龄 岁	男超重 kg/m²	男肥胖 kg/m²	女超重 kg/m²	女肥胖 kg/m²
7—	17.4	19.2	17.2	18.9
8—	18.1	20.3	18.1	19.9
9—	18.9	21.4	19.0	21.0
10—	19.6	22.5	20.0	22.1
11—	20.3	23.6	21.1	23.3
12—	21.0	24.7	21.9	24.5
13—	21.9	25.7	22.6	25.6
14—	22.6	26.4	23.0	26.3
15—	23.1	26.9	23.4	26.9
16—	23.5	27.4	23.7	27.4
17—	23.8	27.8	23.8	27.7
18	24.0	28.0	24.0	28.0

附 录 B
（规范性附录）
儿童青少年贫血诊断标准

将血红蛋白测定结果与表 B.1 进行比较，当被检者血红蛋白测定值低于相对应组段血红蛋白正常下限值时，诊断为贫血。

表 B.1 儿童青少年血红蛋白正常下限值

年 龄	血红蛋白正常下限值 g/L
6 月～59 月	110
5 岁～11 岁	115
12 岁～14 岁	120
15 岁以上女生	120
15 岁以上男生	130

附 录 C
（规范性附录）
蛔虫、鞭虫、钩虫感染分度

C.1 虫卵计数

定量板所容粪便重量为41.7 mg，每张涂片所得虫卵数乘以24，即得每克粪便虫卵数。

C.2 结果判断

使用表C.1界限值进行感染分度判断。

表 C.1 蛔虫、鞭虫、钩虫感染分度

类 别	感 染 度	EPG（每克粪虫卵数）
蛔虫卵	轻度	＜5 000
	中度	5 000～49 999
	重度	≥50 000
鞭虫卵	轻度	＜1 000
	中度	1 000～9 999
	重度	≥10 000
钩虫卵	轻度	＜2 000
	中度	2 000～3 999
	重度	≥4 000

ICS 97.220.30
Y 55

GB

中华人民共和国国家标准

GB/T 26344.1—2010

击剑器材使用要求 第1部分:剑

Fencing equipment using norm—
Part 1:Sword

2011-01-14 发布　　2011-06-01 实施

中华人民共和国国家质量监督检验检疫总局
中国国家标准化管理委员会　发布

前　言

GB/T 26344《击剑器材使用规范》拟由下列几个部分组成：

——第 1 部分：剑；

——第 2 部分：击剑服装；

——第 3 部分：击剑公共器材；

——第 4 部分：击剑器材检验方法。

本部分是 GB/T 26344 的第 1 部分。

本部分由全国体育用品标准化技术委员会提出并归口。

本部分起草单位：中国击剑协会。

本部分主要起草人：季道明、袁向阳、侯志刚、王鼎、刘辉。

击剑器材使用要求 第1部分:剑

1 范围

GB/T 26344 的本部分规定了击剑用剑的术语、定义及要求。

本部分适用于击剑比赛和训练用剑。

本部分不适用于国际击剑联合会举办的比赛。

2 规范性引用文件

下列文件中的条款通过 GB/T 26344 的本部分的引用而成为本部分的条款。凡是注日期的引用文件,其随后所有的修改单(不包括勘误的内容)或修订版均不适用于本部分,然而,鼓励根据本部分达成协议的各方研究是否可使用这些文件的最新版本。凡是不注日期的引用文件,其最新版本适用于本部分。

国际击剑联合会　击剑竞赛规则-2001

3 术语和定义

下列术语和定义适用于本部分。

3.1

剑　sword

击剑运动员手持的用以训练及比赛相互刺击的器械,剑包括剑头、剑身、护手盘、手柄。

3.2

剑头行程　point distance

启动裁判器显示击中时,剑尖运行的距离。

3.3

弯曲度　camber

距剑头顶端 30 mm 处施加一定量的载荷,剑与水平位置的距离。

4 分类

4.1 按产品结构,剑可分为花剑、重剑和佩剑三种。

4.2 按产品使用对象可分为成人用剑和儿童用剑。

5 要求

5.1 规格要求

成人用剑见表 1,儿童用剑见表 2。

表 1　成人用剑规格要求

序号	项　目	花　剑	重　剑	佩　剑
1	全长/mm	≤1 100	≤1 100	≤1 050
2	剑身长/mm	≤90	≤90	≤88
3	手柄长/mm	≤200	≤200	≤170

表 1（续）

序号	项　　目	花　　剑	重　　剑	佩　　剑
4	护手盘直径/mm	95～120	≤135	140～150
5	护手盘深度/mm	—	30～55	—
6	剑头直径/mm	5.2～7	8±0.05	4～6
7	质量/g	≤500	≤770	≤500
8	护手盘偏心距/mm	0	≤35	—

表 2　儿童用剑规格要求

序号	项　　目	花　　剑	重　　剑	佩　　剑
1	全长/mm	≤975	≤975	≤920
2	剑身长/mm	≤775	≤775	≤750
4	护手盘直径/mm	≤90	≤125	≤120
7	质量/g	≤300	≤300	≤300

5.2　剑身性能

剑身性能应符合表 3 的规定。

表 3　剑身性能

单位为毫米

项　　目	花　　剑	重　　剑	佩　　剑
弯曲度	55～95	45～70	40～70

5.3　剑头行程

5.3.1　花剑启动信号所需的行程应不大于 1 mm。

5.3.2　重剑启动信号所需的行程应不小于 1 mm，剑头的剩余行程应大于 0.5 mm，总行程应不小于 1.5 mm。

5.4　剑头弹簧压力

5.4.1　花剑应不小于 4.9 N(500 g)。

5.4.2　重剑应不小于 7.4 N(750 g)。

5.5　剑头形状

5.5.1　花剑和重剑的剑头为圆柱形，顶端为平面，平面倒角为 45°。

5.5.2　佩剑的剑头，剑身顶端向外侧卷曲合拢形成的截面宽度为 4 mm～6 mm。

5.6　电阻

5.6.1　佩剑电阻应不大于 1 Ω。

5.6.2　花剑电阻和重剑电阻应不大于 2 Ω。

5.7　剑身截面形状

5.7.1　花剑应为长方形。

5.7.2　重剑应为三棱形。

5.7.3　佩剑应为梯形。

5.8　基本要求

5.8.1　花剑在剑身的凹槽内贴有一根导线，该导线在护手盘内部应通过相应的插头与剑头连接在一起。

5.8.2　花剑剑头主体和花剑剑身直至距剑头 150 mm 处应全部由绝缘材料覆盖。

5.8.3　重剑安装时应凹槽朝上。

5.8.4 重剑应装有两根贴在剑身凹槽中的导线。

5.8.5 护手盘内部应装有一个相匹配的垫子。

5.8.6 护手盘内应有防止比赛过程中发生电线断开的安全装置。

5.8.7 花剑和佩剑中的电线应用绝缘套保护,重剑的两根电线分别用两个绝缘套保护。

5.8.8 电线和绝缘套应在固定插座附近,在任何情况下,非绝缘线不应越出插座位置。

5.9 安全要求

5.9.1 所有剑应符合击剑竞赛规则的要求。

5.9.2 剑柄不应有任何有利于把剑当作投射武器使用的装置。

5.9.3 剑的棱边应经过打磨,使其不锋利。

ICS 11.020
C 61

中华人民共和国国家标准

GB 26345—2010

疟疾控制和消除标准

Criteria for control and elimination of malaria

2011-01-14 发布　　　　2011-05-01 实施

中华人民共和国卫生部
中国国家标准化管理委员会　发布

前　言

本标准的全部技术内容为强制性。

根据《中华人民共和国传染病防治法》制定本标准。

本标准的附录A为规范性附录。

本标准由中华人民共和国卫生部提出并归口。

本标准由中华人民共和国卫生部负责解释。

本标准起草单位：中国疾病预防控制中心寄生虫病预防控制所、河南省疾病预防控制中心、江苏省寄生虫病防治研究所。

本标准主要起草人：汤林华、尚乐园、官亚宜、顾政诚、高琪、周水森、张龙兴。

疟疾控制和消除标准

1 范围

本标准规定了疟疾控制和消除相关工作的要求。

本标准适用于我国疟疾流行的省、自治区、直辖市防治疟疾阶段目标的考核。

2 规范性引用文件

下列文件中的条款通过本标准的引用而成为本标准的条款。凡是注日期的引用文件，其随后所有的修改单(不包括勘误的内容)或修订版均不适用于本标准，然而，鼓励根据本标准达成协议的各方研究是否可使用这些文件的最新版本。凡是不注日期的引用文件，其最新版本适用于本标准。

WS 259 疟疾诊断标准

3 术语和定义

WS 259 确立的以及下列术语和定义适用于本标准。

3.1

当地感染的病例 indigenous case

由当地传染源在当地传播而获感染的病例。

3.2

输入病例 imported case

非当地感染的病例，包括外来流动人口和当地居民在外地感染、返回本地后发病的病例。

4 要求

4.1 控制

以县(市、区)为单位，同时符合下列各项可判定达到控制要求：

a) 以乡(镇)为单位，近 3 年的年发热病人血检人数占全乡(镇)总人口数的比例≥5%(计算方法见附录 A)，血片阳性率≤5%。

b) 县、乡(镇)有专人负责疟疾防治工作，有完整的疫情和防治工作档案资料。

c) 各乡(镇)近 3 年每年年发病率均≤0.1%(计算方法见附录 A)。

4.2 基本消除

以县(市、区)为单位，达到疟疾控制标准后，同时符合下列各项可判定达到基本消除要求：

a) 所有临床诊断为疟疾、疑似疟疾的病例均进行了实验室疟原虫病原检查。

b) 县、乡(镇)有专人负责疟疾防治工作，至少有 1 名熟练掌握疟原虫显微镜检查技术的人员，有完整的疟疾管理和监测工作档案资料。

c) 按当地感染的病例计算，各乡(镇)近 3 年每年年发病率均≤1/万。

4.3 消除

4.3.1 条件

以县(市、区)为单位，达到疟疾基本消除后，同时符合下列各项：

a) 所有病因不明的发热病例均进行了实验室疟原虫病原检查。

b) 对所有输入疟疾病例，均进行了个案调查和规范治疗，并对恶性疟和三日疟追踪观察至少 1 年，间日疟与卵形疟追踪观察至少 2 年。

c) 县、乡(镇)有负责疟疾监测工作的人员、方案及档案资料，发热病人实验室疟原虫病原检查已纳入医疗机构常规检验项目。

4.3.2 判定

4.3.2.1 恶性疟

符合4.3.1的县(市、区)连续3年无当地感染的恶性疟病例。

4.3.2.2 间日疟

符合4.3.1的县(市、区)连续3年无当地感染的间日疟病例。

4.3.2.3 三日疟

符合4.3.1的县(市、区)连续3年无当地感染的三日疟病例。

4.3.2.4 卵形疟

符合4.3.1的县(市、区)连续3年无当地感染的卵形疟病例。

4.3.2.5 疟疾

符合4.3.1的县(市、区)连续3年无当地感染的疟疾病例。

附 录 A
（规范性附录）
年发热病人血检比例和疟疾发病率计算方法

A.1 年发热病人血检比例，即年发热病人血检人数占全乡(镇)当年人口数比例的计算方法见式(A.1)：

$$\text{年发热病人血检比例} = \frac{\text{年发热病人血检人数}}{\text{乡(镇)当年人口数}} \times 100\% \qquad \cdots\cdots\cdots\cdots(\text{A.1})$$

注：发热病人血检人数包括主动检查和被动检查的病例数。

A.2 疟疾发病率指年发病率，计算方法见式(A.2)：

$$\text{年发病率} = \frac{\text{当年疟疾病例总数}}{\text{当年人口数}} \times 100\% \qquad \cdots\cdots\cdots\cdots(\text{A.2})$$

ICS 11.180
C 30

中华人民共和国国家标准

GB/T 26346—2010

康复训练器械　股四头肌训练椅

Rehabilitation training instrument—Quadriceps training chair

2011-01-14 发布　　2011-05-01 实施

中华人民共和国国家质量监督检验检疫总局
中国国家标准化管理委员会　发布

前言

本标准由中华人民共和国民政部提出。

本标准由全国残疾人康复和专用设备标准化技术委员会(SAC/TC 148)归口。

本标准起草单位:国家康复器械质量监督检验中心、常州市钱璟康复器材有限公司、中国康复研究中心。

本标准主要起草人:贾亚玲、樊金成、戴东、樊正桃、于娟娟、杨炳如、张红涛、施可为。

康复训练器械　股四头肌训练椅

1　范围

本标准规定了股四头肌训练椅的术语和定义、型号、要求、试验方法、检验规则、标志、包装、运输及贮存等。

本标准适用于股四头肌主动运动训练和膝关节被动牵引训练中使用的股四头肌训练椅(以下简称：训练椅)。

2　规范性引用文件

下列文件中的条款通过本标准的引用而成为本标准的条款。凡是注日期的引用文件，其随后所有的修改单(不包括勘误的内容)或修订版均不适用于本标准，然而，鼓励根据本标准达成协议的各方研究是否可使用这些文件的最新版本。凡是不注日期的引用文件，其最新版本适用于本标准。

GB/T 191　包装储运图示标志

GB/T 9969　工业产品使用说明书　总则

3　术语和定义

下列术语和定义适用于本标准。

3.1

股四头肌训练椅　quadriceps training chair

以训练者小腿的伸、屈为动力，驱动加在小腿上的负载对股四头肌进行抗阻力主动运动训练和膝关节被动牵引训练的器械。

3.2

配重式股四头肌训练椅　counterweight quadriceps training chair

以配重块形式施加载荷的训练椅。

3.3

气动式股四头肌训练椅　pneumatic quadriceps training chair

以气动形式施加载荷的训练椅。

3.4

扶手　armrest

使用中支撑训练者手臂的部件。

3.5

手柄　handle

使用中训练者手握持的部件。

3.6

辅助手柄　assistance handle

康复训练时，辅助人员协助训练者调节载荷的把手。

4　型号

4.1　训练椅型号由企业或商标代号、产品代号、规格代号和设计改型代号组成。

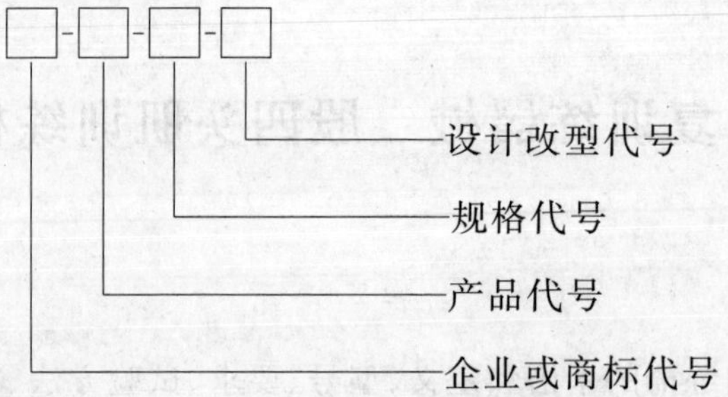

4.2 企业或商标代号用企业或商标中二个或三个汉字的汉语拼音首位大写字母表示。

4.3 产品代号用名称中汉字“股四头”的汉语拼音首位大写字母“GST”表示。

4.4 规格代号按尺寸大小或使用对象划分，用英文单词首位大写字母表示。

4.5 设计改型代号用阿拉伯数字表示，当设计改型代号为1时可省略。

4.6 型号编制示例：××牌成人型第三次改型设计的训练椅，其产品代号为××-GST-A-3。

5 要求

5.1 基本参数要求

基本参数见表1。各部件名称及结构见图1。

表1 基本参数

名 称	成人型	儿童型
座面高度/mm	600～700	400～550
座面宽度/mm	500～600	400～550
座面深度/mm	450～550	350～450
升降支架调节范围/mm	0～150	0～80
小腿托调节范围/mm	0～470	0～280
小腿支架摆动角度/(°)	≥120	
手柄直径/mm	30～45	
座位额定载荷/kg	≥150	≥100
靠背平放时额定载荷/kg	≥75	≥50
配重质量/(kg/块)	1、2、5	1、2
配重总质量/kg	≥20	≥12
气动阻力调节范围/kg	0～20	0～12

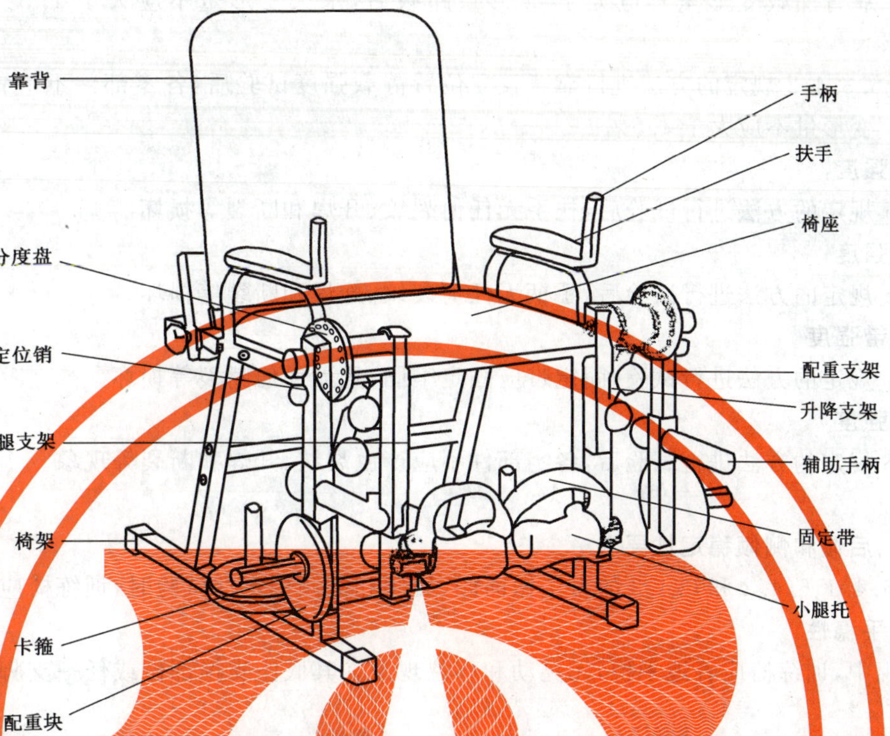

图 1　股四头肌训练椅结构图

5.2　**一般要求**

5.2.1　训练椅应按照规定程序批准的设计图样和技术文件制造，各零部件应符合有关标准的规定。

5.2.2　各零部件应装配齐全，对位准确，牢固可靠。

5.2.3　正常使用中，使用者可触及的区域不应产生被剪切、挤压的现象。

5.2.4　所有可触及的管端应有管塞或其他防护件封住。

5.2.5　固定带应使用方便、固定可靠。

5.2.6　配重块存放时应有固定装置，使用时应有锁止装置。其装置应易于操作，锁定可靠。

5.3　**调节装置**

5.3.1　调节装置在调节范围内应方便调节，固定可靠。

5.3.2　小腿支架在表 1 规定的摆动范围内，应摆动灵活、无卡滞现象。

5.3.3　座椅靠背在直立与水平位置转换时应调节方便、固定可靠。

5.4　**外观质量**

5.4.1　可触及的表面不应有毛刺、尖角、锐边和可能对使用者造成伤害或损坏衣服的缺陷。

5.4.2　焊接件焊缝表面应均匀平整，不应有漏焊、虚焊、焊瘤、夹渣、裂缝和烧穿飞溅物等缺陷。

5.4.3　镀(涂)层件表面应色泽均匀、光滑平整，不应有露底、起泡、脱落、开裂、流挂、桔皮和明显的擦伤、碰伤等缺陷。

5.4.4　座垫、靠背等各种软包填充物应充盈饱满，缝边应牢固规整，外表面不应有皱褶、褪色、跳线和破损等缺陷。

5.5　**强度要求**

5.5.1　**椅座静载强度**

按 6.3.3 规定的方法进行试验后，各零部件不应产生裂纹、开焊和断裂等现象。

5.5.2 靠背静载强度

5.5.2.1 按6.3.4.1规定的方法进行靠背水平位置静载强度试验时，各零部件不应产生裂纹、开焊和断裂等现象。靠背加载变形量不应大于2.5%；卸载后，永久变形量不应大于1.5%，靠背调节功能正常。

5.5.2.2 按6.3.4.2规定的方法进行靠背直立位置静载强度试验后，各零部件不应产生裂纹、开焊和断裂等现象。变形量不应大于1.5%。

5.5.3 扶手强度

按6.3.5规定的方法进行试验后，扶手无任何裂纹、开焊和断裂等损坏。

5.5.4 手柄强度

按6.3.6规定的方法进行试验后，手柄无任何裂纹、开焊和断裂等损坏。

5.5.5 固定带强度

按6.3.7规定的方法进行试验，固定带应固定牢固，且无任何断裂等损坏。

5.5.6 疲劳强度

按6.3.8规定的方法进行试验后，各零部件不应产生裂纹、开焊和断裂等现象。

5.6 稳定性

5.6.1 前倾、后倾和侧倾稳定性要求

分别按6.4.1、6.4.2和6.4.3的方法做前倾、后倾和侧倾稳定性试验时，训练椅应不发生倾翻。

5.6.2 着地平稳性

正常使用中，训练椅应着地平稳，无晃动和移位现象。其底座支撑部位或任一支脚离地间隙不大于2 mm。

6 试验方法

6.1 试验条件

6.1.1 除非另有说明，全部试验应在15 ℃～35 ℃的环境温度下进行。

6.1.2 除非另有说明，全部试验应在可调节件调至最不利状态下进行。

6.1.3 除非另有说明，施加载荷应精确到±2%，施力位置尺寸测量应精确到±1 mm。

6.2 一般检验

6.2.1 对训练椅的一般要求、调节、外观及无数据要求的项目，采用目测、手感、试用等方法确定。

6.2.2 基本尺寸采用钢卷尺、钢直尺和角度尺测量，尺寸精确到1 mm、角度精确到1°。

6.2.3 配重质量用衡器测量，精确到0.01 kg。

6.3 强度试验

6.3.1 加载要求

静载强度试验时，加力速度应尽量缓慢，确保附加动载荷小到忽略不计的程度；疲劳试验时，加力速度应尽量缓慢，避免产生冲击。

除非另有说明，全部垂直施加的力值均包含加载垫的重量。

6.3.2 试验附件

6.3.2.1 座面加载垫

直径350 mm的刚性件，底面平整光滑，其边沿倒圆半径为12 mm，如图2所示。

6.3.2.2 小型座面加载垫

直径200 mm的刚性件，其加载表面为球面，球面曲率半径为300 mm，边沿倒圆半径为12 mm，如图3所示。

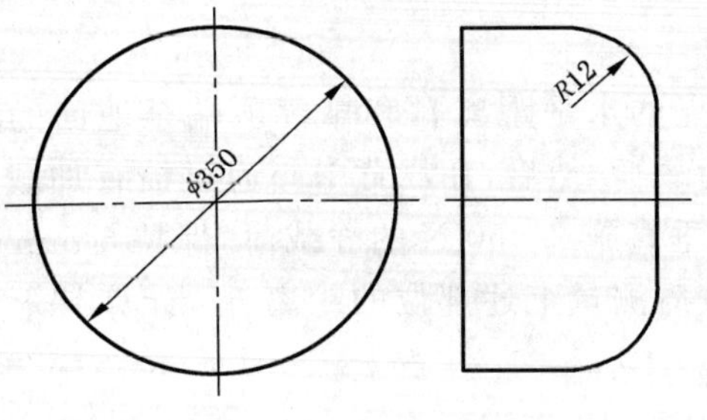

图 2　座面加载垫

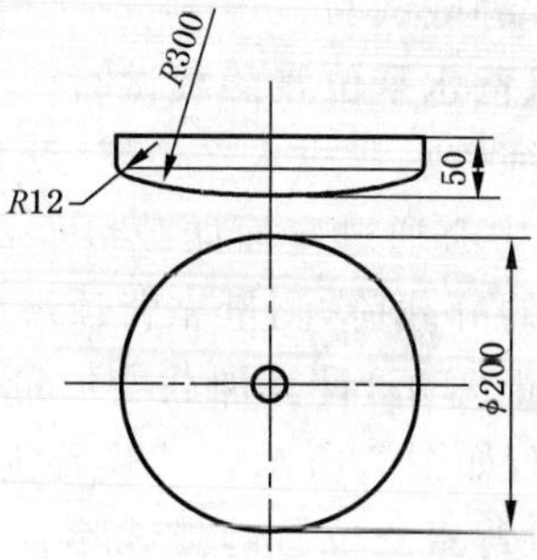

图 3　小型座面加载垫

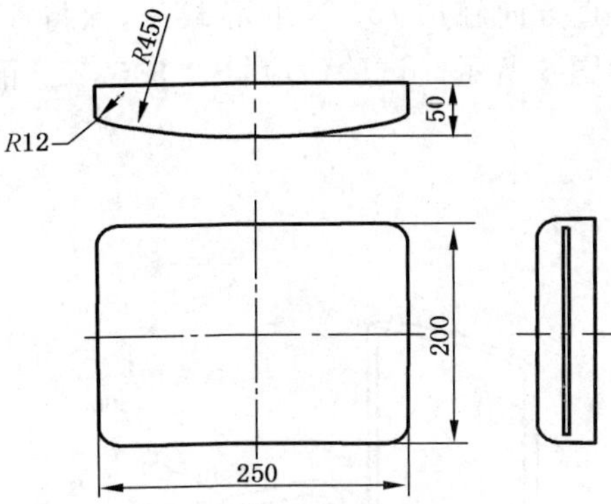

图 4　椅背加载垫

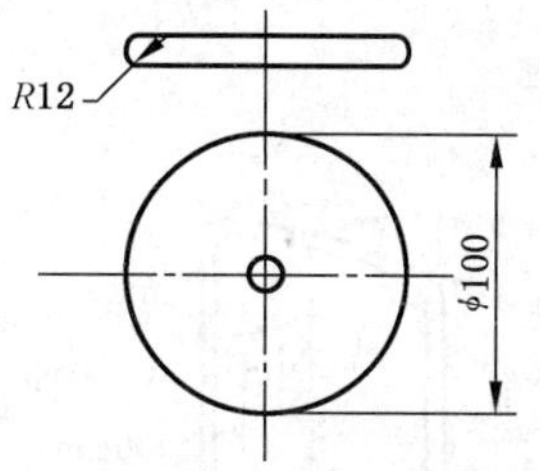

图 5　扶手加载垫

6.3.2.3　**椅背加载垫**

长 250 mm、宽 200 mm 的刚性件,其加载表面为弧面,弧面的曲率半径为 450 mm,其四周边沿倒圆半径为 12 mm,如图 4 所示。

6.3.2.4　**扶手加载垫**

直径为 100 mm 的刚性件,其加载面平整光滑,其边沿倒圆半径为 12 mm,如图 5 所示。

6.3.2.5　**挡块**

用来防止试件移动,但不能限制试件倾翻的装置,其高度不大于 12 mm。如因试件结构特殊,允许用较高的尺寸,但其最大高度应以刚好能防止试件移动为宜。

6.3.3　**椅座静载试验**

在椅座中心通过座面加载垫垂直施加 2 000 N 的静载荷,保持 5 min,如图 6 所示。卸载后应符合 5.5.1 的要求。

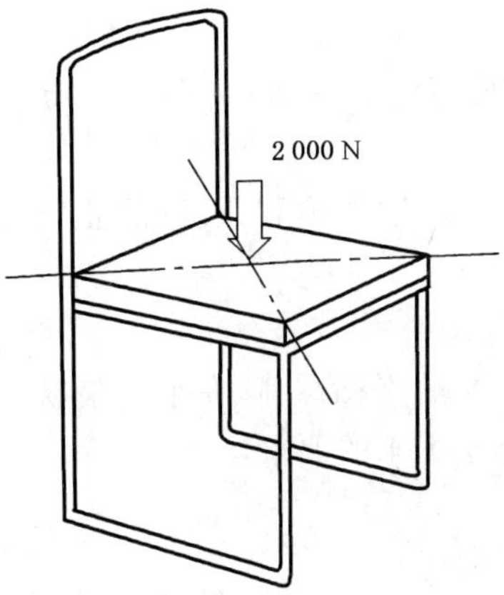

图 6　椅座静载试验示意图

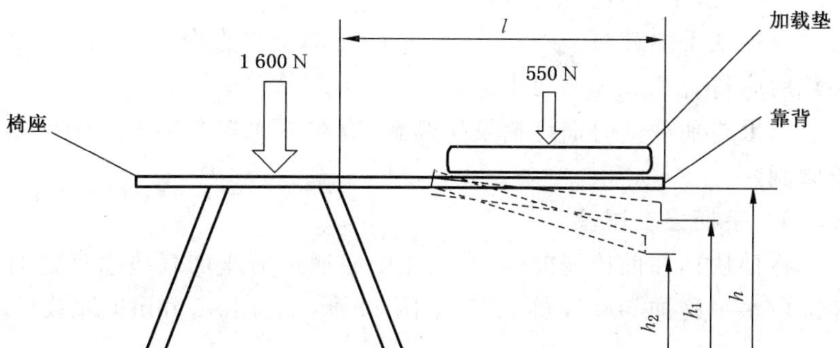

图 7　靠背水平位置静载试验示意图

6.3.4 靠背静载试验

6.3.4.1 靠背水平位置静载试验

调节训练椅靠背成水平位置，测量靠背顶端至最近支点的水平距离 l，和靠背顶端至地面的垂直距离 h，在椅座中心通过座面加载垫垂直施加 1 600 N 的平衡载荷，然后，在靠背中心通过椅背加载垫垂直施加 200 N 的静载荷，测量靠背顶端到地面的距离 h_1。再垂直施加 550 N 的静载荷，保持 5 min 后测量上述部位的距离 h_2，计算加载变形量 $(h_1-h_2)/l$，全部卸载后测量上述部位的距离 h_3，计算其永久变形量 $(h-h_3)/l$，如图 7 所示。试验后应符合 5.5.2.1 要求。

6.3.4.2 靠背直立位置静载试验

将挡块挡在后椅腿后侧，在椅座中心通过椅座加载垫垂直施加 1 600 N 的平衡载荷，在靠背纵向对称轴线与座面交点向上 300 mm 处，通过加载垫沿与靠背垂直方向施加 750 N 的静载荷，保持 5 min 后全部卸载，测量靠背的相对位移 d，计算永久变形量 d/h。如图 8 所示。试验后应符合 5.5.2.2 的要求。

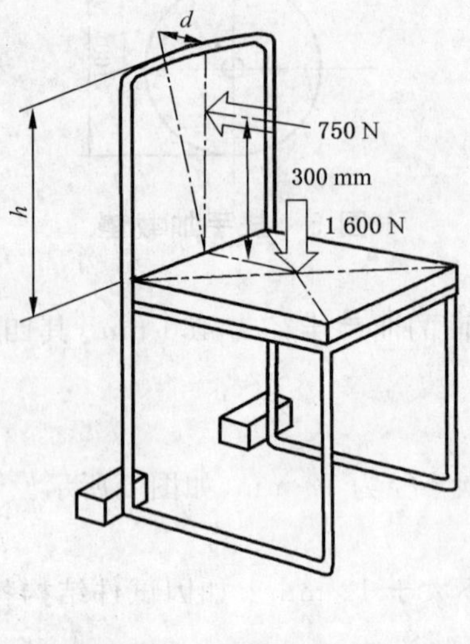

图 8 靠背直立位置静载试验示意图

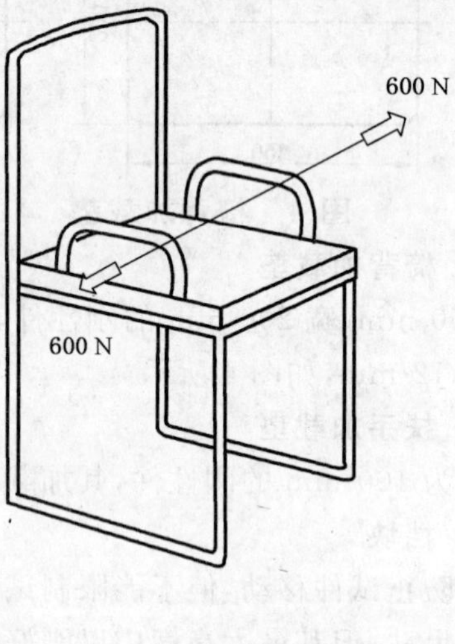

图 9 扶手侧向静载试验示意图

6.3.5 扶手静载试验

6.3.5.1 扶手侧向静载试验

通过扶手加载垫，在两侧扶手上最易损坏部位向外施加 600 N 的力，如图 9 所示，保持 5 min。卸载后应符合 5.5.3 的要求。

6.3.5.2 扶手垂直向下静载试验

通过扶手加载垫，在扶手上最易损坏部位垂直向下施加 900 N 静载荷，如图 10 所示，保持 5 min。卸载后应符合 5.5.3 的要求。

如果施加载荷时训练椅发生倾翻，应在不加载的扶手一侧椅座上，放置适量平衡载荷，以防止训练椅倾翻。

6.3.6 手柄强度试验

将挡块挡在前椅腿前侧，在椅座中心通过椅座加载垫垂直施加 1 600 N 的平衡载荷，在手柄最易损坏部位水平施加 600 N 静载荷，如图 11 所示，保持 5 min。卸载后应符合 5.5.4 的要求。

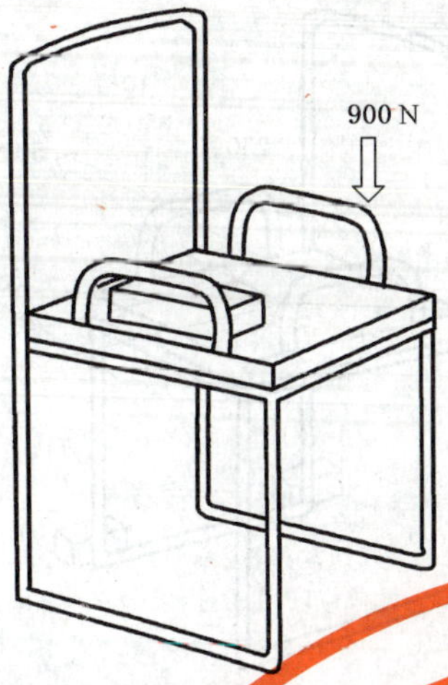

图 10 扶手垂直向下静载试验示意图

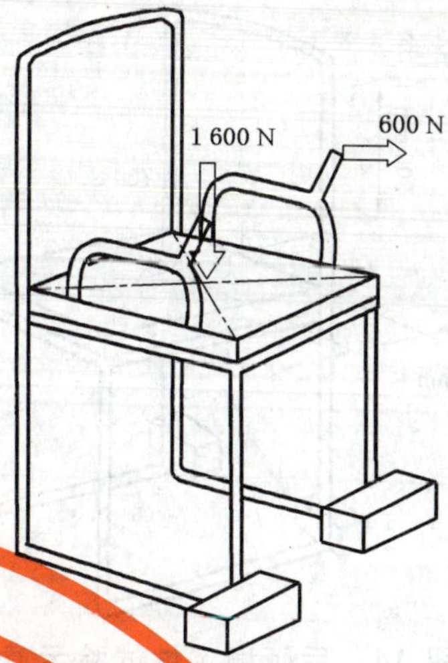

图 11 手柄强度试验示意图

6.3.7 固定带强度试验

将小腿固定带搭接后，对其施加 200 N 垂直载荷，保持 5 min，卸载后应符合 5.5.5 的要求。

将身体固定带搭接后，对其施加 750 N 垂直载荷，保持 5 min，卸载后应符合 5.5.5 的要求。

6.3.8 座面疲劳强度试验

通过座面加载垫，将 950 N 的力垂直向下重复施加在椅座中心处，避免产生冲击，如图 12 所示，加载频率不大于 1 Hz，循环次数 100 000 次。卸载后应符合 5.5.6 的要求。

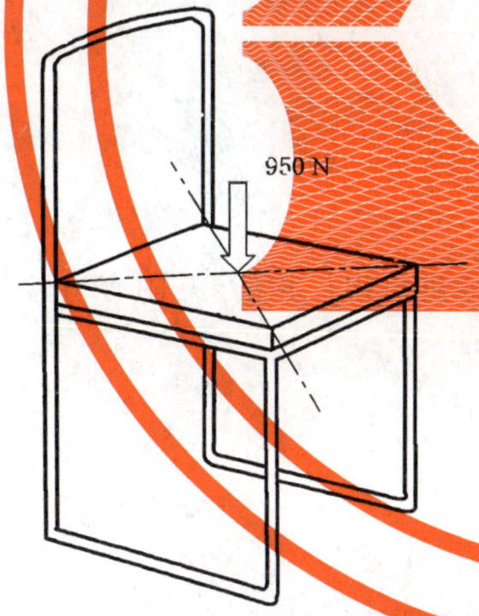

图 12 座面疲劳强度试验示意图

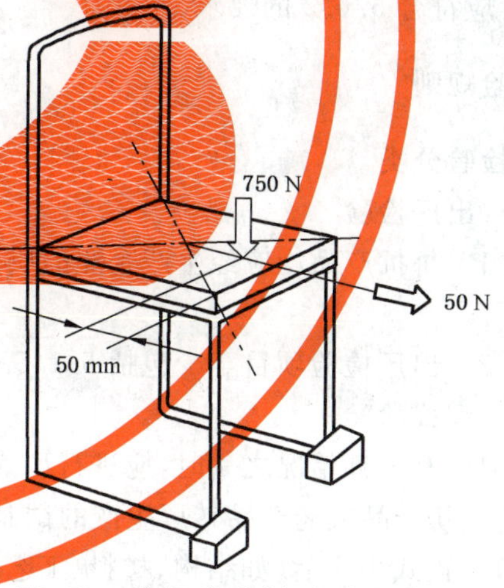

图 13 前倾稳定性试验示意图

6.4 稳定性试验

6.4.1 前倾试验

将训练椅放置在水平地面上，挡块挡在前椅腿前侧，通过小型座面加载垫在椅面纵向对称轴距离前沿 50 mm 部位垂直施加 750 N 的力，再从加载垫接触椅面的部位沿水平方向向前施加 50 N 的力，如图 13所示。试验后应符合 5.6.1 的要求（加载垫施加在试件的加力部位时，不应限制试件的自由倾翻）。

6.4.2 后倾试验

将训练椅放置在水平地面上，挡块挡在后椅腿后侧，通过小型座面加载垫，在椅面纵向对称轴线上与椅背垂直对称轴相交点 175 mm 处垂直向下施加 750 N 的力，然后在椅背中心线上与椅面中心线相交点 300 mm 处，沿水平方向向后施加 170 N 的力，如图 14 所示。试验后应符合 5.6.1 的要求。

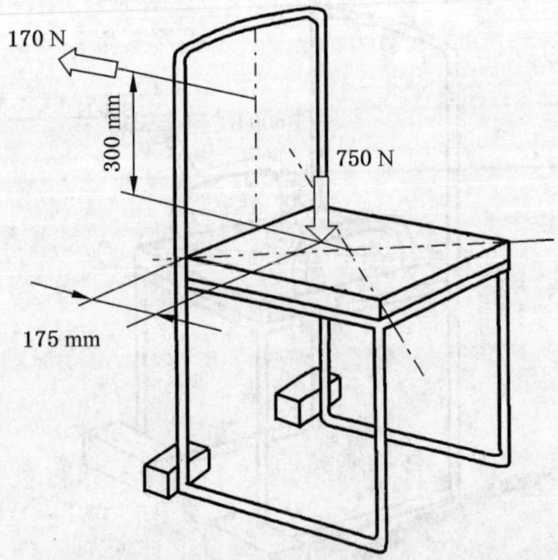

图 14　后倾稳定性试验示意图

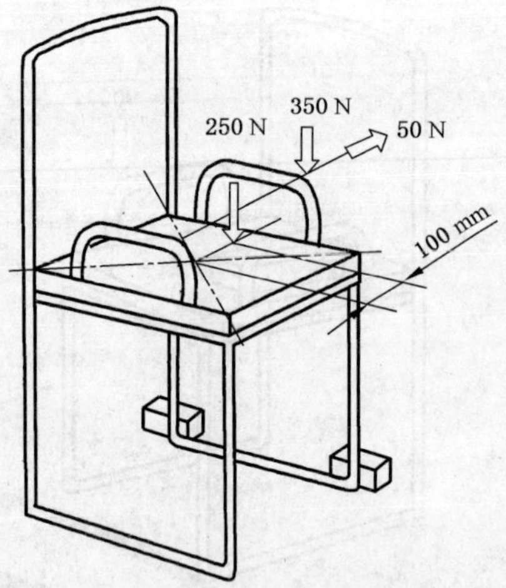

图 15　侧倾稳定性试验示意图

6.4.3　侧倾试验

将训练椅放置在水平地面上，挡块挡在训练椅一侧二椅腿的外侧，在离椅面纵向对称轴一侧 100 mm 与离座面后沿 175 mm～250 mm 范围内的任何相交点，通过小型座面加载垫垂直向下施加 250 N 的力，再通过扶手加载垫，在扶手上最不稳定的部位垂直向下施加 350 N 的力，然后在扶手垂直力加载部位沿水平方向向外施加 50 N 的力，如图 15 所示。试验后应符合 5.6.1 的要求。

6.4.4　着地平稳性

将训练椅放置在水平地面上，靠背处于直立位置，用塞规测量其底座支撑部位或一支脚离地高度，试验后应符合 5.6.2 的要求。

7　检验规则

7.1　检验分类

7.1.1　出厂检验

7.1.1.1　每批产品均应经生产企业的质量检验部门依据本标准进行出厂检验，并附有检验合格证明方能出厂。

7.1.1.2　出厂检验项目至少包括 5.1、5.2、5.3 和 5.4 的内容。

7.1.2　型式检验

7.1.2.1　有下列情况之一时，应进行型式检验：

a)　新产品或老产品转厂生产的试制定型鉴定；

b)　正式生产后，如结构、材料、工艺有较大改变，可能影响产品性能时；

c)　成批生产后，产品质量定期检查时；

d)　产品停产一年后，恢复生产时；

e)　国家质量监督检验机构提出进行型式检验要求时；

f)　合同规定等。

7.1.2.2　型式检验按本标准规定的全部要求进行。

7.2　抽样和判定规则

7.2.1　样本应从出厂检验合格产品中随机抽取。

7.2.2　做产品型式检验的样品、质量定期检验的样品不得少于 3 件。检验用的样本按年产量每 3 000 件检验 3 件的比例抽取，年产量低于 3 000 件的按 3 件抽取。

7.2.3　样本在进行检验后，如其性能指标有任何一项未达到第 5 章的要求时，则认为该样本为不合格。

7.2.4　进行型式检验的 3 件样本中，有 1 件不合格，可以抽取不合格样本的 2 倍重新进行检验，检验后仍有 1 件不合格则本批产品为不合格。

7.2.5 进行型式检验的 3 件样本有 2 件不合格时,则本批产品不合格。

8 标志、包装、运输及贮存

8.1 标志、包装

8.1.1 训练椅应有标志,其上至少有下列内容:

a) 制造厂名称;

b) 产品名称;

c) 型号;

d) 商标;

e) 出厂日期等。

8.1.2 包装应牢固可靠、标志清晰,包装图示标志符合 GB/T 191 的规定,并注明产品名称、规格型号、数量、制造厂名称、商标、地址、电话、净重、毛重、箱体尺寸、出厂日期、防潮等标志。

8.1.3 包装箱内应附有下列文件:

a) 产品合格证(标有检验员代号、检验日期等);

b) 产品说明书,说明书应符合 GB/T 9969 的规定(安装、使用说明);

c) 装箱清单。

8.2 运输及贮存

8.2.1 产品运输中应避免雨淋及化学品的腐蚀。

8.2.2 产品应保存在通风良好有遮篷处,并与能引起产品腐蚀变化的物品隔开。

ICS 11.020
C 05

GB

中华人民共和国国家标准

GB/T 26347—2010

蚊虫抗药性检测方法 生物测定法

Test methods of mosquito resistance to insecticides—Bioassay methods

2011-01-14 发布 2011-05-01 实施

中华人民共和国卫生部
中国国家标准化管理委员会 发布

前言

本标准按照 GB/T 1.1—2009 给出的规则起草。

本标准由中华人民共和国卫生部提出并归口。

本标准起草单位:中国人民解放军军事医学科学院微生物流行病研究所、中国农业大学、北京疾病预防控制中心。

本标准主要起草人:赵彤言、汪中明、董言德、曾晓芃、高希武、宋锋林、佟颖、韩玉华。

蚊虫抗药性检测方法　生物测定法

1　范围

本标准规定了测定蚊虫对有机磷类、氨基甲酸酯类、拟除虫菊酯类等杀虫药剂抗药性的诊断剂量法和敏感基线法。

本标准适用于淡色库蚊(*Culex pipiens pallens*)、致倦库蚊(*Cx. pipiens quinquefasciatus*)、白纹伊蚊(*Aedes albopictus*)、中华按蚊(*Anopheles sinensis*)等蚊虫抗药性的生物测定。

2　术语和定义

下列术语和定义适用于本文件。

2.1

敏感基线　susceptible baseline data

所测蚊虫的敏感品系对某种杀虫剂的毒力回归线(LD-p)。

2.2

诊断剂量　diagnostic dose

由敏感品系的敏感基线计算得到的与死亡率99%或99.9%相对应的杀虫药剂剂量值(LC_{99}或$LC_{99.9}$),一般以2倍LC_{99}或$LC_{99.9}$值区别抗性和敏感种群。

2.3

F1代　F1 generation

采集的样本繁殖后的第一代蚊虫。

3　试虫

样本多点采集。

幼虫浸渍法采用F1代四龄幼虫。

成蚊接触筒法采用野外采集的幼虫或蛹羽化后,3 d～5 d未吸血雌蚊。

4　试剂

丙酮、乙醚、白油、杀虫剂原药等。

5　仪器

蚊笼、滤纸、接触筒(参见附录A)、吸蚊器。

6　测试条件

温度:25 ℃±1 ℃,光周期:14 L∶10 D,相对湿度:60%～80%。

7 敏感基线法

7.1 原理

依据杀虫剂应用剂量和死亡机率值关系建立毒力回归方程，以敏感品系得到的杀虫剂毒力回归线作为敏感基线。以待测昆虫种群得到的杀虫剂毒力回归线与敏感基线对比，来确定待测种群的抗性水平。具体是比较两条毒力回归线的 b 值变化以及由毒力回归线计算得到的半数致死量的变化。

7.2 操作步骤

7.2.1 幼虫浸渍法

每只烧杯量入 149 mL 脱氯自来水。将待测药剂用丙酮等比或等差稀释至一个系列浓度，通过预实验确定药剂的浓度系列范围，最低浓度时幼虫死亡率小于 20%，最高浓度时大于 80%，然后吸取 1 mL 已配制好的药液滴入水面上，用玻璃棒搅匀，然后把另一杯中预先挑选的幼虫(30 只)连同 50 mL 水全部注入烧杯内，合计 200 mL 水溶液，整个实验保持在 25 ℃±1 ℃，相对湿度 60%～80%的温室内，24 h 后检查死亡数。每个浓度重复 3 次。以丙酮作为对照。根据每一浓度对应的死亡率，将剂量取对数、将死亡率转换为概率单位进行回归，求出 LC_{50} 值。

7.2.2 成蚊接触法

用白油与乙醚按 1∶2 的配比混合物将待测药剂等比或等差稀释至一个系列浓度，通过预实验确定药剂的浓度系列范围，最低浓度时幼虫死亡率小于 20%，最高浓度时大于 80%，取 2 mL 每个浓度的药液均匀涂抹于 15.7 cm×12.5 cm 大小的 1 mm 厚的滤纸上，待溶剂挥发大约 5 h 后，衬垫于圆筒内壁，做为接触筒，用吸蚊管吸取 30 只羽化后 3 d～5 d 未吸血雌蚊，放入接触筒内，关闭隔板，开始计算接触时间，接触1 h 后抽开隔板，将蚊虫吹入恢复筒内，取下恢复筒，直立放置，用一浸有 8%葡萄糖水的棉花团置于隔板上的小孔内，24 h 后记录试虫死亡数。每一个药剂浓度重复 3 次。以白油与乙醚的混合物作为对照。根据每一浓度对应的死亡率，将剂量取对数、将死亡率转换为概率单位进行回归，求出 LC_{50} 值。

7.3 死亡判断

7.3.1 幼虫浸渍法

轻轻触动幼虫，以不能逃避刺激视为死亡。

7.3.2 成蚊接触法

试虫完全不动视为死亡。

7.4 结果表述

结果用抗性倍数表述，抗性倍数＝待测种群 LC_{50} 值/敏感种群 LC_{50} 值。

7.5 判别标准

敏感品系和所测样本之间 95%置信限不重叠，且抗性倍数≥5 倍为抗性种群。

8 诊断剂量法

8.1 原理

依据杀虫剂对敏感品系的毒力回归线，确定一个能够区分敏感个体和抗性个体或抗性杂合子的剂量。一般用2倍敏感品系的LC_{99}值作为诊断剂量。根据待检测蚊虫种群在诊断剂量下的死亡率作为抗性判定标准。

8.2 操作步骤

8.2.1 幼虫浸渍法

取1 mL已配制好的药液加入盛有149 mL脱氯自来水的烧杯中，用玻璃棒搅匀。把另一杯中预先挑选好的30条幼虫连同50 mL水，全部注入上述烧杯内，合计200 mL溶液，使药剂的终浓度达到诊断剂量(常用杀虫药剂对淡色库蚊幼虫的诊断剂量参见表B.1)。以1 mL相应溶剂处理为对照组。24 h后记录死亡数。实验重复3次。

8.2.2 成蚊接触法

药剂用白油与乙醚混合物(配比1∶2)稀释至诊断剂量浓度(常用杀虫剂对成蚊的诊断剂量参见表B.2和表B.3)，取2 mL药液均匀涂抹于15.7 cm ×12.5 cm大小的1 mm厚的滤纸，待溶剂挥发5 h后，将滤纸衬垫于接触筒内壁，用吸蚊管吸取30只羽化后3 d～5 d未吸血雌蚊，放入接触筒内，关闭隔板，开始计算接触时间，接触1 h后抽开隔板，将蚊虫吹入恢复筒内，取下恢复筒，直立放置，用浸有8%葡萄糖水的棉花团置于纱网上，24 h后记录试虫死亡数。实验重复3次，以白油与乙醚的混合物作为对照。

8.3 结果表述

结果用死亡率表述，见公式(1)。

$$M=\frac{N_m}{N}\times 100\% \qquad \cdots\cdots(1)$$

式中：

M ——死亡率；

N_m——死亡虫数；

N ——试虫总数。

对照死亡率小于5%无需校正；对照死亡率在5%～20%之间，用Abbott公式进行校正；对照死亡率大于20%为无效测定。

依据Abbott公式校正死亡率，见公式(2)。

$$M_m=\frac{M_t-M_c}{1-M_c}\times 100\% \qquad \cdots\cdots(2)$$

式中：

M_m ——校正死亡率；

M_t ——处理组死亡率；

M_c ——对照组死亡率。

8.4 判别标准

在诊断剂量下蚊虫的死亡率在98%～100%表明其为敏感种群；死亡率在80%～97%表明其为可能抗性种群；死亡率<80%表明其为抗性种群。

附 录 A
（资料性附录）
世界卫生组织（WHO）推荐使用的接触筒

每两个筒组成一套，一个用浸药滤纸衬垫于其内壁作为接触筒，另一个作为蚊虫接触药纸后恢复饲养的恢复筒。两个筒用有机玻璃制成，筒长 12.5 cm，直径 5 cm，一端用尼龙纱封口，另一端有几圈外螺纹。两个筒由一白色不透明的有机玻璃方隔板连接，隔板边长 77 cm，厚约 0.5 cm，中间有直径 5 cm 的圆孔和高 1 cm 的边圈（有内螺纹），隔板中间装有 1 块活动抽板，抽板长 15 cm，开有直径 4.5 cm 的圆孔，拉动抽板可使隔板两侧的圆筒封闭或打通。参照示意图见图 A.1。

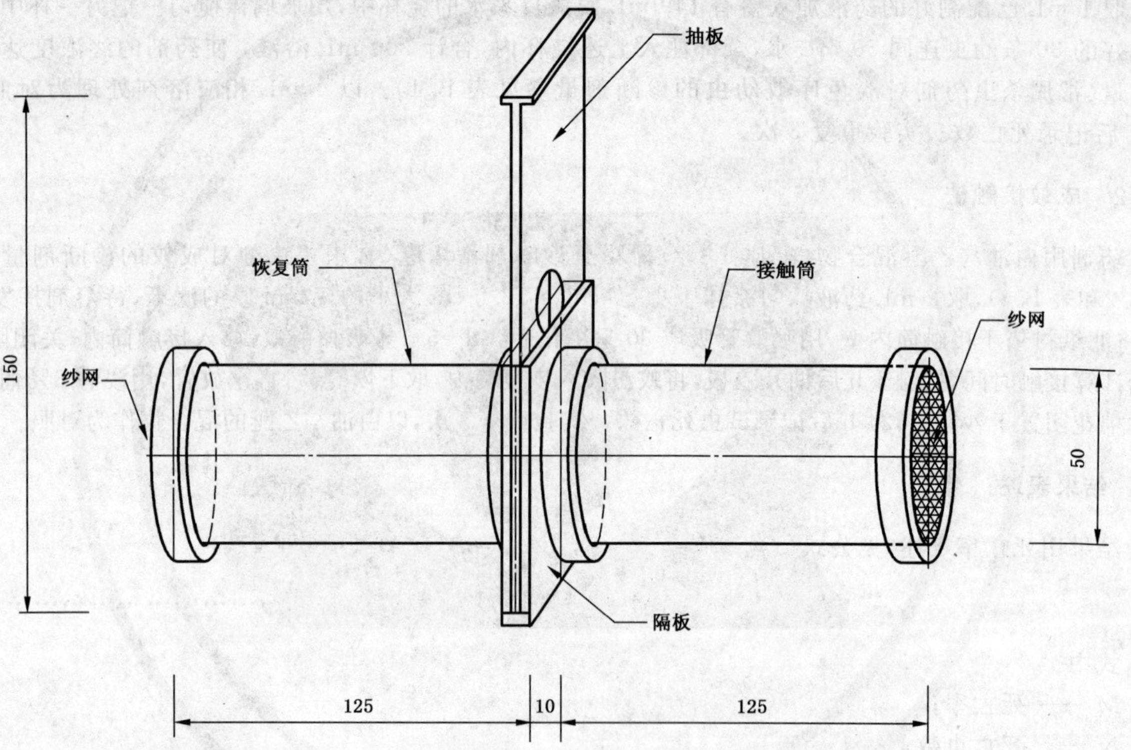

注 1：图中尺寸单位为 mm，材料为钢化有机玻璃。

注 2：主要做法：接触筒和恢复筒一端为 1 mm 钢丝纱网，一端与隔板相连接，通过内外丝与筒连接；抽板夹在隔板中间。抽板高 150 mm，宽 60 mm，下部预留直径 45 mm、15mm 回孔。

图 A.1 成蚊接触筒示意图

附　录　B
（资料性附录）
常用杀虫剂对蚊虫的诊断剂量

B.1　表B.1给出了常用杀虫剂对淡色库蚊幼虫的诊断剂量。

表 B.1　常用杀虫剂对淡色库蚊幼虫的诊断剂量

杀虫剂	LC_{50}/(g/L)	LC_{90}/(g/L)	诊断剂量/(g/L)
残杀威	1.15×10^{-4}	1.80×10^{-4}	5.00×10^{-4}
辛硫磷	6.00×10^{-6}	4.30×10^{-5}	5.00×10^{-4}
氯菊酯	3.9×10^{-6}	8.50×10^{-6}	4.00×10^{-5}
高效氯氰菊酯	7.96×10^{-7}	2.33×10^{-6}	1.00×10^{-5}
丙烯菊酯	4.98×10^{-5}	7.17×10^{-5}	2.00×10^{-4}
溴氰菊酯	4.87×10^{-7}	1.38×10^{-6}	3.00×10^{-6}
注：敏感品系来自军事医学科学院微生物流行病研究所蚊虫养殖室淡色库蚊北京株，测定时间为2003年3月。			

B.2　表B.2给出了常用杀虫剂对淡色库蚊成虫的诊断剂量。

表 B.2　常用杀虫剂对淡色库蚊成蚊的诊断剂量

杀虫剂	LC_{50}/(g/L)	LC_{90}/(g/L)	$b\pm SE$	诊断剂量/(g/L)
敌敌畏	0.11	0.78	1.51±0.20	7.7
残杀威	0.046	0.328	1.49±0.22	3.3
二氯苯醚菊酯	0.18	0.28	6.97±1.04	0.79
高效氯氰菊酯	0.008 9	0.038	2.04±0.40	0.25
溴氰菊酯	0.004 7	0.023 6	1.83±0.22	0.2
注：敏感品系来自军事医学科学院微生物流行病研究所蚊虫养殖室淡色库蚊北京株，测定时间为2005年3月。				

B.3　表B.3给出了WHO推荐几种杀虫剂对按蚊、埃及伊蚊和致倦库蚊成蚊的诊断剂量。

表 B.3　WHO推荐几种杀虫剂对按蚊、埃及伊蚊和致倦库蚊成蚊的诊断剂量(接触1 h)　单位为g/L

杀虫剂	按蚊[a]	埃及伊蚊	致倦库蚊
DDT	40.0	40[b]	40.0[c]
杀螟硫磷	10.0[d]	—	10.0
马拉硫磷	50.0	8.0	50.0
恶虫威	1.0	—	—
残杀威	1.0	1.0	1.0
氟氯氰菊酯	1.5	—	—
溴氰菊酯	0.5	—	0.25

表 B.3（续）

单位为 g/L

杀虫剂	按蚊[a]	埃及伊蚊	致倦库蚊
醚菊酯	5.0	—	—
高效氯氟氰菊酯	0.50[e]	0.3	0.25
二氯苯醚菊酯	7.5	2.5	2.5

[a] 我国主要是中华按蚊、嗜人按蚊、大劣按蚊和微小按蚊。

[b] 接触 30 min。

[c] 接触时间 4 h。

[d] *Anopheles sacharovi* 的接触时间 2 h。

[e] 接触时间 2 h。

ICS 11.020
C 05

中华人民共和国国家标准

GB/T 26348—2010

蚊虫抗药性检测方法 不敏感乙酰胆碱酯酶法

Test methods of mosquito resistance to insecticides—
Test methods of insensitive acetylcholinesterase for the mosquito

2011-01-14 发布　　2011-05-01 实施

中华人民共和国卫生部
中国国家标准化管理委员会　发布

前　言

本标准按照 GB/T 1.1—2009 给出的规则起草。

本标准由中华人民共和国卫生部提出并归口。

本标准起草单位：中国人民解放军军事医学科学院微生物流行病研究所、中国农业大学、北京市疾病预防控制中心。

本标准主要起草人：赵彤言、汪中明、李春晓、董言德、高希武、曾晓芃、佟颖。

蚊虫抗药性检测方法
不敏感乙酰胆碱酯酶法

1 范围

本标准规定了蚊虫体内不敏感的乙酰胆碱酯酶(AChE)的检测方法。

本标准适用于淡色库蚊(*Culex pipiens pallens*)、致倦库蚊(*Cx. pipiens quinquefasciatus*)、白纹伊蚊(*Aedes albopictus*)、中华按蚊(*Anopheles sinensis*)等对有机磷类、氨基甲酸酯类杀虫剂抗性的生物化学检测。

2 术语和定义

下列术语和定义适用于本文件。

2.1

乙酰胆碱酯酶区分浓度 discriminating concentration of acetylcholinesterase

能够抑制敏感蚊虫乙酰胆碱酯酶生理活性90%的杀虫药剂的浓度。

3 试虫

现场多点采集幼虫,室内饲养,采用羽化后3 d～5 d未吸血雌蚊进行检测,冰浴条件下储存不超过1 d,－20 ℃条件下储存不超过1周或－80 ℃条件下储存6个月以内。

4 试剂

4.1 磷酸氢二钠(Na_2HPO_4),分析纯。

4.2 磷酸二氢钾(KH_2PO_4),分析纯。

4.3 曲拉通X-100(Triton X-100)。

4.4 乙酰硫代胆碱(ATCh),分析纯。

4.5 5,5'-二硫双硝基苯甲酸(DTNB),分析纯。

4.6 磷酸缓冲液(0.1 mol/L,pH7.5 PBS):称取30.18 g $Na_2HPO_4 \cdot 12H_2O$和2.16 g KH_2PO_4,蒸馏水定容至1 000 mL。

4.7 DTNB-乙醇显色剂:12.4 mg DTNB,加120 mL 95%乙醇,80 mL蒸馏水,50 mL磷酸盐缓冲液(pH7.5,0.1 mol/L,含0.1% Triton X-100)。

4.8 ATCh溶液:称取28.9 mg ATCh溶于10 mL蒸馏水中,－20 ℃避光保存。

4.9 ATCh-DTNB混合溶液:称取75 mg ATCh和13 mg DTNB,用100 mL磷酸盐缓冲液溶解。

5 分光光度法

5.1 仪器设备

5.1.1 分光光度计。

5.1.2 恒温水浴箱。

5.1.3 1 mL 玻璃组织匀浆器。

5.1.4 离心机(离心力 10 000*g* 以上)。

5.1.5 加液器。

5.2 操作步骤

5.2.1 酶源的制备 取成蚊 5 只做为 1 组,放入 4 ℃预冷的玻璃组织匀浆器中,加入 0.5 mL 磷酸盐缓冲液(pH7.5,0.1 mol/L,含 0.1% Triton X-100),充分匀浆。匀浆液在 4 ℃,5 000*g* 离心 5 min,取上清液作为待测酶液,冰浴保存备用。

5.2.2 取 6 支试管,分别加入 6.1.1 中制备酶液 0.1 mL,在其中 3 支试管中分别加入 0.1 mL 的杀虫剂溶液,充分混匀,使其终浓度达到区分浓度(常用杀虫剂对淡色库蚊乙酰胆碱酯酶的区分浓度参见附录 A 表 A.1),且丙酮终浓度小于 1%。另 3 支试管中加入 0.1 mL 磷酸盐缓冲液作为无药剂对照管;再取 1 支试管加入 0.2 mL 磷酸盐缓冲液,作为空白对照。

5.2.3 上述 7 支试管 30 ℃保温 5 min 后,分别加入 0.1 mL 0.01 mol/L 乙酰硫代胆碱(ATCh),在 30 ℃继续保温 15 min 后,加入 3.6 mL DTNB-乙醇显色剂。

5.2.4 将空白对照调至仪器显示为 0 点,在分光光度计中于 412 nm 波长下测定无药剂对照管和药剂处理管的光密度值(OD_{412}),计算平均值。

5.2.5 按上述方法每个种群检测 100 组蚊虫。

5.3 结果表述

测定 AChE 残存活性的计算见公式(1):

$$E = \frac{\overline{OD_t}}{\overline{OD_c}} \times 100\% \qquad \cdots\cdots(1)$$

式中:

E ——AChE 残存活性;

$\overline{OD_t}$ ——药剂处理管平均光密度值 OD_{412};

$\overline{OD_c}$ ——无药剂对照管平均光密度值 OD_{412}。

5.4 判别标准

AChE 残存活性大于 20% 为不敏感的 AChE,具有不敏感 AChE 的蚊虫组为对有机磷或氨基甲酸酯类药剂抗性组,抗性组在检测种群中的比例达到 10% 时为抗性种群。

6 酶标仪法

6.1 仪器设备

6.1.1 酶标仪。

6.1.2 恒温水浴箱。

6.1.3 1 mL 玻璃组织匀浆器。

6.1.4 离心机(离心力 10 000*g* 以上)。

6.1.5 加液器。

6.2 操作步骤

6.2.1 酶源的制备 取成蚊1只，放入4 ℃预冷的玻璃组织匀浆器中，加入0.5 mL 4 ℃预冷的磷酸盐缓冲液充分匀浆。匀浆液在4 ℃，5 000g 离心5 min，取上清液作为待测酶液，冰浴保存备用。

6.2.2 分取0.1 mL 6.2.1中制备酶液到酶标板的3个孔中，再在各孔中加入0.1 mL杀虫剂溶液，杀虫剂用磷酸缓冲液稀释，使其终浓度达到区分浓度（常用杀虫剂对淡色库蚊乙酰胆碱酯酶的区分浓度参见表A.1），且丙酮的终浓度不超过1%。以0.1 mL磷酸盐缓冲液作为无药剂对照，加入另外3个孔中。在30 ℃保温5 min后，分别加入0.2 mL ATCh-DTNB混合溶液，在412 nm测定5 min时间动力学曲线，曲线的斜率作为反应初速度(v)。计算平均值。

6.2.3 按上述方法每个种群检测100只蚊虫。

6.3 结果表述

测定AChE残存活性的计算见公式(2)：

$$E=\frac{\overline{v_t}}{\overline{v_c}}\times 100\% \qquad (2)$$

式中：

E ——AChE残存活性；

$\overline{v_t}$ ——药剂处理组平均反应初速度；

$\overline{v_c}$ ——无药剂对照组平均反应初速度。

6.4 判别标准

AChE残存活性大于20%为不敏感的AChE，具有不敏感AChE的蚊虫为对有机磷或氨基甲酸酯类药剂抗性个体，抗性个体在检测种群中的比例达到10%时为抗性种群。

附 录 A
（资料性附录）
常用杀虫剂对淡色库蚊乙酰胆碱酯酶的区分浓度

表 A.1 给出了残杀威和敌敌畏对淡色库蚊乙酰胆碱酯酶的区分浓度。

表 A.1 常用杀虫剂对淡色库蚊乙酰胆碱酯酶的区分浓度

杀虫剂	区分浓度 g/L
残杀威(propoxur)	0.011 5
敌敌畏(DDVP)	0.081 3
注：敏感品系来自军事医学科学院微生物流行病研究所蚊虫养殖室淡色库蚊北京株。	

ICS 11.020
C 05

GB

中华人民共和国国家标准

GB/T 26349—2010

蝇类抗药性检测方法 家蝇不敏感乙酰胆碱酯酶法

Test methods of fly resistance to insecticides—Test methods of insensitive acetylcholinesterase for musca domestica

2011-01-14 发布　　　　2011-05-01 实施

中华人民共和国卫生部
中国国家标准化管理委员会　发布

前　言

本标准按照 GB/T 1.1—2009 给出的起草规则起草。

本标准由中华人民共和国卫生部提出并归口。

本标准起草单位：中国农业大学、北京市疾病预防控制中心、中国人民解放军军事医学科学院微生物流行病研究所。

本标准主要起草人：高希武、曾晓芃、梁沛、马彦、刘婷、佟颖、赵彤言。

蝇类抗药性检测方法
家蝇不敏感乙酰胆碱酯酶法

1 范围

本标准规定了家蝇(*Musca domestica*)不敏感乙酰胆碱酯酶(AChE)的检测方法。
本标准适用于家蝇对有机磷、氨基甲酸酯类药剂抗药性的生物化学检测。

2 术语和定义

下列术语和定义适用于本文件。

2.1

乙酰胆碱酯酶区分浓度 discriminating concentration of acetylcholinesterase

能够抑制敏感品系家蝇乙酰胆碱酯酶正常活性 90% 的杀虫药剂的浓度,单位为 mol/L 或 mmol/L。

2.2

F1 代 F1 generation

从现场捕捉的家蝇,繁殖后得到的第一代。

3 试虫

现场采集家蝇,室内饲养,羽化后 3 d～5 d 的 F1 代雌性家蝇。冰浴条件下储存不超过 1 d,－20 ℃条件下储存不超过 1 周或－80 ℃条件下储存 6 个月以内。

4 试剂

4.1 磷酸氢二钠(Na_2HPO_4),化学纯。

4.2 磷酸二氢钾(KH_2PO_4),化学纯。

4.3 曲拉通 X-100 (Triton X-100)。

4.4 乙酰硫代胆碱(ATCh),分析纯。

4.5 5,5'-二硫双硝基苯甲酸(DTNB),分析纯。

4.6 磷酸缓冲液(0.1 mol/L,pH7.5 PBS):称取 30.18 g $Na_2HPO_4 \cdot 12H_2O$ 和 2.16 g KH_2PO_4,蒸馏水定容至 1 000 mL。

4.7 DTNB-乙醇显色剂:称取 12.4 mg DTNB,溶于 125 mL 95%乙醇中,加入 50 mL 磷酸缓冲液,最后用蒸馏水定容至 250 mL,4 ℃避光保存。

4.8 ATCh 溶液:称取 28.9 mg ATCh 溶于 10 mL 蒸馏水中,－20 ℃避光保存。

5 分光光度法

5.1 仪器设备

5.1.1 分光光度计。

5.1.2 恒温水浴箱。

5.1.3 玻璃组织匀浆器。

5.1.4 台式冷冻离心机(离心力 10 000 *g* 以上)。

5.1.5 加液器。

5.2 杀虫药剂的配制

用丙酮或其他的有机溶剂将杀虫药剂配制成母液,试验前用磷酸盐缓冲液(含 0.1% Triton X-100)稀释到区分浓度(常见杀虫药剂对敏感家蝇品系乙酰胆碱酯酶的区分浓度见表 A.1)的 2 倍,溶剂在反应体系中的最终浓度应小于 1%。

5.3 操作步骤

5.3.1 取家蝇 1 只,用眼科剪刀或手术刀片将头部剪(切)下,放入 4 ℃预冷的玻璃组织匀浆器(1 mL)中,加入 0.5 mL 4 ℃预冷的磷酸盐缓冲液(含 0.1% Triton X-100),充分匀浆。

5.3.2 匀浆液在 4 ℃,10 000 *g* 离心 15 min,取上清液即为酶液,冰浴保存备用。

5.3.3 取 4 支试管,分别加入上述酶液 0.1 mL,在其中 3 支试管中分别加入一定量的杀虫药剂溶液 0.1mL,使其终浓度达到区分剂量,第 4 支试管中加入 0.1 mL 磷酸盐缓冲液作为无药剂对照管;另取 1 支试管加入 0.2 mL 磷酸盐缓冲液,作为空白对照。

5.3.4 上述 5 支试管 30 ℃保温 5 min 后,分别加入 0.1 mL ATCh,在 30 ℃继续保温 15 min 后,加入 1.6 mL DTNB-乙醇显色剂。

5.3.5 以空白对照调仪器 0 点,在分光光度计中于 412 nm 波长下测定无药剂对照管和药剂处理管的光密度值(OD_{412})。

5.3.6 按上述方法每个种群检测 100 只家蝇。

5.4 结果表述

测定 AChE 残存活性的计算见公式(1):

$$E = \frac{\overline{OD_t}}{\overline{OD_c}} \times 100\% \qquad (1)$$

式中:

E ——AChE 残存活性;

$\overline{OD_t}$ ——药剂处理管平均光密度值 OD_{412};

$\overline{OD_c}$ ——无药剂对照管平均光密度值 OD_{412}。

5.5 判别标准

AChE 残存活性大于 20% 为不敏感的 AChE,具有不敏感 AChE 的个体为对有机磷或氨基甲酸酯类药剂具有抗性的个体,抗性个体在种群中的比例达到 20% 时为抗性种群。

6 酶标仪法

6.1 仪器设备

6.1.1 酶标仪。

6.1.2 恒温水浴箱。

6.1.3 玻璃组织匀浆器。

6.1.4 台式冷冻离心机(离心力 10 000 *g* 以上)。

6.1.5 加液器。

6.2 杀虫药剂的配制

用丙酮或其他的有机溶剂将杀虫药剂配制成母液,试验前用磷酸盐缓冲液(含 0.1% Triton X-100)稀释到区分浓度(常见杀虫药剂对敏感家蝇品系乙酰胆碱酯酶的区分浓度见附录 A 表 A.2)的 2.5 倍,溶剂在反应体系中的最终浓度应小于 1%。

6.3 操作步骤

6.3.1 取家蝇 1 只,用眼科剪刀或手术刀片将头部剪下,放入 4 ℃预冷的玻璃组织匀浆器(1 mL)中,加入 0.5 mL 4 ℃预冷的磷酸盐缓冲液(含 0.1% Triton X-100),充分匀浆。

6.3.2 匀浆液在 4 ℃,10 000 *g* 离心 15 min,取上清液即为酶液,冰浴保存备用。

6.3.3 在酶标板孔中加入 0.1 mL 酶液,在每个孔中分别加入 0.05 mL DTNB 和 0.1 mL 含抑制剂的 ATCh 溶液,抑制剂终浓度为区分浓度,每只家蝇设无抑制剂对照一个,用缓冲液代替抑制剂量,在酶标仪中读数 5 min,曲线的斜率作为反应初速度(v)。计算平均值。

6.3.4 按上述方法每个种群检测 100 只家蝇。

6.4 结果表述

测定 AChE 残存活性的计算见公式(2):

$$E=\frac{\overline{v_t}}{\overline{v_c}}\times 100\% \qquad \cdots\cdots(2)$$

式中:

E ——AChE 残存活性;

$\overline{v_t}$ ——药剂处理组平均反应初速度;

$\overline{v_c}$ ——无药剂对照组平均反应初速度。

6.5 判别标准

AChE 残存活性大于 20%为不敏感的 AChE,具有不敏感 AChE 的个体为对有机磷或氨基甲酸酯类药剂具有抗性的个体,抗性个体在种群中的比例达到 20%时为抗性种群。

附 录 A
（资料性附录）
常见杀虫药剂对敏感家蝇品系乙酰胆碱酯酶的区分浓度

A.1 表 A.1 给出了用分光光度法测出的 3 种杀虫药剂对敏感家蝇品系乙酰胆碱酯酶的区分浓度。

表 A.1 3 种杀虫药剂对敏感家蝇品系乙酰胆碱酯酶的区分浓度(分光光度法)

杀虫药剂	区分浓度 I_{90} mol/L
敌敌畏(DDVP)	2×10^{-5}
残杀威(propoxur)	4×10^{-4}
灭多威(methomyl)	6×10^{-5}
注：敏感品系来自中国农业大学选育的家蝇敏感品系，2004 年测定结果。	

A.2 表 A.2 给出了用酶标仪法测出的 3 种杀虫剂对敏感家蝇品系乙酰胆碱酯酶的区分浓度。

表 A.2 3 种杀虫药剂对敏感家蝇品系乙酰胆碱酯酶的区分浓度(酶标仪法)

杀虫药剂	区分浓度 I_{90} mol/L
敌敌畏(DDVP)	3×10^{-3}
残杀威(propoxur)	5×10^{-4}
灭多威(methomyl)	4×10^{-2}
注：敏感品系来自中国农业大学选育的家蝇敏感品系，2004 年测定结果。	

ICS 11.020
C 05

中华人民共和国国家标准

GB/T 26350—2010

蝇类抗药性检测方法 家蝇生物测定法

Test methods of fly resistance to insecticides—The bioassay methods for musca domestica

2011-01-14 发布

2011-05-01 实施

中华人民共和国卫生部
中国国家标准化管理委员会 发布

前　言

本标准按照 GB/T 1.1—2009 给出的规则起草。

本标准由中华人民共和国卫生部提出并归口。

本标准起草单位：中国农业大学、北京市疾病预防控制中心、中国人民解放军军事医学科学院微生物流行病研究所。

本标准主要起草人：高希武、曾晓芃、马彦、刘婷、梁沛、钱坤、赵彤言。

蝇类抗药性检测方法
家蝇生物测定法

1 范围

本标准规定了家蝇(*Musca domestica*)对有机磷、氨基甲酸酯、拟除虫菊酯等杀虫药剂抗药性的生物检测方法。

本标准适用于家蝇抗药性的实验室生物检测。

2 术语和定义

下列术语和定义适用于本文件。

2.1

诊断剂量 diagnostic dose

由敏感品系的敏感基线计算得到的与死亡率99%或99.9%相对应的杀虫药剂剂量值,该剂量值能使敏感品系99%或99.9%的个体致死,利用该剂量通过生物测定技术区分抗性和敏感个体。

2.2

F1代 F1 generation

从现场捕捉的家蝇,繁殖后得到的第一代。

2.3

点滴法 topical application method

将一定量的药液直接滴在昆虫体壁的特定部位以测定药剂对供试昆虫的触杀毒力。

2.4

药膜法 medical membrane method

将一定量的药液施布于载体的表面并形成均匀的药膜,然后将试虫放于载体上,药剂通过昆虫的足、体壁等进入虫体内起到毒杀作用,间隔一定时间后统计死亡率。常见的载体有滤纸、玻璃表面等。

3 试虫

现场采集家蝇,室内饲养,羽化后3 d～5 d的F1代雌性家蝇。

4 试剂

丙酮或其他有机溶剂、CO_2或乙醚、杀虫药剂原药。

5 仪器

具可控光照和温度的培养箱或房间,养虫笼,100 mL血清瓶,移液管,微量点滴器(微量进样器)。

6 测试条件

温度:25 ℃±1 ℃,光周期:14 L:10 D,相对湿度:60%～80%。

7 敏感基线法

7.1 原理

依据杀虫剂应用剂量和害虫死亡机率值关系建立毒力回归方程,以敏感品系得到的杀虫剂毒力回归线作为为敏感基线。以待测昆虫种群得到的杀虫剂毒力回归线与敏感基线对比,来确定待测种群的抗性水平。具体是比较两条毒力回归线的 b 值变化以及由毒力回归线计算得到的半数致死量的变化。

7.2 操作步骤

7.2.1 药膜法

用丙酮或其他易挥发的有机溶剂将杀虫药剂母液稀释到一系列的浓度(通过预实验确定药剂的浓度系列范围,最低浓度时死亡率小于 20%,最高浓度时大于 80%),然后取 0.5 mL 溶液加入 100 mL 血清瓶中,不断转动血清瓶,使药液均匀分布于瓶内壁,置于通风橱中过夜,使有机溶剂挥发完全。然后每瓶放试虫 20 只,用纱网或纱布封口。实验重复 5 次。以相应溶剂处理为对照组。3 h 后统计死亡率。根据每一浓度对应的死亡率求出回归方程,根据回归方程可以求出 LC_{50} 值。需要分别测定并求出实验室敏感种群和待测种群的 LC_{50} 值。

7.2.2 点滴法

用丙酮或其他易挥发的有机溶剂将杀虫药剂母液稀释到一系列的浓度(通过预实验确定药剂的浓度系列范围,最低浓度时死亡率小于 20%,最高浓度时大于 80%),将试虫用乙醚或 CO_2 等麻醉至昏迷。用微量点滴器将 0.5 μL～1 μL 杀虫药剂溶液点滴在雌性家蝇前胸背板上。每个处理点滴 30 只羽化后 3 d～5 d 雌性家蝇,以相应溶剂点滴为空白对照,实验重复 3 次。将受药后的试虫转入清洁容器内,供给水和食物,正常饲养,24 h 后统计死亡率。根据每一浓度对应的死亡率求出回归方程,根据回归方程可以求出 LD_{50} 值。需要分别测定并求出实验室敏感种群和待测种群的 LD_{50} 值。

7.3 死亡判断

试虫完全不动或腹部上翻、抽搐,不能爬行视为死亡。

7.4 结果表述

结果用抗性倍数表述,抗性倍数＝待测种群 LC_{50}(LD_{50})值/敏感种群 LC_{50}(LD_{50})值。

7.5 判别标准

敏感品系和测定样本 95%置信限不重叠,且抗性倍数≥5 倍为抗性种群。

8 诊断剂量法

8.1 原理

依据药剂对敏感品系的毒力回归线,确定一个能够区分敏感个体和抗性个体或抗性杂合子的剂量。

一般用敏感品系的 LD_{99}（LC_{99}）值作为诊断剂量，预期死亡率为99%。

8.2 操作步骤

8.2.1 药膜法

用丙酮或其他的有机溶剂将供试杀虫药剂配成一定浓度的母液。用丙酮或其他易挥发的有机溶剂将杀虫药剂稀释到一定的浓度，取0.5 mL 溶液加入100 mL 血清瓶中（血清瓶内表面药膜的最终剂量达到诊断剂量，常见杀虫药剂对敏感家蝇种群的诊断剂量参见表A.1），不断转动血清瓶，使药液均匀分布于瓶内壁，置于通风橱中过夜，使有机溶剂挥发完全。然后每瓶放试虫20只，用纱网或纱布封口。实验重复5次。以相应溶剂处理为对照组。在测试条件下放置3 h后，检查结果并计算死亡率。

8.2.2 点滴法

用丙酮或其他易挥发的有机溶剂将杀虫药剂母液稀释到诊断剂量需要的浓度。将试虫用乙醚、CO_2 等麻醉至昏迷。用微量点滴器将0.5 μL～1 μL 杀虫药剂溶液点滴在雌性家蝇胸部背板上（每头家蝇的受药量等于诊断剂量，常见杀虫药剂对敏感家蝇种群的诊断剂量见表A.1）。每个处理点滴30只羽化后3 d～5 d 雌性家蝇，以相应溶剂点滴为空白对照，实验重复3次。将受药后的试虫转入清洁容器内，供给水和食物，正常饲养，24 h后统计死亡率。

8.3 死亡判断

试虫完全不动或腹部上翻、抽搐，不能爬行视为死亡。

8.4 结果表述

结果用死亡率表述，计算见公式(1)。

$$M=\frac{N_m}{N}\times 100\% \qquad \cdots\cdots(1)$$

式中：

M ——死亡率；

N_m——死亡虫数；

N ——试虫总数。

对照死亡率小于5%无需校正；对照死亡率在5%～20%之间，用Abbott公式进行校正；对照死亡率大于20%为无效测定。

依据Abbott公式校正死亡率，计算见公式(2)。

$$M_m=\frac{M_t-M_c}{1-M_c}\times 100\% \qquad \cdots\cdots(2)$$

式中：

M_m ——校正死亡率；

M_t ——处理组死亡率；

M_c ——对照组死亡率。

8.5 判别标准

校正死亡率小于80%为抗性种群。

附 录 A
（资料性附录）
常见杀虫药剂对敏感家蝇种群的诊断剂量

表 A.1 给出了常见杀虫药剂对敏感家蝇种群的诊断剂量。

表 A.1 常见杀虫药剂对敏感家蝇种群的诊断剂量

杀虫药剂	诊断剂量（药膜法） LD_{99} $\mu g/cm^2$	诊断剂量（点滴法） LD_{99} μg/只
残杀威（propoxur）	0.30	1.0
敌敌畏（DDVP）	2.00	1.0
胺菊酯（tetramethrin）	1.00	0.30
溴氰菊酯（deltamethrin）	0.03	0.005
高效氯氰菊酯（alpha-cypermethrin）	0.04	0.025
注：敏感品系来自中国农业大学选育的家蝇敏感品系，2004 年测定结果。		

ICS 11.020
C 05

中华人民共和国国家标准

GB/T 26351—2010

蜚蠊抗药性检测方法 德国小蠊不敏感乙酰胆碱酯酶法

Test methods of cockroach resistance to insecticides—Test methods of insensitive acetylcholinesterase for Blattella germanica

2011-01-14 发布　　2011-05-01 实施

中华人民共和国卫生部
中国国家标准化管理委员会　发布

前　言

本标准按照 GB/T 1.1—2009 给出的规则起草。

本标准由中华人民共和国卫生部提出并归口。

本标准起草单位：北京市疾病预防控制中心、中国农业大学、中国人民解放军军事医学科学院微生物流行病研究所。

本标准主要起草人：曾晓芃、高希武、马彦、钱坤、佟颖、梁沛、赵彤言。

蜚蠊抗药性检测方法 德国小蠊不敏感乙酰胆碱酯酶法

1 范围

本标准规定了德国小蠊(*Blattella germanica*)体内不敏感乙酰胆碱酯酶(AChE)的检测方法。

本标准适用于德国小蠊对有机磷、氨基甲酸酯类药剂抗药性的生物化学检测。

2 术语和定义

下列术语和定义适用于本文件。

2.1

乙酰胆碱酯酶区分浓度 discriminating concentration of acetylcholinesterase

能够抑制敏感品系德国小蠊乙酰胆碱酯酶正常活性 90%的杀虫药剂的浓度,单位为 mol/L 或 mmol/L。

2.2

F1 代 F1 generation

从现场捕捉的德国小蠊,繁殖后得到的第一代。

3 试虫

现场采集德国小蠊,室内饲养,F1 代羽化后 7 d~15 d 的雄性德国小蠊。冰浴条件下储存不超过 1 d,−20 ℃条件下储存不超过 1 周或−80 ℃条件下储存 6 个月以内。

4 试剂

4.1 磷酸氢二钠(Na_2HPO_4),化学纯。

4.2 磷酸二氢钾(KH_2PO_4),化学纯。

4.3 曲拉通 X-100 (Triton X-100)。

4.4 乙酰硫代胆碱(ATCh),分析纯。

4.5 5,5'-二硫双硝基苯甲酸(DTNB),分析纯。

4.6 磷酸缓冲液(0.1 mol/L,pH7.5 PBS):称取 30.18 g $Na_2HPO_4 \cdot 12H_2O$ 和 2.16 g KH_2PO_4,蒸馏水定容至 1 000 mL。

4.7 DTNB-乙醇显色剂:称取 12.4 mg DTNB,溶于 125 mL 95%乙醇中,加入 50 mL 磷酸缓冲液,最后用蒸馏水定容至 250 mL,4 ℃避光保存。

4.8 ATCh 溶液:称取 28.9 mg ATCh 溶于 10 mL 蒸馏水中,−20 ℃避光保存。

4.9 ATCh-DTNB 混合溶液:称取 75 mg ATCh 和 13 mg DTNB,用 100 mL 磷酸盐缓冲液溶解。

5 分光光度法

5.1 仪器设备

5.1.1 分光光度计。

5.1.2 恒温水浴箱。

5.1.3 玻璃组织匀浆器。

5.1.4 台式冷冻离心机(离心力 10 000 *g* 以上)。

5.1.5 加液器。

5.2 杀虫药剂的配制

用丙酮或其他的有机溶剂将杀虫药剂配制成母液,实验前用磷酸盐缓冲液稀释到区分浓度(常见杀虫药剂对敏感德国小蠊品系乙酰胆碱酯酶的区分浓度参见附录 A)的 2 倍,溶剂在反应体系中的最终浓度应小于 1%。

5.3 操作步骤

5.3.1 将单头德国小蠊雄性成虫,放入 4 ℃预冷的玻璃组织匀浆器中,加入 1 mL 4 ℃预冷的磷酸盐缓冲液(pH7.5,0.1 mol/L,含 0.1% Triton X-100),充分匀浆。

5.3.2 匀浆液在 4 ℃,10,000 *g*,离心 15 min,弃沉淀,取上清即为酶液,冰浴保存备用。

5.3.3 取 4 支试管,分别加入上述酶液 0.1 mL,在其中 3 支试管中分别加入杀虫药剂水溶液 0.1 mL,使其终浓度达到区分浓度,第 4 支试管中加入 0.1 mL 磷酸盐缓冲液作为无药剂对照管;另取 1 支试管加入 0.2 mL 磷酸盐缓冲液,作为空白对照。

5.3.4 将上述 5 支试管于 30 ℃保温 5 min,再分别加入 0.1 mL 乙酰硫代胆碱(ATCh),30 ℃继续保温 15 min 后,加入 1.6 mL DTNB-乙醇显色剂。

5.3.5 以空白对照调分光光度计 0 点,于 412 nm 波长下测定无药剂对照管和药剂处理管的光密度值(OD_{412})。

5.3.6 按上述方法检测 100 头德国小蠊。

5.4 结果表述

测定 AChE 残存活性的计算见公式(1)。

$$E=\frac{\overline{OD_t}}{\overline{OD_c}}\times 100\% \qquad \cdots\cdots(1)$$

式中:

E ——AChE 残存活性;

$\overline{OD_t}$——药剂处理管平均光密度值 OD_{412};

$\overline{OD_c}$——无药剂对照管平均光密度值 OD_{412}。

5.5 判别标准

AChE 残存活性大于 20%为不敏感的 AChE。具有不敏感 AChE 的个体为对有机磷或氨基甲酸酯类药剂具有抗性的个体,抗性个体在种群中的比例达到 10%时为抗性种群。

6 酶标仪法

6.1 仪器设备

6.1.1 酶标仪。

6.1.2 恒温水浴箱。

6.1.3 玻璃组织匀浆器。

6.1.4 台式冷冻离心机(离心力 10 000 *g* 以上)。

6.1.5 加液器。

6.2 杀虫药剂的配制

用丙酮或其他的有机溶剂将杀虫药剂配制成母液,实验前用磷酸盐缓冲液稀释到区分浓度(常见杀虫药剂对敏感德国小蠊乙酰胆碱酯酶的区分浓度参见附录 A)的 2.5 倍,溶剂在反应体系中的最终浓度应小于 1%。

6.3 操作步骤

6.3.1 将单头德国小蠊雄成虫,放入 4 ℃预冷的玻璃组织匀浆器中,加入 1 mL 4 ℃预冷的磷酸盐缓冲液(pH7.5,0.1 mol/L,含 0.1% Triton X-100),充分匀浆。

6.3.2 匀浆液在 4 ℃,10 000 *g* 离心 15 min,弃沉淀,取上清即为酶液,冰浴保存备用。

6.3.3 在酶标板中的 4 个孔中分别加入上述酶液 0.1 mL,在其中 3 个孔中分别加入一定浓度的杀虫药剂溶液 0.05 mL,使其终浓度达到区分浓度,第 4 个孔中加入 0.05 mL 磷酸盐缓冲液作为无药剂对照管,在 30 ℃保温 5 min 后,分别加入 0.1 mL ATCh-DTNB 混合溶液,在 412 nm 测定 5 min 时间动力学曲线,曲线的斜率作为反应初速度(v)。计算平均值。

6.4 结果表述

测定 AChE 残存活性的计算见公式(2)。

$$E=\frac{\overline{v_t}}{\overline{v_c}}\times 100\% \qquad \cdots\cdots(2)$$

式中:

E ——AChE 残存活性;

$\overline{v_t}$ ——药剂处理组平均反应初速度;

$\overline{v_c}$ ——无药剂对照组平均反应初速度。

6.5 判别标准

AChE 残存活性大于 20%为不敏感的 AChE。具有不敏感 AChE 的个体为对有机磷或氨基甲酸酯类药剂具有抗性的个体,抗性个体在种群中的比例达到 10%时为抗性种群。

附 录 A
（资料性附录）
常用杀虫药剂对敏感德国小蠊品系乙酰胆碱酯酶的区分浓度

表 A.1 给出了敌敌畏和残杀威对敏感德国小蠊品系乙酰胆碱酯酶的区分浓度。

表 A.1 常用杀虫药剂对敏感德国小蠊品系乙酰胆碱酯酶的区分浓度

杀虫药剂	区分浓度 LC_{90} mol/L
敌敌畏(DDVP)	0.056×10^{-4}
残杀威(propoxur)	4.69×10^{-4}

注：敏感品系来自北京市疾病预防控制中心医学昆虫饲养室，测定时间为 2005 年 3 月。

ICS 11.020
C 05

中华人民共和国国家标准

GB/T 26352—2010

蜚蠊抗药性检测方法 德国小蠊生物测定法

Test methods of cockroach resistance to insecticides—The bioassay methods for Blattella germanica

2011-01-14 发布　　2011-05-01 实施

中华人民共和国卫生部
中国国家标准化管理委员会　发布

前　言

本标准按照 GB/T 1.1—2009 给出的规则起草。

本标准由中华人民共和国卫生部提出并归口。

本标准起草单位:北京市疾病预防控制中心、中国农业大学、中国人民解放军军事医学科学院微生物流行病研究所。

本标准主要起草人:曾晓芃、马彦、高希武、钱坤、薛素琴、佟颖、董言德。

蜚蠊抗药性检测方法 德国小蠊生物测定法

1 范围

本标准规定了德国小蠊(*Blattella germanica*)对有机磷类、氨基甲酸酯类、拟除虫菊酯类等杀虫药剂抗药性的诊断剂量法和敏感基线法。

本标准适用于德国小蠊抗药性的生物测定。

2 术语和定义

下列术语和定义适用于本文件。

2.1

诊断剂量 diagnostic dose

由敏感品系的敏感基线计算得到的与死亡率99%或99.9%相对应的杀虫药剂剂量值。

2.2

F1代 F1 generation

从现场捕捉的德国小蠊,繁殖后得到的第一代。

3 试虫

现场采集德国小蠊,室内饲养,F1代羽化后7 d～15 d的雄性成虫。

4 试剂

丙酮或其他有机溶剂,CO_2 或乙醚,杀虫剂原药

5 仪器

养虫缸,500 mL的锥形瓶,微量点滴器或微量进样器。

6 测试条件

温度:25 ℃±1 ℃,相对湿度:50%～80%。

7 敏感基线法

7.1 原理

依据杀虫剂应用剂量和死亡机率值关系建立毒力回归方程,以敏感品系得到的杀虫剂毒力回归线

作为敏感基线。以待测昆虫种群得到的杀虫剂毒力回归线与敏感基线对比，来确定待测种群的抗性水平。具体是比较两条毒力回归线的 b 值变化以及由毒力回归线计算得到的半数致死量的变化。

7.2 操作步骤

7.2.1 药膜法

用丙酮或其他的有机溶剂将供试杀虫药剂配成一定浓度的母液。用丙酮或其他易挥发的有机溶剂将杀虫药剂母液稀释至一个系列浓度，通过预实验确定药剂的浓度系列范围，最低浓度时死亡率小于20%，最高浓度时大于80%。取不同浓度药剂溶液 2.5 mL 加于 500 mL 锥形瓶中，不断转动锥形瓶，使药液均匀分布于瓶内壁，置于通风橱中过夜，使有机溶剂全部挥发。然后每瓶放试虫 10 头，用纱网或纱布封口。每个浓度试验重复 3 次，以相应溶剂处理为对照组。24 h 后记录死亡数。

7.2.2 点滴法

用丙酮或其他的有机溶剂将供试杀虫药剂配成一定浓度的母液。用丙酮或其他易挥发的有机溶剂将杀虫药剂母液稀释至一个系列浓度，通过预实验确定药剂的浓度系列范围，最低浓度时死亡率小于20%，最高浓度时大于80%。试虫用二氧化碳或乙醚麻醉，用微量点滴器将 1 μL 杀虫剂药液点滴于雄性成虫第 2、3 对足基节间的胸部腹板上，以点滴相应溶剂为对照组。每个浓度试验重复 3 次。将处理后的试虫转入清洁容器内，供给水和食物。24 h 后记录死亡数。

7.3 死亡判断

试虫不能正常爬行或完全不动视为死亡。

7.4 结果表述

结果用抗性倍数表述，抗性倍数＝待测种群 LC_{50}（LD_{50}）值/敏感种群 LC_{50}（LD_{50}）值。

7.5 判别标准

敏感品系和测定样本 95%置信限不重叠，且抗性倍数大于等于 5 倍为抗性种群。

8 诊断剂量法

8.1 原理

依据药剂对敏感品系的毒力回归线，确定一个能够区分敏感个体和抗性个体或抗性杂合子的剂量。一般用 2 倍敏感品系的 LD_{99}（LC_{99}）值作为诊断剂量。根据待检测德国小蠊种群在诊断剂量下的死亡率做为抗性判定标准。

8.2 操作步骤

8.2.1 药膜法

用丙酮或其他的有机溶剂将供试杀虫药剂配成一定浓度的母液。用丙酮或其他易挥发的有机溶剂将杀虫药剂母液稀释到一定的浓度，取 2.5 mL 溶液加于 500 mL 锥形瓶中（锥形瓶内表面药膜的最终剂量达到诊断剂量，常见杀虫药剂对敏感德国小蠊品系的诊断剂量参见表 A.1），不断转动锥形瓶，使药液均匀分布于瓶内壁，置于通风橱中过夜，使有机溶剂全部挥发。然后每瓶放试虫 10 头，用纱网或纱布封口。试验重复 10 次，以相应溶剂处理为对照组。24 h 后记录死亡数。

8.2.2 点滴法

用丙酮或其他的有机溶剂将供试杀虫药剂配成一定浓度的母液。用丙酮或其他易挥发的有机溶剂将杀虫药剂母液稀释到诊断剂量需要的浓度(常见杀虫药剂对敏感德国小蠊品系的诊断剂量参见表 A.1)。试虫用二氧化碳或乙醚麻醉,用微量点滴器将 1 μL 杀虫剂药液点滴于雄性成虫第 2、3 对足基节间的胸部腹板上,以点滴相应溶剂为对照组。每次测定至少处理 100 头试虫。将处理后的试虫转入清洁容器内,供给水和食物。24 h 后记录死亡数。

8.3 死亡判断

试虫不能正常爬行或完全不动视为死亡。

8.4 结果表述

结果用死亡率表述,计算见公式(1)。

$$M=\frac{N_m}{N}\times 100\% \qquad \cdots\cdots(1)$$

式中:

M ——死亡率;

N_m——死亡虫数;

N ——试虫总数。

对照死亡率小于 5%无需校正;对照死亡率在 5%~20%之间,用 Abbott 公式进行校正;对照死亡率大于 20%为无效测定。

依据 Abbott 公式校正死亡率,计算见公式(2)。

$$M_m=\frac{M_t-M_c}{1-M_c}\times 100\% \qquad \cdots\cdots(2)$$

式中:

M_m ——校正死亡率;

M_t ——处理组死亡率;

M_c ——对照组死亡率。

8.5 判别标准

校正死亡率小于 80%为抗性种群。

附　录　A
（资料性附录）
常见杀虫药剂对敏感德国小蠊品系的诊断剂量

表 A.1 给出了常用杀虫药剂对敏感德国小蠊品系的诊断剂量。

表 A.1　常见杀虫药剂对敏感德国小蠊品系的诊断剂量

杀虫药剂	诊断剂量(点滴法) LC_{99} μg/头	诊断剂量(药膜法) LC_{99} mg/L
残杀威(propoxur)	1.0	1.1×10^{-4}
氯菊酯(permethrin)	1.5	—
溴氰菊酯(deltamethrin)	0.1	—
氯氰菊酯(cypermethrin)	0.5	—
敌敌畏(DDVP)	1.0	3.5×10^{-4}
注：敏感品系来自北京市疾病预防控制中心医学昆虫饲养室，测定时间为 2004 年 10 月。		

ICS 03.200
A 12

中华人民共和国国家标准

GB/T 26353—2010

旅游娱乐场所基础设施管理及服务规范

Infrastructure management and service specifications for places of tourist entertainment

2011-01-14 发布 2011-06-01 实施

中华人民共和国国家质量监督检验检疫总局
中国国家标准化管理委员会 发布

前　言

本标准由国家旅游局提出。

本标准由全国旅游标准化技术委员会归口。

本标准主要起草单位：国家旅游局、深圳市旅游局、深圳市华侨城控股有限公司、深圳市标准技术研究院。

本标准主要起草人：刘小军、杨宏远、唐兵、周梅、袁璟、赵珂、李小甘、岳川江、唐顺铁、吴良木、王刚、王清华、赵鹏宇、高振亚、杜佳、于治。

引　　言

本标准的制定旨在保障旅游者在旅游娱乐场所的安全和合法权益，满足其娱乐需求，促进旅游娱乐场所的管理和服务水平的提高。

本标准在总结、借鉴了国内外有关资料和技术规范的基础上，根据国家有关法律法规和旅游部门的规章，并参照了有关国家标准的要求而制定。

旅游娱乐场所基础设施管理及服务规范

1 范围

本标准规定了旅游娱乐场所的设施、安全、信息、服务和应急等的管理要求。

本标准适用于接待旅游者的各类旅游娱乐场所。

2 规范性引用文件

下列文件中的条款通过本标准的引用而成为本标准的条款。凡是注日期的引用文件，其随后所有的修改单(不包括勘误的内容)或修订版均不适用于本标准，然而，鼓励根据本标准达成协议的各方研究是否可使用这些文件的最新版本。凡是不注日期的引用文件，其最新版本适用于本标准。

GB 2894—2008 安全标志及其使用导则

GB 5768 道路交通标志和标线

GB 8408—2008 游乐设施安全规范

GB/T 10001(所有部分) 标志用公共信息图形符号

GB 13495 消防安全标志

GB 15630 消防安全标志设置要求

GB/T 16766 旅游服务基础术语

GB/T 17775 旅游区(点)质量等级的划分与评定

GB/T 18973 旅游厕所质量等级的划分与评定

GB/T 20501(所有部分) 公共信息导向系统 要素的设计原则与要求

GB/T 21268 非公路用旅游观光车通用技术条件

JGJ 50 城市道路和建筑物无障碍设计规范

3 术语和定义

GB/T 16766 确立的以及下列术语和定义适用于本标准。

3.1

旅游娱乐场所 places of tourist entertainment

旅游企业为旅游者提供公开旅游娱乐体验的合法经营场所。

3.2

大型旅游娱乐活动 large-scale tourist entertainment activities

法人或者其他组织在旅游区域内面向社会公众举办的每场次预计参加人数达到 1 000 人以上的体验各类娱乐项目的活动。

3.3

突发事件 emergency events

突然发生，造成或者可能造成严重社会危害，需要采取应急处置措施予以应对的自然灾害、事故灾难、公共卫生事件和社会安全事件。

4 总则

4.1 由若干类型和功能组成的旅游娱乐场所应有统一的经营管理机构和明确的地域范围。

4.2 旅游娱乐场所的建筑、设施、服务项目、运营管理应符合安全、消防、卫生、环境保护等现行国家标准和有关的行业标准。

4.3 旅游娱乐场所的经营者应遵守职业道德，诚实守信，诚信经营。

5 设施管理要求

5.1 设施的基本配置要求

5.1.1 通用要求

5.1.1.1 旅游娱乐场所配置的所有设施、设备应符合国家有关规定及已颁布的国家标准和行业标准的规定。

5.1.1.2 下列特种设备应具有安全技术规范要求的设计文件、产品质量合格证明、安装及使用维修说明、监督检验证明等文件。特种设备的显著位置上应有登记标志。

a) 锅炉；

b) 压力容器；

c) 压力管道；

d) 电梯；

e) 起重机械；

f) 客运索道；

g) 大型游乐设施。

5.1.1.3 对于新型设施、设备无相应国家或行业标准的，应具备经国家技术监督行政主管部门备案的产品执行标准。

5.1.1.4 国外进口设施、设备应符合我国有关安全、卫生和环境保护等技术标准，具备机电产品进口证件(包括《进口许可证》、《进口自动许可证》)。

5.1.2 接待设施

旅游娱乐场所应配置与其规模相适应的接待设施。接待设施至少应包括：收银处、计价收费设备、问询处、行李及贵重物品保管处等。

5.1.3 信息服务设施

旅游娱乐场所应配置内部管理用信息系统和面向旅游者的信息公告服务系统。信息服务设施至少应包括：电子显示导览屏、公共广播、引导标牌、安全标志和设施服务安全提示牌等。各种标志、图形符号应符合国家标准 GB 2894、GB/T 10001、GB 13495、GB 15630 和 GB/T 20501 的要求。

5.1.4 公共设施

5.1.4.1 旅游娱乐场所应配置公用电话、照明设施、环保垃圾箱、符合 GB/T 18973 规定的 4 级以上旅游厕所、符合 JGJ 50 规定的残障人士通道及相应设施等。

5.1.4.2 有条件的旅游娱乐场所宜配置停车场。

5.1.4.3 按 GB/T 17775 要求，通讯设施应能保证接收手提电话信号。

5.1.5 安全设施

旅游娱乐场所应配置与其规模相适应的安全设施。安全设施至少应包括下列各项，并应按相关部门的规定在出入口、主要通道等地安装闭路电视监控设备，且保证在运营期间工作正常、不中断。

a) 应急照明灯；

b) 医疗急救药品；

c) 医疗救护器材；

d) 应急交通工具；

e) 应急通信系统；

f) 安全指引标识。

5.1.6 专项娱乐设施

根据旅游娱乐场所的需求，配备相适应的专项娱乐设施，如：游艺机、水上游乐设备等。所有配备的游乐设施应符合 GB 8408—2008 中第 4～8 章的安全要求。

5.2 设施的运营要求

5.2.1 设施的运营应保证不污染周边的环境和卫生，不破坏旅游资源。

5.2.2 设施的运营应符合 GB 8408—2008 中第 9 章的要求。

5.2.3 旅游娱乐场所提供的娱乐服务项目，应当明码标价。

5.2.4 所有娱乐设施、设备应在明显位置配备使用说明标示牌，并在提供服务之前以广播形式介绍使用安全注意事项。

5.2.5 为旅游者提供娱乐用的设施、设备在每日使用前应进行例行检查，并做记录。特种设备还应进行试运行。

5.2.6 具有危险隐患的设施周围应设置安全栅栏，安全栅栏的尺寸规格按 GB 8408—2008 中 7.8.1 的规定执行。

5.2.7 设施、设备的操作、管理和维修人员应经考试合格后持证上岗。

5.2.8 当天气恶劣、设备发生故障或停电等紧急情况或有可能发生上述情况时，应停止运营。

6 服务管理要求

6.1 服务岗位要求

6.1.1 应对各服务岗位制定服务规范及明确的岗位职责和服务内容。

6.1.2 有特殊要求或安全要求的服务岗位，如特种设备服务岗位、水上娱乐服务岗位等，应制定符合相应国家标准或行业标准要求的岗位服务规范和岗位安全责任制度，配备专职的安全管理人员。

6.1.3 客服中心岗位服务规范应包括为老、弱、病、残、孕、抱婴者、失散游客及团队预约等制定特殊服务规定。

6.1.4 应建立上岗培训制度，有特殊要求的岗位应由具有专业资格的培训机构进行上岗前培训。

6.2 服务人员要求

6.2.1 服务人员应遵守旅游职业道德和岗位规范，礼貌待人，维护旅游者的合法权利。

6.2.2 服务人员应掌握本岗位所需的专业知识，按国家相关规定持证后方可上岗。

6.2.3 特殊岗位的服务人员应满足相关国家标准、行业标准和地方标准的要求。

6.2.4 服务人员发现事故隐患或者不安全因素，应当立即向现场安全管理人员和单位有关负责人报告。

6.2.5 服务人员应熟练掌握本岗位有关应急安全处理方法。

6.2.6 服务人员应身体健康，无职业禁忌症，应持有效的健康体检证明方可上岗服务。

6.2.7 营业期间，服务人员应着统一的工作制服，佩戴工作标志。

6.2.8 服务人员应会讲流利的普通话，吐字清晰，普通话达标率 100%。

6.2.9 接待海外旅游者的服务人员应能用相应外语为海外旅游者服务。

6.2.10 服务人员应主动、具体、详实地介绍服务内容和服务价格，并主动为老、弱、病、残、孕和抱婴者提供特殊服务。

6.2.11 提倡微笑服务，使用礼貌用语。

6.2.12 服务人员应尊重旅游者的道德信仰与风俗习惯，满足不同民族人员的合理需求。

6.2.13 对旅游者提出的问题暂时不能回答的或暂时无法解决的，应记录并事后跟进。

6.2.14 设施、设备服务人员应时刻观察旅游者的动态，指导旅游者安全娱乐。

6.2.15 各出入口服务人员应具有接待和疏通旅游者的能力，在高峰期间，协助门岗工作，确保出入口畅通无阻。

6.2.16 发现旅游者遗失物品，应及时上缴有关部门以方便归还失主。

6.2.17 当发生突发事件时，应立即报告，并按职责采取有效措施，减少损失。

6.3 服务流程要求

6.3.1 通用要求

旅游娱乐场所应对所提供的各项娱乐活动或服务定制相应的、合理的服务流程，包括：服务内容、与服务内容相对应的管理部门和服务流程图。

6.3.2 信息公告

6.3.2.1 在服务的初始阶段和中间过程中，应利用信息设备，如电子显示屏等向旅游者及时通报场所内设施及服务项目当前的状况。

6.3.2.2 服务过程中所有提供的娱乐服务项目和出售的商品，应明码标价，并向消费者出示价目表；其价格应符合相关部门的规定范围。

6.3.2.3 公共广播语言应采用标准普通话播音；按地域不同宜增加当地方言播音。

6.3.2.4 接待海外旅游者场所中的所有标示信息至少以中、英文两种以上文字表示；公共广播语言至少以中、英文两种以上语言广播。

6.3.3 投诉处理

6.3.3.1 应按公平、公正、公开的原则建立完善的投诉处理制度。

6.3.3.2 在服务的不同阶段处应设立投诉接待处，或投诉箱、投诉簿等。

6.3.3.3 投诉处理应达到 24 h 内回复、10 天内反馈处理结果。对不满意处理结果的，应积极配合上级主管部门调查，协调处理。

6.3.3.4 投诉处理结案率大于 98%。

6.3.3.5 建立投诉档案管理制，档案记录应实事求是，保持完整。

6.3.4 信息收集、统计与归档

6.3.4.1 旅游娱乐场所的内部管理用信息系统应能够实时对场所进出的旅游者数量、经营效益、从业人数等业务情况进行收集和统计。

6.3.4.2 应采用统计技术对采集到的数据进行统计分析。

6.3.4.3 应对所有统计信息和记录建立统计台账和核算制度，并按相关规定按时报送各级管理部门。

6.3.4.4 信息统计数据文档保存期为五年。

6.3.5 服务质量控制

6.3.5.1 企业应制定质量管理目标，并建立监督检查制度。

6.3.5.2 企业宜设立质量管理部门或质量管理岗位。

6.3.5.3 企业应公布 24 h 服务电话，受理旅游者的投诉和咨询。

6.3.5.4 企业应有专职人员负责服务质量的监督和考核。社会有效投诉率应不超过万分之三。

6.3.5.5 应定期向旅游者发放并回收“征求意见表”。

6.3.5.6 应有计划、有目的、有选择的回访旅游者。

6.3.5.7 应对旅游者提出的合理化建议制定有效的纠正措施，改进服务工作，提高服务质量。

6.3.5.8 鼓励企业积极获取相关的质量管理体系和环境管理体系等的认证。

7 安全管理要求

7.1 安全管理机构

7.1.1 旅游娱乐场所应设置安全管理机构，负责建立安全管理制度、组织落实各项安全措施、进行安全检查、监督和培训。

7.1.2 旅游娱乐场所应设置独立的应急管理机构，履行值守应急、信息汇总和综合协调职责，并负责现场的应急处置工作。

7.1.3 应急管理机构视实际需要聘请有关专家组成专家组,为应急管理提供决策建议,必要时参加突发事件的应急处置工作。

7.1.4 管理机构的中高层人员应具有五年以上从事旅游相关工作的经验,熟悉行业法律、法规及相关的管理规定,具备相关的专业知识。

7.2 安全管理制度

7.2.1 治安管理

7.2.1.1 旅游娱乐场所除应符合相关部门的规定外,还应配备安全保卫人员,负责安全巡查,维护场所秩序,制止治安纠纷。

7.2.1.2 举办大型旅游娱乐活动,承办者应在活动举办日的20日前向公安机关提出安全许可申请。承办者应制订安全工作方案,并上报当地公安机关。安全工作方案包括下列内容:

a) 活动的时间、地点、内容及组织方式;
b) 安全工作人员的数量、任务分配和识别标志;
c) 活动场所消防安全措施;
d) 活动场所可容纳的人员数量以及活动预计参加人数;
e) 治安缓冲区域的设定及其标识;
f) 入场人员的票证查验和安全检查措施;
g) 车辆停放、疏导措施;
h) 现场秩序维护、疏导措施;
i) 应急救援预案。

7.2.1.3 旅游娱乐场不应销售有可能伤害旅游者的带有刃器的商品,如刀具类商品,包括仿真商品。

7.2.2 消防管理

7.2.2.1 应建立消防安全管理制度,并符合国家有关消防管理的规定和相应的国家标准。

7.2.2.2 对于露天场所的消防安全应制定适合本企业的消防安全标准,报上级主管部门备案。

7.2.2.3 保持消防通道畅通,并在有可能发生火灾隐患附近配置相适应的消防器材。

7.2.2.4 应开展全员消防教育,定期组织所属员工进行消防培训和应急演练。根据需要建立自身的专业消防队,或由职工组成义务消防队。

7.2.3 设施、设备管理

7.2.3.1 旅游娱乐场所应建立设施、设备的使用、管理和维护制度,包括安全分析、安全评估和安全控制。

7.2.3.2 应根据设施、设备的执行标准制定有关的操作运行规范和安全检查规范,建立设施、设备的管理档案。

7.2.3.3 属于特种设备的应建立健全特种设备安全管理制度,单独设立安全技术档案。按安全技术规范向特种设备检验检测机构提出定期检验要求。至少每月进行一次自行检查。当出现故障或者发生异常情况时,应当对其进行全面检查,消除事故隐患。

7.2.3.4 应保证举办大型旅游娱乐活动时,场所外围及场所内部不断电。

7.2.4 食品安全管理

7.2.4.1 场所内销售的预包装食品应获得食品生产许可证,其销售包装上印有食品质量安全QS标志。

7.2.4.2 餐饮服务应符合国家食品卫生管理规定,并达到相关国家标准和行业标准的要求。餐饮环境整洁,并应配备消毒设施,使用一次性环保餐具。

7.2.5 交通安全管理

7.2.5.1 应按照场所经营面积设置合理的疏散通道、安全出口和救护车专用通道,并保证营业期间进出便捷、畅通无阻。

7.2.5.2 所有通道应在醒目位置设置清晰的指示标志，标志内容和形式应符合 GB 5768 标准的要求。

7.2.5.3 对需要配备交通设施的旅游娱乐场所，其交通工具应安全可靠，符合 GB/T 21268 标准的要求；其交通路面应符合交通工具及道路交通的要求，并与景观艺术、人文及生态环境要求相适应。

7.2.5.4 场所内应实行机动车礼让行人的人性化安全交通制度。

7.2.6 **突发事件管理**

7.2.6.1 **应急预案**

7.2.6.1.1 旅游娱乐场所须制定应对各类突发事件的应急预案，并与当地相关部门和政府的预案紧密衔接。

7.2.6.1.2 应急预案应具体规定突发事件应急管理工作的组织指挥体系与职责和突发事件的预防与预警机制、处置程序、应急保障措施以及事后恢复与重建措施等内容。

7.2.6.1.3 应急预案应根据实际情况变化不断补充和完善。

7.2.6.1.4 在大型旅游娱乐活动举办过程中发生公共安全事故、治安案件的，安全责任人应立即启动应急预案，并报告公安机关。

7.2.6.1.5 应针对各种可能发生的突发事件，建立预测预警系统，开展风险分析，做到早发现、早报告、早处置。

7.2.6.2 **应急处置**

7.2.6.2.1 **信息报告**

7.2.6.2.1.1 突发事件发生后，现场主管应于 10 min 内向应急管理机构报告。应急管理机构应于 10 min内向旅游娱乐场所最高管理者报告。

7.2.6.2.1.2 重大突发事件应立即报告，最迟不得超过 1 小时向有关地区和主管部门通报。应急处置过程中，亦应及时续报有关情况。

7.2.6.2.2 **先期处置**

应急管理机构在收到突发事件报告后，应立即启动相关应急预案，及时、有效地进行处置，控制事态，积极救助，全力保障游客的生命财产安全。如涉及人员受伤，应于 10 min 之内得到紧急救助。

7.2.6.2.3 **应急响应**

对需要各场所、部门共同参与处置的突发事件，各场所、部门的主管领导应积极配合，在人力、物力、财力、交通运输、医疗卫生及通信等方面予以保障。

7.2.6.2.4 **应急结束**

相关危险因素消除后，应按有关规定做好善后处置，并对事件的起因、性质、影响、责任、经验教训和恢复重建等问题进行调查与评估。

7.2.6.3 **应急演练**

应急管理机构应结合实际，有计划、有重点地进行相关预案的培训及演练。

7.2.6.4 **责任与奖惩**

突发事件应实行责任追究制。对应急管理工作中做出突出贡献的应给于表扬和奖励；对迟报、谎报、瞒报和漏报重要情况的或有其他失职、渎职行为的应按相关规定对责任人给于惩治。

7.3 **安全检查**

旅游娱乐场所的安全管理机构应制定安全检查制度，对所有涉及安全的规章制度和服务项目按规定进行周期检查和抽查，并做好相应记录。

ICS 03.200
A 12

GB

中华人民共和国国家标准

GB/T 26354—2010

旅游信息咨询中心设置与服务规范

Standard of setting-up and services of tourist information centre

2011-01-14 发布 2011-06-01 实施

中华人民共和国国家质量监督检验检疫总局
中国国家标准化管理委员会 发布

前　言

本标准的附录A为规范性附录。

本标准由国家旅游局提出。

本标准由全国旅游标准化技术委员会归口。

本标准起草单位：中国社会科学院旅游研究中心、国家旅游局质量规范与管理司、杭州市旅游委员会、杭州旅游集散中心。

本标准主要起草人：张广瑞、李明德、陈立平、吴金梅、李任芷、刘士军、王嵘山、汪黎明、刘莉莉、张源。

引　言

旅游信息咨询中心(国际上一般称"旅游信息中心"tourist information centre)是为旅游者提供信息服务的公共服务设施,设立旅游信息中心是世界大多数国家旅游城市的惯例,实践也证明是成功的经验。

目前,国内一些城市已设立类似的机构,但仍难以适应我国旅游业日益发展的形势,极有必要对这一设施及其服务进行规范。

旅游信息咨询中心设置与服务规范

1 范围

本标准规定了旅游信息咨询中心的设置要求及旅游信息咨询服务的内容、形式和管理办法。

本标准适用于为公众提供旅游信息与咨询服务的公益性机构。

2 术语和定义

下列术语和定义适用于本标准。

2.1

旅游信息 tourism information

与旅行、游览、休闲等活动相关的信息。

2.2

旅游信息咨询中心 tourist information centre

为旅游者和其他公众提供旅游信息和相关咨询服务的公共服务设施。

2.3

旅游信息咨询员 tourist information officer

符合旅游信息咨询中心确定的任职资格并取得相应资质的旅游信息咨询中心的工作人员。

2.4

旅游咨询服务 tourism consulting service

为公众提供有关旅行、游览、休闲、度假等活动相关信息的非商业性咨询服务。

3 旅游信息咨询中心的设置和基本功能

3.1 机构性质

旅游信息咨询中心是由中央或地方政府单独或与相关地区或机构联合设立的公共服务设施，所提供的信息和咨询服务是公益性的或免费的。

3.2 选址标准

3.2.1 旅游信息咨询中心选址应以满足旅游者需求为原则，优先考虑旅游者最需要信息服务的地点和场所，包括机场、车站或客运码头、中心广场、主要交通干线的入口以及景点景区等游客集散地。

3.2.2 首都应在国际机场、火车站及旅游集散中心设立旅游信息咨询中心。

3.2.3 旅游城市宜在机场、火车站和旅游者活动最为集中的场所和地段设立旅游信息咨询中心。

3.3 基本功能

3.3.1 免费提供旅游资料和宣传品，如旅游地图、旅游指南、城市旅游信息免费期刊、景区和景点以及旅游相关服务的宣传品等。

3.3.2 免费提供旅游相关信息的问询。

3.3.3 收集对旅游设施和服务等方面的意见。

3.3.4 授权接受并转达旅游投诉。

3.3.5 展示具有本地特色的旅游纪念品。

3.4 服务体系

3.4.1 首都应设立覆盖全国旅游信息的旅游信息咨询中心。

3.4.2 城市应设立覆盖全市旅游信息的旅游信息咨询中心。根据实际情况、在适当地点，旅游信息咨询中心可设立若干分中心或服务点。

4 名称与标志

4.1 中文名称

中文名称为旅游信息咨询中心。

4.2 英文名称

英文名称为 Tourist Information Centre。

4.3 标志及构成要素

4.3.1 标志

旅游信息咨询中心的图形标志采用国际通用的代表信息(information)的第一个字母 i 为符号要素的构成,见附录 A。

4.3.2 名称规范

4.3.2.1 首都设立的覆盖全国旅游信息的旅游信息咨询中心,应使用"中国旅游信息咨询中心"的名称。

4.3.2.2 城市所设立的旅游信息咨询中心,可用"××(市)旅游信息咨询中心"的名称,只使用城市名称,其中"市"应省去,如"北京旅游信息咨询中心"。

4.4 标志的视觉识别系统

4.4.1 标志

旅游信息咨询中心标志"i"见附录 A.1,标志的颜色应为 CMYK(印刷四分色模式):C57,M0,Y27,K0。

4.4.2 标志的正反色应用

旅游信息咨询中心的标志可单独使用,其正色应用和反色应用见附录 A.2。应用时应等比例放大或缩小。

4.4.3 组合应用

4.4.3.1 旅游信息咨询中心的标志、中文名称和英文名称可组合应用。

4.4.3.2 中文名称按照 4.3.2 的名称规范要求。

4.4.3.3 中文名称的规范字体为黑体,英文名称的规范字体为 Impact 体。

4.4.3.4 颜色应为 CMYK(印刷四分色模式):C57,M0,Y27,K0。

4.4.3.5 标志、中文名称和英文名称组合的示例见附录 A.3。

5 设施及设备

5.1 建筑物及其外观

5.1.1 旅游信息咨询中心的建筑形式可以是独立的建筑物或建筑单元,也可以是相对独立的建筑区域。

5.1.2 建筑物正门、侧面或顶部(如有条件)等明显处应有旅游信息咨询中心的标志或名称。

5.2 面积

5.2.1 首都设立的旅游信息咨询中心,建筑面积不少于 80 m^2。

5.2.2 城市所设立的旅游信息咨询中心,建筑面积不少于 50 m^2。

5.2.3 旅游信息咨询中心下设的旅游信息点或亭,建筑面积不少于 8 m^2。

5.3 功能分区

5.3.1 旅游信息咨询中心应分成公共服务区和后台工作区。

5.3.2 公共服务区向公众提供面对面的服务、资料与宣传品的展示。

5.3.3 后台工作区为中心工作人员工作、休息以及资料储存的场所,不对公众开放。

5.4 基本设备

5.4.1 工作设备

5.4.1.1 公共服务区应设置咨询台,咨询员的对面为咨询服务对象,至少设一把座椅。

5.4.1.2 至少配备电脑、电话、传真机、打印机等办公必备设备各一台。

5.4.1.3 至少有一台与互联网相连的电脑。

5.4.1.4 旅游信息服务点可视条件配备设备,可不设咨询台,只开服务窗口。

5.4.2 展示宣传设备

5.4.2.1 资料展示台、架。

5.4.2.2 旅游信息咨询中心的展示架不得少于4个。有条件的要对展示架所展示的资料进行分类摆放,有明显的标志或文字。

5.4.2.3 设立主背景墙。在咨询台的对面墙上应设置具有当地旅游吸引物或旅游产品特色的照片或招贴画,并配合当地旅游活动不断更换。

5.4.2.4 视频播放装置

区域地图或旅游示意图,可置于室内显著位置或建筑物外墙,保持所展示的图件内容准确,查阅方便。

5.4.3 公众可用设备

公共服务区内设有可供公众免费查询信息的设备,如触摸屏、自助查询电脑等设备。

5.4.4 其他设备

可视条件配备其他设备,如具有地方特色的产品和纪念品的展示架等。

5.5 本项规定仅针对各城市建立的旅游信息咨询中心,各区、县(市)建立的分中心(咨询服务点)由各个城市根据实际需要做出相应规定。

6 服务

6.1 服务对象

旅游信息咨询中心的服务对象是旅游者和其他公众,但服务内容和方式要优先考虑外来旅游者的需求。

6.2 服务原则

旅游信息咨询中心应提供免费服务。如中心提供的资料或物品,如书籍、旅游指南、旅游咨询光盘等需要收取成本费,要征得有关部门的同意,并公示。

6.3 服务内容

6.3.1 回答来访者提出的有关旅行和旅游活动的问询。

6.3.2 应来访者要求提供有关旅行和旅游等方面的建议。

6.3.3 为来访者提供与旅行、游览等方面的信息资料,如当地地图、导游图及景点介绍等。

6.3.4 接受旅游者投诉并负责及时向相关部门转达。

6.3.5 接受旅游救助请求并协助相关部门进行旅游紧急救助活动。

6.4 服务方式

6.4.1 现场服务

6.4.1.1 在旅游信息咨询中心当面接受来访者的咨询和相关服务。

6.4.1.2 通过触摸屏、电脑等自助查询设备以及视频播放系统,提供相应的旅游信息。

6.4.1.3 根据需要,可派旅游信息咨询员到旅游者活动的现场提供流动性面对面服务。

6.4.1.4 信息咨询员根据实际需要制作简单易行且直观效果好的便条或示意图,方便旅游者。

6.4.2 远程服务

6.4.2.1 电话服务

旅游信息咨询中心应提供以下电话服务：

a) 开通旅游咨询热线电话，为咨询服务对象提供与旅游有关的信息服务；

b) 服务电话号码、服务时间和服务语言应在旅游宣传品、网站和旅游信息咨询中心显著位置明示。

6.4.2.2 网络服务

旅游信息咨询中心应提供以下网络服务：

a) 旅游信息咨询中心在相关旅游信息服务网站上有专门的网页。

b) 可通过网站、网上即时对话或电子邮件的方式进行网上互动服务。

c) 可在网站或网页上设立旅游者经常提出的问题和答案专栏，便于公众查询。

6.5 服务语言

6.5.1 汉语服务应使用普通话。根据地域特点，可提供当地方言的咨询服务。

6.5.2 外语服务应使用英语提供咨询服务，但可根据当地客源的实际情况，提供其他外语语种的咨询服务。

6.6 服务时间

6.6.1 每天的开放时间应当根据旅游者的活动规律确定，可以根据旅游季节的差异或重大节庆活动延长或缩减服务时间。

6.6.2 旅游信息咨询中心的服务时间及其调整应明示。正常的开放时间要在旅游信息咨询中心的显要位置公布，便于公众识别。并应在旅游指南等宣传品上刊登。

6.7 服务规范

6.7.1 旅游信息咨询中心的主管部门应制定详细的服务规范和服务程序，便于检查与监督。

6.7.2 旅游信息咨询员所提供的信息应做到准确无误并及时更新。信息内容应包括当地重要旅游景点、交通、酒店、餐饮、购物等旅游相关信息。

6.7.3 旅游信息咨询中心及其工作人员不得代理任何商业机构或个人在中心从事商业性活动。

7 服务人员

7.1 人员

7.1.1 旅游信息咨询员的配备

旅游信息咨询中心应配备三名以上信息员，并保证有两名工作人员同时在岗进行旅游咨询工作。

7.1.2 志愿者

如有必要，可建立相应机制，吸纳签约志愿者提供咨询服务。

7.2 职业素质

7.2.1 热爱旅游咨询工作，责任心强。

7.2.2 熟练掌握工作范围所要求的相关知识。

7.2.3 能用普通话、英语或方言等语言提供服务。

7.2.4 能熟练使用旅游信息咨询中心的办公设备。

7.2.5 礼仪

应着装整齐、仪态端庄、举止文明。工作期间应精神饱满，工作过程中要用语规范，态度热情亲切。

7.3 培训

7.3.1 应对旅游信息咨询员进行岗前培训，经考核合格后方可上岗。

7.3.2 根据工作的需要对旅游信息咨询中心工作人员进行定期和不定期的培训。

7.3.3 旅游信息咨询员定期培训至少半年一次。

7.4 制服与徽标

7.4.1 旅游信息咨询中心工作人员在工作时间应统一着装。

7.4.2 旅游信息咨询中心工作人员在工作时间应佩戴统一的徽标胸牌。

8 管理和制度

8.1 管理机构

行业主管部门对各旅游信息咨询中心的运行进行管理和监督，各地旅游信息咨询中心的挂牌和"i"标志的使用应符合本标准的要求，并由行业主管部门认证通过。

8.2 管理办法

旅游信息咨询中心的行政主管部门应制定相应的管理办法，根据管理办法对旅游信息咨询中心及其工作人员进行管理和业绩考核。

8.3 管理制度

8.3.1 应制定值班负责人制度。

8.3.2 应建立值班日志制度，明确记录内容和汇总方式。

8.3.3 应制定定期分析制度。

8.3.4 应明确重要情况汇报制度。

8.4 监督与检查

旅游信息咨询中心应接受各级旅游管理部门和旅游咨询服务对象的监督与检查。

附 录 A
（规范性附录）
标志的视觉识别系统

A.1 标志

旅游信息咨询中心的标志为信息(information)的字首字母“i”，见图 A.1。

图 A.1 标志

A.2 标志的正反色应用

旅游信息咨询中心标志的正色应用见图 A.2，反色应用见图 A.3。

图 A.2 标志正色应用

图 A.3 标志的反色应用

A.3 标志、中文名称和英文名称的组合应用

标志、中文名称和英文名称组合的示例见图 A.4。

图 A.4 组合应用

ICS 03.080
A 12

GB

中华人民共和国国家标准

GB/T 26355—2010

旅游景区服务指南

Guidelines for service in tourist attractions

2011-01-14 发布 2011-06-01 实施

中华人民共和国国家质量监督检验检疫总局
中国国家标准化管理委员会 发布

前　言

本标准由国家旅游局提出。

本标准由全国旅游标准化技术委员会归口。

本标准起草单位：国家旅游局规划财务司、北京第二外国语学院旅游发展研究院、北京市清水木岩旅游咨询中心。

本标准主要起草人：张凌云、吴文学、彭德成、窦群、潘肖澎、王晓宇、魏立忠、朱莉蓉、李嘉宁。

引　言

本标准旨在规范旅游景区服务工作，提高服务质量，维护旅游景区和旅游者的合法权益，全面提升旅游景区的服务水平，引导旅游景区服务业的健康发展。

旅游景区服务指南

1 范围

本标准规定了旅游景区服务的基本内容、构成要素和质量要求。

本标准适用于接待海内外旅游者的不同类型的旅游景区，包括以自然景观、人文景观和人造景观为主的旅游景区中与游客接触的服务岗位。

2 规范性引用文件

下列标准的条款通过本标准的引用而成为本标准的条款。凡是注日期的引用文件，其随后所有的修改单(不包括勘误的内容)或修订版均不适用于本标准，然而，鼓励根据本标准达成协议的各方研究是否可使用这些文件的最新版本。凡是不注日期的引用文件，其最新版本适用于本标准。

GB 5749 生活饮用水卫生标准

GB/T 10001.1 标志用公共信息图形符号 第1部分:通用符号

GB/T 10001.2 标志用公共信息图形符号 第2部分:旅游休闲符号

GB 16153 饭馆(餐厅)卫生标准

GB/T 16767 游乐园(场)安全和服务质量

GB/T 16868 商品经营质量管理规范

GB/T 18971 旅游规划通则

GB/T 18973 旅游厕所质量等级的划分与评定

3 术语和定义

下列术语和定义适用于本标准。

3.1

旅游景区 tourist attraction

以满足旅游者出游目的为主要功能(包括参观游览、审美体验、休闲度假、康乐健身等)，并具备相应旅游服务设施，提供相应旅游服务的独立管理区。该管理区应有统一的经营管理机构和明确的地域范围。

3.2

旅游景区服务 tourist attraction service

管理者和员工借助一定的旅游资源(环境)、旅游服务设施及通过一定的手段向游客提供的各种直接和间接的方便利益，满足其旅游需要的过程和结果。

3.3

服务质量 service quality

服务能够满足规定和潜在需求的特征和特性的总和，即服务工作能够满足被服务者需求的程度。是企业为使目标顾客满意而提供的最低服务水平，也是企业保持这一预定服务水平的连贯性程度。

4 质量管理要求

4.1 总体要求

4.1.1 旅游景区管理层应制定《服务质量手册》，明确服务质量方针、宗旨。表明对服务质量和服务质量管理的基本态度，对游客的服务质量承诺以及实现服务质量承诺和目标的主要方法和措施。

4.1.2 应明确服务质量目标，说明实现这一目标以及服务质量改进应遵循的途径。

4.1.3 在服务质量体系目标中应以游客为本，以服务游客为导向。服务质量活动是一个连续不断的工作过程，应始于游客的要求，终于游客的满意。

4.1.4 应注意定期收集游客对旅游景区服务质量的反馈意见和建议，了解游客的需求变化，不断提高游客的满意度。在服务质量管理制度中应制定有效的纠正和预防措施。

4.1.5 应培养员工强烈的服务质量意识、组织有效的服务质量激励和培训，把质量任务明确分配到各个部门和全体员工。

4.2 基本要求

4.2.1 旅游景区内与游客接触的岗位都应有服务规范和质量要求，有管理制度和奖惩措施。

4.2.2 在与游客接触的岗位上工作的员工都应参加岗位培训，经业务考核合格后，方能持证上岗。

4.2.3 与游客接触的员工应着统一的工作制服，佩带能被明显辨识的胸卡或胸牌。

4.2.4 与游客接触的员工应使用文明礼貌用语、主动热情、微笑服务。

4.2.5 设施、器械应保持其运转状态安全良好，符合安全质量规范要求。

5 人员服务

5.1 停车场服务

5.1.1 负责车辆的疏导、检查和看管，指挥车辆合理停放，保证场内道路畅通。

5.1.2 收费停车场应明示收费标准，并提供相应的服务和管理。

5.1.3 提醒司机关好车辆门窗，勿将贵重物品留在车内。若发现车身有损伤痕迹，应及时向司机说明和确认，并做好登记工作。

5.1.4 做好巡视检查工作，提高防火防盗意识，确保场内车辆和公共设施的安全。

5.1.5 发生车辆碰撞、剐蹭、损坏和丢失等情况，应立即报告有关部门，按相关程序处理。

5.2 售检票服务

5.2.1 售票服务

5.2.1.1 提前到岗，做好售票前的准备工作，如使用手撕票的旅游景区准备好票据，认真登记票号；如使用磁卡门票的旅游景区应整理好磁卡，保证磁卡平整完好；备妥充足的零钱。

5.2.1.2 按规定准时售票。

5.2.1.3 主动介绍所售票务种类和价格，耐心解答游客询问。

5.2.1.4 售票员售票时应做到细心、准确、迅速、唱收唱付。

5.2.2 检票服务

5.2.2.1 提前到岗，准备好检票工具或设施，按规定时间准时开始检票。

5.2.2.2 检票员站在检票位，对于持门票进入的游客，查验其门票的真伪及有效性；对使用电子门禁系统的旅游景区应指导游客顺序进入，防止门禁设施夹伤游客。

5.2.2.3 对于持各类免票单据或有效证件进入的游客，核对单据和有效证件，核查是否符合旅游景区的免票政策。

5.2.2.4 对老、幼、病、残、孕等需要帮助的特殊游客，宜有专门的通道或服务程序和措施帮助其顺利进入。

5.2.2.5 对于团队游客，应能提供快速的检票服务，并做好游客人数的清点工作。

5.2.2.6 对于持无效票的游客应说明原因，并引导重新办理购票手续。

5.3 入口服务

5.3.1 游客中心的服务人员应主动热情解答游客提出的问题，内容真实准确，通俗易懂。

5.3.2 对于配有电子导游器的旅游景区，应保证电子导游器的设备状态良好，按键正常，电源充足。服务人员应向游客耐心讲解电子导游器的使用说明和相关的注意事项。

5.4 景区工作人员服务

5.4.1 所有在旅游景区现场的服务人员应牢固树立时刻为游客排忧解难的服务意识,对于需要帮助的游客,应及时主动地施以援手;对于游客的问询,工作人员应耐心回答,表达清晰。

5.4.2 旅游景区现场未在固定岗位的服务人员宜掌握基本的摄影技术,主动给需要帮助留影的游客照相留念。

5.4.3 在客流高峰期应有安全预案,能及时进行客流疏导,合理安排流量和流向。

5.4.4 对于走失的游客应做好安抚和照顾工作,并积极通过广播或其他通信手段主动帮助联系。

5.5 导游讲解

5.5.1 景区导游讲解员应提前到岗,做好相应的迎宾准备工作。

5.5.2 应主动热情接待游客,介绍导游讲解服务项目和收费标准,包括游览路线和时间。也可根据不同类型游客群体,合理建议游览线路,做到因人施讲。

5.5.3 导游讲解员在讲解开始时,应先做自我介绍,并致欢迎词。

5.5.4 导游讲解员应提升自身的修养,扩大知识面,提高讲解水平与技巧;讲解内容力求科学,尊重历史;应针对不同的游客采取不同的讲解方式,力求语言准确生动,健康活泼。

5.5.5 对于团队游客,讲解应详略得当,突出重点,音量适度;行进过程中,注意前后照应,避免掉队走失。

5.5.6 导游讲解员带队时,遇有障碍路段或存在安全隐患的区域,应及时提醒游客注意安全。

5.5.7 导游讲解结束时,应与游客主动道别,致欢送辞。

5.6 交通服务

5.6.1 对于旅游景区从事交通工具(如电瓶车、游船、索道缆车等)的服务人员(如司机、操作人员等)应将游客安全放在首要位置,严格遵守操作安全规程,缓速行驶。

5.6.2 注意上下交通工具游客的安全。地面交通工具行驶中应注意避让游客。

5.6.3 发生交通意外时,应有快速反应的救援服务。

5.7 餐饮服务

5.7.1 旅游景区管理方对其管理区域内提供的餐饮服务,应承担服务质量管理或监管的责职。

5.7.2 服务人员每年应定期接受体检,无县级以上医院出具的健康合格证明者不得从事餐饮服务。

5.7.3 服务人员应注意个人卫生,衣着整洁干净。

5.7.4 餐食和饮品的卫生标准应达到各专项的国家标准或行业标准。

5.7.5 餐厅卫生应符合 GB 16153 规定的标准。

5.7.6 服务人员应诚信待客、明码标价、出具服务凭证或正式发票,不欺客、不宰客。

5.7.7 服务人员应及时收拾餐具,清洁桌面,保持餐厅内卫生,方便游客就餐。

5.8 购物服务

5.8.1 旅游景区管理方对其管理区域内的购物服务,应承担管理或监管的责职。

5.8.2 所售的商品应符合 GB/T 16868 的规定,商品质量应确保人体健康与安全。

5.8.3 严禁销售过期、变质及其他不符合食品卫生规定的食(饮)品。

5.8.4 购物环境秩序井然,商户亮照经营,可主动向客人介绍富有本旅游景区特色的旅游商品,但不应强迫游客购买或尾随兜售。

5.8.5 所售商品均应明码标价,无价格欺诈、以次充好、缺斤少两等不诚信行为。

5.8.6 旅游景区内的大型购物区(店)宜提供电子收款机(POS 机)刷卡、自助银行取款(ATM)等服务。

5.9 卫生保洁

5.9.1 厕所应配备专人负责保洁,保证室内整洁、无异味,洁具洁净、无污垢、无堵塞,清洁工具摆放整齐、不外露,应提供厕纸。

5.9.2　卫生保洁员的工作应符合 GB/T 18973 中的相关规定。

5.9.3　旅游景区游览环境整洁，无污水污物，各种设施设备无污垢，无异味。

5.9.4　垃圾清扫、清运及时，日产日清；运输过程采用遮盖或封闭式清运，不沿途撒落。

5.10　咨询服务

5.10.1　宜设置游客中心或游客咨询台，提供景区咨询服务。

5.10.2　旅游景区应有相应的网页，为游客提供景区的地理位置、开放时间、游览内容、门票价格、联系方式等基本信息服务。

5.10.3　应开设咨询电话，并在电话黄页、景区宣传资料上公布咨询电话号码。

5.10.4　根据需要，可在游客较为集中的地方，增设游客咨询处(点)，提供相应的信息服务。

6　服务设施和管理

6.1　停车场设施和管理

6.1.1　停车场和停车区的面积与旅游景区正常时段客流量相适宜。

6.1.2　在旅游旺季，遇有客流量高峰期，应有临时停车场和停车区或有相应的管理措施。

6.1.3　停车场设施设备齐全，运转正常，状态良好。

6.1.4　有停车场指引和停车分区，标线指示明显，设回车线。

6.1.5　有专人值管和巡视制度。

6.1.6　收费停车场应配备有相应的设施。

6.2　售检票设施和管理

6.2.1　售票处设置应位置合理，标志醒目，以中外文明示旅游景区的开放时间、淡旺季门票价格(含其他收费项目明细)、优惠办法如年票、套票以及享受优惠票价的特殊群体(如学生、军人、老年人、残障人士等)、享受免票的特殊群体等购票信息。

6.2.2　根据游客流量设置相应数量的售票窗口，遇有客流量高峰期可根据实时流量及时调整购票窗口的数量，或设立排队隔栏，并安排专人负责维持购票秩序。

6.2.3　可设置团体购票窗口，对老人、幼儿、病患、残障人士、孕妇等需要帮助的特殊游客，宜设置专门购票窗口或制定优先购票制度和措施。

6.2.4　合理设置检票入口，旅游旺季宜设立单独的团队入口。

6.2.5　使用电子门禁系统的，应确保设施运转正常、状态良好、应做到定期维护检修。

6.3　入口区设施和管理

6.3.1　设有旅游景区平面示意图及游客须知，标识清晰，文字内容通俗易懂。接待海外游客达到一定比例者，应配有英文或主要客源国的文字说明。

6.3.2　在旅游旺季，宜设置每日客流量统计牌。

6.3.3　指示牌、指路牌位置适当，标识清晰。

6.3.4　应设置游客中心或服务台，提供旅游景区的游览信息；如果提供人员导游讲解或电子导游器，应明示人员导游讲解的语种、讲解时间、价格等信息和供租用的电子导游器的语种、讲解内容、讲解时间、租[押]金、使用说明以及损坏赔偿规定等基本信息。

6.3.5　电子导游器应便于游客操作，质量稳定，讲解词科学准确，知识丰富，生动有趣，宜有多个语种版本，租还手续便利，租(押)金收费合理。

6.4　游步道设施

6.4.1　游步道设计合理，应符合人体工程学和景观美学原理，无安全隐患，危险路段应有保障游客安全的护栏及警示牌。

6.4.2　游步道沿途重要路口各种指示标识清楚，并显示所在位置，距离较远的，宜有至目的地的里程数提示。

6.4.3 沿途应设置观景、休息设施和避雨等场所(如椅、凳、亭、台、廊、阁等)。

6.4.4 游步道路面和沿途设施应定期检查维护,确保能正常使用,状态良好。

6.5 交通通信设施

6.5.1 旅游景区内游览路线和航道布局合理、通行顺畅,与环境相协调,无交通安全隐患。

6.5.2 可根据需要,设置与旅游景区规模相适应的车站点、专用停车场、船舶码头、电瓶车、游览车、索道、缆车等交通工具和设施。

6.5.3 通讯设施布局合理,入口、出口及游人集中场所和游步道沿途应设有公用(投币或磁卡)电话,并可适当配置自动换币和电话磁卡售货机,或配备工作人员换币和出售磁卡。公用电话应具备紧急呼叫求援功能,公用电话亭标志醒目,与环境协调。

6.5.4 旅游景区应设立区域广播网,播放旅游景区游人须知,安全提示等。

6.5.5 旅游景区内交通通信设施应定期检查维护,确保能正常使用,状态良好。

6.6 标识指引

6.6.1 旅游景区如设置外部引导标识,应规范、合理、醒目,符合 GB/T 10001.1 的要求。

6.6.2 旅游景区内应设置游览全景图、导览图、景观说明牌或简介、中外文指路标志牌、安全警示、游客须知、注意事项等相应的中外文引导标识,且数量适中、内容准确、标志醒目、指向明确,符合 GB/T 10001.2 的要求。

6.7 游览和活动项目设施设备

6.7.1 文物和遗产类旅游景区应有相应的文物遗产保护设施设备、手段和措施,既要考虑游客观赏效果,又要防止因游客游览方式不当造成损坏。

6.7.2 自然公园类旅游景区应有必要的游客流量监测设施设备、手段和措施,根据旅游景区的环境承载力和生态系统特点控制游客流量和流向。游客流量测定可按照 GB/T 18971 中建议的方法。

6.7.3 主题乐园、游乐园类旅游景区的设施设备应符合 GB/T 16767 的安全要求。

6.7.4 博物馆类的旅游景区宜采用多种生动活泼的展示设施和手段,可提供游客参与性较强的参观项目。

6.7.5 温泉、海洋、滑雪等度假类旅游景区应营造浓厚的度假氛围和适宜的度假环境,度假设施完备,度假活动丰富。

6.7.6 为老人、幼儿、残障人士、孕妇等特殊人群提供人性化设施和服务,宜配备必要的无障碍设施。

6.8 餐饮设施和管理

6.8.1 旅游景区内的餐饮服务设施布局合理,方便游客,并与周边环境相协调。

6.8.2 室内外客用餐桌椅完好无损、干净无污垢,备有儿童座椅。

6.8.3 餐饮用具符合 GB 16153 的相关规定,卫生许可证、经营许可证、健康证三证齐全。

6.8.4 不应使用不可降解的、对环境造成污染的一次性餐饮具。

6.8.5 厨房灶台、加工案台、厨具器皿等洁净、无油渍,排烟机通风口无油垢。

6.8.6 采购食(饮)品,应对供应商资质和采购的物品进行必要的审验和检查。

6.8.7 食品原材料的采购、运输、存储的容器包装、工具、设备应安全、无害,保持清洁,防止食品在运输和存储等流通环节上受到污染。

6.8.8 食(饮)品的加工制作应生熟分开,禁止使用过期变质的原料进行食品加工。

6.8.9 旅游景区饮用水的卫生应符合 GB 5749 的要求。

6.9 购物服务设施

6.9.1 购物点布局合理,商铺类型配置得当;购物点周边宜设置游客休息区或休闲餐饮场所。

6.9.2 购物商铺建筑风格应与旅游景区主题相符,建筑体量、高度与周边环境相协调。

6.9.3 主要购物区可设在旅游景区出口处附近,以方便游客。

6.10 卫生设施

6.10.1 厕所

6.10.1.1 厕所布局合理,数量适宜、标志醒目规范、建筑造型与景观相协调。

6.10.1.2 厕所内的各项设施应符合 GB/T 18973 的最低基本要求。

6.10.1.3 厕所的各项卫生管理指标应符合 GB/T 18973 中的最低基本要求。

6.10.1.4 旅游景区可根据需要,设立儿童厕位、专供残障人士使用的无障碍厕所、便于给婴儿更换尿布的操作台、亲子(家庭)厕所以及免水冲生态厕所等。

6.10.2 垃圾箱设置

6.10.2.1 垃圾箱数量适宜、布局合理、标志明显、造型美观,与周边环境相协调。

6.10.2.2 垃圾箱应按可回收与否分类设置并标示清晰。

6.10.2.3 存放垃圾的设施设备和场地清洁,无异味,有防蚊、蝇、虫、鼠等措施。

7 安全设施和管理

7.1 安全管理

7.1.1 旅游景区应设立安全管理部门,建立完善的安全管理责任体系、安全监控系统和安全保卫制度,确保游客的人身、财物安全。

7.1.2 旅游景区管理部门应按照有关行业标准和本标准的规定对各单位的安全实施管理,并做定期安全检查,根据安全检查和安全情况记录,对可能存在的安全隐患,制定整改措施。

7.1.3 危险地段警示标志明显,防护设施齐备、有效,有专人负责。无人值守的危险地段、开放夜游的旅游景区,其警示标志应有夜间照明设施。

7.1.4 在旅游景区危险或不宜进入的地段、场所应设置醒目的警示标志或禁止进入标志。

7.1.5 坡度较陡峭的步行路段应设置台阶或安装扶手。

7.1.6 室内旅游景区(如博物馆、游戏厅等)应设有安全疏散通道,并保持其畅通无阻。

7.1.7 对于旅游景区可能发生的突发性停电停水和重要设备设施的故障应有应急预案和处置措施。

7.1.8 有针对突发性事件的应急预案,关注专业部门的地质灾害(如滑坡、泥石流、地震、火山等)和气象灾害(如台风、雷暴、洪水、大雾、雪灾、沙尘暴等)的预报信息,及时采取旅游景区关闭及安全疏散游客的措施。

7.1.9 应严格管理和控制易燃、易爆和化学危险品,对必需的易燃、易爆和化学危险品应在规定区域内存放,并有专人看管。该区域应与 7.1.10 旅游景区有必要的安全隔离带,并有严禁游客进入的警示。

7.1.10 旅游景区应按规定要求设置各种消防设备、器具和火警监控系统,设置消防通道,确保消防设施和通道的完好和畅通,消防设施的完好率应达 100%,定期检查旅游景区内的避雷设施。

7.1.11 旅游景区内应明确划定禁烟区,设置禁烟标志。自然公园、文物保护单位应禁止游客使用明火,珍稀树种林区和自然保护区核心区严禁游客携带火种入内。

7.2 特种设备安全

7.2.1 旅游景区特种设备的设计、规划和建设应加强管理,完善手续,按时维护,确保特种设备安全运行,并建立相应的管理规范,保证游客的人身和财物安全。

7.2.2 交通(如索道、缆车)、游览、娱乐、宾馆(饭店)等的机电设备完好,运行正常,定期维护检修,确保无安全隐患。

7.2.3 对供未成年人使用的设施设备,应有供家长阅读的提示性说明和注意事项,并有相应的防护措施。

7.2.4 对未列入特种设备管理的旅游设施(如游船等)应建立设备档案,定期维护,确保其性能完好,安全可靠。

7.2.5 大型游乐设施和骑乘项目,运营前应通过国家有关部门的质量与安全检测;在运营过程中,按规定进行年检和例行检修,并有详细的检修记录。

7.3 旅游景区治安

7.3.1 应合理设置治安室(岗),有专职治安人员昼夜值班,有相应的应急预案和工作制度,能处理突发性治安事件。

7.3.2 应有治安巡逻联防措施,与辖区公安机关之间的报警系统快捷有效。

7.4 医疗救援

7.4.1 应设立医疗室(站),有相应资质的医护人员,且配备必要的急救药品、医疗器械设施,医疗服务制度完善。

7.4.2 应与当地的正规医院建立稳定的合作关系,有切实可行的医疗急救措施和制度。

7.4.3 建立紧急救援机制,设立急救室,并配备急救人员。有突发事件处理预案,事故处理及时、妥当,档案记录准确、齐全。

8 投诉处理和管理

8.1 设立投诉受理机构并配备专门人员,制定有完善的受理和处理制度,并在旅游景区售票处、网站/网页、宣传资料、门票上公布监督投诉电话,设置游客意见箱、意见薄和投诉站。

8.2 运行机制良好,能及时、妥善处理投诉,建立完整的投诉处理档案,保持两年以上的备查期。

8.3 旅游景区接到投诉后,应准确记录投诉人姓名、国籍、投诉事由、联系方式、被投诉人的岗位名称或人员编号、投诉者出具的证据和资料、投诉者要求解决问题的具体要求,并按相应格式填写旅游景区《旅游投诉登记表》。

8.4 对待投诉人员要做到热情、耐心,并能冷静地倾听客人的陈述,详细做好笔录。避免和游客发生争执。

8.5 对于现场投诉,应迅速调查核实情况,受理投诉事件,如能够现场解决的,应及时解决;若受理者不能解决的,应及时上报相应的责任人处理,及时将处理结果告知投诉者。

8.6 对于事后接到的投诉材料,应尽快查清投诉的基本事实、证据和相关责任人有无过失等情况,并在收到之日起10个工作日内将处理结果通知投诉者。

8.7 投诉受理机构应对投诉意见建立专门的档案资料,定期做好游客投诉意见分类统计和分析研究工作,对于游客投诉较为集中的服务环节或当事人,应有相应的整改措施和奖惩处理。

参 考 文 献

［1］ GB/T 14308 旅游饭店星级的划分与评定
［2］ GB/T 15971 导游服务质量
［3］ GB/T 17775 旅游区(点)质量等级的划分与评定
［4］ GB/T 19004.2 质量管理和质量体系要素 第二部分:服务指南(idt ISO 9004-2-1991)

ICS 03.200
A 12

中华人民共和国国家标准

GB/T 26356—2010

旅游购物场所服务质量要求

Requirements of service quality in tourist shopping spot

2011-01-14 发布 2011-06-01 实施

中华人民共和国国家质量监督检验检疫总局
中国国家标准化管理委员会 发布

前　言

本标准的附录A为规范性附录。

本标准由国家旅游局提出。

本标准由全国旅游标准化技术委员会归口。

本标准起草单位:浙江省旅游标准化技术委员会、浙江省旅游局、义乌市风景旅游局、浙江大学。

本标准主要起草人:林震华、林爱瑜、周进步、李任芷、刘士军、王嵘山、汪黎明、刘莉莉、张源。

本标准参与起草人:朱红炜、阮裕仁、陈明、李伟钢。

引　言

旅游购物是旅游六大基本要素的重要内容，对旅游业发展具有不容忽视的作用。对旅游购物场所进行标准化管理有利于完善旅游购物场所各项配备，提高旅游购物服务水平，规范旅游购物市场秩序，合理引导旅游消费，增强购物收入在旅游总效益中的比重和地位。

旅游购物场所服务质量要求

1 范围

本标准规定了旅游购物场所服务质量要求以及旅游购物场所等级划分评定的依据和条件。

本标准适用于各类从事旅游商品购物经营的场所。

2 规范性引用文件

下列文件中所包含的条款，通过在本标准的引用而成为本标准的条款。凡是注日期的引用文件，其随后所有的修改单(不包括勘误的内容)或修订版均不适用于本标准，然而，鼓励根据本标准达成协议的各方研究是否可使用这些文件的最新版本。凡是不注日期的引用文件，其最新版本适用于本标准。

GB 2894 安全标志及其使用导则

GB 5296.3 消费品使用说明 化妆品通用标签

GB 5296.4 消费品使用说明 纺织品和服装使用说明

GB 5296.5 消费品使用说明 第5部分：玩具

GB 7718 预包装食品标签通则

GB/T 10001.1 标志用公共信息图形符号 第1部分：通用符号

GB/T 10001.2 标志用公共信息图形符号 第2部分：旅游休闲符号

GB/T 10001.5 标志用公共信息图形符号 第5部分：购物符号

GB 13432 预包装特殊膳食用食品标签通则

GB/T 17217 城市公共厕所卫生标准

GB/T 19001 质量管理体系 要求

QB/ 2673 鞋类产品标识

3 术语和定义

下列术语和定义适用于本标准。

3.1

旅游商品 tourist commodity

旅游者在旅游过程中所购买的、具有一定特色的实物性商品。

3.2

旅游购物 tourist shopping

旅游过程中购买旅游商品的经济文化行为，及与此相关的行为总和。

3.3

旅游购物场所 tourist shopping spot

主要为团队旅游者购物提供服务的场所。

4 旅游购物场所的等级划分与依据

4.1 等级划分

旅游购物场所划分为两个等级，从低到高依次为旅游购物推荐点和旅游购物示范点。

4.2 依据

等级划分以旅游购物场所总体布局、服务设施、服务质量、安全管理、商品要求等为依据。详见附录A。

5 基本要求

5.1 总则

旅游购物场所基本要求可概括为:设施齐备、服务规范、安全有序、卫生良好、特色鲜明。

5.2 设施

5.2.1 接待设施齐备。

5.2.2 交通设施完善,便捷高效。

5.2.3 安全设施齐全有效。

5.2.4 收银设备安全齐备。

5.2.5 配套设施完善,并建有无障碍通道。

5.3 服务

5.3.1 对所有客人,不分种族、民族、国别,一视同仁;尊重客人的道德信仰与风俗习惯,不损害民族尊严。

5.3.2 在基本达到规范化服务的基础上,提倡特色化服务。

5.3.3 应制定健全的服务流程、工作标准及岗位责任制度。

5.3.4 应按旅游业质量管理的要求,制定旅游购物场所服务质量管理细则。

5.4 安全

5.4.1 旅游购物场所应符合消防规定并取得消防验收,树立安全第一,预防为主的思想。

5.4.2 应配备必要的、有效的安全设施,建立完整的检查、维修、保养、更新制度。

5.4.3 应建立健全各项安全管理制度、安全监督、操作规程,并确保严格执行。

5.5 卫生

5.5.1 旅游购物场所环境整洁卫生,温湿度适宜,空气清新。

5.5.2 公共卫生间、垃圾桶等卫生设施数量充足,分布合理。

5.5.3 旅游商品卫生通过相应认证并有认证标识。

5.6 特色

5.6.1 旅游购物场所建筑应具有当地特色。

5.6.2 旅游商品应以当地特色商品为主。

5.6.3 为游客提供个性化特色服务。

6 等级的划分条件

6.1 旅游购物推荐点

6.1.1 总体布局

旅游购物推荐点总体布局应达到以下要求:

a) 旅游购物场所具有一定的面积,功能分区比较合理,为游客提供购物、休闲的空间。

b) 建筑、内部装修具有地方特色。

c) 在建筑物明显部位应有中外文店名。

d) 旅游购物场所应保持整洁干净,周边生态环境优良。

6.1.2 服务设施

旅游购物推荐点服务设施应达到以下要求:

a) 内外部交通可进入性较好。

b) 交通标志规范、醒目、美观。

c) 具有面积大于 600 m^2 的停车场。

d) 设有问询接待处。

e) 有内容明确的导购信息材料。

f) 公共信息图形标志符合 GB/T 10001.1、GB/T 10001.2 和 GB/T 10001.5 要求。

g) 各种引导标识(包括导购图、引导牌、指示牌等)内容明确,设置合理。

h) 旅游购物场所内柜台、货架工整、规范。

i) 开辟与接待游客容量相适应的公共休憩场地,设置足够的休息座椅。

j) 公共卫生间、垃圾桶等在数量上能满足要求,分布合理。

k) 设有公共电话,公共通信设施完善。

l) 设有残疾人无障碍通道。

m) 设有小件物品寄存柜。

n) 提供银行卡结算服务,结账区域应张贴银联受理标识。

6.1.3 服务质量

旅游购物推荐点服务质量应达到以下要求:

a) 服务人员经过岗前培训,具有相应的业务知识和技能,熟悉商品的特性。

b) 服务人员着工装、佩工牌上岗,仪容仪表端庄、大方、整洁。

c) 服务过程中表情自然、亲切,提倡微笑服务。

d) 应使用规范服务用语。

e) 应具备常设性的接待人员、导游导购,提供问询、团队接待和接受游客投诉等服务。

f) 导购人员介绍商品信息应详实无误。

g) 银行卡结算应按收单机构要求提供标准化服务,及时提供并妥善保存有关单据;能按规定对刷卡购买商品进行退货等交易处理;对机器故障等专业性问题,能根据终端提示向持卡人正确解释,及时通知收单机构解决;售后向游客出具正式发票。

h) 宜提供富有特色的包装服务。

i) 宜提供代邮寄服务。

j) 应按照相关规定提供商品退换、保修等服务。

k) 应在醒目位置设立明显的投诉电话标志。

6.2 旅游购物示范点

6.2.1 总体布局

旅游购物示范点总体布局应达到以下要求:

a) 旅游购物场所面积在 1 000 m^2 以上,功能分区科学合理,为游客提供购物、休闲的空间。

b) 建筑民族或地方特色鲜明,建筑形式、体量、色彩等与周围景观相协调。

c) 在建筑物明显部位有中外文店名、店徽。

d) 内部装修用材高档、工艺精致。

e) 旅游购物场所环境优良,绿化覆盖率高,景观配置得当。

f) 周边环境协调和谐,无脏乱差问题,无建设性破坏和污染设施。

6.2.2 服务设施

旅游购物示范点服务设施应达到以下要求:

a) 内外部交通可进入性好。

b) 应有中外文对照的交通标志,设计规范、醒目、美观。

c) 停车场面积在 800 m^2 以上,有残疾人专用车位,场地平整坚实,有专人负责管理、疏导。

d) 应设有专人负责的问询接待处和投诉受理点。

e) 应有专门的接待中心,能通过集中讲解及播放录像等,向游客系统地介绍商品信息及购物须知。

f) 应有中外文对照的导购信息材料,更新及时。

g) 按GB/T 10001.1、GB/T 10001.2和GB/T 10001.5设置公共信息图形符号和指示标志，各种指示性文字至少用中英文同时表示。

h) 有中外文对照的引导标识(包括导购图、引导牌、指示牌等)，清晰美观，设置合理。

i) 旅游购物场所内柜台货架美观、工整、规范。

j) 配备有冷暖空调及换气装置，温湿度适宜，各区域通风良好，空气清新。

k) 三层以上(不含三层)的建筑应有客用电梯。

l) 应开辟与接待游客容量相适应的公共休憩场地，设置足够的休息座椅，提供报刊杂志等。

m) 应有男女分设的公共卫生间，布局合理，空间宽敞，有残疾人厕位，有艺术装饰品，设备齐全、完好，洁净，通风照明良好，卫生条件符合GB/T 17217要求。

n) 垃圾桶分布合理，设计精致有美感，与环境配套和谐。

o) 通讯设施配套齐全，通话效果良好。

p) 设有残疾人无障碍通道，配备轮椅，提供相应的服务。

q) 设有贵重物品寄存处。

r) 应提供银行卡结算服务，结账区域应张贴银联受理标识。

6.2.3 服务质量

旅游购物示范点服务质量应达到以下要求：

a) 服务人员经过岗前培训，具有相应的业务知识和技能，并能熟练运用。

b) 服务人员着工装、佩工牌上岗，仪容仪表端庄、大方、整洁。

c) 服务人员表情自然亲切，提倡微笑服务。

d) 使用规范服务用语，能对外宾提供外语服务。

e) 具备常设性的接待人员、导游导购，提供问询、团队接待和登记统计等服务。

f) 导购人员应正确引导游客消费，介绍商品信息详实无误。

g) 应提供信用卡、银行卡结算业务，收银服务快速、无差错，售后向游客出具正式发票，能按规定对刷卡购买商品进行退货等交易处理；对机器故障等专业性问题，能根据终端提示向持卡人正确解释，及时通知收单机构解决。

h) 应有专人负责游客投诉，在经营场所醒目位置设立投诉电话的中外文标志。

i) 应建立健全投诉制度，能妥善处理游客投诉，并且建有旅游质量投诉档案、完整的投诉处理记录、投诉反馈和分析报告。

j) 应进行游客满意度调查，满意度在95%以上。

k) 宜提供多种包装服务。

l) 应提供代邮寄服务。

m) 应提供上网服务。

n) 应按照相关规定提供商品退换、保修等服务。

o) 按照GB/T 19001规定，建立企业服务质量管理体系。

7 旅游商品要求

7.1 旅游商品价格

旅游商品应明码标价。

7.2 旅游商品种类

7.2.1 旅游商品种类、品种、规格丰富齐全，能满足游客购物的基本需求。

7.2.2 旅游商品种类应以当地的特色商品为主，不断推陈出新。

7.3 旅游商品包装

7.3.1 旅游商品包装应方便游客携带和运输。

7.3.2 旅游商品包装应采用绿色、环保材质。

7.3.3 旅游商品标识应符合相关规定，其中食品类产品标识应符合 GB 7718 要求；特殊膳食用食品标签应符合 GB 13432 要求；鞋类产品标识应符合 QB/T 2673 要求；纺织品、化妆品、玩具标识应符合 GB 5296.3、GB 5296.4、GB 5296.5 要求；其他暂无国家标准、行业标准规定的商品标识应符合相关法规的规定。

8 安全管理要求

8.1 安全设施

8.1.1 应有足够的安全通道，设计合理畅通，安全紧急出口标志清晰。

8.1.2 安全标志应符合 GB 2894 规定。

8.1.3 保证消防、救护、监控等设备齐全、完好、有效。

8.2 安全制度

8.2.1 旅游购物场所应建立安全检查、预演、监督制度，明确各岗位的安全职责。

8.2.2 旅游购物场所应开展经常性的安全培训和安全教育活动。

8.2.3 配备有足够的保安人员，以保证游客人身和财产安全。

附 录 A
（规范性附录）
旅游购物场所服务质量评定计分表

A.1 评分说明

A.1.1 计分表总分为260分，其中基础指标得分最高为230分，附加项目得分最高为30分。

A.1.2 计分表各大项分值为：总体布局33分；服务设施65分；商品要求32分；服务质量80分；安全管理20分。

A.1.3 各等级最低总分要求

旅游购物推荐点：120分。

旅游购物示范点：200分，其中附加项目得分为10分。

A.2 评分标准

见表A.1。

表A.1 旅游购物场所服务质量评定计分表

序号	评定项目	各大项总分	各分项总分	各次分项总分	各小项总分	申请单位计分	评定机构计分
1	**总体布局**	33					
1.1	**区位**		5				
1.1.1	位于城市主要旅游景区或游客集中处			2			
1.1.2	位于旅游主要通道上或主要干道200 m的范围内			2			
1.1.3	距离当地城市不超过2 h的车程，交通状况良好			1			
1.2	**规模**		5				
1.2.1	购物场所营业厅面积在1 000 m^2 以上			5			
1.2.2	购物场所营业厅面积在600 m^2～999 m^2			4			
1.2.3	购物场所营业厅面积在300 m^2～599 m^2			3			
1.2.4	购物场所营业厅面积在300 m^2 以下			1			
1.3	**建筑**		15				
1.3.1	外观			6			
1.3.1.1	民族或地方特色鲜明，建筑形式、体量、色彩等与周围景观及其氛围相协调				6		
1.3.1.2	有一定的地方特色，建筑形式、体量、色彩等与周围景观及其氛围较协调				4		
1.3.1.3	建筑形式、体量、色彩等表现一般				2		
1.3.2	店徽店名			3			
1.3.2.1	在建筑物明显部位有中外文店名、店徽				3		

表 A.1(续)

序号	评定项目	各大项总分	各分项总分	各次分项总分	各小项总分	申请单位计分	评定机构计分
1.3.2.2	在建筑物明显部位有中外文店名				2		
1.3.2.3	在建筑物明显部位有中文店名				1		
1.3.3	内部装修			6			
1.3.3.1	内部装修用材高档、工艺精致				6		
1.3.3.2	内部装修用材一般、工艺较精致				4		
1.3.3.3	内部装修一般				2		
1.4	**功能布局**		4				
1.4.1	有明确的功能分区,且布局合理			4			
1.4.2	功能分区比较合理			2			
1.5	**环境**		4				
1.5.1	周边环境协调和谐,无脏乱差问题,无建设性破坏和污染设施			2			
1.5.2	旅游购物场所环境优良,景观配置得当			2			
2	**服务设施**	65					
2.1	**交通设施**		12				
2.1.1	外部交通状况良好,进出便捷			3			
2.1.2	内部通道畅通、清洁			2			
2.1.3	内外部交通标志规范、醒目、美观			3			
2.1.4	停车场			4			
2.1.4.1	与旅游接待规模相适应,场地平整坚实,有专人负责管理、疏导				4		
2.1.4.2	规模一般,场地较平整坚实,有专人负责管理、疏导				2		
2.1.4.3	规模较小,无专人负责管理、疏导				1		
2.2	**接待设施**		12				
2.2.1	有专门的接待中心			2			
2.2.2	设有问询接待柜台			2			
2.2.3	能通过集中讲解及播放录像等,向游客系统地介绍商品内容及购物须知			2			
2.2.4	具有与接待规模相适应的休憩场所			2			
2.2.5	设有信息告示牌和及时的商品信息公示			2			
2.2.6	导购信息材料			2			
2.2.6.1	有中外文对照的导购信息材料				1		
2.2.6.2	导购信息材料更新及时				1		

表 A.1（续）

序号	评定项目	各大项总分	各分项总分	各次分项总分	各小项总分	申请单位计分	评定机构计分
2.3	**标志**		10				
2.3.1	按 GB/T 10001.1、GB/T 10001.2 和 GB/T 10001.5 设置公共信息图形符号和指示标志，各种指示性文字至少用中英文同时表示			5			
2.3.2	有中外文对照的引导标识（包括导购图、引导牌、指示牌等），内容准确，设置合理			5			
2.4	**经营场所**		14				
2.4.1	旅游购物场所内柜台货架美观、工整、规范			4			
2.4.2	配备有冷暖空调及换气装置			3			
2.4.3	具有残疾人通道			2			
2.4.4	有贵重物品寄存柜			2			
2.4.5	三层以上（不含三层）的建筑设有客用电梯			3			
2.4.6	提供银行卡结算服务，结账区域应张贴银联受理标识						
2.5	**卫生设施**		12				
2.5.1	公共卫生间、垃圾桶等在数量上能满足要求，分布合理			4			
2.5.2	清洁卫生，无污物，无异味			3			
2.5.3	设计精致有美感，与环境配套和谐			3			
2.5.4	有保洁人员定时对卫生场所和设施进行清洁			2			
2.6	**通讯设施**		5				
2.6.1	通讯设施配套齐全，通话质量良好			2			
2.6.2	具有相应的广播服务和信息通知系统			3			
3	**商品要求**	32					
3.1	**品种特色**		5				
3.1.1	旅游商品品种众多，本地特色商品占主导地位，比重在80%以上			5			
3.1.2	旅游商品品种较多，本地特色商品比重在50%～80%之间			3			
3.1.3	旅游商品品种一般，本地特色商品比重在50%以下			1			
3.2	**质量**		6				
3.2.1	旅游商品标识应符合相关规定			3			
3.2.2	无旅游商品质量方面投诉			3			

表 A.1（续）

序号	评定项目	各大项总分	各分项总分	各次分项总分	各小项总分	申请单位计分	评定机构计分
3.3	**排列布局**		5				
3.3.1	旅游商品布局优美，灯光艺术等配套完善			5			
3.3.2	旅游商品排列整齐、灯光效果一般			3			
3.3.3	旅游商品排列一般，无灯光配置			1			
3.4	**包装设计**		8				
3.4.1	旅游商品包装采用绿色、环保材质			3			
3.4.2	旅游商品包装富有当地特色			2			
3.4.3	能提供多种包装服务			3			
3.5	**旅游商品明码标价**		3				
3.6	**旅游商品建立自身的品牌标志**		5				
4	**服务质量**	80					
4.1	**从业人员**		10				
4.1.1	数量			5			
4.1.1.1	服务与管理人员在 50 人以上				5		
4.1.1.2	服务与管理人员在 30 人～49 人				3		
4.1.1.3	服务与管理人员在 10 人～29 人				2		
4.1.1.4	服务与管理人员在 10 人以下				1		
4.1.2	培训率			5			
4.1.2.1	≥90%				5		
4.1.2.2	≥60%				3		
4.1.2.3	≥30%				1		
4.2	**基本素质**		18				
4.2.1	仪容仪表			6			
4.2.1.1	各类服务人员统一着装				2		
4.2.1.2	员工统一配带工号牌				2		
4.2.1.3	服装与购物场所格调协调				2		
4.2.2	举止文明，主动服务，符合岗位规范			2			
4.2.3	服务纪律性好，无扎堆聊天和擅离岗位现象			2			
4.2.4	有相应的业务知识和技能，并能熟练运用			2			
4.2.5	语言			6			
4.2.5.1	普通话标准				1		
4.2.5.2	使用规范服务用语				2		
4.2.5.3	能提供 2 门以上外语服务				3		
4.3	**问询接待服务**		10				

表 A.1(续)

序号	评定项目	各大项总分	各分项总分	各次分项总分	各小项总分	申请单位计分	评定机构计分
4.3.1	设有咨询电话,接听及时,能自动播报企业名称			2			
4.3.2	具备常设性的接待人员、导游导购,提供问询、团队接待和登记统计等服务			3			
4.3.3	接待制度健全,各接待环节协调有序			3			
4.3.4	提供上网服务			2			
4.4	**导购服务**		8				
4.4.1	能正确引导游客消费,推销商品信息详实无误			3			
4.4.2	推销展示技巧好			2			
4.4.3	导游导购人员的讲解内容健康生动			3			
4.5	**收银服务**		8				
4.5.1	结算快速、无差错			3			
4.5.2	提供信用卡、银行卡结算业务			2			
4.5.3	售后向游客出具正式发票			3			
4.6	**投诉处理**		10				
4.6.1	设立投诉电话的中外文标志			2			
4.6.2	旅游购物场所内设有投诉柜台、投诉电话或投诉箱			2			
4.6.3	投诉机制完善,有旅游质量投诉档案、完整的投诉处理记录、投诉反馈和分析报告			3			
4.6.4	能妥善处理游客投诉,无游客向相关部门投诉			3			
4.7	**售后服务**		16				
4.7.1	按照相关规定提供商品退换、保修等服务			4			
4.7.2	提供代邮寄服务			3			
4.7.3	进行客户数据库管理			3			
4.7.4	游客满意度调查结果			6			
4.7.4.1	满意度在95%以上				6		
4.7.4.2	满意度在85%～94%之间				4		
4.7.4.3	满意度在75%～84%之间				2		
5	**安全管理**	20					
5.1	**安全设施**		10				
5.1.1	设有足够的安全通道,设计合理畅通,地面平整无堆积物			3			
5.1.2	安全标识符合 GB 2894 规定			3			
5.1.3	消防设施、监控系统等安全设施齐备			4			

表 A.1（续）

序号	评定项目	各大项总分	各分项总分	各次分项总分	各小项总分	申请单位计分	评定机构计分
5.2	**安全制度**		10				
5.2.1	旅游安全教育防范制度和安全责任制健全，落实情况好			2			
5.2.2	配备足够的保安人员			2			
5.2.3	购物场所有定期的针对工作人员和经营户而进行的安全培训			2			
5.2.4	购物场所开业以来无重大旅游安全事故发生			2			
5.2.5	购物场所的消防现场检查无安全隐患			2			
总分		230 分					
	附加项目						
J1	企业网站	5					
J1.1	有一级域名企业网站并有预订和支付功能		5				
J1.2	有一级域名企业网站，有预订功能，无支付功能		3				
J1.3	有一级域名企业网站，无预订功能，无支付功能		1				
J2	有依托其他网站的企业宣传网页	2					
J3	提供网上在线咨询服务	1					
J4	获得国家或国际组织颁发的生态环境方面荣誉称号	5					
J5	配备休闲设施（茶吧、酒吧、网吧等）	3					
J6	具有国际货币兑换服务点	3					
J7	有婴儿看护或儿童娱乐活动区	3					
J8	具有商品参观、展示、表演场所	3					
J9	提供特色商品制作工艺展示	2					
J10	提供个性化定制服务	3					
总分		30 分					

ICS 35.240.99
L 70

中华人民共和国国家标准

GB/T 26357—2010

旅游饭店管理信息系统建设规范

Construction standards of management information system for tourist hotel

2011-01-14 发布　　2011-06-01 实施

中华人民共和国国家质量监督检验检疫总局
中国国家标准化管理委员会　发布

前　言

本标准的附录A为资料性附录。

本标准由中华人民共和国国家旅游局提出。

本标准由全国旅游标准化技术委员会归口。

本标准起草单位：浙江省旅游局、浙江省旅游标准化技术委员会、杭州市旅游委员会、杭州西软科技有限公司。

本标准主要起草人：林震华、吴才满、王敏敏、李任芷、刘士军、王嵘山、汪黎明、刘莉莉、张源。

本标准参与起草人：许澎、王建平、王志峰、程钢、汪笑柏。

引　　言

为了指导旅游饭店管理信息系统建设的方向，规范旅游饭店信息化管理的程序，保证旅游饭店管理信息系统运行的平稳，提高旅游饭店行业信息化管理的水平和服务质量，促进行业的有序竞争，特制定本标准。

旅游饭店管理信息系统建设规范

1 范围

本标准规定了旅游饭店管理信息系统建设的基本内容及规范。

本标准适用于国内正式营业的，为旅游者提供服务的旅游饭店。

2 规范性引用文件

下列文件中的条款通过本标准的引用而成为本标准的条款。凡是注日期的引用文件，其随后所有的修改单(不包括勘误的内容)或修订版均不适用于本标准，然而，鼓励根据本标准达成协议的各方研究是否可使用这些文件的最新版本。凡是不注日期的引用文件，其最新版本适用于本标准。

GB/T 20271 信息安全技术 信息系统通用安全技术要求

ANSI/CEA CEA-709.1-B 控制网络协议规范

3 术语和定义

下列术语和定义适用于本标准。

3.1

旅游饭店 tourist hotel

能够以夜为时间单位向旅游客人提供相关配套服务的住宿设施[1]。

3.2

前台 front house

旅游饭店直接提供咨询、接待、收银、客房、餐饮等对客服务的部门与场所。

3.3

后台 back house

旅游饭店不直接提供对客服务的部门与场所。

3.4

系统接口 system interface

旅游饭店各个信息系统之间的连接协议。

4 系统构成

4.1 旅游饭店管理信息系统由以下相互关联的三个子系统构成：

4.1.1 前台管理

——客户管理；

——预订系统；

——前台接待；

——前台收银；

——客房管理；

——账务审核；

——餐饮管理；

1) 包括宾馆、饭店、酒店、旅馆、旅社、度假村、俱乐部、旅游大厦、旅游(公寓)别墅等。

——会员系统；
——前台应收；
——销售管理；
——商务中心；
——综合查询。

4.1.2 后台管理

——财务总账处理；
——成本控制；
——采购；
——库存管理；
——工程设备管理；
——人力资源管理；
——工资管理；
——办公自动化。

4.1.3 支持系统

——硬件支持；
——系统扩展；
——系统维护。

5 系统建设

5.1 前台管理

5.1.1 客户管理

5.1.1.1 系统应支持姓名、联系地址、证件、电话等客户档案记录信息，支持客人、团体和协议单位等多种档案分类方式。

5.1.1.2 应永久保存客户历史住店资料及各种消费信息，包括各种修改日志、消费记录、消费轨迹等；支持关联协议条款的房价、餐饮优惠信息。

5.1.1.3 系统应支持从客户档案直接预订、销售日记管理、纪念日管理、投诉管理等功能。

5.1.1.4 应实现客户资料报表功能，包括客源地、年龄、性别等关键词。

5.1.2 预订系统

5.1.2.1 预订系统应支持实时查询各种客房资源及其价格的功能，智能地控制房价，并针对不同时期、不同协议，实行房价含早餐、房价服务费优惠等各种房价策略。

5.1.2.2 应支持客人相关预订记录自动提醒，防止重复预订与登记，支持结账提醒、定金管理、信用管理及打印功能，支持任意多个分账户并允许记账功能。

5.1.2.3 系统应支持代订、会议室租赁等其他服务，支持各种保密设置，包含多种预订分析要素等，支持定单的取消、恢复、删除、复制，支持同住与共享、同行客人处理等功能。

5.1.2.4 系统应支持团体、会议预订处理，支持散客、团体成员身份的相互转化等功能；任何客房预订记录均可以记录详细的相关信息。

5.1.2.5 系统应支持会员卡，通过会员卡号预订、会员资料自动显示等功能。

5.1.3 前台接待

5.1.3.1 前台接待系统应支持通过房态表、菜单、预定宾客列表、复制预定主单等多种方式办理入住。

5.1.3.2 应支持散客信息查询功能，并有相关的统计报表，支持模糊查询方式，并快速定位预订单，修改住店人信息。

5.1.3.3 应支持签单范围控制、留言服务、客房电话控制、批量制卡等功能，并支持批量打印的功能，预订单、登记单、欢迎卡、信封等宜根据客人类别分开打印。

5.1.3.4 系统应实现自动查询在预订区间内符合要求的房号，并显示客房前后相关时间段的占用信息；自动显示客房临时态、客房附加信息；自动提示危险房、冲突房的信息。

5.1.3.5 系统应支持各种预定拆分、自动分房、直接入住等功能；同批预订到达宾客，可以选择性的批量入住，设定付款方式，输入信用及其信用限额等；应直接产生团体会议及其成员的登记住单，支持团体付费定义及宾客信息批量修改。

5.1.4 前台收银

5.1.4.1 系统应支持定金及信用处理功能，支持实时查询当前账号协议单位的签单人信息，支持多种账务显示方式，并满足各种操作需求。

5.1.4.2 应支持明细、汇总、自定义账单、发票等多种账单的打印，提供按多种方式组合查询明细账目功能，并支持灵活便捷的外币兑换功能。

5.1.4.3 系统应支持多种错账补救措施，及提前结账、挂账、部分结账等灵活的结账方式。

5.1.4.4 应提供打印权责发生制和收付实现制两种核算方式的交班报表。

5.1.5 客房管理

5.1.5.1 系统应支持便捷的房态处理，包括干净房、脏房、临时房、维修房、矛盾房的设置；应支持定义不同显示信息的房态图。

5.1.5.2 应支持报房与查房功能，实时显示宾客入住及退房流水信息；支持客房实时信息及未来房情显示。

5.1.5.3 应支持客房清洁工作量、失物招领、客房酒吧、客房消耗品及客房楼层设备管理功能；支持洗衣、客房饮料、赔偿等多项客房账务处理。

5.1.5.4 支持特殊要求及客房布置等统计报告。

5.1.6 账务审核[2)]

5.1.6.1 应支持多级审核功能，包括夜审、日审或多级审核的设置。

5.1.6.2 应支持自定义夜审流程，简化夜审流程。

5.1.6.3 应支持数据检查并对应离未离客、房价定义不一致等问题进行处理。

5.1.6.4 应实现满足酒店需求的各种统计和分析报表。

5.1.7 餐饮管理

5.1.7.1 系统应支持餐饮预订处理功能，直观呈现厅房、包厢等设施的使用情况；并支持触摸屏、手持点菜机等多种点菜方式。

5.1.7.2 系统应支持各种格式的菜牌打印，有完善的预付金处理方式；支持预订处理关联客户档案、餐饮喜好、典型菜单信息的功能；支持打折、协议优惠等各种消费策略。

5.1.7.3 应支持多种付款方式，处理联单、分单操作；支持赠送、单拆、全免、多免一、免服务费等多种菜品处理方式。

5.1.7.4 支持会员管理，实现各种卡的运用，应具备详尽的财务分析报表；支持销售排行分析，包括地域、类别、性质等多角度的数据指标。

5.1.8 会员系统

5.1.8.1 应支持胶片卡、号码卡、介质卡（磁卡/IC卡/射频卡）等各种会员卡；支持会员卡类别、积分策略、包价设置等会员系统信息维护功能。

5.1.8.2 支持会员卡销卡、挂失、停用、删除、恢复等管理功能，包括会员积分管理，积分账务管理等内容。

5.1.8.3 应提供各种会员分析报表。

2） 日审/夜审。

5.1.9 前台应收

5.1.9.1 应支持不同类型应收账户，设置账户记账限制，自动转账类别等功能；支持应收账户处理，包括费用调整、部分结算、转账、结账清户等。

5.1.9.2 应支持查本日、上日及历史账目等各种查账方式，支持费用、付款金额、手工账、对冲账、调整账、优惠账、房费、转账信息等审核。

5.1.9.3 支持账目分析，应定制账龄分析表及催账报表；支持催账单、对账单的自动生成。

5.1.10 销售管理

5.1.10.1 应支持销售员权限的设置，并支持生成销售员业绩统计分析与年月度比较报表。

5.1.10.2 应提供自动的、智能的、有选择性的、综合时间跨度的房价策略，支持各种协议单位的权益。

5.1.10.3 应支持动态调整房价及时段设置，提高饭店管理效益；并通过出租率和客人的等级、消费额度来制定房价销售策略。

5.1.10.4 应支持佣金管理，有比例、底价及固定佣金等多种计算方法。

5.1.11 商务中心

5.1.11.1 应支持一个饭店多个商务中心的运作模式，业务处理互不干扰。

5.1.11.2 商务中心系统应支持多种入账方法，入账处理参数自由调节，并有详尽的账务处理记录。

5.1.11.3 应支持任意多个商务分机，采用与客房电话不一样的计费方式；计费处理实时自动，费用单据自动生成。

5.1.11.4 应支持商务传真、电子邮件接收、机票代理费用处理、综合信息查询等功能。

5.1.12 综合查询

5.1.12.1 系统应支持营业总表的多种方式进行分析查询，形成直观的经营分析图，并支持自定义分析项目、显示形式丰富。

5.1.12.2 应支持多种实时房态效果图显示，支持房态实时报告，动态反映当前客房情况；支持各种客房信息查询，如客房信息、客房简报、客房预留分析等。

5.1.12.3 应支持日报、月报等客房收入报表和收入趋势分析；并支持餐饮、娱乐等营业项目的分析报表，如日报、月报、走势分析、综合明细分析等。

5.2 后台管理

5.2.1 财务总账处理

5.2.1.1 应支持多套账管理和账簿管理，并实现自定义科目体系、会计年度、凭证类型等功能。

5.2.1.2 应支持凭证管理，有严密的凭证制单、审核、记账功能；支持各种账目的查询及打印功能。

5.2.1.3 应支持外币核算、报表处理、往来账、银行对账单管理等功能。

5.2.2 成本控制

5.2.2.1 系统应支持物品及产品配料的基础信息录入，及前台销售数据和菜谱资料的导入。

5.2.2.2 应支持成品调拨、原料调拨、吧台销售、厨房消耗、厨房吧台盘点等功能，以及部门耗用、部门报损、部门盘盈、单据查询等各种单据处理。

5.2.2.3 应支持多种格式的成本控制报表及经营利润分析。

5.2.3 采购

5.2.3.1 部门申购处理，应支持各级审批部门审批的处理流程、审批帮助信息提示、审批意见录入、审批日志查询等功能；以及审批环节的定义和分配，如转审功能、审批授权、紧急申购等。

5.2.3.2 应支持供应商报价、物品定价、多方比价、定价分析等功能。

5.2.3.3 应支持验收确认，验收价格、数量控制及仓库或部门签收的控制；支持供应商管理，包括供应商信息、经营范围、评估记录、进货记录等功能。

5.2.4 库存管理

5.2.4.1 应实现多套账管理，采用移动平均、先进先出计价方式；可定义操作范围，支持吧台、工程库及客房耗品等二级库管理。

5.2.4.2 应支持物品调拨、实时动态查询物品库存、直拨业务、退货回仓等功能，对估价入库物品，提供调价功能，对已发生单据应有账务影响分析报表。

5.2.4.3 应实现超储物品、短缺物品报警功能，并自动生补仓单；支持自动汇总供货商的供货情况，实现与供应商的实时对帐。

5.2.4.4 支持与账务系统的连接，将库存单据汇总成凭证传入至财务系统；支持与采购管理的连接，实现系统中的申领，审批和领料处理；支持应付处理，可以实现对供应商应付账款的管理。

5.2.4.5 支持丰富的库存报表分析系统。

5.2.5 工程设备管理

5.2.5.1 应支持设备卡片、维修故障原因等各种基础信息的录入，以及各种能耗信息的录入，实现能耗统计图、年度对比分析及查询功能。

5.2.5.2 应支持部门报修管理流程，实现网络化报修；支持设备维修计划设定，实现设备检修自动提醒功能。

5.2.5.3 支持重要设备、系统操作权限设定，以及部门操作人员的分配。

5.2.6 人力资源管理

5.2.6.1 系统应支持自定义员工列表功能，管理不同类别的档案，包括在职档案和离职档案，以及档案关联信息，如部门调动、工资等级变动等。

5.2.6.2 应支持培训管理，包括设置培训类别、培训级别、培训时间、培训费用等信息。

5.2.6.3 应支持考勤管理功能，实时记录员工的工作情况。

5.2.7 工资管理

5.2.7.1 应支持内部工资档案多层次的体系结构，支持自定义工资项目及项目运算关系，且系统能自动按定义关系进行统计计算。

5.2.7.2 应支持工资数据快速录入，灵活修改，支持多种工资报表和灵活的打印输出格式。

5.2.7.3 系统应支持考勤数据的导入及银行数据转换功能；支持灵活的操作员权限控制，及数据备份和恢复功能。

5.2.8 办公自动化

5.2.8.1 应支持饭店办公自动化管理、工作流程控制等功能，解决多部门协作问题，推动部门间的高效率协作。

5.2.8.2 应支持酒店内部业务管理，如安全管理，质量管理，培训管理，证照管理等；并提供数据平台，在此平台上实现各类数据的分类、汇总、统计、分析等功能。

5.2.8.3 宜支持远程办公系统，并具有开放性和互联性，实现决策者的远程办公功能。

5.3 支持系统

5.3.1 硬件支持

5.3.1.1 硬件设备

5.3.1.1.1 网络构架

基本网络架构应包括旅游饭店的局域网、连接这些局域网的广域网以及硬件、布线和设备环境等支撑要素。

5.3.1.1.2 服务器

旅游饭店管理信息系统服务器的配置应保障网络的稳定性和扩展性。

5.3.1.1.3 其他硬件

其他硬件应包括系统运作必需的工作站、打印机、扫描仪、可继续电源等设备。

5.3.1.2 网络拓扑

网络拓扑协议应符合 ANSI/CEA 709.1 的规定。具体设计示意参见附录 A 中的图 A.1。

5.3.1.3 系统管理人员上岗要求

5.3.1.3.1 系统管理人员应具备计算机相关专业，大专及以上学历，有相关行业工作经验，有良好的团队合作精神和客户沟通、协调能力。

5.3.1.3.2 系统管理人员应熟悉局域网的组建及维护，能处理常规的硬件故障及软件维护。

5.3.1.3.3 系统管理人员应完成电脑房日常技能操作，及其他部门计算机基本常识的培训。

5.3.1.4 安全管理

5.3.1.4.1 系统安全管理应符合 GB/T 20271 的规定。

5.3.1.4.2 系统内部资料应做好保密管理，任何工作站打印各类报表需经部门经理以上领导批准。

5.3.1.4.3 系统数据库应做好日常维护工作，并由电脑部门定期做好数据的备份。

5.3.1.5 不间断电源

5.3.1.5.1 服务器、路由器、交换机、接口机以及其他关键设备应配备不间断电源，实现断电、雷击、浪涌等防护。

5.3.1.5.2 前台、预订、财务等关键岗位的工作站也应配备不间断电源。

5.3.1.6 防火墙/防病毒

5.3.1.6.1 工作站的防病毒程序和防火墙程序应由信息技术部门进行安装，并定期进行更新升级。

5.3.1.6.2 工作站应定期进行完整的病毒扫描，发现病毒警告时，应在信息技术部门的指导下进行杀毒。

5.3.2 系统扩展

5.3.2.1 电子支付

系统应支持电子支付方式，各收银点应直接与银行 POS 接口连接，实现在前台管理系统中直接刷卡消费，条件成熟时可实现网上预订的电子支付。

5.3.2.2 证件扫描

应支持与证件扫描仪供应商(需按要求提供扫描软件相关参数)扫描软件的接口，实现在前台系统中直接通过扫描生成宾客信息功能；支持与户籍管理软件供应商(需按要求提供户籍管理软件相关参数)户籍管理软件的接口，实现在前台系统直接生成按公安局的信息格式要求的内、外宾客列表信息。

5.3.2.3 视频点播处理

应支持与视频点播系统供应商(需按要求提供网络支持相关参数)管理软件的接口，实现在前台系统中直接开关视频点播服务、自动计费等功能。

5.3.2.4 门锁控制

应支持与门锁供应商(需按要求提供制卡软件相关参数)制卡软件的接口，实现在前台系统中直接制卡功能。

5.3.2.5 客房控制

应支持与客房控制系统供应商(需按要求提供控制软件相关参数)客房控制软件的接口，实现在前台系统中直接关联客房控制系统功能如开客房空调至预设温度、接收宾客客房服务请求等。

5.3.2.6 网络

应支持与网络供应商(需按要求提供网络软件相关参数)网络软件的接口，实现在前台系统中直接开、关网络及自动计费功能。

5.3.2.7 通讯连接

支持与程控交换机供应商(需按要求提供交换机软件相关参数)交换机软件的接口，实现在前台系统中直接开关电话、自动计费、叫醒服务等管理功能。

5.3.3 系统维护

5.3.3.1 日常维护管理

5.3.3.1.1 各工作站使用部门应保证其周边良好的环境，并按操作规程启动、关闭电脑。

5.3.3.1.2 所有工作站应在使用完毕后或遭遇火灾时切断各部件电源，保证安全。

5.3.3.2 **机房管理**

5.3.3.2.1 电脑机房应由专人负责管理，系统供应商的维护人员、卫生清洁人员进入电脑机房，应专人监督的情况下才能进入。

5.3.3.2.2 电脑机房的钥匙只能发放给相关的负责人，同时应保证所有电脑机房区域的门保持关闭状态。

5.3.3.2.3 安保人员应加强对电脑机房周边区域进行周期性的巡逻。

5.3.3.3 **应急预案**

5.3.3.3.1 当管理信息系统发生故障时，信息技术部门应立即通知相关部门，并对系统进行检查，相关部门应采取手工操作模式，直到系统恢复正常。

5.3.3.3.2 若是硬件故障，在本部门不能解决问题的情况下，信息技术部门应及时联系硬件供应商，协商解决。

5.3.3.3.3 若是软件故障，信息技术部门应及时联系系统供应商，将故障准确、详细地告知技术支持工程师，由技术工程师通过电话或远程控制尽快解决。

5.3.3.3.4 在系统恢复后，应检查所有关联的系统和接口，一切正常后，通知相关部门停止手工操作。

5.3.3.4 **用户账号管理**

5.3.3.4.1 信息技术部门应对员工的权限进行分组的设置，并提交主管领导核查。

5.3.3.4.2 使用部门应妥善保管自己的账号信息，并定期更换密码，以保证系统安全。

5.3.3.4.3 相关部门的负责人应在员工辞职生效时立刻通知信息管理部门，并禁止该用户的所用权限，以避免对系统造成蓄意破坏。

5.3.3.5 **系统备份**

5.3.3.5.1 夜审程序前应备份前台管理系统和餐饮收银系统的数据库，信息技术部门应检查备份软件日志文件，以确认数据库备份成功。

5.3.3.5.2 每日23时应对其他系统的数据库进行自动备份，信息技术部门应检查备份日志文件，以确保数据库备份成功，为系统故障后恢复提供保障。备用服务区可与主服务区分别放置在不同办公室。

附 录 A
（资料性附录）
网络拓扑设计示例

图 A.1 给出了旅游饭店管理信息系统网络拓扑示例。

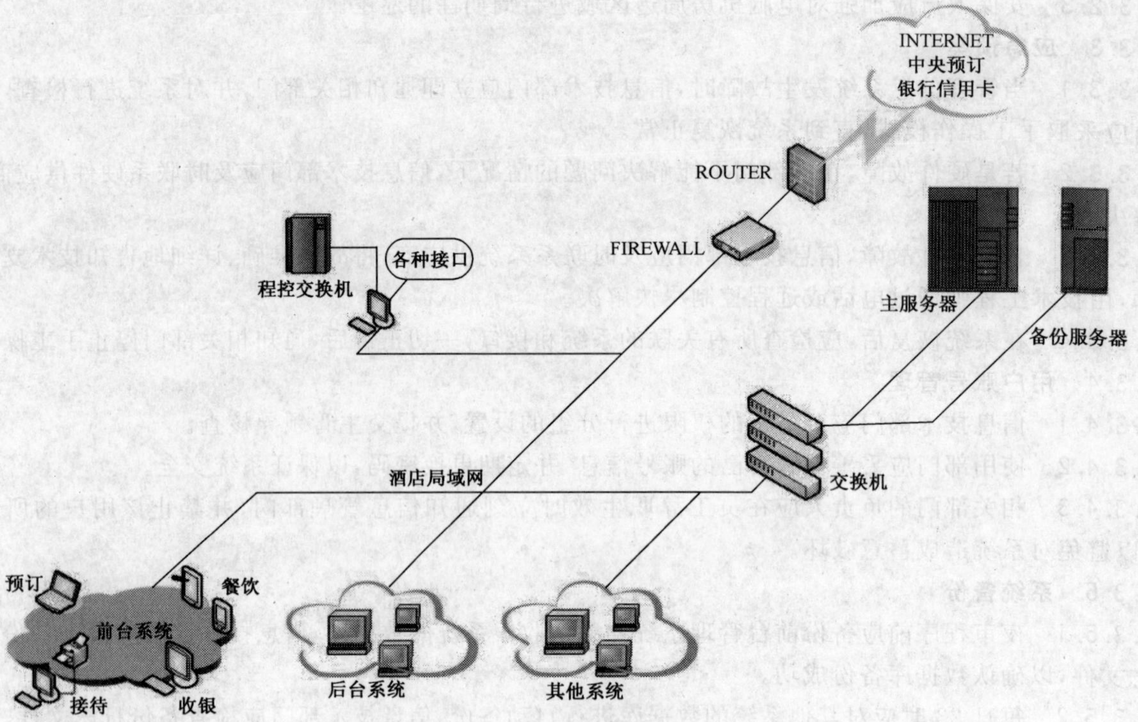

图 A.1 旅游饭店管理信息系统网络拓扑示例

ICS 03.200
A 12

中华人民共和国国家标准

GB/T 26358—2010

旅游度假区等级划分

Resort rating

2011-01-14 发布　　2011-06-01 实施

中华人民共和国国家质量监督检验检疫总局
中国国家标准化管理委员会　发布

前言

本标准的附录 A 为资料性附录。

本标准由国家旅游局提出。

本标准由全国旅游标准化技术委员会归口。

本标准起草单位:国家旅游局规划发展与财务司、清华大学建筑学院、大连金石滩国家旅游度假区、宁波东钱湖旅游度假区、昆明滇池国家旅游度假区。

本标准主要起草人:吴文学、杨锐、范立义、宋晓波、朱至珍、张树民、邬东璠。

引　言

随着经济的发展和旅游市场的细分，度假旅游已成为当前旅游业发展的一个重要趋势。本标准旨在制定旅游度假区等级划分的依据，以利于引导旅游度假区加强管理，提高服务质量，促进旅游度假区依法经营，维护旅游者的合法权益，促进我国度假旅游资源的开发和保护。

旅游度假区等级划分

1 范围

本标准规定了旅游度假区等级划分的依据和条件。

本标准适用于中国境内各种类型的旅游度假区。

2 规范性引用文件

下列文件中的条款通过本标准的引用而成为本标准的条款。凡是注日期的引用文件，其随后所有的修改单(不包括勘误的内容)或修订版均不适用于本标准，然而，鼓励根据本标准达成协议的各方研究是否可使用这些文件的最新版本。凡是不注日期的引用文件，其最新版本适用于本标准。

GB 3095 环境空气质量标准

GB 3096 声环境质量标准

GB 3838 地表水环境质量标准

GB 5749 生活饮用水卫生标准

GB 5768 道路交通标志和标线

GB 8978 污水综合排放标准

GB/T 10001.1 标志用公共信息图形符号 第1部分:通用符号

GB/T 10001.2 标志用公共信息图形符号 第2部分:旅游休闲符号

GB/T 14308 旅游饭店星级的划分与评定

GB 15618 土壤环境质量标准

GB/T 16767 游乐园(场)安全和服务质量

GB/T 17695 印刷品用公共信息图形标志

GB/T 18920 城市污水再生利用 城市杂用水水质

GB/T 18921 城市污水再生利用 景观环境用水水质

GB/T 18971 旅游规划通则

GB/T 18973 旅游厕所质量等级的划分与评定

3 术语和定义

下列术语和定义适用于本标准。

3.1

旅游度假区 resort

具有良好的资源与环境条件，能够满足游客休憩、康体、运动、益智、娱乐等休闲需求的，相对完整的度假设施聚集区。

3.2

旅游度假区的环境 environment of the resort

旅游度假区整体的自然与人文环境。

3.3

旅游度假区的资源 resource of the resort

能够提供游客主体休闲度假产品的关键吸引物，包括自然资源与人文资源2大类。

注：自然资源包括海洋、内湖、山地、滑雪地、森林、温泉、草原等7小类；人文资源包括乡村田园、传统聚落、主题运

动(指人工环境下的主题运动,如高尔夫等)、主题娱乐(如赛马、影视城、主题乐园等)、人文活动(指以人为媒介的传统习俗、非物质遗产等)等5小类。

3.4

非星级住宿接待设施　non-rating accommodation

未经GB/T 14308星级评定但具有一定接待能力和特色的宾馆、酒店等住宿接待设施,包括但不限于家庭旅馆、度假村、托管公寓、单栋度假单元、汽车旅馆、自助宾馆、青年旅馆、帐篷营地、拖车营地等类型。

3.5

生态停车场　ecological parking lot

种植树阵并采用可渗透地表铺装材料,与周边自然人文景观协调的停车场。

4　等级划分和依据

4.1　等级划分

旅游度假区划分为2个等级,从高到低依次为国家级旅游度假区、省级旅游度假区。

4.2　等级划分的依据

等级的划分以本标准的第5章、第6章为依据,包括基本条件和一般条件2类。基本条件规定了旅游度假区的门槛条件。

5　等级划分的基本条件

5.1　应具备不少于1项的资源条件,且无多发性不可规避自然灾害。

5.2　应具有明确的空间边界。国家级旅游度假区面积应不小于8 km^2;省级旅游度假区面积应不小于5 km^2。

5.3　应具有统一有效的管理机构。

5.4　应制定有统一的总体规划。

5.5　以接待过夜游客为主,国家级旅游度假区过夜游客平均停留天数应不低于2.5天,省级旅游度假区过夜游客平均停留天数应不低于2天。

5.6　国家级旅游度假区住宿接待设施总床位数应不小于2 000张,省级旅游度假区住宿接待设施总床位数应不小于1 000张。

5.7　旅游度假区内用于出售的房地产项目总建筑面积与旅游接待设施总建筑面积的比例应不大于1∶2。

5.8　环境质量达到相应国家标准,其中空气质量应达到GB 3095的二级标准,噪声质量应达到GB 3096的1类标准,地表水质量应达到GB 3838的Ⅲ类标准,土壤质量应达到GB 15618的Ⅱ类标准。

5.9　各种设施的卫生与安全应符合相应的国家标准。

6　等级划分的一般条件

6.1　资源

6.1.1　应具有优质的、可供度假利用的自然人文资源。

6.1.2　度假资源宜具有较高的旅游承载力和一定的独特性。

6.1.3　应在不影响可持续发展的前提下对资源进行合理开发,利用资源形成品牌性的度假产品。

6.2　区位

6.2.1　旅游度假区所在区域宜具有较强的度假氛围,市场吸引力强。

6.2.2　宜具有便捷的交通条件和良好的可达性,交通方式宜多样化。

6.2.3　宜与相近的交通枢纽(机场、港口、车站)或高速公路有便捷的联系。

6.2.4　宜与相近旅游区(点)具有良好联通性。

6.3 市场

6.3.1 以接待过夜游客为主，国家级旅游度假区年过夜游客的人天数指标与年游客总人数的比例不宜低于50%；省级旅游度假区年过夜游客的人天数指标与年游客总人数的比例不宜低于40%。

6.3.2 在国家级旅游度假区的过夜游客中，省外游客人数的比例不宜低于50%。

6.3.3 国家级旅游度假区年境外游客人数不宜低于年游客总人数的3%。

6.3.4 国家级旅游度假区年游客规模不宜低于50万人天；省级旅游度假区年游客规模不宜低于25万人天。

6.3.5 宜具有竞争力强且特色鲜明的市场品牌及形象，包括有影响力的品牌、独特的产品形象、良好的质量形象和文明的员工形象等。

6.3.6 宜具有较强市场吸引力。国家级旅游度假区宜在国家范围内具有高知名度，并具有一定的国际影响力；省级旅游度假区宜在省内具有高知名度，并具有一定的国内影响力。

6.3.7 宜具有较高游客综合满意度和市场美誉度。

6.4 空间环境

6.4.1 自然环境

6.4.1.1 宜具有每年不低于3个月的适宜度假的气候。

6.4.1.2 宜具有优美的自然风光。

6.4.1.3 宜具有较高的空气质量、较好的地表水及土壤环境。

6.4.2 规划和实施

6.4.2.1 空间边界标识宜清晰可辨。

6.4.2.2 规划建设应符合国家批准的区域规划或城市总体规划，应制定有相应级别的人民政府或管理部门批准的旅游总体规划和详细规划。

6.4.2.3 规划应选址适当，结构清晰，功能布局合理，主题鲜明，特色突出。

6.4.2.4 规划中宜测算环境容量并进行环境影响评价，对于潜在的自然灾害应提供行之有效的防灾避险规划。

6.4.2.5 规划中宜对建筑基地的诸项指标，如容积率、建筑密度、绿地率等提出合理的控制要求，既能够与环境相融合，又能够体现集约用地的思想。

6.4.2.6 规划应得以有效实施。

6.4.2.7 建筑应布局合理，不宜破坏原有环境的地形地貌及生态系统。

6.4.2.8 建筑、牌示等人工设施的尺度、材质、造型、色彩等宜与所在地域的自然和文化环境相协调。

6.4.2.9 绿地系统应结构合理，宜采用乡土植物，具乡土特色且生态效益高。

6.4.2.10 建筑室内环境和建筑周边景观宜采用人性化设计，整体舒适度较高。

6.5 设施与服务

6.5.1 休闲活动

6.5.1.1 应提供质量高、类型丰富的户外及室内休闲活动设施和服务，环境舒适，户外与室内设施宜互为补充，满足四季、昼夜及不同人群的多方面休闲需求，总体规模宜与需求相匹配。

6.5.1.2 户外休闲度假设施的类型宜达到4类以上，且设施日容量宜达到旅游度假区日游客容量的1/2以上。（户外休闲度假设施的种类参见附录A中的表A.2）

6.5.1.3 休闲活动设施及产品的设置应与资源密切结合，充分发挥资源优势，并宜与周边区域的旅游资源相衔接。

6.5.1.4 宜定期或非定期组织无固定设施的休闲活动，丰富游客的度假生活。

6.5.1.5 各种活动设施均宜配备具有专业技能的救援及教练人员，人数及支持语种能满足游客需要。

6.5.1.6 服务人员应具备良好素质和形象，服务热情周到。

6.5.2 住宿接待

6.5.2.1 住宿设施应具有较高舒适度，隔音良好，设计应符合度假行为需求。

6.5.2.2 主体及其附属设施齐备，各种类型的住宿接待设施级配合理，达到 GB/T 14308 三星级（含）以上标准的住宿接待设施宜占住宿接待设施总量的 50%以上，并宜具有一定数量的富有特色的非星级住宿接待设施，满足不同度假市场的需求。

6.5.2.3 住宿设施应结合资源特征，突出地方特色。

6.5.2.4 住宿服务应热情周到，服务人员应训练有素，着装和服务方式宜具有地方特色。

6.5.3 餐饮

6.5.3.1 餐饮设施的布局合理，可达性好，舒适性好，总体规模应与旅游度假区接待能力相匹配。

6.5.3.2 菜系品种多样，在保障食品安全的前提下，宜提供多种国内外主要菜系，满足游客的民族及口味需求。

6.5.3.3 宜提供富于地方特色、品质优良的个性化菜品菜系。

6.5.3.4 餐饮档次设置宜满足不同消费水平的市场需求。

6.5.3.5 服务应热情周到，服饰及服务方式宜富于地方特色。

6.5.3.6 区内宜提供 7 d×24 h 餐饮服务，满足游客需求。

6.5.4 旅游购物

6.5.4.1 购物设施的种类、数量及分布应与接待能力相匹配，应能够满足游客的旅游购物和日常购物需求。

6.5.4.2 购物设施宜具有较高便利度，购物环境舒适。

6.5.4.3 旅游商品应富于地方特色，且商品宜种类丰富、档次多样。

6.5.4.4 购物场所应管理规范，秩序良好，无围追兜售现象。

6.5.4.5 服务应主动热情，宜富于地方特色。

6.5.5 区内交通

6.5.5.1 区内交通设施应便捷完善。

6.5.5.2 交通安全标志标线应符合 GB 5768 的要求。

6.5.5.3 停车场应选址合理，规模适中，并与周边环境相协调，宜采用生态停车场设计，其容量宜满足游客接待需求。

6.5.5.4 交通组织与停车管理应秩序井然。

6.5.5.5 区内道路及公共交通网络应布局合理，建筑集中区内宜设置专用自行车道路和步行道路系统。

6.5.5.6 区内宜提供便利的公共交通，并宜为游客自助出行提供多种条件。

6.5.6 其他配套设施与服务

6.5.6.1 宜提供托儿等服务，并应满足相关规范要求。

6.5.6.2 宜提供多国语言支持，国家级旅游度假区宜支持 2 种以上常用外语，省级旅游度假区宜支持 1 种以上常用外语。

6.5.6.3 宜为老年人、儿童、残障人等特殊人群提供相应的度假设施及服务，配备旅游工具、食品，提供其他相关服务。

6.5.6.4 宜配备康体、健身、膳食、游览等专业辅导人员，人数及支持语种能满足游客需求。

6.5.6.5 宜建设专门的旅游度假区网站及电话咨询台，提供全面的信息服务及预约预定服务。

6.5.6.6 宜设置至少 1 处综合服务中心和若干服务点，可与其他设施（如住宿接待设施和餐饮购物设施等）结合设置，数量与布局宜与接待能力相匹配。服务中心宜提供与度假相关的咨询辅导、预约预定、展示、医疗等综合性服务职能，服务点宜至少提供咨询服务。服务中心与服务点之间宜具有统一的服务信息平台。

6.5.6.7 应尽量采用节能减排手段，宜采用清洁能源，游船不宜采用柴油等可能污染水域的燃料。

6.5.6.8 宜提供充足供水，能够满足度假产品需求。生活饮用水的水质应符合 GB 5749 的要求。

6.5.6.9 宜实行雨污分流，排水与污水处理设施完备，具有与接待规模相适宜的处理能力。宜建设污水处理系统，污水排放应符合 GB 8978 的要求；宜建设中水处理设施，处理后水质应符合 GB/T 18920 和 GB/T 18921 的要求。

6.5.6.10 宜提供充足供电，重要设施宜采用双回路供电，保证供电不间断。

6.5.6.11 通讯设施与接待规模宜相匹配，国际、国内直拨电话和互联网服务方便畅通。在出入口及游人集中场所宜设置具备国际、国内直拨功能的公用电话。公用电话亭宜与周边环境相协调，标志美观醒目。手提电话宜具有较高信号质量。

6.5.6.12 应具有防灾救灾、急救医疗、卫生、公安等配套设施，宜提供 7 d×24 h 医疗服务，并具有处理和诊治一般性伤病人员及处理和转移突发性伤病人员的能力。

6.5.6.13 邮政、银行、商务中心等商务设施应能够满足需求。

6.5.6.14 公共厕所的数量应与接待能力相匹配，布局合理。全部厕所设施设备应达到 GB/T 18973 规定的三星级以上标准，外观及内部装饰宜富于特色，有文化气息。

6.5.6.15 应具有完善的标识引导系统，标识位置合理，内容清晰，造型宜富有地方特色，并与周围环境相协调。公共信息图形符号的设置应符合 GB/T 10001.1 和 GB/T 10001.2 的要求。

6.5.6.16 公众信息资料宜内容丰富，类型齐全，文字流畅，制作精美，适时更新，并宜提供丰富的免费资料。印刷品用公共信息图形符号应符合 GB/T 17695 的要求。

6.6 管理

6.6.1 资源与环境保护

6.6.1.1 对自然与文化资源应采取保护性利用方式，措施科学先进，并应设相应的监测机制，能有效预防自然破坏和人为的开发性破坏，保持自然和文化资源的最佳状态。

6.6.1.2 区内各项设施设备应符合国家关于环境保护的要求，应无环境污染或其他公害，对旅游资源和气氛无损害。

6.6.1.3 应具有完善的环境保护、监测手段及机制。

6.6.1.4 应具有整洁的室内外环境，垃圾清扫及时，日产日清。

6.6.2 游客管理

6.6.2.1 应具有科学的游客管理体系，游客量不超出环境承载力。游客容量的测算按照 GB/T 18971。

6.6.2.2 应建立完善的游客统计系统，并应建立游客调查机制，宜提供网络、电话回访、现场问卷等多种游客评价渠道。

6.6.3 社区协调

6.6.3.1 宜为当地社区提供适当的公共服务，并宜提供相当数量的就业机会。

6.6.3.2 从资源保护、规划建设到开发经营，均宜与社区居民建立畅通的沟通渠道，全面听取社区群众意见，定期宣传解释旅游度假区发展的规划设想与行为规范，建立良好的社区发展环境。

6.6.4 组织经营

6.6.4.1 管理机构应在规划与社区管理等方面与相关政府建立有畅通的协调渠道。

6.6.4.2 应具有健全的管理体制和有效的经营机制。旅游质量、旅游安全、旅游统计等各项经营管理制度应健全，贯彻措施得力，定期监督检查，有完整的书面记录和总结，有完善的档案制度。投诉制度应健全，人员落实、设备专用，投诉处理及时、妥善。

6.6.4.3 管理网络宜信息化。

6.6.4.4 应具有多种宣传渠道，符合现代营销的要求。

6.6.4.5 管理机构应健全，管理人员应配备合理。宜具备明确的培训机构和制度，人员、经费落实，业务培训全面，效果良好，上岗人员培训合格率应达 100%。

6.6.5 **安全管理**

6.6.5.1 各项安全保卫制度应完整有效，各经营场所治安应状况良好，认真执行相关部门颁布的安全法规。

6.6.5.2 各类设施设备应运行正常，消防通道和安全疏散通道应设置合理，无安全隐患。

6.6.5.3 消防、防盗、救护设备应齐全，完好有效。

6.6.5.4 危险地段应标志明显，防护设施应齐备有效，特殊地段应设专人看守。

6.6.5.5 如设有游乐园，其安全和服务应符合 GB/T 16767 的要求。

6.6.5.6 应具有紧急救援机制，应提供 7 d×24 h 安全救助。应具有突发事件处理预案和灾害预警机制，应急处理能力强。

附 录 A
（资料性附录）
室内、户外休闲活动设施类型

A.1 室内休闲活动设施可包括（但不限于）表 A.1 所示类型。

A.2 户外休闲活动设施可包括（但不限于）表 A.2 所示类型。

表 A.1 室内休闲活动设施类型统计表

序号	大 类	小 类
1	歌舞休闲类	夜总会类、歌舞观赏类、卡拉 OK 类
2	文化休闲类	博物展陈类、图书类（如阅览室、书店等）、手工艺制作类、影剧音乐类、茶酒吧类
3	疗养康体类	温泉类、SPA 类、按摩康体类、疗养类（如中药保健等）
4	游戏休闲类	棋牌类、游艺类、互联网类
5	运动健身类	游泳嬉水类、保龄球类、网羽乒球类、篮排球类、台球类、壁球类、攀岩类、射击类（包括射击、射箭、飞镖等）、冰嬉类

表 A.2 户外休闲活动设施类型统计表

序号	大 类	小 类
1	休闲放松类	温泉类、垂钓类、农业参与类
2	主题游戏类	主题游乐园、军事游戏类、探险游戏类、狩猎游戏类
3	运动健身类	游泳嬉水类、船艇运动类、潜水类、滑水类、漂流类、高尔夫球类、棒垒球类、手足篮排球类、网球类、门球类、登山攀岩类、骑行类（如骑马、山地车等）、冰嬉类、滑雪类、嬉雪类、旱冰类、跳伞滑翔类、走跑类（需设有步行慢跑专用道）

ICS 43.080.20
R 11

中华人民共和国国家标准

GB/T 26359—2010

旅游客车设施与服务规范

Facility and service specifications of tourist coach

2011-01-14 发布　　2011-06-01 实施

中华人民共和国国家质量监督检验检疫总局
中国国家标准化管理委员会　发布

前　　言

本标准由国家旅游局提出。

本标准由全国旅游标准化技术委员会归口。

本标准起草单位：中国旅游车船协会、北京首汽（集团）股份有限公司、上海锦江汽车服务有限公司、广州广骏旅游汽车企业集团有限公司、广西桂林旅游股份有限公司。

本标准主要起草人：齐平书、何红琳、赵金俊、韩汇田、简庆森、崔寒松、丁娜娜。

引　言

随着我国旅游业的发展，旅游者对于旅游客车设施和服务的要求也在不断提高。为了促进旅游客车生产企业设计、制造出更能满足旅游市场需要的旅游客车，提高旅游客车服务提供者的服务水平，使旅游客车的使用者能够享受到更高质量的产品和更规范的服务，特制定本标准。

旅游客车设施与服务规范

1 范围

本标准规定了旅游客车的设施配置、服务规范、安全要求与质量评价等。

本标准适用于为满足旅游者需要而进行的客车的生产服务活动。

2 规范性引用文件

下列文件中所包含的条款,通过在本标准的引用而成为本标准的条款。凡是注日期的引用文件,其随后所有的修改单(不包括勘误的内容)或修订版均不适用于本标准,然而,鼓励根据本标准达成协议的各方研究是否可使用这些文件的最新版本。凡是不注日期的引用文件,其最新版本适用于本标准。

GB/T 3798.1 汽车大修竣工出厂技术条件 第1部分:载客汽车

GB 7258 机动车运行安全技术条件

GB 8410 汽车内饰材料的燃烧特性

GB 18344 汽车维护、检测、诊断技术规范

JT/T 325 营运客车类型划分及等级评定

QC/T 633 客车座椅

3 术语和定义

下列术语和定义适用于本标准。

3.1

旅游客车 tourist coach

为旅游团队(者)在旅行活动中提供地面交通服务的,由旅游企业或有旅游需求的组织和个人预订的,通常配有专职驾驶员的客运汽车。

不包括提供公共服务的城市观光客车、房车和用于自驾旅游的车辆。

3.2

设施 facilities

在游客旅行过程中,满足游客合理的旅行需求的硬件设施,包括车辆及配套设备等。

3.3

服务 service

在旅程中,由服务人员提供的满足游客合理的旅行需求的活动。

4 总则

4.1 旅游客车及其配套设施应符合安全、消防、卫生、质量检验、环境保护等国家和地方的现行标准。

4.2 以旅游客车为载体提供的服务,除满足乘客作为一般车辆使用者的需求外,更能满足乘客作为旅游者而产生的服务需求。

5 服务设施

5.1 基本要求

5.1.1 旅游客车设施设备应符合安全、舒适、环保、人性化、节约能源的要求。

5.1.2 旅游客车设施设备应满足旅游者在旅行过程中各种合理、可能的需要。

5.1.3 旅游客车设施设备应成为方便服务人员为乘客提供各种服务的载体。

5.2 技术要求

5.2.1 旅游客车应经过当地车辆管理部门检验合格。

5.2.2 车辆各总成和零部件安装正确、齐全、完好，作用有效，符合 GB/T 3798.1 的规定。

5.2.3 应保持运营车辆技术状况良好，车辆的维护和检测应符合 GB 18344 的规定。

5.3 车内设施

5.3.1 导游设施

5.3.1.1 车身总长大于 6 m 以上的旅游客车车厢前部应有专门的导游人员座椅和导游人员站立靠背垫和扶手等相应的防摔滑安全设施。

5.3.1.2 有导游人员工作台或区域，有专设空间摆放导游人员工作物品。

5.3.1.3 有便于导游人员使用的有线或无线音频系统，车厢前后音调均衡。

5.3.1.4 宜配备视频系统，音视频设备使用灵敏有效，无噪音和杂音。

5.3.1.5 宜配备旅游目的地多媒体宣传资料供播放使用。

5.3.2 行车设施

5.3.2.1 车辆进行人体工程学设计，操作人性化。

5.3.2.2 宜有卫星导航设备和行车记录仪。

5.3.2.3 宜有车载通讯调度设备。

5.3.3 服务设施

5.3.3.1 根据地域特点安装冷暖空调，设备工作有效，宜有分区调节功能。

5.3.3.2 宜有餐饮加热制冷设备。

5.3.3.3 用于长途旅游运输的车辆宜配置卫生间，卫生间干净整洁，易于维护。

5.3.3.4 车内行李架应设置闭锁机构，能防止坠物。

5.3.3.5 座椅牢固舒适，座椅靠背倾斜度和间距可调，符合 QC/T 633 的要求。

5.3.3.6 椅背或座椅适当的位置设储物袋和瓶托，方便游客放置小物品。

5.3.3.7 在车内明显位置固定驾驶员服务监督卡，监督卡标注驾驶员姓名、工号和投诉电话等。

5.3.3.8 应设有方便残疾人使用的座位，设有专门的把手；有存放轮椅的区域和牢固设施；车门有可供残疾人、残疾车上下车的辅助设施。

5.3.3.9 车内设呕吐袋和常用急救物品。

5.3.3.10 应备有废弃物处理箱，宜固定密封。

5.3.4 安全设施

5.3.4.1 设安全门或紧急出口，且有明显标志。

5.3.4.2 密闭式车窗有逃生装置和措施。

5.3.4.3 前排座椅应配备安全带，其他座椅宜配备安全带。

5.3.4.4 乘客门有防夹伤措施；自动开启的车窗应有防夹伤功能；自动开启的车门能在自动措施失效时通过另外的装置或措施开启车门。

5.3.4.5 车上应备有必要的对人、对车的紧急救援设备、警示牌和工具等。

5.3.4.6 应配备适用的消防器材，并确保有效。

5.3.4.7 宜安装防劫防盗装置。

5.3.4.8 宜安装车辆超时驾驶自动提醒或停止装置。

5.4 车容车貌

5.4.1 车辆运营标志及有关证件齐全，摆贴位置正确。

5.4.2 车身整洁、完好且无明显撞击或擦痕；车窗玻璃齐全无破损；漆皮、镀件光亮无损；轮胎无油污、泥土。

5.4.3 行李箱整洁干净，不放置杂物和易燃易爆危险品。备件箱工具、备胎、备件齐全，摆放整洁有序。

5.4.4 发动机无油垢；发动机内线路清洁，无损坏现象；水箱、电瓶等无尘土和积液。

5.4.5 车厢内整洁卫生，无浮土、无杂物、无异味。

5.4.6 车内照明、窗体遮光等设施配备齐全，整洁美观。

5.4.7 脚垫、窗帘、头垫、靠垫、座套平整清洁，更换及时。

5.4.8 门窗启动轻便，关闭严密，锁止可靠，没有异响。

6 服务规范

6.1 服务人员资质

6.1.1 驾驶员应持有相应车型的合格驾驶证，具备相应车型两年以上的驾驶经历。

6.1.2 年龄和身体条件满足工作需要。

6.1.3 持有相关部门核发的岗位工作证书。

6.2 服务礼仪

6.2.1 服务人员保持个人卫生，面容整洁，发型整齐，美观大方。

6.2.2 接待过程中应穿着公司统一发放的可识别制服，工号牌置于左胸衣服外围易识别处。

6.2.3 注意服饰礼仪，衣着得体，服装整洁，不穿拖鞋。

6.2.4 接待过程中行为得体，举止文雅，精神饱满，精力充沛。

6.2.5 接待工作中注重待客礼仪，姿态端正，热情周到。

6.2.6 注意语言文明，谈吐得当，使用敬语谦语，不使用忌语。

6.2.7 出车前和服务过程中，不食带异味食品。

6.3 服务要求

6.3.1 服务人员应有高度责任心和事业心，尽职尽责、敬业勤业，热情周到地为游客提供安全正点、舒适安心的服务。

6.3.2 应尊重旅游者的宗教信仰和风俗习惯。

6.3.3 能运用简单外语为乘客提供一般性的服务，能听懂乘客用常用外语表达的旅游景点、机场、车站、饭店等常去的公共场所并能使用外语表达迎接、问候、告别等。

6.3.4 具有良好素质和道德风尚，在服务过程中自尊自重、遵纪守法，不索要小费。

6.3.5 驾驶车辆时，不吸烟，不使用移动电话，不随地吐痰或从车窗往外吐痰、扔废弃物。

6.3.6 严禁酒后开车，行车中坚持安全驾驶。

6.3.7 不带无关人员上车，不利用工作之便谋取私利。

6.3.8 接待过程中保持精力充沛，严防疲劳驾驶，行车前应保证充分休息，连续行车三小时后应休息恢复体力。

6.4 运营规范

6.4.1 旅游客车运输服务各环节应协调配合，确保服务质量。

6.4.2 车辆调度应准确无误地根据时间、地点、线路和人员等要求调派车辆。

6.4.3 执行任务前严格按车容车况、仪容仪表、行车安全等方面进行检查，确保达到要求。

6.4.4 服务人员接到任务后，应核准、记清用车单位、时间、地点、陪同姓名、联系电话、团队名称、人数、航班（车次）、活动日程及其他特殊要求。

6.4.5 确保一人一座，不得让游客在车内站立。

6.4.6 确保车内有足够的行李空间且不会危及行车和人身安全。

6.4.7 驾驶员应提前 10 min～15 min 到达用车地点，就近停靠，方便游客上下车；打开空调，调节车内温度，等候游客。

6.4.8 游客到达时，驾驶员应主动站立于车门一侧，迎候游客上下车。

6.4.9 遇携带大件行李物品的游客，应主动帮助提携，开启行李箱帮助妥善放置并锁好行李箱。

6.4.10 对老、弱、病、残、幼、孕和抱婴者等行动不便的游客应细心服务，主动提供帮助。

6.4.11 与导游、领队人员密切合作，合理选择最佳行车路线，保证游客的游览时间和安全。到达游览地点后，应明确下一站地点和时间安排，准备充分并熟悉备选行车路线。

6.4.12 根据乘客意愿使用车内空调、音视频等服务设施。行车过程中谨慎驾驶，坚持安全礼让、中速行驶、拐弯平缓、刹车平稳，避免不必要的紧急制动，保证游客舒适安全。行驶至复杂路面时应减速并提醒乘客扶好。

6.4.13 游客到达目的地后，车辆应在就近地点停靠，方便游客上下车。提醒游客携带贵重物品，游客离车后应检查门窗是否关好，并看管车内物品，时间充裕时应按规定实施车辆途中检查并清洁车内卫生。

6.4.14 等候游客应保持耐心，不应在车内躺卧或有将腿脚伸向仪表盘、方向盘等不文明姿势；不应远离车辆或翻阅乘客放于车内的物品；不应用喇叭催促乘客或发生因驾驶员擅自离岗而造成游客无法及时上车或丢失物品等现象。

6.4.15 营运中车辆若发生故障应积极抢修；若短时内无法修复致使车辆不能正常行驶，应及时报告，安抚乘客并采取相应的补救措施。

6.4.16 接待过程中如遇特殊情况或误解，应冷静处置，不应刁难乘客，不应有不文明语言。

6.4.17 执行任务时不应干预导游人员正常的计划行程；严禁以各种借口强行安排团队进行计划外购物、参观、住宿、用餐等活动。

6.4.18 完成任务后，应主动征求游客、导游和陪同人员意见，提高服务质量。

7 设施与服务安全

7.1 基本要求

7.1.1 旅游客车服务提供企业应设立安全管理机构，建立安全管理制度与规范，加强安全管理培训，并对旅游客车涉及安全的设施设备进行定期和不定期的检查。

7.1.2 旅游客车服务人员在车辆运营及提供服务过程中，应强化安全意识，提高安全技能，消除安全隐患，妥善处理各种安全意外事件。

7.2 车辆安全

7.2.1 旅游客车经当地车辆管理部门检查检验合格。

7.2.2 定期检查车况，车辆应符合 GB 7258 的有关规定，车辆内饰材料应符合 GB 8410 的规定。

7.2.3 应对车辆进行出车前、行车中、收车后的日常维护和安全检查工作，对发现的故障和隐患及时报修排除，确保车辆技术状况良好。

7.2.4 驾驶员不得将车辆随意交由他人驾驶。

7.3 行车安全

7.3.1 驾驶员应身体健康，定期体检，确保良好的驾车状态。

7.3.2 驾驶员应提前熟悉行车路线和路况预报，并根据可能的计划变更制定备选路线方案。

7.3.3 驾驶员应坚持安全操作，安全行驶，合理掌握车速，文明礼让，不强行超车。

7.3.4 旅游客车在地形复杂、道路崎岖等路况危险的道路上行驶时，服务人员应提醒游客系好安全带、抓紧扶手，做好安全保护措施。

7.3.5 旅游客车如进行长途行车，应提前全面检查车况并备足备用胎和其他工具，行车中时刻关注车况，防止发生爆胎等安全事故。

7.4 人身与财产安全

7.4.1 人身安全

7.4.1.1 服务人员在行车中应提醒游客系好安全带，调好座椅，不要将脑袋、手臂、相机等伸出车外。

7.4.1.2 妥善选择车辆停靠位置，严禁在危险路段或交通法规禁止的地方上下乘客。

7.4.2 财产安全

7.4.2.1 应建立游客财物报失管理制度，向游客公布报失联系方式；登记、储存游客的失物信息，保管好捡拾到的游客遗失物，尽力寻找失主。

7.4.2.2 服务人员接到游客失物查询后，应及时与游客就物品遗失的相关信息进行沟通并及时回应查询结果。

7.4.2.3 行李存放区域安全，可以闭锁。

7.4.2.4 乘客在取放行李物品时，驾驶员应从旁予以协助，根据行李标签确认乘客所取的行李系本人所有。

7.4.2.5 应提醒乘客随身携带贵重物品，注意看管放在座位上的物品，防止丢失。

7.4.2.6 乘客下车活动期间，驾驶员应人不离车，并检查门窗是否关好。

7.4.2.7 收车前应仔细查看车内和行李箱有无遗失物。如发现遗失物，应及时归还失主；无法归还的应按规定上缴，并做好相关记录。

7.4.2.8 对涉嫌恶意侵占乘客财物的人员应依法处理。

7.5 突发事件处理

7.5.1 一般要求

旅游客车服务企业应针对交通事故、自然灾害和人为灾害等可能发生的情况制定应急预案，并定期对服务人员进行培训，确保相关人员能妥善应对各种突发事件，保障乘客的安全和利益。

7.5.2 交通事故

7.5.2.1 行车中如果发生交通事故，应保护现场，抢救伤者，并立即报告上级和公安交通管理部门，配合相关方面妥善处理事故。

7.5.2.2 发生交通事故无法靠个人进行现场自救的，应请示上级组织启动应急预案，第一时间抢救受伤乘客，保护乘客生命安全。

7.5.3 自然灾害

7.5.3.1 旅游客车进入天气状况恶劣、地形复杂的路段，应提前准备防滑链等设施设备，并时刻关注天气预报，提前掌握信息，避免在大风、大雪、大雨、冰雹等恶劣天气行车。

7.5.3.2 旅游客车应避免进入自然灾害发生区域，在可能发生泥石流、山体滑坡、塌方等危险路段应谨慎通行。

7.5.4 其他突发事件

7.5.4.1 车内和途中如发生治安或刑事案件，应及时报警，并报告上级组织。

7.5.4.2 车辆发生火灾时，应立即停车，协助乘客下车并疏散至安全区域，进行灭火并报警；如火灾导致车辆操作失灵，车门无法打开，应使用车内安全急救设施与工具，帮助和组织乘客安全逃生。

8 设施与服务评价

8.1 基本要求

8.1.1 旅游客车服务企业应设置服务质量监督检查机构，有专人负责，定期对企业的质量管理及服务人员和调度人员的服务情况进行监督、检查与评定，保证旅游客车的服务质量。

8.1.2 旅游客车服务企业可依据本标准制定出适合本企业的服务规范、安全制度、操作规程等企业标准。

8.1.3 旅游客车上应设置“服务质量监督卡”，根据游客和用车单位对车辆和服务的反馈，不断改进服务工作。

8.2 设施等级

8.2.1 根据旅游客车的设施设备可从高到低划分为五星级、四星级、三星级、二星级、一星级五个等级。

8.2.2 符合JT/T 325规定的高三级车型可参评五星级,高二级车型可参评四星级,高一级车型可参评三星级,中级车型可参评二星级、普通车型可参评一星级。

8.2.3 旅游客车星级将依据车辆满足旅游需要的设施设备情况进行综合评定。

8.2.4 评定星级后的在用旅游客车,应自投入运营之日计算,根据车辆的行驶里程和折旧年限相应调降级别。

8.3 服务评价

8.3.1 根据驾驶员的服务技能与服务质量,对驾驶员进行星级服务的评定,驾驶员的星级服务从高到低分为五星级、四星级、三星级、二星级、一星级五个等级。

8.3.2 驾驶员服务以星级的方式标识于驾驶员工号标牌。

8.3.3 驾驶员服务星级的评定从技术技能、车辆维护、驾驶员违章率、乘客满意度、乘客投诉率等方面进行综合评价。

8.3.4 驾驶员服务星级根据年度考核情况可进行调整。

ICS 35.240.99
L 67

中华人民共和国国家标准

GB/T 26360—2010

旅游电子商务网站建设技术规范

Tourism e-commerce website development technology criterion

2011-01-14 发布　　2011-06-01 实施

中华人民共和国国家质量监督检验检疫总局
中国国家标准化管理委员会　发布

前　言

本标准的附录 A 为规范性附录。

本标准由国家旅游局提出。

本标准由全国旅游标准化技术委员会归口。

本标准起草单位:国家旅游局信息中心、北京邮电大学。

本标准主要起草人:唐洪广、信宏业、杜军平、王晓茹、周亦鹏、王肃、高田。

引　言

旅游电子商务网站已在全国范围内大量建设，但是还没有完整的、规范的相关标准作为旅游电子商务网站建设的依据，为此提出了制定本标准的要求。

本标准用于规范旅游电子商务网站的建设活动，使相关业务和技术人员用共同的方式表达和理解系统；明确旅游电子商务网站的功能和技术要求；规范旅游电子商务网站建设过程以及各组成部分的实施与集成；支持旅游产品和服务技术的信息化，提高旅游电子商务网站的信息共享程度。

旅游电子商务网站建设技术规范

1 范围

本标准规定了旅游电子商务网站建设应遵循的基本原则、总体设计要求及安全和建设服务要求。

本标准适用于旅游管理部门、旅游企业等机构进行旅游电子商务网站的规划和建设。

2 规范性引用文件

下列文件中的条款通过本标准的引用而成为本标准的条款。凡是注日期的引用文件，其随后所有的修改单(不包括勘误的内容)或修订版均不适用于本标准，然而，鼓励根据本标准达成协议的各方研究是否可使用这些文件的最新版本。凡是不注日期的引用文件，其最新版本适用于本标准。

GB/T 19256.1—2003 基于 XML 的电子商务 第1部分：技术体系结构

3 术语和定义

下列术语和定义适用于本标准。

3.1

电子商务 electronic commerce

以电子形式进行的商务活动。它在供应商、消费者、政府机构和其他业务伙伴之间通过任一电子方式(如电子邮件、报文、万维网技术、电子公告牌、智能卡、电子资金转账、电子数据交换、数据自动采集技术等)实现标准化的非结构化或结构化的业务信息共享，以管理和执行商业、行政和消费活动中的交易。

[GB/T 18811—2002，定义 3.31]

3.2

旅游电子商务网站 tourism electronic commerce website

旅游管理部门、旅游企业和旅游者之间通过万维网进行旅游产品、服务及信息交换和交易的网络站点。

3.3

体系结构 architecture

一个系统的基本组织，表现为系统的构件、构件之间的相互关系、构件与环境之间的相互关系以及设计和进化的原理。

注：改写 GB/T 21064—2007，定义 3.1。

3.4

构件 component

系统的组成部分，可以是子系统、硬件部分或软件部分。

[GB/T 21064—2007，定义 3.2]

4 基本原则

旅游电子商务网站的建设应考虑以下原则，系统在投入使用后能够充分发挥以下作用：

a) 可靠性：应确保旅游电子商务网站可靠、稳定的运行，确保数据的完整性、正确性和可恢复性；

b) 安全性：应采取足够的措施，保证网站软硬件系统的安全和用户使用的安全；

c) 开放性：旅游电子商务网站建设应采用具有开放性、符合相关技术标准的要求，使其能与原有系统和其他应用系统兼容或集成；

d) 先进性：应采用先进而成熟的技术和设备，以保证系统高效、安全可靠地运行，可分阶段逐步实现；

e) 可扩充性：应保证系统具有升级、扩展的能力；

f) 实用性：应做好规划和需求分析，根据具体要求和实际情况选择实用可行的技术及软硬件产品；

g) 集成性：底层设计应集成化，各类数据、计算、共享应高度统一。

5 总体设计要求

5.1 功能

5.1.1 基本功能

旅游电子商务网站应具有但不限于以下功能：

a) 旅游机构形象宣传；

b) 新闻及供求信息发布；

c) 产品和服务项目展示；

d) 产品和服务订购、转账与支付；

e) 信息检索与查询；

f) 用户信息管理；

g) 旅游社区系统；

h) 短信增值服务；

i) 广告管理与发布；

j) 网站服务。

5.1.2 旅游机构形象宣传

旅游电子商务网站的形象宣传应提供旅游机构的组织、特点、产品、服务、联系方式等基本信息；对于不同类别、面向不同市场和经营不同产品的旅游机构，应分类介绍；还可通过电子杂志编辑、排版、制作系统创建旅游电子杂志，进行形象宣传。

5.1.3 新闻及供求信息发布

旅游电子商务网站的新闻及供求信息发布功能可动态发布最新的旅游目的地和线路信息，及时发布旅游业的重要新闻，向用户公告企业的业务情况、优惠活动等。

新闻发布系统应能够：

a) 支持信息的批量发布；

b) 支持多种信息，如文本、图形、图像、声音等；

c) 支持信息的权限访问控制；

d) 实现信息的按类别管理。

5.1.4 产品和服务项目展示

旅游电子商务网站的产品和服务项目展示应提供旅游目的地信息、旅游黄页信息、电子地图、旅游行程规划，并可进行旅游多媒体资源的管理。

5.1.5 产品和服务预订

旅游电子商务网站的产品和服务预订可具有宾馆预订、旅游产品营销、招商引资和询价的功能：

a) 宾馆预订应能够针对宾馆、代理商和游客分别提供其所需的在线预订和管理等商务应用功能；

b） 旅游产品营销对象类型应涵盖一般旅游者、旅游相关媒体和旅游机构，应能够为目的地的旅游宣传推广提供客户关系管理、主动营销等方面的支持；

c） 招商引资可提供详细的招商引资综述名称、广告语、招商引资优惠政策、招商引资项目指引和有效时间段。招商引资项目部分需提供具体的项目名称、批准部门及文号、规模、总投资、已到位资金、拟引进资金、目前项目的进展情况、业主及经营者、联系方式；

d） 询价功能应为用户提供灵活的产品价格查询和分析手段，同时预留与其他询价系统的数据交换接口，可提供实时的价格信息，询价的结果可通过多种发布渠道传达给用户。

5.1.6 转账支付

旅游电子商务网站应提供但不限于以下支付方式，方便用户支付已定购的旅游产品：

a） 邮局汇款；

b） 银行转账；

c） 信用卡支付；

d） 银行卡支付

e） 货到付款；

f） 第三方支付平台；

g） 电子支付。

5.1.7 信息检索与查询

旅游电子商务网站的信息检索与查询应具有以下的功能和特性：

a） 智能全文检索，包括智能中文分词、广义同义词检索、主题词典控制检索以及相似性检索等；

b） 检索系统中的信息采集和维护管理可采用自动和人工两种方式，支持远程维护和管理，可达到分钟级自动监测，支持增量更新，确保检索网站最新的资料；

c） 可支持检索静态网页、动态网页、文件系统的目录文件等。

5.1.8 用户信息管理

旅游电子商务网站的用户信息管理应实现对旅游电子商务网站用户的认证管理和提供个性化服务的功能：

a） 用户认证管理可对不同子系统的用户进行统一认证，对用户权限的管理可采用会员制和用户组的方式；

b） 个性化服务可根据不同用户的需求，提供个性化页面、个性化定制信息，并且可根据用户资料信息提供符合用户习惯和需求的个性化服务。

5.1.9 旅游社区

旅游电子商务网站的旅游社区可具有会员管理、旅行游记、图片集管理、旅游论坛及社区管理的功能：

a） 会员管理可为用户提供注册和提交个人基本资料的功能，登录会员可按条件查询其他会员允许对外公开的资料；

b） 旅行游记可包括游记发布、游记管理、游记查询的功能，并且可将达到一定点击数量的游记自动设置为“精华游记”；

c） 图片集管理可为注册会员提供用户相册、图片发布和管理的功能，并且可将达到一定点击数量的图片自动设置为“精品图片”；

d） 旅游论坛可具有多个论坛分区和“精华区”，网站访问者可指定条件查询论坛内容；

e） 社区管理应包括会员管理、图片管理、游记管理、论坛管理功能。

5.1.10 短信增值服务

旅游电子商务网站的短信增值服务应基于Web短信平台，宜支持国内主要电信运营商的短信系统，可向手机用户提供短信息、铃声、图片、定制新闻、游戏等服务；为企业用户提供集团短信服务；可与WAP系统和Web网站集成。

5.1.11 广告管理与发布

旅游电子商务网站的广告管理与发布可对网站内投放的广告位、广告形式和点击情况进行管理。主要功能应包括广告属性、广告形式、广告内容维护、访问量与记费管理。

5.1.12 网站服务

旅游电子商务网站的网站服务应为用户提供关于旅游目的地、旅游线路、旅游常识、旅游安全的详细信息，列举网上交易中常见的技术或服务问题；应提供网站功能的使用说明；宜具有在线帮助的功能，为用户提供专业的在线答疑，指导用户如何使用电子平台进行安全便捷的交易。

5.2 体系结构和关键技术

5.2.1 体系结构

旅游电子商务网站的建设技术体系结构应从总体上描述运用各种技术构建网站系统的规则和方法，标识出各服务领域及其接口，实现开放系统的分离原则。

旅游电子商务网站的体系结构自下而上可分为基础设施层、基础支持平台、商务支持平台、商务服务平台、商务应用层、电子商务应用表示层六个层次，其中每个层次为上层提供服务和支持，如图1所示。整个体系结构中的各个模块和层次之间应是低耦合的。

体系结构中的各层应包含以下内容：

a) 电子商务应用表示层应将商务应用层的各种业务逻辑的处理结果以多种形式提交给客户端，该层次应支持多种标准数据格式、支持多种主流数据终端；
b) 商务应用层应实现旅游电子商务网站的核心业务逻辑；
c) 商务服务平台应直接为商务应用层提供具体的服务，扩充和优化商务应用层的功能；
d) 商务支持平台应为旅游电子商务网站的应用服务提供抽象的、通用性的功能，简化应用程序的开发，提高应用系统的效率；
e) 基础支持平台应定义旅游电子商务网站的基础架构，为旅游电子商务网站的各类应用提供系统开发与维护环境、系统性能优化及可靠性、系统可管理性、应用互操作性四种基本类型的服务，旅游电子商务网站的基础架构技术应符合本标准5.2.2的要求；
f) 基础设施层是旅游电子商务网站的运行环境，应包括计算机、网络等硬件环境，操作系统、数据库管理系统等软件环境，同时该部分还应包括各种网络协议。

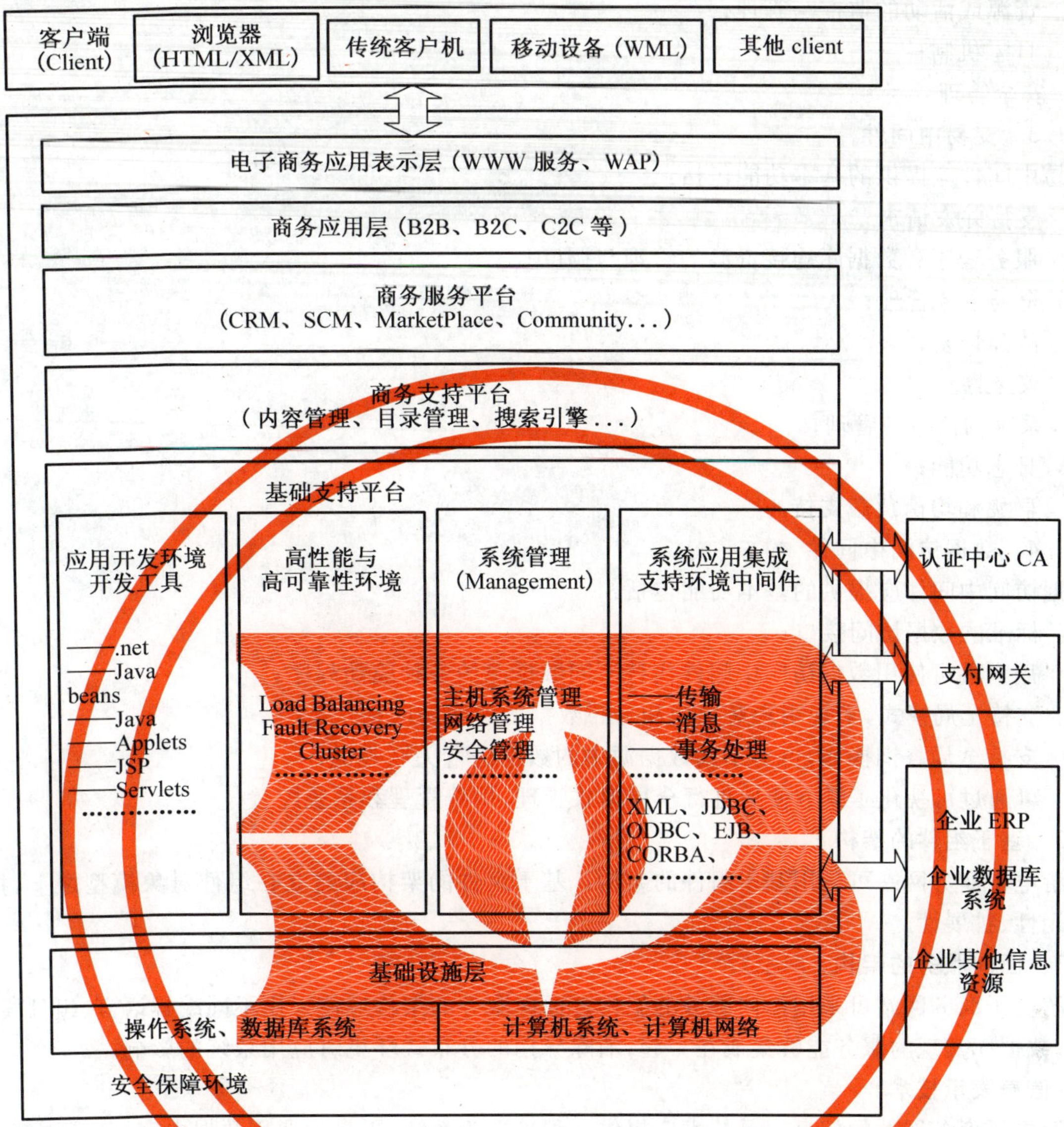

图 1　旅游电子商务网站体系结构

5.2.2　基础架构技术

5.2.2.1　面向过程的架构

5.2.2.1.1　构成

旅游电子商务网站的基础架构技术可采用面向过程的架构。

面向过程的架构主体是中间件技术，可包括消息中间件、交易中间件、数据访问中间件、远程例程调用中间件等。

5.2.2.1.2　消息中间件

消息中间件应提供的基本功能包括：

a)　异步消息传输；

b)　可靠传输服务；

c)　消息订阅与发布机制；

d)　消息管理；

e)　消息传输的路由管理；

f)　可靠性与故障恢复机制；

g) 资源或活动的监控与管理；

h) 日志机制；

i) 安全管理。

5.2.2.1.3 交易中间件

交易中间件应提供的基本功能包括：

a) 支持并发请求；

b) 服务程序和数据库连接资源的管理与调度；

c) 全局事务管理；

d) 故障恢复；

e) 安全性；

f) 系统的监控与管理；

g) 日志功能；

h) 群集和均衡负载支持。

5.2.2.1.4 数据访问中间件

数据访问中间件应提供的基本功能包括：

a) 标准的数据访问接口；

b) 用户端可使用数据访问中间件代替不同数据源的各种驱动程序；

c) 支持全局模式，实现用户对异构和分布数据的透明访问；

d) 支持全局查询操作，可对不同数据源中的数据进行关联查询；

e) 可通过可视化工具方便地进行全局模式管理、用户管理和系统配置。

5.2.2.2 基于组件的架构

旅游电子商务网站可采用基于组件的架构。基于组件的架构应建立在组件对象模型之上，提高软件的重用性、扩展性。

5.2.2.3 面向服务的架构

旅游电子商务网站可采用面向服务的架构。面向服务的架构应使采用不同编程语言、组件模型、硬件环境、数据库实现的服务能够集成在一起，消除异构的分布式环境对应用系统的影响。

5.2.3 信息表示技术

旅游电子商务网站的信息表示技术应提供一种独立于系统、平台的通用数据内容描述语言和方法。旅游电子商务网站应采用统一的信息表示规范，且应满足以下特性：

a) 自描述性，使信息在不同的系统中都能被正确识别和处理；

b) 可扩展性，允许在现有的信息结构中扩展新的结构；

c) 可校验性，允许通过定义一些约束条件，自动校验信息的格式是否满足约束；

d) 信息的层次结构，允许信息的层次性描述；

e) 信息的关联，允许信息之间建立一对多、多对一和双向链接等多种关联；

f) 多样式表支持，允许将数据内容与它们的表现形式分开；

g) 多语言支持，允许表示多种语言的信息，使同一语种的信息在多种语言的系统环境下都能处理。

旅游电子商务网站的信息表示宜采用 XML 技术。

5.2.4 数据访问技术

旅游电子商务网站的数据访问技术应满足以下要求：

a) 采用标准的数据访问接口，保证应用系统对数据的访问独立于数据的物理结构和逻辑结构；

b) 在数据层和应用层之间提供数据映射机制，保证应用层和数据层相互独立；

c) 应提供包括结构化数据的查询和非结构化数据的查询；

d) 在不同的数据源(异构数据)之间实现数据交换,或者将不同的数据源的数据集成并整合。

数据访问技术可采用但不限于:数据库访问技术、Web资源访问技术、基于XML的数据访问技术。

5.2.5 Web2.0技术

旅游电子商务网站建设可采用Web2.0技术实现可编程的Web和社会性Web应用,包括网络日志等。

5.3 信息采集与数据交换

5.3.1 信息采集

旅游电子商务网站的信息采集可包含旅游目的地信息、出游信息、旅游企业信息等。

信息采集的规范格式见附录A。

5.3.2 数据交换

旅游电子商务网站应可以通过网络进行广泛的信息交换并完成相应的电子商务活动,可采用以消息服务为核心的技术实现数据交换。

消息服务应满足以下要求:

a) 数据具有统一的封装格式;
b) 统一编址,采用统一的、简单易用、易扩展、易管理的地址编码体系;
c) 可靠的数据传输;
d) 信息的表示与交换分开,实现高效的数据交换并具有充分的灵活性;
e) 具有可管理性,提供日志、审计、会话管理、传输优先级等功能。

可采用GB/T 19256.1—2003中7.5所描述的消息服务实现数据交换。

5.4 系统集成

5.4.1 旅游电子商务应用集成

旅游电子商务网站建设可与其他应用系统集成,实现:

a) 网上支付;
b) 全球分销系统旅游产品和服务预订;
c) 语音呼叫服务。

5.4.2 分布式数据库的集成

旅游电子商务网站建设可采用分布式数据库提供多下级机构或多营业点的分布式管理,在这种情况下应至少满足以下要求之一:

a) 各个分点的数据库应能独立运作,并能定时或人工启动复制到其他结点;
b) 各个分点的数据库能独立运作,并能在在线时传递修改记录;
c) 各个分点的数据库在线状态下能独立运作,并能于在线时将修改记录整合至其他结点;
d) 可以自由定义需要复制的信息。

6 旅游电子商务网站建设的安全

6.1 安全目标

旅游电子商务网站的信息安全应满足以下目标:

a) 确保旅游电子商务网站信息的保密性,使得旅游电子商务网站的信息在生成、存储、传输、处理过程中,信息被访问的时间、地点、人员、方式四个要素满足信息保密性的规定;
b) 确保旅游电子商务网站流程的安全性,在信息系统流程的设计中,对流程的安全属性、安全要求应进行充分的分析和论证,同时保证满足旅游业务的需要;
c) 保证用户身份正确识别;
d) 确保用户权限正确分配和执行;

e) 确保旅游业务连续运转，应对“连续性”保障体系进行设计，确保旅游电子商务网站的故障不会影响旅游业务的连续运行。

6.2 安全保护范围

6.2.1 计算环境

基本的计算环境由信息处理、传输和存储的设备构成，计算环境的保护应满足但不限于以下内容：

a) 确保对用户终端、服务器系统、应用系统实施有效保护，防止系统设备性能下降、信息泄密、数据丢失和变化；

b) 确保授权用户正确使用所授权使用的功能，正确地访问、处理、传输、存储信息；

c) 确保服务器系统、用户终端按照相应的安全要求进行配置，及时进行系统更新和修补；

d) 具有防范内部和外部攻击的能力；

e) 具有对安全事件及时响应的能力。

6.2.2 系统边界

旅游电子商务网站与其他系统连接的边界即为“系统边界”。系统边界的防护应满足但不限于以下内容：

a) 确保系统边界上系统连接点的可用性，防止拒绝服务等攻击；

b) 确保系统边界不成为攻击的入口点；

c) 确保系统边界所交换的信息的保密性、完整性和可用性；

d) 确保系统边界所进行的信息交换的合法性。

6.2.3 网络和基础设施

旅游电子商务网站的网络和基础设施资源包括物理资源、逻辑虚拟资源和通信资源。网络和基础设施防护应满足但不限于以下内容：

a) 防止远程通信信息被截获；

b) 防止远程通信带宽的损失；

c) 防止信息发送过程中的时延异常，丢失和误传；

d) 防止数据流分析；

e) 防止通信干扰。

6.2.4 支撑性安全基础设施

旅游电子商务网站的支撑性安全基础设施应涵盖以下内容：

a) 密码管理系统；

b) 密钥管理系统；

c) 入侵检测系统；

d) 安全管理系统；

e) 数字证书系统；

f) PKI/PMI 系统；

g) 灾难恢复系统；

h) 应急响应系统。

6.3 安全体系结构

6.3.1 构成

旅游电子商务网站的安全体系结构应包含安全平台、加密技术、认证手段、安全协议四个层次，为旅游电子商务网站的业务系统提供安全保护，如图 2 所示。安全体系中的各层次应符合本标准 6.3.2～6.3.5 的要求。

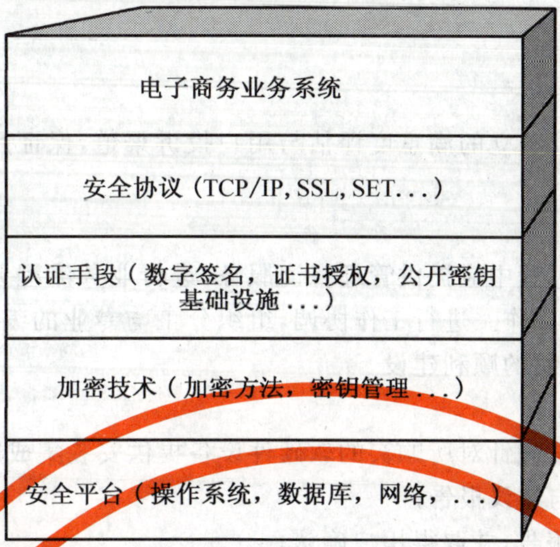

图 2　旅游电子商务网站的安全体系结构

6.3.2　安全平台

旅游电子商务网站的安全平台应涵盖软件安全、数据安全和网络安全三方面内容。

6.3.3　加密技术

旅游电子商务网站采用的加密技术应涵盖加密方法和密钥管理两方面的内容。

加密方法可采用对称密钥加密或非对称密钥加密。

密钥的管理应满足下列要求：

a）　应在生命周期内对密钥资料进行控制，保证密钥资料的完整性，防止信息非法授权、泄露、修改、替换、重用；

b）　在允许使用相同算法的密码装置之间互用密钥时，应进行安全的人工或自动分配；

c）　在密钥管理进程失败或密钥资料的完整性存在疑问时应具有恢复能力，并提供审计追踪所有密钥资料的途径。

6.3.4　认证手段

旅游电子商务网站可采用数字签名保证信息的完整性和真实性。

旅游电子商务网站可采用证书授权认证机制，由证书授权认证中心向用户颁发包含用户公钥及用户身份信息的数字证书。

6.3.5　安全协议

旅游电子商务网站可采用安全套接层协议实现旅游电子商务网站的客户端和服务端之间的身份认证和保密通信。

旅游电子商务网站可采用安全电子交易协议实现旅游电子商务网站的安全电子交易和支付。

7　旅游电子商务网站的建设服务

7.1　服务内容

旅游电子商务网站的建设和运行期间应提供相应的服务以保证网站建设的顺利完成和正常运行，这些建设服务应涵盖但不限于以下内容：

a）　服务保证体系；

b）　管理咨询；

c）　安装集成；

d）　用户培训；

e) 产品升级；

f) 技术支持。

7.2 服务保证体系

旅游电子商务网站应建立独立的满意度评估与用户投诉渠道，保证用户能够得到等价的服务内容并保证服务质量。

7.3 管理咨询

旅游电子商务网站建设过程中应提供管理咨询服务，进行业务流程调研与优化、项目规划、主导推动、进度监控与阶段报告反馈工作。进行工作协调，组织分工与专业的编码建议，流程规划与软件运作规划，以保障旅游电子商务网站的顺利建设。

7.4 安装集成

旅游电子商务网站的建设应针对所购买的软硬件设备提供安装集成服务。安装集成服务应：

a) 提供集成前的规划与建议报告；

b) 提供集成后的完成报告，并取得用户确认；

c) 提供软硬件安装集成服务的操作规范。

7.5 用户培训

7.5.1 模块功能培训

旅游电子商务网站的建设应针对旅游电子商务网站各模块的功能说明、操作培训、使用时机、管理目的与导入程序进行培训，使系统应用、运行、维护人员深入了解每个模块的详细功能并熟练操作。

7.5.2 开发技术培训

旅游电子商务网站的建设应对有能力自行维护并合法取得源代码的网站运营机构进行技术培训，提供相应技术文档和培训课程，使其能顺利接手产品技术，提升其运行维护的技术水平。

7.6 产品升级

旅游电子商务网站的建设应能在软件供应商推出新版本时，针对用户使用的旧版本提供软件升级服务。软件升级服务应：

a) 明确升级服务的收费方式；

b) 在升级前说明新老产品的差异；

c) 产品升级应保证用户原始数据不被破坏，且能适合新版本的功能；

d) 提供产品升级服务的操作规范。

7.7 技术支持

旅游电子商务网站的建设应针对网站建设、运行维护和使用上的问题，提供以下方式的技术支持：

a) 热线电话技术支持；

b) 远程网络技术支持；

c) 现场技术支持。

附 录 A
（规范性附录）
信息采集规范

A.1 旅游电子商务网站信息采集的主要内容

旅游电子商务网站的信息采集应主要包含旅游目的地信息、出游信息、旅游企业信息。

本附录对所采集信息的内容、格式、长度都做出了相应的规定。在具体实现时可对采集的信息进行相应扩展，以适应应用的多样性和业务扩展。

旅游电子商务网站信息采集应包括以下内容：

a） 目的地综合信息规范；
b） 旅游景区信息规范；
c） 饮食信息规范（含饮食及餐馆）；
d） 旅游住宿设施信息规范；
e） 交通信息规范；
f） 购物信息规范；
g） 娱乐休闲场所信息规范；
h） 旅行社信息规范；
i） 旅游交通运输企业信息规范；
j） 旅游用品供应商信息规范；
k） 便民服务机构信息规范；
l） 旅游行政机构信息规范；
m） 旅游行业协会信息规范。

A.2 目的地旅游综合信息规范

A.2.1 目的地概述

表 A.1

目的地旅游简介	
简介标题	字符型字段，长度少于 80 字节。
简介内容	BLOB 型字段。目的地旅游的总体概述，包括地理、行政区划、人口、历史文化、社会经济发展状况、取得的荣誉、有代表性的旅游资源、节日节庆（民族节日、地方节庆）、风俗民情（婚丧、宗教、禁忌、礼仪、饮食、起居、衣饰、方言）、传说典故（民间传说、风景典故、名人典故）、民族、历史（历史事件、历史沿革、历史名城、野史小传）、地方文艺（民歌戏剧、曲艺舞蹈）、名人（历代帝王、将相官宦、文人墨客、革命先驱、文艺大师）、旅游文学（旅游文学作品、经典游记、楹联集萃）、建筑（亭台楼阁、宫殿园林、民居村镇、寺庙塔观、陵墓祠堂、桥坝城郭、古迹旧址、建筑特色）、宗教（宗教艺术、宗教建筑、宗教事典、宗教圣贤、民族宗教）等内容。
目的地关键词（从以上文章中提炼）	
关键词标题	2～4 个字，如：地理位置、行政区划、节日节庆、重点景区、人口、风俗民情、传说典故、历史、地方文艺、名人、建筑、宗教等。
关键词内容	少于 30 字，以 20 字左右为宜。
资料来源	字符型字段，长度少于 60 字节，说明简介的出处。
信息认证	□摘抄 □编辑 □原创

A.2.2 目的地旅游行政管理机构及行业协会信息规范

A.2.2.1 目的地旅游行政管理机构信息规范

表 A.2

<table>
<tr><td colspan="7">旅游行政管理机构(包含旅游行政管理机构和质检所)</td></tr>
<tr><td>机构中文名称</td><td colspan="6">字符型字段,长度少于 80 字节。</td></tr>
<tr><td>机构英文名称</td><td colspan="6">字符型字段,长度少于 60 字节。</td></tr>
<tr><td>机构简介</td><td colspan="6">200 字左右文字。</td></tr>
<tr><td>机构地址(中文)</td><td colspan="6">字符型字段,长度少于 60 字节。</td></tr>
<tr><td>机构地址(英文)</td><td colspan="6">字符型字段,长度少于 80 字节。</td></tr>
<tr><td>邮政编码</td><td colspan="6">字符型字段,长度少于 10 字节,只能使用数字。</td></tr>
<tr><td>对外咨询或投诉电话:</td><td colspan="6">字符型字段,长度少于 20 字节,只能使用数字和连字符("-")。</td></tr>
<tr><td>传真</td><td colspan="6">字符型字段,长度少于 20 字节,只能使用数字和连字符("-")。</td></tr>
<tr><td>机构网址</td><td colspan="6">字符型字段,长度少于 60 字节。</td></tr>
<tr><td colspan="7">地理定位及交通</td></tr>
<tr><td>机构所在地</td><td colspan="6">字符型字段,长度少于 100 字节。____省______市(县)____区____街道____号。</td></tr>
<tr><td>电子地图定位信息</td><td colspan="6">详述各类公共交通的到达情况。如:在市区的什么位置,在景区景点的什么方位,在交通干道的什么方位,附近的标志性建筑,如何到达。</td></tr>
<tr><td rowspan="2">负责人(正职和副职)</td><td colspan="6">主要职责:字符型字段,长度少于 80 字节。</td></tr>
<tr><td>姓名</td><td>职务</td><td>分管部门</td><td>联系电话</td><td>传真</td><td>电子邮件</td></tr>
<tr><td rowspan="2">机构所属部门及派出机构名称</td><td colspan="6">主要职能:字符型字段,长度少于 80 字节。</td></tr>
<tr><td>工作人员姓名</td><td>职务</td><td>职责</td><td>联系电话</td><td>传真</td><td>电子邮件</td></tr>
</table>

A.2.2.2 目的地行业协会信息规范

表 A.3

行业协会	
协会中文名称	字符型字段,长度少于 80 字节。
协会英文名称	字符型字段,长度少于 60 字节。
协会简介	200 字左右文字。
协会地址(中文)	字符型字段,长度少于 60 字节。
协会地址(英文)	字符型字段,长度少于 80 字节。
邮政编码	字符型字段,长度少于 10 字节,只能使用数字。
对外咨询或投诉电话:	字符型字段,长度少于 20 字节,只能使用数字和连字符("-")。
传真	字符型字段,长度少于 20 字节,只能使用数字和连字符("-")。
协会网址	字符型字段,长度少于 60 字节。
地理定位及交通	
协会所在地	字符型字段,长度少于 100 字节。____省______市(县)____区____街道____号。
电子地图定位信息	详述各类公共交通的到达情况。如:在市区的什么位置,在景区景点的什么方位,在交通干道的什么方位,附近的标志性建筑,如何到达。

表 A.3（续）

负责人（正职和副职）	主要职责：字符型字段，长度少于 80 字节。				
	姓名	职务	分管部门	联系电话	传真	电子邮件
机构所属部门及派出机构名称	主要职能：字符型字段，长度少于 80 字节。					
	工作人员姓名	职务	职责	联系电话	传真	电子邮件

A.2.3 目的地旅游提示信息规范

A.2.3.1 目的地静态地图信息规范

表 A.4

省级静态旅游地图	
地图名称	字符型字段，长度少于 80 字节。根据地图内容定义名称。
文件类型	□印刷版（要求图文清晰）□电子版
资料来源	字符型字段，长度少于 60 字节，出自何处（印刷版）。
信息认证	□扫描 □编辑 □原创绘制（电子版）

A.2.3.2 目的地气候信息规范

表 A.5

目的地气候情况	
目的地气候综述	字符型字段，长度少于 400 字节，目的地气候的综合叙述。
最佳旅游时间	字符型字段，长度少于 400 字节，目的地最佳的出游季节。
季节旅游推荐	字符型字段，长度少于 400 字节，不同季节旅游推荐。

A.2.3.3 目的地旅游装备信息规范

表 A.6

目的地旅游装备					
目的地旅游装备综述	字符型字段，长度少于 400 字节，出行目的地的主要旅行装备。				
主要装备	装备名称	装备功能介绍	注意事项	购置推荐	
				购物场所	参考价格

A.2.3.4 目的地旅游注意事项信息规范

表 A.7

目的地旅游注意事项	
目的地主意事项概述	字符型字段，长度少于 400 字节。出行目的地的主要注意事项及提示（主要指安全、民俗禁忌、气候、着装、季节、出游工具、出游交通注意事项、食宿行娱注意事项、健康、急救、出境入境、旅游管理方面的特殊规定等）。
注意事项文章	字符型字段，长度少于 80 字节，注意事项名称。
	字符型字段，长度少于 400 字节，注意事项正文。

A.2.3.5 目的地便民服务机构信息规范

表 A.8

便民管理机构	
便民机构类型	邮局(包括网点)、银行(包括网点)、医院、公安局(包括派出机构)、工商、旅游咨询中心、外国使(领)馆、旅游厕所、网吧、城市联动系统。
便民机构中文名称	字符型字段,长度少于80字节。
便民机构英文名称	字符型字段,长度少于60字节。
企业形象及特色介绍	
便民机构徽标	不小于192×60 pixels(用于网页),不小于800×240 pixels(用于平面媒体)。
便民机构宣传语	字符型字段,长度少于80字节。
便民机构简介	200字左右文字。
便民机构宣传图片	不小于250×172 pixels(用于网页),不小于1 000×800 pixels(用于平面媒体)。
便民机构工作时间	正常工作时间,节假日工作时间。
联系方式	
便民机构地址(中文)	字符型字段,长度少于60字节。
便民机构地址(英文)	字符型字段,长度少于80字节。
邮政编码	字符型字段,长度少于10字节,只能使用数字。
客服电话	字符型字段,长度少于20字节,只能使用数字和连字符("-")。
急救电话	字符型字段,长度少于20字节,只能使用数字和连字符("-")。
投诉电话	字符型字段,长度少于20字节,只能使用数字和连字符("-")。
传真	字符型字段,长度少于20字节,只能使用数字和连字符("-")。
电子信箱	字符型字段,长度少于20字节。
机构网址	字符型字段,长度少于20字节。
地理定位及交通	
便民机构所在地	字符型字段,长度少于100字节,____省____市(县)____区____街道____号。
电子地图定位信息	详述各类公共交通的到达情况。如:在市区的什么位置,在景区景点的什么方位,在交通干道的什么方位,附近的标志性建筑,如何到达。

A.2.3.6 目的地导游信息规范

推荐目的地最优秀的导游员。

表 A.9

姓名	性别	导游级别	身份证号码	导游证编号	所属单位	语种

A.2.4 目的地交通信息规范

A.2.4.1 目的地交通综述信息

表 A.10

省份交通综述	
交通综述名称	字符型字段,长度少于80字节,指文章名称。
交通综述内容	字符型字段,长度少于400字节,指省际和省内公路、铁路、航空、水运网络状况、旅游区间的通达状况。
省份交通图	□印刷版(要求图文清晰)□电子版

A.2.4.2　目的地交通工具信息推荐

推荐目的地旅游最方便和适用的交通工具(针对不同的消费档次和不同的旅游者进行推荐)。

A.2.4.3　目的地交通企业信息推荐

推荐目的地最优秀旅游交通企业(旅游汽车公司、旅游游船公司、旅游租车公司、出租汽车公司)。

A.2.5　目的地游览信息规范

A.2.5.1　目的地游览信息综述

表 A.11

目的地游览综述	
游览综述文章题目	字符型字段,长度少于80字节。
广告语	字符型字段,长度少于80字节。
游览综述内容	BLOB型字段。详述目的地所拥有的各类景区的数量(国家AAAA风景名胜区、国家重点风景名胜区、省级风景区、国家旅游度假区、国家重点自然保护区、省级自然保护区、国家重点文物保护单位、省级重点文物保护单位、市级文物保护单位、县级文物保护单位、国家森林公园、世界文化遗产、世界自然遗产、历史文化名城)以及景区的资源特性(文化与风景名山、山岳景观、江河、湖泊、溪流泉水、森林、草原草甸、雪山冰川、湿地、大漠戈壁、文物古迹、博物馆、洞穴奇石、摩崖石刻、城建雕塑、度假村区、全国重点文物保护单位、游乐场所、观光农业、奇异风景、园林、名人故居、历史遗迹、公园景区、寺庙古刹、名人遗迹、纪念建筑、主题公园、人造景观)。
有效时间	字符型字段,长度少于80字节,此综述文章有效的时间区间段。

A.2.5.2　目的地旅游城市及旅游景区推荐

推荐目的地所属的重要旅游城市和最知名的旅游景区。

A.2.5.3　目的地最佳行程(线路)信息规范

指目的地旅游的主推线路。

表 A.12

旅游行程(线路)	
线路类型	国内游组团线路(跨省线路)□　地接线路(省域范围)□　边境游线路□　市内游线路□　城市周边游和双休日游□
线路销售方式	对旅游者□　对下游代理商□　对上游批发商□
线路名称	字符型字段,长度少于80字节,如:九寨沟牟尼沟六日游。
线路广告名称	字符型字段,长度少于80字节,如:天府之国九寨沟牟尼沟奇山异水双飞六日。
线路类型	观光旅游□ 度假旅游□ 商务旅游□ 宗教□ 教育□ 文化□ 考古□ 探险□
主题关键字	字符型字段,长度少于80字节。
出发地	字符型字段,长度少于80字节,旅游团出发的城市。
目的地	字符型字段,长度少于80字节,游历所经的每个城市/景区。
行程天数	字符型字段,长度少于3字节,只能使用数字,经历的总天数。
行程安排 (含游览点和食宿行标准)	BLOB型字段。
服务等级	标准□　　经济□　　豪华□

表 A.12（续）

相关图片	不小于 192×60 pixels(用于网页)，不小于 800×240 pixels(用于平面媒体)。
特别说明/游客须知/注意事项	BLOB 型字段。
线路咨询电话	字符型字段，长度少于 20 字节，只能使用数字和连字符("-")。
公众价格	浮点型字段。
同行价	浮点型字段。
报价币种	字符型字段，长度少于 20 字节。
出团时间及说明	字符型字段，长度少于 400 字节。出团的时间安排，肯定出团、满一定人数等。

A.2.6　目的地住宿信息规范

A.2.6.1　目的地住宿设施综述

表 A.13

目的地住宿设施综述	
住宿综述文章题目	字符型字段，长度少于 80 字节。
广告语	字符型字段，长度少于 80 字节。
住宿综述内容	BLOB 型字段。包括住宿设施的总数(座数、床位数)、档次(详述各星级饭店、社会旅馆、招待所、青年旅社等)住宿设施数量(座数、床位数)、特色住宿设施状况(度假类、商务类、绿色类等)、著名饭店管理集团(国际、国内)的介入状况、各档次住宿设施各季节的参考价格等内容。
有效时间	字符型字段，长度少于 80 字节，此综述文章的有效的时间区间段。

A.2.6.2　目的地住宿设施推荐

推荐目的地优秀住宿企业(可按区域、档次和特色进行分别推荐)。

A.2.7　目的地餐饮信息规范

A.2.7.1　目的地餐饮综述

表 A.14

目的地餐饮综述	
餐饮综述文章题目	字符型字段，长度少于 80 字节。
广告语	字符型字段，长度少于 80 字节。
餐饮综述内容	BLOB 型字段。包括目的地的餐饮文化、特色小吃，地方菜系，民族饮食、饭店餐饮、知名酒楼、特色餐馆等内容。
有效时间	字符型字段，长度少于 80 字节，此综述文章的有效的时间区间段。

A.2.7.2　目的地餐饮场所推荐

推荐目的地的优秀餐饮企业(可按区域、档次和特色进行分别推荐)。

A.2.7.3　目的地美食信息推荐

推荐目的地的优秀美食小吃、民俗饮食。

A.2.8 目的地购物信息规范

A.2.8.1 目的地购物信息综述

表 A.15

目的地购物综述	
购物综述名称	字符型字段，长度少于80字节。
广告语	字符型字段，长度少于80字节。
购物综述内容	BLOB型字段，介绍目的地的旅游工艺品、旅游纪念品、土特产等旅游商品情况及旅游购物场所情况。
有效时间	字符型字段，长度少于80字节，有效的时间区间段。

A.2.8.2 目的地购物场所推荐

推荐目的地的优秀购物场所(包括大型商场、超市、景区(点)购物商店、饭店的购物商店、土特产专卖店、集市)。

A.2.8.3 目的地旅游商品推荐

推荐目的地最优秀的旅游商品。

A.2.9 目的地文化娱乐信息规范

A.2.9.1 目的地文化娱乐信息综述

表 A.16

目的地文化娱乐综述	
娱乐文化综述名称	字符型字段，长度少于80字节。
广告语	字符型字段，长度少于80字节。
文化娱乐综述内容	BLOB型字段，介绍目的地的文化娱乐场所及文化娱乐项目。
有效时间	字符型字段，长度少于80字节，有效的时间区间段。

A.2.9.2 目的地文化娱乐场所推荐

推荐目的地最优秀的文化娱乐休闲场所。

A.2.9.3 目的地文化娱乐项目推荐

推荐目的地最优秀的文化娱乐节目。

A.2.10 目的地节庆活动信息规范

A.2.10.1 目的地节庆活动信息综述

表 A.17

目的地节庆活动综述	
节庆活动综述名称	字符型字段，长度少于80字节。
广告语	字符型字段，长度少于80字节。
节庆活动综述内容	BLOB型字段。
有效时间	字符型字段，长度少于80字节，有效的时间区间段。

A.2.10.2 目的地节庆活动推荐

推荐目的地最优秀的节庆活动(包括传统节庆、旅游节庆、商务节庆活动)。

A.2.11 目的地招商引资信息规范

A.2.11.1 目的地招商引资信息综述

表 A.18

目的地招商引资综述	
招商引资综述名称	字符型字段,长度少于80字节。
广告语	字符型字段,长度少于80字节。
招商引资综述内容	BLOB型字段,目的地的招商引资优惠政策及项目指引。
有效时间	字符型字段,长度少于80字节,有效的时间区间段。

A.2.11.2 目的地招商引资项目推荐

表 A.19

目的地推荐招商引资项目	
项目名称	字符型字段,长度少于80字节。
批准部门及文号	字符型字段。
规模	字符型字段。
总投资	字符型字段。
已到位资金	浮点型字段。
拟引进资金	浮点型字段。
目前项目的进展情况	字符型字段。
业主及经营者	字符型字段,长度少于20字节。
联系方式	字符型字段,长度少于20字节,只能使用数字和连字符("-")。

A.2.12 目的地旅游新闻等动态信息规范

A.2.12.1 目的地旅游新闻信息

表 A.20

目的地旅游新闻(新闻、行业动态、公告)等动态信息	
新闻标题	字符型字段,长度少于80字节。
广告语	字符型字段,长度少于80字节。
新闻内容	BLOB型字段。
有效时间	字符型字段,长度少于80字节,有效的时间区间段。
目的地新闻关键词(从以上文章中提炼)字符型字段,长度少于80字节。	
资料来源	字符型字段,长度少于80字节,说明简介的出处。
作者	字符型字段,长度少于80字节,说明作者或发布单位。
信息认证	□摘抄 □编辑 □原创

A.2.12.2 目的地旅游新闻信息推荐

表 A.21

目的地旅游新闻(新闻、行业动态、公告)等动态信息	
新闻标题	字符型字段,长度少于80字节。
广告语	字符型字段,长度少于80字节。

表 A.21（续）

新闻内容	BLOB 型字段。
有效时间	字符型字段，长度少于 80 字节，有效的时间区间段。
目的地新闻关键词（从以上文章中提炼）	
资料来源	字符型字段，长度少于 60 字节，说明简介的出处。
作者	字符型字段，长度少于 80 字节，说明作者或发布单位。
信息认证	□摘抄　□编辑　□原创

A.3　旅游景区信息规范

A.3.1　旅游景区综合信息

表 A.22

名称及类别	
旅游景区中文名	字符型字段，长度少于 80 字节。
旅游景区英文名	字符型字段，长度少于 60 字节。
旅游景区级别	字符型字段，长度少于 60 字节。国家旅游度假区、国家重点风景名胜区、省级风景区、国家重点自然保护区、省级自然保护区、国家重点文物保护单位、省级重点文物保护单位、市级文物保护单位、县级文物保护单位、国家 AAAA 风景名胜区、国家 AAA 风景名胜区、国家 AA 风景名胜区、国家 A 风景名胜区、国家森林公园、世界文化遗产、世界自然遗产。 其他______________________________
旅游景区类别 （可复选）	字符型字段，长度少于 60 字节。文化与风景名山、山岳景观、江河、湖泊、溪流泉水、森林、草原草甸、雪山冰川、湿地、大漠戈壁、文物古迹、博物馆、洞穴奇石、摩崖石刻、城建雕塑、度假村区、全国重点文物保护单位、游乐场所、观光农业、奇异风景、园林、名人故居、历史遗迹、公园景区、寺庙古刹、名人遗迹、纪念建筑、主题公园、人造景观。 其他______________________________
旅游景区介绍：BLOB 型字段。	
景区门票：门票及折扣、优惠。字符型字段，长度少于 400 字节。	
企业形象及宣传	
景区标志（logo）	不小于 192×60 pixels（用于网页），不小于 800×240 pixels（用于平面媒体）。
景区宣传语	字符型字段，长度少于 80 字节。
企业注册登记	
景区管理机构名称	字符型字段，长度少于 80 字节。
工商营业执照号码	字符型字段，长度少于 255 字节。
旅游经营许可证号	字符型字段，长度少于 255 字节。
法人代表	字符型字段，长度少于 80 字节。
固定资产	浮点型字段。
开户行	字符型字段，长度少于 80 字节。

表 A.22（续）

<table>
<tr><td>银行帐号</td><td colspan="4">字符型字段，长度少于 255 字节。</td></tr>
<tr><td colspan="5">联系方式</td></tr>
<tr><td>景区管理机构地址（中）</td><td colspan="4">字符型字段，长度少于 100 字节。</td></tr>
<tr><td>景区管理机构地址（英）</td><td colspan="4">字符型字段，长度少于 100 字节。</td></tr>
<tr><td>邮政编码</td><td colspan="4">字符型字段，长度少于 10 字节，只能使用数字。</td></tr>
<tr><td>游客服务中心电话</td><td colspan="4">字符型字段，长度少于 20 字节，只能使用数字和连字符（“-”）。</td></tr>
<tr><td>投诉电话</td><td colspan="4">字符型字段，长度少于 20 字节，只能使用数字和连字符（“-”）。</td></tr>
<tr><td>公安报警电话</td><td colspan="4">字符型字段，长度少于 20 字节，只能使用数字和连字符（“-”）。</td></tr>
<tr><td>紧急救援电话（医疗救助）</td><td colspan="4">字符型字段，长度少于 20 字节，只能使用数字和连字符（“-”）。</td></tr>
<tr><td>传真</td><td colspan="4">字符型字段，长度少于 20 字节，只能使用数字和连字符（“-”）。</td></tr>
<tr><td>电子信箱</td><td colspan="4">字符型字段，长度少于 60 字节。</td></tr>
<tr><td>景区网址</td><td colspan="4">字符型字段，长度少于 60 字节。</td></tr>
<tr><td>预订电话</td><td colspan="4">字符型字段，长度少于 20 字节，只能使用数字和连字符（“-”）。</td></tr>
<tr><td>预订传真</td><td colspan="4">字符型字段，长度少于 20 字节，只能使用数字和连字符（“-”）。</td></tr>
<tr><td>电子信箱</td><td colspan="4">字符型字段，长度少于 60 字节。</td></tr>
<tr><td>支付方式</td><td colspan="4">现金、银联卡（招行一卡通，其他），信用卡（visa、万事达卡，其他），网上支付。</td></tr>
<tr><td colspan="5">地理定位及交通</td></tr>
<tr><td>旅游景区景点所在地</td><td colspan="4">字符型字段，长度少于 100 字节。____省____市（县）____区____街道____号。</td></tr>
<tr><td rowspan="11">电子地图定位信息及交通情况</td><td colspan="4">到达景区交通：详述各类公共交通的到达情况。如：在市区的什么位置、在景区景点的什么方位、在交通干道的什么方位、附近的标志性建筑、如何到达。</td></tr>
<tr><td></td><td>公里</td><td>小时</td><td>备注</td></tr>
<tr><td>到火车站</td><td></td><td></td><td></td></tr>
<tr><td>到机场</td><td></td><td></td><td></td></tr>
<tr><td>到市中心</td><td></td><td></td><td></td></tr>
<tr><td>到其他景点①________</td><td></td><td></td><td></td></tr>
<tr><td>到其他景点②________</td><td></td><td></td><td></td></tr>
<tr><td>到其他景点③________</td><td></td><td></td><td></td></tr>
<tr><td>到其他景点④________</td><td></td><td></td><td></td></tr>
<tr><td>到其他景点⑤________</td><td></td><td></td><td></td></tr>
<tr><td colspan="4">景区内交通：</td></tr>
<tr><td colspan="5">时令性景观和活动推荐</td></tr>
<tr><td>景观名称</td><td colspan="2">推荐游览季节或时间</td><td colspan="2">备注（其他注意事项）</td></tr>
<tr><td>字符型字段，长度少于 80 字节。</td><td colspan="2">字符型字段，长度少于 80 字节。</td><td colspan="2">BLOB 型字段。</td></tr>
<tr><td>资料来源</td><td colspan="4">字符型字段，长度少于 60 字节。</td></tr>
<tr><td>信息认证</td><td colspan="4">□摘抄　□编辑　□原创</td></tr>
</table>

A.3.2 景区介绍

表 A.23

景区名称	字符型字段，长度少于 80 字节。		
景区面积	浮点型字段。		
开放时间	平时开放时间： 节假日开放时间：	关闭时间	平时开放时间： 节假日开放时间
景区文字简介(略)	(100～200 字左右文字介绍景区概况)		
景区文字简介(详)融会景区的相关历史、传说、民俗风情、名人典故、旅游纪念品、气候等	(可是供选择的多篇，300～1 000 字左右文字，可附有关的旅游文学作品)		
景区特征图片	不小于 250×172 pixels(用于网页)，不小于 1 000×800 pixels(用于平面媒体)(不少于 3 张)。		

A.3.3 分景点介绍

表 A.24

分景点介绍		
分景点名称		字符型字段，长度少于 80 字节。
分景点方位		字符型字段，长度少于 80 字节。
分景点介绍：融会景区的相关历史、传说、民俗风情、名人典故、旅游纪念品等		CLOB 型字段。
图片		(附图要求同上)
1	景致介绍 1-1 融会景区的相关历史、传说、民俗风情、名人典故、旅游纪念品、气候等	(名称、文字介绍、图片) CLOB 型字段。
2	景致介绍 1-2 融会景区的相关历史、传说、民俗风情、名人典故、旅游纪念品、气候等	(名称、文字介绍、图片) CLOB 型字段。
3	景致介绍 1-3 融会景区的相关历史、传说、民俗风情、名人典故、旅游纪念品、气候等	(名称、文字介绍、图片) CLOB 型字段。

A.3.4 硬件设施、常规活动、娱乐节目及服务项目

表 A.25

<table>
<tr><td colspan="3">景区设施</td></tr>
<tr><td colspan="2">类别</td><td>介绍。</td></tr>
<tr><td colspan="2">数值型字段</td><td>CLOB 型字段。</td></tr>
<tr><td colspan="3">常规活动、娱乐节目</td></tr>
<tr><td colspan="2">类别</td><td>介绍。</td></tr>
<tr><td colspan="2">数值型字段</td><td>CLOB 型字段。</td></tr>
<tr><td colspan="3">服务项目</td></tr>
<tr><td colspan="2">类别</td><td>介绍。</td></tr>
<tr><td colspan="2">数值型字段</td><td>CLOB 型字段。</td></tr>
<tr><td colspan="3">附属设施(景区内或周边)</td></tr>
<tr><td>类别</td><td>名称</td><td>描述(相对于景区的位置,数量,特色、消费档次)。</td></tr>
<tr><td rowspan="4">餐饮</td><td>饮食综述</td><td>综合描述当地餐饮业的情况,如消费水平、餐饮特色等。</td></tr>
<tr><td>饮食管理机构</td><td>说明当地餐饮业的管理部门情况。</td></tr>
<tr><td>餐饮企业</td><td>介绍当地的餐饮企业,以及它们的各自特点,消费情况等。</td></tr>
<tr><td>特色美食</td><td>介绍当地的特色美食,地理位置等。</td></tr>
<tr><td rowspan="3">住宿</td><td>住宿综述</td><td>综合描述当地住宿的情况,如消费水平、酒店宾馆等。</td></tr>
<tr><td>住宿管理机构</td><td>说明当地住宿的管理部门情况。</td></tr>
<tr><td>旅游饭店</td><td>介绍当地旅游饭店的情况,如地理位置、消费标准等。</td></tr>
<tr><td rowspan="3">购物</td><td>购物管理机构</td><td>说明当地购物管理部门情况。</td></tr>
<tr><td>购物商品</td><td>介绍当地的购物商品情况。</td></tr>
<tr><td>购物企业</td><td>介绍当地的购物企业,以及它们的各自特点、消费情况等。</td></tr>
<tr><td rowspan="3">娱乐场所/项目</td><td>娱乐管理机构</td><td>说明当地娱乐管理部门情况。</td></tr>
<tr><td>娱乐项目</td><td>介绍当地娱乐项目的情况,它们的特色、位置等。</td></tr>
<tr><td>娱乐企业</td><td>介绍当地的娱乐企业,以及它们的包含的娱乐项目等。</td></tr>
<tr><td rowspan="5">其他便民设施</td><td>游客服务中心</td><td>说明当地的游客服务中心的情况,它们的位置,提供的具体服务等。</td></tr>
<tr><td>游客咨询中心</td><td>说明当地的游客咨询中心的情况,它们的位置,提供的具体服务等。</td></tr>
<tr><td>金融网点(包括提款机)</td><td>说明当地的金融网点的情况,它们的位置,提供的具体服务,服务时间等。</td></tr>
<tr><td>公安派出机构</td><td>说明当地的公安派出所情况,它们的位置,服务电话等。</td></tr>
<tr><td>医疗救护点</td><td>说明当地的医疗救护点情况,它们的位置,服务电话等。</td></tr>
</table>

A.3.5 景区动态信息

A.3.5.1 景区(点)票价信息

表 A.26

<table>
<tr><td colspan="2">景区门票价格</td></tr>
<tr><td>散客票价/元</td><td>浮点型字段。</td></tr>
<tr><td>散客优惠票价/元</td><td>注:可指明优惠条件及相应票价(老人、儿童、学生)。</td></tr>
<tr><td>对旅行社票价/元</td><td>注:可指明条件及相应票价。</td></tr>
<tr><td>有效时间</td><td>字符型字段,长度少于 80 字节,有效的时间区间段。</td></tr>
</table>

A.3.5.2 旅游景区新闻信息规范

表 A.27

旅游新闻(新闻、行业动态、公告)等动态信息	
新闻标题	字符型字段,长度少于80字节。
广告语	字符型字段,长度少于80字节。
新闻内容	BLOB型字段。
有效时间	字符型字段,长度少于80字节,有效的时间区间段。
目的地新闻关键词(从以上文章中提炼)	
资料来源	字符型字段,长度少于60字节,说明简介的出处。
作者	字符型字段,长度少于60字节,说明作者或发布单位。
信息认证	□摘抄 □编辑 □原创

A.3.5.3 节庆活动预告信息

表 A.28

旅游区将要举办的重要活动		
活动	活动名称	字符型字段,长度少于80字节。
	举办时间	字符型字段,长度少于80字节。
	活动内容简介	BLOB型字段。
	活动安排	BLOB型字段。
	备注	字符型字段,长度少于400字节。

A.3.5.4 景区(点)招商引资信息规范

表 A.29

招商引资综述	
招商引资综述名称	字符型字段,长度少于80字节。
广告语	字符型字段,长度少于80字节。
招商引资综述内容	BLOB型字段,目的地的招商引资优惠政策及项目指引。
有效时间	字符型字段,长度少于80字节,有效的时间区间段。

招商引资项目								
项目名称	批准部门及文号	规模	总投资	已到位资金	拟引进资金	目前项目的进展情况	业主及经营者	联系方式

A.4 旅行社信息规范

A.4.1 旅行社基本信息

表 A.30

名称及类别	
旅行社中文名	字符型字段,长度少于80字节。
旅行社英文名	字符型字段,长度少于60字节。
旅行社类别	国内社□ 国际社□

表 A.30（续）

<table>
<tr><td>旅行社业务范围</td><td colspan="6">外联□ 出境游经营□ 组团□ 地接□ 旅游批发□ 旅游线路代理□ 饭店预订□ 机票预订□ 火车票预订□ 保险代理□</td></tr>
<tr><td>旅行社所在地</td><td colspan="6">字符型字段,长度少于100字节。
____省____市(县)____区____街道____号</td></tr>
<tr><td>电子地图定位信息</td><td colspan="6">详述各类公共交通的到达情况。如:在市区的什么位置,在景区景点的什么方位,在交通干道的什么方位,附近的标志性建筑,如何到达。</td></tr>
<tr><td rowspan="2">负责人(正职和副职)</td><td colspan="6">主要职责:字符型字段,长度少于80字节。</td></tr>
<tr><td>姓名</td><td>职务</td><td>分管业务</td><td>联系电话</td><td>传真</td><td>电子邮件</td></tr>
<tr><td rowspan="3">业务部门及门市名称</td><td colspan="6">主要业务:字符型字段,长度少于80字节。</td></tr>
<tr><td colspan="6">地址:字符型字段,长度少于100字节。____省____市(县)____区____街道____号</td></tr>
<tr><td>业务人员姓名</td><td>职务</td><td>业务方向</td><td>联系电话</td><td>传真</td><td>电子邮件</td></tr>
<tr><td colspan="7">企业形象及特色介绍</td></tr>
<tr><td>旅行社标志(logo)</td><td colspan="6">不小于192×60 pixels(用于网页),不小于800×240 pixels(用于平面媒体)。</td></tr>
<tr><td>旅行社宣传语</td><td colspan="6">字符型字段,长度少于80字节。</td></tr>
<tr><td>旅行社简介</td><td colspan="6">(300字左右文字)</td></tr>
<tr><td>旅行社宣传图片</td><td colspan="6">不小于250×172 pixels(用于网页);不小于1 000×800 pixels(用于平面媒体)。</td></tr>
<tr><td>附件</td><td colspan="6">组团合同范本,以文档提交。</td></tr>
<tr><td>支付方式</td><td colspan="6">现金、银联卡(招行一卡通,其他),信用卡(visa、万事达卡,其他),网上支付。</td></tr>
<tr><td colspan="7">企业注册登记信息</td></tr>
<tr><td>旅行社注册名称</td><td colspan="6">字符型字段,长度少于80字节。</td></tr>
<tr><td>旅行社经营许可证号码</td><td colspan="6">字符型字段,长度少于255字节。</td></tr>
<tr><td>工商营业执照号码</td><td colspan="6">字符型字段,长度少于255字节。</td></tr>
<tr><td>法人代表</td><td colspan="6">字符型字段,长度少于80字节。</td></tr>
<tr><td>总经理</td><td colspan="6">字符型字段,长度少于80字节。</td></tr>
<tr><td>固定资产</td><td colspan="6">浮点型字段。</td></tr>
<tr><td>开户行</td><td colspan="6">字符型字段,长度少于80字节。</td></tr>
<tr><td>银行帐号</td><td colspan="6">字符型字段,长度少于255字节。</td></tr>
<tr><td colspan="7">旅行社联系方式</td></tr>
<tr><td>旅行社地址(中文)</td><td colspan="6">字符型字段,长度少于100字节。</td></tr>
<tr><td>旅行社地址(英文)</td><td colspan="6">字符型字段,长度少于100字节。</td></tr>
<tr><td>邮政编码</td><td colspan="6">字符型字段,长度少于6字节,只能使用数字。</td></tr>
<tr><td rowspan="2">负责人(正职和副职)</td><td colspan="6">主要职责:字符型字段,长度少于80字节。</td></tr>
<tr><td>姓名</td><td>职务</td><td>分管业务</td><td>联系电话</td><td>传真</td><td>电子邮件</td></tr>
<tr><td rowspan="2">所属部门及派出机构名称</td><td colspan="6">主要业务:字符型字段,长度少于80字节。</td></tr>
<tr><td>工作人员姓名</td><td>职务</td><td>业务方向</td><td>联系电话</td><td>传真</td><td>电子邮件</td></tr>
</table>

表 A.30（续）

质量投诉电话	字符型字段，长度少于 20 字节，只能使用数字和连字符（“-”）。
客服电话	字符型字段，长度少于 20 字节，只能使用数字和连字符（“-”）。
传真	字符型字段，长度少于 20 字节，只能使用数字和连字符（“-”）。
电子信箱	字符型字段，长度少于 60 字节。
企业网址	字符型字段，长度少于 60 字节。
预订电话	字符型字段，长度少于 20 字节，只能使用数字和连字符（“-”）。
预订传真	字符型字段，长度少于 20 字节，只能使用数字和连字符（“-”）。
预订电子信箱	字符型字段，长度少于 60 字节。

A.4.2 导游和领队信息规范

表 A.31

导游信息	
导游姓名	字符型字段，长度少于 80 字节。
导游证编号	
身份证号码	字符型字段，长度少于 17 字节，只能使用数字。
性别	字符型字段，长度为 2 字节。
年龄	数值型字段。
民族	字符型字段，长度少于 80 字节。
籍贯	字符型字段，长度少于 80 字节。
学历	字符型字段，长度少于 80 字节。
个人照片	BLOB 型字段。
个人介绍	字符型字段，长度少于 2 000 字节。
个人爱好	字符型字段，长度少于 500 字节。
知识范畴	字符型字段，长度少于 500 字节。
服务类别	导游□ 翻译□ 伴游□
服务语种	中文□ 英语□ 日语□ 韩语□
从业时间	时间型字段。
所属单位	字符型字段，长度少于 80 字节。
导游景点	字符型字段，长度少于 80 字节。
报酬	浮点型字段。
联系电话	字符型字段，长度少于 20 字节，只能使用数字和连字符（“-”）。
E-mail	字符型字段，长度少于 60 字节。
领队信息	
领队姓名	字符型字段，长度少于 80 字节。
领队证编号	字符型字段。
身份证号码	数值型字段，长度为 15 位或 18 位。
性别	数值型字段，0：女；1：男。

表 A.31（续）

年龄	数值型字段，长度小于 3 位。
民族	字符型字段。
籍贯	字符型字段。
学历	字符型字段。
个人照片	BLOB 型字段。
个人介绍	字符型字段，长度少于 2 000 字节。
个人爱好	字符型字段，长度少于 500 字节。
知识范畴	字符型字段，长度少于 500 字节。
服务语种	中文□ 英语□ 日语□ 韩语□
从业时间	时间型字段。
所属单位	字符型字段，长度少于 80 字节。
报酬	浮点型字段。
联系电话	字符型字段，长度少于 20 字节，只能使用数字和连字符（“-”）。
E-mail	字符型字段，长度少于 60 字节。

A.4.3　组团合同信息规范

以附件形式报送。

A.4.4　旅行社动态信息规范

A.4.4.1　旅游线路信息

表 A.32

线路类型	出境游线路□ 国内游组团线路（跨省线路）□ 地接线路（省域范围）□ 边境游线路 □ 市内游线路 □ 城市周边游和双休日游□
线路销售方式	对旅游者□ 对下游代理商□ 对上游批发商□
线路名称	字符型字段，长度少于 80 字节。
线路广告名称	字符型字段，长度少于 80 字节。
线路类型	观光旅游□ 度假旅游□ 主题旅游□ 半自助旅游□
主题旅游线路类型	宗教□/教育□/文化□/考古□/探险□/滑雪□/潜水□/其他______
主题关键字	字符型字段，长度少于 255 字节。
出发地	字符型字段，长度少于 80 字节，旅游团出发的城市。
目的地	字符型字段，长度少于 80 字节，游历所经的每个城市/景区。
行程天数	字符型字段，长度少于 3 字节，只能使用数字，经历的总天数。
行程安排 （含游览点和食宿行标准）	BLOB 型字段。
等级	标准□　经济□　豪华□
相关图片	不小于 192×60 pixels（用于网页），不小于 800×240 pixels（用于平面媒体）。
特别说明/游客须知/注意事项	BLOB 型字段。
线路咨询电话	字符型字段，长度少于 20 字节，只能使用数字和连字符（“-”）。

表 A.32（续）

公众价格	浮点型字段。
同行价	浮点型字段。
报价币种	数值型字段。
出团时间及说明	出团的时间安排，肯定出团、满一定人数等。
有效时间	字符型字段，长度少于80字节，有效的时间区间段。

A.4.4.2 旅行社新闻信息规范

表 A.33

<table>
<tr><td colspan="2">新闻(新闻、公告)等动态信息</td></tr>
<tr><td>新闻标题</td><td>字符型字段，长度少于80字节。</td></tr>
<tr><td>广告语</td><td>字符型字段，长度少于80字节。</td></tr>
<tr><td>新闻内容</td><td>BLOB型字段。</td></tr>
<tr><td>有效时间</td><td>字符型字段，长度少于80字节，有效的时间区间段。</td></tr>
<tr><td colspan="2">目的地新闻关键词(从以上文章中提炼)</td></tr>
<tr><td>资料来源</td><td>字符型字段，长度少于60字节，说明简介的出处。</td></tr>
<tr><td>作者</td><td>字符型字段，长度少于80字节，说明作者或发布单位。</td></tr>
<tr><td>信息认证</td><td>□摘抄　□编辑　□原创</td></tr>
</table>

A.4.4.3 促销活动预告信息

表 A.34

<table>
<tr><td colspan="3">将要举办的促销活动</td></tr>
<tr><td rowspan="5">活动</td><td>活动名称</td><td>字符型字段，长度少于80字节。</td></tr>
<tr><td>举办时间</td><td>字符型字段，长度少于80字节。</td></tr>
<tr><td>活动内容简介</td><td>BLOB型字段。</td></tr>
<tr><td>活动安排</td><td>BLOB型字段。</td></tr>
<tr><td>备注</td><td>字符型字段，长度少于400字节。</td></tr>
</table>

A.4.4.4 旅行社招商引资信息规范

表 A.35

<table>
<tr><td colspan="9">招商引资综述</td></tr>
<tr><td colspan="3">招商引资综述名称</td><td colspan="6">字符型字段，长度少于80字节。</td></tr>
<tr><td colspan="3">广告语</td><td colspan="6">字符型字段，长度少于80字节。</td></tr>
<tr><td colspan="3">招商引资综述内容</td><td colspan="6">BLOB型字段，目的地的招商引资优惠政策及项目指引。</td></tr>
<tr><td colspan="3">有效时间</td><td colspan="6">字符型字段，长度少于80字节，有效的时间区间段。</td></tr>
<tr><td colspan="9">招商引资项目</td></tr>
<tr><td>项目名称</td><td>批准部门及文号</td><td>规模</td><td>总投资</td><td>已到位资金</td><td>拟引进资金</td><td>目前项目的进展情况</td><td>业主及经营者</td><td>联系方式</td></tr>
</table>

A.5 旅游交通企业信息规范

A.5.1 基本信息

表 A.36

名称及类别	
旅游交通企业中文名称	字符型字段,长度少于80字节。
旅游交通企业英文名称	字符型字段,长度少于60字节。
旅游交通企业类型	旅游汽车公司、旅游游船公司、汽车租赁公司。
旅游交通企业级别	数值型字段。
企业形象及特色介绍	
旅游交通企业LOGO	不小于192×60 pixels(用于网页),不小于800×240 pixels(用于平面媒体)。
旅游交通企业宣传语	字符型字段,长度少于80字节。
旅游交通企业简介	200字左右文字。
旅游交通企业宣传图片	不小于250×172 pixels(用于网页),不小于1 000×800 pixels(用于平面媒体)
营业时间	每日　　　时～　　　时
企业注册登记	
注册机构名称	字符型字段,长度少于80字节。
营业执照号码	字符型字段,长度少于255字节。
法人代表	字符型字段,长度少于80字节。
总经理	字符型字段,长度少于80字节。
固定资产	浮点型字段。
开户行	字符型字段,长度少于255字节。
银行账号	字符型字段,长度少于255字节。
联系方式及预订	
旅游交通企业地址(中文)	字符型字段,长度少于60字节。
旅游交通企业地址(英文)	字符型字段,长度少于80字节。
邮政编码	字符型字段,长度少于10字节,只能使用数字。
联系人	字符型字段,长度少于80字节。
联系电话	字符型字段,长度少于20字节,只能使用数字和连字符("-")。
传真	字符型字段,长度少于20字节,只能使用数字和连字符("-")。
电子信箱	字符型字段,长度少于60字节。
企业网址	字符型字段,长度少于60字节。
咨询预订电话	字符型字段,长度少于20字节,只能使用数字和连字符("-")。
预订传真	字符型字段,长度少于20字节,只能使用数字和连字符("-")。
咨询预订电子信箱	字符型字段,长度少于60字节。
支付方式	现金、银联卡(招行一卡通,其他),信用卡(visa、万事达卡,其他),网上支付。
地理定位及交通	
旅游租车公司所在地	字符型字段,长度少于100字节,____省____市(县)____区____街道____号。
电子地图定位信息	详述各类公共交通的到达情况。如:在市区的什么位置,在景区景点的什么方位,在交通干道的什么方位,附近的标志性建筑,如何到达。

A.5.2 业务范围

表 A.37

对旅游散客业务	
提供车型	字符型字段，长度少于200字节。
承接业务范围	字符型字段，长度少于200字节。
辅助服务情况	字符型字段，长度少于200字节。
参考价格	浮点型字段。
对旅游企业业务	
提供车型	字符型字段，长度少于200字节。
承接业务范围	字符型字段，长度少于200字节。
辅助服务情况	字符型字段，长度少于200字节。
参考价格	浮点型字段。

A.5.3 动态信息

A.5.3.1 车型及报价

表 A.38

典型出租车型与报价				
出租车型	价格	抵押金	备注及建议	价格有效期

A.5.3.2 新闻信息规范

表 A.39

新闻(新闻、公告)等动态信息	
新闻标题	字符型字段，长度少于80字节。
广告语	字符型字段，长度少于80字节。
新闻内容	BLOB型字段。
有效时间	字符型字段，长度少于80字节，有效的时间区间段。
目的地新闻关键词(从以上文章中提炼)	
资料来源	字符型字段，长度少于60字节，说明简介的出处。
作者	字符型字段，长度少于80字节，说明作者或发布单位。
信息认证	□摘抄　□编辑　□原创

A.5.3.3 促销活动预告信息

表 A.40

将要举办的促销活动		
活动	活动名称	字符型字段，长度少于80字节。
	举办时间	字符型字段，长度少于80字节。
	活动内容简介	BLOB型字段。
	活动安排	BLOB型字段。
	备注	字符型字段，长度少于400字节。

A.5.3.4 招商引资信息规范

表 A.41

招商引资综述	
招商引资综述名称	字符型字段,长度少于80字节。
广告语	字符型字段,长度少于80字节。
招商引资综述内容	BLOB型字段,目的地的招商引资优惠政策及项目指引。
有效时间	字符型字段,长度少于80字节,有效的时间区间段。

推荐招商引资项目								
项目名称	批准部门及文号	规模	总投资	已到位资金	拟引进资金	目前项目的进展情况	业主及经营者	联系方式

A.6 住宿信息规范

A.6.1 住宿企业信息

表 A.42

名称及类别	
旅游饭店中文名称	字符型字段,长度少于80字节。
旅游饭店英文名称	字符型字段,长度少于60字节。
饭店星级	一星,二星,三星,四星,五星,其他。
旅游饭店类型 (可多选)	招待所□ 培训中心□ 青年旅馆□ 涉外饭店□ 商务饭店□ 会议饭店□ 度假饭店□ 景区饭店□ 其他________
企业形象及特色介绍	
旅游饭店LOGO	不小于192×60 pixels(用于网页),不小于800×240 pixels(用于平面媒体)。
旅游饭店宣传语	字符型字段,长度少于80字节。
旅游饭店简介	300字左右文字。
旅游饭店宣传图片	不小于250×172 pixels(用于网页),不小于1 000×800 pixels(用于平面媒体)。
管理集团	
建筑风格	集中式、分散式、二者皆有。
企业注册登记信息	
饭店注册名称	字符型字段,长度少于80字节。
旅游经营许可证号码	字符型字段,长度少于255字节。
工商营业执照号码	字符型字段,长度少于255字节。
法人代表	字符型字段,长度少于80字节。
总经理	字符型字段,长度少于80字节。
固定资产	浮点型字段。
开户行	字符型字段,长度少于255字节。
银行账号	字符型字段,长度少于255字节。

表 A.42（续）

联系方式及预订	
旅游饭店地址(中文)	字符型字段，长度少于100字节。
旅游饭店地址(英文)	字符型字段，长度少于100字节。
邮政编码	字符型字段，长度少于10字节，只能使用数字。
联系人	字符型字段，长度少于80字节。
联系电话	字符型字段，长度少于20字节，只能使用数字和连字符("-")。
传真	字符型字段，长度少于20字节，只能使用数字和连字符("-")。
电子信箱	字符型字段，长度少于60字节。
销售部电话	字符型字段，长度少于20字节，只能使用数字和连字符("-")。
预订电话	字符型字段，长度少于20字节，只能使用数字和连字符("-")。
预订传真	字符型字段，长度少于20字节，只能使用数字和连字符("-")。
预订电子信箱	字符型字段，长度少于60字节。
电子信箱	字符型字段，长度少于60字节。
企业网址	字符型字段，长度少于60字节。
支付方式	现金、银联卡(招行一卡通，其他)，信用卡(visa、万事达卡，其他)，网上支付。
地理定位及交通	
旅游饭店所在地	字符型字段，长度少于100字节。 ____省____市(县)____区____街道____号

<table>
<tr><td rowspan="8">电子地图定位信息及交通情况</td><td colspan="4">到达景区交通：详述各类公共交通的到达情况。如：在市区的什么位置，在景区景点的什么方位，在交通干道的什么方位，附近的标志性建筑，如何到达。</td></tr>
<tr><td></td><td>公里</td><td>小时</td><td>备注</td></tr>
<tr><td>到火车站</td><td></td><td></td><td></td></tr>
<tr><td>到机场</td><td></td><td></td><td></td></tr>
<tr><td>到市中心</td><td></td><td></td><td></td></tr>
<tr><td>到临近景区(点)____</td><td></td><td></td><td></td></tr>
<tr><td>到标志性建筑物____</td><td></td><td></td><td></td></tr>
</table>

A.6.2 旅游饭店设施及服务

表 A.43

客房信息表	
房间类型	总数(间)
普通标间	数值型字段。
单人间	数值型字段。
三人间	数值型字段。
豪华标间	数值型字段。
普通套房	数值型字段。

表 A.43（续）

豪华套房	数值型字段。				
其他房型:________	数值型字段。				
其他房型:________	数值型字段。				
餐饮信息表					
餐厅名称	菜系	客容量	包间数	备注(特色介绍等)	平均消费额/人
会议室设施信息					
会议室类型	数量	座位数	设施	租赁费	备注
			同声传译 投影 上网	/小时　/半天 /天	
			同声传译 投影 上网		
其他设施和服务项目					
项目	可提供的设施和服务保龄球(几道)、网球、桌球、健身房、游泳池、酒吧(注明风格)、餐厅、定票代办等。				
商务服务	电话、传真、复印、打字、上网、订花。				
会议服务					
康乐					
娱乐文娱	保龄、台球。				
旅游代办					
租车、接送					
其他个性服务					
金钥匙服务	是、否。				

A.6.3 饭店动态信息

A.6.3.1 饭店房间及报价信息

表 A.44

房价信息					
房间类型	价格				备注
	散客	8～15 人	15 人以上	同业报价	
普通标间	数值型字段	数值型字段	数值型字段		
豪华标间	数值型字段	数值型字段	数值型字段		
普通套房	数值型字段	数值型字段	数值型字段		
豪华套房	数值型字段	数值型字段	数值型字段		
其他房型________	数值型字段	数值型字段	数值型字段		
其他房型________	数值型字段	数值型字段	数值型字段		

A.6.3.2 新闻信息规范

表 A.45

新闻(新闻、公告)等动态信息	
新闻标题	字符型字段,长度少于 80 字节。
广告语	字符型字段,长度少于 80 字节。
新闻内容	BLOB 型字段。
有效时间	字符型字段,长度少于 80 字节,有效的时间区间段。
目的地新闻关键词(从以上文章中提炼)	
资料来源	字符型字段,长度少于 60 字节,说明简介的出处。
作者	字符型字段,长度少于 80 字节,说明作者或发布单位。
信息认证	□摘抄 □编辑 □原创

A.6.3.3 促销活动预告信息

表 A.46

将要举办的促销活动		
活动	活动名称	字符型字段,长度少于 80 字节。
	举办时间	字符型字段,长度少于 80 字节。
	活动内容简介	BLOB 型字段。
	活动安排	BLOB 型字段。
	备注	字符型字段,长度少于 400 字节。

A.6.3.4 招商引资信息规范

表 A.47

招商引资综述	
招商引资综述名称	字符型字段,长度少于 80 字节。
广告语	字符型字段,长度少于 80 字节。
招商引资综述内容	BLOB 型字段,目的地的招商引资优惠政策及项目指引。
有效时间	字符型字段,长度少于 80 字节,有效的时间区间段。
推荐招商引资项目	

项目名称	批准部门及文号	规模	总投资	已到位资金	拟引进资金	目前项目的进展情况	业主及经营者	联系方式

A.7 饮食信息规范

A.7.1 饮食企业信息

表 A.48

名称及类别	
旅游餐馆中文名称	字符型字段,长度少于 80 字节。
旅游餐馆英文名称	字符型字段,长度少于 60 字节。
旅游餐馆类型级别	数值型字段。

表 A.48（续）

<table>
<tr><td>旅游餐馆特色类别</td><td colspan="3">数值型字段。</td></tr>
<tr><td colspan="4">企业形象及特色介绍</td></tr>
<tr><td>旅游餐馆 LOGO</td><td colspan="3">不小于 192×60 pixels(用于网页)，不小于 800×240 pixels(用于平面媒体)。</td></tr>
<tr><td>旅游餐馆宣传语</td><td colspan="3">字符型字段，长度少于 80 字节。</td></tr>
<tr><td>旅游餐馆简介</td><td colspan="3">300 字左右文字。</td></tr>
<tr><td>旅游餐馆宣传图片</td><td colspan="3">不小于 250×172 pixels(用于网页)，不小于 1 000×800 pixels(用于平面媒体)。</td></tr>
<tr><td>餐厅风格</td><td colspan="3">中式、西式、现代等及就餐环境。</td></tr>
<tr><td>营业时间</td><td colspan="3">每日　　　　时～　　　　时</td></tr>
<tr><td colspan="4">企业注册登记</td></tr>
<tr><td>工商营业执照号码</td><td colspan="3">字符型字段，长度少于 255 字节。</td></tr>
<tr><td>法人代表</td><td colspan="3">字符型字段，长度少于 80 字节。</td></tr>
<tr><td>固定资产</td><td colspan="3">浮点型字段。</td></tr>
<tr><td>开户行</td><td colspan="3">字符型字段，长度少于 255 字节。</td></tr>
<tr><td>银行账号</td><td colspan="3">字符型字段，长度少于 255 字节。</td></tr>
<tr><td colspan="4">联系方式及预订</td></tr>
<tr><td>旅游餐馆地址(中文)</td><td colspan="3">字符型字段，长度少于 100 字节。</td></tr>
<tr><td>旅游餐馆地址(英文)</td><td colspan="3">字符型字段，长度少于 100 字节。</td></tr>
<tr><td>邮政编码</td><td colspan="3">数值型字段，长度必须为 6 个字节</td></tr>
<tr><td>联系人</td><td colspan="3">字符型字段，长度少于 80 字节。</td></tr>
<tr><td>联系电话</td><td colspan="3">字符型字段，长度少于 20 字节，只能使用数字和连字符(“-”)。</td></tr>
<tr><td>传真</td><td colspan="3">字符型字段，长度少于 20 字节，只能使用数字和连字符(“-”)。</td></tr>
<tr><td>电子信箱</td><td colspan="3">字符型字段，长度少于 60 字节。</td></tr>
<tr><td>企业网址</td><td colspan="3">字符型字段，长度少于 60 字节。</td></tr>
<tr><td>预订电话</td><td colspan="3">字符型字段，长度少于 20 字节，只能使用数字和连字符(“-”)。</td></tr>
<tr><td>预订传真</td><td colspan="3">字符型字段，长度少于 20 字节，只能使用数字和连字符(“-”)。</td></tr>
<tr><td>电子信箱</td><td colspan="3">字符型字段，长度少于 60 字节。</td></tr>
<tr><td colspan="4">地理定位及交通</td></tr>
<tr><td>旅游餐馆所在地</td><td colspan="3">字符型字段，长度少于 100 字节，____省____市(县)____区____街道。</td></tr>
<tr><td>电子地图定位信息</td><td colspan="3">主要公交道路情况。</td></tr>
<tr><td rowspan="5">交通情况</td><td colspan="3">交通概况</td></tr>
<tr><td></td><td>公里</td><td>小时</td></tr>
<tr><td>到火车站</td><td>数值型字段</td><td>数值型字段</td></tr>
<tr><td>到机场</td><td>数值型字段</td><td>数值型字段</td></tr>
<tr><td>到市中心</td><td>数值型字段</td><td>数值型字段</td></tr>
</table>

A.7.2 旅游餐馆设施及服务

表 A.49

餐厅布局信息		
总容人量	餐位数量	
分餐厅及容人量	数值型字段	
包间数量	名称、风格、餐位数、主要设施(电视、卡拉 OK 等)	
菜系、特色信息		
	名称	说明/附注
菜系	字符型字段	
招牌菜 1	字符型字段	(可附图片),可写价格
招牌菜 2	字符型字段	(可附图片),可写价格
招牌菜 3	字符型字段	(可附图片),可写价格
招牌菜 4	字符型字段	(可附图片),可写价格
招牌菜 5	字符型字段	(可附图片),可写价格
团队餐标准		
价格档次(按人)	(可填多档)	
价格档次(按桌)	(可填多档)	
其他设施和服务项目		
项目	介绍	
卡拉 OK	字符型字段,长度少于 200 字节。	
歌舞表演	字符型字段,长度少于 200 字节。	
订餐外卖	字符型字段,长度少于 200 字节。	
其他服务	字符型字段,长度少于 200 字节。	

A.7.3 餐馆动态信息

A.7.3.1 新闻信息规范

表 A.50

新闻(新闻、公告)等动态信息	
新闻标题	字符型字段,长度少于 80 字节。
广告语	字符型字段,长度少于 80 字节。
新闻内容	BLOB 型字段。
有效时间	字符型字段,长度少于 80 字节,有效的时间区间段。
目的地新闻关键词(从以上文章中提炼)	
资料来源	字符型字段,长度少于 60 字节,说明简介的出处。
作者	字符型字段,长度少于 80 字节,说明作者或发布单位。
信息认证	□摘抄 □编辑 □原创

A.7.3.2 促销活动预告信息

表 A.51

优惠与促销		
近期优惠信息 1 (文字描述)		CLOB 型字段。
近期优惠信息 2 (文字描述)		CLOB 型字段。
将要举办的重要活动		
活动 1	活动名称	字符型字段,长度少于 80 字节。
	举办时间	字符型字段,长度少于 80 字节。
	活动内容简介	BLOB 型字段。
	活动安排	BLOB 型字段。
	备注	字符型字段,长度少于 400 字节。
活动 2	活动名称	字符型字段,长度少于 80 字节。
	举办时间	字符型字段,长度少于 80 字节。
	活动内容简介	BLOB 型字段。
	活动安排	BLOB 型字段。
	备注	字符型字段,长度少于 400 字节。

A.7.3.3 招商引资信息规范

表 A.52

招商引资综述								
招商引资综述名称	字符型字段,长度少于 80 字节。							
广告语	字符型字段,长度少于 80 字节。							
招商引资综述内容	BLOB 型字段,目的地的招商引资优惠政策及项目指引。							
有效时间	字符型字段,长度少于 80 字节,有效的时间区间段。							
推荐招商引资项目								
项目名称	批准部门及文号	规模	总投资	已到位资金	拟引进资金	目前项目的进展情况	业主及经营者	联系方式

A.8 购物信息规范

A.8.1 景区购物信息综述

表 A.53

景区购物综述	
购物综述名称	字符型字段,长度少于 80 字节。
广告语	字符型字段,长度少于 80 字节。
购物综述内容	BLOB 型字段。
有效时间	字符型字段,长度少于 80 字节,有效的时间区间段。

A.8.2 购物企业信息

表 A.54

名称及类别	
购物场所中文名称	字符型字段，长度少于 80 字节。
购物场所英文名称	字符型字段，长度少于 60 字节。
购物场所类型	数值型字段。
购物场所级别	数值型字段。
企业形象及特色介绍	
购物场所 LOGO	不小于 192×60 pixels(用于网页)，不小于 800×240 pixels(用于平面媒体)。
购物场所宣传语	字符型字段，长度少于 80 字节。
购物场所类型	大型综合商场、购物街区、土特产商店、免税商店、超市。
购物场所简介	300 字左右文字。
购物场所宣传图片	不小于 250×172 pixels(用于网页)，不小于 1 000×800 pixels(用于平面媒体)。
购物场所经营种类	主要经营产品等。
营业时间	每日　　　时～　　　时
支付方式	现金、银行卡、信用卡及其他会员卡。
企业注册登记	
购物场所经营机构名称	字符型字段，长度少于 80 字节。
工商营业执照号码	字符型字段，长度少于 255 字节。
营业许可证号码	字符型字段，长度少于 255 字节。
法人代表	字符型字段，长度少于 80 字节。
固定资产	浮点型字段。
开户行	字符型字段，长度少于 255 字节。
银行账号	字符型字段。
联系方式及预订	
购物场所地址(中文)	字符型字段，长度少于 60 字节。
购物场所地址(英文)	字符型字段，长度少于 80 字节。
邮政编码	字符型字段，长度少于 10 字节，只能使用数字。
联系人	字符型字段，长度少于 80 字节。
联系电话	字符型字段，长度少于 20 字节，只能使用数字和连字符("-")。
传真	字符型字段，长度少于 20 字节，只能使用数字和连字符("-")。
电子信箱	字符型字段，长度少于 60 字节。
企业网址	字符型字段，长度少于 60 字节。
预订电话	字符型字段，长度少于 20 字节，只能使用数字和连字符("-")。
预订传真	字符型字段，长度少于 20 字节，只能使用数字和连字符("-")。
电子信箱	字符型字段，长度少于 60 字节。
地理定位及交通	

表 A.54（续）

<table>
<tr><td>购物场所所在地</td><td colspan="3">字符型字段,长度少于100字节。____省____市(县)____区____街道。</td></tr>
<tr><td>电子地图定位信息</td><td colspan="3">主要公交道路情况。</td></tr>
<tr><td rowspan="5">交通情况</td><td colspan="3">交通概况</td></tr>
<tr><td></td><td>公里</td><td>小时</td></tr>
<tr><td>到火车站</td><td>数值型字段</td><td>数值型字段</td></tr>
<tr><td>到机场</td><td>数值型字段</td><td>数值型字段</td></tr>
<tr><td>到市中心</td><td>数值型字段</td><td>数值型字段</td></tr>
</table>

A.8.3 购物商品信息规范

表 A.55

商品名称	字符型字段,长度少于80字节。
商品种类	服装□ 饮食□ 陶瓷□ 手工纪念品□ 文物珠宝□ 其他□
商品介绍	BLOB型字段。
商品等级	一级□ 二级□ 三级□
相关图片	不小于192×60 pixels(用于网页),不小于800×240 pixels(用于平面媒体)
其他说明/游客须知/注意事项	CLOB型字段。
购物地点	何处可以买到该商品。
生产厂家	字符型字段,长度少于80字节。
参考价格	浮点型字段。

A.8.4 新闻信息规范

表 A.56

<table>
<tr><td colspan="2">新闻(新闻、公告)等动态信息</td></tr>
<tr><td>新闻标题</td><td>字符型字段,长度少于80字节。</td></tr>
<tr><td>广告语</td><td>字符型字段,长度少于80字节。</td></tr>
<tr><td>新闻内容</td><td>字符型字段,长度少于400字节。</td></tr>
<tr><td>有效时间</td><td>字符型字段,长度少于80字节,有效的时间区间段。</td></tr>
<tr><td colspan="2">目的地新闻关键词(从以上文章中提炼)</td></tr>
<tr><td>资料来源</td><td>字符型字段,长度少于60字节,说明简介的出处。</td></tr>
<tr><td>作者</td><td>字符型字段,长度少于80字节,说明作者或发布单位。</td></tr>
<tr><td>信息认证</td><td>□摘抄 □编辑 □原创</td></tr>
</table>

A.8.5 促销活动预告信息

表 A.57

<table>
<tr><td colspan="3">将要举办的促销活动</td></tr>
<tr><td rowspan="5">活动</td><td>活动名称</td><td>字符型字段,长度少于80字节。</td></tr>
<tr><td>举办时间</td><td>字符型字段,长度少于80字节。</td></tr>
<tr><td>活动内容简介</td><td>BLOB型字段。</td></tr>
<tr><td>活动安排</td><td>BLOB型字段。</td></tr>
<tr><td>备注</td><td>字符型字段,长度少于400字节。</td></tr>
</table>

A.8.6 招商引资信息规范

表 A.58

招商引资综述								
招商引资综述名称	字符型字段，长度少于 80 字节。							
广告语	字符型字段，长度少于 80 字节。							
招商引资综述内容	BLOB 型字段，目的地的招商引资优惠政策及项目指引。							
有效时间	字符型字段，长度少于 80 字节。有效的时间区间段。							
推荐招商引资项目								
项目名称	批准部门及文号	规模	总投资	已到位资金	拟引进资金	目前项目的进展情况	业主及经营者	联系方式

A.9 娱乐信息规范

A.9.1 景区娱乐信息综述

表 A.59

景区娱乐综述	
娱乐综述名称	字符型字段，长度少于 80 字节。
广告语	字符型字段，长度少于 80 字节。
娱乐综述内容	BLOB 型字段。
有效时间	字符型字段，长度少于 80 字节，有效的时间区间段。

A.9.2 娱乐企业信息

表 A.60

名称及类别(娱乐、运动、休闲)	
旅游休闲娱乐场所中文名称	字符型字段，长度少于 80 字节。
旅游休闲娱乐场所英文名称	字符型字段，长度少于 60 字节。
旅游休闲娱乐场所类型	数值型字段。
旅游休闲娱乐场所级别	数值型字段。
企业形象及特色介绍	
旅游休闲娱乐场所 LOGO	不小于 192×60 pixels(用于网页)，不小于 800×240 pixels(用于平面媒体)。
旅游休闲娱乐场所宣传语	字符型字段，长度少于 200 字节。
旅游休闲娱乐场所简介	300 字左右文字。
旅游休闲娱乐场所宣传图片	不小于 250×172 pixels(用于网页)，不小于 1 000×800 pixels(用于平面媒体)。
营业时间	每日　　时～　　时
经营范围	经营项目及价格。
支付方式	现金、银行卡、信用卡及其他会员卡。
企业注册登记	
旅游休闲娱乐场所注册名称	字符型字段，长度少于 80 字节
工商营业执照号码	字符型字段，长度少于 255 字节。

表 A.60（续）

营业许可证号码	字符型字段,长度少于255字节。		
法人代表	字符型字段,长度少于80字节。		
总经理	字符型字段,长度少于80字节。		
固定资产	浮点型字段。		
开户行	字符型字段,长度少于255字节。		
银行账号	字符型字段,长度少于255字节。		
联系方式及预订			
旅游休闲娱乐场所地址(中)	字符型字段,长度少于100字节。		
旅游休闲娱乐场所地址(英)	字符型字段,长度少于100字节。		
邮政编码	字符型字段,长度少于10字节,只能使用数字。		
联系人	字符型字段,长度少于80字节。		
联系电话	字符型字段,长度少于20字节,只能使用数字和连字符("-")。		
传真	字符型字段,长度少于20字节,只能使用数字和连字符("-")。		
电子信箱	字符型字段,长度少于60字节。		
企业网址	字符型字段,长度少于60字节。		
预订电话	字符型字段,长度少于20字节,只能使用数字和连字符("-")。		
预订传真	字符型字段,长度少于20字节,只能使用数字和连字符("-")。		
电子信箱	字符型字段,长度少于60字节。		
地理定位及交通			
旅游休闲娱乐场所所在地	字符型字段,长度少于100字节。___省___市(县)___区___街道。		
电子地图定位信息	主要公交道路情况。		
交通情况	交通概况		
		公里	小时
	到火车站	数值型字段	数值型字段
	到机场	数值型字段	数值型字段
	到市中心	数值型字段	数值型字段

A.9.3 旅游休闲娱乐场所设施及服务

表 A.61

服务设施介绍	参考价格
字符型字段,长度少于200字节。	
服务项目介绍	
字符型字段,长度少于200字节。	
活动、组合产品介绍	
字符型字段,长度少于200字节。	
其他	
字符型字段,长度少于200字节。	

A.9.4 娱乐动态信息

A.9.4.1 新闻信息规范

表 A.62

新闻(新闻、公告)等动态信息	
新闻标题	字符型字段,长度少于 80 字节。
广告语	字符型字段,长度少于 80 字节。
新闻内容	BLOB 型字段。
有效时间	字符型字段,长度少于 80 字节,有效的时间区间段。
目的地新闻关键词(从以上文章中提炼)	
资料来源	字符型字段,长度少于 60 字节,说明简介的出处。
作者	字符型字段,长度少于 80 字节,说明作者或发布单位。
信息认证	□摘抄 □编辑 □原创

A.9.4.2 促销活动预告信息

表 A.63

将要举办的促销活动		
活动	活动名称	字符型字段,长度少于 80 字节。
	举办时间	字符型字段,长度少于 80 字节。
	活动内容简介	BLOB 型字段。
	活动安排	BLOB 型字段。
	备注	字符型字段,长度少于 400 字节。

A.9.4.3 招商引资信息规范

表 A.64

招商引资综述	
招商引资综述名称	字符型字段,长度少于 80 字节。
广告语	字符型字段,长度少于 80 字节。
招商引资综述内容	BLOB 型字段,目的地的招商引资优惠政策及项目指引。
有效时间	字符型字段,长度少于 80 字节,有效的时间区间段。
推荐招商引资项目	

项目名称	批准部门及文号	规模	总投资	已到位资金	拟引进资金	目前项目的进展情况	业主及经营者	联系方式

A.10 节庆活动信息规范

A.10.1 节庆活动信息

表 A.65

节庆活动信息	
节庆活动名称	字符型字段,长度少于 80 字节。
节庆类型	传统节庆,旅游节庆,商务节庆。

表 A.65（续）

节庆活动 VI	
节庆活动广告语	字符型字段，长度少于 80 字节。
节庆活动图片	BLOB 型字段。
活动内容	CLOB 型字段。
活动时间	字符型字段，长度少于 80 字节。
主办单位	字符型字段，长度少于 80 字节。

A.10.2　新闻信息规范

表 A.66

新闻（新闻、公告）等动态信息	
新闻标题	字符型字段，长度少于 80 字节。
广告语	字符型字段，长度少于 80 字节。
新闻内容	BLOB 型字段。
有效时间	字符型字段，长度少于 80 字节，有效的时间区间段。
目的地新闻关键词（从以上文章中提炼）	
资料来源	字符型字段，长度少于 60 字节，说明简介的出处。
作者	字符型字段，长度少于 80 字节，说明作者或发布单位。
信息认证	□摘抄　□编辑　□原创

A.10.3　活动阶段进展报告信息

表 A.67

节庆活动阶段性活动		
活动	活动名称	字符型字段，长度少于 80 字节。
	举办时间	字符型字段，长度少于 80 字节。
	活动内容简介	BLOB 型字段。
	活动安排	BLOB 型字段。
	备注	字符型字段，长度少于 400 字节。

A.10.4　招商引资信息规范

表 A.68

招商引资综述								
招商引资综述名称	字符型字段，长度少于 80 字节。							
广告语	字符型字段，长度少于 80 字节。							
招商引资综述内容	BLOB 型字段，目的地的招商引资优惠政策及项目指引。							
有效时间	字符型字段，长度少于 80 字节，有效的时间区间段。							
推荐招商引资项目								
项目名称	批准部门及文号	规模	总投资	已到位资金	拟引进资金	目前项目的进展情况	业主及经营者	联系方式

参考文献

[1] GB/T 18811—2002 电子商务基本术语
[2] GB/T 21064—2007 电子政务系统总体设计要求

ICS 03.200
A 12

中华人民共和国国家标准

GB/T 26361—2010

旅游餐馆设施与服务等级划分

Demarcation and evaluation of facility and service for tourist restaurants

2011-01-14 发布　　　　2011-06-01 实施

中华人民共和国国家质量监督检验检疫总局
中国国家标准化管理委员会　发布

前　　言

本标准的附录A、附录B为规范性附录，附录C为资料性附录。

本标准由国家旅游局提出。

本标准由全国旅游标准化技术委员会归口。

本标准起草单位：浙江省旅游标准化技术委员会、浙江省旅游局、杭州市旅游委员会、浙江工商大学。

本标准主要起草人：林震华、钟艳、林爱瑜、吴才满、李任芷、刘士军、王嵘山、汪黎明、刘莉莉、张源。

本标准参与起草人：李虹、王建平、王志峰、汪笑柏、程钢。

引　言

为更好地用科学发展观指导、规范我国旅游餐馆的建设与经营管理，方便旅游者选择不同档次和风格的餐馆，切实提高旅游餐饮服务质量，保障食品卫生与安全，倡导资源节约、绿色环保，促进旅游餐饮业管理向制度化、规范化和科学化发展，特制定本标准。

旅游餐馆设施与服务等级划分

1 范围

本标准规定了旅游餐馆设施和服务等级的划分与评定的具体要求。

本标准适用于正式营业的旅游餐馆。

2 规范性引用文件

下列文件中的条款通过本标准的引用而成为本标准的条款。凡是注日期的引用文件,其随后所有的修改单(不包括勘误的内容)或修订版均不适用于本标准,然而,鼓励根据本标准达成协议的各方研究是否可使用这些文件的最新版本。凡是不注日期的引用文件,其最新版本适用于本标准。

GB/T 10001.1 标志用公共信息图形符号 第1部分:通用符号

GB/T 10001.2 标志用公共信息图形符号 第2部分:旅游休闲符号

GB/T 19001 质量管理体系 要求

3 术语和定义

下列术语和定义适用于本标准。

3.1

旅游餐馆 tourist restaurant

配有餐饮设施及服务人员为旅游者提供餐饮和相关服务的场所。

3.2

旅游服务规范 service specification in tourism

为达到某一旅游服务水平而采取的以程序化、定量化、制度化为主要内容的通用标准。

4 旅游餐馆的划分和依据

4.1 划分

旅游餐馆从低到高依次划分为铜盘级、银盘级和金盘级三个等级。

4.2 依据

等级的划分以旅游餐馆的服务项目、菜品质量、服务质量、安全卫生环境、建筑、设施设备等为依据。具体要求见附录A和附录B。

5 等级划分条件

5.1 铜盘级旅游餐馆

5.1.1 建筑应符合以下要求:

a) 建筑结构良好,装修装饰美观大方,在建筑物的明显部位应有店名。

b) 布局和功能划分基本合理,应方便宾客在餐馆内正常活动。

c) 应有符合仓储条件的原材料库房。

5.1.2 餐厅应符合以下要求:

a) 一般不少于50个餐位。

b) 就餐环境室温适宜,各区域通风良好,照明适宜。

c) 应有真实介绍餐馆特点、风味的广告宣传牌或宣传品。

d） 应有适当的艺术装饰布置，点缀效果良好。

e） 餐桌、椅及餐具配套，无破损。

f） 菜单制作美观大方，每一菜点应标明主、配料的数量、规格，明码标价。

g） 应提供消毒毛巾或纸巾，餐具消毒符合国家卫生标准。

h） 配有儿童就餐专用椅及为残疾人、老年人服务的相关设施。

5.1.3 厨房应符合以下要求：

a） 厨房布局基本合理。

b） 厨房各种炊具、设备应整洁卫生。

c） 厨房地面应有防滑措施，并保持干燥。

d） 应有合理良好的通风、排烟设施。

e） 应有餐具清洗、消毒和储存设备。

f） 应有必要的冷藏、冷冻设备。

g） 应有独立的冷菜加工场所。

h） 应有单独的粗加工间，并设有相应的水池和加工台面。

i） 应有专门放置临时垃圾的设施并保持其封闭，采取安全有效的消杀蚊蝇、蟑螂和老鼠等虫害措施。

j） 厨房的温度应以正常的室温为宜。

5.1.4 公共区域应符合以下要求：

a） 环境整洁卫生。

b） 应有与接待能力相适应的停车场所。

c） 应按 GB/T 10001.1 和 GB/T 10001.2 设置公共信息图形符号和标志。

d） 应有男、女分设的公共卫生间，并保持洁净，通风良好，无异味，符合卫生标准。

e） 应有应急照明设备。

f） 消防器材配备合理，所有安全疏散通道和出入口应设有安全指示标志，并保持畅通。

5.1.5 服务项目应包含以下内容：

a） 应为宾客提供与经营项目有关的咨询服务。

b） 应有订餐服务。

c） 应用普通话提供服务。

5.1.6 宾客意见调查满意率为 85%。意见调查表见附录 C。

5.2 银盘级旅游餐馆

5.2.1 建筑应符合以下要求：

a） 建筑结构良好，内、外装修装饰有独特的风格，在建筑物的明显部位应有店名和店徽。

b） 布局和功能划分基本合理，应方便宾客在餐馆内正常活动。

c） 应有符合仓储条件的原材料库房。

5.2.2 餐厅应符合以下要求：

a） 一般不少于 100 个餐位，包间不少于 5 间。

b） 就餐环境温度适宜，各区域通风好，空气清新，照明适宜。

c） 应有制作较好，真实介绍餐馆特点、风味的广告宣传牌或宣传品。

d） 应有值班经理和引座员。

e） 应有艺术装饰布置，主题突出，与餐厅整体风格协调。

f） 应有公共休息处，有供宾客使用的沙发或座椅、茶几等，并能提供报刊、旅游宣传册等。

g） 餐饮家具款式美观，具有一定艺术性，用材环保；餐具齐全、配套。

h） 可提供 2 人～16 人就餐的不同规格的台面，10 人以上圆桌均有转台，并有宴会使用的台裙。

i) 菜单及饮品单制作精美，中外文对照，每一菜点应标明主、配料的数量、规格，明码标价，出菜率不低于90%。

j) 应提供消毒毛巾和冰块服务，餐具消毒符合国家卫生标准。

k) 应有儿童就餐专用椅及为残疾人、老年人服务的相关设施。

l) 宜有背景音乐，曲目、音量适宜，音质良好。

5.2.3 厨房应符合以下要求：

a) 厨房设备、面积与餐位数量相适应，布局合理，生产流水线便利。

b) 厨房各种设备、炊具应配备齐全，整洁卫生，摆放合理。

c) 墙面满铺瓷砖，应用防滑材料满铺地面，有地槽，有吊顶。

d) 厨房的各种管路（包括冷水管、热水管、蒸汽管、液化气管等）走向合理，排列整齐，便于检修和清洁卫生。

e) 厨房排烟和通风换气设备安装合理，性能良好。

f) 应有充足的冷藏、冷冻和储藏设备。

g) 冷菜间位置合理，冷气供给充足，应有空气消毒设备。

h) 应有独立的面点间。

i) 洗碗间位置合理，应有充足的清洗、消毒和储存设备。

j) 粗加工间应与其他操作间隔离，并设有相应的水池和加工台面，配有各种原料清洗后摆放的层架。

k) 厨房与餐厅之间应有隔音、隔热和隔味的措施。

l) 应有专门放置临时垃圾的设施并保持其封闭，采取安全有效的消杀蚊蝇、蟑螂和老鼠等虫害措施。

m) 厨房的温度应以正常的室温为宜。

5.2.4 公共区域应符合以下要求：

a) 环境良好。

b) 门厅及主要公共区域应有无障碍通道。

c) 应有与接待能力相适应的停车场，场地平整坚实。

d) 应按GB/T 10001.1和GB/T 10001.2设置公共信息图形符号和标志，各种指示性文字至少用中英文同时表示。

e) 应有男、女分设的公共卫生间，有充足的厕位和残疾人厕位，设施齐全、完好，洁净通风，照明良好。

f) 应有应急照明设备。

g) 消防器材配备合理，所有安全疏散通道和出入口均设有指示标志，并保持畅通。

h) 四层（含四层）以上楼房须应有与接待能力相适应的客用电梯。

5.2.5 服务项目应包含以下内容：

a) 应为宾客提供与旅游、经营项目有关的咨询服务。

b) 应有订餐处，并提供宴会菜单。

c) 应用普通话及外语（至少一门）提供服务。

d) 应提供银行卡、信用卡结算服务，结账区域应张贴银联受理标识。

e) 应为儿童、残疾人、老年人提供特殊服务。

f) 应提供门前迎宾服务。

g) 应为宾客提供车辆引导服务。

5.2.6 宾客意见调查满意率为90%。意见调查表见附录C。

5.2.7 在5.4选择项目中至少具备10项。

5.3 金盘级旅游餐馆

5.3.1 建筑应符合以下要求：

a) 建筑结构良好，内、外装修采用高档、环保建筑材料，特色鲜明，工艺精致，在建筑物的明显部位有中外文店名、店徽。

b) 布局和功能科学、合理，方便宾客在餐馆内正常活动。

c) 有符合仓储条件的原材料库房、成品库房。

5.3.2 餐厅应符合以下要求：

a) 一般不少于150个餐位，包间不少于15间。

b) 有与接待能力相适应的前厅，装修装饰典雅，色彩协调，温度适宜，摆放绿色植物。

c) 有制作精美，真实介绍餐馆特点、风味的广告宣传牌或宣传品。

d) 应有服务台，有值班经理和引座员。

e) 应有供宾客使用的公用电话和电话号码簿。

f) 应有中央空调或分体式空调系统，温湿度适宜，空气清新，通风良好。

g) 灯光设计具有专业性，照明适宜。

h) 有公共休息处，有供宾客使用的沙发或座椅、茶几，并能提供宣传册、报刊等。

i) 应摆放精美的工艺品，文化氛围浓厚，主题突出，并与餐厅整体风格相协调。

j) 餐饮家具豪华，用材环保；餐具风格统一配套，材质高档，并有为高档宴会使用的高规格餐具。

k) 可提供2人～16人就餐的不同规格的台面，8人以上圆桌均配有转台，并有宴会使用的高档台裙。

l) 菜单及饮品单制作精美，完整清洁，图文并茂，中外文对照，并根据季节变化及时更换菜单品种，每一菜点标明主、配料的数量、规格，明码标价，出菜率不低于95%。

m) 包间内应有供客人休息的沙发、茶几和衣架。

n) 备有儿童就餐专用椅及为残疾人、老年人服务的相关设施。

o) 提供消毒巾和冰块服务，餐具消毒符合国家卫生标准。

p) 有背景音乐，曲目、音量适宜，音质良好。

5.3.3 厨房应符合以下要求：

a) 厨房布局科学合理，传菜路线不与其他公共区域交叉，生产流水线十分便利。

b) 厨房各种设备、炊具应整洁卫生，摆放合理，吸油烟罩、炉灶等应干净光亮，无油渍、污渍。

c) 墙面满铺瓷砖，应用防滑材料满铺地面，有地槽，有吊顶。

d) 厨房的各种管路(包括冷水管、热水管、蒸汽管、液化气管等)应走向合理，排列整齐，便于检修和清洁卫生。

e) 排烟和通风换气设备性能良好。

f) 应有充足的冷藏、冷冻和储藏设施设备，生熟食品及半成食品分柜置放。

g) 冷菜间位置合理，冷气供给充足，应有空气消毒设备，有二次更衣场所及设施。

h) 应有独立的面点间。

i) 粗加工间应与其他操作间隔离，并设有相应的水池和加工台面，配有各种原料清洗后摆放的层架，原料应分类，摆放整齐。

j) 洗碗间位置合理，设施先进，配有足够的洗涤水池，有足量的蒸汽消毒柜或红外线消毒柜，有不锈钢保洁柜。

k) 有主食、干货、调味品、酒水仓库，各仓库物品摆放整齐。

l) 厨房与餐厅之间有隔音、隔热和隔味的措施。

m) 有专门放置临时垃圾的设施并保持其封闭，有垃圾分类处理设施，采取安全有效的消杀蚊蝇、蟑螂和老鼠等虫害措施。

n) 厨房的温度以正常的室温为宜。

5.3.4 公共区域应符合以下要求：

a) 环境优美整洁。

b) 应有与接待能力相适应的停车场，并有残疾人专用车位。

c) 门厅及主要公共区域有无障碍通道。

d) 应按 GB/T 10001.1 和 GB/T 10001.2 设置公共信息图形符号和标志，各种指示性文字至少用中英文同时表示。

e) 各层均应有男女分设的间隔式公共卫生间，布局合理，厕位充足，有残疾人厕位，有精美装饰物，卫生洁具等设施设备齐全、有效，照明适宜，通风良好、无异味；配有卫生纸、洗手液、干手器、擦手纸。

f) 有应急照明设备。

g) 消防器材配备合理，所有安全疏散通道和出入口均设有指示标志，并保持畅通。

h) 四层(含四层)以上楼房须有与接待能力相适应的客用电梯。

5.3.5 服务项目应包含以下内容：

a) 为宾客提供与旅游、经营项目有关的咨询服务。

b) 提供宴会预订、宴会菜单及特色服务。

c) 应提供正规的宴会服务。

d) 应能用普通话及两门以上外语(英语为必备语种)提供服务。

e) 应提供银行卡、信用卡结算服务，结账区域应张贴银联受理标识。

f) 为儿童、残疾人、老年人提供特殊服务。

g) 提供门前迎宾服务。

h) 为宾客提供车辆引导及安排出租汽车服务。

i) 能提供餐肴委托加工服务。

5.3.6 宾客意见调查满意率为95%。意见调查表见附录C。

5.3.7 在5.4选择项目中至少具备16项。

5.4 选择项目

5.4.1 能提供10种以上具有当地特色的风味名吃。

5.4.2 有社会知名度较高的招牌菜。

5.4.3 有三项以上绿色服务措施。

5.4.4 提供代客泊车服务。

5.4.5 能提供餐饮配套的礼仪、主持及相关服务。

5.4.6 能提供外出举办宴会的服务。

5.4.7 有菜点营养师，并对常年供应菜点进行营养分析。

5.4.8 有专业餐饮管理软件系统。

5.4.9 有婴儿看护或儿童娱乐活动区。

5.4.10 有茶艺表演或专业茶室。

5.4.11 有定期的歌舞表演。

5.4.12 有娱乐设备、设施。

5.4.13 有会议设备、设施。

5.4.14 有空气消毒过滤系统。

5.4.15 有双路供电或自备发电系统。

5.4.16 有庭院花园。

5.4.17 卫生间提供冷热水。

5.4.18 有大宴会厅(或多功能厅)。

5.4.19 小宴会厅内有卫生间。

5.4.20 小宴会厅有专用出菜口。

5.4.21 厨房实施“五常法”管理。

5.4.22 有手机充电设备。

5.4.23 客用电梯内有方便残疾人使用的按键。

5.4.24 分设客用通道、员工通道及进货通道。

5.4.25 按照GB/T 19001规定,建立服务质量管理体系。

5.4.26 有视觉形象系统设计。

5.4.27 五家以上餐馆共享同一连锁品牌。

6 菜品质量要求

6.1 菜品制作应符合卫生要求及规范的操作程序。

6.2 经营的菜点应有突出的地方风味特色,味道纯正,加工精细。

6.3 应有统一的质量标准,并严格按质量标准投料制作。

6.4 菜点出品做到色、香、味、形俱佳,选料新鲜,有良好的营养价值,并能满足客人对出品时间的需求。

6.5 菜肴装盘规范,造型美观,点缀得当。

6.6 自酿饮品应有良好的感官性和营养价值,符合卫生防疫部门要求。

7 服务质量要求

7.1 服务基本原则

7.1.1 对客人礼貌、热情、亲切、友好。

7.1.2 对所有客人,不分种族、民族、国别、贫富、亲疏,一视同仁。

7.1.3 关注并尽量满足客人的需求,高效率地完成对客服务。

7.1.4 遵守国家法律法规,保护客人的合法权益。

7.1.5 尊重客人的道德信仰与风俗习惯,不损害民族尊严。

7.2 服务基本要求

7.2.1 仪表仪容应符合以下要求:

a) 着工装,整洁、合体,佩工牌上岗。

b) 女服务员须化淡妆,不留长指甲,不涂有色指甲油;男服务生不得留小胡子。

7.2.2 言行举止应符合以下要求:

a) 举止端庄,站、坐、行姿符合各岗位的规范与要求。

b) 以协调适宜的自然语言和身体语言对客服务,遇到宾客,主动问好,侧身让道。

7.2.3 语言应符合以下要求:

a) 使用文明服务敬语,简明清晰。

b) 对客人提出的问题暂时无法解决时,应耐心解释并于事后设法解决,不推诿和应付。

7.2.4 业务能力与技能要求:

服务人员经过专业培训,各岗位的工作人员应具备相应的从业资格证书,掌握相应的业务知识和技能,并能熟练运用。

7.3 预订服务

7.3.1 在营业时间能及时接听电话。

7.3.2 接电话时正确问候宾客,询问就餐人数、时间、联系方式,重复并确认所有细节。

7.4 引座服务

7.4.1 在宾客抵达餐馆后，使用敬语问候客人，询问客人是否有预订以及就餐人数。

7.4.2 当引领客人到餐桌时，待客人入座后，将菜单或酒单双手送上，并礼貌地请客人阅读。

7.5 点菜服务

7.5.1 在宾客入座后，适时提供餐前饮料，及时征询宾客能否开始点菜。

7.5.2 服务员熟悉菜单内容，主动推荐特色菜肴、酒水并说明其特点。

7.5.3 服务员准确记录点单内容并进行确认。

7.6 餐间服务

7.6.1 应能够及时上酒水及头盘。

7.6.2 斟酒操作应正确、迅速、规范。

7.6.3 应根据需要适时上主菜，上菜时主动介绍菜名。

7.6.4 应根据不同菜式要求及时更换、调整餐具。

7.6.5 应为有需要的宾客及时提供各种调料。

7.6.6 菜品上齐，应告知客人。

7.6.7 宾客用餐完毕后，应及时收拾餐具。

7.6.8 主动询问宾客是否需要茶水、咖啡等。

7.6.9 宾客离开餐厅时，服务员应提醒客人带好随身物品并向其致谢。

7.7 收银服务

7.7.1 宾客要求结账后，能及时提供账单。

7.7.2 账单条目清晰正确。

7.7.3 结账手续高效、准确无差错。银行卡结算应按收单机构要求提供标准化服务，及时提供并妥善保存有关单据，对机器故障等专业性问题，能根据终端提示向持卡人正确解释，及时通知收单机构解决。

8 管理制度要求

8.1 旅游餐馆须经工商部门登记注册，符合工商、质量技术监督、消防、安全、卫生、环境保护等现行的有关法律法规和标准，并具备相关证明。

8.2 按照旅游业服务质量相关要求，建立健全的餐饮服务、菜品质量、消防安全、食品卫生、环境保护以及员工教育培训等管理制度；应建立严格的食品安全制度和应急预案；建立公共区域的防火和其他安全制度；建立服务质量管理制度。

8.3 制定员工手册和服务操作规程，注重企业文化建设。

8.4 在餐馆明显位置设置投诉电话及标志，有受理投诉的人员，有完整的记录档案，并对宾客提出的意见和建议认真研究，及时答复、改进。

附 录 A
（规范性附录）
设施设备及服务项目评分表

A.1 计分说明

A.1.1 满分352分

A.1.2 各等级应得最低分数：铜盘级100分，银盘级210，金盘级300分。

A.2 评分标准

设施设备及服务项目评分标准见表A.1。

表A.1 设施设备及服务项目评分表

序号	评定项目	各大项总分	各分项总分	各次分项总分	各小项总分	申请单位计分	评定机构计分
A.1	**周围环境、功能布局**	35					
A.1.1	周围环境		8				
A.1.1.1	有花园（独立的或与庭院相连接的绿化场地，有观赏景物或建筑小品）			8			
A.1.1.2	有庭院（有供客人散步、休闲、观赏景物的场地）			4			
A.1.2	停车场（包括立体停车库等）		10				
A.1.2.1	自备停车场，可停放不少于餐位数量15%的汽车			10			
A.1.2.2	自备停车场，可停放不少于餐位数量10%的汽车			6			
A.1.2.3	在餐馆100 m方圆内，可停放不少于餐位数量10%的汽车			3			
A.1.2.4	有回车线			1			
A.1.3	功能布局		8				
A.1.3.1	员工进出餐馆的通道与客人分开			1			
A.1.3.2	公共服务设施方便客人辨认、进出和使用			2			
A.1.3.3	各类功能设施位置合理、布局科学、客人使用方便			3			
A.1.3.4	有无障碍通道			2			
A.1.4	店名、店徽		3				
A.1.4.1	在建筑物明显部位有中外文店名、店徽			3			
A.1.4.2	在建筑物明显部位有中文店名、店徽			2			
A.1.4.3	在建筑物明显部位有中文店名			1			
A.1.5	建筑物外观		6				

表 A.1（续）

序号	评定项目	各大项总分	各分项总分	各次分项总分	各小项总分	申请单位计分	评定机构计分
A.1.5.1	建筑材料高档、风格突出			6			
A.1.5.2	有特色、建筑材料较好			4			
A.1.5.3	建筑材料一般，外观普通			2			
A.2	**共用系统**	34					
A.2.1	计算机管理系统		12				
A.2.1.1	硬件			4			
A.2.1.1.1	采用专用服务器				4		
A.2.1.1.2	采用微机服务器				2		
A.2.1.2	软件			8			
A.2.1.2.1	具有模块丰富、功能强大的餐饮管理信息系统				8		
A.2.1.2.2	具有日常业务处理的餐饮管理系统（销售、预订、结账、查询等）				5		
A.2.1.2.3	具有一般文字输出、输入（包括屏幕输出和账单打印等）功能				3		
A.2.2	空调系统		6				
A.2.2.1	有中央空调系统			6			
A.2.2.2	有分体式空调或窗式空调			3			
A.2.3	有背景音乐系统		3				
A.2.4	消防安全系统		5				
A.2.4.1	有自动报警系统和喷淋装置			5			
A.2.4.2	有自动报警系统			2			
A.2.5	应急供电系统		5				
A.2.5.1	有自备发电系统			5			
A.2.5.2	双路供电			3			
A.2.5.3	有应急照明设备			1			
A.2.6	有闭路电视监控系统		3				
A.3	**前厅**	42					
A.3.1	公共面积		8				
A.3.1.1	80 m^2 以上			8			
A.3.1.2	60 m^2 以上			6			
A.3.1.3	40 m^2 以上			4			
A.3.1.4	20 m^2 以上			2			
A.3.1.5	20 m^2 以下			1			
A.3.2	地面、墙壁、天花等装修装饰		10				

表 A.1（续）

序号	评定项目	各大项总分	各分项总分	各次分项总分	各小项总分	申请单位计分	评定机构计分
A.3.2.1	有特色，工艺突出、材料环保			10			
A.3.2.2	工艺较好，材料一般			6			
A.3.2.3	有装饰，工艺一般			3			
A.3.3	灯光		6				
A.3.3.1	灯具			3			
A.3.3.1.1	特色灯具				3		
A.3.3.1.2	普通灯具				1		
A.3.3.2	照明			3			
A.3.3.2.1	灯光设计具有专业性，照明适宜				3		
A.3.3.2.2	照明一般				1		
A.3.4	有可供宾客休息的沙发(椅)		1				
A.3.5	有宣传品或报刊		1				
A.3.6	装饰		3				
A.3.6.1	有艺术装饰设计布置，主题特色鲜明			3			
A.3.6.2	有艺术装饰布置，与主题协调			2			
A.3.6.3	有装饰布置，点缀效果好			1			
A.3.7	有可供客人开启存放的雨伞架		1				
A.3.8	有介绍餐馆特点、风味的广告宣传牌或宣传品		1				
A.3.9	有服务台		1				
A.3.10	有值班经理		1				
A.3.11	有引位员		1				
A.3.12	有公用电话		1				
A.3.13	有电话号码簿		1				
A.3.14	有订餐处，可提供就餐咨询、预订等服务		1				
A.3.15	有旅游信息查询触摸屏		2				
A.3.16	提供规范、安全的代客泊车服务		2				
A.3.17	有手机充电设备		1				
A.4	**餐厅**	**105**					
A.4.1	地面、墙壁、天花等装修装饰		10				
A.4.1.1	有特色，工艺精细、用材环保			10			
A.4.1.2	有装饰，工艺一般			6			
A.4.2	家具		10				
A.4.2.1	材质环保、工艺精细			10			
A.4.2.2	材质一般，工艺一般			6			

表 A.1(续)

序号	评定项目	各大项总分	各分项总分	各次分项总分	各小项总分	申请单位计分	评定机构计分
A.4.3	灯具		12				
A.4.3.1	造型			6			
A.4.3.1.1	灯具造型有特色				6		
A.4.3.1.2	灯具造型普通				3		
A.4.3.2	照明			6			
A.4.3.2.1	灯光设计具有专业性,亮度适宜				6		
A.4.3.2.2	照明效果一般				2		
A.4.4	餐厅布局		32				
A.4.4.1	有大宴会厅,能提供会议、冷餐酒会等服务			5			
A.4.4.2	小宴会厅			7			
A.4.4.2.1	有休息区,并有沙发(椅)、茶几、衣架和艺术装饰				4		
A.4.4.2.2	有电视、音响等设备				1		
A.4.4.2.3	有传菜窗口				1		
A.4.4.2.4	有卫生间				1		
A.4.4.3	有团队餐厅			2			
A.4.4.4	有无烟宴会单间或餐厅设有无烟区			2			
A.4.4.5	有婴儿看护或儿童娱乐区			1			
A.4.4.6	有吧台			2			
A.4.4.7	有酒水车			1			
A.4.4.8	餐厅靠近厨房,传菜线路不与其他公共区域交叉			2			
A.4.4.9	餐位			10			
A.4.4.9.1	餐位500个以上				10		
A.4.4.9.2	餐位400个以上				8		
A.4.4.9.3	餐位300个以上				6		
A.4.4.9.4	餐位200个以上				4		
A.4.4.9.5	餐位100个以上				2		
A.4.5	菜单		5				
A.4.5.1	有专业设计,图文并茂,中外文对照			5			
A.4.5.2	制作较好,中外文对照			3			
A.4.5.3	制作一般			1			
A.4.6	必备品(少一项,扣一分)						
	桌布 口布 调味品 餐具柜 牙签 餐桌立卡 餐巾						

表 A.1(续)

序号	评定项目	各大项总分	各分项总分	各次分项总分	各小项总分	申请单位计分	评定机构计分
A.4.7	餐具		10				
A.4.7.1	餐具配套、精致,能提供高档特制器皿			10			
A.4.7.2	餐具配套、光洁			6			
A.4.7.3	餐具较配套,完好无磨损			3			
A.4.8	有毛巾消毒柜		1				
A.4.9	有制冰机		1				
A.4.10	有衣帽间		2				
A.4.11	有定时歌舞表演		2				
A.4.12	能为老年人、残疾人提供特殊服务		2				
A.4.13	有儿童用餐专用椅		2				
A.4.14	提供无线上网服务		2				
A.4.15	不使用一次性筷子		1				
A.4.16	不使用塑料桌布		1				
A.4.17	有饼屋		2				
A.4.18	餐饮区域整体舒适度		10				
A.4.18.1	设计具有专业性,格调高雅,色调协调			3			
A.4.18.2	温湿度适宜(有显示),通风良好,无异味			2			
A.4.18.3	照明充足,环境舒适,无噪音			2			
A.4.18.4	餐具按各菜式习惯配套齐全,无破损,无水迹			3			
A.5	**厨房**	87					
A.5.1	装修		15				
A.5.1.1	墙面满贴瓷砖、有地槽			5			
A.5.1.2	地面采用有效防滑材料			5			
A.5.1.3	有吊顶			5			
A.5.2	面积		10				
A.5.2.1	厨房与餐厅面积比例0.8∶1以上			10			
A.5.2.2	厨房与餐厅面积比例0.6∶1以上			6			
A.5.2.3	厨房与餐厅面积比例0.4∶1以上			4			
A.5.2.4	厨房与餐厅面积比例0.3∶1以下			2			
A.5.3	厨房布局		20				
A.5.3.1	有独立的粗加工间			8			
A.5.3.2	有独立的面点间			4			
A.5.3.3	冷菜间			8			
A.5.3.3.1	有独立的冷菜间				4		

表 A.1（续）

序号	评定项目	各大项总分	各分项总分	各次分项总分	各小项总分	申请单位计分	评定机构计分
A.5.3.3.2	冷菜间有二次更衣场所及设施				4		
A.5.4	有充足的冷藏冷冻设备		6				
A.5.5	洗碗间		15				
A.5.5.1	有独立的洗碗间			5			
A.5.5.2	位置合理			3			
A.5.5.3	有洗碗机			4			
A.5.5.4	有餐具消毒设备			3			
A.5.6	厨房与餐厅之间采用有效的隔音、隔味、隔气措施		4				
A.5.7	厨房及灶台采取有效的通风、排烟措施		2				
A.5.8	有专门存放临时垃圾的设施并保持其封闭		2				
A.5.9	垃圾采取分类处理		2				
A.5.10	厨房消防设施设备		5				
A.5.10.1	有烟感报警器			1			
A.5.10.2	有喷淋装置			1			
A.5.10.3	有煤气(天然气)报警器			1			
A.5.10.4	有置于明显位置的石棉布			1			
A.5.10.5	有二氧化碳等灭火设备			1			
A.5.11	菜点		6				
A.5.11.1	有曾获得过国家级荣誉的菜点			6			
A.5.11.2	有曾获得过省级荣誉的菜点			4			
A.5.11.3	有曾获得过市级荣誉的菜点			2			
A.6	**公共设施**	**31**					
A.6.1	电梯		4				
A.6.1.1	四层以上设有高品质的可用电梯，轿厢内两侧均有按键或有方便残疾人使用的按键			4			
A.6.1.2	有客用电梯			2			
A.6.2	公共卫生间		24				
A.6.2.1	位置合理，方便客人使用			5			
A.6.2.2	厕位充分，满足客人需要			6			
A.6.2.3	残疾人卫生间设施			3			
A.6.2.3.1	有残疾人专用卫生间				3		
A.6.2.3.2	有残疾人专用厕位				1		
A.6.2.4	材料、装修和洁具			6			

表 A.1（续）

序号	评定项目	各大项总分	各分项总分	各次分项总分	各小项总分	申请单位计分	评定机构计分
A.6.2.4.1	环保材料装修装饰，工艺精细，采用高级洁具				6		
A.6.2.4.2	普通材料装修装饰，工艺一般，采用普通洁具				3		
A.6.2.5	每一层楼都设有男女公共卫生间(二层以上)			2			
A.6.2.6	设施设备(必备品不计分，少一项扣一分)						
	洗手盆　面镜　干手器(干手纸)　皂液或香皂　卫生纸　排风扇　污物桶　厕位分隔						
A.6.2.7	公共卫生间提供冷热水			2			
A.6.3	设有安全通道和指示标志，安全通道畅通		3				
A.7	**员工设施**	10					
A.7.1	有独立的员工食堂		2				
A.7.2	有独立的员工更衣间		2				
A.7.3	有独立的员工卫生间		2				
A.7.4	有员工休息处		2				
A.7.5	有员工浴室		2				
A.8	**其他**	8					
A.8.1	有视觉形象系统(VIS)设计		2				
A.8.2	厨房实施“五常法”管理		2				
A.8.3	按照 GB/T 19001 规定，建立服务质量管理体系		2				
A.8.4	五家以上餐馆共享同一连锁品牌		2				
	总分	352					

附　录　B
（规范性附录）
服务质量评定检查表

B.1　计分说明

B.1.1　评分时，按照项目标准，完全达到者为优，略有不足者为良，明显不足者为中，严重不足者为差。

B.1.2　各等级餐馆规定得分率为：铜盘级：85％；银盘级：90％；金盘级：95％。

B.2　评分标准

评分标准见表B.1。

表B.1　服务质量评定检查表

序号	评定项目	项目标准	项目检查分数	实际得分			
				优	良	中	差
B.1	**服务人员着装**		**30**				
B.1.1	服装完好清洁程度	完整、挺括、清洁	10	10	8	6	4
B.1.2	服装协调程度	与餐馆档次、特色、服务工种协调	5	5	4	3	2
B.1.3	不同岗位着装区别	按部位、工种、级别区分	5	5	4	3	2
B.1.4	着装统一程度	外套、内衣、裤（裙）、袜、鞋、领带（领花）、工号牌统一	10	10	8	6	4
B.2	**服务人员仪表仪容**		**30**				
B.2.1	敬语服务礼貌周到	使用文明服务敬语	10	10	8	6	4
B.2.2	举止行为符合规范	举止符合接待礼仪	10	10	8	6	4
B.2.3	服务态度主动热情	微笑服务，有声服务，主动示意	10	10	8	6	4
B.3	**服务人员纪律性**		**15**				
B.3.1	不扎堆聊天	无嘻笑打闹、高声喧哗、扎堆聊天	5	5	4	3	2
B.3.2	不擅离岗位串岗	坚守岗位，职责明确	5	5	4	3	2
B.3.3	对客服务无不良行为	动作轻，举止得体，符合规范	5	5	4	3	2
B.4	**外语水平**	餐厅服务员能提供1种以上外语（英语为必备语种）服务，并能流利运用	**10**	10	8	6	4
B.5	**服务质量**		**125**				
B.5.1	引座服务	使用敬语问候客人，询问客人是否有预订以及就餐人数；待客人入座后，礼貌地请客人阅读菜单	5	5	4	3	2
B.5.2	预订服务	在营业时间能及时接听电话；接电话时正确问候宾客，询问就餐人数、时间、联系方式；重复并确认所有细节	10	10	8	6	4
B.5.3	点菜服务	适时提供餐前饮料，及时征询宾客能否开始点菜；熟悉菜单内容，主动推荐特色菜肴、酒水并说明其特点；准确记录点单内容（如烹饪方法、搭配等）并进行确认	20	20	16	12	8

表 B.1（续）

序号	评定项目	项 目 标 准	项目检查分数	实际得分			
				优	良	中	差
B.5.4	餐间服务	能够及时上酒水及头盘；斟酒操作正确、迅速、规范，做到不滴不溢不洒；能根据需要适时上主菜，上菜时主动介绍菜名；能根据不同菜式要求及时更换、调整餐具；能为有需要的宾客及时提供各种调料（如番茄酱、辣椒酱等）；菜品上齐须告知客人；宾客用餐完毕后，能够及时收拾餐具；主动询问宾客是否需要茶水、咖啡等；宾客离开餐厅时，服务员应提醒客人带好随身物品向其致谢	30	30	24	18	12
B.5.5	收银服务	宾客要求结账后，能及时提供账单；账单条目清晰正确；结账手续高效、准确无差错	15	15	12	9	6
B.5.6	打包服务	提供服务主动	5	5	4	3	2
B.5.7	代客泊车服务	及时、稳当	5	5	4	3	2
B.5.8	出租车服务	代客叫车及时	5	5	4	3	2
B.5.9	团队就餐服务	保证数量、质量和团队用餐时间等需求，服务周到规范	10	10	8	6	4
B.5.10	可提供消毒毛巾、冰块等服务	无异味，无杂质	5	5	4	3	2
B.5.11	可提供店内寻人服务	态度好、效率高	5	5	4	3	2
B.5.12	残疾人特殊服务、婴儿或儿童看护服务	服务主动、态度亲切	5	5	4	3	2
B.5.13	提供中外文的餐馆服务项目宣传品、价目表，有供客人阅读的报刊杂志	服务主动	5	5	4	3	2
B.6	**菜点质量**		**80**				
B.6.1	原材料	原材料多样，有用高档原材料制作的菜肴，选料精致、用料新鲜，有营养	20	20	16	12	8
B.6.2	菜点外观	菜肴装盘规范，造型美观，点缀得当，刀工均匀，点心个头均匀，符合卫生	15	15	12	9	6
B.6.3	菜点颜色	芡汁明亮，主配料搭配得当，赏心悦目	15	15	12	9	6
B.6.4	菜点口味	咸淡适宜，火侯恰当	15	15	12	9	6
B.6.5	有招牌菜	有市级以上餐饮行业权威机构认定或市场认可的名菜名点或单项成套特色品种	15	15	12	9	6
B.7	**酒水、饮料质量**	供应品种丰富	**15**	15	12	9	6
B.8	**食品卫生**	符合卫生法和有关规定	**20**	20	16	12	8
B.9	**餐厅温度**	有温湿度显示，温度适宜	**10**	10	8	6	4

表 B.1（续）

序号	评定项目	项目标准	项目检查分数	实际得分			
				优	良	中	差
B.10	餐厅空气清新度	清新、无异味	10	10	8	6	4
B.11	餐厅背景音乐	音质好、音量适度	5	5	4	3	2
B.12	管理工作	机构健全，各项规章制度落实，管理人员素质高，并经过专业培训	10	10	8	6	4
B.13	安全工作	设有安全部，有安全措施，保安员经过专业培训，近两年未发生重大安全事故	10	10	8	6	4
B.14	总体印象	就餐氛围好，菜品质量高，服务规范，宾客反映好	15	15	12	9	6
	B总计		385				
	实际总得分						
	得分率						

附 录 C
（资料性附录）
宾客意见调查表

尊敬的宾客：

非常感谢您在就餐过程中填好这份意见调查表。您的宝贵意见将作为评定本旅游餐馆的重要参考依据。

谢谢您的配合支持，祝您旅游愉快！

Dear guest:

We would be very grateful if you would take a few minutes to complete this questionnaire. Your comments will be taken as reference for the tourist restaurant's quality rating.

Thank you for your efforts, we hope you enjoy the tourist restaurant!

调查项目 Items	很满意 Very Satisfactory	满意 Satisfactory	一般 Fair	不满意 Unsatisfactory
总体印象 Overall impression				
交通便捷 Accessibility				
装修设计 Decoration design				
功能布局 Function outlook				
环境卫生 Environmental hygiene				
餐具特色 Tableware characteristics				
菜单设计 Menu design				
菜肴口味 Food taste				
食品卫生 Food hygiene				
价格 Price				
公共卫生间 toilet				
服务态度 Service attitude				

姓名： 国（省、市）名：

Name： Country：

ICS 03.200
A 12

GB

中华人民共和国国家标准

GB/T 26362—2010

国家生态旅游示范区建设与运营规范

Construction and operation guidelines for prototype-zone of national ecotourism attractions

2011-01-14 发布

2011-06-01 实施

中华人民共和国国家质量监督检验检疫总局
中国国家标准化管理委员会
发布

前言

本标准的附录B为规范性附录，附录A和附录C为资料性附录。

本标准由国家旅游局提出。

本标准由全国旅游标准化技术委员会归口。

本标准起草单位：国家旅游局规划发展与财务司、环保部生态司、北京同和时代旅游规划设计院、中山大学旅游发展与规划研究中心。

本标准主要起草人：魏小安、吴文学、张凌云、付磊、保继刚、何军、张树民、吕宁、徐红罡、杨彦锋。

引　言

随着环保观念日益深入人心和可持续发展战略的实施，生态旅游在我国获得了长足的发展。和谐社会需要和谐产业，生态文明呼唤生态旅游。发展生态旅游存在时代必然性、市场可行性及工作紧迫性，已经成为我国经济社会可持续发展战略和基本国策的重要组成部分，具有重要现实意义和广阔前景。

为保护生态环境，推动旅游业的可持续发展，促进各地经济、社会、环境、文化的协调进步，制定本标准。本标准旨在引导和规范我国生态旅游区的规划、建设、经营管理与服务，促进生态旅游业健康发展。

国家生态旅游示范区以可持续发展的基本国策为依据，对一定区域内的生态旅游资源进行全面规划，优化配置，实现区域内生态环境和旅游产业的协调发展。

本标准在制定的过程中，结合我国生态旅游发展的实际情况，借鉴了国内外相关参考资料和技术规程。

国家生态旅游示范区建设与运营规范

1 范围

本标准规定了国家生态旅游示范区的基本要求，主要内容包括生态旅游示范区的规划、保护、建设、管理、服务、安全、营销、教育等方面的规范和要求。

本标准适用于在中国境内开展旅游的各类以自然生态系统为主及与之共生的人文生态系统的区域。

2 规范性引用文件

下列文件中的条款通过本标准的引用而成为本标准的条款。凡是注日期的引用文件，其随后所有的修改单(不包括勘误的内容)或修订版均不适用于本标准，然而，鼓励根据本标准达成协议的各方研究是否可使用这些文件的最新版本。凡是不注日期的引用文件，其最新版本适用于本标准。

GB 3095 环境空气质量标准

GB 3096 声环境质量标准

GB 3097 海水水质标准

GB 3838 地表水环境质量标准

GB 9664 文化娱乐场所卫生标准

GB 16153 饭馆(餐厅)卫生标准

GB/T 10001.1 标志用公共信息图形符号 第1部分:通用符号

LB/T 007 绿色旅游饭店

3 术语和定义

下列术语和定义适用于本标准。其他标准涉及的专业术语见附录A。

3.1

旅游资源 tourism resource

自然界和人类社会中凡能对旅游者产生吸引力，可以为旅游业开发利用，并可产生经济效益、社会效益、环境效益和文化效益的各种事物和因素。

3.2

生态旅游 ecotourism

以可持续发展为理念，以保护生态环境为前提，以统筹人与自然和谐为准则，并依托良好的自然生态环境和独特的人文生态系统，采取生态友好方式，开展的生态体验、生态教育、生态认知并获得心身愉悦的旅游方式。

3.3

生态旅游示范区 prototype-zone of ecotourism attractions

生态旅游示范区是以独特的自然生态、自然景观和与之共生的人文生态为依托，以促进旅游者对自然、生态的理解与学习为重要内容，提高对生态环境与社区发展的责任感，形成可持续发展的旅游区域。

3.4

生态旅游区分类 classifications of ecotourism attractions

根据资源类型，结合旅游活动，将生态旅游区分为七种类型。

3.4.1

山地型　Mountains

以山地环境为主而建设的生态旅游区,适于开展科考、登山、探险、攀岩、观光、漂流、滑雪等活动。

3.4.2

森林型　Forests

以森林植被及其生境为主而建设的生态旅游区,也包括大面积竹林(竹海)等区域。这类区域适于开展科考、野营、度假、温泉、疗养、科普、徒步等活动。

3.4.3

草原型　Prairies

以草原植被及其生境为主而建设的生态旅游区,也包括草甸类型。这类区域适于开展体育娱乐、民族风情活动等。

3.4.4

湿地型　Wetlands

以水生和陆栖生物及其生境共同形成的湿地为主而建设的生态旅游区,主要指内陆湿地和水域生态系统,也包括江河出海口。这类区域适于开展科考、观鸟、垂钓、水面活动等。

3.4.5

海洋型　Seas

以海洋、海岸生物及其生境为主而建设的生态旅游区,包括海滨、海岛。这类区域适于开展海洋度假,海上运动、潜水观光活动等。

3.4.6

沙漠戈壁型　Gobi Deserts

以沙漠或戈壁或其生物及其生境为主而建设的生态旅游区,这类区域适于开展观光、探险和科考等活动。

3.4.7

人文生态型　Humanities

以突出的历史文化等特色形成的人文生态及其生境为主建设的生态旅游区。这类区域主要适于历史、文化、社会学、人类学等学科的综合研究,以及适当的特种旅游项目及活动。

3.5

国家生态旅游示范区　prototype-zone of national ecotourism attractions

生态旅游区中管理规范、具有示范效应的典型,经过本标准确定的评定程序后,可以获得国家生态旅游示范区(以下简称示范区)的称号。该区域具有明确地域界限,同时也是全国生态示范区的类型或组成部分之一。

4　示范区规划

4.1　示范区应有生态保护与旅游发展专项规划。

4.2　编制示范区规划应遵循,整体优化原则、生态优先原则、生境或景观完整原则、容量控制原则。

4.3　先规划,后建设,应由具有相应资质的规划单位编制规划,并在规划的指导下严格实施。

4.4　规划与建设阶段应与当地社区等利益相关者进行沟通、协调。示范区内社区的生产、生活活动得到合理控制,不应危害资源和景观的可持续利用。

4.5　示范区范围内的土地利用应按规划进行统一管理,不应随意改变土地和建筑的使用性质。

4.6　规划应做到尊重和展示自然;尊重地方传统文化和乡土习俗,建筑和设施宜使用当地材料,应与自然环境、文化背景协调统一;保护与节约自然资源,充分发挥自然生态系统的功能;设施建设与整体景观协调。

4.7 规划审批应符合相应的审批程序。

4.8 规划实施应严格有效。

4.9 规划内容应包含如下内容:分区、分级土地利用控制;生态环境现状评估;生态环境容量;生态环境影响因素识别;生态旅游规划;社区协调规划;生态环境影响控制;生物多样性保护。

5 生态旅游资源

5.1 生物多样性

5.1.1 注重生态系统完整性,应在非生物因子和生态过程等方面加强生态系统完整性建设。

5.1.2 保持生态系统本土性,禁止或慎用引进外来物种,防止生物入侵,保护古树名木和原生的乡土植物群落,防止生态环境退化。

5.1.3 重视生物多样性,有生物多样性保护和管理计划,将生物多样性纳入监测内容。示范区设有生物多样性保护专职人员及咨询专家。

5.1.4 生物因子植被良好,动植物资源丰富,物种的生境类型众多。物种保护措施有效,珍稀物种和濒危物种能得到重点保护。

5.1.5 示范区内无捕猎野生动物和破坏野生动物的生存环境的行为,禁止出售野生动物制品。研究和防治生物危害、生物入侵,合理控制原有的林产品采伐规模。保护区内物种的生存环境,结合示范区绿化等生态建设项目,进行适宜生境的扩大设计。

5.1.6 调查、记录和监测国家重点保护和省级保护的野生动植物的种类,种群现状、动态分布和生境。识别野生动物活动廊道,必要时可采取人工廊道设计。在野生动物栖息区内的人工设施,控制夜间照明和噪声,保持天空的自然黑暗,避免惊扰野生动物,不应对夜行动物造成明显的干扰。

5.2 资源丰富性

旅游资源结构合理,规模较大,丰度较好。

5.3 价值独特性

5.3.1 区内独特的自然景观具有很高或较高的美学价值、科研价值、文化价值,或与之密切相关的人文景观价值较高。

5.3.2 生态资源游憩价值较高。示范区内的人为干扰较少,大部分为自然区域。

5.3.3 特定资源具有典型性、代表性、稀缺性,在市场上形成较大影响。

6 生态环境质量

6.1 环境质量

6.1.1 示范区环境质量优良。

6.1.2 地表水水体清澈。质量应达到或高于Ⅲ类水质 GB 3838;海水水体质量应达到或高于Ⅱ类水质 GB 3097。

6.1.3 空气质量常年应达到 GB 3095 一级水平。

6.1.4 保持自然宁静。示范区内的住宿接待设施的噪声应达到 GB 3096 的 1 类标准:昼间小于55 dB,夜间小于 45 dB。

6.1.5 进行持续的环境监测,一年中应有 85%以上的分析样品数符合标准要求。特殊生态类型的示范区,可根据实际情况调整水体质量指标。

6.2 生态环境

6.2.1 区内生态环境的原生状态保持完整,特色鲜明,生态价值和科研价值较高,物种的原生生境较为完好。

6.2.2 区内地形地貌完好,无开矿采石、挖沙取土等改变地形地貌的活动,对于已经造成破坏的地形地貌,应进行整治和合理修复。

6.2.3 生态系统稳定，恢复能力强，生境较多，物种丰富。具有原生植被且植被覆盖率高，林相丰富，植物种类多。特殊生态类型的示范区，可以根据实际情况调整植被指标。

6.2.4 内没有对生态环境影响较大的生产活动，无计划外采伐林木和其他破坏植被的行为。对于坡度大于25°的山体应采取退耕还林还草措施。对珍稀物种应有专项保护计划。

6.2.5 区内不应使用化肥与杀虫剂，遇有大范围病虫灾害，应采取人工干预措施时，应在生态专家指导下进行。

6.2.6 区内应进行持续的生态监测，监测记录完整、准确。

6.3 资源利用

6.3.1 不宜利用不可再生资源。

6.3.2 可再生资源集约化利用程度较高。

6.3.3 土地资源，山地退耕还林还草程度高，土地整治水平高，建设用地控制严格。

6.3.4 水资源

6.3.4.1 水资源保护程度高，利用率高，用途合理。

采取“少使用，少处理”，节约并合理使用水资源，提高水资源的综合利用率。水资源的取用量不对社区生活和自然生态系统造成大的不利影响，确保示范区水源安全、洁净。

6.3.4.2 提高污水处理能力和水资源的循环利用率。示范区污水处理率大于90%，污水排放标准应符合或高于已有国家标准和地方标准。污水排入自然水体的，应符合污水综合排放一级标准。排入市政管网的，符合地方“纳管”标准。

6.3.4.3 水源地种植水源涵养林，实施示范区水源保护，生活饮用水符合生活饮用水卫生标准。

6.3.4.4 严禁示范区水上交通游览船只未经处理向水中直接排放污水、污油和倾倒垃圾，旅游营运船应装备必要的环保设施，安装污水和污油回收处理设施。

6.3.4.5 保护示范区地下水水质，减少渗漏污染。示范区采用地下水应合理控制用水规模，温泉和地下水的开采量不应超过自然补给能力。

6.3.4.6 示范区内不宜建设小水电项目。

6.3.4.7 示范区内的接待设施应使用节水设计，总用水量不超过250 L/人/天，鼓励安装独立的饮用水系统。

6.3.4.8 在供水有限的区域，需要实行分级循环使用水资源。

6.4 分区利用

6.4.1 示范区对旅游利用强度实施梯级控制，各区划分合理，功能明确。从示范区自然景观的整体协调和优化利用出发，确定功能单元及组合方式，选择合理的利用方式，在保护优先的原则下，满足多层次的生态旅游者的需求。

6.4.2 区划应考虑景观资源美学评价、景观敏感性评价，区内有保护物种的，应采取物种栖息地和食源地的保护措施。

6.4.3 服务与接待设施选址应设在生态环境低敏感区域或示范区外，规模不宜过大。

6.4.4 对接待游客人数过多、过频和过密的区域，宜采取分时段、分区域控制游客规模，以及轮值开放与休游措施，以利于生态恢复。

6.5 系统整合

区内各要素形成统一的生态环境系统，类型丰富，景观协调，互补性强。

6.6 修复整治

对区内已被破坏的生态环境，积极修复，并尽量与周边环境和景观保持一致性和协调性。

7 传统文化保护

7.1 对于特殊的自然景观、遗产、文物、古建筑，有较为充足的保护和维护资金，保护措施有效，岗位职责明确,并有专人负责管理。

7.2 建筑物与景观协调,示范区与周边环境协调,氛围良好。

7.3 建筑物的形式、材质、体量和色彩应与当地文化、自然环境协调,在色彩、线条和体量上没有强烈冲突。无明显的视觉污染。

7.4 避免建筑物造成景观明显改变,保持视野和视廊通畅,重要景观视域内采取管线地下敷设。宜采用当地材料和无毒、无污染的材料,减少使用钢铁等高能耗材料。

7.5 建筑布局合理,综合功能优化,考虑风向因素。使用对人体无害的木材和环保型涂料。宜采用被动式太阳能设计、自然通风和节能环保设计。

7.6 历史文化:修缮历史建筑,收集、整理和陈列文献文物。

7.7 自然文化:可结合当地自然资源特点,建设专题博物馆,开展生态教育。

7.8 民族民俗文化:应保留传统节庆、地方戏曲、民俗表演等。

7.9 宗教文化:尊重和适当表现当地宗教文化。科学控制香火规模。

8 基础设施

8.1 交通

8.1.1 合理设计旅游运输路线与旅游路线,建设适宜生态旅游活动的多级别道路系统,鼓励采用自行车和徒步等非机动交通方式。

8.1.2 道路交通建设以实用为原则,示范区外部交通与示范区性质相吻合,区内交通满足运输需要,道路布局宜选择在生态恢复功能强的地域,道路设计宜利用原有的通道,避免对生态敏感地带进行人为切割。

8.1.3 区域内外部道路通达性强,沿途有相应的绿化景观。

8.1.4 区内道路按照交通路、生态路、景观路三个方面分区建设,道路交通标识正确规范、设计美观。

8.1.5 游览步道设置合理,普遍采用生态性材料,线路设计符合生态和审美原则。

8.1.6 示范区道路施工过程中,合理填埋开挖土方,禁止随意倾倒,避免造成植被破坏与视觉污染。如对重要的生物活动造成人为切割、阻断危害时,应采用人工工程手段建设生物通道。

8.1.7 合理设计示范区内的交通路线,控制车辆流量、车速,区内交通统一调度,管理集中。使用低能耗、低排放量和清洁能源的交通工具;道路两侧宜建设绿化隔离带,减少路面扬尘和噪音。

8.1.8 设立生态停车场,有足够的停车车位,管理措施落实到位,设有专人看管。停车场建设与景观环境相协调。

8.1.9 在区内不宜修建高等级公路的地带,鼓励采用环境友好型的多种特色交通工具和方式。合理控制这些地区的游客流量和活动强度。

8.2 能源利用

8.2.1 实施节能计划。减少温室气体排放,区内接待设施的能源耗用量控制在500克标准煤/人天以下(采暖和空调不计算在内)。

8.2.2 节约并合理利用能源,改善旅游区的燃料结构,宜使用清洁能源和可再生能源,区内清洁能源和可再生能源的使用率达到80%以上。

8.2.3 电力设施不影响景观质量,有妥善处理能源污染的设施和措施。

8.3 给排水工程

给排水管道宜埋入地下,保持管道通畅,污水集中处理率高。

8.4 邮电服务

无线通讯塔架设立不影响景观质量,位置设置合理,与示范区内容相协调。其他邮电服务项目方便简捷,有与示范区内容相符的邮政纪念服务。

9 服务设施及内容

9.1 住宿设施

集中布局，结构合理，档次齐全，体量适宜，生态特色鲜明。具体要求应符合 LB/T 007。

9.2 餐饮设施与内容

9.2.1 提供绿色食品，推广生态餐饮。

9.2.2 布局合理，达到特色化、多样化、品牌化，全面利用可再生原材料，禁止食用法律规定保护的野生动物。

9.3 购物设施与管理

9.3.1 布局合理，注重特色，本地产品开发度高，管理有序。

9.3.2 示范区外围土特产品生产规模化，工艺品和纪念品经营形成设计、生产、销售等产品链和产业链。

9.4 娱乐活动

9.4.1 可根据当地特点适度开展健康的娱乐活动。

9.4.2 娱乐活动场地选址不能破坏当地生态环境，项目内容应尊重当地风俗，不能引起当地居民反感。

9.4.3 严格禁止黄赌毒。

10 安全

10.1 安全保卫机构与人员

设有专门机构，安全制度健全，人员数量充足。

10.2 安全执行

认真执行公安、交通、劳动、质监、旅游等有关部门制定和颁布的各项安全法规，关注员工的职业健康。近3年无重大安全责任事故。

10.3 安全设施设备

10.3.1 特种游览设备设施安全保障措施健全有效。

10.3.2 锅炉、电表等设施设备具有制度性的安全认证，标志齐全有效。

10.3.3 交通工具、机电、游览、娱乐等设施设备完好，定期检修，无超期服役现象。

10.3.4 员工熟悉安全操作规范。

10.3.5 消防、防盗、救护等设备齐全、完好、有效。

10.4 安全警告标志

区内道路危险地段标志明显，防护设施有效，安全警告标志齐全、醒目、规范。

10.5 安全宣传

采取游客喜闻乐见的宣传手段，不拘形式，讲求实效。

10.6 医疗及救护服务

10.6.1 应设有紧急救援机制，公布紧急救援电话号码，确保游客能方便地使用援助请求设施，能及时处理游客发出的求助信号。

10.6.2 设立医疗机构或必要的医疗设备，并配备专职医务人员和常用药品，有必要的医疗设施，救护设施齐全。

10.6.3 可建立定点医院。

10.7 安全处置

10.7.1 高峰期和特殊时段有健全的安全保障制度，措施实施有效。

10.7.2 对可能存在的安全风险应有预先评估，并制定有突发事件处理预案，事故处理档案记录完整、准确。

11 卫生

11.1 环境卫生

各类场所全部达到 GB 9664 规定的卫生标准。设有专职岗位，负责日常环境卫生管理。

11.2 废弃物管理

11.2.1 垃圾分类收集，清扫及时，污水排放得当。

11.2.2 遵循废弃物最小化原则，对废弃物采取减量排放，可重复使用和回收利用。

11.2.3 接待服务设施集中区域生活垃圾无害化处理率达到100%。

11.2.4 可使用环保技术进行垃圾处理，实现垃圾的综合利用和污染最小化，小型社区接待点推广有机废弃物的堆肥技术。

11.3 垃圾处理

11.3.1 垃圾应及时收集、清理，实现垃圾的分类回收，防止视觉污染。

11.3.2 垃圾收集箱布局合理，标志统一，外观整洁，与环境相互协调，及时清理和消毒。

11.3.3 废弃电池、污油等危险废物专门回收。

11.4 吸烟区

区分吸烟区与非吸烟区，吸烟区内通风良好，配有消防设备，且管理到位。

11.5 餐饮卫生

11.5.1 厨房卫生良好。食品卫生条件符合国家有关规定，餐饮服务配备消毒设备。

11.5.2 餐饮场所达到 GB 16153 规定的卫生标准。

11.6 污水处理

11.6.1 旅游服务设施集中区域配备污水处理设施，处理达标后排放。

11.6.2 污水采取管网收集，集中处理，雨污分流。

11.7 旅游厕所

11.7.1 布局合理，数量满足需要，标志统一，美观醒目，与环境协调。

11.7.2 处于服务接待设施集中区域外的使用免水冲生态厕所。

11.7.3 厕所卫生设备设施齐全完好，管理到位。

12 区域统筹

12.1 区域范围

防止在示范区内出现城市化倾向，小城镇不应划入示范区内。

12.2 产业结构

12.2.1 示范区边缘的小城镇，产业结构宜以第三产业为主，为旅游生产的第二产业为辅。

12.2.2 传统民居特色鲜明，不宜大兴土木，街区建设不应破坏自然景观。

12.3 示范区内乡村

12.3.1 庭院经济

鼓励农户因地制宜发展环境友好型的庭院经济，通过发展旅游业实现脱贫致富。

12.3.2 乡村建筑和街道

建筑材质、色彩与外观，应尊重当地传统，并与周边环境相协调。街道环境整洁，卫生达标。

13 公共环境与社区参与

13.1 重视公共环境建设，社会秩序稳定，治安状况良好。

13.2 居民对外来游客态度友善。公共信息图形符号设置明显，用语规范，目的地环境友好。

13.3 鼓励使用本地产品和服务，逐步提高当地的采购份额，制定适合社区的培训计划，提高其服务产品和农副产品质量，以达到采购标准。

13.4 遵循社区土地使用补偿原则，对示范区内旅游用地的征用，应进行第三方评估，并采取适当的方式进行等额补偿。

13.5 示范区应从旅游经营利润中单列出不少于10%的经费用于支持收集和整理区内的自然和文化资料、生态环境保护、生态旅游宣传、科学研究和生态知识的普及等项目。

13.6 鼓励示范区与大专院校和科研机构合作，开展科学研究，合作推广研究成果。

13.7 尊重当地文化及其敏感性，保证当地文化受到恰当的对待。

13.8 涉及当地文化事务，应咨询当地居民，满足他们的合理要求，并真实地反映当地文化价值观。

13.9 示范区建设应由当地居民参与决策，并为当地居民提供多种发展机会。

13.10 社区参与可以采取社区居民会议、项目听证、参与编制示范区发展与保护规划等多种形式。

13.11 示范区应制定出带动社区共同发展的专项规划，规划应具有可操作性。

13.12 在同等条件下，示范区内的商业机会和工作机会，优先向社区居民提供。

13.13 优先培训和使用熟悉当地自然和文化的地方导游，示范区周边20公里范围内的非城镇人口的社区居民占示范区员工总数的比率大于30%。

13.14 示范区管理部门应设有负责处理社区关系的机构或人员。

13.15 示范区在制定发展规划和其他重大决策时，应征询社区居民意见。

13.16 确保社区意见的表达渠道畅通，对社区意见有档案记录，有处理意见，答复和处理率应达到100%。

14 市场营销

14.1 诚信营销

14.1.1 宣传中详细说明游客权利和义务，向游客提供准确和负责任的信息，使游客对游程有符合实际的期望。

14.1.2 生态旅游的开发与经营要为旅游行业起到示范和引导作用。

14.2 市场影响

示范区的营销应克服短期行为，立足于提高本区的知名度、美誉度，追求示范区稳定的、可持续的发展。

14.3 市场宣传

突出示范区的生态特色，宣传资料的设计、制作应突出环保理念，不宜过度包装、追求奢华，鼓励采用再生纸印刷品和光盘、互联网等无纸化宣传手段。

14.4 解说系统

14.4.1 示范区对于解说内容和解说方式应有整体规划，提供多种解说机会和解说方式，确保信息有效传达。

14.4.2 各种引导标识设置合理，与环境协调。

14.4.3 公众信息资料特色鲜明，新颖有趣，内容准确，适时更新。

14.4.4 导游员(讲解员)应持证上岗，普通话达标率100%。

14.4.5 有少数民族居住的示范区可配备少数民族导游。有国外客源的示范区，宜配备数量适当的外语导游。

14.4.6 解说内容科学，准确，生动有趣，通俗易懂，强化生态知识讲解，确保当地文化信息的解释明确无误。

14.4.7 内容编写应充分听取当地生态专家和文化学者，以及环境保护志愿者团体的意见。

15 综合管理

15.1 机构与制度

示范区管理机构设置合理，岗位职责分工明确，各种规章制度健全。管理措施贯彻得力。

15.2 示范区形象

形成生动的示范区形象，通过多种形式表达，并采用多种方式推广。

15.3 游客中心

位置合理，外观与景观环境相协调，设施齐备，服务项目能满足游客需要。

15.4 投诉与处理

应有专门处理游客投诉的管理程序和制度，对于游客投诉应建立游客投诉意见档案，存有完整的投诉记录、处理意见和游客反馈意见。

15.5 特殊人群服务

示范区应配备一定量为特殊人群的服务设施，位置醒目方便他们使用。

15.6 第三方认证

鼓励示范区通过 ISO 9000 族和 ISO 14000 族质量认证。

15.7 绿色采购

15.7.1 实施物资采购的环保政策，从源头上进行控制，选择对有社会责任感的供商，优先利用可再生资源。

15.7.2 执行环境友好的采购政策，采购具有绿色认证、安全认证标识的产品，区内使用生物可降解化学清洁剂，宜采购大包装的耗用品，不采购过度包装的商品，不采购不可降解塑料袋和餐盒，不采购废弃物处理困难的物资。

15.7.3 禁止采购受保护的动植物产品。

15.7.4 严格执行每年森林的采伐限额指标，采伐总量不得超过区域内森林的自然生长量。

15.8 标识系统

15.8.1 标识系统设置满足游客需要，布局合理，形式统一，能够明确无误的引导交通及游览。

15.8.2 在旅游线路和景点集中的地带设立环境保护标语牌或提示牌，标志牌与景观协调。

15.8.3 公共信息图形符号的指示牌设置合理，设计精美，特色鲜明，突出景区主题，有艺术感和文化气息。

15.8.4 图形符号应符合 GB/T 10001.1 规定。

15.9 环境管理

15.9.1 示范区内建设施工之前应进行环境影响评价和社会影响评价，污染处理设施应与主体工程同时设计、同时施工、同时投入使用。

15.9.2 制定示范区环境管理方案。对生态环境进行不间断的持续监测。根据监测情况实施反馈式控制管理，监测超标的实施治理与恢复措施，达标后恢复使用。合理确定示范区生态环境容量，平衡极端环境容量，采取管理措施控制游客活动方式、范围与路线，确保示范区生态环境质量稳定，防止生态环境恶化。

15.10 建立责任人制度

第一责任人应熟悉与日常管理工作内容相关的法律法规、国家政策和生态环境保护、遗产保护的专业知识。

16 培训与教育

16.1 员工培训

16.1.1 示范区应制定员工生态环境教育培训计划，落实培训制度、机构、人员及经费。应有培训绩效评估和改进意见。

16.1.2 一线服务员工的受训比率达到100%，年培训课时达到40学时/人。

16.1.3 一线员工能为游客提供准确的示范区自然和文化解释，导游人员能提供高质量的解说与演示，具备良好的沟通技巧，具有处理旅途中各种问题的能力，掌握减少和防止旅游环境负面影响的方法，掌握旅游项目活动的技能。

16.1.4 特殊生态旅游活动具备有合格资质的人员。

16.2 旅游者行为指引

16.2.1 通过生态旅游教育，使旅游者在参与旅游的同时维护、学习、完善、保护示范区。

16.2.2 采用多种方式对旅游者进行生态环境保护的宣传教育。

16.2.3 对示范区内开展的各种生态旅游活动，应制定有相应的游客守则。守则内容简明扼要，通俗易懂，可操作性强，涵盖旅游影响的主要内容。

16.2.4 教育游客在示范区内不随意抛洒垃圾，鼓励游客主动收集垃圾，倡导和鼓励保护环境行为，约束和惩罚破坏环境行为。

16.3 社区教育

16.3.1 加强对社区居民的教育，使居民了解生态旅游知识，激发对当地文化的自豪感，增强保护生态环境和文化遗产的自觉性。

16.3.2 宜将生态旅游教育纳入社区的中小学教学计划中，可将示范区的生态环境和历史文化知识编入当地的中小学乡土地理教材中。

17 认定与检查

17.1 认定与检查由国家生态旅游示范区评定机构负责。

17.2 示范区评定实施细则见附录B的国家生态旅游示范区评分细则表。

17.3 示范区评定应进行游客满意度调查，参见附录C的国家生态旅游示范区游客满意度调查。

17.4 各有关地区按照本标准进行创建，采取自愿加入的原则，由国家生态旅游示范区评定机构组织评定或通过授权的第三方机构进行评定。

17.5 对申报验收的区域进行资料和文件审核，并经现场考察后提交审核报告现场考察工作，应吸收所在地区的有关部门参与。

17.6 对审核合格的区域进行审批，并颁发“国家生态旅游示范区”称号。

17.7 通过评定的示范区可以使用“国家生态旅游示范区”的称号和标志，证书和徽标由国家生态旅游示范区评定机构统一制定、颁发。

17.8 对授予“国家生态旅游示范区”称号的区域实施动态管理，定期组织复查。对已获得“国家生态旅游示范区”称号后，放松管理，致使生态环境质量和旅游服务质量下降，不再符合本标准的区域，评定机构对其提出限期整改要求或取消其称号。

附 录 A
（资料性附录）
国家生态旅游示范区标准涉及名词解释表

表 A.1 国家生态旅游示范区标准涉及名词解释表

名 词	解 释
生态旅游	广义的生态旅游是指遵循可持续发展的原则，依托自然生态系统以及与之共生的人文生态系统，追求人与自然和谐的高级旅游形态，是现代社会发展必然需求。作为一种发展理念，生态旅游是指在旅游活动全过程及旅游经营管理的各环节，均以生态保护为首要原则，突出环境责任、社会责任和文化责任，强调天人合一，追求可持续发展；作为一种旅游产品，生态旅游主要是指采用环境友好的方式，为消费者提供高质量的生态体验；作为一种旅游活动，生态旅游是指到具有生态价值的地区，用生态友好的方式，体验生态之美的行为。 狭义的生态旅游是指前往那些相对没有受到干扰的自然区域，享受并了解自然（包括与其密切相关的社区文化），最大限度地减少对生态环境和社会文化造成负面影响，为当地社区提供经济参与机会，支持自然保护的旅游。生态旅游包括自然性、可持续、责任感、学习性四个核心特质。
高能耗材料	材料制造中的物耗和能耗反映了材料制造过程中的资源利用效率，制造过程中能源消耗量大的材料称为高耗能材料，如钢铁。
被动式太阳能	依靠建筑结构设计、材料使用等方法来完成吸热、蓄热、放热功能的利用太阳能的方式。
生物多样性	生物多样性包含遗传多样性、物种多样性和生态系统多样性三个层次。
廊道	联系相对孤立的景观元素之间的线性结构称为廊道。
解说机会	指旅游者获得解说信息的渠道。
生境	生境主要是指构成生态系统要素之一的无机环境，包括地形、地貌、气候、土壤及水文等。
清洁能源	清洁能源是指在能源的生产及其产品的消费过程中尽可能对生态环境低污染或无污染的能源，包括：低污染的化石能源如天然气等。
源头控制	通过减少消耗量进而减少废物产生量。
绿色采购	指物资采购优先采购污染小、可循环利用、资源可再生、能耗低的产品。
利益相关者	利益相关者是指那些能影响主体行为何为主体行为所影响的个人、群体或群体。
注：本表解释标准涉及的专业术语。	

附 录 B
（规范性附录）
国家生态旅游示范区评分细则表

B.1 计分说明

B.1.1 本细则共计 2 000 分。

B.1.2 项目内容分为三类：一为必备项目，以△表示，合计 1 232 分；二为选择项目或层级项目，以√表示，合计 768 分；三为禁止或反对的项目，以×表示，合计 335 分。

B.1.3 必备项目和选择项目打正分，禁止或反对的项目打负分。

B.1.4 国家生态旅游示范区需达到 1 800 分。

B.2 评分标准

国家生态旅游示范区标准评分细则见表 B.1。

表 B.1 国家生态旅游示范区评分细则表

序号	项　目	工作要求与评定标准	项目类型	分值
1	示范区规划			100
1.1	规划原则			25
1.1.1	整体优化原则	对区域内的生态、经济和社会进行全面规划，追求整体优化	△	5
1.1.2	生态优先原则	在生态质量与其他方面发生冲突时，包括与景观质量发生冲突时，以生态质量优先	△	5
1.1.3	生境范围原则	为保障相应的植物群落与动物种群持续繁育所需要的生境范围，以保持生态系统的再生与恢复能力	△	5
1.1.4	市场导向原则	以区域的相应吸引力研究对应的市场范围与层次，以市场导向为基础规划建设项目	√	5
1.1.5	容量控制原则	接待容量不超过生态承载力	△	5
1.2	规划制定			35
1.2.1	制定有专门的旅游总体规划	有专门编制单位和规划成果	△	20
1.2.2	旅游总体规划审批	经旅游、环保、土地等部门审批	△	15
1.3	规划实施有效性	包括土地利用、功能布局、游览项目与设施安排等	√	40
1.3.1	全面实施	规划中的各项项目、制度、措施，全面按时落实		40
1.3.2	基本实施	规划中的各项项目、制度、措施、基本全面落实		25
1.3.3	严重违反规划	区内有违反规划的大型建设项目或破坏环境项目	×	−40
			本项得分	
2	生物旅游资源			160
2.1	生物多样性			70
2.1.1	植被	类型多、分布广、面积大、郁闭度高，建群种与优势种强，生长情况好，生物量大	√	10

表 B.1（续）

序号	项　目	工作要求与评定标准	项目类型	分值
2.1.2	植物资源	种类多、生长量大	√	5
2.1.3	动物	类型多、分布密、种群量大、生殖与栖息地环境良好，食性与习性稳定	√	10
2.1.4	动物资源	类型多、分布广	√	5
2.1.5	物种保护	保护尽可能多的物种和生境类型，生态系统增强再生与恢复能力	△	10
2.1.6	珍稀物种或濒危物种	有珍稀物种或濒危物种，有专项保护措施（范围、科研、管理、人员）	√	5
2.1.7	全面保护	保护所有物种并使之平衡，有生态监测和动植物救助专人及措施	△	10
2.1.8	非生物因子	不削弱非生物因子对生态系统的支持能力	△	5
2.1.9	生态过程	保护生态系统的自然性，防止生境损失	△	10
2.1.10	生态系统本土性	恢复和增殖原有物种，禁止外来物种引进和入侵，以避免造成生态环境的系统性紊乱	×	−20
2.2	资源丰富性			30
2.2.1	规模与丰度	资源实体体量巨大，或基本类型数量多，或资源实体疏密度优良，景观异常奇特，或有国家级资源实体	√	20
2.2.2	完整性	资源实体完整，保持天然的形态与结构	△	10
2.3	价值独特性			60
2.3.1	美学价值	价值很高，现场效果好	△	10
2.3.2	科学价值	科学价值，具有国家级意义	√	10
2.3.3	历史文化价值	历史悠久或文化价值高，具有国家级意义	√	10
2.3.4	游憩价值	人为干扰少，自然区域多	△	10
2.3.5	独特价值	资源具有典型性、代表性、稀缺性	√	20
			本项得分	
3	生态环境质量			345
3.1	土地			40
3.1.1	山地	25°坡以上的山地还林还草	△	10
3.1.2	建设用地	严格控制建设用地	△	10
3.1.3	道路用地	以方便、实用为原则，努力减少道路用地，不建或少建盘山公路或贯通区域的交通干线	√	10
3.1.4	土地整治	消除土地沙化、退化、盐渍化现象	√	10
3.2	水资源			55
3.2.1	降水	以植被涵养为主，加强对降水的蓄集与利用	△	10
3.2.2	天然湖泊	保持蓄水量，改善水质，防止富营养化	√	10

表 B.1(续)

序号	项 目	工作要求与评定标准	项目类型	分值
3.2.3	水库	恢复水库建设中对生态与景观的破坏,消除碎石裸露现象,改善水质,形成水生生物的立体养殖	√	10
3.2.4	地下水			15
3.2.4.1	地下含水层	合理利用,达到水源涵养量高于使用量	△	10
		严禁超量提取地下水	×	—10
3.2.4.2	暗河	有条件的适度开展探险、暗河漂流等活动	√	5
3.2.5	泉水	使用量应低于涌出量		10
3.2.5.1	矿泉水	达到集约化利用程度	√	5
3.2.5.2	温泉	适度开展温泉浴等康疗活动	√	5
3.3	森林			35
3.3.1	覆盖率	除建设用地及水面之外,绿化覆盖率达到70%,其中,森林覆盖率达到70%以上	√	10
3.3.2	原始森林	加强保护,限制流量	√	5
3.3.3	天然次生林	林区内禁止永久性建设,可开展科考、徒步旅行等活动	√	5
3.3.3	人工林			10
3.3.3.1	林相	树种较多,林相丰富,观赏性强	√	5
3.3.3.2	森林旅游	在加强保护的基础上开展多种活动	√	5
3.4	岩石与岩洞			30
3.4.1	地景			15
3.4.1.1	地貌景观	花岗岩地貌垂直节理发育。丹霞地貌柱状节理发育突出,喀斯特地貌山峰秀丽,峡谷地貌陡峻等	√	5
3.4.1.2	有观赏价值的地质剖面		√	5
3.4.1.3	单体岩石	体量巨大,或岩石造型独特或群体规模大	√	5
3.4.2	溶洞	景观独特性突出,具有较高观赏价值		10
3.4.2.1	旱洞水洞共生	分层次,体量巨大或幽深	√	5
3.4.2.2	溶洞与天坑共生	独特性突出,原生态保存	√	5
3.4.3	岩洞	具有较高的文化内涵与相应的文化遗存	√	5
3.5	系统整合	各要素形成统一的生态环境系统		20
3.5.1	类型丰富	山、水、林、洞、石、泉等类型丰富,有助于景观丰富性	√	5
3.5.2	互补性强	各种类型相互补充,有助于生物多样性	△	5
3.5.3	自然状态	植被乔、灌、草相结合,人工痕迹不突出	√	5
3.5.4	动物显现	1 km步行,路边500 m可见大型哺乳动物或其活动痕迹,水中可见较大鱼类。或水边可见爬行动物,空中林中可见类型较丰富或成规模的鸟类	√	5

表 B.1(续)

序号	项　目	工作要求与评定标准	项目类型	分值
3.6	自然资源的保护与利用	基本要求是自然资源的生长量超过消耗量		20
3.6.1	不可再生的资源	严格保护,禁止利用	×	−10
3.6.2	可再生资源	在有利于生态环境良性循环的基础上集约化开发利用	△	10
3.6.3	绿色产品	开发绿色无公害产品和土特产品	△	10
3.7	示范区外围			20
3.7.1	土特产品	形成生产基地或养殖基地,达到规模化生产	△	5
3.7.2	工艺品、纪念品	利用可大量再生的自然资源,形成设计、生产、销售等产品链和产业链	△	5
		禁止根雕产品和建材产品在区内生产	×	−5
3.7.3	其他产品	非采伐性的林产品及林间产品,竹产品、山野一年生采摘产品、非野生水产品等逐步产业化	√	10
3.8	资源及环境的保护			75
3.8.1	空气质量	以当地旅游旺季的情况为准,现场检查	√	10
3.8.1.1	参照国标一级标准	二氧化硫 0.02/年、0.05/日;总悬浮颗粒物 0.07/年、0.12/日;可吸入颗粒物 0.04/年、0.05/日;氮氧化物 0.05/年、0.7/日一氧化碳 4.0/日(单位 mg/m^3)		10
3.8.1.2	参照国标二级标准	二氧化硫 0.06/年、0.15/日;总悬浮颗粒物 0.20/年、0.30/日;可吸入颗粒物 0.14/年、0.15/日;氮氧化物 0.05/年、0.7/日;一氧化碳 4.0/日(单位 mg/m^3)		5
3.8.2	噪声质量	以当地旅游旺季的情况为准,现场检查	√	5
3.8.2.1	参照国标一类标准	夜间 45 dB、白天 55 dB		5
3.8.2.2	参照国标二类标准	夜间 50 dB、白天 60 dB		3
3.8.3	地表水质量达国标规定	无明显的令人不快的沉淀物;无令人不快的碎片、浮渣、油类等漂浮物;无令人不快的颜色、气味或浑浊物;无对人类或动植物有毒、有害物;无破坏水生生态的生物	△	15
3.8.4	景观、生态、文物、古建筑保护			45
3.8.4.1	保护费用投入	全年用于地质地貌景观、文物、古建筑、生态系统、珍稀名贵动植物的保护费用相当于全年门票收入的比例	√	
		达到 7%		15
		达到 6%		10
		达到 3%		5
3.8.4.2	保护措施	采取适合的保护措施,如防火、防盗、防捕杀、古建筑修缮、古树名木保护等		15

表 B.1（续）

序号	项 目	工作要求与评定标准	项目类型	分值
3.8.4.2.1	制度具体		△	3
3.8.4.2.2	措施落实		△	4
3.8.4.2.3	设施设备完备		△	5
3.8.4.2.4	人员职责明确		△	3
3.8.4.3	保护效果	现场检查	√	
		很好，全面保持文物古迹和地质地貌景观的真实性和完整性		15
		好，基本保持文物古迹和地质地貌景观的真实性和完整性		10
		较好，对文物古迹和地质地貌景观的真实性和完整性无明显破坏		5
3.9	环境氛围			**55**
3.9.1	区内建筑选址不破坏景观	主体建筑选址对景观有破坏的，每个扣 5 分；非主体建筑选址对景观有破坏的，每个扣 3 分	△	10
3.9.2	区内建筑外观（造型、色调、材料等）与主观相协调	发现一处建筑外观与整体景观有不协调的，扣 3 分	△	10
3.9.3	周边环境与景观的协调性			35
3.9.3.1	示范区与周边环境设有缓冲区或隔离带	具有绿化带、水体、山体等缓冲区的，得 10 分；具有围栏、围墙等隔离带的，得 8 分	√	10
3.9.3.2	示范区周边形成优美的天际轮廓线		△	10
3.9.3.3	出入口主体建筑格调和谐	格调指材质、造型、色彩的综合效果	△	10
3.9.3.4	对区内主体景观有烘托效果	运用能反映当地风情的本地特色建筑风格和材料，能很好反映和突出主体景观	△	5
3.10	区内使用造成严重破坏环境或游览气氛的设施、设备或材料	包括产生高噪音或有毒有害气体、漏油漏气的车辆、船舶等	×	−55
			本项得分	
4	传统文化保护			**65**
4.1	传统文化的保护与利用	传统文化是生态旅游的重要组成部分，有工作安排，有经费投入	△	10

表 B.1（续）

序号	项　目	工作要求与评定标准	项目类型	分值
4.2	建筑	规划并实施重点保护街区、村落，保持其历史传承性和整体完好性	△	10
4.3	历史文化	以历史建筑和名人故居为主要载体，整修陈列相应文物、文献	√	10
4.4	自然文化	建设专题博物馆、集中展示	√	10
4.5	民族民俗文化			15
4.5.1	节庆	保留传统的节庆活动	√	5
4.5.2	地方戏	保留地方剧种和传统剧目	√	5
4.5.3	民间工艺	保留民间传统工艺	√	5
4.6	宗教文化	适度保护利用		10
4.6.1	庙宇	以“整修如旧”的原则修复，不宜新建或大规模翻建	√	5
4.6.2	宗教	本教或自然宗教形式突出体现当地特色和民族特色，应适当表现	√	5
4.6.3	香火	禁止大规模香火，以保护环境	×	−10
			本项得分	
5	基础设施			295
5.1	交通	按照通达性要求建设区域外部交通，按照保护性要求建设区内交通，按照方便性要求建设游览交通		15
5.1.1	区域外部交通			15
5.1.1.1	抵达依托城市的便捷程度	便捷度较高	√	10
5.1.1.2	道路建设有与示范区相匹配的绿化		△	5
5.2	自配停车场地			30
5.2.1	生态停车场	生态停车场系指有硬化停车线和绿化停车面或绿化隔离线的停车场	△	10
5.2.2	地面	检查主要停车场的地面	√	10
	硬化或黑化地面	包括水泥地面、沥青地面或平整石板地面		1
	砂砾地面			6
	泥土地面			3
5.2.3	停车场管理			10
5.2.3.1	设停车线		△	2
5.2.3.2	停车分区		△	2
5.2.3.3	设回车线		△	2
5.2.3.4	分设出入口		△	2

表 B.1(续)

序号	项 目	工作要求与评定标准	项目类型	分值
5.2.3.5	专人值管		△	2
5.3	停车场或码头与景观不相协调	位置不当,或脏、乱、差现象严重等	×	−15
5.4	区内道路	严格规划建设		70
5.4.1	生态路			15
5.4.1.1	选线与山形水系相呼应		△	5
5.4.1.2	建设垃圾处理好,不留迹地		△	5
5.4.1.3	以桥梁方式保留动物通道		△	3
5.4.1.4	以水路方式保留鱼类、蛙类爬行通道		△	3
5.4.1.5	设动物通道提醒标识		△	3
5.4.2	景观路			25
5.4.2.1	沿线山体绿化好	山体景观完整,视觉完整	△	5
5.4.2.2	沿线山石有突出景观		△	5
5.4.2.3	沿线有水且水体清澈		√	5
5.4.2.4	行道树树种较好		√	5
5.4.2.5	行道树成荫		√	5
5.4.3	交通标识设置正确、清晰,完好美观		△	10
5.4.4	游览步道或游览线路	本项中各小项可酌情打分,但不超出给定的最高分		20
5.4.4.1	进出口设置合理	有利于旅游疏散,进出口分设,不过分邻近	△	5
5.4.4.2	游道或线路设置合理	有利于旅游观赏,线路观赏面大,能形成环线等	△	5
5.4.4.3	采用生态性材料	指用木头、木板、竹板、卵石、砾石、石板等材料,铺设步道,有利于生态和环境保护。但要形成特色,可以架空方式铺设	△	5
5.4.4.4	设置观景或休息设施	在主要景观处设观景亭、台、廊,有旅客休息的椅、凳等。设置明显不足的每处扣分。本款酌情计分	△	5
5.5	特色交通方式和工具			30
5.5.1	索道	符合旅游规划,按照生态质量优先原则设置	√	3
5.5.2	栈道	为保护生态环境,搭架悬空人行栈道、生态步道	√	7
5.5.3	电瓶车或电瓶船	含液化气车船	√	3
5.5.4	其他特色交通工具	包括能反映示范区文化特色或环保特色的便民交通工具,如骑马、人工抬轿、雪地摩托等,每种2分,最高8分	√	7

表 B.1（续）

序号	项　目	工作要求与评定标准	项目类型	分值
5.5.5	交通标识	在主要游步道或游览线路分叉路口，均设置引导标识(包括箭头和指示牌)。每处主要交叉路口设置不足或设置不正确的，扣分	△	10
5.6	给排水工程	与当地水资源的保护与利用紧密结合		**50**
5.6.1	给水设施	以地下管道方式为主进行，不露明渠，以确保用水清洁，美化水塔以与环境协调	△	15
5.6.2	排水设施	通畅、集中	△	15
5.6.3	污水处理	建设集中污水处理厂，严禁污水随意排放	△	20
5.7	能源	提倡使用清洁能源		**60**
5.7.1	电力			20
5.7.1.1	供电设施布设	多数地区以大电网为主，有条件的地区大电网与区内小水电相结合	√	5
5.7.1.2	高压电线塔	选择合适地点，不严重影响生态环境与景观质量	△	5
5.7.1.3	变电站	不影响生态环境与景观质量	△	5
5.7.1.4	电线杆	取消架空电线与电线杆，采取地下电缆方式	√	5
5.7.2	天然气	提高天然气采用率	√	10
5.7.3	煤炭		√	10
5.7.3.1	使用效率	对于上述两项清洁能源采用极端困难的区域，提高煤炭使用率	√	5
5.7.3.2	煤炭燃烧污染	采取专项措施解决	△	5
5.7.4	太阳能	鼓励采用	√	5
5.7.5	风能	鼓励采用	√	5
5.7.6	沼气	鼓励采用	√	5
5.7.7	生物能	鼓励采用	√	5
		禁止采用林木草等生态资源为能源	×	－10
5.8	通信邮电			**40**
5.8.1	邮政纪念服务	提供纪念戳、本地纪念封、纪念邮票、纪念币等	√	10
5.8.2	通信服务			30
5.8.2.1	人工值守电话	不计数量	△	5
5.8.2.2	磁卡、IC卡或投币电话	不计数量	√	5
5.8.2.3	公用电话功能			5
5.8.2.3.1	直拨长途	不计数量	√	5
5.8.2.3.2	仅有市内直拨	不计数量	√	2
5.8.2.4	公用电话设置		△	5

表 B.1（续）

序号	项　目	工作要求与评定标准	项目类型	分值
	在出入口及区内游客集中场所均有设置			5
	只在出入口或区内游览集中场所设置			2
5.8.2.5	公用电话标志醒目、规范、美观		△	5
5.8.2.6	能接收手提电话信号		√	5
			本项得分	
6	服务设施			215
6.1	住宿设施	按照控制容量原则设置		100
6.1.1	布局	尽量集中布局，以便于解决基础工程设置及残留物处理。注意隐蔽性。山地型区域原则上采取"山上游，山下住"的方式，森林型、湿地型区域采取"中心游，边缘住"的方式进行	△	20
6.1.2	结构	按市场导向原则，因地制宜		20
6.1.2.1	品种结构丰富	酒店、公寓、野营地、汽车营地等公共住宿设施配套，原则上禁止别墅建设	√	10
6.1.2.2	档次结构齐全	以中档住宿设施为主	√	10
6.1.3	体量	与周围环境相协调	△	10
6.1.4	特色			40
6.1.4.1	采用符合当地民族特色与民居特色的外型设计		△	10
6.1.4.2	外立面装修	禁止白瓷砖外立面装修，努力形成单体特色	△	10
6.1.4.3	建筑群	形成既有单体特色又与环境统一协调的布局	△	10
6.1.4.4	原材料	以当地原材料为主，全面利用可再生原料	√	10
6.1.5	目标	按照绿色饭店标准全面建设	√	10
6.2	餐饮	按特色化、多样化的基本要求进行		40
6.2.1	布局	采用大集中，小分散结合的方式配置	△	10
6.2.2	特色	深入挖掘当地传统并努力创新，形成特色	△	10
6.2.3	禁止捕食野生动物和采食珍稀植物		×	−20
6.2.4	品牌化饮食产品		√	20
6.2.4.1	创造品牌化系列宴席		√	10
6.2.4.2	开发系列化食品		△	10
6.3	购物与娱乐			75

表 B.1（续）

序号	项　目	工作要求与评定标准	项目类型	分值
6.3.1	特色			30
6.3.1.1	外观与景观环境相协调	注重民族特色与民居特色，购物场所不破坏主要景观，不妨碍旅客游览，不与旅客抢占道路和观景空间；购物场所建筑造型、色彩、材质与景观环境相协调	△	10
6.3.1.2	产品	以本地产品为主	√	10
6.3.1.3	质量	鼓励创造本地精品，杜绝假冒伪劣	△	10
6.3.2	管理			25
6.3.2.1	机构	设专门管理机构或人员，确保旅游者权益	△	5
6.3.2.2	购物场所管理	加强对购物场所的管理，环境整洁，秩序良好，无围追兜售，强卖强买现象。发现一处视情况扣分	△	5
6.3.2.3	商品经营从业人员管理	有统一管理措施和手段，包括质量管理、价格管理、计量管理、位置管理、售后服务管理，每项 2 分	△	10
6.3.2.4	旅游纪念品	具有本示范区的特色，每种 2 分；具有本地区特色的，每种得 2 分。本项最多得 10 分	△	5
6.3.2.5		不得加工销售国家保护的动植物标本	×	－20
6.3.3		可根据当地特点开展适度健康向上的娱乐活动，但不得影响或损害当地生态环境。严格禁止黄赌毒	△	20
			本项得分	
7	安全			85
7.1	旅游安全	近两年内发生一次性人员死亡或重残的旅游安全事故的，扣 20 分	×	－20
7.2	安全保护机构，制度与人员			20
7.2.1	设有安全保护机构		△	5
7.2.2	有健全的安全保护制度		△	5
7.2.3	安全保护人员数量	与旅客接待规模相适应；以探险性项目为主，巡视员、救护员比例应较高	△	5
7.2.4	流动安全人员数量	大示范区流动安全保护人员应与接待规模及特殊要求相适应	△	5
7.3	安全处置			25
7.3.1	高峰期游客安全处置			10
7.3.1.1	制度	职责明确，程序清晰	△	5
7.3.1.2	应急措施	应急措施明确，可行，有效	△	5
7.3.2	特殊时段的安全处置	包括恶劣气候、突发灾情、缆车停电等意外情况		10

表 B.1（续）

序号	项　目	工作要求与评定标准	项目类型	分值
7.3.2.1	制度		△	5
7.3.2.2	处置措施		△	5
7.3.3	安全巡查	定期、定时，能有效维护治安秩序	△	5
7.4	安全设施设备			15
7.4.1	危险地带安全防护设施	包括安全护栏、水上拉网等，应齐全和有效，发现一处不足或无效，扣2分	△	5
7.4.2	消防、防火救护等设备	应齐备、完好、有效，发现一处不合格扣2分	△	5
7.4.3	游览生态活动设施	应符合安全规定。发现一处安全不合格的扣2分	△	5
7.5	安全警告标志、标识	应齐全、醒目、规范，设置不足或设置不规范，每处扣2分	△	5
7.6	安全宣传	安全说明或须知等要求图形显示和中外文对照，置于醒目位置，达不到此要求的，每项扣2分	△	5
7.7	医疗及救护服务	需在服务指南中说明		15
7.7.1	设立医务室	专为游客设立的医务室得5分；内部设立主要为员工服务，同时兼为游客服务的医务室得3分	△	5
7.7.2	备急救箱		△	1
7.7.3	备急救担架		△	1
7.7.4	备日常药品		△	1
7.7.5	定点医院救护机制	与定点医院有专门救护协议	△	3
7.7.6	设内部救援通讯设施		△	4
			本项得分	
8	卫生			155
8.1	环境卫生			10
8.1.1	气味	清新，无异味	△	10
8.2	废弃物管理			40
8.2.1	污水排放得当	不污染地面、河流、湖泊、海滨等。发现一处明显不得当的，视情节严重扣分	△	10
8.2.2	垃圾处理		△	10
	分类收集		△	10
	符合国家规定	不乱堆放，不就地焚烧或掩埋	×	−10
8.2.3	垃圾清扫及时			10
8.2.3.1	日产日清	不留陈垃圾	△	5
8.2.3.2	流动清扫	跟踪清扫	△	5
8.2.4	垃圾清扫器具			10
	美观、整洁与景观环境相协调		△	5

表 B.1（续）

序号	项　目	工作要求与评定标准	项目类型	分值
	整洁、实用		△	5
8.3	垃圾箱(桶)			15
8.3.1	外观	整洁，发现一处不合格，扣1分	△	5
8.3.2	布局	数量充足，布局合理，发现一处有明显不足，扣1分	△	5
8.3.3	造型	美观，与景观环境相协调。根据景观环境专门设计造型的得2分，其他酌情打分	△	5
8.4	区分吸烟区与非吸烟区，且管理到位，或室外全部为非吸烟区，且管理到位	对非吸烟区吸烟行为，管理措施明确，管理行为到位	△	5
8.5	餐饮卫生			10
8.5.1	食品卫生符合国家规定	发现一处不合格，扣2分	△	5
8.5.2	餐具、饮具、厨具分类存放，消毒处理	检查厨房、餐厅、酒吧，发现一处不合格，扣2分	△	5
8.5.3	禁止使用不可降解的一次性餐具，得负分	指一次性使用的泡沫、塑料餐具	×	−10
8.6	厕所			75
8.6.1	位置合理	位置隐藏，但易于寻找，方便到达，并适于通风，排污	△	10
8.6.2	数量充足		√	20
8.6.2.1	厕位总量达旺季日均游客接待量的比率	男小便厕位可按每位0.5 m的宽度计量		
		5%以上		15
		3%以上		10
		1%以上		5
8.6.2.2	游客高峰期设流动厕所		△	5
8.6.3	厕所采用水冲或使用生态厕所的比例		√	10
		90%		10
		70%		8
		50%		5
		30%		2
8.6.4	残疾人厕位	每个得1分，最多得5分	△	5
8.6.5	厕所设备	考察主要游览场所厕所		15
8.6.5.1	洁具质量		√	5

表 B.1(续)

序号	项　目	工作要求与评定标准	项目类型	分值
	较好			5
	一般			2
8.6.5.2	隔板和门	隔板与门均有的,得5分;有隔板无门的,得2分	△	5
8.6.5.3	其他设备	主要游览场所厕所具备挂衣钩、卫生纸、香皂或皂液、面镜、干手设备、盥洗设施(水龙头)的,每项得1分,最多5分	√	5
8.6.6	厕所外观、色彩、造型与景观环境的协调			5
	按照景观特点专门设计,具有独创性的		√	5
	有一定特色的			3
	基本协调的			1
8.6.7	厕所卫生			10
8.6.7.1	厕所有异味或地面(池面)有秽物	视情节扣分	×	−10
8.6.7.2	旅游厕所是否收费	每个收费厕所扣2分	√	
			本项得分	
9	区域统筹			95
9.1	小城镇	示范区内不能有小城镇	×	−40
9.2	示范区边缘的小城镇	小城镇已经历史形成,一般处于中心平坝区位,应与各类旅游服务设施的发展溶为一体。并与中心游览区域相对分离		45
9.2.1	产业结构	以旅游服务业、商业为主,辅之以部分手工业作坊和食品加工、饮料生产企业	△	20
9.2.2	特色			25
9.2.2.1	民居	以传统民居外观为主要特色,体现中国传统文化中“天人合一”的特点,与自然环境协调	△	10
9.2.2.2	环境	街区的自然化达到较高水平,除海洋型和复合型区域之外反对洋化。禁止白色瓷砖、玻璃幕墙和卷帘门铺面等低俗形式	△	10
9.2.2.3	功能	主要的客流集散地点、居停地点,消费地点	△	5
9.3	区内乡村	区内乡村是当地人口的主要聚居方式之一,呈大分散、小集中的特点,其建设与区域整体建设更加密切和重要。其基本要求是结构性转换与自然化形态		50
9.3.1	庭院经济	因地制宜发展区内乡村的庭院经济,以及民居旅馆	√	10
9.3.2	乡村内街道改造	达到路面生态型硬化,有公共卫生设施	△	20
9.3.3	特色			20

表 B.1（续）

序号	项　目	工作要求与评定标准	项目类型	分值
9.3.3.1	建筑外观	保留传统民居形式，禁止白色瓷砖贴面，卷帘门铺面等低俗形式	×	−10
9.3.3.2	环境	与自然环境高度协调一致	△	10
9.3.4	控制人口	严格控制机械型增长，合理控制自然型增长	△	10
			本项得分	
10	公共环境与社区参与			130
10.1	公共环境	良好的公共环境是社区居民积极参与的结果，这一结果又会促进区域的形象提升，形成良性循环的发展格局		60
10.1.1	社会治安	杜绝本地居民的重大恶性案件的发生，减少外来人口流窜作案的机会	△	20
10.1.2	社会秩序	稳定有序，平和宁静	△	20
10.1.3	目的地友好程度	不欺生，不敲诈，有礼貌，敬语普及程度高，随时帮助旅游者	△	20
10.2	公共信息图形符号设置	标识的内容、位置与范围，按 GB/T 10001.1 设置		20
10.2.1	位置与数量			5
	在停车场、出入口、主要路口、厕所、餐饮设施等位置，合理设置公共信息图形符号	每一处有明显不足的，扣 1 分	△	5
10.2.2	图形符号规范	符合相应标准，发现一处不规范扣 1 分	△	5
10.2.3	材质与造型		√	5
	有地方特色	包括当地材料和特色设计等		5
	无特色	包括普通木板及纸板、塑料板等		2
10.2.4	制作		√	5
	有特色	无脱落、无毛刺、无腐蚀等，得分；并有艺术性的，得分		5
	一般	基本无脱落、无毛刺、无腐蚀等		2
10.3	社区参与	社区参与是区域建设的基础，应贯穿区域建设和经营管理的全过程		25
10.3.1	规划	社区代表参与规划编制，规划文本全面征求社区群众意见	△	5
10.3.2	宣传			10
10.3.2.1	社区广播及社区电视	定期宣传解释区域旅游发展中的需要，通报情况	△	5
10.2.2.2	报刊	开辟专栏宣传并讨论区域旅游发展的问题	√	5
10.3.3	教育	把旅游业作为区域学校教育的组成部分	√	10

表 B.1（续）

序号	项　目	工作要求与评定标准	项目类型	分值
10.4	社区会议	定期或不定期举办社区会议或社区代表会议，沟通管理者、经营者与社区居民的信息，通过面对面的讨论达到协调一致	△	10
10.5	创造机会	通过各种渠道和方式，为当地群众创造就业机会和发展机会，使旅游发展与居民利益达到正相关的关系	△	15
			本项得分	
11	市场营销			70
11.1	市场影响			30
11.1.1	知名度	知名度较高，至少有全国性影响	√	10
11.1.2	美誉度	有很好的声誉，受到75%以上游客和大多数专业人员的普遍赞美	△	10
11.1.3	市场吸引力	海外游客占7%以上，市外游客占50%以上	△	10
11.2	市场宣传			30
11.2.1	宣教资料	包括公开正式出版的导游图、明信片、画册、音像品、研究论著、科普读物等。其中，音像制品每种1分；精美画册或研究专著每种2分；其他每种1分	△	10
11.2.2	通过国际互联网宣传			20
11.2.2.1	域名		√	5
	独立域名	上网检查		5
	非独立域名	依托门户网站的，得3分；依托旅游专业网站的，得2分；依托地方网站的，得1分		3
11.2.2.2	链接与速率	查与电讯部门的合同	√	5
	国外有镜像			3
	与骨干网链接			2
	与非骨干网链接			1
11.2.2.3	内容丰富程度		√	10
	具有50页以上网页或全部有英文网页			10
	具有20～50页网页			5
	网页数在20页以下的			3
11.3	导游（讲解）服务	培训生态知识讲解服务	△	5
11.4	导游效果（科学、生动、准确）	随机抽查7名～30名游客，查游客满意率	√	5
		游客满意率65%以上得3分		
		70%以上得5分		
		满意率60%以上得分，60%以下不计分		
			本项得分	

表 B.1(续)

序号	项　目	工作要求与评定标准	项目类型	分值
12	综合管理			185
12.1	机构与制度			34
12.1.1	管理机构健全,职责分明	抽查管理人员,职责掌握率不足50%的,不得分;掌握率50%以上的,酌情给分;全部掌握的,给10分	△	10
12.1.2	规章制度健全	质量、营销、导游、卫生、生态、环保、统计等规章制度健全,缺一项扣2分	△	14
12.1.3	规章制度贯彻得力	各项规章制度贯彻得力,有一年以上完整执行记录。记录不完整不得分	△	10
12.2	示范区形象			26
12.2.1	示范区标志	具有鲜明独特的示范区标志	△	6
12.2.2	质量目标、质量方针或口号	有明确的质量目标,有鲜明的质量方针或口号,为全体员工所熟知。抽查员工,掌握率不足50%的,不得分;掌握率50%以上的,酌情给分;全部掌握的,给10分	△	10
12.2.3	员工服饰与服务	员工服饰应地方化、民族化、专业化,佩带工牌,举止文明,热情大方。特点服饰5分,佩带工牌2分,服务态度3分	△	10
12.3	游客中心			40
12.3.1	位置合理	设在游客集中活动的区域	△	5
12.3.2	造型、色彩、外观与景观相协调		△	5
12.3.3	面积	70 m^2 以上	△	5
		50 m^2 以上		3
		20 m^2 以上		2
12.3.4	设施与服务			25
12.3.4.1	提供本区宣传资料	游客能在此获取本区典型种类的宣传资料,种类不齐者不计分,无生态环保资料者扣分	△	5
12.3.4.2	提供咨询服务			5
12.3.4.2.1	有专人	设有专门咨询岗位,职责明确	△	2
12.3.4.2.2	设电脑触摸屏	需在游客中心内部设置	√	2
12.3.4.2.3	设电话咨询	公布电话号码,且有咨询服务。如提供电话,却不提供服务的,不得分	√	2
12.3.4.3	提供游程信息服务			5
12.3.4.3.1	提供游程线路图等		√	2
12.3.4.3.2	提供游客流量变化信息		√	2

表 B.1（续）

序号	项　目	工作要求与评定标准	项目类型	分值
12.3.4.3.3	提供节目预告服务		√	2
12.3.4.4	提供导游(讲解)服务			5
12.3.4.4.1	安排导游(讲解)员	公布本区的所有导游人员及导游语种	△	3
12.3.4.4.2	有影视介绍系统	需在游客中心内设置	△	3
12.3.4.5	提供游客休息设施	数量与区的接待规模相适应，档次与本区总体档次相适应的，酌情给分	△	5
12.4	投诉与处理			15
12.4.1	投诉处理制度健全		△	3
12.4.2	人员		△	3
	专职			3
	兼职			1
12.4.3	设备(指电话、信箱等)		△	3
	专用			3
	兼用			1
12.4.4	档案记录		△	3
	完善			3
	一般			1
12.4.5	处理效果好	一般抽查处理记录，重大投诉了解投诉人反馈意见	△	3
12.4.6	近三年内发生重大质量投诉，得负分	查询有关行政管理部门和示范区自身记录。凡涉及到对旅游者人身侵犯和健康损害的旅游投诉，均视为重大质量投诉	×	−15
12.5	特殊人群服务项目	包括残疾人轮椅、盲道、无障碍设施等(不含残疾人厕所、厕位)，老年人使用的拐杖，儿童使用的童车、玩具等。查看服务指南与相关设施，每项得2分	△	10
12.6	通过第三方认证			30
12.6.1	通过ISO 9000族质量保证体系认证	通过认证并获得认证证书的，得10分；已与专门咨询机构签约，并已缴纳咨询费用，已开始进行相关培训的，得5分	√	10
12.6.2	通过ISO 14000族环境管理体系认证	通过认证并获得认证证书的，得20分；已与专门咨询机构签约，并已缴纳咨询费用，已开始进行相关培训的，得12分	√	20
12.7	科研	在生态、环保、历史、文化等方面开展科研活动		30
12.7.1	机构	有专门机构，有专职人员	√	10
12.7.2	成果	有国家级成果、有地方级成果、成果形式多	√	10
12.7.3	效果	科研成果能有效指导实际工作，科研成果表现形式好主要的生物地学景观设计科学，解说词	△	10
			本项得分	

表 B.1（续）

序号	项　目	工作要求与评定标准	项目类型	分值
13	培训与教育			100
13.1	宣传教育	采用多种方式对旅游者进行生态环境保护的宣传教育		30
13.1.1	方式	小册子、电视、多媒体、提示牌等，每一种方式得2分	√	10
13.1.2	内容	科学、准确、生动	△	10
13.1.3	组织	成立旅游者志愿服务组织	√	10
13.2	旅游者引导行为			30
13.2.1	鼓励旅游者主动收集垃圾	有制度、有组织	√	10
13.2.2	约束并惩罚破坏环境行为	有制度、有措施	√	10
13.2.3	组织并引导旅游者开展其他建设环境行为	方式多、参与性强、实际效果好	√	10
13.3	导游培训	全面掌握生态旅游知识及本示范区知识，讲解科学、准确、生动	△	10
		达标率80%		10
		达标率60%		5
13.4	培训			30
13.4.1	培训制度、机构、人员、经费明确、落实	每一项不落实，扣2分	△	10
13.4.2	年度培训范围	查看年度计划及实施记录		10
	管理人员全面培训		△	5
	服务人员全面培训		√	5
13.4.3	培训效果	抽样检查员工，考查其业务	√	10
	很好	回答流利、正确、全面		10
	一般	回答基本正确		5
分数合计				2 000
必备项目				1 138
选择项目或层级项目				862
禁止或反对项目				335
评定实得分数总计				

附 录 C
（资料性附录）
国家生态旅游示范区游客满意度调查

C.1 工作要求

C.1.1 示范区提供多样性的生态旅游活动，保障自然与文化旅游产品的真实性，为游客提供亲近自然和了解当地文化、社区的机会，提高游客的游览体验。

C.1.2 示范区以负责、适度、环保、节约的理念规范旅游行为、引导消费。

C.1.3 提供高质量的解说服务，确保每个游客都能获得解说机会。游客投诉渠道通畅，有专人负责处理游客投诉，投诉处理率达到100%，档案记录完整。

C.1.4 示范区每年收集大于300份的游客调查问卷，并咨询旅游代理商的意见，对所反映的问题进行反馈式管理，提出书面整治措施。

C.1.5 上述工作纳入示范区动态管理。该表纳入评定工作内容，由评定工作组具体确定样本量。

C.2 游客满意度调查表

生态旅游是目前方兴未艾的一种旅游方式，越来越多的人为了感受大自然，体验新生活而进入了生态旅游的行列。为了更好的了解您的想法和感受，不断地改进我们的服务，丰富我们的产品，提升您的旅游体验，我们准备了以下问题，旨在了解您对生态旅游的感受和建议。

为了保证调查的真实性，本问卷完全以不记名的形式进行。问卷中所涉及的个人资料，仅为统计之用，不会用于其他目的，因此希望您如实填写。在此对您的参与和配合表示衷心感谢！

××××国家生态旅游示范区评定机构

××××年××月××日

1. 您的性别：

(1) 男 (2) 女

2. 您的年龄：

(1) ≤18岁 (2) 18～39岁 (3) 40～49岁 (4) 50～59岁 (5) ≥60岁

3. 您的学历：

(1) 小学及以下 (2) 初中 (3) 高中(含中专、中技) (4) 大学(含大专)及以上

4. 您的职业：

(1) 工人 (2) 公司职员 (3) 党政干部及公务员 (4) 企事业管理人员 (5) 商贸服务人员 (6) 私营业主 (7) 专业技术人员 (8) 文教卫新闻出版人员 (9) 学生 (10) 离退休人员 (11) 其他

5. 您的月收入：

(1) 1 000元以下 (2) 1 000～2 000元 (3) 2 000～5 000元 (4) 5 000～8 000元 (5) 8 000元以上

6. 您在一年中出游的次数：

(1) 1次 (2) 2次 (3) 3次 (4) 4次及以上

7. 您此次出游是通过：

(1) 旅行社 (2) 自驾车 (3) 单位组织 (4) 其他

8. 您认为该旅游区的生态环境：

(1) 非常好 (2) 好 (3) 一般 (4) 差 (5) 非常差

9. 您认为该旅游区的活动：

(1) 非常丰富 (2) 丰富 (3) 一般 (4) 少 (5) 非常少

10. 您在该旅游区范围内：

(1) 发现有人出售野生动物制品 (2) 没有发现出售野生动物制品

11. 您认为旅游区内的水：

(1) 非常清澈 (2) 清澈 (3) 一般 (4) 混浊 (5) 非常混浊

12. 您认为旅游区内的空气：

(1) 很清新 (2) 清新 (3) 一般 (4) 差 (5) 很差

13. 您认为旅游区内的噪声：

(1) 很小,几乎感受不到 (2) 有,但可以接受 (3) 有,无法忍受

14. 您认为旅游区的景观：

(1) 很美 (2) 美 (3) 一般 (4) 差 (5) 很差

15. 您认为旅游区内的道路交通标示：

(1) 很合理 (2) 基本合理 (3) 一般 (4) 不合理 (5) 很不合理

16. 您认为旅游区内的餐饮：

(1) 很好,很有特色 (2) 好,但特色不足 (3) 一般 (4) 差,基本没有特色 (5) 很差,毫无特色

17. 您认为旅游区内的住宿设施(如没有住宿请跳过此题)：

(1) 很好,很有特色 (2) 好,但特色不足 (3) 一般 (4) 差,基本没有特色 (5) 很差,毫无特色

18. 您认为旅游区内的旅游商品：

(1) 很好,很有特色 (2) 好,但特色不足 (3) 一般 (4) 差,基本没有特色 (5) 很差,毫无特色

19. 您认为旅游区内的服务：

(1) 很好 (2) 好 (3) 一般 (4) 差 (5) 很差

20. 您认为在旅游区内当地人的态度：

(1) 非常友好 (2) 友好热情 (3) 一般 (4) 不太友好 (5) 很不友好,很冷漠

21. 您认为在旅游区内感觉：

(1) 很安全 (2) 安全 (3) 一般,没什么感受 (4) 不太安全 (5) 很不安全

22. 您认为在旅游区内寻找厕所：

(1) 很方便,随时可以找到 (2) 基本方便,稍加注意即可找到 (3) 不太好找 (4) 很不方便,很难找

23. 您认为旅游区内的导游服务(如没有聘用过导游,请直接跳到第25题)：

(1) 讲解很好,服务到位 (2) 讲解较好,服务到位 (3) 讲解一般,服务一般 (4) 讲解较差,服务较差 (5) 讲解很差,服务很差

24. 您在旅游过程中,导游是否以适当的方式向您提出旅游过程中的环保节约理念：

(1) 是 (2) 否

25. 如果有提出,您：

(1) 非常乐意接受,也做到了 (2) 可以接受,基本做到 (3) 说不清楚 (4) 不愿接受,那样做太麻烦 (5) 非常不愿意接受,环保与我无关

26. 您是通过何种途径了解旅游区的信息的：

(1) 亲友、同事介绍 (2) 报纸杂志 (3) 电视广告 (4) 互联网 (5) 其他

27. 您认为旅游区的投诉处理(如没有请跳过此题)：

(1) 处理及时,效果很好 (2) 处理及时,但效果不太好 (3) 处理不够及时,效果尚可 (4) 处理不够及时,效果也不好 (5) 投诉基本没有反馈

28. 您在旅游区旅游期间,是否深入体验了当地的文化：

(1)是 (2)否

29. 如果没有,您认为原因在于:

(1)没有时间和机会 (2)不知道该如何了解和体验 (3)当地人不愿意交流

30. 您对本旅游区的建议:

ICS 03.200
A 12

中华人民共和国国家标准

GB/T 26363—2010

民族民俗文化旅游示范区认定

Evaluation of national & folklore culture tourism attraction

2011-01-14 发布　　2011-06-01 实施

中华人民共和国国家质量监督检验检疫总局
中国国家标准化管理委员会 发布

前　言

本标准的附录 A 为资料性附录。

本标准由国家旅游局提出。

本标准由全国旅游标准化技术委员会归口。

本标准起草单位：国家旅游局规划发展与财务司、湖南省旅游局、中央民族大学、凤凰古城旅游有限公司、北京同和时代旅游规划设计院。

本标准主要起草人员：魏小安、张吉林、尚斌、窦群、付磊、徐万邦、叶文智、朱姝、吕宁。

引　　言

为指导和规范我国少数民族文化及汉族民俗文化旅游资源的保护传承和文化旅游区的经营管理，提高总体水平，促进地区发展，达到经济效益、社会效益和环境效益的统一，实现可持续发展，特制定本标准。

本标准的制定，以科学发展观为指导思想，主要是针对民族民俗文化旅游示范区的个性化特征以及在建设和管理中涉及的需要规范的要素，一般旅游景区建设管理中普遍适用的规范，不再赘述。

民族民俗文化旅游示范区认定

1 范围

本标准规定了民族民俗文化旅游示范区认定的依据、条件及要求。

本标准适用于集中体现民族、民俗文化表征且具备旅游功能特定区域的认定。

2 规范性引用文件

下列文件中的条款通过本标准的引用而成为本标准的条款。凡是注日期的引用文件，其随后所有的修改单(不包括勘误的内容)或修订版均不适用于本标准，然而，鼓励根据本标准达成协议的各方研究是否可使用这些文件的最新版本。凡是不注日期的引用文件，其最新版本适用于本标准。

GB 3095 环境空气质量标准

GB 3096 声环境质量标准

GB 3838 地面水环境质量标准

GB 8978 污水综合排放标准

GB/T 10001.1 标志用公共信息图形符号 第1部分:通用符号

GB/T 10001.2 标志用公共信息图形符号 第2部分:旅游休闲符号

GB/T 17775—2003 旅游区(点)质量等级的划分与评定

3 术语和定义

下列术语和定义适用于本标准。其他标准涉及的专业术语见附录A。

3.1

民族文化 national culture

各民族在发展过程中创造和传承的具有本民族特点的价值观念和行为模式，是特定民族创造物质财富与精神财富的能力，以及创造的物质财富和精神财富的总和，包括饮食、衣着、住宅、生产工具等物质文化内容，以及语言、文字、文学、科学、艺术、哲学、宗教、风俗、节日等精神文化内容。

3.2

民俗文化 folklore culture

居住于一定地域的特定人群在生活、生产和生存发展中所形成的行为习惯和文化现象，由历史沿袭而来，又在现实生活中生生不息，体现为具有鲜明地方特色的风俗、习惯、心态和制度等。

3.3

民族民俗文化旅游示范区 National & Folklore Culture Tourism Attraction

地理或行政边界相对明确，其民族、民俗文化具有特色性、集中性和代表性的旅游区；该区域在文化的传承与保护以及旅游的管理与服务等方面，在全国具有典型性和示范性。

4 认定

4.1 文化特殊性与保护

4.1.1 物质文化传承

4.1.1.1 有历史传承的公共建筑或公众活动场所。公共建筑或公共活动场所应布局集中，规模适宜，民族及地方特色突出，与周边环境协调，在全国具有典型性。

4.1.1.2 有突出反映当地风貌的传统民居群落。民居应普遍使用原生材料，采用传统工艺，沿袭传统居住方式，维修及时，形成一定规模，具有完整性。

4.1.1.3 有在民间流传下来的，形成一定共性的传统服装和饰物。服装和饰物应充分展示民族及地方传统服饰文化，全面体现真实性。

4.1.1.4 充分利用当地资源，生产和制作能真实体现民族和地方文化的物产，包括农副土特产品、民间工艺品和旅游纪念品等，品种丰富多样。

4.1.1.5 有民间传承的特色饮食形式。能深入挖掘传统饮食文化资源，培育展示当地饮食文化精华，提供深度体验性。

4.1.1.6 区内的旅游交通应采用传统运输方式和工具，能充分展现当地特色，具有很强的趣味性。

4.1.1.7 采用多种表现形式展示传统生产方式，生产方式能与日常生活紧密相联，形成广泛的参与性。

4.1.2 非物质文化传承

4.1.2.1 有完整的民族语言文字系统或其他独特的文化符号系统，形成本区的文化基础，有突出的标识性，有具体的表现形式。

4.1.2.2 有以口头形式流传和保存的民间文学和艺术形式，内容丰富，风格多样，在全国具有重要地位。

4.1.2.3 有以风俗习惯形式流传和保存的传统节日和庆典活动，特色突出，生动活泼，参与性强，形成一定影响力。

4.1.2.4 结合当地自然条件和风俗传统，挖掘形成各类体育游戏和文化娱乐形式，能结合旅游者需求，转化为旅游体验项目。

4.1.3 资源价值

4.1.3.1 有唯一存世或稀缺性高的文化项目或文化景观，具有较高的旅游价值。

4.1.3.2 有已经评定的遗产类资源，如记忆遗产、档案遗产、农业遗产等，或处于世界自然遗产、世界文化遗产、世界地质公园等遗产区域范围内等。

4.1.3.3 有人文与自然结合良好的独特景观，以及当地居民生产与生活融合较好的特有景观。

4.1.3.4 有已经确定的高等级文物，保护完好。

4.1.3.5 基于历史文化传承，形成“文化之乡”或“历史文化名镇(村)”及类似的品牌。

4.1.3.6 基于自然环境和历史传承，形成“物产之乡”及类似的品牌。

4.1.4 文化保护

4.1.4.1 居民热爱并珍重自身文化，形成普遍的保护意识，无破坏文化遗产的行为。

4.1.4.2 有明确、完整、有效的文化保护制度。

4.1.4.3 对文化传承人实施有效保护，特定的民族传统和民俗文化形态后继有人。

4.1.4.4 面向当地居民开展系统性的文化培训，应进行年度培训。

4.1.4.5 有一定比例的资金专门用于文化保护，并以多种渠道开拓其他保护资金来源。

4.1.4.6 应严格保护当地文化得以形成的自然生态与人文生态环境，措施得力，效果明显。

4.1.4.7 区内传统建筑群落保留完整，保护完好，外观风格一致。

4.1.4.8 新建社区与老社区相互分离，体现出文化的传承性。

4.1.4.9 有收集和展示民族、民俗文化的博物馆或展览馆，建筑形式与当地环境协调，馆藏丰富，展示形式多样，有专门的讲解员。

4.2 规划与建设

4.2.1 规划

4.2.1.1 遵循先规划，后建设的原则。

4.2.1.2 根据发展的需要，及时制定总体规划、保护规划、建设规划和专项规划等，各类规划相互统筹。

4.2.1.3 各类规划由符合资质和专业要求的单位编制。

4.2.1.4 各类规划遵循保护优先、整体优化、特色突出、市场导向、控制容量等原则。

4.2.1.5 社区代表参与规划编制,规划成果应征求和吸纳社区居民的意见和建议。

4.2.1.6 各类规划的审批符合相应的程序。

4.2.1.7 各类规划的实施严格有效。

4.2.2 建设

4.2.2.1 各类建设应严格遵循相关规划要求,无违反规划的建设和活动。

4.2.2.2 各类建设按照循环经济的要求,充分利用各类原生的生产和生活资料,体现可持续发展的原则。

4.2.2.3 区内禁止"建设性破坏",应最大程度地减少新建设施,多利用和改造即有设施。

4.2.2.4 对传统建筑的修复,遵循修旧如初的原则。采用原有材料,使用原有技术,达到原有效果。需要使用现代建筑材料的建筑,应保持传统风貌。

4.2.2.5 区内旅游基础设施和服务设施的建设,符合历史传统风格,体现地方特色,与周边环境协调。

4.2.2.6 最大限度地提高植被覆盖率,绿化植物的使用种类符合当地环境要求及历史传统。

4.3 经营管理与服务

4.3.1 社区参与

4.3.1.1 向社区居民定期宣传和通报旅游业发展情况,听取和合理采纳社区居民对旅游发展的意见和建议。

4.3.1.2 将传统文化和社区礼仪作为区内学校教育和成人教育的组成部分。

4.3.1.3 采用制度化的手段,形成旅游经营者与社区和谐共建的有效机制。

4.3.1.4 采取各种渠道和方式,通过发展旅游业为社区居民创造更多的就业机会和事业发展机会。当地居民占旅游从业人员中的一定比例。

4.3.2 公共环境

4.3.2.1 社会秩序良好。

4.3.2.2 示范区居民对旅游者友好,并乐于提供帮助。

4.3.2.3 公共信息图形符号按 GB/T 10001.1 和 GB/T 10001.2 规定建设,设置合理,外观具有民族和地方文化特色,宜使用本地原生材质。

4.3.2.4 环境卫生符合 GB/T 17775—2003 中 5.2.4 的规定。

4.3.2.5 空气质量达到 GB 3095 的一类标准。

4.3.2.6 噪声质量达到 GB 3096 的一类标准。

4.3.2.7 地面水环境质量达到 GB 3838 的规定。

4.3.2.8 污水排放达到 GB 8978 的规定。

4.3.3 旅游管理与服务

4.3.3.1 有统一旅游管理机构,经营管理符合 GB/T 17775—2003 中 5.3.7 的规定。

4.3.3.2 对社区居民开展旅游知识和服务培训,有专门机构及专职人员,制度健全,经费落实,培训效果好。

4.3.3.3 向旅游者明确提示尊重当地信仰和禁忌,有效处理相关争议。

4.3.3.4 测算游客容量,有高峰应急预案。

4.3.3.5 旅游安全管理符合 GB/T 17775—2003 中 5.2.3 的规定。

4.3.3.6 游览服务符合 GB/T 17775—2003 中 5.2.2 的规定。

4.3.3.7 旅游购物符合 GB/T 17775—2003 中 5.2.6 的规定。

4.3.3.8 旅游市场意识强,有专门旅游营销机构及专业人才,经费有保障,营销方式多样,注重营销绩效。

4.3.3.9 旅游市场形象好,知名度高,有全国性影响。

5 认定与复核

5.1 对申报认定的区域进行资料和文件审核，并经现场考察后提交审核报告。现场考察工作，应吸收所在地区的有关部门参与。

5.2 对审核合格的区域进行审批，授予“民族民俗文化旅游示范区”称号。

5.3 通过认定的示范区可使用“民族民俗文化旅游示范区”的称号和标志。

5.4 对授予“民族民俗文化旅游示范区”称号的区域实施动态管理，定期组织复核。对获得“民族民俗文化旅游示范区”称号后，放松管理，致使民族、民俗文化受到破坏和旅游服务质量下降，不再符合本标准的区域，提出限期整改要求或取消其称号。

附 录 A
（资料性附录）
条 目 释 义

A.1 民族：人们在长期历史发展过程中形成的具有共同地域、共同经济、共同语言以及由共同文化产生的共同心理素质的稳定的共同体。

A.2 民俗：居住于一定地域的特定人群在生活、生产和生存发展中所形成的行为习惯。民俗的内容非常广泛，体现在生活的各方面。传统民俗比较重要的组成部分有：服饰、居住、饮食习俗，生产、旅行习俗，交易习俗，婚姻、丧葬习俗，姓名、称谓习俗，人际交往习俗，岁时、节日习俗，信仰、人生礼仪习俗、禁忌习俗，游艺、娱乐习俗，结盟、议事习俗，财产分配、继承习俗等。

A.3 文化：是人类在历史发展过程中所获得的创造精神财富和物质财富的能力，以及所创造的物质产品和精神产品的综合。文化具有地域性、民族性、时代性、群体性、阶级性等特点。

A.4 服饰：是服装和人体装饰品的合称。它一般被认为是民族成员的外在标识。服饰按不同的标准可以有不同的分类。按性别、年龄、季节、制作材料、社会角色、历史分期、婚姻状况及着装部位可分为不同的类型。有个别民族曾经或仍存在有纹身、纹面的习俗亦归于此类。

A.5 居住（民居建筑）：是当地居民按照祖先流传下来的模式或方式建造的适合当地地理环境和文化传统的各式建筑。建筑一般被认为是凝固的音乐、石头的史书和民族区域性的标志。本文件所说的“建筑”主要强调它属于造型艺术的意义，以及在建房过程中的仪式活动和民居内部的使用格局。我国民族建筑大致有以下类型：按其功能可分为宗教建筑、民居建筑、宫廷建筑、城垣建筑、园林建筑、装饰性建筑、生产型和生活建筑、陵墓建筑等；按建筑的形制、格局和材料可分为四合院、窑洞、干栏式、吊脚楼、竹楼、船型屋、可移动的篷帐类民居、半地穴室、木楞房、土掌房、土楼、碉楼、碉房、石板房等等。

A.6 公共建筑：是指在一定社区内供群众集会、议事、娱乐和迎宾等公共活动的场所。例如：侗族的鼓楼、风雨桥、戏台，苗族的踩谷场，京族的哈亭，傣族的井塔，汉族地区的书院。

A.7 饮食文化：饮食文化应包括主食、副食、面塑、食雕、调味品、炊具、餐饮具、食品制作、食品储存、茶文化、酒文化、饮食礼仪、饮食方式、饮食环境、节日食品、风味食品、礼仪食品、酒歌、食疗、酒疗等。

A.8 交通工具及设施：主要指民族地区特有的交通工具与设施。例如：羊皮筏子、牛皮船、桦皮船、竹伐、雪橇、勒勒车（木制大轮车）、古栈道等。

A.9 物产：指当地的土特产和特有的手工艺产品。

A.10 传统生产方式：指当地群众自古以来所从事的经济、生计行业。大致可分为：渔猎、畜牧、农耕、商业。在农业中还包括园艺、养殖、特殊的药材种植。

A.11 文物：由各级政府所确认的文物保护单位，以及在少数民族地区具有悠久历史和文化艺术价值的物品。

A.12 节日：节日是具有周期性及相对稳定的活动内容和地域范围的特殊日子。它是全面、综合展示民族文化的窗口和舞台。在该文件中主要指民族、民间传统节日，节日一般可分为生产性节日、宗教祭祀性节日、纪念庆典性节日、社教娱乐性节日和新产生的节日。

A.13 礼仪：主要指长期流传在民间的礼节、仪式。大致可分为：人生过渡礼仪（诞生礼、周岁礼、成年礼、婚礼、寿礼、丧葬礼），生活交际礼仪（待客礼、迎宾礼、祝贺礼、结盟或结拜礼）。在旅游活动中可以展示的有恋爱方式、婚礼以及历史上遗留下来的丧葬形式，如：船棺葬、悬棺葬、灵塔葬。假如遇到的话可以旁观汉族地区的安葬仪式和藏族地区的天葬。

A.14 艺术：主要指流传在民间的各民族的音乐、歌舞、戏剧、曲艺、美术等艺术形式。例如：蒙古族的好来宝、皮影戏、花灯系、彩调、年画等。

A.15 循环经济：指的是对当地资源进行类似于生物链似的循环利用。例如：粪便可做沼气、肥料；藏族牧区牛粪可做燃料等。

A.16 信仰:主要指各种人为宗教信仰和原始宗教信仰。在旅游活动中可供观览的是宗教建筑、宗教活动、宗教节日、宗教仪式、宗教艺术。

A.17 禁忌:指除具有特殊身份的人物之外,一般人不能随意接触和从事的事务及活动。与禁忌相反的在民间存在大量的吉祥崇尚习俗。例如:彝族崇尚黑色和老虎,蒙古族崇尚白色和骏马,赫哲族崇尚天鹅和鹿,哈萨克族崇尚雄鹰,壮族崇尚青蛙,苗族崇尚蝴蝶,藏族崇尚神山、神湖等等。

A.18 传统工艺:主要指长期流传在民族、民间的工艺品及其制作技艺。例如:漆器、木器、竹器、陶器、竹编、蔑编、草编、藤编、贝雕、刺绣、堆绣、剪纸、泥塑、织锦、织毯、蜡染、扎染、玉雕、石雕、椰雕、砖雕、葫芦雕、首饰加工、造纸、酿酒、乐器制作、桦皮工艺、制革、唐卡(藏族卷轴画)、宗教造像等。

A.19 体育游戏:主要指流传在少数民族、民间的健身游戏活动方式。例如:侗族的抢花炮;苗族的赛龙舟、斗牛、斗马;蒙古族和藏族的赛马、摔交、射箭;朝鲜族的跳板;畲族、回族、傣族的武术;哈萨克族的叼羊;达斡尔族的曲棍球;汉族地区的抖空竹、放风筝、打陀螺以及广泛存在于少数民族地区的各种秋千等等。

A.20 特有景观:指的是在该旅游区内存在的由于自然原因和地址原因形成的特有的、独一无二的,具有旅游价值和被赋予特殊文化内涵的景观。例如,神湖、神山、阴阳石、白水台等。

ICS 03.200
A 12

中华人民共和国国家标准

GB/T 26364—2010

旅游汽车公司资质等级划分

Qualification and gradation on tourist coach companies

2011-01-14 发布　　2011-06-01 实施

中华人民共和国国家质量监督检验检疫总局
中国国家标准化管理委员会　发布

前　言

本标准由国家旅游局提出。

本标准由全国旅游标准化技术委员会归口。

本标准起草单位：中国旅游车船协会、北京首汽集团股份有限公司、上海锦江汽车服务有限公司、广州广骏旅游汽车企业集团有限公司、广西桂林旅游服务有限公司。

本标准主要起草人：齐平书、何红琳、简庆森、崔寒松、丁娜娜。

引　言

旅游汽车公司承担着在旅游过程中输送游客的重要职能，其服务关乎到旅游业的整体质量、游客的生命财产安全和对旅游的综合满意度，本标准旨在通过对旅游汽车公司的资质等级进行划分，更好地在旅游者和用户中确立旅游汽车公司的服务水平和企业形象，促使旅游汽车公司提供高质量、规范化的产品和服务。

旅游汽车公司资质等级划分

1 范围

本标准规定了旅游汽车公司资质等级的标志、等级的划分条件。

本标准适用于开展旅游客运业务的汽车公司的资质等级划分、评定与复核。

2 规范性引用文件

下列文件中的条款通过本标准的引用而构成为本标准的条款。凡是注日期的引用文件，其随后的所有修改单(不包括勘误的内容)或修订版均不适用于本标准，然而，鼓励根据本标准达成协议的各方研究是否可使用这些文件的最新版本。凡是不注日期的引用文件，其最新版本适用于本标准。

GB 7258 机动车运行安全技术条件

GB/T 18344 汽车维护、检测、诊断技术规范

GB 18565 营运车辆综合性能要求和检验方法

3 术语和定义

下列术语和定义适用于本标准。

3.1

旅游汽车公司 tourist coach company

为旅游团队(者)提供道路交通运输服务的企业。

3.2

服务质量监督卡 service quality supervision card

旅游汽车公司向旅游者、导游和陪同人员发放的对于各方面服务进行调查的一种卡片，由公司回收后对于服务质量进行评测。

3.3

绿色经营 green operation

采用有利于环境保护的措施，促进可持续发展的经营方式。

4 等级标志

旅游汽车公司资质等级从高到低划分为五星级、四星级、三星级、二星级、一星级五个等级。

5 等级划分

5.1 五星级旅游汽车公司

5.1.1 经营条件

5.1.1.1 营运车辆总数不少于300辆，其中五星级车辆不少于30%，四星级车辆不少于40%。

5.1.1.2 办公和营业场所的使用面积总和不低于3 000 m^2，营业区域环境舒适，格调高雅。

5.1.1.3 有固定的车辆停放场所和维护场所，且安全和消防等符合规定。

5.1.1.4 具有与车队规模相匹配的驾驶员队伍，驾驶员中安全行车20万公里以上的不少于30%。

5.1.1.5 高级管理人员具有从事本行业经营管理工作5年以上或经济管理工作10年以上的经历。

5.1.1.6 至少有五名具有中级或以上职称的财务人员，其中至少两名拥有高级职称或注册会计师从业资格。

5.1.1.7 企业中有专业技术职称的人员不少于30%，其中至少两名有高级职称；相应岗位的专业技术人员数量充足，资质合格，满足经营需要。

5.1.1.8 具有完备的管理制度、运营规范和技术规范。

5.1.2 **经营业绩**

5.1.2.1 近三年年均接待旅游者30万人次以上，或者近三年年均旅游客运行驶总里程不少于800万公里。

5.1.2.2 近三年年均旅游客运收入3 000万元人民币以上。

5.1.2.3 近三年获得过国家级荣誉称号。

5.1.2.4 近三年均通过工商年检和交通运输部门的相关检查，未受到相关部门的处罚。

5.1.3 **运营管理**

5.1.3.1 企业形象识别系统鲜明独特，并在相关营业场所、车体和媒介上统一使用。

5.1.3.2 营业场所能提供精美的业务资料及公司材料供客户查阅。

5.1.3.3 与客户全面订立服务合同，执行情况良好。

5.1.3.4 能运用电话、传真、网络等多种方式为客户提供咨询和预订服务。

5.1.3.5 拥有本企业独立的网站并有多语种页面，具备网上预订和支付功能，信息准确，更新及时，可靠性高。

5.1.3.6 有先进的车辆调度和管理系统。

5.1.3.7 有先进的卫星导航和行车记录仪等车辆状态跟踪系统。

5.1.3.8 与员工全面签订劳动合同，按时支付员工工资，缴纳社会保险。

5.1.3.9 接待人员和驾驶员统一着装，服饰高雅，佩戴员工标识和岗位标牌。

5.1.3.10 合规经营，未要求业务人员和驾驶员垫付团款，未收取不合理费用。

5.1.3.11 拥有先进的客户关系管理系统、企业管理信息系统和预订系统等，信息化程度高。

5.1.3.12 实行全员培训制度并有经费保证，参加旅游客运业务培训活动，考核通过率不低于95%。

5.1.3.13 财务制度健全，管理规范，执行良好。

5.1.3.14 严格执行核定的收费标准，无滥收费和欺客宰客行为。

5.1.3.15 设有24小时应急处理和投诉电话，工作有效。

5.1.3.16 绿色经营、节能减排和降低物料消耗措施普遍推行。

5.1.4 **服务要求**

5.1.4.1 车型和服务项目丰富，能根据客户要求提供定制化的接待与运输服务。

5.1.4.2 接待人员注重礼仪、业务熟悉、报价和线路准确，对客服务满意度高。

5.1.4.3 接待人员能以普通话和常用外语向顾客提供咨询、接待、签订合同、付款、紧急救援等服务。

5.1.4.4 驾驶员能用普通话向客人提供服务，不少于10%的驾驶员能够使用简单外语向客人提供服务。

5.1.4.5 调度人员与相关人员衔接顺利，派人派车及线路安排准确无误。

5.1.4.6 驾驶员取得相关车型的驾驶证照，熟悉汽车车型、驾驶技能、操作规程及简单维护。

5.1.4.7 出车前车检合格，各种设备运行正常；车辆清洁卫生合格。

5.1.4.8 接待计划周密，车辆提前到达乘车地点迎接客人；客人参观游览或参加其他活动期间，驾驶员人不离车进行相关准备工作并对车辆进行必要的清理。

5.1.4.9 驾驶员严格遵守交通法规，驾驶技术熟练，行车平稳，确保乘客舒适和行车安全。

5.1.4.10 驾驶员与陪同人员积极配合，按日程计划和线路完成接待任务；遇有特殊情况，能与相关人员协商妥善处理，确保服务质量。

5.1.4.11 有发生紧急情况的处理预案和处置措施。

5.1.4.12 有专门的部门或人员提供紧急救援服务。

5.1.4.13 有游客遗留物品提醒和遗留物品处理措施。

5.1.4.14 及时向游客和陪同人员发放质量监督卡，获取客户意见。

5.1.4.15 每季度对客户进行适当规模的回访和质量反馈，且有记录的客户满意率不低于95%。

5.1.4.16 近三年中，每年接到客户的有效投诉不超过当年组织和接待人次的五万分之一。

5.1.4.17 对旅游者、导游人员及其他人员的投诉及时答复，经核实处理后满意度高。

5.1.4.18 游客抽样调查满意度很高。

5.1.5 车辆管理

5.1.5.1 按照车队或班组分级管理，车有专人、人有专责。

5.1.5.2 设立车辆技术档案，对技术状况、设备设施、维护修理、部件更换、运行情况、重大行车、机件事故等作详细记载。

5.1.5.3 有定期和不定期的检查制度，确保出车状态良好，车辆符合 GB 18565 的相关要求。

5.1.5.4 设有专门的修理场(车间)，配备技术维修人员，对维修后的车辆应按检验程序进行交接验收，符合 GB/T 18344 的相关要求。

5.1.5.5 车辆维护严格按照规定执行，符合 GB 7258 的相关要求；可结合设备能力和技术力量制定维护规范、工艺过程、检验步骤的实施细则。

5.1.5.6 有在途车辆故障应急处理制度和技术手段，确保不耽误游客行程，减少给客户造成的损失。

5.1.5.7 车辆完成任务后有例行的检查和入库维护制度，提高车辆状态和使用效率。

5.1.6 安全要求

5.1.6.1 设有安全管理机构，岗位责任制落实明确；高级管理人员中有专人分管安全工作；配备专职人员进行安全宣传教育、安全监督检查、处理安全事故。

5.1.6.2 各项安全管理规章制度、监督检查制度和安全奖惩制度健全、落实。

5.1.6.3 所有车辆经当地公安交通管理部门检查合格，符合 GB 7258 要求。

5.1.6.4 公司有定期和不定期的安全培训，对员工进行交通法规、安全管理、遵章守纪、安全经营等方面的教育。

5.1.6.5 所有驾驶员经过专业培训并通过相关考核。

5.1.6.6 驾驶员具有3年以上驾驶经验，没有发生过重大和特大交通事故。

5.1.6.7 驾驶员和业务人员了解旅游安全事故处理程序，对意外事故能妥善处理。

5.1.6.8 对驾驶员和相关人员有动态的管理措施，能从思想、生活、技术等方面严控事故征兆。

5.1.6.9 公司近五年未出现重大安全事故、未受过行政处罚、未发生造成恶劣社会影响的群体性事件。

5.1.6.10 有相应的事故防范措施，能在事故后及时查找原因并有改进措施。

5.2 四星级旅游汽车公司

5.2.1 经营条件

5.2.1.1 营运车辆总数不少于200辆，其中五星级车辆不少于20%；四星级车辆不少于30%。

5.2.1.2 办公和营业场所的使用面积总和不低于2 000 m^2，营业区域环境舒适。

5.2.1.3 有固定的车辆停放场所和维护场所，符合安全和消防等规定。

5.2.1.4 具有与车队规模相匹配的驾驶员队伍，驾驶员中安全行车20万公里以上的不少于20%。

5.2.1.5 高级管理人员具有从事本行业经营管理工作5年以上或经济管理工作8年以上的经历。

5.2.1.6 至少有三名具有中级或以上职称的财务人员，其中至少一名拥有高级职称或注册会计师从业资格。

5.2.1.7 企业中有专业技术职称的人员不少于20%，其中至少一名有高级职称；相应岗位的专业技术人员资质合格，满足经营需要。

5.2.1.8 具有较为完备的管理制度、运营规范和技术规范。

5.2.2 经营业绩

5.2.2.1 近三年年均接待旅游者20万人次以上,或者近三年年均旅游客运行驶总里程不少于500万公里。

5.2.2.2 近三年年均旅游客运收入2 000万元人民币以上。

5.2.2.3 近三年获得过省级荣誉称号。

5.2.2.4 近三年均通过工商年检和交通运输部门的相关检查,未受到相关部门的处罚。

5.2.3 运营管理

5.2.3.1 企业形象识别系统鲜明,在相关营业场所、车体和媒介上统一使用。

5.2.3.2 营业场所能提供公司宣传品和相关材料供客户查阅。

5.2.3.3 与客户全面订立服务合同,执行情况良好。

5.2.3.4 能运用电话、传真、网络等多种方式为客户提供咨询和预订服务。

5.2.3.5 拥有本企业独立的网站并有多语种页面,具备网上开展业务的功能。

5.2.3.6 有适用的车辆调度系统和管理系统。

5.2.3.7 有卫星导航和行车记录仪等车辆状态跟踪系统。

5.2.3.8 与员工全面签订劳动合同,按时支付员工工资,缴纳社会保险。

5.2.3.9 接待人员和驾驶员统一着装,衣着得体,佩戴员工标识和岗位标牌。

5.2.3.10 合规经营,未要求业务人员和驾驶员垫付团款,未收取不合理费用。

5.2.3.11 拥有实用的客户关系管理系统、企业管理信息系统和预订系统等。

5.2.3.12 实行全员培训制度并有经费保证,参加旅游运输业务培训活动,考核通过率不低于90%。

5.2.3.13 财务制度健全,管理规范,执行良好。

5.2.3.14 严格执行核定的收费标准,无滥收费和欺客宰客行为。

5.2.3.15 设有24小时应急处理和投诉电话,工作有效。

5.2.3.16 有绿色经营、节能减排措和降低物料消耗措施。

5.2.4 服务要求

5.2.4.1 车型和服务项目多样,能满足团队和散客旅游运输服务需要。

5.2.4.2 接待人员注重礼仪、业务熟悉、报价和线路准确,对客服务满意度高。

5.2.4.3 接待人员能以普通话和常用外语向顾客提供咨询、接待、签订合同、付款、紧急救援等服务。

5.2.4.4 驾驶员能用普通话向客人提供服务,不少于8%的驾驶员能够使用简单外语向客人提供服务。

5.2.4.5 调度人员与相关人员衔接顺利,派人派车及线路安排准确度高。

5.2.4.6 驾驶员取得相关车型的驾驶证照,熟悉汽车车型、驾驶技能、操作规程及简单维护技能。

5.2.4.7 出车前车检合格,不存隐患,各种设备运行正常,清洁卫生合格。

5.2.4.8 接待计划周密,车辆提前到达乘车地点迎接客人;客人参观游览或参加其他活动期间,驾驶员应人不离车并进行相关服务准备工作。

5.2.4.9 驾驶员严格遵守交通法规,驾驶技术熟练,行车平稳,确保乘客舒适和行车安全。

5.2.4.10 驾驶员应与陪同人员积极配合,按日程计划和线路完成接待任务;遇有特殊情况,能与相关人员协商妥善处理,确保服务质量。

5.2.4.11 有发生紧急情况的处理预案和处置措施。

5.2.4.12 公司有专门人员提供紧急救援服务。

5.2.4.13 有游客遗留物品提醒和遗留物品处理措施。

5.2.4.14 及时向游客和陪同人员发放质量监督卡,获取客户意见。

5.2.4.15 每半年对客户进行适当规模的回访和质量反馈,且有记录的客户满意率不低于95%。

5.2.4.16 近三年中,每年接到客户的有效投诉不超过当年组织和接待人次的三万分之一。

5.2.4.17 对旅游者、导游人员及其他人员的投诉,及时答复,有效处理。

5.2.4.18 游客抽样调查满意度很高。

5.2.5 车辆管理

5.2.5.1 按照班组分级管理,车辆管理职责落实到人。

5.2.5.2 设有车辆技术档案,对技术状况、设施设备、维护修理、部件更换、运行情况、重大行车、机件事故等作详细记载。

5.2.5.3 有定期和不定期的检查制度,确保出车状态良好,符合 GB 18565 的相关要求。

5.2.5.4 设有修理车间,配备技术维修人员,对维修后的车辆应按检验程序进行交接验收,符合 GB/T 18344 的相关要求。

5.2.5.5 车辆维护严格按照规定执行,企业有相应的实施细则,符合 GB 7258 的相关要求。

5.2.5.6 有在途车辆故障应急处理制度和技术手段,不耽误游客行程,减少给客户造成的损失。

5.2.5.7 车辆完成任务后有例行的检查和入库维护制度,提高车辆状态和使用效率。

5.2.6 安全要求

5.2.6.1 设有安全管理机构,人员和岗位责任制明确落实。

5.2.6.2 各项安全管理规章制度、监督检查制度和安全奖惩制度健全、落实。

5.2.6.3 所有车辆经当地公安交通管理部门检查合格,符合 GB 7258 要求。

5.2.6.4 公司有定期和不定期的安全培训,对员工进行交通法规、安全管理、遵章守纪、安全经营等方面的教育。

5.2.6.5 所有驾驶员经过专业培训并通过相关考核。

5.2.6.6 驾驶员具有 3 年以上驾驶经验,没有发生过重大和特大交通事故。

5.2.6.7 驾驶员和业务人员了解旅游安全事故处理程序,对意外事故能妥善处理。

5.2.6.8 对驾驶员出车前有相应的管理措施,能从思想、生活、技术等方面严控事故征兆。

5.2.6.9 公司近三年未出现重大安全事故、未受过行政处罚、未发生造成恶劣社会影响的群体性事件。

5.2.6.10 有相应的事故防范措施,能及时查找事故原因并有改进措施。

5.3 三星级旅游汽车公司

5.3.1 经营条件

5.3.1.1 营运车辆总数不少于 100 辆,其中四星级车辆不少于 20%;三星级车辆不少于 30%。

5.3.1.2 办公和营业场所的使用面积总和不低于 1 000 m^2,营业区域适当装修。

5.3.1.3 有适当的车辆停放场所和相对固定的维护场所,符合安全和消防等规定。

5.3.1.4 具有与车队规模相匹配的驾驶员队伍,其中安全行车 20 万公里以上的不少于 10%,安全行车 10 万公里以上的不少于 20%。

5.3.1.5 高级管理人员具有从事本行业经营管理工作 3 年以上或经济管理工作 5 年以上的经历。

5.3.1.6 至少有 2 名具有中级或以上职称的财务人员。

5.3.1.7 企业中有专业技术职称的人员不少于 20%,其中至少两名有中级职称;相应岗位的专业技术人员满足经营需要。

5.3.1.8 具有较为完备的管理制度、运营规范和技术规范。

5.3.2 经营业绩

5.3.2.1 近三年年均接待旅游者 10 万人次以上,或者近三年年均旅游客运行驶总里程不少于 300 万公里。

5.3.2.2 近三年年均旅游客运收入 1 000 万元人民币以上。

5.3.2.3 近三年获得过地市级荣誉称号。

5.3.2.4 近三年均通过工商年检和交通运输部门的相关检查,未受到相关部门的处罚。

5.3.3 运营管理

5.3.3.1 有企业形象识别系统,并在相关营业场所、车体和媒介上统一使用。

5.3.3.2 营业场所能提供公司宣传品和相关材料供客户查阅。

5.3.3.3 与客户全面订立服务合同,执行情况较好。

5.3.3.4 能运用电话、传真、网络等多种方式为客户提供咨询和预订服务。

5.3.3.5 拥有本企业独立的网站,信息准确,更新及时。

5.3.3.6 能对车辆进行有效的调度和管理。

5.3.3.7 与员工全面签订劳动合同,按时支付员工工资,缴纳社会保险。

5.3.3.8 接待人员和驾驶员统一着装,佩戴员工标识和岗位标牌。

5.3.3.9 合规经营,未要求业务人员和驾驶员垫付团款,未收取不合理费用。

5.3.3.10 拥有实用的办公自动化和管理系统。

5.3.3.11 实行全员培训制度,参加旅游运输业务培训活动,考核通过率不低于80%。

5.3.3.12 财务制度健全,管理规范,执行较好。

5.3.3.13 严格执行核定的收费标准,无滥收费和欺客宰客行为。

5.3.3.14 设有24小时应急处理和投诉电话,工作有效。

5.3.3.15 有绿色经营、节能减排措和降低物料消耗措施。

5.3.4 服务要求

5.3.4.1 车型和服务项目能满足团队和客户旅游运输服务需要。

5.3.4.2 接待人员注重礼仪、业务熟悉、报价和线路准确,对客服务满意度较高。

5.3.4.3 调度人员与相关人员衔接顺利,派人派车及线路安排准确度高。

5.3.4.4 驾驶员取得相关车型的驾驶证照,熟悉汽车车型、驾驶技能、操作规程及简单维护技能。

5.3.4.5 出车前车检合格,不存隐患,各种设备运行正常,清洁卫生合格。

5.3.4.6 接待计划周密,车辆提前到达乘车地点迎接客人;客人参观游览或参加其他活动期间,驾驶员应人不离车并进行相关服务准备工作。

5.3.4.7 驾驶员严格遵守交通法规,驾驶技术熟练,行车平稳,确保乘客舒适和行车安全。

5.3.4.8 驾驶员应与陪同人员积极配合,按日程计划和线路完成接待任务;遇有特殊情况,能与相关人员协商妥善处理,确保服务质量。

5.3.4.9 有发生紧急情况的处理预案和处置措施。

5.3.4.10 驾驶员能联系到指定机构提供紧急救援服务。

5.3.4.11 有游客遗留物品提醒和遗留物品处理措施。

5.3.4.12 及时向游客和陪同人员发放质量监督卡,获取客户意见。

5.3.4.13 每半年对客户进行适当规模的回访和质量反馈,且有记录的客户满意率不低于90%。

5.3.4.14 近三年中,每年接到客户的有效投诉不超过当年组织和接待人次的二万分之一。

5.3.4.15 对旅游者、导游人员及其他人员的投诉能有效处理。

5.3.4.16 游客抽样调查满意度高。

5.3.5 车辆管理

5.3.5.1 车辆管理职责落实到人。

5.3.5.2 设有车辆技术档案,对车辆的技术状况、设施设备、维护修理、部件更换、机件事故等作详细记载。

5.3.5.3 有定期和不定期的检查制度,确保出车状态良好,符合GB 18565的相关要求。

5.3.5.4 有相对固定的修理厂进行车辆检修和维护,对维修后的车辆应按检验程序进行交接验收,符合GB 7258和GB/T 18344的相关要求。

5.3.5.5 有在途车辆故障应急处理制度和方法,减少对游客行程的影响。

5.3.5.6 车辆完成任务后有例行的检查和维护制度，提高车辆状态和使用效率。

5.3.6 安全要求

5.3.6.1 设有安全管理机构，人员和岗位责任制明确落实。

5.3.6.2 设立各项安全管理规章制度、监督检查制度和安全奖惩制度。

5.3.6.3 所有车辆经当地公安交通管理部门年度审查合格，符合 GB 7258 要求。

5.3.6.4 公司应有经常性的安全培训，对员工进行交通法规、安全管理、遵章守纪、安全经营等方面的教育。

5.3.6.5 所有驾驶员经过专业培训并通过相关考核。

5.3.6.6 驾驶员具有 2 年以上驾驶经验，没有发生过重大交通事故和特大交通事故。

5.3.6.7 有相应的事故防范措施，对驾驶员出车前有相应的管理措施，能从思想、生活、技术等方面严控事故征兆。

5.3.6.8 驾驶员和业务人员了解旅游安全事故处理程序，对意外事故能妥善处理。

5.4 二星级旅游汽车公司

5.4.1 经营条件

5.4.1.1 营运车辆总数不少于 50 辆，其中二星级以上车辆不少于 50%。

5.4.1.2 办公和营业场所的使用面积总和不低于 300 m^2。

5.4.1.3 具有与车队规模相匹配的驾驶员队伍，其中安全行车 10 万公里以上的不少于 20%。

5.4.1.4 高级管理人员具有从事本行业经营管理工作 2 年以上或经济管理工作 3 年以上的经历。

5.4.1.5 至少有 1 名具有中级或以上职称的财务人员。

5.4.1.6 专业技术人员能满足经营需要，至少一名有中级职称。

5.4.1.7 有全面的管理制度、运营规范和技术规范。

5.4.2 经营业绩

5.4.2.1 近三年年均接待旅游者 5 万人次以上，或者近三年年均旅游客运行驶总里程不少于 150 万公里。

5.4.2.2 近三年年均营业收入 500 万元人民币以上。

5.4.2.3 近三年均通过工商年检和交通运输部门的相关检查。

5.4.3 运营管理

5.4.3.1 车体上有明显的企业标识。

5.4.3.2 能向客户提供业务资料。

5.4.3.3 与客户全面订立服务合同。

5.4.3.4 能运用电话、传真等方式为客户提供咨询和预订服务。

5.4.3.5 拥有本企业的宣传网页。

5.4.3.6 能对车辆进行有效的调度和管理。

5.4.3.7 与员工全面签订劳动合同，按时支付员工工资，缴纳社会保险。

5.4.3.8 驾驶员衣着得体，干净整洁，佩戴员工标牌。

5.4.3.9 合规经营，未要求业务人员和驾驶员垫付团款，未收取不合理费用。

5.4.3.10 按照要求参加旅游运输业务培训。

5.4.3.11 财务制度健全，管理规范，执行良好。

5.4.3.12 严格执行核定的收费标准，无滥收费和欺客宰客行为。

5.4.3.13 设有 24 小时应急处理和投诉电话，工作有效。

5.4.3.14 有绿色经营的意识和措施。

5.4.4 服务要求

5.4.4.1 车型能满足团队和客户旅游运输服务需要。

5.4.4.2 接待人员注重礼仪、业务熟悉、报价和线路准确。

5.4.4.3 调度人员与相关人员衔接顺利,派人派车及线路安排准确度高。

5.4.4.4 驾驶员取得相关车型的驾驶证照,技术熟练,安全行车。

5.4.4.5 出车前车检合格,不存隐患,设备正常,清洁卫生。

5.4.4.6 车辆提前到达乘车地点迎接客人;客人参观游览或参加其他活动期间,驾驶员应人不离车并进行相关服务准备工作。

5.4.4.7 驾驶员应与陪同人员协调配合,按日程计划和线路完成接待任务,有特殊情况处理预案和相应措施。

5.4.4.8 驾驶员能联系到相关机构提供紧急救援服务。

5.4.4.9 有游客遗留物品提醒和遗留物品处理措施。

5.4.4.10 及时向游客和陪同人员发放质量监督卡,获取客户意见。

5.4.4.11 近三年中,每年接到客户的有效投诉不超过当年组织和接待人次的万分之一。

5.4.4.12 对旅游者、导游人员及其他人员的投诉能有效处理。

5.4.4.13 游客抽样调查满意度较高。

5.4.5 车辆管理

5.4.5.1 车辆管理职责落实到人。

5.4.5.2 设有车辆技术档案,对车辆的技术状况、设施设备、维护修理、运行情况、部件更换、机件事故等作详细记载。

5.4.5.3 有定期和不定期的检查制度,确保出车状态良好,车辆符合 GB 18565 的相关要求。

5.4.5.4 有相对固定的修理厂进行车辆检修和维护,对维修后的车辆应按检验程序进行交接验收,符合 GB 7258 和 GB/T 18344 的相关要求,车辆使用效率较高。

5.4.5.5 有在途车辆故障应急处理制度和技术手段,减少行程延误。

5.4.6 安全要求

5.4.6.1 安全管理人员和岗位责任制明确落实。

5.4.6.2 有相应的安全管理规章制度、监督检查制度和安全奖惩制度。

5.4.6.3 所有车辆经当地公安交通管理部门年度审查合格,符合 GB 7258 要求。

5.4.6.4 公司有定期的安全培训,对员工进行交通法规、安全管理、遵章守纪、安全经营等方面的教育。

5.4.6.5 所有驾驶员经过专业培训并通过相关考核。

5.4.6.6 驾驶员具有相应车型的驾驶经验,没有发生过重大和特大交通事故。

5.4.6.7 有相应的事故防范措施,对驾驶员出车前有相应的管理措施,能从思想、生活、技术等方面严控事故征兆。

5.4.6.8 驾驶员和业务人员了解旅游安全事故处理程序,对意外事故能按程序处理。

5.5 一星级旅游汽车公司

5.5.1 经营条件

5.5.1.1 营运车辆总数不少于 30 辆,其中一星级以上车辆不少于 50%。

5.5.1.2 办公和营业场所的使用面积总和不低于 200 m^2。

5.5.1.3 具有与车队规模相匹配的驾驶员队伍,其中安全行车 10 万公里以上的不少于 20%。

5.5.1.4 高级管理人员具有从事本行业经营管理工作 2 年以上或经济管理工作 3 年以上的经历。

5.5.1.5 至少有 1 名具有中级或以上职称的财务人员。

5.5.1.6 专业技术人员能满足经营需要。

5.5.1.7 公司有管理制度、运营规范和技术规范。

5.5.2 经营业绩

5.5.2.1 近三年年均接待旅游者 3 万人次以上,或者近三年年均旅游客运行驶总里程不少于 80 万公里。

5.5.2.2 近三年年年均营业收入300万元人民币以上。

5.5.2.3 近三年均通过工商年检和交通运输部门的相关检查。

5.5.3 **运营管理**

5.5.3.1 车体上有明显的企业标识。

5.5.3.2 能向客户提供业务资料。

5.5.3.3 与客户全面订立服务合同。

5.5.3.4 能运用电话、传真等方式为客户提供咨询和预订服务。

5.5.3.5 拥有本企业的宣传网页。

5.5.3.6 能对车辆进行有效的调度和管理。

5.5.3.7 与员工全面签订劳动合同，按时支付员工工资，缴纳社会保险。

5.5.3.8 驾驶员衣着得体，干净整洁，佩戴员工标牌。

5.5.3.9 合规经营，未要求业务人员和驾驶员垫付团款，未收取不合理费用。

5.5.3.10 参加旅游运输业务培训。

5.5.3.11 财务制度健全，管理规范，执行良好。

5.5.3.12 严格执行核定的收费标准，无滥收费和欺客宰客行为。

5.5.3.13 设有24小时应急处理和投诉电话，工作有效。

5.5.3.14 有绿色经营的意识和措施。

5.5.4 **服务要求**

5.5.4.1 车型基本满足团队和客户旅游运输服务需要。

5.5.4.2 接待人员注重礼仪、业务熟悉、报价和线路准确。

5.5.4.3 调度人员与相关人员衔接顺利，派人派车及线路安排准确度高。

5.5.4.4 驾驶员取得相关车型的驾驶证照，技术熟练，安全行车。

5.5.4.5 出车前车检合格，不存隐患，设备正常，清洁卫生。

5.5.4.6 车辆提前到达乘车地点迎接客人；客人参观游览或参加其他活动期间，驾驶员应人不离车并进行相关服务准备工作。

5.5.4.7 驾驶员应与陪同人员积极配合，按日程计划和线路完成接待任务，有特殊情况处理预案和相应措施。

5.5.4.8 驾驶员能联系到相关机构提供紧急救援服务。

5.5.4.9 有游客遗留物品提醒和遗留物品处理措施。

5.5.4.10 及时向游客和陪同人员发放质量监督卡，获取客户意见。

5.5.4.11 近三年每年接到客户的有效投诉不超过当年组织和接待人次的万分之一。

5.5.4.12 对旅游者、导游人员及其他人员的投诉能有效处理。

5.5.4.13 游客抽样调查满意度较高。

5.5.5 **车辆管理**

5.5.5.1 车辆管理职责落实到人。

5.5.5.2 设有车辆技术档案，对车辆的技术状况、设施设备、维护修理、运行情况、部件更换、机件事故等有详细记载。

5.5.5.3 有相应的车辆检查制度，车辆符合GB 18565的相关要求。

5.5.5.4 车辆检修和维护合格，车辆使用效率较高。

5.5.5.5 有在途车辆故障应急处理制度和技术手段，减少行程延误。

5.5.6 **安全要求**

5.5.6.1 有相应的安全管理规章制度和监督检查制度，人员和岗位责任落实。

5.5.6.2 所有车辆经当地公安交通管理部门年度审查合格，符合GB 7258要求。

5.5.6.3　公司有安全培训制度，对员工进行交通法规、安全管理、遵章守纪、安全经营等方面的教育。

5.5.6.4　所有驾驶员经过专业培训并通过相关考核。

5.5.6.5　驾驶员具有相应车型的驾驶经验，没有发生过重大和特大交通事故。

5.5.6.6　有相应的事故防范措施，对驾驶员出车前有相应的管理措施，严控事故征兆。

5.5.6.7　驾驶员和业务人员了解旅游安全事故处理程序，能进行现场紧急抢救。

参 考 文 献

[1] GB/T 26359 旅游客车设施与服务规范

ICS 03.200
R 24

中华人民共和国国家标准

GB/T 26365—2010

游览船服务质量要求

Requirements on services of sightseeing cruise ships

2011-01-14 发布　　　　2011-06-01 实施

中华人民共和国国家质量监督检验检疫总局
中国国家标准化管理委员会　发布

前言

本标准的附录A为规范性附录。

本标准由国家旅游局提出。

本标准由全国旅游标准化技术委员会归口。

本标准起草单位:上海市旅游事业管理委员会、上海师范大学、上海水上旅游研究所。

本标准起草人:沈山洲、朱国建、林章林、高峻、张晨、梁人伟、李任芷、刘士军、汪黎明、刘莉莉、张源。

游览船服务质量要求

1 范围

本标准规定了游览船服务基础条件及设施设备、环境、接待服务、讲解、服务人员、服务管理等要求。

本标准适用于我国依法运营的游览船。

2 规范性引用文件

下列文件中的条款通过在本标准的引用而成为本标准的条款。凡是注日期的引用文件，其随后所有的修改单(不包括勘误的内容)或修订版均不适用本标准，然而，鼓励根据本标准达成协议的各方研究是否可使用这些文件的最新版本。凡不注明日期的引用文件，其最新版本适用于本标准。

GB 9664　文化娱乐场所卫生标准

GB 9670　商场(店)、书店卫生标准

GB 9673　公共交通工具卫生标准

GB 16153　饭馆(餐厅)卫生标准

GB/T 10001.3　标志用公共信息图形符号　第3部分:客运与货运

GB/T 19001　质量管理体系　要求

JT/T 471　交通客运图形符号、标志及技术要求

WS 205　公共场所用品卫生标准

3 术语和定义

下列术语和定义适用于本标准。

3.1

游览船　sightseeing cruise ships

为游客提供游览、观光、娱乐等服务，航行于江、河、湖(库)、沿海及岛屿之间的旅游景点，航速不超过25 km/h且连续航行时间小于12 h的客船。

4 服务基础条件要求

4.1 游览船建造和设备规范

游览船的建造及其船舶稳性、消防、救生、通信、航行安全与预防污染等设备均应符合相关部门的规定和授权机构的规范要求。

4.2 船舶证

游览船应具备相关部门颁发的有效船舶证书。

4.3 营运证

游览船营运应持有相关部门颁发的营运证。

4.4 船员配员

游览船的船员配员应满足相关部门的船舶最低安全配员规则的要求。

5 设施设备和环境要求

5.1 船上服务设施设备

5.1.1　客舱布局适于观光，座椅舒适，游客上、下安全便捷。

5.1.2 上、下船通道及船内通道畅通，在主要走廊、公共场所和客舱等场所张贴应急应变部署表。

5.1.3 为残障者设置无障碍通道，配备轮椅等服务设备。

5.1.4 卫生间配有洗手池、卫生纸、洗手液(皂)、镜子等。

5.1.5 宜设观光平台。

5.2 船容船貌

5.2.1 船体外观设计应与航行水域周边环境协调。

5.2.2 船名清晰，船体外观醒目、整洁、美观，护栏、甲板、墙壁色泽常新，走廊、地板等干净且无积水，地面采取有效防滑措施。

5.3 舱室环境

5.3.1 布置美观、陈设得当。

5.3.2 室内通风良好，空气清新无异味。

5.3.3 室温应保持在人居适宜的范围内，室内宜配置温度可调控的制冷取暖设施。

5.4 服务场所卫生环境

5.4.1 服务场所的用品应符合卫生行业标准 WS 205 的要求。

5.4.2 客舱和公共区域符合 GB 9673 的要求。

5.4.3 设有餐饮服务的船舶，其吧台、餐厅(厨房)符合 GB 16153 的要求。

5.4.4 文化娱乐场所(多功能厅、舞厅)符合 GB 9664 的要求。

5.4.5 小商店(小卖部)符合 GB 9670 的要求。

5.4.6 应设置禁烟标志。

5.4.7 应设置密闭的生活废弃物回收箱(筒)和废弃物不丢弃水中的告示牌。

5.4.8 卫生洁具完整、清洁且无污垢、异味。

6 接待服务要求

6.1 信息服务

6.1.1 游览船应利用公共媒体向社会发布航线、班期、航经景点、票价及售票地点等服务信息，信息内容应真实、完整、有效。

6.1.2 服务场所应明示服务接待时间，按所承诺的服务时间提供对客服务(含游览船自营或委托其他有经营资质的代理售票、旅客集散服务的站、点场所)。

6.1.3 服务台(总台、前厅)值班员在营运时应及时引导、接待游客、答复咨询。

6.1.4 应设置服务场所平面示意图并合理设置导向标志；危险区域应设警示或安全标志；非工作人员禁区应设禁止标志。

6.1.5 标志的图形符号应符合 GB/T 10001.3、JT/T 471 相关条款的要求。

6.1.6 应提供游客须知(含乘船常识、安全常识、禁带物品等)。

6.1.7 应提供相关景点导游图等中外文宣传品和咨询服务。

6.1.8 应公布投诉电话和投诉方法，可设置游客意见本(箱)。

6.2 对客接待服务

6.2.1 对游客中老人、孕妇、儿童、残障者等给予相应的特别帮助。

6.2.2 提供饮料、茶点服务，并配备饮品单、价目表。

6.2.3 应提供救助服务，能进行应急处理。

6.2.4 配有保健箱，保健箱内有五种以上内服药品(感冒、胃痛、晕船、中暑等药品)和三种以上外用药品(止血、消炎、止痛等)。

6.2.5 宜为游客提供具有特色的旅游纪念品销售服务。

6.2.6 可设置电子景点讲解仪、快速摄影。

6.2.7 可设置小件物品寄存保管处或配置自助式寄存箱(柜)。

7 讲解要求

7.1 讲解服务程序

7.1.1 开船前应介绍当次航班的运行时刻、安全乘船等事项。

7.1.2 开船后应致迎客词、介绍船上基本情况、航行路线、船上活动安排等事项。

7.1.3 航行中应介绍沿线名胜古迹、人文景观、民俗风情、民间传说及航行中安全注意事项。

7.1.4 航行结束前应致欢送词、提示游客带齐随身携带物品。

7.2 讲解服务规范

7.2.1 讲解服务(含广播讲解)应文明规范,内容丰富。

7.2.2 舱室服务人员应向游客预告著名景点到达时间,抵近时予以现场指点,重点讲解。

7.2.3 广播讲解宜伴播和谐的背景音乐,营造良好氛围。

8 服务人员要求

8.1 应根据岗位需要配置服务人员。

8.2 遵守职业道德,坚守职业纪律,维护游客合法权益。

8.3 熟悉船上各项服务业务、了解旅游航线沿途景点,具备讲解服务的能力。

8.4 服务规范,礼貌友好、细致耐心。

8.5 服务时讲普通话,能进行业务范围内的外语会话。

8.6 规范穿着工作服装、佩带标志,服饰整洁、仪表端庄。

9 服务管理要求

9.1 应按GB/T 19001的要求,建立服务质量管理体系,以在可控的状态下提供安全、卫生、规范、诚信、有序、高效的服务。

9.2 达到并能持续满足GB/T 19001要求的,宜进行质量管理体系认证。

9.3 应编制包括服务和专业技术人员岗位要求、主要工作职责等内容的员工手册,员工人手一册。

9.4 应制定健全的服务作业程序、工作标准及岗位责任制度。

9.5 应按有关旅游业质量管理的要求,制定游览船服务质量管理细则、游客监督、服务质量调查等相关制度,持续地改进服务工作。

9.6 应定期组织开展员工岗位培训、业务学习、技术练兵。

9.7 应制定游览船旅游应急预案,并定期开展演练。

9.8 游览船应与具备相应资质的旅游客运站(码头)建立有效的沟通机制,双方在内部建立质量管理体系。

10 计分标准

计分标准见附录A表A.1服务质量评定检查表。

附　录　A
（规范性附录）
服务质量评定检查表

A.1　计分说明

满分500分。

A.2　评分标准

见表A.1。

表A.1　服务质量评定检查表

项目	评定内容	检查分值	实际得分			
			优	良	中	差
	一、设施设备和环境(150分)					
1. 服务设备设施		40				
	舱室内桌、椅(沙发)等家具摆放整齐，布局有序。		10	8	6	4
	座椅完整无损，整洁。		6	4	2	1
	通道无障碍物，主要通道有适宜残障者的设施。		6	4	2	1
	配有轮椅。		4	3	2	1
	公示应急应变部署表。		4	3	2	1
	卫生间配置符合本标准要求。		10	8	6	4
2. 船容船貌		16				
	船体整洁，无锈斑、污垢，甲板护栏洁净。		10	8	6	4
	船名标识清晰、醒目、船名灯有效。		6	4	2	1
3. 船室环境		24				
	舱室窗玻璃整洁，透明，无污迹、无破损。		8	6	4	2
	舱内陈设物品摆放错落有序，无杂乱感。		8	6	4	2
	舱内空气流通，无闷热感，无异味。		8	6	4	2
4. 服务场所卫生环境		70				
	室内椅套、桌布、窗帘、地毯(塑毯)等用品质量符合标准要求，并且清洁，无污渍。		10	8	6	3
	室内无浮尘、积灰；采光、照明、噪音等符合卫生标准；公共区域地面洁净无杂物、污垢。		10	8	6	3
	吧台、餐厅(厨房)整洁，无污垢、油渍；餐、茶具符合卫生标准。		8	6	4	2
	文化娱乐场所(多功能厅、舞厅)整洁，地面洁净无杂物。		8	6	4	2
	小商品货(柜)架、厨房整洁，地面洁净，无杂物、污垢，出售的商品等符合卫生标准。		6	4	2	1
	舱室、吧台、餐厅、娱乐场所均有醒目的禁烟标志。		6	4	2	1

表 A.1（续）

项目	评 定 内 容	检查分值	实际得分			
			优	良	中	差
	有密封的生活废弃物回收箱(筒)，箱内置有回收袋，统一回收废弃物，集中处理。		6	4	2	1
	有禁止向水域抛掷废弃物的告示牌。		6	4	2	1
	卫生间洁具洁净，冲水正常，洁具无污垢，室内无异味。		10	8	6	3
二、接待服务(150 分)						
1. 信息服务		76				
	船内有布告栏，公示航线、班期、航经景点、票价等服务信息。		10	8	6	3
	明示服务起止时间，不是间断或减少服务时间。		10	8	6	3
	引导服务态度好，礼节好，勤快、周到。		20	16	10	8
	答复咨询，有问必答、耐心解释、百问不厌。		20	16	10	8
	有服务场所平面示意图及导向标志，设置醒目、清晰。		4	3	2	1
	游客不可进入的区域有禁止入内标志，危险部位有醒目的警示标志。		4	3	2	1
	有景点导游图供应，有公示的景点导游图。		4	3	2	1
	醒目地公示企业和主管部门的投诉电话号码。		4	3	2	1
2. 对客接待服务		74				
	热情、主动、细致、周到地扶老携幼，关心需要给予帮助的游客。		20	16	10	8
	免费提供开水，有偿供应的饮料、茶点，配备饮品单、价格表，明码公示。		10	8	6	4
	及时、周到地处理游客突发的伤病事件，予以应急救助。		10	8	6	4
	备有保健箱，箱内有本标准规定的常用药品。		10	8	6	4
	有可提供服务的电子景点讲解仪。		8	6	4	2
	有可提供销售特色旅游纪念品的服务。		8	6	4	2
	有可提供快速摄影的服务。		8	6	4	2
三、讲解服务(50 分)						
1. 广播讲解		12				
	有内容丰富、规范的解说词文稿。		4	3	2	1
	广播讲解及时、不漏播主要景点。		4	3	2	1
	广播设备养护良好，播音无噪音、失声现象。		4	3	2	1
2. 音乐伴播		6				
	游客上船有迎宾曲、下船有欢送曲的音乐伴播。		3	2	1	0
	船舶运营时有优美背景音乐。		3	2	1	0
3. 讲解内容		6				
	适时、及时广播安全提示。		3	2	1	0
	沿线景点讲解与民间传说、民俗风情介绍兼备。		3	2	1	0
4. 讲解语言		10				
	准确、流利的使用普通话讲解，发音标准、声调柔和、语速适中。		3	2	1	0

表 A.1（续）

项目	评定内容	检查分值	实际得分			
			优	良	中	差
5. 现场讲解		16				
	员工均熟悉全游程各景点的解说词，能主动指引解说和答复游客咨询。		8	6	4	2
	员工能现场即时流畅、生动地讲解重要景点。		8	6	4	2
四、服务人员要求(150分)						
1. 着装		30				
	外衣、衬衣、裤(裙)、领带(领花)、袜、鞋、工号牌统一。		6	4	2	1
	着装有春、夏、冬季别的区分。		4	3	2	1
	着装有职务、岗位的区分。		4	3	2	1
	穿着完整，挺括、清洁。		8	6	4	2
	不佩戴饰品，女员工发饰颜色、款色一致。		8	6	4	2
2. 仪容仪表		30				
	男员工头发梳理整洁，不留长发、胡须。		10	8	6	3
	女员工淡妆，长发不过肩。		10	8	6	3
	行为举止端庄大方，站姿端正，脸带笑容，手势得当。		10	8	6	4
3. 服务用语		30				
	准确使用普通话，语音亲切，声调适中。		8	6	4	2
	讲文明十字用语，不讲服务忌语。		8	6	4	2
	即时、准确、清晰地回答游客问询。		8	6	4	2
	能与国外游客进行日常外语会话。		6	4	2	1
4. 迎送客服务		30				
	定岗规范、站姿规范。		8	4	3	2
	指路、领位、带位准确无误。		8	4	3	2
	帮扶行动不便者与儿童。		8	6	4	2
	领送重要贵宾进舱入座。		6	4	2	1
5. 技能服务		30				
	熟悉本舱位、服务内容、航班、票价、航行线路及所航经景点。		8	6	4	2
	熟悉本舱救生设备及置放部位、逃生通道及掌握救生设备的使用。		8	6	4	2
	熟练掌握游船服务工作程序、作业质量要求。		8	6	4	2
	熟练掌握端送茶水、饮料，餐具摆放，台面摆设等服务技能。		6	4	2	1

ICS 11.080
C 59

中华人民共和国国家标准

GB 26366—2010

二氧化氯消毒剂卫生标准

Hygienic standard for chlorine dioxide disinfectant

2011-01-14 发布　　2011-06-01 实施

中华人民共和国卫生部
中国国家标准化管理委员会　发布

前　言

本标准的全部技术内容为强制性。

本标准附录A为规范性附录。

本标准由中华人民共和国卫生部提出并归口。

本标准负责起草单位：吉林省卫生监测检验中心、卫生部卫生监督中心、深圳市疾病预防控制中心、黑龙江省疾病预防控制中心、南京理工大学。

本标准参加起草单位：深圳市聚源科技有限公司、定州市荣鼎水环境生化技术有限公司、大连绿帝生化科技有限公司、张家口市绿洁环保化工技术开发有限公司。

本标准主要起草人：黄新宇、孙守红、朱子犁、方赤光、王忝、葛洪、贺启环。

本标准参加起草人：曾宇平、张田、李抒春、宋红安。

二氧化氯消毒剂卫生标准

1 范围

本标准规定了二氧化氯消毒剂的原料和技术要求、应用范围、使用方法、检验方法、标志和包装、运输和贮存、标签和说明书及注意事项。

本标准适用于以亚氯酸钠或氯酸钠为原料，通过化学反应能够产生二氧化氯的消毒剂。

2 规范性引用文件

下列文件中的条款，通过本标准的引用而成为本标准的条款。凡是注日期的引用文件，其随后所有的修改单（不包括勘误的内容）或修订版，均不适用于本标准。然而，鼓励根据本标准达成协议的各方研究是否可使用这些文件的最新版本。凡是不注日期的引用文件，其最新版本适用于本标准。

GB/T 191 包装储运图示标志

GB 320 工业用合成盐酸

GB/T 534 工业硫酸

GB/T 1294 化学试剂 L(+)-酒石酸

GB/T 1618 工业氯酸钠

GB 5749 生活饮用水卫生标准

GB/T 8269 柠檬酸

GB 9985 手洗餐具用洗涤剂

GB/T 20783—2006 稳定性二氧化氯溶液

HG 3250 工业亚氯酸钠

中华人民共和国卫生部 消毒技术规范 2002年版

中华人民共和国卫生部 消毒产品标签说明书管理规范 2005年版

3 术语和定义

下列术语和定义适用于本标准。

3.1

二氧化氯消毒剂 chlorine dioxide disinfectant

用亚氯酸钠或氯酸钠为主要原料生产的制剂（商品态），通过物理化学反应操作能产生游离二氧化氯（应用态）为主要有效杀菌成分的一种消毒产品。二氧化氯含量用mg/L或%表示。

3.2

二氧化氯活化剂 chlorine dioxide activating agent

一种加入到商品态二氧化氯制剂中，通过化学作用激发二氧化氯制剂产生游离二氧化氯的辅剂。

3.3

中水 graywater

城市污水经处理后达到有关水质标准，可在一定范围内重复使用的非饮用水。其水质介于自来水（上水）与排入管道内污水（下水）之间。

3.4

一般物体表面 common subject surface

家庭、公共场所中日常用品表面及交通工具上人体常接触的物体表面，如：桌椅、床头柜、卫生洁具、门窗把手、楼梯扶手、公交车座椅、把手和儿童玩具等的表面。

4 原料要求

4.1 亚氯酸钠按 HG 3250 执行。

4.2 氯酸钠按 GB/T 1618 执行。

4.3 盐酸按 GB 320 执行。

4.4 硫酸 GB/T 534 执行。

4.5 柠檬酸按 GB/T 8269 执行。

4.6 酒石酸按 GB/T 1294 执行。

4.7 主剂、二氧化氯活化剂等辅剂配方所用的其他原料和辅料应符合相应的国家标准、行业标准的质量要求和有关规定;其中砷(As)含量和重金属(以 Pb 计)含量的指标应满足表 1 的要求。

5 技术要求

5.1 理化指标见表 1。

表 1 二氧化氯消毒剂理化指标

项 目	指 标
有效成分二氧化氯含量[a]/(mg/L)	≥2 000
砷含量/(mg/L)	≤0.5
重金属(以 Pb 计)含量/(mg/L)	≤5

[a] 在水相中反应后释放出二氧化氯(应用态)的最低含量不应少于 2 000 mg/L,固体产品可根据产品说明书中相关操作增加或减少加入量以满足上述指标的要求。

5.2 用于饮水消毒的二氧化氯消毒剂，在消毒后水的所有指标，必须符合 GB 5749 的要求。

5.3 其中用于食品加工器具、餐饮具、生活饮用水(包括二次供水)、蔬菜、水果等消毒的消毒剂，砷(As)含量和重金属(以 Pb 计)含量的指标应满足表 1 的要求。

5.4 稳定性:不低于 12 个月。

5.5 杀灭微生物指标:按产品说明书的要求反应后,稀释至说明书中规定的使用剂量,按卫生部《消毒技术规范》(2002 年版)中的定量杀菌试验方法进行试验,其杀菌效果应符合表 2 的要求。

表 2 二氧化氯消毒剂微生物杀灭指标

指示菌(毒)株	杀灭对数值	
	悬液法	载体法
大肠杆菌(8099)	≥5.00	≥3.00
金黄色葡萄球菌(ATCC 6538)	≥5.00	≥3.00
铜绿假单胞菌(ATCC 15442)	≥5.00	≥3.00
白色念珠菌(ATCC 10231)	≥4.00	≥3.00
龟分枝杆菌脓肿亚种(ATCC 19977)	≥4.00	≥3.00
脊髓灰质炎病毒	≥4.00	—
枯草杆菌黑色变种芽孢(ATCC 9372)	≥5.00	≥3.00

6 应用范围

二氧化氯消毒剂可用于环境和物体表面的消毒;食品加工器具、餐饮具、蔬菜和水果等的消毒;生活饮用水(包括二次供水)、游泳池水、医院污水、城市中水的消毒处理;非金属医疗器械等的消毒。

7 使用方法

用于水、食饮具、一般物体表面和医疗器械消毒的推荐使用剂量和消毒方式见表3。

表3 二氧化氯消毒剂推荐使用剂量和消毒方式

消毒对象		作用浓度 mg/L	作用时间 min	消毒方式
生活饮用水		1~2	15~30	投加并混匀
二次供水		1~2	15~30	投加并混匀
中水		5~10	20~30	投加并混匀
游泳池水		2~4	15	投加并混匀
浴池水		5~10	15	投加并混匀
医院污水		20~40	30~60	投加并混匀
餐饮具、食品加工管道、器具设备和瓜果蔬菜消毒		100~150	10~20	浸泡
一般物体表面		50~100	10~15	喷洒和擦拭
非金属医疗器械	高水平	400~600	15~30	浸泡
	中水平	100~300	15~30	浸泡
	低水平	50~100	15~30	浸泡

8 检验方法

8.1 消毒效果检验

按卫生部《消毒技术规范》(2002年版)的要求执行。

8.2 稳定性检验

按卫生部《消毒技术规范》(2002年版)的要求执行。

8.3 二氧化氯含量的测定

按附录A执行。

8.4 砷的测定

按GB 9985规定执行。

8.5 重金属的测定

按GB 9985规定执行。

9 标志和包装

9.1 消毒剂产品使用避光的塑料桶(瓶、袋)或玻璃瓶密封包装,密封可靠不得泄漏;塑料包装应使用不易老化和破损、气密性好、耐腐蚀、有足够强度的材料;包装规格依用户需要确定。

9.2 产品的包装容器与材料应符合相应的标准和有关规定。

9.3 包装上应有牢固清晰的标志,内容包括:生产厂名、厂址、产品名称、商标、规格、净含量、批号或生产日期、执行标准编号及GB/T 191中规定的“防止倒置”和“防湿”标志。

10 运输和贮存

10.1 运输

产品在运输时应轻装轻卸，不得倒放、防止重压、剧烈碰撞和包装破损，避免日晒、雨淋、受潮，不得与影响产品质量的物品混装运输。

10.2 贮存

产品应贮存于避光、阴凉、干燥、通风处，切勿与酸类、有机物、易燃物及其他强还原剂接触或共同存贮。

11 标签和说明书

按卫生部《消毒产品标签说明书管理规范》(2005 年版)的规定执行。

12 注意事项

12.1 外用消毒剂，不得口服；置于儿童不易触及处。

12.2 不宜与其他消毒剂、碱或有机物混用。

12.3 本品有漂白作用。

12.4 本品对金属有腐蚀性。

12.5 使用时应戴手套，避免高浓度消毒剂接触皮肤和吸入呼吸道；如消毒剂不慎接触眼睛，应立即用水冲洗，严重者应就医。

12.6 注意贮运过程中的安全问题。

附 录 A
（规范性附录）
消毒剂中二氧化氯含量和纯度的测定方法

A.1 紫外可见分光光度法

A.1.1 范围

本方法规定了消毒剂中二氧化氯的测定方法——紫外可见分光光度法。

本方法适合于含量在 10 mg/L～250 mg/L 二氧化氯的测定，高浓度消毒剂可稀释后测定。

本方法最低检出浓度为 10 mg/L。

A.1.2 原理

使用石英比色皿，采用紫外可见分光光度计在 190 nm～600 nm 波长范围内扫描，观察二氧化氯水溶液特征吸收峰，二氧化氯的最大吸收峰在 360 nm 处，可作为定性依据。但氯气在此也有弱吸收，产生干扰。应采用二氧化氯水溶液在 430 nm 处的吸收，吸光度与二氧化氯含量成正比，且氯气、ClO_2^-、ClO_3^-、ClO^- 在此无吸收，可作为定量依据。

A.1.3 试剂

A.1.3.1 分析中所用试剂均为分析纯，用水为二次蒸馏水。

A.1.3.2 二氧化氯标准贮备溶液：亚氯酸钠溶液与稀硫酸反应，可产生二氧化氯。氯等杂质通过亚氯酸钠溶液除去。用恒定的空气流将所产生的二氧化氯带出，并通入纯水中配成二氧化氯标准贮备溶液，在每次使用前，其浓度以碘量法测定。二氧化氯溶液应避光、密闭，并冷藏保存。

二氧化氯溶液制备方法（见图 A.1）：在 A 瓶（洗气瓶）中放入 300 mL 水，A 瓶封口上有二根玻璃管，一根玻璃管（L_1）下端插至近瓶底，上端与空气压缩机相接，另一根玻璃管（L_2）下端口离开液面 20 mm～30 mm，其另一端插入 B 瓶底部。B 瓶为高强度硼硅玻璃瓶，滴液漏斗（E），下端伸至液面下，玻璃管（L_3）下端离开液面 20 mm～30 mm，另一端插入 C 瓶底部。溶解 10 g 亚氯酸钠于 750 mL 水内并倒入 B 瓶中，在分液漏斗中装有 20 mL 硫酸溶液（1+9，体积比）。C 瓶结构同 A 瓶一样，瓶内装有亚氯酸钠饱和溶液。玻璃管（L_4）插入 D 瓶底部，D 瓶为 2 L 硼硅玻璃收集瓶，瓶中装有 1 500 mL 水，用以吸收所发生的二氧化氯，余气由排气管排出。D 瓶上的另一根玻璃管（L_5）下端离开液面 20 mm～30 mm，上端与环境空气相通而作为排气管，尾气由排气管排出。整套装置应放在通风橱内。

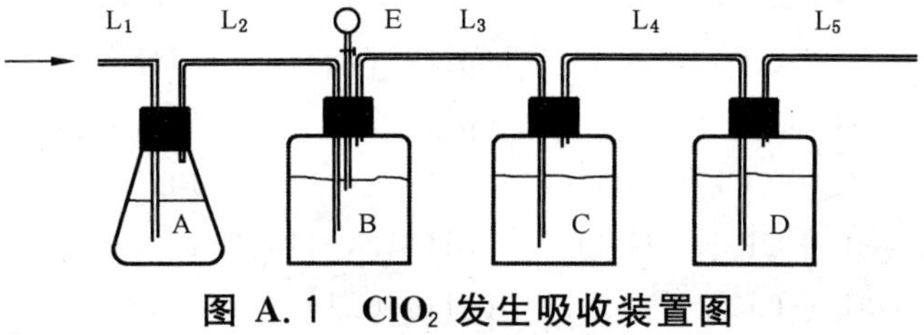

图 A.1 ClO_2 发生吸收装置图

启动空气压缩机，使适量空气均匀通过整个装置。每隔 5 min 由分液漏斗加入 5 mL 硫酸溶液，在全部加完硫酸溶液后，空气流要持续 30 min。将 D 瓶中所获得的黄绿色二氧化氯标准溶液放于棕色玻璃瓶中，密封避光冷藏保存。二氧化氯含量按 GB/T 20783—2006 中 6.1 测定，其质量浓度为 250 mg/L～600 mg/L。

A.1.3.3 二氧化氯标准溶液：取一定量新标定的二氧化氯标准贮备液，用二次蒸馏水稀释至所需浓度。

A.1.4 仪器

A.1.4.1 紫外可见分光光度计。

A.1.4.2　石英比色皿(1 cm)。

A.1.4.3　100 mL 容量瓶。

A.1.5　分析步骤

A.1.5.1　标准曲线的绘制

分别取 4.0 mL、10.0 mL、20.0 mL、40.0 mL、80.0 mL、100.0 mL 二氧化氯标准溶液(250 mg/L)于 100 mL 容量瓶中,加水至刻度,配成浓度为 10 mg/L、25 mg/L、50 mg/L、100 mg/L、200 mg/L、250 mg/L 的二氧化氯溶液,于 430 nm 处测定吸光度值,以二氧化氯含量对吸光度值绘制标准曲线。

A.1.5.2　样品测定

直接取消毒剂溶液或其稀释液于 430 nm 测定其吸光度值,与标准曲线比较而定量。

A.1.5.3　结果计算

消毒剂中二氧化氯的含量按式(A.1)计算:

$$\rho=\frac{\rho_1}{V_1/V_2} \qquad \cdots\cdots\cdots\cdots (A.1)$$

式中:

ρ——消毒剂中二氧化氯的含量,单位为毫克每升(mg/L);

ρ_1——样品测定液中二氧化氯的含量,单位为毫克每升(mg/L);

V_1——所取消毒剂原液体积,单位为毫升(mL);

V_2——定容体积,单位为毫升(mL)。

A.1.6　精密度

在重复性条件下获得的两次独立测定结果的绝对差值不得超过算术平均值的 10%。

A.2　五步碘量法

A.2.1　范围

本方法规定了用五步碘量法测定消毒剂中二氧化氯。同时还可以测定消毒剂中的氯气、亚氯酸根离子、氯酸根离子的含量。

本方法适用于由亚氯酸盐、氯酸盐为原料制成的二氧化氯消毒剂。

本方法最低检出浓度为 0.1 mg/L。

A.2.2　原理

该法是利用不同 pH 值条件下 ClO_2、Cl_2、ClO_2^-、ClO_3^- 分别与 I^- 反应来测定各响应物质的含量。反应方程式如下:

$Cl_2+2I^-=I_2+2Cl^-$　　(pH=7,pH≤2,pH<0.1)

$2ClO_2+2I^-=I_2+2ClO_2^-$　　(pH=7)

$2ClO_2+10I^-+8H^+=5I_2+2Cl^-+4H_2O$　　(pH≤2,pH<0.1)

$ClO_2^-+4I^-+4H^+=2I_2+Cl^-+2H_2O$　　(pH≤2,pH<0.1)

$ClO_3^-+6I^-+6H^+=3I_2+Cl^-+3H_2O$　　(pH<0.1)

然后用硫代硫酸钠作滴定剂,分步滴定反应产生的 I_2。

A.2.3　试剂

A.2.3.1　分析中所用试剂均为分析纯,用水为无氧化性氯二次蒸馏水。

A.2.3.2　无氧化性氯二次蒸馏水:蒸馏水中加入亚硫酸钠,将氧化性氯还原为氯离子(以 DPD 检查不显色),再进行蒸馏,所得水为无氧化性氯二次蒸馏水。

A.2.3.3　硫代硫酸钠标准溶液(0.1 mol/L):称取 26 g$Na_2S_2O_3\cdot 5H_2O$ 于 1 000 mL 棕色容量瓶中,加入 0.2 g 无水碳酸钠,用水定容至刻度,摇匀。放于暗处,30 d 后经过滤并标定其浓度。

硫代硫酸钠标准溶液的标定:准确称取 120 ℃烘干至恒重的基准重铬酸钾 0.05 g~0.10 g,置于

250 mL 碘量瓶中,加蒸馏水 40 mL 溶解。加 2 mol/L 硫酸 15 mL 和 100 g/L 碘化钾溶液 10 mL,盖上盖混匀,加蒸馏水数滴于碘量瓶盖缘,置暗处 10 min 后再加蒸馏水 90 mL。用硫代硫酸钠标准溶液滴定至溶液成淡黄色,加 5 g/L 淀粉溶液 10 滴(溶液立即变蓝色),继续滴定到溶液由蓝色变成亮绿色。记录硫代硫酸钠标准溶液的总毫升数,同时作空白校正。

硫代硫酸钠标准溶液的浓度按式(A.2)计算:

$$c=\frac{m}{49.03\times(V_2-V_1)\times10^{-3}} \qquad \cdots\cdots(\text{A.2})$$

式中:

c——硫代硫酸钠标准溶液的浓度,单位为摩尔每升(mol/L);

49.03——$1/6K_2Cr_2O_7$ 的摩尔质量,单位为克每摩尔(g/mol);

V_2——重铬酸钾消耗硫代硫酸钠标准溶液的体积数,单位为毫升(mL);

V_1——试剂空白消耗硫代硫酸钠标准溶液的体积数,单位为毫升(mL)。

A.2.3.4 硫代硫酸钠标准溶液(0.01 mol/L):吸取 10.0 mL A.2.3.3 中硫代硫酸钠标准溶液于 100 mL 容量瓶中,用水定容至刻度。临用时现配。

A.2.3.5 2.5 mol/L 盐酸溶液。

A.2.3.6 100 g/L 碘化钾溶液:称取 10 g 碘化钾溶于 100 mL 蒸馏水中,储于棕色瓶中,避光保存于冰箱中,若溶液变黄需重新配制。

A.2.3.7 饱和磷酸氢二钠溶液:用十二水合磷酸氢二钠与蒸馏水配成饱和溶液。

A.2.3.8 pH=7 磷酸盐缓冲溶液:溶解 25.4 g 无水 KH_2PO_4 和 216.7 g $Na_2HPO_4 \cdot 12H_2O$ 于 800 mL 蒸馏水中,用水稀释成 1 000 mL。

A.2.3.9 50 g/L 溴化钾溶液:溶解 5 g 溴化钾于 100 mL 水中,储于棕色瓶中,每周重配一次。

A.2.4 仪器

A.2.4.1 25 mL 酸式滴定管。

A.2.4.2 250 mL、500 mL 碘量瓶。

A.2.4.3 高纯氮钢瓶。

A.2.5 分析步骤

A.2.5.1 滴定过程中氧化性物质的质量不得大于 15 mg,可根据需要将样品适当稀释;以下所有试验操作应在室温 20 ℃~25 ℃条件下进行。

A.2.5.2 按照样品说明书将样品活化后,吸取适量样品溶液用蒸馏水稀释,使其氧化性物质浓度在 2 000 mg/L~3 000 mg/L(活化后氧化性物质浓度在此浓度范围内的样品溶液可直接取样测定)。

A.2.5.3 在 500 mL 的碘量瓶中加 200 mL 蒸馏水,吸取 2.0 mL~5.0 mL 样品溶液或稀释液于碘量瓶中,加入适量磷酸盐缓冲液,用 pH 计校核溶液 pH 值至 7.0(对于 pH<3 溶液应先用 1 mol/L 或 0.1 mol/L 氢氧化钠溶液调至 pH>3 后,再用缓冲液调节)。加入 10 mL 碘化钾溶液,用硫代硫酸钠标准溶液滴至淡黄色时,加 1 mL 淀粉溶液,继续滴至蓝色刚好消失为止,记录读数为 A。

A.2.5.4 在上述 A.2.5.3 滴定后的溶液中加入 3.0 mL 2.5 mol/L 盐酸溶液,调节 pH≤2,并放置暗处 5 min,用硫代硫酸钠标准溶液滴定至蓝色消失,记录读数为 B。

A.2.5.5 在 500 mL 碘量瓶中加 200 mL 蒸馏水,吸取 2.0 mL~5.0 mL 样品溶液或稀释液于碘量瓶中,加入与 A.2.5.3 同量的磷酸盐缓冲液,然后通入高纯氮气吹(约 10 min)至溶液无色后,再继续吹 30 min,加入 10 mL 碘化钾溶液,用硫代硫酸钠标准溶液滴定至淡黄色时,加 1 mL 淀粉溶液,继续滴至蓝色刚好消失为止,记录读数为 C。

A.2.5.6 在上述 A.2.5.5 滴定后的溶液中加入 3.0 mL 2.5 mol/L 盐酸溶液,调节 pH≤2,并放置暗处 5 min,用硫代硫酸钠标准溶液滴定至蓝色刚好消失为止,记录读数为 D。

A.2.5.7 在 50 mL 碘量瓶中加入 1 mL 溴化钾溶液和 10 mL 浓盐酸,混匀,吸取 2.0 mL~5.0 mL 样

品溶液于碘量瓶中，立即塞住瓶塞并混匀，置于暗处反应 20 min，然后加入 10 mL 碘化钾溶液，剧烈震荡 5 s，立即转移至有 25 mL 饱和磷酸氢二钠溶液的 500 mL 碘量瓶中，清洗 50 mL 碘量瓶并将洗液转移至 500 mL 碘量瓶中，使溶液最后体积在 200 mL～300 mL，再用硫代硫酸钠标准溶液滴定至淡黄色时，加 1 mL 淀粉溶液，继续滴至蓝色刚好消失为止，同时用蒸馏水作空白对照，得读数为 E＝样品读数－空白读数。

A.2.6 计算

X_1、X_2、X_3、X_4 分别按式(A.3)～式(A.6)计算：

$$X_1=\frac{(B-D)\times c\times 16\,863}{V} \qquad\cdots\cdots(\text{A.3})$$

$$X_2=\frac{D\times c\times 16\,863}{V} \qquad\cdots\cdots(\text{A.4})$$

$$X_3=\frac{[E-(A+B)]\times c\times 13\,908}{V} \qquad\cdots\cdots(\text{A.5})$$

$$X_4=\frac{[A-(B-D)\div 4]\times c\times 35\,450}{V} \qquad\cdots\cdots(\text{A.6})$$

式中：

X_1——ClO_2 的浓度，单位为毫克每升(mg/L)；

X_2——ClO_2^- 的浓度，单位为毫克每升(mg/L)；

X_3——ClO_3^- 的浓度，单位为毫克每升(mg/L)；

X_4——Cl_2 的浓度，单位为毫克每升(mg/L)；

A、B、D、E——上述各步中硫代硫酸钠标准溶液用量，单位为毫升(mL)；

c——硫代硫酸钠标准溶液的浓度，单位为摩尔每升(mol/L)；

V——二氧化氯溶液的样品体积，单位为毫升(mL)。

A.2.7 精密度

在重复性条件下获得的两次独立测定结果的绝对差值不得超过算术平均值的 10%。

A.2.8 注意事项

上述两种分析方法，在实验操作时要防止阳光直射，准备工作要充分到位，尽可能缩短操作时间，以防止二氧化氯因挥发、分解而影响测定的准确性。

ICS 11.080
C 59

中华人民共和国国家标准

GB 26367—2010

胍类消毒剂卫生标准

Hygienic standard for biguanides disinfectants

2011-01-14 发布　　2011-06-01 实施

中华人民共和国卫生部
中国国家标准化管理委员会　发布

前 言

本标准的全部技术内容为强制性。

本标准附录 A 为资料性附录。

本标准由中华人民共和国卫生部提出并归口。

本标准负责起草单位:江苏省疾病预防控制中心、黑龙江省疾病预防控制中心、广东省出入境检验检疫局。

本标准参加起草单位:江苏同大生物工程有限公司、奥麒化工有限公司。

本标准主要起草人:徐燕、孙俊、谈智、林玲、吴晓松、许鸣、周晓彤、廖如燕。

胍类消毒剂卫生标准

1 范围

本标准规定了胍类消毒剂的原料和技术要求、应用范围、使用方法、检验方法、标志和包装、运输和贮存、标签和说明书及注意事项。

本标准适用于分别以醋酸氯己定、葡萄糖酸氯己定或聚六亚甲基双胍为杀菌成分，乙醇和(或)水作为溶剂的消毒剂。

本标准不适用于其他杀菌成分与胍类组成的复方消毒剂。

2 规范性引用文件

下列文件中的条款通过本标准的引用而成为本标准的条款。凡是注日期的引用文件，其随后所有的修改单(不包括勘误的内容)或修订版均不适用于本标准，然而，鼓励根据本标准达成协议的各方研究是否可使用这些文件的最新版本。凡是不注日期的引用文件，其最新版本适用于本标准。

GB/T 191 包装储运图示标志

中华人民共和国药典(二部) 2010 年版

中华人民共和国卫生部 消毒技术规范 2002 年版

中华人民共和国卫生部 消毒产品标签说明书管理规范 2005 年版

3 原料要求

3.1 醋酸氯己定($C_{22}H_{30}Cl_2N_{10} \cdot 2C_2H_4O_2$)

应符合《中华人民共和国药典》(二部)(2010 年版)的相关规定。

3.2 葡萄糖酸氯己定

应符合《中华人民共和国药典》(二部)(2010 年版)的相关规定。

3.3 聚六亚甲基双胍

含量为 19.0%～21.0%，pH4.0～6.0，无色透明液体，相对密度 1.04(25 ℃)，沸点 102 ℃。

3.4 乙醇

应符合《中华人民共和国药典》(二部)(2010 年版)的相关规定。

3.5 生产用水应为去离子水。

4 技术要求

4.1 外观

胍类消毒剂的醇和(或)水溶液均为无沉淀、不分层液体。

4.2 理化指标

4.2.1 理化指标应符合表 1 的规定。

表 1 理化指标

项　目	指　标
有效成分含量 g/L	2～45

表 1(续)

项　目		指　标
pH 值,(25 ℃±2 ℃)	醋酸氯己定	7.00～9.00
	葡萄糖酸氯己定	6.00～8.00
	聚六亚甲基双胍	5.50～7.50

4.2.2　稳定性:有效期≥24 个月。37 ℃存放 3 个月或 25 ℃±2 ℃室温存放 2 年后,有效含量下降率≤10%。

4.3　杀灭微生物指标

按产品说明书的要求,稀释至说明书中规定的使用剂量,按卫生部《消毒技术规范》(2002 年版)中的定量杀菌试验方法进行试验,其杀菌效果应符合表 2 要求。

表 2　杀灭微生物指标

指示菌(毒)株	杀灭率对数值	
	悬液法	载体法
大肠杆菌(8099)	≥5.00	≥3.00
金黄色葡萄球菌(ATCC 6538)	≥5.00	≥3.00
铜绿假单胞菌(ATCC 15442)	≥5.00	≥3.00
白色念珠菌(ATCC 10231)	≥4.00	≥3.00

5　应用范围

5.1　适用于外科手消毒、卫生手消毒、皮肤黏膜消毒及物体表面的消毒。

5.2　不适用于结核杆菌、细菌芽孢污染物品的消毒。

6　使用方法

6.1　外科手消毒

在清洁基础上,其应用液中有效含量为 2 g/L～45 g/L,擦拭或浸泡消毒,作用时间≤3 min。

6.2　卫生手消毒

应用液中有效含量为 2 g/L～45 g/L,擦拭或浸泡消毒,作用时间≤1 min。

6.3　皮肤消毒

应用液中有效含量为 2 g/L～45 g/L 擦拭消毒,作用时间≤5 min。

6.4　黏膜消毒

应用液中有效含量为 2 g/L～45 g/L 水溶液,擦拭或冲洗消毒作用时间≤5 min。

6.5　物体表面消毒

应用液中有效含量为 2 g/L～45 g/L,擦拭或浸泡消毒作用时间≤10 min。

7　检验方法

7.1　外观检验

目测。

7.2　有效成分含量检验

按卫生部《消毒技术规范》(2002 年版)、附录 A 规定方法进行。

7.3　pH 值检验

按卫生部《消毒技术规范》(2002 年版)的规定测定。

7.4 稳定性试验

按卫生部《消毒技术规范》(2002 年版)的规定方法进行。

8 标志和包装

符合 GB/T 191 规定的要求。

9 运输和贮存

9.1 运输

运输时要密闭,装运容器要求防腐,装卸要轻拿轻放,严禁抛掷。运输时应防晒、防雨、防潮。

9.2 贮存

阴凉干燥避光处保存,包装应严密,防止潮湿,堆垛要垫离地面 10 cm 以上,垛高不超过 12 箱,与墙面距离保持 20 cm 以上。

10 标签和说明书

按卫生部《消毒产品标签说明书管理规范》(2005 年版)的规定执行。

11 注意事项

11.1 外用消毒剂,不得口服。

11.2 使用胍类消毒剂切忌与肥皂、阴离子等配伍。

11.3 消毒皮肤前,必须先清洁皮肤,带污垢的物体表面消毒前也应先清洁。

11.4 避光、密闭,在阴凉处保存。

11.5 黏膜消毒仅限于医疗机构的诊疗过程使用。

11.6 用于物品表面、食品加工设备与器皿的消毒,在使用浓度下对不锈钢基本无腐蚀,对其他金属基本无腐蚀或轻度腐蚀。

附 录 A
（资料性附录）
聚六亚甲基双胍含量的测定方法（比色法）

A.1 原理

检测原理是聚六亚甲基双胍（PHMB）和曙红（Eosin 染料）之间显色反应，颜色改变可以通过在波长 545 nm 处测量吸光度值。

A.2 仪器

A.2.1 可见光分光光度计。

A.2.2 2 cm×1 cm 玻璃 cells。

A.2.3 容量瓶：25 mL、100 mL、250 mL、500 mL。

A.2.4 移液管：1.0 mL、2.0 mL、2.5 mL、4.0 mL、6.0 mL、8.0 mL 和 10.0 mL。

A.3 需要的反应物

A.3.1 曙红 Y 水溶液（Eosin Y）。

A.3.2 PHMB 标准品。

A.3.3 三水合醋酸钠。

A.4 程序步骤

A.4.1 指示溶液的制备

称 0.6 g 水溶性曙红 Y，放入 250 mL 的烧杯，以大约 50 mL 的温蒸馏水溶解并冷却。转移至 100 mL 的标准容量瓶中，用蒸馏水定容到 100 mL。充分混匀，得到溶液 A。

用移液管吸取 10 mL A 液，以蒸馏水定容至 250 mL，得到指示液。

A.4.2 醋酸盐溶液的制备

将 10 g 醋酸钠溶解于 100 mL 蒸馏水中。

A.4.3 标准曲线的制备

用标准品分别配制浓度为 0.8 mg/L，1.6 mg/L，3.2 mg/L，4.8 mg/L，6.4 mg/L 的 PHMB 标准液。

将波长调至 545 nm，测定上述不同浓度标准溶液的吸光值，并绘制标准曲线。

A.4.4 测定

用移液管吸取 10 mL 浓度未知的 PHMB 溶液至 25 mL 容量瓶，加 1 mL 醋酸溶液和 2.5 mL 指示液，以蒸馏水定容至 25 mL，用力振摇，充分混匀。

用分光光度计测未知浓度的 PHMB 溶液的吸光度值。

A.5 结果计算

根据标准曲线，计算未知溶液的 PHMB 含量，见式（A.1）。

计算公式：

$$c=\frac{m}{V\times 1\,000} \qquad \cdots\cdots(A.1)$$

式中：

c——样品溶液中 PHMB 的含量，单位为克每升(g/L)；

m——以标准曲线中读出样品溶液的 PHMB 的质量，单位为微克(μg)；

V——样品溶液的体积，单位为毫升(mL)。

A.6 精密度

在重复性条件下获得的两次独立测定结果的绝对差值不得超过算术平均值的 10%。

ICS 11.080
C 59

中华人民共和国国家标准

GB 26368—2010

含碘消毒剂卫生标准

Hygienic standard for iodine disinfectants

2011-01-14 发布　　　　2011-06-01 实施

中华人民共和国卫生部
中国国家标准化管理委员会　发布

前　言

本标准的全部技术内容为强制性。

本标准由中华人民共和国卫生部提出并归口。

本标准起草单位：中国人民解放军军事医学科学院、广东省疾病预防控制中心、山东新华医疗器械股份有限公司、山东利尔康消毒科技有限责任公司、北京四环卫生药械厂有限公司。

本标准主要起草人：杨华明、张文福、廖如燕、王长德、于平、朱汉泉、王金强、王洪敏。

含碘消毒剂卫生标准

1 范围

本标准规定了含碘消毒剂(碘酊、碘伏)的原料和技术要求、应用范围、使用方法,检验方法,标志和包装、运输和贮存、标签和说明书及注意事项。

本标准适用于含有效碘 18 g/L～22 g/L 的碘酊和有效碘 2 g/L～10 g/L 的碘伏,用于皮肤、黏膜及手消毒的消毒剂。

本标准规定的碘伏类消毒剂是指由碘、聚乙烯吡咯烷酮(聚维酮)类和聚醇醚类非离子表面活性剂、碘化钾等组分制成的络合碘消毒剂。

2 规范性引用文件

下列文件中的条款通过本标准的引用而成为本标准的条款。凡是注日期的引用文件,其随后所有的修改单(不包括勘误的内容)或修订版均不适用于本标准,然而,鼓励根据本标准达成协议的各方研究是否使用这些文件的最新版本。凡是不注日期的引用文件,其最新版本适用于本标准。

GB/T 191 包装储运图示标志

中华人民共和国药典(二部) 2010 年版

中华人民共和国卫生部 消毒技术规范 2002 年版

中华人民共和国卫生部 消毒产品标签说明书管理规范 2005 年版

3 术语和定义

下列术语和定义适用于本标准。

3.1

含碘消毒剂 disinfectants containing iodine

以碘为主要杀菌成分的消毒剂。

3.2

碘酊 iodine tincture

碘的乙醇溶液。

3.3

碘伏 iodophor

碘与聚醇醚和聚乙烯吡咯烷酮类表面活性剂形成的络合物。

4 原料要求

4.1 碘和碘化钾及乙醇:应使用医药级、化学纯级或其以上级别;应符合《中华人民共和国药典》(二部)2010 年版的规定。

4.2 聚醇醚类表面活性剂:应使用化学纯或其以上级别;活性物含量≥99%,羟值为 80±5,灰分≤0.5%。

4.3 聚乙烯基吡咯烷酮类表面活性剂:应使用医药级及其以上级别,应符合《中华人民共和国药典》(二部)2010 年版的规定。

4.4 生产用水:应使用去离子水。

5 技术要求

5.1 理化性能要求

5.1.1 感官性状

碘酊为棕红色澄清液，无沉淀，有碘和乙醇气味。

碘伏为黄棕色至红棕色固体粉末，有碘气味。

5.1.2 含碘消毒剂理化指标(见表1、表2)

表1 碘酊理化指标

项目	指标
有效碘含量范围/(g/L)	18～22
乙醇含量范围/%	40～50
pH值	4.0～5.0

表2 碘伏理化指标

项目	指标
有效碘含量范围/(g/L)	2～10
pH值	2.0～4.0

5.1.3 稳定性

碘酊有效期≥12个月，碘伏有效期≥24个月。

5.2 杀灭微生物指标(表3)

表3 杀灭微生物技术要求

消毒剂名称	杀灭对象	试验方法	浓度 g/L	作用时间 min	杀灭对数值
碘酊	细菌繁殖体	悬液定量法	18～22	≤3.0	≥5.00
	真菌	悬液定量法	18～22	≤3.0	≥4.00
聚醇醚碘	细菌繁殖体	悬液定量法	2～10	≤5.0	≥5.00
	真菌	悬液定量法	2～10	≤5.0	≥4.00
聚维酮碘	细菌繁殖体	悬液定量法	2～10	≤5.0	≥5.00
	真菌	悬液定量法	2～10	≤5.0	≥4.00
注：细菌繁殖体包括：金黄色葡萄球菌、大肠杆菌、绿脓假单胞菌。真菌指白色念珠菌。					

6 应用范围

6.1 碘酊

适用于手术部位、注射和穿刺部位皮肤以及新生儿脐带部位皮肤消毒。

不适用于黏膜和敏感部位皮肤消毒。

6.2 碘伏

适用于外科手及前臂消毒；手术切口部位、注射及穿刺部位皮肤以及新生儿脐带部位皮肤消毒；黏膜冲洗消毒；卫生手消毒。

7 使用方法

7.1 碘酊

用无菌棉拭或无菌纱布蘸取本品，在消毒部位皮肤进行擦拭2遍以上，再用棉拭或无菌纱布蘸取

75%医用乙醇擦拭脱碘即可。使用浓度为有效碘 18 g/L～22 g/L,作用时间为 1 min～3 min。

7.2 碘伏

7.2.1 外科术前手消毒

a) 在常规刷手的基础上,用无菌纱布蘸取使用浓度的碘伏均匀擦拭从手指尖擦至前臂部位和上臂下 1/3 部位皮肤;

b) 直接用无菌刷蘸取使用浓度的碘伏从手指尖刷手至前臂和上臂下 1/3 部位皮肤,然后擦干即可。使用浓度均为有效碘 2 g/L～10 g/L,作用 3 min～5 min。

7.2.2 注射和穿刺部位皮肤、手术切口部位皮肤以及新生儿脐带消毒

可用无菌棉拭蘸取使用浓度碘伏在消毒部位擦拭 2 遍～3 遍。使用浓度均为有效碘 2 g/L～10 g/L,作用 1 min～3 min。

7.2.3 黏膜冲洗消毒

可用含有效碘 250 mg/L～500 mg/L 的碘伏稀释液直接对消毒部位冲洗或擦洗。

8 检验方法

8.1 外观检验

将样品置于无色透明玻璃瓶或玻璃杯内,迎亮光目测样品,符合本标准对各产品外观要求规定。

8.2 理化检验和消毒效果检验

按《消毒技术规范》(2002 年版)的方法进行。

9 标志和包装

9.1 标志

应符合 GB/T 191 的要求,运输包装应标明:产品名称、厂名和厂址、商标、规格、数量、有效期、卫生许可证号、贮藏条件以及"防潮"、"避光"等。

9.2 包装

包装材质应符合无毒级包装材料要求。外包装采用瓦楞纸包装箱,应捆扎牢固,正常运输、装卸时不得松散。

10 运输和贮存

本品宜贮存在室温下阴凉避光处;按液体包装要求常规运输。

11 标签和说明书

应符合卫生部《消毒产品标签说明书管理规范》(2005 年版)的要求。

12 注意事项

12.1 外用消毒液,禁止口服。

12.2 置于儿童不易触及处。

12.3 对碘过敏者慎用。

12.4 密封,避光,置于阴凉、通风处保存。

ICS 11.080
C 59

中华人民共和国国家标准

GB 26369—2010

季铵盐类消毒剂卫生标准

Hygienic standard for quaternary ammonium disinfectant

2011-01-14 发布　　2011-06-01 实施

中华人民共和国卫生部
中国国家标准化管理委员会　发布

前言

本标准除5.2 理化指标中对金属的腐蚀性,6 消毒应用范围中的6.4,10 运输和贮存以及附录A为推荐条款外,其余均为强制性。

本标准附录A为规范性附录。

本标准由中华人民共和国卫生部提出并归口。

本标准负责起草单位:上海市疾病预防控制中心。

本标准参加起草单位:(上海)艺康化工有限公司、上海庄臣泰华施有限公司。

本标准主要起草人:沈伟、何静芳、苏怡、陈志云、马伟、陈泰尧、葛忆琳、殷玉华。

季铵盐类消毒剂卫生标准

1 范围

本标准规定了季铵盐类消毒剂的原料要求、技术要求、应用范围、使用方法、检验方法、标志和包装、运输和贮存、标签和说明书及注意事项。

本标准适用于季铵盐类消毒剂。

2 规范性引用文件

下列文件中的条款通过本标准的引用而成为本标准的条款。凡是注日期的引用文件，其随后所有的修改单(不包括勘误的内容)或修订版均不适用于本标准，然而，鼓励根据本标准达成协议的各方研究是否可使用这些文件的最新版本。凡是不注日期的引用文件，其最新版本适用于本标准。

GB/T 5174 表面活性剂 洗涤剂 阳离子活性物含量的测定

GB/T 6368 表面活性剂水溶液 pH 值的测定 电位法

GB 14930.2 食品工具、设备用洗涤消毒剂卫生标准

中华人民共和国卫生部 消毒技术规范 2002 年版

中华人民共和国卫生部 消毒产品标签说明书管理规范 2005 年版

3 术语和定义

下列术语和定义适用于本标准。

3.1

季铵盐类消毒剂 quaternary ammonium disinfectant

以季铵盐为主要化学成分的消毒剂，本标准指以氯型季铵盐、溴型季铵盐为主要杀菌有效成分的消毒剂，包括单一季铵盐组分的消毒剂、由多种季铵盐复合的消毒剂以及与65%～75%乙醇或异丙醇复配的消毒剂。

3.2

氯型季铵盐 quaternary ammonium chloride

由 C_8～C_{18}的脂肪链(单链或双链)、甲基(或苄基、乙基苄基)组成的氯化季铵盐及由松宁基、二甲基、苄基组成的氯化苄铵松宁。

3.3

溴型季铵盐 quaternary ammonium bromide

由 C_8～C_{18}的脂肪链(单链或双链)、甲基(或苄基、乙基苄基)组成的溴化季铵盐。

3.4

清洁对象 clean object

经过清洗或者仅存在极少量有机物污染的被消毒对象。

3.5

污染对象 dirty object

未经过清洗或者存在较多有机物污染的被消毒对象。

3.6

清洁条件 clean condition

以 0.3%牛血清白蛋白(BSA)为有机干扰条件进行微生物定量杀灭试验，以此作为确定对经过清

洗的清洁对象进行消毒的剂量依据。

3.7

污染条件　dirty condition

以3%牛血清白蛋白(BSA)为有机干扰条件进行微生物定量杀灭试验,以此作为确定对未经过清洗的污染对象进行消毒的剂量依据。

4　原料要求

4.1　季铵盐含量与pH值

季铵盐含量与pH值应符合国家有关标准的规定。

4.2　游离胺含量

游离胺含量应≤2.0%。

4.3　配方中其他原料质量控制要求

应有明确的质量控制标准,并符合相应的标准和有关规定。

4.4　生产用水

生产用水应为去离子水。

4.5　用于食品加工设备和器皿

用于食品加工设备和器皿,应严格控制重金属(以Pb计)和砷(以As计)含量,使产品符合相应的标准和要求。

4.6　原料配伍

4.6.1　季铵盐可与乙醇、异丙醇配伍。

4.6.2　季铵盐不宜与肥皂或阴离子表面活性剂配伍。

4.6.3　季铵盐不宜与枸橼酸盐、碘化物、硝酸盐、高锰酸盐、水扬酸盐、银盐、酒石酸盐和生物碱、铝、荧光素钠、过氧化氢、白陶土、含水羊毛脂等配伍。

5　技术要求

5.1　性状

有芳香气味,无异物,无异味,无沉淀(液体产品),符合固有性状。

5.2　理化指标

5.2.1　理化指标应符合表1的规定。

表1　理化指标

项　　目		指　　标
pH值		4～10
有效成分含量		符合标签说明书的要求
重金属(以Pb计) 砷(以As计)	食品加工设备与器皿消毒	符合GB 14930.2的规定

5.2.2　稳定性:产品有效期应≥12个月。

5.3　成分限量

5.3.1　用于手与皮肤的消毒剂,其消毒剂的应用液中季铵盐含量不得超过5 g/L。

5.3.2　用于黏膜的消毒剂,其消毒剂的应用液中季铵盐含量不得超过2 g/L。

5.4　杀灭微生物指标

消毒对象和使用剂量按产品说明书的要求,按卫生部《消毒技术规范》(2002年版)中的定量杀菌试验方法进行试验,其杀菌效果应符合表2要求。

表 2 杀灭微生物指标

指示菌(毒)株	杀灭率对数值	
	悬液法	载体法
大肠杆菌(8099)	≥5.00	≥3.00
金黄色葡萄球菌(ATCC 6538)	≥5.00	≥3.00
铜绿假单胞菌(ATCC 15442)	≥5.00	≥3.00
白色念珠菌(ATCC 10231)	≥4.00	≥3.00

6 应用范围

6.1 适用于环境与物品表面(包括纤维与织物)的消毒。

6.2 适用于食品加工设备与器皿的消毒,但不适用于瓜果蔬菜的消毒。

6.3 适用于手的卫生消毒;与醇复配的消毒剂可用于手的外科消毒。

6.4 季铵盐类消毒剂适用于皮肤(包括小伤口)与黏膜的消毒;与醇复配的消毒剂,可用于皮肤、黏膜的术前消毒。

7 使用方法

7.1 非多孔硬质表面的消毒

清洁对象:冲洗、擦拭或浸泡消毒,用季铵盐含量为 200 mg/L～1 000 mg/L 的消毒溶液作用 1 min～10 min;喷雾消毒,用季铵盐含量为 800 mg/L～1 200 mg/L 的消毒溶液作用 5 min～10 min。

污染对象:冲洗、擦拭或浸泡消毒,用季铵盐含量为 400 mg/L～1 200 mg/L 的消毒溶液作用 5 min～20 min;喷雾消毒,用季铵盐含量为 1 000 mg/L～2 000 mg/L 的消毒溶液作用 10 min～30 min。

对于与食品接触物品的消毒,使用消毒液的季铵盐含量不宜超过 1 000 mg/L,消毒后必须用水充分冲洗后方可接触食品。

7.2 多孔表面的消毒

清洁对象:浸泡消毒,用季铵盐含量为 400 mg/L～1 200 mg/L 的消毒溶液作用 5 min～20 min;喷雾消毒,用季铵盐含量为 1 000 mg/L～1 200 mg/L 的消毒溶液作用 5 min～20 min。

污染对象:浸泡消毒,用季铵盐含量为 600 mg/L～1 600 mg/L 的消毒溶液作用 5 min～30 min;喷雾消毒,用季铵盐含量为 1 000 mg/L～2 000 mg/L 的消毒溶液作用 10 min～30 min。

纤维与织物可吸收季铵盐,消毒时应注意控制被消毒物品的数量,并适当加大使用剂量或延长作用时间,消毒后应清洗干净。

7.3 手、皮肤、黏膜的消毒

7.3.1 手的卫生消毒:清洁对象用季铵盐含量为 400 mg/L～1 200 mg/L 的消毒溶液擦拭或浸泡,作用 1 min;污染对象用季铵盐含量为 600 mg/L～2 000 mg/L 的消毒溶液擦拭或浸泡,作用 1 min。

7.3.2 皮肤、黏膜的消毒:冲洗消毒,用季铵盐含量为 400 mg/L～1 000 mg/L 的消毒溶液作用 2 min～5 min;擦拭或浸泡消毒,用季铵盐含量为 500 mg/L～2 000 mg/L 的消毒溶液作用 2 min～5 min。

7.3.3 小伤口(皮肤表面的细小擦伤、搓伤)的消毒:用 1 000 mg/L～1 300 mg/L 苯扎氯铵或 1 000 mg/L～2 000 mg/L 氯化苄铵松宁涂擦或冲洗,作用 1 min～5 min。

8 检验方法

8.1 理化指标检验方法

8.1.1 有效成分含量:按附录 A 的方法执行。

8.1.2 pH 值:按 GB/T 6368 方法执行。

8.1.3 化学稳定性：按卫生部《消毒技术规范》(2002 年版)的方法执行。

8.1.4 对金属的腐蚀性：按卫生部《消毒技术规范》(2002 年版)的方法执行。

8.1.5 重金属(以 Pb 计)和砷(以 As 计)含量检验方法：按 GB 14930.2 方法执行。

8.2 杀灭微生物效果检验方法

按卫生部《消毒技术规范》(2002 年版)的要求执行。清洁对象消毒剂量的确定，应按 3.6 清洁条件进行微生物定量杀灭试验；污染对象消毒剂量的确定，应按 3.7 污染条件进行微生物定量杀灭试验。

9 标志和包装

9.1 产品的包装应无毒和清洁，封口牢固不漏，不与内含物产生化学反应。

9.2 产品的标志应符合《定量包装商品计量监督管理办法》(2005 年版)。

9.3 用于食品加工设备与器皿的消毒剂产品的包装应符合相应材料的食品包装要求。

9.4 用于手、皮肤、黏膜的消毒剂产品的包装应符合相应材料的化妆品包装要求。

9.5 产品的包装应能保证产品的稳定性以及在储存运输、使用过程中的安全性。

10 运输和贮存

10.1 运输

运输产品时应避免日晒、雨淋。不得与有毒、有害、有异味或影响产品质量的物品混装运输。

10.2 贮存

避光、密闭、干燥保存，不得与有毒、有害、有异味、易挥发、易腐蚀的物品同处贮存。

11 标签和说明书

应符合卫生部《消毒产品标签说明书管理规范》(2005 年版)的要求。

12 注意事项

12.1 外用消毒剂，不得口服。置于儿童不易触及处。

12.2 避免接触有机物和拮抗物。不能与肥皂或其他阴离子洗涤剂同用，也不能与碘或过氧化物(如高锰酸钾、过氧化氢、磺胺粉等)同用。

12.3 根据实测结果标示对金属的腐蚀性情况。

12.4 低温时可能出现浑浊或沉淀，可置于温水中加温。

12.5 一旦发生应用消毒液引起的眼睛不适或刺激，立即用大量水冲洗。

12.6 高浓度原液可造成严重的角膜以及皮肤、黏膜灼伤，操作时须穿戴防护服、眼罩、面罩与橡胶手套。一旦接触，应立即用大量水轻轻冲洗 15 min～20 min，检查有无灼伤以确定是否就医。

附 录 A
（规范性附录）
季铵盐类消毒剂有效成分含量检测方法

A.1 方法一

按 GB/T 5174 的方法进行，最低检测量为 0.1 g/L。

当被测样品的季铵盐含量≥1 g/L 时，精密采取适量样品并稀释成 1 g/L 左右浓度的溶液，取 25.00 mL 稀释液，用 0.004 mol/L 月桂基硫酸钠标准溶液滴至终点。

当被测样品的季铵盐含量<1 g/L 时，可直接取 25.00 mL 溶液，用 0.000 4 mol/L 月桂基硫酸钠标准溶液滴至终点。

A.2 方法二

A.2.1 氯型季铵盐含量的检测

A.2.1.1 氯化季铵盐含量的检测

A.2.1.1.1 试剂：0.1 mol/L 氢氧化钠溶液、50 g/L 碘化钾溶液以及盐酸、氯仿。

A.2.1.1.2 标准溶液：0.05 mol/L 碘酸钾。

A.2.1.1.3 操作步骤：精密称取样品适量（液体样品取适量体积），使其相当于苯扎氯铵约 0.5 g，置烧杯中，用蒸馏水 35 mL 分 3 次洗入 250 mL 分液漏斗中，加 0.1 mol/L 氢氧化钠 10 mL 和氯仿 25 mL，用容量吸管精密加入新制的 50 g/L 碘化钾溶液 10.00 mL，剧烈振摇 120 次（或振荡仪振荡 2 min），静置使分层，弃去氯仿层。水层用氯仿提取 3 次，每次 10 mL。然后弃去氯仿层，水层移入 250 mL 具塞锥形瓶中，用蒸馏水约 15 mL 分 3 次淋洗分液漏斗，合并洗液和水液。加盐酸 40 mL，放冷，用 0.05 mol/L 碘酸钾标准溶液滴定至氯仿层淡棕色，加氯仿 5 mL，继续滴定并剧烈振摇至氯仿层无色，记录碘酸钾滴定液用量，空白试验将蒸馏水代替样品重复上述步骤。实验重复测 2 次，取 2 次平均值进行计算。

A.2.1.1.4 含量计算：氯化季铵盐含量按式（A.1）或式（A.2）计算。

$$X_1 = \frac{c \times V_{st} \times M}{m \times 500} \times 100\% \quad \cdots\cdots\cdots\cdots (A.1)$$

$$X_2 = \frac{c \times V_{st} \times M}{V \times 500} \times 1\,000 \quad \cdots\cdots\cdots\cdots (A.2)$$

式中：

X_1——氯化季铵盐含量，%；

X_2——氯化季铵盐含量，单位为克每升（g/L）；

c——碘酸钾滴定液的浓度，单位为摩尔每升（mol/L）；

V_{st}——碘酸钾滴定液空白与样品体积差，单位为毫升（mL）；

M——氯化季铵盐分子量；

m——氯化季铵盐样品质量，单位为克（g）；

V——氯化季铵盐样品体积（取样量），单位为毫升（mL）。

A.2.1.1.5 精密度

在重复性条件下获得的两次独立测定结果的绝对差值不得超过算术平均值的 5%。

A.2.1.1.6 检测限

本方法最低检测量为 0.9 g/L。

A.2.1.2　氯化苄铵松宁含量的检测

A.2.1.2.1　仪器及测定条件

泵系统:LC-10AT vp。

色谱柱:Simpack VP-ODS 4.6 mm×15 cm。

检测器:SPD-10A vp UV-VIS。

流动相:乙腈∶水∶硫氰酸铵＝70 mL∶30 mL∶0.5 g。

流速:1.0 mL/min。

检测波长:270 nm。

柱温:30 ℃。

保留时间:约 6.5 min。

A.2.1.2.2　操作步骤

制备标准溶液:精确称取在 105 ℃干燥 2 h 的氯化苄铵松宁对照品 500 mg,用纯化水溶解,再用水定容至 500 mL,得 1.0 mg/mL 标准溶液。

进样:样品直接进样 10 μL。标准溶液同法进样 10 μL。

A.2.1.2.3　含量计算

比较标准溶液和被测样品溶液的峰面积,即可计算出样品中氯化苄铵松宁的含量。

A.2.1.2.4　精密度

在重复性条件下获得的两次独立测定结果的绝对差值不得超过算术平均值的 3%。

A.2.1.2.5　检测限

本方法最低检测量为 0.5 mg/L。

A.2.2　溴型季铵盐含量的检测

A.2.2.1　试剂:氢氧化钠溶液(4.3 g 氢氧化钠加蒸馏水溶解成 100 mL 溶液)、溴酚蓝指示液(0.1 g 溴酚蓝加 0.05 mol/L 氢氧化钠溶液 3 mL,溶解,在加蒸馏水至 200 mL)以及氯仿。

A.2.2.2　标准溶液:0.02 mol/L 四苯硼钠滴定液。

A.2.2.3　操作步骤:精密称取样品适量(液体样品取适量体积),使其相当于苯扎溴铵约 0.25 g,置 250 mL 碘量瓶中,加蒸馏水 50 mL 和氢氧化钠 1 mL,摇匀,再加溴酚蓝指示剂 0.4 mL 与氯仿 10 mL。用 0.02 mol/L 四苯硼钠标准溶液滴定,边滴边摇匀,接近终点时尚须强力振摇。待氯仿层的蓝色消失,记录四苯硼钠标准溶液用量。重复测定 2 次,取 2 次平均值进行计算。同时作空白实验。

A.2.2.4　含量计算

溴型季铵盐含量按式(A.3)或式(A.4)计算:

$$X_1=\frac{c\times V_{stp}\times M}{m\times 1\,000}\times 100\% \qquad \text{(A.3)}$$

$$X_2=\frac{c\times V_{stp}\times M}{V\times 1\,000}\times 1\,000 \qquad \text{(A.4)}$$

式中:

X_1——溴型季铵盐含量,%;

X_2——溴型季铵盐含量,单位为克每升(g/L);

c——四苯硼钠滴定液的浓度,单位为摩尔每升(mol/L);

V_{stp}——四苯硼钠滴定液样品与空白体积差,单位为毫升(mL);

M——溴型季铵盐分子量;

m——溴型季铵盐样品质量,单位为克(g);

V——溴型季铵盐样品体积(取样量),单位为毫升(mL)。

A.2.2.5　精密度

在重复性条件下获得的两次独立测定结果的绝对差值不得超过算术平均值的 3%。

A.2.2.6 检测限

本方法最低检测量为 0.9 g/L。

A.2.3 方法的选择

可首选方法一，当待测样品不适合方法一或产生颜色干扰时，可按方法二进行。